Neuere Werke aus dem Gebiete der Mathematik

Abhandlungen über den mathematischen Unterricht in Deutschland, veranlaßt durch die Internationale Mathematische Unterrichtskommission, hrsg. von F. Klein. 5 Bände. I. Bd. n. $\mathcal{M}$ 16.—, geb. n. $\mathcal{M}$ 18.—. II. Bd. n. $\mathcal{M}$ 12.—, geb. n. $\mathcal{M}$ 14.—. III. Bd. I. Teil n. $\mathcal{M}$ 10.—, geb. n. $\mathcal{M}$ 12.—; II. Teil 1. Abt. n. $\mathcal{M}$ 10,—, geb. n. $\mathcal{M}$ 12.—; 2. Abt. geh. n. $\mathcal{M}$ 12.—, geb. n. $\mathcal{M}$ 14.—. Auch in 38 einz. käufl. Heften. 1909—1916. geb. bzw. steif geh. Sonderprospekt erschienen.

Erschienen sind u. a.:

P. Stäckel, Die math. Ausbildung der Architekten, Chemiker und Ingenieure an den deutschen Technischen Hochschulen. [XIII u. 198 S.] 1915. Geh. n. $\mathcal{M}$ 6.80.

W. Lorey, Das Studium der Mathematik an den deutschen Universitäten seit Anfang des 19. Jahrhunderts. [XII u. 428 S.] 1916. geh. n. M. 12.—, geb. n. $\mathcal{M}$ 14.—

W. Körner, Die Mathematik im preuß. Lehrerbildungswesen. Mit 10 Fig. u. 1 Taf. sowie Schlußwort zu Bd. V v. F. Klein u. Inhaltsverz. sämtl. Bde. d. Abhdlg. [VII u. 136 S.] 1916. geh. n. $\mathcal{M}$ 4.—

Berichte u. Mitteilungen, veranlaßt durch d. Internat. Math. Unterrichtskommission. 2 Folgen in 1 Bande. I. Folge: Heft I—XII. 1909—16. II. Folge: Heft I—III. 1915—17. (357 u. 377 S.) gr. 8. geh. n. $\mathcal{M}$ 20.—, geb. n. $\mathcal{M}$ 22.—

———————— Zweite Folge.

Heft 1: A. Rohrberg, Der math. Unterricht in Dänemark. [VIII u. 69 S.] 1915. geh. n. $\mathcal{M}$ 2.40.

— 2: G. Wolff, Der mathematische Unterricht der höheren Knabenschulen Englands. Mit 60 Figuren im Text. [VI u. 207 S.] 1915. geh. n. $\mathcal{M}$ 5.—

— 3: E. und K. Körner, Gesamtregister d. Schriften d. Dtsch. Unterausschusses d. Intern. Math. Unterrichtskommission. [XVI u. 99 S.] 1917. geh. n. $\mathcal{M}$ 4.—

Mit diesem Hefte liegen die Berichte und Mitteilungen und damit die gesamten Schriften des Deutschen Unterausschusses der IMUK abgeschlossen vor.

Schriften d. Deutschen Ausschusses f. d. math. u. naturwissenschaftl. Unterricht. A. u. d. T.: A. Gutzmer, Die Tätigkeit d. Deutschen Ausschusses in den Jahren 1908—1913. Heft 1—18. [VIII u. 482 S.] gr. 8. 1914. geh. n. $\mathcal{M}$ 11.—, geb. n. $\mathcal{M}$ 12.—

———————— Zweite Folge.

Heft 1: A. Czerny, Die Erziehung zur Schule. [IV u. 18 S.] gr. 8. 1916. geh. n. $\mathcal{M}$ —.80.

— 2: H. E. Timerding, Die Aufgaben d. Sexualpädagogik. Ber. üb. d. Verhandlungen einer Gruppe v. Fachvertret. i. Ingenieurhause Berlin am 6. Mai 1916. [20 S.] gr. 8. 1916. geh. n. $\mathcal{M}$ —.80.

— 3: P. Brohmer, Sex. Erziehung im Lehrerseminar. [IV u. 28 S.] gr. 8. 1917 geh. n. $\mathcal{M}$ —.80.

— 4: H. E. Timerding, Der mathematische Unterricht an den höheren Knabenschulen nach dem Kriege. [22 S.] gr. 8. 1918. geh. n. $\mathcal{M}$ —.80.

— 5: F. Poske und R. von Hanstein, Der naturwissenschaftliche Unterricht an den höheren Schulen. [33 S.] gr 8. 1918. geh. n. $\mathcal{M}$ 1.40.

— 6: P. Wagner, Die Stellung der Erdkunde im Rahmen der Allgemeinbildung. [18 S.] gr. 8. 1918. geh. n. $\mathcal{M}$ 1.—

Abhandlungen und Vorträge auf dem Gebiete der Mathematik, Naturwissenschaft und Technik.

Heft 3: A. Brill, Das Relativitätsprinzip. Eine Einführung in die Theorie. 3. Auflage Mit 6 Figuren im Text. [IV u. 49 S.] gr. 8. 1918. Geh. n. $\mathcal{M}$ 2.—

— 4: H. Hohenner, Der Hohennersche Präzisionsdistanzmesser und seine Verbindung mit einem Theodolit. Mit 7 Abb. [64 S] gr. 8. 1919. Geh. n. $\mathcal{M}$ 3.20

Ahrens, W., Mathematische Unterhaltungen und Spiele. 2. Aufl. I. Band. Mit 200 Fig. [IX u. 400 S.] gr. 8. 1910. geb. n. M. 7.50. II. Band. Mit 128 Fig. [X u. 455 S.] gr. 8. 1918. geh. n. $\mathcal{M}$ 14.—, geb. n. $\mathcal{M}$ 15.—

Bibliothek, Mathematisch-physikalische. Gemeinverständliche Darstellungen aus der Elementar-Mathematik u. Physik für Schule u. Leben. Hrsg. von W. Lietzmann und A. Witting. kl. 8. kart. je n. $\mathcal{M}$ 1.—

28. P. Luckey, Einführung in die Nomographie. 1. Teil: Die Funktionsleiter. 1918.

29. A. Baruch, Die Grundlagen unserer Zeitrechnung. 1918.

30. W. Lietzmann, Was ist Geld? 1918.

31. W. Dieck, Nichteuklidische Geometrie in der Kugelebene. 1918.

32. H. E. Timerding, Der Goldene Schnitt. 1918.

33. O. Meißner, Wahrscheinlichkeitsrechnung II. Anwendungen. 2. Aufl. 1918.

Borel, E., Die Elemente der Mathematik. Deutsch von P. Stäckel. I. Band Arithmetik und Algebra nebst den Elementen der Differentialrechnung. 2. Auflage Mit 56 Textfig. u. 3 Tafeln. [XII u. 404 S.] gr. 8. 1918. Geh. n. $\mathcal{M}$ 11.—, geb. n. $\mathcal{M}$ 12.—

Carathéodory, C.; Vorlesungen über reelle Funktionen. Mit 47 Fig. im Text [X u. 704 S.] gr. 8. 1918. geh. n. $\mathcal{M}$ 28.—, geb. n. $\mathcal{M}$ 30.—

Auf sämtliche Preise Teuerungszuschläge des Verlags und der Buchhandlungen.

Springer Fachmedien Wiesbaden GmbH

VORLESUNGEN ÜBER DIFFERENTIAL- UND INTEGRALRECHNUNG

VON

Dr. EMANUEL CZUBER

o. ö. PROFESSOR AN DER TECHNISCHEN HOCHSCHULE IN WIEN

ZWEITER BAND

MIT 119 FIGUREN IM TEXT

VIERTE, SORGFÄLTIG DURCHGESEHENE AUFLAGE

Springer Fachmedien Wiesbaden GmbH 1919

ISBN 978-3-663-18789-9   ISBN 978-3-663-19036-3 (eBook)
DOI 10.1007/978-3-663-19036-3

© SPRINGER FACHMEDIEN WIESBADEN 1919
URSPRÜNGLICH ERSCHIENEN BEI B. G. TEUBNER IN LEIPZIG 1919

Zur vierten Auflage.

Der Inhalt dieses Bandes hat mehrfache Erweiterungen erfahren; als die bedeutenderen davon seien angeführt die Flächensätze über Fußpunkt- und Rollkurven, die Anwendung der mechanischen Quadratur auf Kubaturen, Schwerpunkt- und Momentbestimmungen, die graphische Integration, die graphische Lösung von Differentialgleichungen erster Ordnung, die Weiterführung der Systeme von Differentialgleichungen. Außerdem fand eine genaue Durchmusterung des ganzen Textes statt, die zu manchen Verbesserungen in den Einzelheiten Anlaß gab. Im Interesse einer wirksameren Vorbereitung auf die Anwendungen wurden in dem Abschnitt über Differentialgleichungen zahlreiche verschiedenen Anwendungsgebieten entlehnte Beispiele aufgenommen.

Wien, 1. Februar 1919.   D. V.

Inhaltsverzeichnis.

Zweiter Teil.

Integralrechnung.

Erster Abschnitt.
Grundlagen der Integralrechnung.

§ 1. Das bestimmte und das unbestimmte Integral.

§ 2. Grundformeln und Methoden der Integralrechnung.

Zweiter Abschnitt.
Unbestimmte Integrale.

§ 1. Integration rationaler Funktionen.

Dritter Abschnitt.
Einfache und mehrfache bestimmte Integrale.

§ 1. Wertbestimmung und Schätzung bestimmter Integrale.

§ 2. Erweiterung des Integralbegriffs.

§ 3. Integration unendlicher Reihen.

§ 4. Differentiation durch Integrale definierter Funktionen.

§ 5. Integration durch Integrale definierter Funktionen. Das Doppelintegral.

§ 6. Drei- und mehrfache Integrale.

§ 7. Kurvenintegrale. Integrale von Funktionen einer komplexen Variablen.

§ 8. Analytische Anwendungen.

Vierter Abschnitt.

Anwendungen der Integralrechnung.

§ 1. Quadratur ebener Kurven.

§ 2. Rektifikation von Kurven.

§ 3. Kubatur krummflächig begrenzter Körper.

§ 4. Komplanation krummer Flächen.

Fünfter Abschnitt.

Differentialgleichungen.

A. Gewöhnliche Differentialgleichungen.

§ 1. Differentialgleichungen erster Ordnung. Allgemeines.

§ 2. Integrationsmethoden für Differentialgleichungen erster Ordnung.

§ 7. Lineare Differentialgleichungen.

§ 8. Integration durch Reihen.

§ 9. Graphische Integration.

§ 10. Elemente der Variationsrechnung.

B. Partielle Differentialgleichungen.

§ 1. Partielle Differentialgleichungen erster Ordnung.

Zweiter Teil.

Integralrechnung.

Erster Abschnitt.

Grundlagen der Integralrechnung.

§ 1. Das bestimmte und das unbestimmte Integral.

225. Stellung und formale Lösung der Grundaufgabe der Integralrechnung. Die Grundaufgabe der Differentialrechnung besteht darin, zu einer in dem Intervalle (α, β) eindeutig definierten stetigen Funktion $F(x)$ den Differentialquotienten, d. i. den Grenzwert

$$\lim_{h=\pm 0} \frac{F(x+h) - F(x)}{h} \tag{1}$$

für ein unbestimmtes x aus (α, β) anzugeben.

Aus der Umkehrung dieser Aufgabe entspringt die neue: Es ist eine Funktion $F(x)$ so zu bestimmen, daß ihr Differentialquotient gleich sei der gegebenen eindeutigen Funktion $f(x)$, daß sie also bei allen Werten von x, für welche $f(x)$ definiert ist, der Gleichung genüge:

$$\frac{dF(x)}{dx} = f(x). \tag{2}$$

Hiermit ist das *Grundproblem der Integralrechnung* ausgesprochen.

Die Bestimmung von $F(x)$ aus $f(x)$ heißt die *Integration* von $f(x)$. Hiernach ist die Integration die *inverse* Operation zur Differentiation.

Wenn eine Funktion von dieser Beschaffenheit existiert, so muß sie notwendig eindeutig und stetig sein in dem Bereich (α, β) von $f(x)$, weil nur einer solchen Funktion an jeder Stelle ein bestimmter Differentialquotient in dem durch das Symbol (1) bezeichneten Sinne zukommen kann (**20**).

Die Existenz einer Funktion, welche der Gleichung (2) genügt, vorausgesetzt, kann man mit den Hilfsmitteln der Differentialrechnung zu einer *formalen* Lösung der durch (2) gestellten Aufgabe wie folgt gelangen.

Es seien a, x zwei voneinander verschiedene Stellen aus dem Bereiche (α, β), $a < x$. Man teile ihr Intervall (a, x) durch $n - 1$ Zwischenstellen $x_1, x_2, \ldots, x_{n-1}$ in n kleinere Intervalle:

$$(a, x_1), (x_1, x_2), \ldots, (x_{\nu-1}, x_{\nu}), \ldots, (x_{n-1}, x). \tag{3}$$

Nach dem Mittelwertsatze gibt es in $(x_{\nu-1}, x_{\nu})$ wenigstens eine Stelle ξ_{ν}, an der

$$F(x_{\nu}) - F(x_{\nu-1}) = (x_{\nu} - x_{\nu-1}) f(\xi_{\nu}). \tag{4}$$

Setzt man hierin nach und nach $\nu = 1, 2, \ldots, n$, so ergibt sich das Gleichungssystem:

$$F(x_1) - F(a) \quad = (x_1 - a) f(\xi_1)$$
$$F(x_2) - F(x_1) \quad = (x_2 - x_1) f(\xi_2)$$
$$\cdots \cdots \cdots \cdots \cdots \cdots$$
$$F(x) \quad - F(x_{n-1}) = (x - x_{n-1}) f(\xi_n)$$

und daraus durch Summierung die Gleichung:

$$F(x) - F(a) = (x_1 - a) f(\xi_1) + (x_2 - x_1) f(\xi_2) + \cdots$$
$$+ (x - x_{n-1}) f(\xi_n) = \sum_{1}^{n} (x_{\nu} - x_{\nu-1}) f(\xi_{\nu}). \tag{5}$$

Durch diese Gleichung ist die *Änderung*, welche die zu bestimmende Funktion bei dem Übergange von a zu x erfährt, dargestellt, und zwar in Werten der gegebenen Funktion. Es steht frei, den Wert $F(a)$ *beliebig* anzunehmen; $F(x)$ ist dann bestimmt.

Die Gleichung (5) besteht zurecht, in welcher Weise und Anzahl die Teilintervalle (3) von (a, x) gebildet sein mögen. Sie stellt aber nur eine *formale* und nicht eine *praktische* Lösung der Aufgabe dar, weil die Ausführung der auf der rechten Seite vorgeschriebenen Summation an der Unkenntnis der Zwischenwerte $\xi_1, \xi_2, \ldots, \xi_n$ scheitert; denn diese Zwischenwerte sind außer von den Teilintervallen auch von der Natur der erst zu bestimmenden Funktion $F(x)$ abhängig.

Zu einer wirklichen Lösung werden die Untersuchungen des nächsten Artikels führen.

226. Begriff des bestimmten Integrals. Es sei (α, β) der Bereich der gegebenen eindeutigen und stetigen Funktion $f(x)$. Demselben gehöre das Intervall (a, b), wobei $a < b$, ganz an und werde durch die steigende Zahlenfolge

$$a = x_0, \; x_1, \; x_2, \; \ldots, \; x_{\nu-1}, \; x_\nu, \; \ldots, \; x_{n-1}, \; x_n = b \tag{6}$$

in n Teilintervalle zerlegt; die Größe des ν-ten Teilintervalls ist

$$\delta_\nu = x_\nu - x_{\nu-1},$$

in demselben werde wie in jedem andern ein beliebiger Wert ξ_ν angenommen. Auf diese Teilung T und das Wertsystem der ξ werde eine n-gliedrige Summe gegründet, deren Glieder die Produkte der Intervallgrößen mit den zugeordneten Funktionswerten $f(\xi)$ sind, und mit $S(T)$ bezeichnet, so daß

$$S(T) = \delta_1 f(\xi_1) + \delta_2 f(\xi_2) + \cdots + \delta_n f(\xi_n) = \sum_1^n \delta_\nu f(\xi_\nu). \tag{7}$$

Von einer solchen Summe gilt der Satz: *Die Summe $S(T)$ konvergiert bei beständig wachsendem n und Abnahme jedes einzelnen Teilintervalls gegen Null unabhängig von der Art der Teilung und der Wahl der Zwischenwerte ξ gegen einen bestimmten Grenzwert.*

Der Beweis dieses grundlegenden Satzes ergibt sich aus folgenden Schlüssen.

1. Es sei m_ν die untere, M_ν die obere Grenze von $f(x)$ in $(x_{\nu-1}, x_\nu)$ also ihr kleinster und größter Wert in diesem Teilintervall.

Ersetzt man in $S(T)$ die Funktionswerte $f(\xi_\nu)$ durch die m_ν, so entsteht eine neue auf dieselbe Teilung gegründete Summe; sie soll die *untere* Summe heißen und mit $S_u(T)$ bezeichnet werden; mit $S(T)$ verglichen ist

$$S_u(T) = \sum_1^n \delta_\nu m_\nu \tag{8}$$

in keinem Falle größer, sondern im allgemeinen kleiner.

Von der *oberen* Summe $S_o(T)$, die aus $S(T)$ durch Ersetzung der $f(\xi_\nu)$ mit M_ν entsteht, also von

$$S_o(T) = \sum_1^n \delta_\nu M_\nu, \tag{9}$$

läßt sich in gleicher Weise aussagen, daß sie im allgemeinen größer ist als $S(T)$.

Demnach ist $S(T)$ eingeschlossen zwischen die Grenzen

$$S_u(T) < S(T) < S_o(T). \tag{10}$$

1*

2. *Die beiden Summen $S_u(T)$, $S_o(T)$ lassen sich selbst wieder zwischen zwei angebbare Grenzen einschließen.*

Bezeichnen nämlich m, M die untere und die obere Grenze von $f(x)$ in dem ganzen Intervall (a, b), so wird $S_u(T)$ verkleinert, wenn man darin die einzelnen m_ν durch m, hingegen $S_o(T)$ vergrößert, wenn man darin die einzelnen M_ν durch M ersetzt; es gehen aber dadurch die genannten Summen über in

$$m \sum_1^n \delta_\nu = m(b-a)$$

$$M \sum_1^n \delta_\nu = M(b-a).$$

Infolgedessen kann die Ungleichung (10) wie folgt erweitert werden:

$$m(b-a) < S_u(T) < S(T) < S_o(T) < M(b-a). \qquad (11)$$

3. *Mit zunehmender Anzahl der Teilintervalle wächst die untere Summe, während die obere abnimmt.*

Um dies zu erweisen, nehmen wir zu der Teilung T:

$$a = x_0, x_1, x_2, \ldots, x_{\nu-1}, x_\nu, \ldots, x_{n-1}, x_n = b$$

eine zweite T':

$$a = x_0, x_1', x_2', \ldots, x_{\nu'-1}', x_{\nu'}', \ldots, x_{n'-1}', x_{n'}' = b$$

und konstruieren aus beiden durch Vereinigung der Teilpunkte eine dritte T'':

$$a = x_0, x_1'', x_2'', \ldots, x_{\nu''-1}'', x_{\nu''}'', \ldots, x_{n''-1}'', x_{n''}'' = b,$$

so kann T'' sowohl als Fortsetzung von T wie als Fortsetzung von T' angesehen werden.

An die Stelle des einen Gliedes $\delta_\nu m_\nu$ in $S_u(T)$ tritt in $S_u(T'')$ eine Summe

$$\delta_{\alpha''}'' m_{\alpha''}'' + \delta_{\alpha''+1}'' m_{\alpha''+1}'' + \cdots + \delta_{\alpha''+p}'' m_{\alpha''+p}''$$

wobei $\delta_{\alpha''}'' + \delta_{\alpha''+1}'' + \cdots + \delta_{\alpha''+p}'' = \delta_\nu$, und diese ist aus den in 2. entwickelten Gründen größer als $\delta_\nu m_\nu$, folglich ist auch

$$S_u(T'') > S_u(T).$$

In gleicher Weise kommt an die Stelle von $\delta_\nu M_\nu$ in $S_o(T)$ eine Summe in $S_o(T'')$:

$$\delta_{\alpha''}'' M_{\alpha''}'' + \delta_{\alpha''+1}'' M_{\alpha''+1}'' + \cdots + \delta_{\alpha''+p}'' M_{\alpha''+p}'',$$

die von $\delta_\nu M_\nu$ an Größe übertroffen wird, folglich ist auch

$$S_o(T'') < S_o(T).$$

4. *Die auf irgend eine Teilung von (a, b) gegründete untere Summe ist kleiner als die auf dieselbe oder eine beliebige andere Teilung gegründete obere Summe.*

Bei ein und derselben Teilung ist die Richtigkeit dieser Aussage evident; denn die Glieder von $S_u(T)$ sind kleiner als die korrespondierenden Glieder von $S_o(T)$.

Für zwei verschiedene Teilungen wie T und T' ergibt sie sich aus dem Vorhergehenden wie folgt: Es ist

$$S_u(T) < S_u(T'')$$

wegen 3., dann weil auf dieselbe Teilung sich stützend

$$S_u(T'') < S_o(T''),$$

endlich $\qquad\qquad S_o(T'') < S_o(T'),$

wegen 3. und weil T'' auch die Fortsetzung von T' ist; daher ist auch

$$S_u(T) < S_o(T').$$

5. *Sowohl die untere als auch die obere Summe konvergiert bei unbegrenzt fortgesetzter Teilung von (a, b) gegen einen bestimmten Grenzwert.*

Es sei T', T'', T''', ... eine unbegrenzte Folge von Teilungen, deren jede eine Fortsetzung der unmittelbar vorhergehenden ist; alsdann hat man nach 3. $\quad S_u(T') < S_u(T'') < S_u(T''') < \cdots$

d. h. die unteren Summen bilden eine steigende Folge von Zahlen, die aber notwendig einen Grenzwert hat, weil zufolge 4. alle unteren Summen unter allen oberen Summen und diese ihrerseits nach (11) unter dem festen Wert $M(b-a)$ bleiben. Folglich existiert lim $S_u(T)$.

Ferner ist nach 3.

$$S_o(T') > S_o(T'') > S_o(T''') > \cdots,$$

d. h. es bilden die oberen Summen eine fallende Folge von Zahlen, die aber notwendig einen Grenzwert hat, weil zufolge 4. alle oberen Summen über allen untern Summen und diese wiederum nach (11) über dem festen Wert $m(b-a)$ liegen. Es existiert also auch lim $S_o(T)$.

6. *Die beiden Grenzwerte* lim $S_u(T)$ *und* lim $S_o(T)$ *sind einander gleich.* Auf Grund von (8) und (9) ergibt sich

$$S_o(T) - S_u(T) = \sum_1^n \delta_\nu (M_\nu - m_\nu).$$

Die Differenz zwischen der oberen und unteren Grenze einer Funktion in einem Intervall bezeichnet man nach Riemann als die *Schwankung* der Funktion in diesem Intervall; für das ν-te Teilintervall ist sie

$$\sigma_\nu = M_\nu - m_\nu,$$

und hiermit schreibt sich

$$S_o(T) - S_u(T) = \sum_1^n \delta_\nu \sigma_\nu. \tag{12}$$

Versteht man unter σ die größte der Schwankungen in den einzelnen Teilintervallen, so ist

$$S_o(T) - S_u(T) < \sigma \sum_1^n \delta_\nu = \sigma(b-a).$$

Da nun die Funktion $f(x)$ als stetig vorausgesetzt wurde, so nehmen die Schwankungen mit fortgesetzter Teilung dem Betrage nach beständig ab und sinken schließlich unter jede noch so klein festgesetzte Zahl; denn die Annahme, die Schwankung bleibe, wie klein auch die Intervalle werden, über einer festgesetzten Zahl, stünde mit dem Wesen der Stetigkeit im Widerspruche (17, 2.). Es wird also auch die größte der Schwankungen bei unbeschränkt fortgesetzter Teilung beliebig klein, womit dasselbe gesagt ist wie mit dem Ansatze

$$\lim S_u(T) = \lim S_o(T). \tag{13}$$

7. *Die Summe $S(T)$, gegründet auf beliebige Zwischenwerte ξ, nähert sich bei unbegrenzt fortgesetzter Teilung einem bestimmten Grenzwert.*

Denn $S(T)$ bleibt über allen $S_u(T)$ und unter allen $S_o(T)$, und da diese einer gemeinschaftlichen Grenze sich nähern, so ist dies auch die Grenze von $S(T)$, d. h. es ist

$$\lim S_u(T) = \lim S(T) = \lim S_o(T). \tag{14}$$

Daß $\lim S(T)$ von der Art der Teilung unabhängig ist, kann so eingesehen werden. Sind zwei Teilungen, T und T', so weit gediehen, daß $S(T)$ und $S(T')$ von den bezüglichen Grenzwerten dem Betrage nach um weniger als ε abweichen, und bildet man durch Superposition von T und T' eine dritte Teilung T'', so wird $S(T'')$, weil T'' sowohl eine Fortsetzung von T wie von T' ist, von den genannten Grenzwerten auch um weniger als ε abweichen, was nur möglich ist, wenn diese selbst einander schließlich beliebig nahe kommen; d. h. es ist

$$\lim S(T) = \lim S(T').$$

Hiermit ist der Beweis des an die Spitze dieses Artikels gestellten Satzes vollendet.

Da die Art der Teilung und die Wahl der Funktionswerte innerhalb der Teilintervalle für den Grenzwert der Summe ohne Belang ist, so kann in der Bezeichnung jede Bezugnahme darauf unterbleiben und es soll fortan nur von der Summe S gesprochen werden.

227. Definition. Auf den vorstehenden Satz gründet sich nun die folgende Definition:

Der Grenzwert, welchem die mit der stetigen Funktion $f(x)$ gebildete Summe

$$S = \delta_1 f(\xi_1) + \delta_2 f(\xi_2) + \cdots + \delta_n f(\xi_n) = \sum_1^n \delta_\nu f(\xi_\nu)$$

bei beständig zunehmender Zahl der Teile von (a, b) und Abnahme jedes einzelnen gegen Null zustrebt, wird das über das Intervall (a, b) erstreckte bestimmte Integral der Funktion $f(x)$ genannt und durch das Symbol

$$\int_a^b f(x)\, dx$$

bezeichnet; a heißt die untere, b die obere Grenze des Integrals, $f(x)\, dx$ sein Element.

Diese Definition soll durch die Gleichung

$$\int_a^b f(x)\, dx = \lim \sum_1^n \delta_\nu f(\xi_\nu) \tag{15}$$

dargestellt werden, zu welcher nur zu bemerken ist, daß $x_0 = a$ und $x_n = b$ ist.

Das Symbol ist der Entstehung angepaßt; das von Leibniz[1]) eingeführte langgezogene $\int$, das *Integralzeichen*, aus dem Buchstaben S entstanden, deutet auf die Bildung einer Summe und das Element $f(x)\, dx$ auf den Bau der Glieder dieser Summe hin; jedes Glied ist nämlich das Produkt aus der Differenz zweier Werte der Variablen und aus einem Werte der Funktion, dessen Argument dem Intervalle der beiden Werte der Variablen angehört. Die Zufügung der Grenzen zu dem Integralzeichen ist durch Fourier[2]) eingeführt worden.

––––––––––

1) In einem Manuskript vom 29. Oktober 1675. Zu allgemeiner Anwendung kam es erst, seit Johann Bernoulli es annahm (1696).

2) Théorie analytique de la chaleur, 1822. Vordem wurden die Grenzen im-

Der Definition (15) zufolge erfordert die Berechnung eines bestimmten Integrals die Durchführung zweier Prozesse: einer *Summierung* und eines darauffolgenden *Grenzüberganges*. Aber nur in sehr einfachen Fällen gelingt es, diese Prozesse direkt zu vollziehen; es wird sich daher um andere Mittel zur Auswertung eines bestimmten Integrals handeln.

Wenn man den Beweis des Satzes in **226**, auf welchen der Begriff des bestimmten Integrals sich stützt, genau verfolgt, so wird man gewahr, daß die Schlüsse 1. bis 5. auch dann aufrecht bleiben, wenn von der Funktion $f(x)$ nur angenommen wird, sie sei eine *begrenzte* Funktion, d. h. eine solche, daß keiner ihrer Werte *unter* einer bestimmten Zahl und keiner *über* einer bestimmten (größeren) Zahl liegt. Erst in dem Schlusse 6. wird von der Eigenschaft der Stetigkeit Gebrauch gemacht.

Setzt man also $f(x)$ bloß als eine begrenzte Funktion voraus, so hängt die Existenz eines bestimmten Grenzwertes der Summe S und damit die Existenz eines bestimmten Integrals davon ab, ob die Summen S_u und S_o gegen eine und dieselbe Grenze konvergieren; dies ist aber nur dann der Fall, wenn ihre Differenz (12) gegen Null abnimmt, d. h. wenn

$$\lim \sum_{1}^{n} \delta_\nu \sigma_\nu = 0 \tag{16}$$

ist. Ist diese Bedingung, welche verlangt, *daß die Summe der mit den zugehörigen Schwankungen multiplizierten Intervalle bei fortschreitender Teilung von (a, b) der Null sich nähert*, erfüllt, so nennt man die Funktion $f(x)$ in dem Intervalle (a, b) *integrabel*.

Von einer in (α, β) *stetigen* Funktion kann man daher sagen, sie sei in jedem Intervalle (a, b), das dem (α, β) angehört, integrabel.

Aber auch eine begrenzte Funktion, die an einer beschränkten Anzahl von Stellen in (a, b) einen endlichen Sprung macht (**18**, 2.), ist in (a, b) integrabel; denn, obwohl den Sprungstellen Intervalle mit endlich bleibender Schwankung entsprechen, so konvergiert doch auch der von diesen Intervallen herrührende Anteil der Summe (16) gegen Null.

228. Geometrische Interpretation des bestimmten Integrals. Bevor wir auf Beispiele direkter Berechnung bestimmter Integrale

---

begleitenden Texte angegeben. Noch 1819 bedient sich Lacroix im 3. Bande des Traité du calc. intégr. an einer Stelle (p. 468) der recht umständlichen Schreibweise: $\int f(x)\,dx \begin{bmatrix} x = 0 \\ x = 1 \end{bmatrix}$.

auf Grund der Formel (15) eingehen, sollen spezielle Formen der darin auftretenden Summe gebildet werden. Dies möge jedoch an der Hand der *geometrischen Interpretation des bestimmten Integrals* geschehen.

Der Gleichung $$y = f(x),$$
in welcher $f(x)$ eine stetige Funktion bedeutet, entspricht eine Kurve CD (Fig. 129); dem Intervalle (a, b) eine Strecke AB in der Abszissenachse; dem Teilintervalle $(x_{\nu-1}, x_\nu)$ eine Teilstrecke PP' von AB; dem Zwischenwerte ξ_ν ein Punkt Q' auf PP'; dem Funktionswerte $f(\xi_\nu)$ die Ordinate QQ', von der wir bei der folgenden Betrachtung annehmen, daß sie in dem Bereiche (a, b) beständig positiv sei. Mithin ist das Produkt
$$\delta_\nu f(\xi_\nu) = PP' \cdot QQ' \qquad (17)$$
die Fläche des Rechtecks mit der Basis PP' und der Höhe QQ', und die Summe

$$S = \sum_1^n \delta_\nu f(\xi_\nu)$$

Fig. 129.

die Summe der gleichartigen über allen Teilen von AB errichteten Rechtecke. Unabhängig von der Wahl der Zwischenpunkte Q konvergiert diese Rechteckssumme bei fortschreitender Teilung von AB gegen einen bestimmten endlichen Grenzwert

$$\int_a^b f(x)\, dx.$$

Diesen Grenzwert erklärt man naturgemäß als *die Fläche der teilweise von der Kurve begrenzten Figur* $ABDC$.

Es löst demnach das bestimmte Integral eine Aufgabe der Geometrie, welche der elementaren Mathematik unzugänglich ist: die Berechnung der Fläche oder die *Quadratur* einer krummlinig begrenzten Figur. Aus dieser geometrischen Aufgabe hat Leibniz den Begriff des bestimmten Integrals entwickelt.

Fällt $f(\xi_\nu)$ negativ aus und setzt man ein für allemal voraus, daß die Werte $x_0, x_1, x_2, \ldots, x_n$ steigend geordnet und somit alle δ_ν positiv sind, so gibt Formel (17) die *negative* Flächenzahl des betreffenden Rechtecks. Wenn daher die Kurve CD innerhalb des Bereichs (a, b) teils über, teils unter der Abszissenachse liegt, so liefert das Integral die algebraische

Summe der positiv gezählten Flächenteile über und der negativ gezählten Flächenteile unter der Abszissenachse, also in Fig. 130 den Wert

$$AEC - EGF + FBD.$$

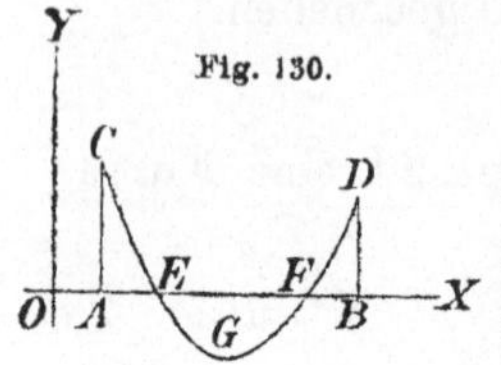

Da die Wahl der Zwischenpunkte Q willkürlich ist, so kann auch P oder P' (Fig. 129) dafür genommen werden; damit ergeben sich die folgenden speziellen Formen der Summe S:

$$(18) \qquad S = \sum_1^n \delta_\nu f(x_{\nu-1}), \qquad\qquad S = \sum_1^n \delta_\nu f(x_\nu), \qquad (19)$$

die erste mit den *Anfangswerten* der Funktion, die zweite mit den *Endwerten* gebildet.

Weil ferner die Art der Intervallteilung ohne Einfluß auf den Grenzwert ist, so kann man die Teile auch gleich machen; dann ist

$$\frac{b-a}{n} = h$$

ein solcher Teil, $\qquad a, a + h, a + 2h, \ldots, b$

die Wertreihe, welche die Teilung bestimmt, und entsprechend den Formen (18), (19) ergeben sich folgende Definitionen für das bestimmte Integral:

$$\int_a^b f(x)\,dx = \lim_{h=0} \{ h(f(a) + f(a+h) + \cdots + f(b-h)) \} \qquad (20)$$

$$= \lim_{n=\infty} \left\{ \frac{b-a}{n} \sum_{k=0}^{k=n-1} f\left(a + k\frac{b-a}{n}\right) \right\}$$

und $\qquad \int_a^b f(x)\,dx = \lim_{h=0} \{ h(f(a+h) + f(a+2h) + \cdots + f(b)) \} \qquad (21)$

$$= \lim_{n=\infty} \left\{ \frac{b-a}{n} \sum_{k=1}^{k=n} f\left(a + k\frac{b-a}{n}\right) \right\}.$$

Formel (20) bestimmt die Fläche $ABDC$ als Grenzwert der Summe der *inneren* Rechtecke $P'M$, Formel (21) als Grenzwert der Summe der *äußeren* Rechtecke PM'; diese Benennung ist jedoch angepaßt dem in Fig. 129 dargestellten Falle, wo die Kurve CD steigt; sie würde sich umkehren, wenn die Kurve fiele; bei einer bald steigenden, bald fallenden Kurve werden in beiden Darstellungsformen sowohl äußere als auch innere Rechtecke vorkommen.

229. Beispiele direkter Ausrechnung bestimmter Inte-
grale. 1. Behufs Ermittlung des Integrals $\int_a^b x^2\,dx$ hat man zufolge (20)
den Grenzwert von

$$\frac{b-a}{n}\Big[a^2 + \Big(a + \frac{b-a}{n}\Big)^2 + \Big(a + 2\,\frac{b-a}{n}\Big)^2 + \cdots + \Big(a + \overline{n-1}\,\frac{b-a}{n}\Big)^2\Big]$$

für lim $n = \infty$ zu bestimmen; dieser Ausdruck verwandelt sich nach Ausführung der Quadrate in

$$\frac{b-a}{n}\Big[na^2 + \frac{2a(b-a)}{n}(1 + 2 + \cdots + \overline{n-1}) + \Big(\frac{b-a}{n}\Big)^2(1^2 + 2^2 + \cdots + \overline{n-1}^2)\Big]$$

$$= \frac{b-a}{n}\Big[na^2 + a(b-a)(n-1) + (b-a)^2\,\frac{(n-1)(2n-1)}{6n}\Big]$$

$$= (b-a)\Big[a^2 + a(b-a)\Big(1 - \frac{1}{n}\Big) + \frac{(b-a)^2}{6}\Big(1 - \frac{1}{n}\Big)\Big(2 - \frac{1}{n}\Big)\Big];$$

demnach ist sein Grenzwert

$$(b-a)a^2 + a(b-a)^2 + \frac{(b-a)^3}{3} = \frac{b^3 - a^3}{3}\,,$$

so daß also
$$\int_a^b x^2\,dx = \frac{b^3 - a^3}{3}\,.$$

2. Zur Wertbestimmung des Integrals $\int_\alpha^\beta a^x\,dx$ hat man den Grenzwert von
$$h[a^\alpha + a^{\alpha+h} + \cdots + a^{\alpha+\overline{n-1}h}]$$

für lim $h = 0$ mit der Maßgabe zu bilden, daß $nh = \beta - \alpha$ ist; nun läßt
sich dieser Ausdruck umformen in

$$a^\alpha h(1 + a^h + a^{2h} + \cdots + a^{\overline{n-1}h}) = \frac{a^\alpha h(a^{nh} - 1)}{a^h - 1} = \frac{a^\beta - a^\alpha}{\dfrac{a^h - 1}{h}}$$

und da lim$_{h=0}\dfrac{a^h - 1}{h} = la$ (**109**, 2.), so hat man

$$\int_\alpha^\beta a^x\,dx = \frac{a^\beta - a^\alpha}{la}\,.$$

3. Die Ausrechnung des Integrals $\int_a^b \sin x\,dx$ kommt auf die Bestimmung des Grenzwertes von

$$h[\sin a + \sin(a + h) + \cdots + \sin(a + \overline{n-1}h)]$$

für $\lim h = 0$ und $nh = b - a$ zurück. Die eingeklammerte Summe läßt sich wie folgt umgestalten. Geht man von der Formel

$$2 \sin (a + kh) \sin \frac{h}{2} = \cos \left(a + \frac{2k-1}{2} h\right) - \cos \left(a + \frac{2k+1}{2} h\right)$$

aus und wendet sie auf $k = 0, 1, \ldots, n - 1$ an, so ergibt sich das Gleichungssystem:

$$2 \sin a \sin \frac{h}{2} = \cos \left(a - \frac{h}{2}\right) - \cos \left(a + \frac{h}{2}\right)$$

$$2 \sin (a + h) \sin \frac{h}{2} = \cos \left(a + \frac{h}{2}\right) - \cos \left(a + \frac{3h}{2}\right)$$

$$\cdots \cdots \cdots \cdots \cdots \cdots \cdots$$

$$2 \sin (a + \overline{n-1}h) \sin \frac{h}{2} = \cos \left(a + \frac{2n-3}{2} h\right) - \cos \left(a + \frac{2n-1}{2} h\right)$$

und durch seine Summierung die Gleichung:

$$2 \sin \frac{h}{2} \left[\sin a + \sin (a + h) + \cdots + \sin (a + \overline{n-1}h)\right]$$
$$= \cos \left(a - \frac{h}{2}\right) - \cos \left(a + \frac{2n-1}{2} h\right),$$

woraus $\sin a + \sin (a + h) + \cdots + \sin (a + \overline{n-1} \cdot h)$

$$= \frac{\sin \frac{nh}{2}}{\sin \frac{h}{2}} \sin \left(a + \frac{\overline{n-1}h}{2}\right).$$

Es bleibt also der Grenzwert von

$$2 \sin \frac{b-a}{2} \frac{\frac{h}{2}}{\sin \frac{h}{2}} \sin \left(\frac{b+a}{2} - \frac{h}{2}\right)$$

zu bestimmen, und dieser ist (**16, 2.**)

$$2 \sin \frac{b-a}{2} \sin \frac{b+a}{2} = \cos a - \cos b.$$

Demnach ist $\displaystyle\int_a^b \sin x \, dx = \cos a - \cos b.$

Auf analogem Wege läßt sich auch $\displaystyle\int_a^b \cos x \, dx$ ermitteln.

230. Fundamentale Eigenschaften des bestimmten Integrals. Aus dem Begriffe des bestimmten Integrals lassen sich einige seiner Eigenschaften unmittelbar ableiten, die bei der Rechnung mit Integralen beständige Anwendung finden.

1. *Ein Integral, in welchem die untere Grenze der oberen gleich ist, hat den Wert Null.*

Es ist also
$$\int_a^a f(x)\,dx = 0; \tag{22}$$

denn das Integrationsintervall (a, a) hat keine Ausdehnung.

2. *Bei Vertauschung der beiden Grenzen eines Integrals ändert sich nur dessen Vorzeichen.*

Die auf die Wertfolge
$$a = x_0,\; x_1,\; \ldots,\; x_n = b$$
gegründete Summe S hat den Ausdruck
$$\sum_1^n \delta_\nu f(\xi_\nu),$$

die gleichartige auf die Wertfolge
$$b = x_n,\; x_{n-1},\; \ldots,\; x_1,\; x_0 = a$$
bezügliche Summe den Ausdruck
$$\sum_1^n (-\delta_\nu) f(\xi_\nu);$$

aus
$$\sum_n^1 (-\delta_\nu) f(\xi_\nu) = -\sum_1^n \delta_\nu f(\xi_\nu)$$

ergibt sich durch den Übergang zur Grenze:
$$\int_b^a f(x)\,dx = -\int_a^b f(x)\,dx. \tag{23}$$

Bei der geometrischen Darstellung ist das Integrationsintervall durch eine Strecke der x-Achse versinnlicht, und den beiden Integrationsfolgen (a, b), (b, a) entsprechen die beiden Richtungen dieser Strecke; man kann daher auch sagen, mit der Änderung der Integrationsrichtung ändere sich das Vorzeichen des Integrals.

3. *Sind a, b, c drei Zahlen, welche dem Integrabilitätsbereiche der Funktion $f(x)$ angehören, so ist*
$$\int_a^b f(x)\,dx + \int_b^c f(x)\,dx = \int_a^c f(x)\,dx. \tag{24}$$

Ist $a < b < c$, so zerfällt (a, c) durch den Zwischenwert b in zwei Teile, und die auf diese Teile (a, b), (b, c) bezüglichen Summen S ergeben zusammen die für das ganze Intervall (a, c) geltende Summe; durch Übergang zur Grenze erhält man die Formel (24).

Wenn hingegen $a < c < b$, so sind (a, c), (c, b) die Teilintervalle aus welchen das ganze Intervall (a, b) sich zusammensetzt, und es ist daher zunächst

$$\int_a^c f(x)\,dx + \int_c^b f(x)\,dx = \int_a^b f(x)\,dx;$$

überträgt man das zweite Integral nach rechts unter Anwendung der Formel (23), so ergibt sich wieder die Formel (24).

Man kann dieser Formel durch Transposition der linksstehenden Integrale und durch Vertauschung der Grenzen die Gestalt

$$\int_a^b f(x)\,dx + \int_b^c f(x)\,dx + \int_c^a f(x)\,dx = 0 \qquad (25)$$

geben, welche an die Rechnung mit gerichteten Strecken in einer Geraden erinnert: $\overline{AB} + \overline{BC} + \overline{CA} = 0$.

Die Formeln (24) und (25) können auf beliebig viele im Integrabilitätsbereiche liegende Zahlen ausgedehnt werden nach dem Schema:

$$(a, c_1) + (c_1, c_2) + \cdots + (c_\nu, a) = 0.$$

4. *Ein konstanter Faktor der zu integrierenden Funktion kann vor das Integralzeichen genommen werden und umgekehrt.*

Aus der für die endliche Summe S geltenden Gleichung

$$\sum_1^n \delta_\nu\, c\, f(\xi_\nu) = c \sum_1^n \delta_r\, f(\xi_\nu)$$

folgt nämlich durch Übergang zur Grenze:

$$\int_a^b c f(x)\,dx = c \int_a^b f(x)\,dx. \qquad (26)$$

5. *Das über (a, b) erstreckte Integral einer Summe von Funktionen kommt der analog gebildeten Summe der über (a, b) erstreckten Integrale der einzelnen Summanden gleich.*

Es seien nämlich $\varphi(x)$, $\psi(x)$ zwei auf dem Gebiete (a, b) integrable Funktionen: die auf ihre Summe $\varphi(x) + \psi(x)$ bezügliche Summe S läßt sich wie folgt umformen:

$$\sum_{1}^{n} \delta_{\nu}[\varphi(\xi_{\nu}) + \psi(\xi_{\nu})] = \sum_{1}^{n} \delta_{\nu}\,\varphi(\xi_{\nu}) + \sum_{1}^{n} \delta_{\nu}\,\psi(\xi_{\nu});$$

daraus ergibt sich durch den Übergang zur Grenze

$$\int_{a}^{b} [\varphi(x) + \psi(x)]\,dx = \int_{a}^{b} \varphi(x)\,dx + \int_{a}^{b} \psi(x)\,dx. \qquad (27)$$

Die Formel kann auf jede endliche Anzahl von Summanden ausgedehnt und in allgemeiner Weise so geschrieben werden:

$$\int_{a}^{b} \sum f_{\lambda}(x)\,dx = \sum \int_{a}^{b} f_{\lambda}(x)\,dx.$$

6. *Zwischen dem kleinsten Werte m und dem größten Werte M, welche die Funktion $f(x)$ in dem Intervalle (a, b) annimmt, liegt notwendig eine Zahl μ derart, daß*

$$\int_{a}^{b} f(x)\,dx = (b - a)\mu. \qquad (28)$$

Denn jede auf eine Unterteilung von (a, b) gegründete Summe S ist so beschaffen, daß $(b - a)m < S < (b - a)M$ (**226**, 2.); diese Beziehung hält also auch der Grenzwert von S ein, d. h. es ist auch

$$(b - a)m < \int_{a}^{b} f(x)\,dx < (b - a)M.$$

Hieraus aber folgt die behauptete Gleichung (28).

Ist die Funktion $f(x)$ stetig, so nimmt sie den Wert μ mindestens an einer Stelle zwischen a und b auch wirklich an (**17**, 3.); eine solche Stelle kann man durch $a + \theta(b - a)$ darstellen, wenn $0 < \theta < 1$ ist; folglich kann dann der Formel (28) die Gestalt gegeben werden:

$$\int_{a}^{b} f(x)\,dx = (b - a)f(a + \theta(b - a)). \qquad (29)$$

Die Zahl μ findet unter dem Namen des *Mittelwerts der Funktion in dem Intervall* (a, b) vielfache praktische Anwendung. Diese Bezeichnung gründet sich auf folgenden Umstand. Legt man dem Integral die Definition **228**, (20) zugrunde, so ist

$$\frac{1}{b - a}\int_{a}^{b} f(x)\,dx = \lim_{n = \infty} \frac{f(a) + f(a + h) + \cdots + f(b - h)}{n}, \quad \left(h = \frac{b - a}{n}\right);$$

die rechte Seite aber ist der Grenzwert des arithmetischen Mittels einer *gleichmäßig* über (a, b) verteilten Folge von Werten der Funktion, die linke Seite die in (28) erklärte Zahl μ. Zugleich hat man zur Bestimmung von μ die Formel:

$$\mu = \frac{1}{b-a} \int_a^b f(x)\, dx. \tag{30}$$

Aus der Formel (29) kann gefolgert werden: *Ist die Funktion $f(x)$ in dem Intervalle (a, b) niemals negativ (positiv), so hat das Integral* $\int_a^b f(x)\, dx$ *dasselbe (entgegengesetzte) Vorzeichen wie $b - a$.*

Hieraus darf weiter geschlossen werden: *Ist $a < b$ und $f(x) \gtreqless \varphi(x)$ bei allen Werten von x aus dem Intervalle (a, b), ohne daß das Gleichheitszeichen fortbesteht, so ist*

$$\int_a^b f(x)\, dx > \int_a^b \varphi(x)\, dx. \tag{31}$$

Denn nach den gemachten Voraussetzungen ist $b - a > 0$ und $f(x) - \varphi(x) > 0$, folglich

$$\int_a^b [f(x) - \varphi(x)]\, dx > 0,$$

woraus sich mit Hilfe von (27) die obige Beziehung ergibt.

7. *Der Wert eines bestimmten Integrals ist von dem Zeichen für die Variable unabhängig;* es ist also

$$\int_a^b f(x)\, dx = \int_a^b f(t)\, dt;$$

a, b können zwei beliebige Zahlen aus dem Integrabilitätsbereiche (α, β) sein; hält man die eine, a, fest, denkt sich die andere variabel und bezeichnet sie demgemäß mit x, so hat zwar

$$\int_a^x f(t)\, dt \tag{32}$$

noch die Form, aber nicht mehr die strenge Bedeutung eines bestimmten Integrals; da zu jedem aus (α, β) stammenden Werte von x ein und nur ein bestimmter Wert von (32) gehört, so kann man sagen: *Ein Integral mit fester unterer und variabler oberer Grenze stellt eine eindeutige Funk-*

tion dieser letzteren Grenze dar; dieser Darstellung gemäß nennt man die durch (32) definierte Funktion eine Integralfunktion.

Statt des Zeichens (32) wird mitunter auch die Schreibweise

$$\int\limits_a^x f(x)\,dx \tag{32*}$$

gebraucht; nur muß dann zwischen der Variablen unter dem Integralzeichen — der *Integrationsvariablen* — und der *variablen Grenze* gehörig unterschieden werden.

8. *Das Integral einer endlichen Funktion $f(t)$ ist eine stetige Funktion der oberen Grenze.*

Sind $a, x, x + h$ drei Werte aus dem Integrabilitätsbereiche (α, β), so ist

$$\int\limits_a^x f(t)\,dt + \int\limits_x^{x+h} f(t)\,dt = \int\limits_a^{x+h} f(t)\,dt,$$

daraus

$$\int\limits_a^{x+h} f(t)\,dt - \int\limits_a^x f(t)\,dt = \int\limits_x^{x+h} f(t)\,dt,$$

und für einen entsprechend ausgewählten Wert μ zwischen dem kleinsten und größten Werte von $f(t)$ in $(x, x + h)$:

$$\int\limits_a^{x+h} f(t)\,dt - \int\limits_a^x f(t)\,dt = h\mu; \tag{33}$$

da μ endlich ist, so konvergiert die rechte Seite mit h zugleich gegen Null; es ist also

$$\lim_{h=0} \left\{ \int\limits_a^{x+h} f(t)\,dt - \int\limits_a^x f(t)\,dt \right\} = 0,$$

womit die Stetigkeit erwiesen ist; an einer Stelle x innerhalb (α, β) kann der letzte Grenzübergang beiderseitig ($\lim h = \pm 0$) ausgeführt werden, bei α oder β nur einseitig.

9. *Der Differentialquotient des Integrals einer stetigen Funktion in bezug auf die obere Grenze ist der zu dieser Grenze gehörige Wert der integrierten Funktion.*

Ist $f(x)$ eine stetige Funktion, so kann die Gleichung (33) auch in der speziellen Form (29), d. i.

$$\int\limits_a^{x+h} f(t)\,dt - \int\limits_a^x f(t)\,dt = hf(x + \theta h)$$

geschrieben werden; daraus folgt

$$\frac{\int\limits_{a}^{x+h} f(t)\,dt - \int\limits_{a}^{x} f(t)\,dt}{h} = f(x + \theta h).$$

der Grenzwert der linken Seite für $\lim h = \pm 0$ ist der Differentialquotient der Integralfunktion, der Grenzwert der rechten Seite vermöge der vorausgesetzten Stetigkeit $f(x)$; daher ist in der Tat

$$D_{x}\int\limits_{a}^{x} f(t)\,dt = f(x). \tag{34}$$

An den Endstellen α, β ist nur ein einseitiger Grenzübergang möglich.

Durch Multiplikation dieser Gleichung mit dx, d. i. mit dem Differential der oberen Grenze, ergibt sich:

$$d\int\limits_{a}^{x} f(t)\,dt = f(x)\,dx. \tag{35}$$

Diesen bestimmten Sinn hat die Aussage, daß die Zeichen d und $\int$, wenn sie aufeinander folgen, sich aufheben.

231. Das unbestimmte Integral. Mit dieser letzten Eigenschaft der Integralfunktion sind wir bei der Aufgabe wieder angelangt, welche in **225** als das Grundproblem der Integralrechnung bezeichnet worden ist. Es handelte sich darum, eine — selbstverständlich stetige — Funktion zu finden, deren Differentialquotient an jeder Stelle x des Intervalls (α, β) dem zugehörigen Wert der gegebenen eindeutigen Funktion $f(t)$ gleichkommt. Für den Fall, daß $f(t)$ in dem Intervalle (α, β) stetig ist, hat man also in der Integralfunktion

$$\int\limits_{a}^{x} f(t)\,dt \tag{36}$$

eine Lösung der Aufgabe, weil dann nach dem oben Bewiesenen

$$D_{x}\int\limits_{a}^{x} f(t)\,dt = f(x). \tag{37}$$

Aber es ist nicht die einzige Lösung der Aufgabe; denn auch **jede** Funktion von der Form

$$C + \int\limits_{u}^{x} f(t)\,dt, \tag{38}$$

wo C eine willkürliche Konstante bedeutet, teilt mit (36) die in (37) ausgesprochene Eigenschaft.

Außerdem aber gibt es keine anderen Funktionen dieser Art mehr. Denn bezeichnet man die Funktion (38) mit $\varphi(x)$ und nimmt man an, es existiere außer ihr noch eine Funktion $\Phi(x)$ dieser Eigenschaft, so folgte aus dem gleichzeitigen Bestande der Gleichungen

$$\frac{d\varphi(x)}{dx} = f(x), \qquad \frac{d\Phi(x)}{dx} = f(x)$$

für alle Werte von x aus (α, β), daß für alle diese Werte

$$\frac{d[\Phi(x) - \varphi(x)]}{dx} = 0$$

sei; das führte weiter (39) zu

$$\Phi(x) - \varphi(x) = C'$$

oder zu $\Phi(x) = C' + \varphi(x)$. Das aber ist in (38) selbst enthalten.

Die Aufgabe, eine Funktion zu finden, deren Differentialquotient durch eine gegebene stetige Funktion dargestellt ist, hat hiernach unendlich viele Lösungen; mit einer von ihnen sind aber alle anderen bekannt, weil sie sich von ihr nur um eine additive willkürliche Konstante — die Integrationskonstante genannt — unterscheiden.

Unter den unendlich vielen Funktionen, welche die Lösung der Aufgabe bilden, ist die spezielle (36) dadurch gekennzeichnet, daß sie für $x = a$ den Wert Null hat (**230, 1.**). Aus der Gesamtheit aller Lösungen, die durch (38) dargestellt ist, hebt sich eine einzelne hervor, sobald man festsetzt, daß sie an der Stelle $x = a$ einen bestimmten Wert A haben soll; denn aus

$$\left\{ C + \int_a^x f(t)\,dt \right\}_{x=a} = A \qquad\qquad \text{folgt}$$

$$C = A - \int_a^a f(t)\,dt = A;$$

somit ist
$$A + \int_a^x f(t)\,dt$$

die herausgehobene Funktion.

Den Ausdruck (38) oder die Gesamtheit aller Funktionen, welche die gegebene Funktion $f(x)$ zum Differentialquotienten haben, nennt man das *unbestimmte Integral der Funktion* $f(x)$ oder auch ihre *Stammfunktion, primitive Funktion* (nach **Lagrange**) und bedient sich dafür des Zeichens

$$\int f(x)dx, \tag{39}$$

welches dem des bestimmten Integrals nachgebildet ist, aber der Grenzen ermangelt. Die Gleichung

$$F(x) = \int f(x)dx$$

soll die Tatsache ausdrücken, die Funktion $F(x)$ sei *eine* von den Funktionen, welche $f(x)$ als Differentialquotienten geben.

232. Hauptsatz der Integralrechnung. In Artikel **225** ist von der Annahme der Existenz einer stetigen Funktion $F(x)$ ausgegangen worden, welche die gegebene Funktion $f(x)$ zum Differentialquotienten hat. Auf Grund dessen ergab sich die Gleichung

$$F(b) - F(a) = \sum_{1}^{n}(x_r - x_{r-1})f(\xi_r'); \tag{40}$$

darin bedeutet ξ_r' einen solchen Wert der Variablen aus dem Intervalle (x_{r-1}, x_r), daß $\quad F(x_r) - F(x_{r-1}) = (x_r - x_{r-1})f(\xi_r')$

und ein solcher Wert existiert dem Mittelwertsatze (**38**) zufolge immer.

Nun ist in **226** bewiesen worden, daß die Summe

$$\sum_{1}^{n}(x_r - x_{r-1})f(\xi_r)$$

mit beständig wachsendem n gegen einen bestimmten Grenzwert konvergiert, wie auch die Zwischenwerte ξ_r gewählt worden sind; daher ist auch die Wahl $\qquad \xi_r = \xi_r'$

zulässig, d. h. auch die Summe auf der rechten Seite von (40) konvergiert gegen diesen bestimmten Grenzwert, welchen wir als das bestimmte Integral

$$\int_{a}^{b} f(x)\,dx$$

definiert haben. Da nun die Gleichung (40) zu Recht besteht ohne Rücksicht auf die Anzahl der Teilintervalle und das Gesetz der Teilung, so gilt auch

$$F(b) - F(a) = \int_{a}^{b} f(x)\,dx\,.$$

Dadurch sind wir zu einem *Hauptsatze* der Integralrechnung gekommen, welcher das wichtigste Hilfsmittel zur Berechnung bestimmter Integrale an die Hand gibt. Dieser Satz läßt sich folgendermaßen aussprechen:

Ist $F(x)$ eine stetige Funktion, welche die integrable Funktion $f(x)$ zum Differentialquotienten hat, also ein unbestimmtes Integral von $f(x)$, so ergibt sich das über das Intervall (a, b) erstreckte bestimmte Integral, indem man von dem Werte der Funktion $F(x)$ an der oberen Grenze b ihren Wert an der unteren Grenze a subtrahiert, in Zeichen:

$$\int_a^b f(x)\,dx = F(b) - F(a). \tag{41}$$

Zur Bezeichnung der Differenz $F(b) - F(a)$ bedient man sich auch des von **Sarrus** eingeführten Substitutionszeichens $\overset{b}{\underset{a}{\cdot}}F(x)$ oder der abkürzenden Schreibweise $\left\{F(x)\right\}_a^b$.

An dem Satze ist zu ermessen, welchen Vorteil es hat, wenn von einer zur Integration vorgelegten Funktion das unbestimmte Integral bekannt ist; jedes bestimmte Integral ist dann durch bloße Substitution seiner Grenzen in das unbestimmte Integral berechenbar.

Es wird sich daher als eine wichtige Aufgabe darstellen, für die einfachen elementaren Funktionen und aus denselben zusammengesetzte Funktionsformen die unbestimmte Integration in dem Sinne durchzuführen, daß man andere elementare und aus solchen durch eine beschränkte Anzahl von Operationen zusammengesetzte Funktionen zu bestimmen sucht, welche die ersteren als Differentialquotienten ergeben.[1])

---

1) In historischer Beziehung sei bemerkt, daß **Leibniz** bei Schaffung des Integralbegriffs von dessen summatorischer Bedeutung ausgegangen war, daß jedoch diese Auffassung zugunsten derjenigen, welche in der Integration die inverse Operation des Differentiierens erblickt, unter **Johann Bernoulli** und **Euler** zurücktrat. Erst **Cauchy** stellte sie in den Vordergrund und definierte das bestimmte Integral als Grenzwert der Summe S in der Form, die ihr in (18) gegeben worden. Durch **Riemann** wurde die Definition von Einschränkungen befreit und in der allgemeineren Fassung (15) gegeben, zugleich die Integrabilitätsbedingung (16) formuliert.

§ 2. Grundformeln und Methoden der Integralrechnung.

233. Grundformeln der Integralrechnung. Wenn die Aufgabe der Integralrechnung dahin aufgefaßt wird, daß sie zu einem gegebenen Differentialquotienten, der für ein Intervall (α, β) als eindeutige stetige Funktion von x definiert ist, die ursprüngliche Funktion zu bestimmen hat, so ist das Integrieren die inverse Operation des Differentiierens, und aus jeder Differentialformel läßt sich durch Umkehrung eine Integralformel ableiten. Eine *Methode* des Integrierens bildet dieser Vorgang deshalb nicht, weil dabei nicht von der zur Integration vorgelegten Funktion ausgegangen wird; durch seine Anwendung auf die Differentialformeln für die elementaren Funktionen (**29.—34.**) ergeben sich aber Formeln, welche den Ausgangspunkt für alles weitere bilden; diese *Grundformeln der Integralrechnung* sollen im nachfolgenden zusammengestellt werden.

1. Für jedes $n \neq -1$ ist $d\dfrac{x^{n+1}}{n+1} = x^n\,dx$, daher

$$\int x^n\,dx = \frac{x^{n+1}}{n+1} + C. \tag{1}$$

Ist $n > 0$, so gehört auch der Wert $x = 0$ dem Stetigkeitsbereiche von x^n an und darf daher in das Integrationsintervall einbezogen werden; insbesondere ist dann

$$\int_0^1 x^n\,dx = \frac{1}{n+1}.$$

2. Der in der Formel (1) ausgeschlossene Fall $n = -1$ erledigt sich dadurch, daß $dlx = \dfrac{dx}{x}$ ist; demnach gilt

$$\int \frac{dx}{x} = lx + C. \tag{2}$$

Diese Formel setzt $x > 0$ voraus; bemerkt man, daß auch $dlkx = \dfrac{dx}{x}$, sofern k eine Konstante bedeutet, so folgt, daß auch

$$\int \frac{dx}{x} = lkx + C$$

gesetzt werden kann; nimmt man bei negativem x also $k = -1$, so wird auch

$$\int \frac{dx}{x} = l(-x) + C. \tag{2*}$$

Man kann indessen die beiden Formeln (2) und (2*) in eine zusammenfassen, die für jedes Intervall angewendet werden kann, das die Null nicht enthält, nämlich $\displaystyle\int \frac{dx}{x} = \frac{1}{2}\, l(x^2) + C.$

Sind demnach $a,\, b$ zwei positive oder zwei negative Zahlen, so gibt die Anwendung von (2), bzw. (2*) beidemal

$$\int_a^b \frac{dx}{x} = l\frac{b}{a}\,;$$

wären $a,\, b$ entgegengesetzt bezeichnet, so verriete schon das imaginäre Resultat die Unzulässigkeit der Formel. In der Tat wird die Funktion $\frac{1}{x}$ in einem solchen Intervalle $(a,\, b)$ unstetig, nämlich an der Stelle $x = 0$, und erfüllt nicht die Bedingungen der Integrabilität.

Die Formel (2), welche den Ausnahmefall von (1) erledigt, läßt sich jedoch auch in diese Formel einfügen; nach (1) ist nämlich

$$\int_1^x x^n\, dx = \frac{x^{n+1} - 1}{n + 1}\,;$$

betrachtet man in dem Resultat x als fest und n als variabel, so kommt (**109**, (2))

$$\lim_{n = -1} \frac{x^{n+1} - 1}{n + 1} = l\,x$$

und das ist laut (2) tatsächlich der für $n = -1$ geltende Wert des Integrals.

3. Aus den Formeln $d \operatorname{arctg} x = \frac{dx}{1 + x^2} = d(- \operatorname{arccotg} x)$ folgt:

$$\left.\begin{aligned}
\int \frac{dx}{1 + x^2} &= \operatorname{arctg} x + C \\[2mm]
\int \frac{dx}{1 + x^2} &= -\operatorname{arccotg} x + C;
\end{aligned}\right\} \tag{3}$$

die Formeln widersprechen einander nicht, weil

$$\operatorname{arctg} x + \operatorname{arccotg} x = \frac{\pi}{2}\,.$$

Statt der Hauptwerte der zyklometrischen Funktionen kann man auch jeden aus den allgemeinen Funktionen

$$\operatorname{Arctg} x = n\pi + \operatorname{arctg} x$$
$$\operatorname{Arccotg} x = n\pi + \operatorname{arccotg} x$$

durch Spezialisierung des n hervorgehenden Zweig in (3) einsetzen.

4. Aus den beiden Formeln

$$d \arcsin x = \frac{dx}{\sqrt{1-x^2}} = d(-\arccos x)$$

ergibt sich:

$$\left.\begin{aligned}\int \frac{dx}{\sqrt{1-x^2}} &= \arcsin x + C\\[2mm]\int \frac{dx}{\sqrt{1-x^2}} &= -\arccos x + C\end{aligned}\right\} \tag{4}$$

und es gilt hierzu eine analoge Bemerkung wie zu 3.; die Quadratwurzel ist positiv zu nehmen.

An Stelle von $\arcsin x$ kann jeder Zweig der Funktion $\operatorname{Arcsin} x$ genommen werden, für welchen der Kosinus positiv ist, also

$$2n\pi + \arcsin x$$

für jedes ganze n, und an Stelle von $\arccos x$ jeder Zweig von $\operatorname{Arccos} x$, für den der Sinus positiv ist, also

$$2n\pi + \arccos x \qquad\qquad \text{für jedes ganze } n.$$

5. Die Formel $d\dfrac{a^x}{la} = a^x dx$, in der $a > 0$ vorausgesetzt werden soll,

liefert
$$\int a^x dx = \frac{a^x}{la} + C, \tag{5}$$

und für $a = e$ folgt daraus insbesondere

$$\int e^x dx = e^x + C. \tag{6}$$

6. Die beiden Formeln $d\sin x = \cos x\,dx$ und $d(-\cos x) = \sin x\,dx$ führen zu

$$(7)\qquad \int \cos x\,dx = \sin x + C, \qquad \int \sin x\,dx = -\cos x + C. \qquad (8)$$

7. Die Formeln $d\operatorname{tg} x = \dfrac{dx}{\cos^2 x}$ und $d(-\operatorname{cotg} x) = \dfrac{dx}{\sin^2 x}$ endlich ergeben

$$(9)\qquad \int \frac{dx}{\cos^2 x} = \operatorname{tg} x + C, \qquad \int \frac{dx}{\sin^2 x} = -\operatorname{cotg} x + C. \qquad (10)$$

8. Man bilde auf Grund der Formeln in **34** auch die entsprechenden Integralformeln für die Hyperbelfunktionen.

234. Integration durch Teilung. Wenn die zu integrierende Funktion als *Summe einfacherer Funktionen* sich darstellt oder in eine solche umgewandelt werden kann, so ist ihre Integration auf die Integration der einzelnen Summanden zurückgeführt.

Nach der in **230,** 5. begründeten Eigenschaft bestimmter Integrale ist für jedes dem Integrabilitätsbereiche angehörende x (obere Grenze)

$$\int_a^x [f_1(x) + f_2(x) + \cdots + f_n(x)]\,dx$$

$$= \int_a^x f_1(x)\,dx + \int_a^x f_2(x)\,dx + \cdots + \int_a^x f_n(x)\,dx,$$

daher auch
$$\int [f_1(x) + f_2(x) + \cdots + f_n(x)]\,dx$$
$$= \int f_1(x)\,dx + \int f_2(x)\,dx + \cdots + \int f_n(x)\,dx. \tag{11}$$

Rechter Hand ist nach vollzogener Integration selbstverständlich nur *eine* Konstante additiv hinzuzufügen.

Die Formel (11) läßt noch eine Verallgemeinerung zu; da nämlich (**230,** 4.)
$$\int_a^x cf(x)\,dx = c\int_a^x f(x)\,dx,$$

so ist auch
$$\int cf(x)\,dx = c\int f(x)\,dx,$$

wenn c eine Konstante bezeichnet, und daher

$$\left.\begin{aligned}
&\int [c_1 f_1(x) + c_2 f_2(x) + \cdots + c_n f_n(x)]\,dx \\
&= c_1\int f_1(x)\,dx + c_2\int f_2(x)\,dx + \cdots + c_n\int f_n(x)\,dx.
\end{aligned}\right\} \tag{12}$$

Diese Formel in Verbindung mit der Grundformel (1) gestattet schon die Integration einer ganzen Klasse von Funktionen, der *rationalen ganzen Funktionen*; es ist nämlich unmittelbar

$$\int (a_0 x^n + a_1 x^{n-1} + \cdots + a_n)\,dx$$

$$= \frac{a_0}{n+1} x^{n+1} + \frac{a_1}{n} x^n + \cdots + a_n x + a_{n+1},$$

wenn a_{n+1} eine willkürliche Konstante bezeichnet.

235. Partielle Integration. Der in dem Intervalle (a, b) zu integrierende Differentialausdruck $f(x)\,dx$ lasse sich als Produkt aus einer Funktion u und aus einem Differential dv darstellen, zu welch letzterem die Stammfunktion v leicht bestimmt werden kann, so daß also

$$f(x)\,dx = u\,dv$$

und v als bekannt angesehen werden kann. Dann ist es möglich, das Integral $\int_a^b f(x)dx$ auf ein anderes zwischen denselben Grenzen zurückzuführen.

Geht man nämlich von der Differentialformel

$$d(uv) = u\,dv + v\,du$$

aus, so ergibt sich zunächst

$$\{uv\}_{x=a}^{x=b} = \int_{x=a}^{x=b}(u\,dv + v\,du);$$

das rechtsstehende Integral aber läßt sich in eine Summe zweier Integrale auflösen, und nach dieser Zerlegung findet man (bei einfacherer Bezeichnung der Grenzen):

$$\int_a^b u\,dv = \{uv\}_a^b - \int_a^b v\,du. \tag{13}$$

Es braucht nunmehr bloß die obere Grenze b als (innerhalb des Integrabilitätsbereiches) variabel angesehen zu werden, um aus (13) die für unbestimmte Integration geltende Formel

$$\int u\,dv = uv - \int v\,du \qquad \text{zu folgern.} \tag{14}$$

Die in den Formeln (13) und (14) ausgesprochene Methode wird

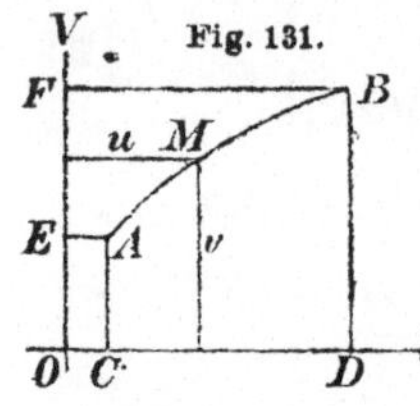

partielle Integration genannt; sie ist nur dann als mit Erfolg angewendet zu betrachten, wenn das Integral der rechten Seite einfacher ausfällt als das ursprünglich vorgelegene.

Formel (13) läßt sich an einer geometrischen Figur illustrieren. Werden u, v als Koordinaten eines Punktes M in einem rechtwinkligen System UOV (Fig. 131) aufgefaßt, so beschreibt der Punkt M, während x das Intervall (a, b) durchläuft, einen Kurvenbogen AB, und es ist

$$\int_a^b v\,du = CDBA$$

$$\int_a^b u\,dv = EFBA$$

$$(uv)_a = OCAE$$

$$(uv)_b = ODBF;$$

zwischen diesen vier Flächen besteht aber die Beziehung

$$CDBA + EFBA = ODBF - OCAE,$$

welche sich umsetzt in $\int\limits_a^b u\,dv + \int\limits_a^b v\,du = \{uv\}_a^b$ d. i. in die Formel (13).

Beispiele. 1. Wenn $n \neq -1$, so läßt sich das Integral

$$\int x^n\,lx\,dx$$

dadurch lösen, daß man $u = lx$ und $dv = x^n\,dx$ setzt; es wird so

$$\int x^n\,lx\,dx = \frac{x^{n+1}\,lx}{n+1} - \frac{1}{n+1}\int x^n\,dx = \frac{x^{n+1}\,lx}{n+1} - \frac{x^{n+1}}{(n+1)^2} + C.$$

In dem Falle $n = -1$ handelt es sich um das Integral

$$\int \frac{lx}{x}\,dx$$

und die Zerlegung $u = lx$, $dv = \frac{dx}{x}$ führt wieder auf das nämliche Integral zurück, indem

$$\int \frac{lx}{x}\,dx = (lx)^2 - \int \frac{lx}{x}\,dx$$

wird; nichtsdestoweniger ist die Aufgabe gelöst, da hieraus

$$\int \frac{lx}{x}\,dx = \frac{1}{2}\,(lx)^2 + C \qquad\qquad \text{folgt.}$$

Wenn überhaupt bei Anwendung der partiellen Integration das vorgelegte Integral auf der rechten Seite wieder erscheint mit einem von 1 verschiedenen Koeffizienten, so ist die Aufgabe, bis auf einfache Rechnungen, gelöst.

2. Wenn man in dem Integral

$$\int \sqrt{1 - x^2}\,dx$$

$u = \sqrt{1 - x^2}$, $dv = dx$ setzt, so ergibt sich zunächst

$$\int \sqrt{1 - x^2}\,dx = x\sqrt{1 - x^2} + \int \frac{x^2}{\sqrt{1 - x^2}}\,dx;$$

aber das Integral der rechten Seite kann durch die Umformung $x^2 = 1 - (1 - x^2)$ des Zählers in zwei Teile zerlegt werden, und dann folgt weiter

$$\int \sqrt{1 - x^2}\,dx = x\sqrt{1 - x^2} + \int \frac{dx}{\sqrt{1 - x^2}} - \int \sqrt{1 - x^2}\,dx,$$

woraus $\qquad \int \sqrt{1 - x^2}\,dx = \frac{x}{2}\sqrt{1 - x^2} + \frac{1}{2}\arcsin x + C.$

3. Das Integral $\qquad J_n = \int x^n e^x dx,$

worin $|n$ eine positive ganze Zahl bedeuten soll, gibt bei der Zerlegung $u = x^n$, $dv = e^x dx$: $\qquad J_n = x^n e^x - n J_{n-1}.$

Eine Formel von dieser Art, durch welche ein vorgelegtes Integral in ein einfacheres von gleicher Gestalt umgewandelt wird, heißt eine *Reduktions-* oder *Rekursionsformel.*

Die wiederholte Anwendung obiger Formel führt auf folgende Gleichungen:

$$J_n = x^n e^x - n J_{n-1}$$
$$J_{n-1} = x^{n-1} e^x - (n-1) J_{n-2}$$
$$\cdot\ \cdot\ \cdot\ \cdot\ \cdot\ \cdot\ \cdot\ \cdot\ \cdot\ \cdot\ \cdot$$
$$J_1 = x e^x - J_0;$$

das Endintegral ist $J_0 = \int e^x dx = e^x$; zum Zwecke der Elimination der Zwischenintegrale multipliziere man die Gleichungen von der zweiten angefangen der Reihe nach mit $(-1)n$, $(-1)^2 n(n-1)$, $\ldots$, $(-1)^{n-1} n(n-1) \ldots 2$ und bilde hierauf die Summe aller. Dadurch ergibt sich

$$J_n = e^x [x - n x^{n-1} + n(n-1) x^{n-2} - \cdots$$
$$+ (-1)^{n-1} n(n-1) \cdots 2x + (-1)^n n(n-1) \cdots 1] + C.$$

4. Man entwickle folgende Integrale nach der vorstehenden Methode:

$\alpha)\ \displaystyle\int \frac{e^{2x} dx}{\sqrt{e^x + 1}}\ (u = e^x, \ldots).$

$\beta)\ \displaystyle\int \frac{1 + \sin x}{1 + \cos x} e^x dx\ (dv = e^x dx, \ldots;$ man überzeugt sich leicht, daß der unter dem neuen Integral entstehende Ausdruck das Differential von $\dfrac{e^x}{1 + \cos x}$ ist).

$\gamma)\ \displaystyle\int e^{ax} \sin bx\, dx\ $ und $\ \displaystyle\int e^{ax} \cos bx\, dx.$

$\delta)\ \displaystyle\int \cos bx \cosh ax\, dx,\quad \int \cos bx \sinh ax\, dx;$

$\displaystyle\int \sin bx \cosh ax\, dx,\quad \int \sin bx \sinh ax\, dx;$

(unter Benutzung der Formeln in **34** zeige man, daß die Summen des ersten und des zweiten Integralpaares wieder auf die Integrale in $\gamma)$ führen).

236. Integration durch Substitution. Neben der partiellen Integration ist die *Einführung einer neuen Integrationsvariablen* eines der wichtigsten Hilfsmittel zur Gewinnung neuer Integrationsformeln, bzw zur Ausrechnung oder Vereinfachung vorgelegter Integrale.

Es liege das bestimmte Integral

$$\int_a^b f(x)\,dx \tag{15}$$

vor; anstelle der Variablen x sei eine neue Variable t durch die Gleichung

$$x = \varphi(t) \tag{16}$$

einzuführen, von der wir voraussetzen, daß sie x durch t sowohl wie t durch x eindeutig bestimmt, so daß neben φ auch die inverse Funktion

$$t = \psi(x) \tag{16*}$$

eindeutig ist.

Mit Hilfe der Wertreihe

$$a = x_0,\ x_1,\ x_2,\ \ldots,\ x_n = b$$

und der in die Teilintervalle (x_0, x_1), (x_1, x_2), $\ldots$, (x_{n-1}, x_n) eingeschobenen Zwischenwerte $\quad \xi_1,\ \xi_2,\ \ldots,\ \xi_n \quad$ bilden wir die Summe

$$\sum_1^n (x_\nu - x_{\nu-1}) f(\xi_\nu) \tag{17}$$

und nehmen an dieser die Transformation vor.

Vermöge der über die Transformationsgleichung (16) getroffenen Annahmen gehört zu obiger Reihe der Werte von x eine ebenfalls arithmetisch (steigend oder fallend) geordnete Wertreihe

$$\alpha = t_0,\ t_1,\ t_2,\ \ldots,\ t_n = \beta$$

und es entsprechen den Zwischenwerten auch hier Zwischenwerte

$$\tau_1,\ \tau_2,\ \ldots,\ \tau_n.$$

Dabei ist für jeden Zeigerwert ν

$$x_\nu = \varphi(t_\nu),\ t_\nu = \psi(x_\nu)$$

und insbesondere auch $\quad \alpha = \psi(a),\ \beta = \psi(b);$

daraus folgt weiter mit Hilfe des Mittelwertsatzes (38), daß

$$x_\nu - x_{\nu-1} = \varphi(t_\nu) - \varphi(t_{\nu-1}) = (t_\nu - t_{\nu-1})\varphi'(\tau_\nu'),$$

wobei τ_ν' einen *bestimmten* Wert von t aus dem Intervalle $(t_{\nu-1}, t_\nu)$ vorstellt.

Hiernach verwandelt sich die Summe (17) in die gleichwertige

$$\sum_1^n (t_\nu - t_{\nu-1}) f[\varphi(\tau_\nu)]\,\varphi'(\tau_\nu');$$

weil aber in betreff der Grenzwertbestimmung die ursprünglichen Zwischenwerte ξ_ν vollständig willkürlich sind, so gilt dies auch für die τ_ν, und daher darf von vornherein die Wahl so getroffen gedacht werden, daß jedes

$$\tau_\nu = \tau_\nu';$$

dann aber lautet die transformierte Summe

$$\sum_1^n (t_\nu - t_{\nu-1}) f[\varphi(\tau_\nu)] \varphi'(\tau_\nu). \tag{18}$$

Ihr Grenzwert gibt wie jener von (17) den Wert des Integrals (15), daher ist

$$\int_a^b f(x)\,dx = \int_\alpha^\beta f[\varphi(t)]\varphi'(t)\,dt. \tag{19}$$

Bei der durch (16) vorgezeichneten Transformation eines bestimmten Integrals hat man also unter dem Integralzeichen x durch $\varphi(t)$, dx durch $\varphi'(t)\,dt$ zu ersetzen und als Grenzen die den ursprünglichen Grenzen a, b zugeordneten Werte α, β der neuen Variablen zu nehmen.

Wenn die Transformationsgleichung den hier vorausgesetzten Bedingungen nicht entspricht, so muß das Verfahren mit Vorsicht angewendet werden. Man hat zu prüfen, in welcher Weise sich t ändert, während x das Intervall (a, b) stetig durchläuft. So oft t den *Sinn* der Änderung wechselt, ist eine Spaltung des transformierten Integrals erforderlich. Beispiele werden es klar machen.

Einer speziellen Transformation sei hier besonders gedacht: sie besteht in der bloßen *Zeichenänderung der Integrationsvariablen*, gleichbedeutend mit der Substitution $x = -t$.
Man findet durch Anwendung der Formel (19)

$$\int_a^b f(x)\,dx = \int_{-b}^{-a} f(-x)\,dx. \tag{20}$$

Hieraus resultieren zwei häufig gebrauchte Formeln. Ist nämlich $f(x)$ eine *gerade* Funktion, also $f(-x) = f(x)$, so gilt

$$\int_{-a}^a f(x)\,dx = \int_{-a}^0 f(x)\,dx + \int_0^a f(x)\,dx,$$

und weil vermöge (20)

$$\int_{-a}^0 f(x)\,dx = \int_0^a f(-x)\,dx = \int_0^a f(x)\,dx,$$

so ist
$$\int_{-a}^{a} f(x)\,dx = 2\int_{0}^{a} f(x)\,dx, \quad (f(-x) = f(x)). \tag{21}$$

Ist dagegen $f(x)$ eine *ungerade* Funktion, so daß $f(-x) = -f(x)$, so ist

$$\int_{-a}^{0} f(x)\,dx = \int_{0}^{a} f(-x)\,dx = -\int_{0}^{a} f(x)\,dx,$$

daher
$$\int_{-a}^{a} f(x)\,dx = 0, \quad (f(-x) = -f(x)). \tag{22}$$

Es mag noch der Übergang von bestimmten zu unbestimmten Integralen vollzogen werden; denkt man sich die obere Grenze b, also auch β variabel, so kommt man unmittelbar zu

$$\int f(x)\,dx = \int f[\varphi(t)]\,\varphi'(t)\,dt. \tag{19*}$$

Man kann dieser Formel auch die folgende Deutung geben: Aus jeder Integralformel läßt sich eine neue Formel ableiten, indem x durch eine Funktion von x und dx durch deren Differential ersetzt wird.

So ergibt sich aus der Grundformel $\displaystyle\int x^n\,dx = \frac{x^{n+1}}{n+1} + C$ die allge-

meinere .
$$\int \varphi(x)^n \varphi'(x)\,dx = \frac{\varphi(x)^{n+1}}{n+1} + C,$$

aus $\displaystyle\int \frac{dx}{x} = lx + C$ auf demselben Wege

$$\int \frac{\varphi'(x)\,dx}{\varphi(x)} = l[\pm\,\varphi(x)] + C,$$

usw. Mitunter läßt sich bei einem vorgelegten Integral eine solche verallgemeinerte Grundformel durch bloßes Zufügen eines konstanten Faktors herstellen, die Integration kann dann unmittelbar vollzogen werden.

Die Auffindung passender Substitutionen bildet einen der wichtigsten Kunstgriffe der Integralrechnung und erfordert vielfache Übung.

237. Beispiele. 1. Mit Hilfe der Grundformeln ergeben sich folgende Integrale:

$$\int (ax + b)^n\,dx = \frac{1}{a} \int (ax + b)^n\,d(ax + b) = \frac{(ax + b)^{n+1}}{(n+1)a} + C,$$

$$\int \cos^n x \sin x\,dx = -\int \cos^n x\,d\cos x = -\frac{\cos^{n+1} x}{n+1} + C, \quad (n \neq -1),$$

$$\int \frac{dx}{a+x} = \int \frac{d(a+x)}{a+x} = l(a+x) + C,$$

$$\int \frac{dx}{a+bx} = \frac{1}{b} \int \frac{d(a+bx)}{a+bx} = l(a+bx)^{\frac{1}{b}} + C,$$

$$\int \operatorname{tg} x\, dx = - \int \frac{d\cos x}{\cos x} = - l \cos x + C,$$

$$\int e^{ax} dx = \frac{1}{a} \int e^{ax} d(ax) = \frac{e^{ax}}{a} + C,$$

$$\int \frac{dx}{\sqrt{1-\varkappa^2 x^2}} = \frac{1}{\varkappa} \int \frac{d(\varkappa x)}{\sqrt{1-(\varkappa x)^2}} = \frac{1}{\varkappa} \arcsin \varkappa x + C,$$

$$\int \frac{dx}{\varkappa^2 + x^2} = \frac{1}{\varkappa} \int \frac{d\frac{x}{\varkappa}}{1+\left(\frac{x}{\varkappa}\right)^2} = \frac{1}{\varkappa} \operatorname{arctg} \frac{x}{\varkappa} + C.$$

2. Das Integral $\qquad \int \sqrt{a^2 - x^2}\, dx$

verwandelt sich durch die Substitution $x = a \sin t$ in

$$a^2 \int \cos^2 t\, dt = a^2 \int \frac{1+\cos 2t}{2}\, dt = a^2 \left(\frac{t}{2} + \frac{\sin 2t}{4} \right) + C;$$

in dem Resultate ist t durch $\arcsin \frac{x}{a}$ und $\sin 2t = 2 \sin t \cos t$ durch

$2 \frac{x}{a} \sqrt{1 - \frac{x^2}{a^2}}$ zu ersetzen; hiernach ist

$$\int \sqrt{a^2 - x^2}\, dx = \frac{x}{2} \sqrt{a^2 - x^2} + \frac{a^2}{2} \arcsin \frac{x}{a} + C.$$

3. Das Integral $\qquad \int \frac{dx}{a^2 \cos^2 x + b^2 \sin^2 x}$

geht zunächst, wenn man unter dem Integralzeichen Zähler und Nenner durch $\cos^2 x$ dividiert, über in

$$\int \frac{\sec^2 x\, dx}{a^2 + b^2 \operatorname{tg}^2 x},$$

und durch die Substitution $b \operatorname{tg} x = a t$ weiter in

$$\frac{1}{ab} \int \frac{dt}{1+t^2} = \frac{1}{ab} \operatorname{arctg} t + C; \qquad\qquad \text{demnach ist}$$

$$\int \frac{dx}{a^2 \cos^2 x + b^2 \sin^2 x} = \frac{1}{ab} \operatorname{arctg} \left(\frac{b}{a} \operatorname{tg} x \right) + C.$$

4. Es ist
$$\int_0^\pi \sin x\,dx = \{\cos x\}_\pi^0 = 2;$$

wollte man auf dieses Integral die Transformation $\sin x = t$ anwenden, so müßte dies mit Vorsicht geschehen; denn während x das Intervall $(0, \pi)$ stetig durchläuft, bewegt sich t von 0 bis 1 und wieder zurück; da nun
$$dx = \frac{dt}{\cos x},$$

so ist in der ersten Hälfte von $(0, \pi)$, d. i. von 0 bis $\frac{\pi}{2}$,
$$dx = \frac{dt}{\sqrt{1 - t^2}},$$

in der zweiten Hälfte, d. i. von $\frac{\pi}{2}$ bis π, wo $dt < 0$,
$$dx = \frac{dt}{-\sqrt{1 - t^2}} \qquad \text{zu setzen. Hiernach ist}$$

$$\int_0^\pi \sin x\,dx = \int_0^{\frac{\pi}{2}} \sin x\,dx + \int_{\frac{\pi}{2}}^\pi \sin x\,dx$$

$$= \int_0^1 \frac{t\,dt}{\sqrt{1 - t^2}} + \int_1^0 \frac{t\,dt}{-\sqrt{1 - t^2}} = 2\int_0^1 \frac{t\,dt}{\sqrt{1 - t^2}} = 2[\sqrt{1 - t^2}]_1^0 = 2.$$

Die unvermittelte Anwendung der Formel (19) ergäbe das absurde

Resultat $\displaystyle\int_0^0 \frac{t\,dt}{\sqrt{1 - t^2}} = 0.$

5. Man findet unmittelbar
$$\int_{-1}^2 \frac{x\,dx}{\sqrt{1 + x^2}} = \frac{1}{2}\int_{-1}^2 \frac{d(1 + x^2)}{\sqrt{1 + x^2}} = \{\sqrt{1 + x^2}\}_{-1}^2 = \sqrt{5} - \sqrt{2}.$$

Obwohl nun bei der Substitution $1 + x^2 = t$ die Variable t, während x das Intervall $(-1, 2)$ beschreibt, nicht in einerlei Sinn sich ändert, sondern zuerst von 2 nach 1 und dann von hier nach 5 geht, so führt doch die Formel (19) zu dem richtigen Resultate; denn für beide Abschnitte verwandelt sich $\quad\dfrac{x\,dx}{\sqrt{1 + x^2}}\quad$ in $\quad\dfrac{dt}{2\sqrt{t}},\qquad$ und es ist

$$\int_{-1}^2 \frac{x\,dx}{\sqrt{1 + x^2}} = \int_{-1}^0 \cdots + \int_0^2 \cdots = \int_2^1 \frac{dt}{2\sqrt{t}} + \int_1^5 \frac{dt}{2\sqrt{t}} = \int_2^5 \frac{dt}{2\sqrt{t}} = \{\sqrt{t}\}_2^5,$$

daher
$$\int_{-1}^{2}\frac{x\,dx}{\sqrt{1+x^2}}=\int_{2}^{5}\frac{dt}{2\sqrt{t}}$$

so, als ob t sich beständig nur in einem Sinne änderte.

6. Man entwickle die folgenden Integrale durch die angedeuteten Substitutionen:

$$\alpha)\ \int\frac{dx}{\sqrt{2ax-x^2}}\quad (x=a-t);$$

$$\beta)\ \int\frac{dx}{x\sqrt{2ax-a^2}}\quad \left(x=\frac{a}{1-t}\right);$$

$$\gamma)\ \int\frac{dx}{x^4\sqrt{1+x^2}}\quad \left(x^2=\frac{1}{t}\right);$$

$$\delta)\ \int\frac{dx}{\sqrt{x(x^3+1)^3}}\quad \left(x^3=\frac{1}{t-1}\right);$$

$$\varepsilon)\ \int\frac{x\,dx}{\sqrt{(x^2-a^2)(b^2-x^2)}}\quad (x^2=b^2+(a^2-b^2)t^2).$$

Man zeige weiter:

$$\int_{a}^{b}f(x)\,dx=\int_{a}^{b}f(a+b-x)\,dx,\quad \text{Substitution: } x=a+b-y.$$

$$\int_{a}^{b}f(x)\,dx=\int_{\frac{1}{b}}^{\frac{1}{a}}f\left(\frac{1}{y}\right)\frac{dy}{y^2},\quad \text{Voraussetzung: } ab>0.$$

Zweiter Abschnitt.

Unbestimmte Integrale.

§ 1. Integration rationaler Funktionen.

238. Allgemeine Sätze über die Zerlegung eines rationalen Bruches. Unter den verschiedenen Gattungen von Funktionen gibt es nur eine, für welche die unbestimmte Integration theoretisch immer ausgeführt werden kann; es sind die *rationalen Funktionen*. Die praktische Durchführung hängt jedoch von einer Voraussetzung ab, welche alsbald angeführt werden wird.

Jede gebrochene rationale Funktion kann auf die Form eines Bruches $\frac{\Phi(x)}{f(x)}$ gebracht werden, dessen Zähler und Nenner rationale ganze Funktionen von x sind; man darf dabei voraussetzen, daß der Bruch *irreduktibel* sei, d. h. daß Zähler und Nenner keinen gemeinsamen algebraischen Teiler haben, mit andern Worten, daß sie für keinen Wert von x gleichzeitig Null werden. Der Nenner sei vom Grade n.

Ist der Zähler von demselben oder einem höheren Grade, so läßt sich der Bruch durch wirkliche Ausführung der Division in eine ganze Funktion und eine echt gebrochene zerlegen, derart, daß

$$\frac{\Phi(x)}{f(x)} = G(x) + \frac{F(x)}{f(x)} ;$$

darin ist $F(x)$ höchstens vom Grade $n - 1$. Die Integration des vorgelegten Bruches kommt dann zurück auf die Integration einer ganzen Funktion und eines echten Bruches; die erste Aufgabe ist bereits erledigt (**234**), es erübrigt noch die zweite.

Nach den Lehren der Algebra ist jede ganze Funktion mit reellen Koeffizienten in reelle Faktoren zerlegbar, welche sich als Potenzen von ganzen Funktionen des ersten und zweiten Grades in x darstellen. Diese Zerlegung hängt mit den Nullstellen oder Wurzeln der Funktion in der Weise zusammen, daß eine einfache reelle Wurzel a zu der Zerlegung den Faktor $x - a$, eine m-fache solche Wurzel den Faktor $(x - a)^m$ liefert, während aus einer komplexen Wurzel $\alpha + \beta i$ und der sie begleitenden konjugierten Wurzel $\alpha - \beta i$ ein quadratischer Faktor $x^2 + px + q$ und aus m-fachen Wurzeln dieser Art ein Faktor $(x^2 + px + q)^m$ entspringt; dabei ist $p = -2\alpha$ und $q = \alpha^2 + \beta^2$, so daß $\frac{p^2}{4} - q < 0$ ist.

Ist nun der Nenner $f(x)$ der echt gebrochenen Funktion $\frac{F(x)}{f(x)}$ in seine Faktoren zerlegt oder läßt sich diese Zerlegung durch Auflösung der Gleichung $f(x) = 0$ bewerkstelligen — dies die Voraussetzung, unter welcher allein die praktische Ausführung der im Nachfolgenden erörterten Operationen möglich ist —, so kann $\frac{F(x)}{f(x)}$ in einfachere Brüche, welche die Faktoren von $f(x)$ zu Nennern haben, aufgelöst werden, und das Integral $\int \frac{F(x)}{f(x)}\, dx$ erscheint auf die Integration dieser einfachen Brüche, der *Partialbrüche*, zurückgeführt.

Die Grundlage für die Zerlegung in Partialbrüche bildet der folgende Satz:

Jeder irreduktible echte Bruch $\dfrac{F(x)}{\varphi(x)\,\psi(x)}$, *dessen Nenner aus teilerfremden Faktoren besteht, läßt sich, und zwar nur auf eine Art, in irreduktible echte Brüche zerlegen, die zu Nennern diese Faktoren haben, so daß*

$$\frac{F(x)}{\varphi(x)\,\psi(x)} = \frac{P(x)}{\varphi(x)} + \frac{Q(x)}{\psi(x)} \qquad wird. \qquad (1)$$

Es sei nämlich
$$\varphi(x) = a_0 x^r + a_1 x^{r-1} + \cdots + a_r$$
$$\psi(x) = b_0 x^s + b_1 x^{s-1} + \cdots + b_s;$$

dann ist $r + s - 1$ der höchstmögliche Grad der Funktion $F(x)$, deren allgemeine Form

$$F(x) = c_0 x^{r+s-1} + c_1 x^{r+s-2} + \cdots + c_{r+s-1}$$

sein wird; da $\varphi(x)$, $\psi(x)$ keine gemeinsame Wurzel haben, so ist ihre Resultante

$$A = \begin{vmatrix} a_0 & a_1 & \cdots & a_r & \cdots & 0 \\ 0 & a_0 & \cdots & & a_r & \cdot & 0 \\ \cdot & \cdot & \cdot & \cdot & \cdot & \cdot & \cdot \\ 0 & \cdots & a_0 & \cdots & & a_r \\ b_0 & b_1 & \cdots & b_s & \cdots & 0 \\ 0 & b_0 & \cdots & & b_s & \cdot & 0 \\ \cdot & \cdot & \cdot & \cdot & \cdot & \cdot & \cdot \\ 0 & \cdots & b_0 & \cdots & & b_s \end{vmatrix} \gtrless 0. \qquad (2)$$

Bildet man mit den drei Funktionen das Gleichungssystem

$$F(x) = c_0 x^{r+s-1} + c_1 x^{r+s-2} + \cdots\cdots\cdots\cdots + c_{r+s-1}$$
$$x^{s-1}\varphi(x) = a_0 x^{r+s-1} + a_1 x^{r+s-2} + \cdots + a_r x^{s-1}$$
$$x^{s-2}\varphi(x) = \qquad\qquad a_0 x^{r+s-2} + \cdots\cdots\cdots + a_r x^{s-2}$$
$$\cdots\cdots\cdots\cdots\cdots\cdots\cdots\cdots\cdots\cdots$$
$$\varphi(x) = \qquad\qquad\qquad\qquad a_0 x^{r} + \cdots\cdots\cdots + a_r$$
$$x^{r-1}\psi(x) = b_0 x^{r+s-1} + b_1 x^{r+s-2} + \cdots + b_s x^{r-1}$$
$$x^{r-2}\psi(x) = \qquad\qquad b_0 x^{r+s-2} + \cdots\cdots\cdots\cdots + b_s x^{r-2}$$
$$\cdots\cdots\cdots\cdots\cdots\cdots\cdots\cdots\cdots\cdots$$
$$\psi(x) = \qquad\qquad\qquad\qquad b_0 x^{s} + \cdots\cdots\cdots + b_s,$$

das $r + s + 1$ Gleichungen umfaßt, so kann dasselbe in bezug auf die
rechts auftretenden Potenzen von x, d. i. x^{r+s-1}, x^{r+s-2}, ..., x^0, deren
Anzahl $r + s$ ist, als ein lineares, nicht homogenes System angesehen werden; sein Bestand erfordert, daß die Determinante aus den Koeffizienten
und den linksseitigen Gliedern identisch verschwinde, daß also

$$\begin{vmatrix} F(x)\,c_0\,c_1 & \cdots\cdots\cdots\cdots & c_{r+s-1} \\ x^{s-1}\varphi(x)\,a_0\,a_1 & \cdots\cdots a_r \cdots\cdots & 0 \\ x^{s-2}\varphi(x)\,0\,a_0 & \cdots\cdots\cdots\cdots a_r \cdots & 0 \\ \cdots\cdots\cdots & \cdots\cdots\cdots\cdots & \cdots \\ \varphi(x)\,0 & \cdots\cdots a_0 \cdots\cdots\cdots & a_r \\ x^{r-1}\psi(x)\,b_0\,b_1 & \cdots\cdots b_s \cdots\cdots & 0 \\ x^{r-2}\psi(x)\,0\,b_0 & \cdots\cdots\cdots b_s \cdots & 0 \\ \cdots\cdots\cdots & \cdots\cdots\cdots\cdots & \cdots \\ \psi(x)\,0 & \cdots\cdots b_0 \cdots\cdots\cdots & b_s \end{vmatrix} \equiv 0 \qquad \text{sei.}$$

Entwickelt man links nach den Elementen der ersten Kolonne, so
ergibt sich eine Gleichung von der Form

$$\left. \begin{aligned} &A F(x) + (B_1 x^{s-1} + B_2 x^{s-2} + \cdots + B_s)\varphi(x) \\ &\quad + (A_1 x^{r-1} + A_2 x^{r-2} + \cdots + A_r)\psi(x) = 0; \end{aligned} \right\} \tag{3}$$

darin bedeuten A, B_1, ..., B_s, A_1, ..., A_r die Unterdeterminanten,
welche den Elementen der ersten Kolonne konjugiert sind, also durchwegs konstante Größen, deren erste laut (2) von Null verschieden ist.
Aus (3) aber drückt sich $\dfrac{F(x)}{\varphi(x)\,\psi(x)}$ wie folgt aus:

$$\left.\begin{aligned}
\frac{F(x)}{\varphi(x)\,\psi(x)} &= \frac{\alpha_1\,x^{r-1}+\alpha_2\,x^{r-2}+\cdots+\alpha_r}{\varphi(x)} \\
&+ \frac{\beta_1\,x^{s-1}+\beta_2\,x^{s-2}+\cdots+\beta_s}{\psi(x)}
\end{aligned}\right\} \tag{4}$$

Daß die beiden Brüche rechts irreduktibel sind, erkennt man aus (3); hätten nämlich $\alpha_1 x^{r-1}+\cdots+\alpha_r$ und $\varphi(x)$, also auch $A_1 x^{r-1}+\cdots+A_r$ und $\varphi(x)$, einen gemeinsamen Teiler, so müßte dieser vermöge (3) auch Teiler von $F(x)$ sein — gegen die vorausgesetzte Irreduktibilität von $\dfrac{F(x)}{\varphi(x)\,\psi(x)}$.

Hiermit ist der obige Satz im ganzen Umfange bewiesen.

Die wirkliche Zerlegung kann auf dem eben bezeichneten Wege mit Zuhilfenahme des Satzes der unbestimmten Koeffizienten (89) erfolgen. Nachdem man nämlich den Ansatz (4) gebildet, befreie man ihn von den Nennern und vergleiche in

$$\begin{aligned}
F(x) &= (\alpha_1 x^{r-1}+\alpha_2 x^{r-2}+\cdots+\alpha_r)\,\psi(x) \\
&+ (\beta_1 x^{s-1}+\beta_2 x^{s-2}+\cdots+\beta_s)\,\varphi(x)
\end{aligned}$$

die Koeffizienten gleicher Potenzen links und rechts; dadurch ergibt sich die gerade notwendige Anzahl von $r+s$ linearen Gleichungen zur Bestimmung der Koeffizienten

$$\alpha_1 \ldots \alpha_r,\ \beta_1 \ldots \beta_s.$$

Aus dem obigen Satze läßt sich der folgende ableiten: *Der irreduktible echte Bruch $\dfrac{F(x)}{\varphi_1(x)\,\varphi_2(x)\ldots\varphi_\sigma(x)}$, in welchem keine zwei Faktoren des Nenners einen gemeinsamen Teiler haben, läßt sich nur auf eine Art in eine Summe irreduktibler echter Brüche mit den Nennern $\varphi_1(x)$, $\varphi_2(x)$, .., $\varphi_\sigma(x)$ auflösen.*

Es ist nämlich auf Grund von (1)

$$\frac{F(x)}{\varphi_1(x)\,\varphi_2(x)\ldots\varphi_\sigma(x)} = \frac{P_1(x)}{\varphi_1(x)} + \frac{Q_1(x)}{\varphi_2(x)\ldots\varphi_\sigma(x)}$$

$$\frac{Q_1(x)}{\varphi_2(x)\ldots\varphi_\sigma(x)} = \frac{P_2(x)}{\varphi_2(x)} + \frac{Q_2(x)}{\varphi_3(x)\ldots\varphi_\sigma(x)}$$

$$\cdot\ \cdot\ \cdot\ \cdot\ \cdot\ \cdot\ \cdot\ \cdot\ \cdot\ \cdot\ \cdot\ \cdot\ \cdot\ \cdot$$

$$\frac{Q_{\sigma-2}(x)}{\varphi_{\sigma-1}(x)\,\varphi_\sigma(x)} = \frac{P_{\sigma-1}(x)}{\varphi_{\sigma-1}(x)} + \frac{P_\sigma(x)}{\varphi_\sigma(x)}$$

und daraus ergibt sich durch Addition:

$$\frac{F(x)}{\varphi_1(x)\,\varphi_2(x)\ldots\varphi_\sigma(x)} = \frac{P_1(x)}{\varphi_1(x)} + \frac{P_2(x)}{\varphi_2(x)} + \cdots + \frac{P_\sigma(x)}{\varphi_\sigma(x)}. \tag{5}$$

239. Partialbrüche, von einfachen reellen Wurzeln stammend. Eine *einfache reelle Wurzel* a des Nenners von $\frac{F(x)}{f(x)}$ gibt zu folgender Zerlegung Anlaß: Es ist

$$f(x) = (x - a)\varphi(x) \qquad \text{und} \qquad \frac{F(x)}{f(x)} = \frac{A}{x - a} + \frac{P}{\varphi(x)}; \tag{6, 7}$$

dabei bedeutet A eine ganze Funktion 0-ten Grades, also eine Konstante, und P ist von niedrigerem Grade als $\varphi(x)$. Um A zu finden, setze man in der von Brüchen befreiten Gleichung

$$F(x) = A\varphi(x) + P(x - a)$$

$x = a$ und erhält, da sowohl $F(a) \neq 0$ wie $\varphi(a) \neq 0$ ist, für A den völlig bestimmten Wert

$$A = \frac{F(a)}{\varphi(a)}. \tag{8}$$

Zu einer anderen Darstellung des Zählers A führt die Gleichung (6); differentiiert man sie, so kommt

$$f'(x) = \varphi(x) + (x - a)\varphi'(x)$$

und daraus folgt $f'(a) = \varphi(a)$; daher ist nach (8) auch

$$A = \frac{F(a)}{f'(a)}. \tag{9}$$

Besitzt der Nenner *nur* einfache reelle Wurzeln $a_1, a_2, \ldots, a_n$ und macht man die Voraussetzung, der Koeffizient der höchsten Potenz sei die Einheit[1]), dann gilt

$$f(x) = (x - a_1)(x - a_2)\cdots(x - a_n) \qquad \text{und}$$

$$\frac{F(x)}{f(x)} = \frac{A_1}{x - a_1} + \frac{A_2}{x - a_2} + \cdots + \frac{A_n}{x - a_n}.$$

Zur Bestimmung der Zähler führen verschiedene Wege; entweder setzt man in der von den Brüchen befreiten Gleichung der Reihe nach $x = a_1, a_2, \ldots, a_n$ und erhält in derselben Reihenfolge $A_1, A_2, \ldots, A_n$, oder man vergleicht in derselben Gleichung die Koeffizienten gleicher Potenzen von x zu beiden Seiten und kommt so zu n linearen Gleichun-

---

1) Im anderen Falle denke man sich diesen Koeffizienten vor das Integralzeichen gehoben.

gen mit A_1, A_2, ..., A_n als Unbekannten, oder endlich man stützt sich auf die Formel (9) und erhält

$$A_k = \frac{F(a_k)}{f'(a_k)}, \qquad (k = 1, 2, \ldots, n).$$

Für die Integration von Partialbrüchen der hier vorliegenden Gestalt $\frac{A}{x-a}$ gilt die Formel

$$\int \frac{A\,dx}{x-a} = A \int \frac{d(x-a)}{x-a} = A\,l(x-a). \tag{10}$$

240. Beispiele. 1. Zur Bestimmung des Integrals

$$\int \frac{dx}{(x-a)(x-b)} \qquad \text{hat man die Zerlegung}$$

$$\frac{1}{(x-a)(x-b)} = \frac{A}{x-a} + \frac{B}{x-b}$$

vorzunehmen; nach Beseitigung der Nenner hat man

$$1 = A(x-b) + B(x-a)$$

und findet daraus durch die Substitutionen $x = a$ und $x = b$:

$$A = \frac{1}{a-b} = -B; \qquad\qquad \text{daher ist}$$

$$\int \frac{dx}{(x-a)(x-b)} = \frac{1}{a-b}\,l\frac{x-a}{x-b} + C.$$

Insbesondere gilt hiernach die Formel

$$\int \frac{dx}{x^2-a^2} = \frac{1}{2a}\,l\frac{x-a}{x+a} + C.$$

2. Es sei das Integral $\int \frac{(x^2+1)\,dx}{(x^2-1)(x^2-4)}$ zu ermitteln.

Man hat hierzu die Zerlegung

$$\frac{x^2+1}{(x^2-1)(x^2-4)} = \frac{A}{x-1} + \frac{B}{x+1} + \frac{C}{x-2} + \frac{D}{x+2};$$

wird der Zähler der linken Seite mit $F(x)$, der Nenner mit $f(x)$ bezeichnet, so ist

$$f'(x) = 4x^3 - 10x \qquad\qquad \text{und}$$

$$A = \frac{F(1)}{f'(1)} = -\frac{1}{3}, \quad B = \frac{F(-1)}{f'(-1)} = \frac{1}{3}, \quad C = \frac{F(2)}{f'(2)} = \frac{5}{12},$$

$$D = \frac{F(-2)}{f'(-2)} = -\frac{5}{12}.$$

Demnach ist

$$\int \frac{(x^2+1)\,dx}{(x^2-1)(x^2-4)} = \frac{1}{3}\,l\frac{x+1}{x-1} + \frac{5}{12}\,l\frac{x-2}{x+2} + C = \frac{1}{12}\,l\left(\frac{x+1}{x-1}\right)^4\left(\frac{x-2}{x+2}\right)^5 + C.$$

3. Um das Integral $\displaystyle\int \frac{(360\,x^2 - 106\,x - 17)\,dx}{24\,x^3 - 10\,x^2 - 3\,x + 1}$

zu bestimmen, hat man vorerst die kubische Gleichung

$$24\,x^3 - 10\,x^2 - 3\,x + 1 = 0$$

aufzulösen; ihre Wurzeln sind $\dfrac{1}{2}$, $-\dfrac{1}{3}$, $\dfrac{1}{4}$, daher setze man

$$\frac{360\,x^2 - 106\,x - 17}{24\,x^3 - 10\,x^2 - 3\,x + 1} = \frac{A}{2\,x-1} + \frac{B}{3\,x+1} + \frac{C}{4\,x-1}.$$

Nach Beseitigung der Nenner hat man die Gleichung:

$$360\,x^2 - 106\,x - 17 = A(3\,x+1)(4\,x-1) + B(4\,x-1)(2\,x-1)$$
$$+ C(2\,x-1)(3\,x+1),$$

und die Vergleichung der Koeffizienten gleicher Potenzen von x führt zu:

$$360 = 12\,A + 8\,B + 6\,C$$
$$-106 = A - 6\,B - C$$
$$-17 = -A + B - C;$$

daraus berechnen sich $A = 8$, $B = 15$, $C = 24$.

Folglich ist

$$\int \frac{(360\,x^2 - 106\,x - 17)\,dx}{24\,x^3 - 10\,x^2 - 3\,x + 1}$$
$$= 4\,l(2\,x-1) + 5\,l(3\,x+1) + 6\,l(4\,x-1) + C'$$
$$= l(2\,x-1)^4(3\,x+1)^5(4\,x-1)^6 + C'.$$

241. Partialbrüche, von mehrfachen reellen Wurzeln stammend. Eine *m-fache reelle Wurzel* a des Nenners von $\dfrac{F(x)}{f(x)}$ führt zu folgender Zerlegung. Zunächst ist

$$f(x) = (x-a)^m\,\varphi(x),$$

weiter nach dem allgemeinen Satze in **230**

$$\frac{F(x)}{f(x)} = \frac{P(x)}{(x-a)^m} + \frac{Q(x)}{\varphi(x)},$$

wobei $P(x)$ als Funktion $\overline{m-1}$-ten Grades die Form hat

$$P(x) = \alpha_1 x^{m-1} + \alpha_2 x^{m-2} + \cdots + \alpha_m.$$

Nun kann $P(x)$ auch nach Potenzen des Binoms $x - a$ entwickelt werden; entweder mit Hilfe der Formel

$$P(x) = P(a + (x - a))$$

$$= P(a) + \frac{P'(a)}{1}(x - a) + \frac{P''(a)}{1 \cdot 2}(x - a)^2 + \cdots$$

$$+ \frac{P^{(m-1)}(a)}{1 \cdot 2 \cdots (m-1)}(x - a)^{m-1}$$

oder aber dadurch, daß man $x = z + a$ setzt und $P(z + a)$ mittels der Binomialformel ausführt; es ergibt sich so

$$P(x) = P(z + a) = A_1 z^{m-1} + A_2 z^{m-2} + \cdots + A_m$$

$$= A_1 (x - a)^{m-1} + A_2 (x - a)^{m-2} + \cdots + A_m.$$

Auf Grund der letzteren Darstellung hat man dann

$$\frac{F(x)}{f(x)} = \frac{A_1}{x - a} + \frac{A_2}{(x - a)^2} + \cdots + \frac{A_m}{(x - a)^m} + \frac{Q(x)}{\varphi(x)}. \tag{11}$$

Eine m-fache reelle Wurzel des Nenners gibt hiernach im allgemeinen Anlaß zu m Partialbrüchen, deren einer die früher schon behandelte Form $\frac{A_1}{x - a}$ hat und ein logarithmisches Integral liefert, während die anderen von der Gestalt $\frac{A_r}{(x - a)^r}$ sind und das algebraische Integral

$$A_r \int \frac{dx}{(x - a)^r} = - \frac{A_r}{(r - 1)(x - a)^{r-1}} \quad \text{ergeben.} \tag{12}$$

Weil $\frac{P(x)}{(x - a)^m}$ irreduktibel ist, so besitzt $P(x)$ den Faktor $(x - a)$ nicht, und daher ist notwendig $A_m \neq 0$; dagegen können mehrere von den übrigen Zählern oder auch alle Null sein. Von den Partialbrüchen ist also jener mit dem höchsten Nenner, $\frac{A_m}{(x - a)^m}$, immer vorhanden.

242. Beispiele. 1. Für das Integral $\int \frac{(x^2 - 1)\,dx}{(x + 2)^3}$ gilt der Zerlegungsansatz $\frac{x^2 - 1}{(x + 2)^3} = \frac{A_1}{x + 2} + \frac{A_2}{(x + 2)^2} + \frac{A_3}{(x + 2)^3};$

nach Beseitigung der Nenner hat man zur Bestimmung der Zähler die Gleichung: $\quad x^2 - 1 = A_1(x + 2)^2 + A_2(x + 2) + A_3.$

Anderseits ist

$$x^2 - 1 = (x + 2 - 2)^2 - 1 = (x + 2)^2 - 4(x + 2) + 3,$$

daher $\qquad A_1 = 1, \quad A_2 = - 4, \quad A_3 = 3.$

Die Vollziehung der Integration gibt

$$\int \frac{(x^2-1)\,dx}{(x+2)^3} = l(x+2) + \frac{4}{x+2} - \frac{3}{2(x+2)^2} + C$$

$$= \frac{8x+13}{2\,(x+2)^2} + l(x+2) + C.$$

2. Die zur Entwicklung des Integrals

$$\int \frac{(x^2-2)\,dx}{x^3(x+2)^2}$$

notwendige Zerlegung kann in verschiedener Weise vorgenommen werden.

Will man vorerst die von dem Faktor x^3 herrührenden Partialbrüche ermitteln, so setze man

$$\frac{x^2-2}{x^3(x+2)^2} = \frac{A_0}{x^3} + \frac{A_1}{x^2} + \frac{A_2}{x} + \frac{P}{(x+2)^2}$$

und multipliziere mit x^3; dann zeigt die Gleichung

$$\frac{x^2-2}{(x+2)^2} = A_0 + A_1 x + A_2 x^2 + \frac{Px^3}{(x+2)^2},$$

daß man nur den Quotienten $\frac{x^2-2}{(x+2)^2}$ nach steigenden Potenzen von x bis zur zweiten einschließlich zu entwickeln braucht, um A_0, A_1, A_2 zu erhalten; nun ist

$$(-2+x^2):(4+4x+x^2) = -\frac{1}{2} + \frac{x}{2} - \frac{x^2}{8} + \frac{x^4}{8\,(x+2)^2},$$

folglich

$$\frac{x^2-2}{x^3(x+2)^2} = -\frac{1}{2\,x^3} + \frac{1}{2\,x^2} - \frac{1}{8\,x} + \frac{x}{8\,(x+2)^2};$$

es erübrigt nur noch die Zerlegung von $\dfrac{P}{(x+2)^2} = \dfrac{x}{8\,(x+2)^2}$ nach den Regeln von **233**, und man hat endgültig:

$$\frac{x^2-2}{x^3(x+2)^2} = -\frac{1}{2\,x^3} + \frac{1}{2\,x^2} - \frac{1}{8\,x} + \frac{1}{8\,(x+2)} - \frac{1}{4\,(x+2)^2}.$$

Es hätte aber auch der folgende Weg eingeschlagen werden können. Aus dem vollständigen Schema

$$\frac{x^2-2}{x^3(x+2)^2} = \frac{A_0}{x^3} + \frac{A_1}{x^2} + \frac{A_2}{x} + \frac{B_0}{(x+2)^2} + \frac{B_1}{x+2} \qquad \text{folgt}$$

$$x^2-2 = (A_0 + A_1 x + A_2 x^2)(x+2)^2 + [B_0 + B_1(x+2)]x^3,$$

und die Vergleichung der Koeffizienten links und rechts gibt:

$$0 = A_2 + B_1$$
$$0 = A_1 + 4A_2 + B_0 + 2B_1$$
$$1 = A_0 + 4A_1 + 4A_2$$
$$0 = 4A_0 + 4A_1$$
$$-2 = 4A_0; \qquad \text{daraus berechnen sich}$$

$$A_0 = -\frac{1}{2}, \quad A_1 = \frac{1}{2}, \quad A_2 = -\frac{1}{8}; \quad B_0 = -\frac{1}{4}, \quad B_1 = \frac{1}{8}$$

wie oben.

Man hat demnach

$$\int \frac{(x^2 - 2)\,dx}{x^3(x+2)^2} = \frac{1}{4x^2} - \frac{1}{2x} - \frac{1}{8}\,lx + \frac{1}{4(x+2)} + \frac{1}{8}\,l(x+2) + C$$
$$= \frac{2 - 3x - x^2}{4x^2(x+2)} + \frac{1}{8}\,l\,\frac{x+2}{x} + C.$$

243. Partialbrüche, von einfachen komplexen Wurzeln stammend. Ein Paar *einfacher konjugiert komplexer Wurzeln* des Nenners von $\dfrac{F(x)}{f(x)}$ führt dem allgemeinen Satze zufolge auf einen Partialbruch von der Form

$$\frac{ax + b}{x^2 + px + q}, \quad \text{worin} \quad \frac{p^2}{4} - q < 0.$$

Zum Zwecke der Integration dieses Partialbruches transformiere man den linearen Zähler $ax + b$ derart, daß er den Differentialquotienten $2x + p$ des Nenners enthält; dies geschieht mittels des identischen Ansatzes

$$ax + b = \frac{a}{2}\left(2x + p + \frac{2b}{a} - p\right) = \frac{a}{2}(2x + p) + \left(b - \frac{ap}{2}\right).$$

Darum ist

$$\left.\begin{aligned}
\int \frac{ax + b}{x^2 + px + q}\,dx &= \frac{a}{2} \int \frac{(2x+p)\,dx}{x^2 + px + q} + \left(b - \frac{ap}{2}\right)\int \frac{dx}{x^2 + px + q}\\
&= \frac{a}{2}\,l(x^2 + px + q) + \left(b - \frac{ap}{2}\right)\int \frac{dx}{x^2 + px + q}.
\end{aligned}\right\} \quad (13)$$

Es bleibt also noch die Integration

$$\int \frac{dx}{x^2 + px + q}$$

zu erledigen; diese gelingt durch die Umwandlung des Nenners in die Summe zweier Quadrate, indem nämlich

$$x^2 + px + q = \left(x + \frac{p}{2}\right)^2 + \left(\sqrt{q - \frac{p^2}{4}}\right)^2$$

ist; vermöge dieser Darstellung hat man:

$$\int \frac{dx}{x^2+px+q} = \int \frac{dx}{\left(x+\frac{p}{2}\right)^2+\left(\sqrt{q-\frac{p^2}{4}}\right)^2} \left.\begin{array}{l}\\[3em] = \dfrac{1}{\sqrt{q-\frac{p^2}{4}}} \int \dfrac{d\,\dfrac{x+\frac{p}{2}}{\sqrt{q-\frac{p^2}{4}}}}{1+\left(\dfrac{x+\frac{p}{2}}{\sqrt{q-\frac{p^2}{4}}}\right)^2} \\[5em] = \dfrac{1}{\sqrt{q-\frac{p^2}{4}}} \operatorname{arctg} \dfrac{x+\frac{p}{2}}{\sqrt{q-\frac{p^2}{4}}}. \end{array}\right\} \quad (14)$$

Trägt man dies in (13) ein, so ergibt sich für den jetzt vorliegenden Partialbruch das Integral

$$\left.\begin{array}{l} \int \frac{ax+b}{x^2+px+q}\,dx \\[2em] = \frac{a}{2}\,l\,(x^2+px+q) + \dfrac{b-\frac{ap}{2}}{\sqrt{q-\frac{p^2}{4}}} \operatorname{arctg} \dfrac{x+\frac{p}{2}}{\sqrt{q-\frac{p^2}{4}}}. \end{array}\right\} \quad (15)$$

244. Beispiele. 1. Es sei das Integral

$$\int \frac{(x^2+1)\,dx}{x^3-1} \qquad\qquad \text{zu bestimmen.}$$

Die reelle Zerlegung des Nenners ist

$$x^3-1 = (x-1)\,(x^2+x+1),$$

daher die des Bruches

$$\frac{x^2+1}{x^3-1} = \frac{A}{x-1} + \frac{Bx+C}{x^2+x+1}. \qquad \text{Daraus folgt}$$

$$x^2+1 = A(x^2+x+1) + (Bx+C)\,(x-1)$$

und nach dem Satze der unbestimmten Koeffizienten

$$A = \frac{2}{3}, \quad B = \frac{1}{3}, \quad C = -\frac{1}{3};$$

der zweite Partialbruch gestaltet sich weiter wie folgt um:

$$\frac{Bx+C}{x^2+x+1} = \frac{1}{3}\,\frac{x-1}{x^2+x+1} = \frac{1}{6}\,\frac{2x+1}{x^2+x+1} - \frac{1}{2}\,\frac{1}{x^2+x+1}$$

$$= \frac{1}{6}\,\frac{2x+1}{x^2+x+1} - \frac{1}{2}\,\frac{1}{\left(x+\frac{1}{2}\right)^2 + \left(\sqrt{\frac{3}{4}}\right)^2}.$$

Demnach ist

$$\int\frac{(x^2+1)\,dx}{x^3-1} = \frac{2}{3}\,l(x-1) + \frac{1}{6}\,l(x^2+x+1) - \frac{1}{\sqrt{3}}\,\mathrm{arctg}\,\frac{2x+1}{\sqrt{3}} + C.$$

2. Um das Integral $\qquad \displaystyle\int\frac{(x^2+1)\,dx}{x^4+x^2+1}$

zu entwickeln, hat man vor allem den Nenner in seine einfachsten reellen Faktoren zu zerlegen; da reelle Wurzeln nicht vorhanden sind, so werden die Faktoren quadratisch sein, und weil die dritte und erste Potenz fehlen, die zweite aber einen positiven Koeffizienten hat, wird der **Ansatz** die Form haben: $x^4 + x^2 + 1 = (x^2 + \alpha x + 1)(x^2 - \alpha x + 1)$;
die Vergleichung der zweiten Potenzen beiderseits zeigt, daß $-\alpha^2 + 2 = 1$, also $\alpha = 1$ ist.

Mithin ergibt sich für die gebrochene Funktion die Zerlegung

$$\frac{x^2+1}{x^4+x^2+1} = \frac{Ax+B}{x^2+x+1} + \frac{Cx+D}{x^2-x+1};$$

nach Wegschaffung der Nenner hat man

$$x^2 + 1 = (Ax+B)(x^2-x+1) + (Cx+D)(x^2+x+1)$$

und hieraus mittels des Satzes der unbestimmten Koeffizienten:

$$0 = \quad A + C$$
$$1 = -\,A + C + B + D$$
$$0 = \quad A + C - B + D$$
$$1 = \quad\quad\quad B + D,$$

woraus sich berechnet $A = C = 0, \quad B = D = \dfrac{1}{2}.$

Nun kann die Integration vollzogen werden und gibt:

$$\int\frac{(x^2+1)\,dx}{x^4+x^2+1} = \frac{1}{2}\int\frac{dx}{\left(x+\frac{1}{2}\right)^2 + \frac{3}{4}} + \frac{1}{2}\int\frac{dx}{\left(x-\frac{1}{2}\right)^2 + \frac{3}{4}}$$

$$= \frac{1}{\sqrt{3}}\,\mathrm{arctg}\,\frac{2x+1}{\sqrt{3}} + \frac{1}{\sqrt{3}}\,\mathrm{arctg}\,\frac{2x-1}{\sqrt{3}} + C$$

$$= \frac{1}{\sqrt{3}}\,\mathrm{arctg}\,\frac{\dfrac{4x}{\sqrt{3}}}{1 - \dfrac{4x^2-1}{3}} + C = \frac{1}{\sqrt{3}}\,\mathrm{arctg}\,\frac{x\sqrt{3}}{1-x^2} + C.$$

3. Man gebe die Integrale

$$\int \frac{dx}{x^4+1}, \quad \int \frac{x\,dx}{x^4+1}, \quad \int \frac{x^2\,dx}{x^4+1}, \quad \int \frac{x^3\,dx}{x^4+1} \quad \text{an.}$$

245. Partialbrüche, von mehrfachen komplexen Wurzeln stammend. Ein Paar *m-facher, konjugiert komplexer Wurzeln* des Nenners von $\frac{F(x)}{f(x)}$ hat einen Partialbruch von der allgemeinen Form

$$\frac{P}{(x^2+px+q)^m}, \quad \text{wo} \quad \frac{p^2}{4}-q<0,$$

zur Folge, wobei P eine ganze Funktion höchstens vom Grade $2m-1$ bedeutet.

Die Integration eines solchen Partialbruches vollzieht sich am einfachsten mit Hilfe des folgenden Satzes.

Es lassen sich, und zwar nur auf eine Art, zwei ganze Funktionen Q, R, die erste vom Grade $2m-3$, die zweite vom Grade 1, bestimmen derart, daß

$$\frac{P}{(x^2+px+q)^m} = D_x \frac{Q}{(x^2+px+q)^{m-1}} + \frac{R}{x^2+px+q}. \tag{16}$$

Führt man nämlich rechts die Differentiation aus, so wird dieser Behauptung zufolge

$$\frac{P}{(x^2+px+q)^m} = \frac{(x^2+px+q)^{m-1}Q' - (m-1)(x^2+px+q)^{m-2}(2x+p)Q}{(x^2+px+q)^{2m-2}}$$
$$+ \frac{R}{x^2+px+q};$$

schafft man die Nenner fort, so ergibt sich weiter die Gleichung:

$$P = (x^2+px+q)\,Q' - (m-1)(2x+p)\,Q + (x^2+px+q)^{m-1}R. \tag{17}$$

Die nach Potenzen von x geordnete rechte Seite enthält die $2m-2$ Koeffizienten von Q und die 2 Koeffizienten von R, im ganzen also $2m$ Unbekannte. Wendet man aber auf (17) den Satz der unbestimmten Koeffizienten an, so ergeben sich, da (im allgemeinen) beide Seiten vom Grade $2m-1$ sind, gerade $2m$ Gleichungen zur Bestimmung der $2m$ Unbekannten, welche Gleichungen, da sie linear sind bezüglich der Unbekannten, zu deren eindeutiger Bestimmung führen.

Ist die Zerlegung (16) vollzogen, so liefert die Integration

$$\int \frac{P\,dx}{(x^2+px+q)^m} = \frac{Q}{(x^2+px+q)^{m-1}} + \int \frac{R\,dx}{x^2+px+q}; \tag{18}$$

also einen algebraischen Teil und ein Integral, das nach den Formeln von **243** zu bestimmen ist und im allgemeinen einen logarithmischen und einen zyklometrischen Anteil liefert.

Hiermit sind alle Fälle, die bei rationalen Funktionen auftreten können, erledigt; die Untersuchungen zeigen, daß die Integration solcher Funktionen auf drei Gattungen von Funktionen führt: auf *rationale, logarithmische* und *zyklometrische*. Würde man die Zerlegung des Nenners auch bei komplexen Wurzeln bis zu linearen Faktoren hinführen, so ergäben sich nur Logarithmen, aber zu imaginären Zahlen gehörig, und es träten dann die in **106, 108** nachgewiesenen Zusammenhänge zwischen logarithmischen und zyklometrischen Funktionen in Kraft.

246. Beispiele. 1. In dem Integrale

$$\int \frac{x(2x^2 - x + 5)}{(x^2 + 1)^2}\, dx$$

hat die zu integrierende Funktion unmittelbar die in **245** vorausgesetzte Form, und es ist

$$P = x(2x^2 - x + 5), \qquad x^2 + px + q = x^2 + 1;$$
$$Q = Ax + B, \qquad R = Cx + D;$$

demnach lautet die zur Bestimmung der Koeffizienten A, B, C, D dienliche Gleichung (17):

$$x(2x^2 - x + 5) = (x^2 + 1)A - 2x(Ax + B) + (x^2 + 1)(Cx + D);$$

sie führt zu den Bestimmungsgleichungen:

$$C = 2$$
$$-A + D = -1$$
$$-2B + C = 5$$
$$A + D = 0$$

und aus diesen berechnet sich

$$A = \frac{1}{2}, \qquad B = -\frac{3}{2}; \qquad C = 2, \qquad D = -\frac{1}{2}.$$

Dadurch ist die Zerlegung

$$\frac{x(2x^2 - x + 5)}{(x^2 + 1)^2} = \frac{1}{2} D_x \frac{x - 3}{x^2 + 1} + \frac{2x - \frac{1}{2}}{x^2 + 1}$$

bestimmt und die Integration ergibt:

$$\int \frac{x(2x^2 - x + 5)}{(x^2 + 1)^2}\, dx = \frac{x - 3}{2(x^2 + 1)} + l(x^2 + 1) - \frac{1}{2}\,\mathrm{arctg}\, x + C.$$

2. Zur Entwicklung des Integrals

$$\int \frac{x^3 - 2x + 1}{x^3(x-2)(x^2+1)^2}\, dx$$

führe man zuerst die allgemeine Zerlegung auf Grund der Sätze in **238**
aus nach dem Schema:

$$\frac{x^3 - 2x + 1}{x^3(x-2)(x^2+1)^2} = \frac{ax^2 + bx + c}{x^3} + \frac{d}{x-2} + \frac{fx^3 + gx^2 + hx + j}{(x^2+1)^2};$$

zum Behufe der Bestimmung der acht Koeffizienten $a, b, \ldots, j$ wende
man auf die von den Brüchen befreite Gleichung den Satz der unbestimmten Koeffizienten an; dadurch ergeben sich die Gleichungen:

$$
\begin{aligned}
0 &= a + d + f\\
0 &= -2a + b - 2f + g\\
0 &= 2a - 2b + c + 2d - 2g + h\\
0 &= -4a + 2b - 2c - 2h + j\\
1 &= a - 4b + 2c + d - 2j\\
0 &= -2a + b - 4c\\
-2 &= -2b + c\\
1 &= -2c
\end{aligned}
$$

und ihre Auflösung liefert:

$$a = \frac{11}{8}, \qquad b = \frac{3}{4}, \qquad c = -\frac{1}{2}, \qquad d = \frac{1}{40};$$

$$f = -\frac{7}{5}, \qquad g = -\frac{4}{5}, \qquad h = -\frac{12}{5}, \qquad j = -\frac{9}{5}.$$

Nun bleibt noch die Zerlegung des dritten Partialbruches

$$\frac{fx^3 + gx^2 + hx + j}{(x^2+1)^2} = -\frac{1}{5}\,\frac{7x^3 + 4x^2 + 12x + 9}{(x^2+1)^2}$$

nach den Regeln des vorigen Artikels vorzunehmen; es ist (mit Weglassung des Faktors $-\frac{1}{5}$)

$$\frac{7x^3 + 4x^2 + 12x + 9}{(x^2+1)^2} = D_x \frac{Ax + B}{x^2+1} + \frac{Cx + D}{x^2+1};$$

daraus ergibt sich nach Ausführung der Differentiation und Beseitigung
der Nenner:

$$7x^3 + 4x^2 + 12x + 9 = (x^2+1)A - 2x(Ax+B) + (x^2+1)(Cx+D);$$

aus der Vergleichung der beiderseitigen Koeffizienten entspringen die
Gleichungen:

$$7 = \quad C$$
$$4 = -A + D$$
$$12 = -2B + C$$
$$9 = \quad A + D,$$

woraus $\qquad A = \dfrac{5}{2}, \quad B = -\dfrac{5}{2}; \quad C = 7, \quad D = \dfrac{13}{2}.$

Die endgültige Zerlegung lautet demnach:

$$\frac{x^3 - 2x + 1}{x^3(x-2)(x^2+1)^2}$$

$$= \frac{11}{8x} + \frac{3}{4x^2} - \frac{1}{2x^3} + \frac{1}{40(x-2)} - \frac{1}{5}\left(\frac{1}{2} D_x \frac{5(x-1)}{x^2+1} + \frac{7x + \frac{13}{2}}{x^2+1}\right);$$

nun kann die Integration ohne weitere Rechnung vollzogen werden und ergibt:

$$\int \frac{x^3 - 2x + 1}{x^3(x-2)(x^2+1)^2}\, dx = \frac{11}{8}\, lx - \frac{3}{4x} + \frac{1}{4x^2} + \frac{1}{40}\, l(x-2)$$

$$- \frac{1}{2}\frac{x-1}{x^2+1} - \frac{7}{10}\, l(x^2+1) - \frac{13}{10}\, \text{arctg } x + C$$

$$= - \frac{5x^3 - 3x^2 + 3x - 1}{4x^2(x^2+1)} + \frac{1}{40}\, l\, \frac{x^{55}(x-2)}{(x^2+1)^{28}} - \frac{13}{10}\, \text{arctg } x + C.$$

3. Bei der Entwicklung des Integrals

$$\int \frac{x^m\, dx}{(1+x^2)^n},\tag{19}$$

worin m, n positive ganze Zahlen bedeuten sollen, sind zwei Fälle zu unterscheiden.

Ist m eine *ungerade Zahl*, $m = 2p + 1$, so setze man $x^2 = t$, woraus $x\, dx = \dfrac{dt}{2}$ folgt, und erhält so

$$\int \frac{x^{2p+1}\, dx}{(1+x^2)^n} = \frac{1}{2} \int \frac{t^p\, dt}{(1+t)^n};\tag{20}$$

das rechtsstehende Integral fällt aber unter die Regeln von **241**, und nachdem es durchgeführt ist, bleibt nur t durch x^2 zu ersetzen.

Hiernach ist beispielsweise

$$\int \frac{x^3\, dx}{(1+x^2)^2} = \frac{1}{2} \int \frac{t\, dt}{(1+t)^2} = \frac{1}{2} \int \frac{dt}{1+t} - \frac{1}{2} \int \frac{dt}{(1+t)^2}$$

$$= \frac{1}{2}\, l(1+t) + \frac{1}{2(1+t)} + C$$

$$= \frac{1}{2}\, l(1+x^2) + \frac{1}{2(1+x^2)} + C.$$

Ist m eine *gerade Zahl*, $m = 2p$, so entwickle man x^{2p} nach Potenzen von $1 + x^2$; das Schema hierfür ist:

$$x^{2p} = (\overline{1 + x^2} - 1)^p = (1 + x^2)^p - \binom{p}{1}(1 + x^2)^{p-1}$$
$$+ \binom{p}{2}(1 + x^2)^{p-2} - \cdots + (-1)^p;$$

dann ist, weil $2p < n$, also um so mehr $p < n$ vorausgesetzt werden kann,

$$\left. \int \frac{x^{2p}\, dx}{(1 + x^2)^n} = \int \frac{dx}{(1 + x^2)^{n-p}} - \binom{p}{1}\int \frac{dx}{(1 + x^2)^{n-p+1}} \right.$$
$$\left. + \binom{p}{2}\int \frac{dx}{(1 + x^2)^{n-p+2}} - \cdots + (-1)^p \int \frac{dx}{(1 + x^2)^n}. \right\} \quad (21)$$

Die Integrale der rechten Seite können nach der in **245** entwickelten Methode behandelt werden.

Sie lassen sich aber auch durch das folgende Verfahren auf ein Grundintegral, nämlich auf $\displaystyle\int \frac{dx}{1 + x^2}$ zurückführen. Zunächst ist

$$\int \frac{dx}{(1 + x^2)^r} = \int \frac{(1 + x^2 - x^2)\, dx}{(1 + x^2)^r} = \int \frac{dx}{(1 + x^2)^{r-1}} - \int \frac{x^2\, dx^2}{(1 + x^2)^r};$$

wendet man auf das zweite Glied der rechten Seite partielle Integration an, $u = x$, $dv = \dfrac{x\, dx}{(1 + x^2)^r}$ setzend, so wird

$$\int \frac{x^2\, dx}{(1 + x^2)^r} = -\frac{x}{2(r-1)(1 + x^2)^{r-1}} + \frac{1}{2(r-1)}\int \frac{dx}{(1 + x^2)^{r-1}};$$

demnach ist weiter

$$\int \frac{dx}{(1 + x^2)^r} = \frac{x}{2(r-1)(1 + x^2)^{r-1}} + \frac{2r - 3}{2r - 2}\int \frac{dx}{(1 + x^2)^{r-1}}. \quad (22)$$

Durch sukzessive Anwendung dieser bis $r = 2$ gültigen Reduktionsformel kommt man bei positivem ganzen r schließlich auf das oben erwähnte Grundintegral zurück.

Um z. B. das Integral $\displaystyle\int \frac{x^4\, dx}{(1 + x^2)^5}$ zu ermitteln, setze man

$$x^4 = (1 + x^2 - 1)^2 = (1 + x^2)^2 - 2(1 + x^2) + 1$$

und nun findet man zuerst

$$\int \frac{x^4\, dx}{(1 + x^2)^5} = \int \frac{dx}{(1 + x^2)^3} - 2\int \frac{dx}{(1 + x^2)^4} + \int \frac{dx}{(1 + x^2)^5};$$

nach (22) aber ist

$$\int \frac{dx}{(1+x^2)^5} = \frac{x}{8(1+x^2)^4} + \frac{7}{8} \int \frac{dx}{(1+x^2)^4},$$

daher
$$\int \frac{x^4\,dx}{(1+x^2)^5} = \frac{x}{8(1+x^2)^4} + \int \frac{dx}{(1+x^2)^3} - \frac{9}{8} \int \frac{dx}{(1+x^2)^4};$$

weiter
$$\int \frac{dx}{(1+x^2)^4} = \frac{x}{6(1+x^2)^3} + \frac{5}{6} \int \frac{dx}{(1+x^2)^3},$$

also
$$\int \frac{x^4\,dx}{(1+x^2)^5} = \frac{x}{8(1+x^2)^4} - \frac{3x}{16(1+x^2)^3} + \frac{1}{16} \int \frac{dx}{(1+x^2)^3};$$

schließlich

$$\int \frac{dx}{(1+x^2)^3} = \frac{x}{4(1+x^2)^2} + \frac{3}{4} \int \frac{dx}{(1+x^2)^2}$$

$$= \frac{x}{4(1+x^2)^2} + \frac{3}{4} \left(\frac{x}{2(1+x^2)} + \frac{1}{2} \int \frac{dx}{1+x^2} \right),$$

mithin endgültig

$$\int \frac{x^4\,dx}{(1+x^2)^5} = \frac{x}{8(1+x^2)^4} - \frac{3x}{16(1+x^2)^3} + \frac{x}{64(1+x^2)^2} + \frac{3x}{128(1+x^2)}$$

$$+ \frac{3}{128} \operatorname{arctg} x + C$$

$$= \frac{(3x^6 + 11x^4 - 11x^2 - 3)x}{128(1+x^2)^4} + \frac{3}{128} \operatorname{arctg} x + C.$$

§ 2. Integration irrationaler Funktionen.

247. Stellung der Aufgabe. Ein sehr umfassendes Problem der Integralrechnung besteht in der Untersuchung von Integralen der Form

$$\int f(x, y)\,dx, \tag{1}$$

wo $f(x, y)$ eine *rationale* Funktion der Argumente x, y bedeutet, y selbst aber als Funktion von x durch eine algebraische Gleichung

$$F(x, y) = 0 \tag{2}$$

bestimmt ist, also eine *algebraische* Funktion von x im allgemeinsten Sinne darstellt (13, I.).

Ist die Gleichung (2) in bezug auf y von höherem als dem ersten Grade, so ist y eine *irrationale* Funktion von x; gerade dieser Fall kommt jetzt in Betracht.

Aber nur bei wenigen besonderen Formen der Gleichung (2) ist es möglich, das Integral (1) mit Hilfe der elementaren Funktionen in einer endlichen Anzahl von Verbindungen derselben darzustellen. Eine solche Darstellung gelingt nämlich nur dann, wenn das Differential $f(x, y)\,dx$ durch Transformation der Variablen sich auf ein rationales Differential zurückführen läßt. Man kann hierfür eine allgemeine Bedingung angeben: der bezeichnete Fall tritt nämlich immer dann ein, wenn sich die Gleichung (2) durch eine *rationale* Substitution

$$x = \varphi(u), \qquad y = \psi(u)$$

identisch befriedigen läßt. Dann ist nämlich auch $dx = \varphi'(u)\,du$ rational in u ausgedrückt und der ganze Integrand in (1) rational. Gibt es eine solche Substitution nicht, so ist eine Darstellung von (1) in elementarer Form, d. i. durch eine endliche Verbindung der elementaren Funktionen, im allgemeinen nicht möglich, das Integral stellt dann vielmehr eine höhere transzendente Funktion dar.

Die in den Anwendungen der Analysis auf Geometrie und Mechanik auftretenden Integrale irrationaler Funktionen sind häufig solcher Art, und es sollen nun die wichtigsten Formen derselben betrachtet werden.

248. Monomische, lineare und linear-gebrochene Irrationalität. Ist die Gleichung, welche y als Funktion von x bestimmt, in bezug auf x vom ersten Grade, hat sie also die Form

$$(a'x + b')\varphi(y) + ax + b = 0 \quad \left(\frac{a}{a'} + \frac{b}{b'}\right), \tag{3}$$

wobei $\varphi(y)$ eine ganze Funktion mindestens des zweiten Grades bedeutet, so wird das Ziel dadurch erreicht, daß man in dem Integral (1) y als Integrationsvariable einführt; (3) gibt nämlich

$$x = -\frac{b'\varphi(y) + b}{a'\varphi(y) + a}, \tag{4}$$

daher auch dx als rationale Funktion von y, und somit verwandelt sich durch die Substitution (4) $f(x, y)\,dx$ in ein rationales Differential in y.

Die einfachsten Fälle dieser Art sind die folgenden:

1. Die Gleichung (3) ergebe

$$x = y^n,$$

wo n eine positive ganze Zahl ist; dann folgt wegen

$$dx = ny^{n-1}dy$$

$$\int f\!\left(x, \sqrt[n]{x}\right) dx = n \int f(y^n, y)\, y^{n-1} dy. \tag{5}$$

2. Aus der Gleichung (3) folge

$$ax + b = y^n;$$

dann ist $dx = \dfrac{n y^{n-1} dy}{a}$, daher

$$\int f(x,\, \sqrt[n]{ax + b})\, dx = \frac{n}{a} \int f\!\left(\frac{y^n - b}{a},\, y\right) y^{n-1} dy. \tag{6}$$

3. Liefert die Gleichung (3) eine Lösung von der Form

$$\frac{ax + b}{a'x + b'} = y^n,$$

so ergibt sich

$$x = \frac{b'y^n - b}{a - a'y^n}$$

und

$$dx = \frac{ab' - a'b}{(a - a'y^n)^2}\, n y^{n-1} dy; \qquad \text{demnach ist}$$

$$\int f\!\left(x,\, \sqrt[n]{\frac{ax + b}{a'x + b'}}\right) dx = n(ab' - a'b) \int f\!\left(\frac{b'y^n - b}{a - a'y^n},\, y\right) \frac{y^{n-1} dy}{(a - a'y^n)^2}. \tag{7}$$

In allen drei Fällen ist unter der n-ten Wurzel eine *bestimmte* Lösung der betreffenden Gleichung zu verstehen und auch durchgehends beizubehalten.

249. Beispiele. 1. Bei dem Integrale

$$\int \frac{\sqrt[3]{x}\, dx}{\sqrt{x} - 1}$$

handelt es sich um eine rationale Funktion von $\sqrt[6]{x}$, man setzt also

$$x = y^6, \quad \text{woraus} \quad dy = 6y^5 dy,$$

und findet

$$\int \frac{\sqrt[3]{x}\, dx}{\sqrt{x} - 1} = 6 \int \frac{y^7 dy}{y^3 - 1}; \qquad \text{nun ist (\textbf{239, 243})}$$

$$\frac{y^7}{y^3 - 1} = y^4 + y + \frac{1}{3(y - 1)} - \frac{y - 1}{3(y^2 + y + 1)}, \qquad \text{daher}$$

$$\int \frac{y^7 dy}{y^3 - 1} = \frac{y^5}{5} + \frac{y^2}{2} + \frac{1}{3} l(y - 1) - \frac{1}{6} l(y^2 + y + 1) + \frac{1}{\sqrt{3}} \operatorname{arctg} \frac{2y + 1}{\sqrt{3}} + C$$

und

$$\int \frac{\sqrt[3]{x}\, dx}{\sqrt{x} - 1} = 6\left[\frac{\sqrt[6]{x^5}}{5} + \frac{\sqrt[3]{x}}{2} + \frac{1}{6} l \frac{(\sqrt[6]{x} - 1)^2}{\sqrt[3]{x} + \sqrt[6]{x} + 1} + \frac{1}{\sqrt{3}} \operatorname{arctg} \frac{2\sqrt[6]{x} + 1}{\sqrt{3}} \right] + C.$$

2. Um das Integral

$$\int \frac{dx}{x \sqrt[3]{1 - x}}$$

zu entwickeln, setze man

$$1 - x = y^3, \quad \text{woraus} \quad x = 1 - y^3, \quad dx = -3y^2 dy;$$

es ist dann

$$\int \frac{dx}{x\sqrt[3]{1-x}} = 3 \int \frac{y\,dy}{y^3-1} = \int \left(\frac{1}{y-1} - \frac{y-1}{y^2+y+1} \right) dy$$

$$= l(y-1) - \frac{1}{2} l(y^2+y+1) + \sqrt{3}\ \mathrm{arctg}\ \frac{2y+1}{\sqrt{3}} + C$$

$$= l(\sqrt[3]{1-x}-1) - \frac{1}{2} l(\sqrt[3]{(1-x)^2} + \sqrt[3]{1-x} + 1)$$

$$+ \sqrt{3}\ \mathrm{arctg}\ \frac{2\sqrt[3]{1-x}+1}{\sqrt{3}} + C.$$

3. Behufs Bestimmung des Integrals

$$\int \sqrt{\frac{1-x}{1+x}}\ \frac{dx}{x}$$

hat man die Substitution $\quad \dfrac{1-x}{1+x} = y^2 \quad$ zu benutzen, woraus

$$x = \frac{1-y^2}{1+y^2}, \qquad dx = -\frac{4y\,dy}{(1-y^2)^2}$$

folgt. Mithin ist

$$\int \sqrt{\frac{1-x}{1+x}}\ \frac{dx}{x} = -4 \int \frac{y^2}{(1-y^2)(1+y^2)}\ dy;$$

nimmt man die Zerlegung der gebrochenen Funktion nach den Regeln von **239** und **243** vor, so kommt

$$\int \frac{y^2}{(1-y^2)(1+y^2)}\ dy = \frac{1}{4}\ l\frac{1+y}{1-y} - \frac{1}{2}\ \mathrm{arctg}\ y;$$

daher ist schließlich

$$\int \sqrt{\frac{1-x}{1+x}}\ \frac{dx}{x} = l\frac{\sqrt{1+x}-\sqrt{1-x}}{\sqrt{1+x}+\sqrt{1-x}} + 2\ \mathrm{arctg}\ \sqrt{\frac{1-x}{1+x}} + C.$$

4. Es sind die folgenden Integrale zu entwickeln:

$$\alpha)\ \int x^n \sqrt{x-a}\,dx, \qquad\qquad \gamma)\ \int \frac{dx}{(x+1)\sqrt{x+2}},$$

$$\beta)\ \int \frac{x^n}{\sqrt{x+a}}\ dx, \qquad\qquad \delta)\ \int \frac{x\,dx}{(x+2)\sqrt{x+1}}.$$

250. Quadratische Irrationalität. Eine sehr wichtige Gattung von Integralen irrationaler Funktionen entspringt aus der Annahme, daß y als Funktion von x durch die Gleichung

$$y^2 = ax^2 + 2bx + c \qquad (8)$$

bestimmt ist; dann bezieht sich das Integral

$$\int f(x, y)\, dx \qquad (9)$$

auf eine rationale Funktion von x und einer Quadratwurzel aus einer ganzen Funktion zweiten Grades; der Fall $a = 0$ kann nämlich ausgeschlossen werden, weil er bereits unter 248, 2. erledigt ist. Die Quadratwurzel, welche für y gesetzt wird, ist durch die ganze Rechnung mit demjenigen Vorzeichen beizubehalten, das der Natur der Aufgabe entspricht.

Als rationale Funktion hat $f(x, y)$ im allgemeinsten Falle die Form eines Bruches aus zwei ganzen Funktionen von x, y; da die geraden Potenzen von y rational, die ungeraden aber als Produkt aus einer geraden Potenz und y darstellbar sind, so kommt schließlich

$$f(x, y) = \frac{M + Ny}{M' + N'y},$$

als Ausgangsform zu betrachten, wobei M, N, M', N' ganze Funktionen von x bedeuten.

Macht man den Nenner rational, so wird

$$\frac{M + Ny}{M' + N'y} = \frac{(M + Ny)(M' - N'y)}{M'^2 - N'^2 y^2}$$

$$= \frac{MM' - NN'y^2}{M'^2 - N'^2 y^2} + \frac{(M'N - MN')y^2}{M'^2 - N'^2 y^2} \cdot \frac{1}{y},$$

also schließlich $\qquad f(x, y) = P + \dfrac{Q}{y},$

wobei P und Q rationale Funktionen von x bezeichnen.

Demnach ist das vorgelegte Integral

$$\int f(x, y)\, dx = \int P\, dx + \int \frac{Q\, dx}{y} \qquad (10)$$

auf das Integral einer rationalen Funktion P, das als erledigt zu betrachten ist, und auf ein neues Integral $\int \dfrac{Q\, dx}{y}$ zurückgeführt, in welchem die Irrationalität lediglich auf den Nenner beschränkt ist.

Die rationale Funktion Q im Zähler kann wieder, wenn man den allgemeinsten Fall ins Auge faßt, als Aggregat aus einer ganzen Funktion $G(x)$ und einer irreduktiblen echt gebrochenen Funktion $\dfrac{F(x)}{\varphi(x)}$ dargestellt werden, so daß die Berechnung des Integrals (9) zurückkommt auf die beiden irrationalen Integrale

$$\int \frac{G(x)}{y}\, dx \quad \text{und} \quad \int \frac{F(x)}{\varphi(x)}\, \frac{dx}{y}. \tag{11}$$

Diese Integrale aber lassen sich auf ein gemeinsames Grundintegral, nämlich auf

$$\int \frac{dx}{y} \tag{12}$$

zurückführen; der Prozeß dieser Zurückführung soll im folgenden Artikel, für das zweite der Integrale (11) mit einer Einschränkung, vorgetragen werden.

251. Zurückführung auf das Grundintegral. Bezüglich des ersten Integrals (11) gilt der folgende Satz: *Ist die ganze Funktion $G(x)$ vom Grade m, so kann, und nur auf eine Weise, eine ganze Funktion $G_1(x)$ vom Grade $m-1$ und eine Konstante A derart bestimmt werden, daß*

$$\frac{G(x)}{y} = D_x\{\, G_1(x)y\,\} + \frac{A}{y} \qquad \textit{ist.} \tag{13}$$

Führt man die Differentiation aus, so geht (13) über in

$$\frac{G(x)}{y} = G_1{}'(x)y + \frac{G_1(x)\,(ax+b)}{y} + \frac{A}{y}$$

und nach Beseitigung der Nenner in

$$G(x) = G_1{}'(x)(ax^2 + 2bx + c) + G_1(x)(ax+b) + A; \tag{14}$$

beide Teile dieser Gleichung sind nach Ausführung der angezeigten Operationen ganze Funktionen von x des Grades m; vergleicht man also die Koeffizienten gleich hoher Potenzen von x links und rechts, so ergeben sich zur Berechnung der m Koeffizienten von $G_1(x)$ und von A die gerade erforderlichen $m+1$ Gleichungen, welche, da sie in bezug auf die genannten Größen linear sind, deren eindeutige Bestimmung ermöglichen.

Sind $G_1(x)$ und A auf Grund von (14) ermittelt, so liefert die Gleichung (13)

$$\int \frac{G(x)}{y}\, dx = G_1(x)y + A \int \frac{dx}{y}, \tag{15}$$

wodurch tatsächlich das linksstehende Integral auf das Grundintegral (12) zurückgeführt erscheint.

Behufs Ausrechnung des zweiten Integrals (11) liegt es nahe, die echtgebrochene Funktion $\frac{F(x)}{\varphi(x)}$ in ihre Partialbrüche und dadurch das Integral in einfachere Integrale aufzulösen. Wir beschränken uns hier auf die Betrachtung einer einfachen reellen und einer m-fachen reellen Wurzel α des Nenners $\varphi(x)$ und verlegen den schwierigeren Fall zweier konjugiert komplexen Wurzeln in das Beispiel **253**, 6., wo wir ihn mit allen Einzelheiten behandeln.

Ist α eine einfache Wurzel, so liefert es einen Partialbruch von der Gestalt $\frac{A}{x-\alpha}$ mit konstantem Zähler (**239**) und zu dem Integrale

$$\int \frac{F(x)}{\varphi(x)} \frac{dx}{y} \text{ den Bestandteil } \quad A\int \frac{dx}{(x-\alpha)y}; \tag{16}$$

ist hingegen α eine m-fache Wurzel von $\varphi(x)$, so gibt es einen Partialbruch $\frac{R(x)}{(x-\alpha)^m}$, dessen Zähler eine ganze Funktion $\overline{m-1}$-ten Grades ist, und dieser liefert zu dem Integral den Bestandteil

$$\int \frac{R(x)}{(x-\alpha)^m y}\, dx; \tag{17}$$

dieses Integral aber läßt sich auf das vorige, (16), zurückführen mit Hilfe des folgenden Satzes:

Man kann, und nur auf eine Weise, eine ganze Funktion $R_1(x)$ vom Grade $m-2$ und eine Konstante A bestimmen derart, daß für alle Werte von x die Gleichung besteht:

$$\frac{R(x)}{(x-\alpha)^m y} = D_x \left\{ \frac{R_1(x)y}{(x-\alpha)^{m-1}} \right\} + \frac{A}{(x-\alpha)y}. \tag{18}$$

Wird nämlich die Differentiation ausgeführt, so verwandelt sich diese Gleichung in

$$\frac{R(x)}{(x-\alpha)^m y} = \frac{R_1{}'(x)y + R_1(x)\dfrac{ax+b}{y}}{(x-\alpha)^{m-1}} - \frac{(m-1)R_1(x)y}{(x-\alpha)^m} + \frac{A}{(x-\alpha)y}$$

und lautet nach Wegschaffung der Nenner:

$$\left. \begin{aligned} R(x) = {}& [R_1{}'(x)(ax^2+2bx+c) + R_1(x)(ax+b)](x-\alpha) \\ &- (m-1)R_1(x)(ax^2+2bx+c) + A(x-\alpha)^{m-1}; \end{aligned} \right\} \tag{19}$$

nach Ausführung aller rechts angezeigten Operationen heben sich dort die Glieder m-ten Grades auf; ist nämlich

$$R_1(x) = c_0 x^{m-2} + c_1 x^{m-3} + \cdots,$$

also $\qquad R_1'(x) = (m-2)c_0 x^{m-3} + (m-3)c_1 x^{m-4} + \cdots,$

so ergibt sich im ersten der drei Teile auf der rechten Seite von (19) das Glied $\qquad (m-1)ac_0 x^m,$

im zweiten Teile das Glied $\quad -(m-1)ac_0 x^m$

und beide heben sich auf. Es bleiben sonach rechts und links ganze Funktionen des $\overline{m-1}$-ten Grades, und durch Vergleichung ihrer Koeffizienten ergeben sich zur Berechnung der $m-1$ Koeffizienten von $R_1(x)$ und des A die gerade notwendigen m Gleichungen, die zu einer eindeutigen Bestimmung führen, weil sie bezüglich der zu berechnenden Größen linear sind.

Sind $R_1(x)$ und A auf Grund von (19) ermittelt, so liefert die Integration von (18):

$$\int \frac{R(x)}{(x-\alpha)^m y}\, dx = \frac{R_1(x)}{(x-\alpha)^{m-1}}\, y + A \int \frac{dx}{(x-\alpha)y}; \qquad (20)$$

dadurch erscheint tatsächlich das Integral (17) auf jenes (16) zurückgeführt.

Das Integral (16), d. i. $\qquad \displaystyle\int \frac{dx}{(x-\alpha)y},$

wird aber durch die Substitution

$$x - \alpha = \frac{1}{t}, \quad dx = -\frac{dt}{t^2}$$

auf ein Integral von der Form (12) zurückgeführt; denn es ist

$$\int \frac{dx}{(x-\alpha)y} = -\int \frac{dt}{\sqrt{At^2 + 2Bt + C}}, \qquad (21)$$

wo $\qquad \left. \begin{aligned} A &= a\alpha^2 + 2b\alpha + c, \\ B &= a\alpha + b, \\ C &= a. \end{aligned} \right\} \qquad (22)$

In dem speziellen Falle, daß α eine Wurzel des Trinoms $ax^2 + 2bx + c$, wird $A = 0$ und das zu erledigende Integral

$$\int \frac{dt}{\sqrt{2Bt + C}}$$

fällt unter **248**, 2.; es hat den Ausdruck

$$\frac{1}{B}\sqrt{2Bt + C} = -\frac{1}{\sqrt{b^2 - ac}}\, \frac{y}{x-\alpha}.$$

252. Berechnung des Grundintegrals. Die noch zu lösende Aufgabe ist die *Entwicklung des Grundintegrals*

$$\int \frac{dx}{y} = \int \frac{dx}{\sqrt{ax^2 + 2bx + c}}; \tag{12}$$

diese führt zu verschiedenen Funktionen, je nach dem Vorzeichen von a

1. Ist $a > 0$, so transformiere man das Trinom zunächst in

$$ax^2 + 2bx + c = \frac{1}{a}\left[(ax + b)^2 + ac - b^2\right] \qquad \text{und setze}$$

$$ax + b = z, \quad \text{woraus} \quad dx = \frac{dz}{a}; \quad \text{ferner} \quad ac - b^2 = \delta; \tag{23}$$

es darf angenommen werden, das $\delta \neq 0$, weil bei $\delta = 0$ die Irrationalität von Anfang an aufhörte zu bestehen.

Hiermit wird $\displaystyle \int \frac{dx}{\sqrt{ax^2 + 2bx + c}} = \frac{1}{\sqrt{a}} \int \frac{dz}{\sqrt{z^2 + \delta}};$ (24)

wenn $\delta > 0$, besteht Realität für alle Werte von z, also auch für alle Werte von x; wenn aber $\delta < 0$, so hat das Integral nur so lange reelle Bedeutung, als $z^2 > |\delta|$, also

$$\frac{-b + \sqrt{|\delta|}}{a} < x < \frac{-b - \sqrt{|\delta|}}{a} \qquad \text{ist.}$$

Das vereinfachte Integral kann mittels der Substitution

$$\sqrt{z^2 + \delta} = t - z \tag{25}$$

gelöst werden[1]); quadriert man diese Gleichung, so kommt man nach Aufhebung von z^2 zu $\qquad \delta = -2zt + t^2,$

woraus durch Differentiation

$$0 = (t - z)dt - t\,dz$$

und mit Rücksicht auf (25) $\quad \displaystyle \frac{dz}{\sqrt{z^2 + \delta}} = \frac{dt}{t} \qquad$ folgt.

Hiernach ist

$$\int \frac{dz}{\sqrt{z^2 + \delta}} = \int \frac{dt}{t} = lt + C = l(z + \sqrt{z^2 + \delta}) + C, \tag{26}$$

---

1) Mit Umgehung dieser Umformung kann auf das ursprüngliche Integral die Substitution

$$\sqrt{ax^2 + 2bx + c} = z - x\sqrt{a}$$

angewandt werden; sie führt zum Ziele, weil sowohl dx wie y sich rational in t ausdrücken.

daher

$$\int \frac{dx}{\sqrt{ax^2 + 2bx + c}}$$
$$= \frac{1}{\sqrt{a}}\, l(ax + b + \sqrt{a}\sqrt{ax^2 + 2bx + c}) + C \quad (a > 0). \right\} \quad (27)$$

2. Wenn $a < 0$ ist, so gestalte man das Trinom wie folgt um:

$$ax^2 + 2bx + c = \frac{1}{-a}\,[b^2 - ac - (ax + b)^2];$$

mit den Substitutionen (23) ergibt sich hiermit

$$\int \frac{dx}{\sqrt{ax^2 + 2bx + c}} = \frac{-1}{\sqrt{-a}}\int \frac{dz}{\sqrt{-\delta - z^2}};$$

Realität besteht nur, wenn $\delta < 0$ und dann nur so lange, als $z^2 < -\delta$.

Das vereinfachte Integral ist jetzt unmittelbar auf eine Grundformel zurückführbar, indem

$$\int \frac{dz}{\sqrt{-\delta - z^2}} = \int \frac{d\dfrac{z}{\sqrt{-\delta}}}{\sqrt{1 - \left(\dfrac{z}{\sqrt{-\delta}}\right)^2}} = \arcsin \frac{z}{\sqrt{-\delta}} + C \qquad (28)$$

ist; durch Wiedereinführung der Variablen x gelangt man zu dem Schlußresultate:

$$\int \frac{dx}{\sqrt{ax^2 + 2bx + c}} = \frac{1}{\sqrt{-a}}\arcsin \frac{-(ax + b)}{\sqrt{b^2 - ac}} + C \quad (a < 0). \quad (29)$$

3. Ist $\delta = ac - b^2 < 0$, so hat das Trinom $ax^2 + 2bx + c$ reelle Wurzeln α, β und kann in einer der Formen:

$$a(x - \alpha)(x - \beta) \quad \text{oder} \quad -a(\alpha - x)(x - \beta)$$

dargestellt werden; man wird von der ersten oder der zweiten Gebrauch machen, je nachdem $a > 0$ oder $a < 0$ ist. In beiden Fällen führt aber die Substitution[1])

$$\sqrt{\frac{x - \beta}{\alpha - \beta}} = t$$

zum Ziele; man erhält bei $a > 0$ (26):

$$\int \frac{dx}{\sqrt{ax^2 + 2bx + c}} = \frac{2}{\sqrt{a}}\int \frac{dt}{\sqrt{t^2 - 1}}$$

$$= \frac{2}{\sqrt{a}}\, l(t + \sqrt{t^2 - 1}) + C = \frac{2}{\sqrt{a}}\, l\frac{\sqrt{x - \alpha} + \sqrt{x - \beta}}{\sqrt{\alpha - \beta}} + C;$$

---

1) Oder auch $\sqrt{\dfrac{x - \alpha}{\alpha - \beta}} = t.$

bei $a < 0$:
$$\int \frac{dx}{\sqrt{ax^2 + 2bx + c}} = \frac{2}{\sqrt{-a}} \int \frac{dt}{\sqrt{1 - t^2}}$$

$$= \frac{2}{\sqrt{-a}} \arcsin t + C = \frac{2}{\sqrt{-a}} \arcsin \sqrt{\frac{x - \beta}{\alpha - \beta}} + C.$$

Man überzeuge sich, daß bei $a > 0$ auch die Substitution $\sqrt{\dfrac{x - \beta}{x - \alpha}} = t$, bei $a < 0$ die Substitution $\sqrt{\dfrac{x - \beta}{\alpha - x}} = t$ zum Ziele führt.

253. Beispiele. 1. Durch unmittelbare Anwendung der Formeln (27) und (29) ergeben sich die Integrale:

$$\int \frac{dx}{\sqrt{x(2a + x)}} = l\left(x + a + \sqrt{x(2a + x)}\right) + C$$

$$\int \frac{dx}{\sqrt{x(2a - x)}} = \arcsin \frac{x - a}{a} + C.$$

2. Die Bestimmung des Integrals

$$\int \frac{(mx + n)\,dx}{y},$$

bzw. seine Zurückführung auf das Grundintegral $\int \dfrac{dx}{y}$, hätte nach dem ersten Satze in **251** zu erfolgen. Man erreicht die dort bewiesene Umformung des Differentials indessen leicht dadurch, daß man aus $mx + n$ den halben Differentialquotienten von y^2, d. i. $ax + b$ herstellt durch die identische Umformung

$$mx + n = \frac{m}{a}(ax + b) + \frac{an - bm}{a},$$

wodurch $\quad \displaystyle\int \frac{(mx + n)\,dx}{y} = \frac{m}{a} \int \frac{(ax + b)\,dx}{y} + \frac{an - bm}{a} \int \frac{dx}{y},$

also schließlich $\quad \displaystyle\int \frac{(mx + n)\,dx}{y} = \frac{m}{a}\,y + \frac{an - bm}{a} \int \frac{dx}{y} \qquad (30)$
erhalten wird.

3. Um das Integral $\quad \displaystyle\int y\,dx$

zu entwickeln, bilde man es zuerst in $\displaystyle\int \frac{y^2\,dx}{y}$ um und hat nun nach dem ersten Satze in **251** folgende Rechnung. Es ist

$$\frac{y^2}{y} = \frac{ax^2 + 2bx + c}{y} = D_x\{(Ax + B)y\} + \frac{C}{y},$$

nach Ausführung der Differentiation und Beseitigung der Brüche:

$$ax^2 + 2bx + c = A(ax^2 + 2bx + c) + (Ax + B)(ax + b) + C;$$

die Vergleichung der Koeffizienten gibt

$$a = 2aA$$
$$2b = 3bA + aB$$
$$c = cA + bB + C$$

und daraus berechnet sich

$$A = \frac{1}{2}, \quad B = \frac{b}{2a}, \quad C = \frac{ac - b^2}{2a}.$$

Mithin ist $\qquad \displaystyle\int y\,dx = \frac{ax + b}{2a}\,y + \frac{ac - b^2}{2a}\int \frac{dx}{y}.$ $\qquad$ (31)

Ein anderes Verfahren geht darauf hinaus, das Integral $\int y\,dx$ auf ein Integral von der in 2. behandelten Form zurückzuführen; man findet nämlich durch partielle Integration

$$\int y\,dx = xy - \int \frac{x(ax + b)}{y}\,dx;$$

nun ist aber $\qquad x(ax + b) = ax^2 + bx = y^2 - (bx + c), \qquad$ daher weiter

$$\int y\,dx = xy - \int y\,dx + \int \frac{(bx + c)\,dx}{y}, \qquad \text{also}$$

$$\int y\,dx = \frac{xy}{2} + \frac{1}{2}\int \frac{(bx + c)\,dx}{y}.$$

Zu Formel (31) seien als besondere, häufig vorkommende Fälle angeführt:

$$\int \sqrt{x^2 + k}\,dx = \frac{x}{2}\sqrt{x^2 + k} + \frac{k}{2}\,l(x + \sqrt{x^2 + k}) + C,$$

$$\int \sqrt{x^2 \pm 1}\,dx = \frac{x}{2}\sqrt{x^2 \pm 1} \pm \frac{1}{2}\,l(x + \sqrt{x^2 \pm 1}) + C.$$

4. Mit Hilfe von Substitutionen, wie sie am Schlusse von **252**, 3. angedeutet worden sind, lassen sich die folgenden Integrale leicht lösen:

Mit $\sqrt{\dfrac{1 - x}{1 + x}} = t$

$$\int \frac{dx}{(1 + x)\sqrt{1 - x^2}} = -\int dt = -t + C = -\sqrt{\frac{1 - x}{1 + x}} + C;$$

mit $\sqrt{\dfrac{1 + x}{1 - x}} = t$

$$\int \frac{dx}{(1 - x)\sqrt{1 - x^2}} = \int dt = t + C = \sqrt{\frac{1 + x}{1 - x}} + C;$$

mit $\sqrt{\dfrac{x-1}{x+1}} = t$

$$\int\frac{dx}{(x+1)\sqrt{x^2-1}} = \int dt = t + C = \sqrt{\frac{x-1}{x+1}} + C;$$

mit $\sqrt{\dfrac{x+1}{x-1}} = t$

$$\int\frac{dx}{(x-1)\sqrt{x^2-1}} = -\int dt = -t + C = -\sqrt{\frac{x+1}{x-1}} + C.$$

Man löse dieselben Integrale dadurch, daß man den rationalen Faktor des Nenners dem Reziproken einer neuen Variablen gleichsetzt.

5. Zur Bestimmung des Integrals

$$\int\frac{dx}{(1+\varepsilon x)^2\sqrt{1-x^2}}$$

hat man, wenn $|\varepsilon| \neq 1$, zufolge des zweiten Satzes in **251** den Ansatz:

$$\frac{1}{(1+\varepsilon x)^2\sqrt{1-x^2}} = D_x\frac{A\sqrt{1-x^2}}{1+\varepsilon x} + \frac{B}{(1+\varepsilon x)\sqrt{1-x^2}};$$

nach Ausführung der Differentiation und Entfernung der Nenner ergeben sich zur Bestimmung von A, B die Gleichungen:

$$0 = B\varepsilon - A$$
$$1 = B - A\varepsilon,$$

woraus
$$A = \frac{\varepsilon}{1-\varepsilon^2}, \quad B = \frac{1}{1-\varepsilon^2}.$$

Daher ist zunächst

$$\int\frac{dx}{(1+\varepsilon x)^2\sqrt{1-x^2}} = \frac{\varepsilon\sqrt{1-x^2}}{(1-\varepsilon^2)(1+\varepsilon x)} + \frac{1}{1-\varepsilon^2}\int\frac{dx}{(1+\varepsilon x)\sqrt{1-x^2}}.$$

In dem noch erübrigenden Integrale setze man

$$1 - x^2 = \alpha(1+\varepsilon x)^2 + 2\beta(1+\varepsilon x) + \gamma;$$

daraus entspringen die Gleichungen:

$$-1 = \varepsilon^2\alpha$$
$$0 = \alpha + \beta$$
$$1 = \alpha + 2\beta + \gamma \qquad \text{und diese ergeben:}$$

$$\alpha = -\frac{1}{\varepsilon^2}, \quad \beta = \frac{1}{\varepsilon^2}, \quad \gamma = \frac{\varepsilon^2-1}{\varepsilon^2},$$

so daß mit der Substitution $1 + \varepsilon x = \dfrac{1}{t}$

$$\int \frac{dx}{(1 + \varepsilon x)\sqrt{1 - x^2}} = - \int \frac{dt}{\sqrt{(\varepsilon^2 - 1)\,t^2 + 2t - 1}} \quad \text{hervorgeht.}$$

Mithin hat man
$$\int \frac{dx}{(1 + \varepsilon x)^2 \sqrt{1 - x^2}}$$

$$= \frac{\varepsilon \sqrt{1 - x^2}}{(1 - \varepsilon^2)(1 + \varepsilon x)} - \frac{1}{1 - \varepsilon^2} \int \frac{dt}{\sqrt{(\varepsilon^2 - 1)\,t^2 + 2t - 1}}\,.$$

Der Wert des Grundintegrals hängt nun davon ab, ob ε^2 größer oder kleiner als 1 ist. Nach den Formeln (27) und (29) ist schließlich

bei $\varepsilon^2 > 1$
$$\int \frac{dx}{(1 + \varepsilon x)^2 \sqrt{1 - x^2}}$$

$$= \frac{1}{\varepsilon^2 - 1}\left[- \frac{\varepsilon \sqrt{1 - x^2}}{1 + \varepsilon x} + \frac{1}{\sqrt{\varepsilon^2 - 1}}\, l\, \frac{\varepsilon + x + \sqrt{(\varepsilon^2 - 1)(1 - x^2)}}{1 + \varepsilon x} \right] + C,$$

bei $\varepsilon^2 < 1$
$$\int \frac{dx}{(1 + \varepsilon x)^2 \sqrt{1 - x^2}}$$

$$= \frac{1}{1 - \varepsilon^2}\left[\frac{\varepsilon \sqrt{1 - x^2}}{1 + \varepsilon x} - \frac{1}{\sqrt{1 - \varepsilon^2}}\, \arccos \frac{\varepsilon + x}{1 + \varepsilon x} \right] + C.$$

In dem unerledigt gebliebenen Falle $\varepsilon^2 = 1$, wo also der unter dem Integralzeichen vor der Wurzel stehende Faktor $(1 \pm x)$ auch unter der Wurzel erscheint, führt der folgende Ansatz zum Ziele: Es sind A, B so bestimmbar, daß

$$\frac{1}{(1 + x)^2 \sqrt{1 - x^2}} = D_x \frac{A\sqrt{1 - x^2}}{(1 + x)^2} + \frac{B}{(1 + x)\sqrt{1 - x^2}};$$

denn nach vollzogener Differentiation und Beseitigung der Nenner hat man

$$1 + x = (A + B)x^2 + (2B - A)x + B - 2A$$

und daraus folgen die Gleichungen:

$$\begin{aligned}
0 &= A + B \\
1 &= 2B - A \\
1 &= B - 2A,
\end{aligned}$$

deren jede eine Folge der beiden andern ist; man berechnet daraus

$$A = -\frac{1}{3}, \quad B = \frac{1}{3}$$

und hat nun mit Benutzung der Formeln des vorigen Beispiels

$$\int \frac{dx}{(1+x)^2 \sqrt{1-x^2}} = -\frac{\sqrt{1-x^2}}{3(1+x)^2}$$

$$+\frac{1}{3}\cdot\int \frac{dx}{(1+x)\sqrt{1-x^2}} = -\frac{2+x}{3(1+x)}\sqrt{\frac{1-x}{1+x}} + C.$$

Auf demselben Wege, übrigens auch durch bloße Zeichenänderung bei x, findet man

$$\int \frac{dx}{(1-x)^2 \sqrt{1-x^2}} = \frac{2-x}{3(1-x)}\sqrt{\frac{1+x}{1-x}} + C.$$

6. Als eine Weiterführung des Falles der quadratischen Irrationalität stellt sich das Integral

$$\int \frac{Hx+K}{Ax^2+2Bx+C}\frac{dx}{\sqrt{ax^2+2bx+c}}$$

dar, wenn $Ax^2+2Bx+C$ reell unzerlegbar ist (vgl. eine Bemerkung in **251**); man kann dann immer voraussetzen, daß A und das ganze Trinom positiv seien.

In der Folge soll das Trinom unter der Wurzel mit y, das äußere mit V bezeichnet werden.

Hier führt nun die Substitution[1])

$$t = \frac{ax^2+2bx+c}{Ax^2+2Bx+C} \qquad\qquad (\alpha)$$

zum Ziele; aus ihr folgt

$$\frac{dt}{dx} = \frac{-2[(Ab-Ba)x^2+(Ac-Ca)x+Bc-Cb]}{(Ax^2+2Bx+C)^2};$$

der Klammerausdruck im Zähler, gleich Null gesetzt, führt zu jenen Werten von x, welchen die Extremwerte von t entsprechen; es gehöre zu x_1 das Maximum t_1, zu x_2 das Minimum t_2 von t (s. **118**, 3.); dann kann $\frac{dt}{dx}$ auch in der Form

$$\frac{dt}{dx} = \frac{2(Ab-Ba)(x_1-x)(x-x_2)}{(Ax^2+2Bx+C)^2} \qquad\qquad (\beta)$$

dargestellt werden.

Ferner hat man

$$t_1-t = \frac{(At_1-a)x^2+2(Bt_1-b)x+Ct_1-c}{Ax^2+2Bx+C}$$

$$t-t_2 = \frac{(a-At_2)x^2+2(b-Bt_2)x+c-Ct_2}{Ax^2+2Bx+C};$$

---

1) A. G. Greenhill, Differential and Integral Calculus, 1896, p. 399.

da aber infolge (α) für zusammengehörige Werte von x, t die Gleichung gilt:
$$(At - a)x^2 + 2(Bt - b)x + Ct - c = 0,$$
so ergeben sich x_1, x_2 als zweifache Wurzeln dieser Gleichung für $t = t_1$, bzw. $t = t_2$; daher ist auch

$$(\gamma') \qquad t_1 - t = \frac{(At_1 - a)(x_1 - x)^2}{Ax^2 + 2Bx + C} \qquad t - t_2 = \frac{(a - At_2)(x - x_2)^2}{Ax^2 + 2Bx + C}. \qquad (\gamma'')$$

Man kann ferner die Zahlen L, M; P, Q; p, q so bestimmen, daß

$$Hx + K = L(x - x_2) + M(x_1 - x)$$
$$V = Ax^2 + 2Bx + C = P(x_1 - x)^2 + Q(x - x_2)^2.$$
$$y = ax^2 + 2bx + c = p(x_1 - x)^2 + q(x - x_2)^2;$$

bezüglich des ersten Zahlenpaars ist jede weitere Bemerkung überflüssig; bildet man aus (γ'), (γ'') unter Zuziehung von (α) die Gleichungen:

$$(Ax^2 + 2Bx + C)t_1 - (ax^2 + 2bx + c) = (At_1 - a)(x_1 - x)^2$$
$$ax^2 + 2bx + c - (Ax^2 + 2Bx + C)t_2 = (a - At_2)(x - x_2)^2,$$

so berechnet sich daraus

$$V = \frac{At_1 - a}{t_1 - t_2}(x_1 - x)^2 + \frac{a - At_2}{t_1 - t_2}(x - x_2)^2,$$

$$y = \frac{t_2(At_1 - a)}{t_1 - t_2}(x_1 - x)^2 + \frac{t_1(a - At_2)}{t_1 - t_2}(x - x_2)^2,$$

und die Vergleichung mit den früheren Ansätzen zeigt, daß

$$P = \frac{At_1 - a}{t_1 - t_2}, \qquad Q = \frac{a - At_2}{t_1 - t_2}$$

$$p = \frac{t_2(At_1 - a)}{t_1 - t_2} = t_2 P, \qquad q = \frac{t_1(a - At_2)}{t_1 - t_2} = t_1 Q.$$

Durch die Umformung von $Hx + K$ aber zerfällt das vorgelegte Integral in die beiden Teile:

$$\int \frac{L(x - x_2)\,dx}{V\sqrt{y}}, \qquad \int \frac{M(x_1 - x)\,dx}{V\sqrt{y}}.$$

Nun ist (man beachte (β) und (γ'))

$$\int \frac{L(x - x_2)\,dx}{V\sqrt{y}} = \int \frac{L(x - x_2)}{V^{\frac{3}{2}}\sqrt{t}} \frac{V^2\,dt}{2(Ab - aB)(x_1 - x)(x - x_2)}.$$

$$= \frac{L}{2(Ab - aB)} \int \frac{\sqrt{V}}{x_1 - x}\frac{dt}{\sqrt{t}}$$

$$= \frac{L}{2(Ab - aB)} \int \sqrt{\frac{At_1 - a}{t_1 - t}}\frac{dt}{\sqrt{t}} = \tfrac{1}{2}LL' \int \frac{dt}{\sqrt{t(t_1 - t)}},$$

wo $L' = \dfrac{\sqrt{A t_1} - a}{A b - a B}$; analog ergibt sich unter Berücksichtigung von (β) und (γ'')

$$\int \frac{M(x - x_1)\,dx}{V\sqrt{y}} = \tfrac{1}{2} M M' \int \frac{dt}{\sqrt{t(t - t_2)}},$$

wo $M' = \dfrac{\sqrt{a} - A t_2}{A b - a B}$; und schließlich ist das erste Grundintegral

$$\int \frac{dt}{\sqrt{t(t_1 - t)}} = \int \frac{dt}{\sqrt{\frac{t_1{}^2}{4} - \left(t - \frac{t_1}{2}\right)^2}} = -\arccos \frac{2t - t_1}{t_1},$$

und das zweite

$$\int \frac{dt}{\sqrt{t(t - t_2)}} = \int \frac{dt}{\sqrt{\left(t - \frac{t_2}{2}\right)^2 - \frac{t_2{}^2}{4}}} = l\left(\frac{2t - t_2}{t_2} + \frac{2}{t_2}\sqrt{t(t - t_2)}\right).$$

Somit hat man $\displaystyle\int \frac{Hx + K}{Ax^2 + 2Bx + C}\, \frac{dx}{\sqrt{ax^2 + 2bx + c}}$

$$= -\tfrac{1}{2} L L' \arccos \frac{2t - t_1}{t_1} + \tfrac{1}{2} M M' l\left(\frac{2t - t_2}{t_2} + \frac{2}{t_2}\sqrt{t(t - t_2)}\right) + \text{Konst.}$$

Der ganze Vorgang wird illusorisch, entweder wenn $V = y$, weil dann t nicht mehr eine Variable, sondern 1 ist, oder wenn $Ab - Ba = 0$, mit Rücksicht auf (β). Die Erledigung dieser beiden Fälle bleibe dem Leser überlassen.

Als Beispiel hierzu diene das Integral

$$\int \frac{(x - 2)\,dx}{(x^2 - x + 1)\sqrt{x^2 + x + 1}};$$

nach den in **118**, 3. gefundenen Resultaten ist hier

$$x_1 = 1,\ t_1 = 3;\quad x_2 = -1,\ t_2 + \tfrac{1}{3};$$

mit diesen Werten findet sich $L = -\tfrac{1}{2},\ M = -\tfrac{3}{2},\ L' = \sqrt{2},\ M' = \sqrt{\tfrac{2}{3}}$ und hiermit schließlich der folgende Ausdruck für das Integral

$$\frac{\sqrt{2}}{4} \arccos \frac{2t - 3}{3} - \frac{3}{4}\sqrt{\frac{2}{3}}\, l\left(6t - 1 + 6\sqrt{t\left(t - \tfrac{1}{3}\right)}\right) + \text{Konst.},$$

worin für t der Ausdruck (α) zu setzen ist.

7. Man entwickle nach den vorgeführten Methoden die Integrale:

$$\alpha)\ \int \frac{dx}{\sqrt{x^2 + x + 1}},\quad \beta)\ \int \frac{dx}{\sqrt{x^2 - x - 1}},\quad \gamma)\ \int \frac{dx}{\sqrt{1 - x - x^2}},$$

$$\delta)\ \int \frac{dx}{x\sqrt{x^2 - a^2}},\quad \varepsilon)\ \int \frac{dx}{x\sqrt{a^2 \pm x^2}},\quad \zeta)\ \int \frac{dx}{(x + 1)\sqrt{x^2 + x + 1}},$$

$$\int \frac{(x - 1)\,dx}{(x^2 + x + 1)\sqrt{x^2 - x + 1}},\quad \int \frac{(x + 1)\,dx}{(3x^2 - 10x + 9)\sqrt{x^2 - 8x + 10}}.$$

254. Integrale, die sich auf die quadratische Irrationalität zurückführen lassen. Eine weitere Form von Integralen irrationaler Funktionen geht aus

$$\int f(x,\, y,\, z)\, dx \tag{32}$$

hervor, worin f eine rationale Funktion der Argumente x, y, z anzeigt und

$$y^2 = ax + b, \quad z^2 = a'x + b' \qquad \left(\frac{a}{a'} \gtrless \frac{b}{b'}\right) \qquad \text{ist.} \tag{33}$$

Man führt an Stelle von x eine der Größen y, z als Integrationsvariable ein; wird y hierfür gewählt, so ist

$$x = \frac{y^2 - b}{a}, \quad dx = \frac{2y\, dy}{a}, \quad z^2 = \frac{a'}{a}y^2 + \frac{ab' - a'b}{a} \qquad \text{und}$$

$$\int f(x,\, y,\, z)\, dx = \frac{2}{a}\int f\left(\frac{y^2 - b}{a},\, y,\, \sqrt{\frac{a'}{a}y^2 + \frac{ab' - a'b}{a}}\right) y\, dy.$$

Hiermit erscheint das Integral auf den in **250** und den folgenden Artikeln erledigten Fall zurückgeführt, da es sich jetzt um eine quadratische Irrationalität, bezogen auf eine ganze Funktion zweiten Grades, handelt.

Beispiel. Das Integral $\displaystyle\int\sqrt{\frac{1-x}{x}}\,\frac{dx}{x}$

kann ohne Einführung einer neuen Variablen, nämlich durch die Umgestaltung

$$\int\frac{(1-x)\, dx}{x\sqrt{(1-x)x}}$$

auf die früher behandelte Form gebracht werden; die weitere Berechnung hätte nach den Formeln **251**, (21) und **253**, 1. zu geschehen.

Wendet man hingegen die Substitution

$$1 - x = y^2 \qquad\qquad \text{an, so wird}$$

$$\int\sqrt{\frac{1-x}{x}}\,\frac{dx}{x} = 2\int\frac{y^2\, dy}{(y^2 - 1)\sqrt{1 - y^2}}$$

$$= 2\int\frac{dy}{\sqrt{1 - y^2}} + 2\int\frac{dy}{(y^2 - 1)\sqrt{1 - y^2}};$$

das erste Integral rechts führt auf $\arcsin y$, das zweite zerfällt durch Zerlegung der gebrochenen Funktion $\dfrac{1}{y^2 - 1}$ in Partialbrüche in zwei Integrale, deren Werte aus **253**, 4. entnommen werden können; es ist nämlich

$$2 \int \frac{dy}{(y^2 - 1)\sqrt{1 - y^2}} = \int \frac{dy}{(y - 1)\sqrt{1 - y^2}} - \int \frac{dy}{(y + 1)\sqrt{1 - y^2}}$$

$$= -\sqrt{\frac{1 + y}{1 - y}} + \sqrt{\frac{1 - y}{1 + y}} = -\frac{2y}{\sqrt{1 - y^2}}.$$

Demnach ist schließlich

$$\int \sqrt{\frac{1 - x}{x}} \, \frac{dx}{x} = 2 \arcsin \sqrt{1 - x} - 2 \sqrt{\frac{1 - x}{x}} + C.$$

255. Integration binomischer Differentiale. Eine häufig vorkommende Gattung von Integralen bilden die *Integrale der binomischen Differentialausdrücke*. Man versteht hierunter Integrale von der typischen Form

$$\int x^m (a x^n + b)^p \, dx, \tag{34}$$

worin m, n, p rationale Zahlen bedeuten.

Einen neuen Fall bietet dies nur dann dar, wenn p *keine* ganze Zahl ist. Denn wären neben p auch m, n ganze Zahlen, so hätte man es mit einer rationalen Funktion zu tun, und wären m, n gebrochene Zahlen, so würde es sich um die in **248** behandelte monomische Irrationalität handeln.

Dagegen können m, n als ganze Zahlen vorausgesetzt werden. Wären sie es nicht, wären sie vielmehr Brüche mit dem kleinsten gemeinsamen Nenner q, so daß

$$m = \frac{m'}{q}, \quad n = \frac{n'}{q},$$

so führte die Substitution $\qquad x = t^q$

das Differential $x^m (a x^n + b)^p \, dx$ über in

$$q t^{m' + q - 1} (a t^{n'} + b)^p \, dt,$$

und dies ist wieder ein binomisches Differential, in welchem die Exponenten $m' + q - 1$, n' ganze Zahlen sind.

Wir setzen daher im Folgenden m, n als ganze Zahlen, p dagegen als einen Bruch,

$$p = \frac{p'}{r},$$ voraus.

Es gibt zwei Fälle, in welchen das binomische Differential sich in ein rationales Differential umwandeln und daher mittels der elementaren Funktionen in endlicher Form integrieren läßt.[1]

---

1) Nach einem von Tchebycheff in Liouvilles Journal (1853, p. 108) gegebenen Beweise sind es auch die einzigen Fälle, wo dies möglich ist.

Setzt man nämlich $x^n = y$, so wird

$$\int x^m (ax^n + b)^p \, dx = \frac{1}{n} \int y^{\frac{m+1}{n}-1} (ay + b)^p \, dy$$

und ist $\quad\quad\quad\quad \dfrac{m+1}{n}$ *eine ganze Zahl,* $\hfill$ (A)

so bezieht sich die Irrationalität einzig und allein auf das lineare Binom $ay + b$ und kann nach **248, 2.** beseitigt werden durch die Substitution

$$ay + b = t^r,$$

d. h. das ursprüngliche Integral wird durch die Substitution

$$a x^n + b = t^r \hfill \text{(a)}$$

auf das Integral einer rationalen Funktion gebracht.

Es ergibt sich ferner durch Umformung an dem letztgeschriebenen

$$\int y^{\frac{m+1}{n}-1} (ay + b)^p \, dy = \int y^{\frac{m+1}{n}+p-1} \left(\frac{ay + b}{y}\right)^p dy,$$

und ist $\quad\quad\quad\quad \dfrac{m+1}{n} + p$ *eine ganze Zahl,* $\hfill$ (B)

so bezieht sich die neue Irrationalität nur mehr auf die linear gebrochene Funktion $\dfrac{ay + b}{y}$ und kann nach **248, 3.** entfernt werden durch die Substitution $\quad\quad \dfrac{ay + b}{y} = t^r,$

d. h. das ursprüngliche Integral wird durch die Substitution

$$a + bx^{-n} = t^r \hfill \text{(b)}$$

in das Integral einer rationalen Funktion verwandelt.

Bemerkenswert ist, daß die Integrabilitätsbedingung (A) von dem gebrochenen Exponenten p nicht abhängt.

Beispiele. 1. Das Integral $\displaystyle \int \frac{x^3 \, dx}{\sqrt{1 + x^2}}$

erfüllt die Bedingung (A), weil $\dfrac{3+1}{2}$ eine ganze Zahl ist. Man setze daher

$$1 + x^2 = t^2, \hfill \text{findet daraus}$$

$$x^2 = t^2 - 1, \quad x\,dx = t\,dt, \quad x^3 \, dx = t(t^2 - 1)\,dt \hfill \text{und}$$

$$\int \frac{x^3 \, dx}{\sqrt{1 + x^2}} = \int (t^2 - 1)\,dt = \frac{t^3}{3} - t + C = \frac{x^2 - 2}{3} \sqrt{1 + x^2} + C.$$

2. Bei dem Integral $\qquad \displaystyle\int \frac{x^3\,dx}{\sqrt{1+x^8}}$

ist die Bedingung (A) nicht, wohl aber die Bedingung (B) erfüllt, weil $\dfrac{3+1}{8} - \dfrac{1}{2} = 0$ als ganze Zahl aufzufassen ist. Man forme daher das Integral zuerst um in

$$\int \frac{x^3\,dx}{x^4\,\sqrt{x^{-8}+1}} = \int \frac{x^{-1}\,dx}{\sqrt{x^{-8}+1}}$$

und setze dann $\qquad\qquad x^{-8} + 1 = t^2; \qquad\qquad$ daraus folgt

$$x^{-8} = t^2 - 1, \quad -4x^{-9}\,dx = t\,dt, \quad x^{-1}\,dx = -\frac{t\,dt}{4\,(t^2-1)};$$

somit ist

$$\int \frac{x^3\,dx}{\sqrt{1+x^8}} = -\frac{1}{4} \int \frac{dt}{t^2-1}$$

$$= \frac{1}{8}\, l\frac{t+1}{t-1} + C = \frac{1}{4}\,l\!\left(x^4 + \sqrt{1+x^8}\right) + C.$$

Man bemerke übrigens, daß das vorgelegte Integral auch durch die Substitution $x^4 = z$ auf die Formel **252**, (26) hätte zurückgeführt werden können.

256. Reduktionsformeln. Den Integralen binomischer Differentiale kommt die Eigenschaft zu, daß sie sich durch andere Integrale derselben Art mit geändertem p oder m oder p und m ausdrücken lassen. Insbesondere läßt sich immer bewirken, daß p ein echter Bruch und m dem Betrage nach kleiner als n wird. Man macht von diesen Umformungen zweckmäßig auch dann Gebrauch, wenn eine der Integrabilitätsbedingungen (A), (B) erfüllt ist, um nicht durch unmittelbare Rationalisierung zu komplizierte Funktionen zu erhalten.

Die *Reduktionsformeln*, welche allen Bedürfnissen genügen, sind nachstehend abgeleitet.

1. Durch partielle Integration mit der Zerlegung

$$u = (ax^n + b)^p, \quad dv = x^m\,dx$$

ergibt sich $\qquad\qquad \displaystyle\int x^m (ax^n + b)^p\,dx \qquad\qquad\qquad$ (I)

$$= \frac{x^{m+1}(ax^n + b)^p}{m+1} - \frac{npa}{m+1} \int x^{m+n}(ax^n + b)^{p-1}\,dx, \quad (m+1 \neq 0).$$

Kehrt man die Formel um und erhöht gleichzeitig p um 1, vermindert m um n, so kommt

$$\int x^m(ax^n+b)^p dx = \frac{x^{m-n+1}(ax^n+b)^{p+1}}{n(p+1)a} \qquad\text{(II)}$$
$$-\frac{m-n+1}{n(p+1)a}\int x^{m-n}(ax^n+b)^{p+1}dx \qquad (p+1 \neq 0).$$

2. Wird unter dem Integral auf der rechten Seite von (I) x^{m+n} ersetzt durch $\frac{1}{a}x^m(ax^n+b)-\frac{b}{a}x^m$, so zerfällt das Integral in die Differenz zweier, deren eines mit dem linksseitigen übereinstimmt, und durch entsprechende Zusammenfassung erhält man

$$\int x^m(ax^n+b)^p dx = \frac{x^{m+1}(ax^n+b)^p}{m+np+1} \qquad\text{(III)}$$
$$+\frac{npb}{m+np+1}\int x^m(ax^n+b)^{p-1}dx \qquad (m+np+1 \neq 0).$$

Die Umkehrung dieser Formel bei gleichzeitiger Erhöhung von p um 1 liefert

$$\int x^m(ax^n+b)^p dx = -\frac{x^{m+1}(ax^n+b)^{p+1}}{n(p+1)b} \qquad\text{(IV)}$$
$$+\frac{m+n(p+1)+1}{n(p+1)b}\int x^m(ax^n+b)^{p+1}dx \qquad (p+1 \neq 0).$$

3. Zerlegt man in dem Integral auf der rechten Seite von (II) $(ax^n+b)^{p+1}$ in die Faktoren $(ax^n+b)^p(ax^n+b)$, so löst es sich in die Summe zweier auf, wovon eines mit dem linksseitigen übereinstimmt; durch Zusammenziehung dieser Glieder ergibt sich:

$$\int x^m(ax^n+b)^p dx = \frac{x^{m-n+1}(ax^n+b)^{p+1}}{(m+np+1)a} \qquad\text{(V)}$$
$$-\frac{(m-n+1)b}{(m+np+1)a}\int x^{m-n}(ax^n+b)^p dx \qquad (m+np+1 \neq 0).$$

Aus der Umkehrung dieser Formel bei gleichzeitiger Erhöhung von m um n resultiert schließlich

$$\int x^m(ax^n+b)^p dx = \frac{x^{m+1}(ax^n+b)^{p+1}}{(m+1)b} \qquad\text{(VI)}$$
$$-\frac{(m+n+np+1)a}{(m+1)b}\int x^{m+n}(ax^n+b)^p dx \qquad (m+1 \neq 0).$$

Die Formeln (I), (II) ändern m und p gleichzeitig, (III), (IV) ändern nur p, (V), (VI) nur m; die Änderung von m beträgt jedesmal $\pm n$, die von p jedesmal ± 1.

In allen Fällen, wo die Formeln unwirksam werden, ist eine der Integrabilitätsbedingungen erfüllt und kann das Integral auf das einer rationalen Funktion zurückgeführt werden. So ist beispielsweise bei (III) und (V), wenn $m + np + 1 = 0$, $\dfrac{m+1}{n} + p$ eine ganze Zahl (0) und daher die Bedingung (B) erfüllt.

257. Beispiele. 1. Auf das Integral

$$\int \frac{dx}{(1+x^2)^{\frac{3}{2}}}$$

wird jene Formel anzuwenden sein, welche den Exponenten $p = -\dfrac{3}{2}$ erhöht, jenen $m = 0$ aber ungeändert läßt, also die Formel (IV); da $n(p+1)b = 2 \cdot \left(-\dfrac{3}{2} + 1\right) \cdot 1 = -1$ und $m + n(p+1) + 1 = 0 + 2 \cdot \left(-\dfrac{3}{2} + 1\right) + 1 = 0$ ist, so hat man ohne weitere Integration

$$\int \frac{dx}{\sqrt{(1+x^2)^3}} = \frac{x}{\sqrt{1+x^2}} + C.$$

2. Das Integral $\qquad u_{2\mu} = \displaystyle\int \frac{x^{2\mu}\, dx}{\sqrt{1-x^2}}$

erfüllt bei ganzzahligem μ die Integrabilitätsbedingung (B). Um es zu reduzieren, wird man unter den Formeln diejenige aufsuchen, welche $m = 2\mu$ herabmindert und $p = -\dfrac{1}{2}$ ungeändert läßt; es ist die Formel (V), und ihre wiederholte Anwendung gibt nach und nach:

$$u_{2\mu} = -\frac{x^{2\mu-1}\sqrt{1-x^2}}{2\mu} + \frac{2\mu-1}{2\mu}\, u_{2\mu-2}$$

$$u_{2\mu-2} = -\frac{x^{2\mu-3}\sqrt{1-x^2}}{2\mu-2} + \frac{2\mu-3}{2\mu-2}\, u_{2\mu-4}$$

$$\cdots\cdots\cdots\cdots\cdots\cdots\cdots\cdots$$

$$u_2 = -\frac{x\sqrt{1-x^2}}{2} + \frac{1}{2}\, u_0;$$

multipliziert man diese Gleichungen der Reihe nach mit

$$1,\ \frac{2\mu-1}{2\mu},\ \frac{(2\mu-1)(2\mu-3)}{2\mu(2\mu-2)},\ \ldots,\ \frac{(2\mu-1)(2\mu-3)\cdots 3}{2\mu(2\mu-2)\cdots 4}$$

und bildet die Summe, so kommt man mit Rücksicht darauf, daß $u_0 = \arcsin x$ ist, zu der Schlußformel:

$$\int \frac{x^{2\mu}\,dx}{\sqrt{1-x^2}} = -\frac{\sqrt{1-x^2}}{2\mu}\left[x^{2\mu-1} + \frac{2\mu-1}{2\mu-2}\,x^{2\mu-3}\right.$$
$$\left. + \frac{(2\mu-1)(2\mu-3)}{(2\mu-2)(2\mu-4)}\,x^{2\mu-5} + \cdots + \frac{(2\mu-1)(2\mu-3)\cdots 3}{(2\mu-2)(2\mu-4)\cdots 2}\,x\right] \tag{35}$$
$$+ \frac{(2\mu-1)(2\mu-3)\cdots 1}{2\mu(2\mu-2)\cdots 2}\,\arcsin x + C.$$

Durch den gleichen Vorgang ergibt sich die Formel

$$\int \frac{x^{2\mu+1}\,dx}{\sqrt{1-x^2}} = -\frac{\sqrt{1-x^2}}{2\mu+1}\left[x^{2\mu} + \frac{2\mu}{2\mu-1}\,x^{2\mu-2}\right.$$
$$+ \frac{2\mu(2\mu-2)}{(2\mu-1)(2\mu-3)}\,x^{2\mu-4} + \cdots + \frac{2\mu(2\mu-2)\cdots 4}{(2\mu-1)(2\mu-3)\cdots 3}\,x^2 \tag{36}$$
$$\left. + \frac{2\mu(2\mu-2)\cdots 2}{(2\mu-1)(2\mu-3)\cdots 1}\right] + C.$$

Bemerkenswert ist, daß im ersten Falle die Integration zu einer transzendenten, im zweiten zu einer algebraischen Funktion führt.

3. Das Integral $\quad v_{2\mu} = \displaystyle\int \frac{dx}{x^{2\mu}\sqrt{1-x^2}}$

wird durch Erhöhung des Exponenten $m = -2\mu$ bei ungeändertem $p = -\frac{1}{2}$, also mittels der Formel (VI) zu reduzieren sein; wiederholte Anwendung derselben gibt:

$$v_{2\mu} = -\frac{\sqrt{1-x^2}}{(2\mu-1)x^{2\mu-1}} + \frac{2\mu-2}{2\mu-1}\,v_{2\mu-2}$$
$$v_{2\mu-2} = -\frac{\sqrt{1-x^2}}{(2\mu-3)x^{2\mu-3}} + \frac{2\mu-4}{2\mu-3}\,v_{2\mu-4}$$
$$\cdots\cdots\cdots\cdots\cdots\cdots\cdots$$
$$v_2 = -\frac{\sqrt{1-x^2}}{x};$$

multipliziert man diese Gleichungen der Reihe nach mit

$$1,\; \frac{2\mu-2}{2\mu-1},\; \cdots,\; \frac{(2\mu-2)(2\mu-4)\cdots 2}{(2\mu-1)(2\mu-3)\cdots 3},$$

so gibt darauffolgende Addition:

$$\int \frac{dx}{x^{2\mu}\sqrt{1-x^2}} = -\frac{\sqrt{1-x^2}}{2\mu-1}\left[\frac{1}{x^{2\mu-1}} + \frac{2\mu-2}{2\mu-3}\,\frac{1}{x^{2\mu-3}}\right.$$
$$\left. + \frac{(2\mu-2)(2\mu-4)}{(2\mu-3)(2\mu-5)}\,\frac{1}{x^{2\mu-5}} + \cdots + \frac{(2\mu-2)(2\mu-4)\cdots 2}{(2\mu-3)(2\mu-5)\cdots 1}\,\frac{1}{x}\right] + C. \tag{37}$$

Auf dieselbe Art ist das Integral $\int \dfrac{dx}{x^{2\mu+1}\sqrt{1-x^2}}$ zu behandeln; das Endintegral, zu welchem man gelangt, ist (**251**, (21), **252**, (26)):

$$\int \frac{dx}{x\sqrt{1-x^2}} = -\int \frac{dt}{\sqrt{t^2-1}} = l\,\frac{1-\sqrt{1-x^2}}{x}\,;$$

die endgültige Formel lautet:

$$\begin{aligned}
\int \frac{dx}{x^{2\mu+1}\sqrt{1-x^2}} = -\frac{\sqrt{1-x^2}}{2\mu}&\left[\frac{1}{x^{2\mu}} + \frac{2\mu-1}{2\mu-2}\,\frac{1}{x^{2\mu-2}}\right.\\
+ \frac{(2\mu-1)(2\mu-3)}{(2\mu-2)(2\mu-4)}\,\frac{1}{x^{2\mu-4}} &+ \cdots + \left.\frac{(2\mu-1)(2\mu-3)\cdots 3}{(2\mu-2)(2\mu-4)\cdots 2}\,\frac{1}{x^2}\right]\\
+ \frac{(2\mu-1)(2\mu-3)\cdots 1}{2\mu(2\mu-2)\cdots 2}\,l\,&\frac{1-\sqrt{1-x^2}}{x} + C.
\end{aligned} \qquad (38)$$

§ 3. Integration transzendenter Funktionen.

258. Zurückführung auf algebraische Integrale. Es gibt nur eine sehr beschränkte Anzahl von Formen transzendenter Differentiale, bei welchen die Integration mit Hilfe der elementaren Funktionen in geschlossener Darstellung möglich ist. Wo diese Möglichkeit aufhört, gelingt es mitunter, die Integration bis zu gewissen Grundintegralen zu führen, welche dann als neue transzendente Funktionen höherer Ordnung zu den elementaren Transzendenten hinzutreten.

Bei der Mannigfaltigkeit der Kombinationen, in welchen diese letzteren untereinander und mit algebraischen Funktionen sich verbinden können, lassen sich allgemeine Methoden für die Behandlung solcher Integrale nicht angeben; der einzuschlagende Vorgang hängt von der besonderen Gestalt des zu integrierenden Differentials ab.

Läßt dieses durch eine Substitution sich in ein algebraisches Differential verwandeln, so ist die Aufgabe auf eine bereits behandelte zurückgeführt. Nicht immer ist es jedoch vorteilhaft, die Integration an diesem algebraischen Differential zu vollziehen, um dann wieder zu der ursprünglichen Variablen zurückzukehren; die Umwandlung erfüllt mitunter nur den Zweck, um über die Möglichkeit einer elementaren Integration entscheiden zu können.

Von einigem Nutzen kann der folgende allgemeine Fall sein, wo ein Integral mit transzendentem Differential sich durch partielle Integration auf ein solches mit algebraischem Differential reduzieren läßt

Ist nämlich $\varphi(x)$ eine algebraische Funktion, deren Integral $\Phi(x)$ auch algebraisch ist, und $\psi(x)$ eine transzendente Funktion, deren Differential algebraisch ist, so gibt

$$\int \varphi(x)\,\psi(x)\,dx$$

bei partieller Integration mit der Zerlegung

$$u = \psi(x), \qquad dv = \varphi(x)\,dx:$$

$$\int \varphi(x)\,\psi(x)\,dx = \Phi(x)\,\psi(x) - \int \Phi(x)\,\psi'(x)\,dx, \qquad (1)$$

und das linksstehende Integral mit transzendentem Differential ist somit auf das rechtsstehende, welches auf eine algebraische Funktion sich bezieht, zurückgeführt.

Der besprochene Fall tritt beispielsweise ein, wenn $\varphi(x)$ eine rationale ganze Funktion und

$$\psi(x) = l\,\omega(x), \qquad \arcsin \omega(x), \qquad \text{arctg } \omega(x),$$

wobei $\omega(x)$ eine algebraische Funktion ist; denn dann ist sowohl $\Phi(x)$ wie auch

$$\psi'(x) = \frac{\omega'(x)}{\omega(x)}, \qquad \frac{\omega'(x)}{\sqrt{1 - \omega(x)^2}}, \qquad \frac{\omega'(x)}{1 + \omega(x)^2}$$

eine algebraische Funktion.

Beispiele. 1. Es ist

$$\int x^n l\left(x + \sqrt{1 + x^2}\right) dx = \frac{x^{n+1}}{n+1} l\left(x + \sqrt{1 + x^2}\right) - \frac{1}{n+1} \int \frac{x^{n+1}\,dx}{\sqrt{1 + x^2}};$$

das rechtsstehende Integral bezieht sich auf ein binomisches Differential, das bei ganzzahligem n immer integrabel ist.

2. Zu einem analogen Resultate führt

$$\int x^n \arcsin x\,dx = \frac{x^{n+1}}{n+1} \arcsin x - \frac{1}{n+1} \int \frac{x^{n+1}\,dx}{\sqrt{1 - x^2}}$$

insbesondere ist (**235**, 2.)

$$\int x \arcsin x\,dx = \frac{x^2}{2} \arcsin x - \frac{1}{2} \int \frac{x^2\,dx}{\sqrt{1 - x^2}}$$

$$= \frac{x}{4} \sqrt{1 - x^2} + \frac{2x^2 - 1}{4} \arcsin x + C.$$

3. Durch die Formel

$$\int x^n \text{ arctg } x\,dx = \frac{x^{n+1}}{n+1} \text{ arctg } x - \frac{1}{n+1} \int \frac{x^{n+1}\,dx}{1 + x^2}$$

ist das linksstehende Integral bei rationalem n auf das einer algebraischen stets integrierbaren Funktion, bei ganzem positiven n insbesondere auf die Form **246**, 3. zurückgeführt.

259. Allgemeine Reduktionsformeln. Über die Funktionen $\varphi(x)$ und $\psi(x)$ seien die nämlichen Voraussetzungen gemacht wie vorhin; auf das Integral

$$\int \varphi(x)\, \psi(x)^n\, dx \qquad\qquad (n>0)$$

die partielle Integration mit der Zerlegung $u = \psi(x)^n$, $dv = \varphi(x)\, dx$ angewendet, erhält man:

$$\int \varphi(x)\, \psi(x)^n\, dx = \Phi(x)\, \psi(x)^n - n \int \Phi(x)\, \psi'(x)\, \psi(x)^{n-1}\, dx; \qquad (2)$$

bei dem neuen Integral kommt man mit demselben Verfahren nur dann weiter, wenn auch die algebraische Funktion $\Phi(x)\, \psi'(x)$ ein algebraisches Integral hat.

Bei dem Integrale $\qquad \int \dfrac{\varphi(x)}{\psi(x)^n}\, dx \qquad\qquad (n>0)$

hätte man, um eine Reduktion zu erzielen, die partielle Integration mit der Zerlegung $u = \dfrac{\varphi(x)}{\psi'(x)}$, $dv = \dfrac{\psi'(x)\, dx}{\psi(x)^n}$ auszuführen; dies gibt

$$\int \frac{\varphi(x)}{\psi(x)^n}\, dx = - \frac{\varphi(x)}{(n-1)\, \psi'(x)\, \psi(x)^{n-1}} + \frac{1}{n-1} \int D_x \frac{\varphi(x)}{\psi'(x)} \frac{dx}{\psi(x)^{n-1}}; \qquad (3)$$

eine weitere Herabminderung des Exponenten der transzendenten Funktion kann nach demselben Verfahren, mit Hilfe der Zerlegung $u = \dfrac{D_x \frac{\varphi(x)}{\psi'(x)}}{\psi'(x)}$, $dv = \dfrac{\psi'(x)\, dx}{\psi(x)^{n-1}}$, erfolgen.

Beispiele. 1. Der durch die Formel (2) ausgedrückte Vorgang läßt sich auf das Integral $\int x^m (lx)^n\, dx$ anwenden; es ist nämlich

$$\int x^m (lx)^n\, dx = \frac{x^{m+1}}{m+1}\, (lx)^n - \frac{n}{m+1} \int x^m (lx)^{n-1}\, dx \qquad (m \neq -1)$$

und die Formel bei $n>0$ eine wirkliche Reduktionsformel.

Ebenso ergibt sich für

$$\int \arcsin^n x\, dx = x \arcsin^n x - n \int \frac{x}{\sqrt{1-x^2}} \arcsin^{n-1} x\, dx;$$

wendet man auf das rechtsstehende Integral denselben Vorgang nochmals an, wodurch

$$\int \frac{x}{\sqrt{1-x^2}} \arcsin^{n-1} x\, dx$$

$$= -\sqrt{1-x^2}\, \arcsin^{n-1} x + (n-1) \int \arcsin^{n-2} x\, dx$$

erhalten wird, so kommt man zu der Reduktionsformel

$$\int \arcsin^n x\, dx$$

$$= x \arcsin^n x + n \sqrt{1 - x^2}\, \arcsin^{n-1} x - n\,(n - 1)\int \arcsin^{n-2} x\, dx.$$

2. Auf Grund der Formel (3) ist

$$\int \frac{x^m\, dx}{(lx)^n} = -\frac{x^{m+1}}{(n-1)\,(lx)^{n-1}} + \frac{m+1}{n-1}\int \frac{x^m\, dx}{(lx)^{n-1}} \qquad (m \neq -1),$$

und diese Formel führt nach wiederholter Anwendung schließlich auf das Integral

$$\int \frac{x^m\, dx}{lx},$$

das durch die Substitution $x^{m+1} = z$ auf das Integral

$$\int \frac{dz}{lz} \tag{4}$$

zurückgeführt wird, eine neue Transzendente, welche als *Integrallogarithmus* bezeichnet wird.

Für $m = -1$ und $n > 1$ hat man unmittelbar

$$\int \frac{dx}{x\,(lx)^n} = \int (lx)^{-n}\, dlx = -\frac{(lx)^{-n+1}}{n-1} + C$$

und für $m = -1$ und $n = 1$

$$\int \frac{dx}{x\,lx} = \int \frac{dlx}{lx} = llx + C.$$

Ebenso ergibt sich durch zweimalige Anwendung der Formel (3) die Reduktionsformel

$$\int \frac{dx}{\arcsin^n x} = -\frac{\sqrt{1 - x^2}}{(n-1)\arcsin^{n-1} x} + \frac{x}{(n-1)\,(n-2)\arcsin^{n-2} x}$$

$$- \frac{1}{(n-1)\,(n-2)}\int \frac{dx}{\arcsin^{n-2} x},$$

durch deren wiederholten Gebrauch man, weil sie nur bis $n = 3$ zulässig ist, schließlich zu einem der Integrale

$$\int \frac{dx}{\arcsin x}, \qquad \int \frac{dx}{\arcsin^2 x}$$

gelangt; das erste verwandelt sich durch die Substitution $\arcsin x = z$ in

$$\int \frac{\cos z\, dz}{z}, \tag{5}$$

das zweite gibt nach einmaliger Anwendung der Formel (3)

$$\int \frac{dx}{\arcsin^2 x} = -\frac{\sqrt{1-x^2}}{\arcsin x} - \int \frac{x}{\sqrt{1-x^2}}\,\frac{dx}{\arcsin x},$$

und das noch erübrigende Integral geht nach derselben Substitution über in

$$\int \frac{\sin z\, dz}{z}. \tag{6}$$

Die Integrale (5) und (6) stellen neue transzendente Funktionen dar, die als *Integralkosinus*, beziehungsweise *Integralsinus* bezeichnet werden.

260. Algebraische Funktionen der Exponentiellen. Ist f das Zeichen für eine algebraische Funktion des nachfolgenden Argumentes, so wird das Integral

$$\int f(e^{\varkappa x})\,dx$$

durch die Substitution $e^{\varkappa x} = t$, aus welcher $dx = \frac{dt}{\varkappa t}$ entspringt, in das Integral einer algebraischen Funktion umgewandelt; es ist nämlich

$$\int f(e^{\varkappa x})\,dx = \frac{1}{\varkappa} \int f(t)\,\frac{dt}{t}. \tag{7}$$

Das vorgelegte Integral läßt sich also in endlicher Form darstellen, wenn f eine *rationale* Funktion bedeutet.

Beispiele. 1. Man hat für $a > 0$

$$\int \frac{a^x\,dx}{m\,a^x + n} = \frac{1}{la} \int \frac{dt}{mt + n} = \frac{l(mt + n)}{m\,la} + C = \frac{l(m\,a^x + n)}{m\,la} + C.$$

2. Mit derselben Festsetzung ist

$$\int \frac{dx}{\sqrt{m\,a^x + n}} = \frac{1}{la} \int \frac{dt}{t\sqrt{mt + n}} = \frac{2}{la} \int \frac{dz}{z^2 - n},$$

wenn $mt + n = z^2$ gesetzt wird; daher hat man schließlich für $n > 0$:

$$\int \frac{dx}{\sqrt{m\,a^x + n}} = \frac{1}{la} l\,\frac{z + \sqrt{n}}{z - \sqrt{n}} + C = \frac{1}{la} l\,\frac{\sqrt{m\,a^x + n} + \sqrt{n}}{\sqrt{m\,a^x + n} - \sqrt{n}} + C, \quad \text{für } n < 0:$$

$$\int \frac{dx}{\sqrt{m\,a^x + n}} = \frac{2}{la\sqrt{-n}} \arctan \frac{z}{\sqrt{-n}} + C = \frac{2}{la\sqrt{-n}} \arctan \sqrt{\frac{m\,a^x + n}{-n}} + C.$$

261. Produkt aus einer rationalen Funktion von x und aus e^x. Das Integral

$$\int f(x)e^{\varkappa x}\,dx,$$

in welchem $f(x)$ eine rationale Funktion bedeutet, zerfällt im allgemeinen in zwei Bestandteile, nämlich

$$\int G(x)e^{\varkappa x}\,dx, \qquad \int \frac{F(x)}{\varphi(x)}\,e^{\varkappa x}\,dx,$$

wobei $G(x)$ die in $f(x)$ enthaltene ganze Funktion und $\frac{F(x)}{\varphi(x)}$ den nach Ausscheidung derselben verbleibenden irreduktibeln echten Bruch darstellt.

Was den ersten Teil betrifft, so kann er durch partielle Integration schließlich auf das Grundintegral

$$\int e^{\varkappa x}\,dx = \frac{1}{\varkappa}\,e^{\varkappa x}$$

zurückgeführt werden; ist $G(x)$ vom n-ten Grade, so hat man nach und nach:

$$\int G(x)e^{\varkappa x}\,dx = \frac{1}{\varkappa}\ \ G(x)e^{\varkappa x} - \frac{1}{\varkappa}\int G'(x)e^{\varkappa x}\,dx$$

$$\int G'(x)e^{\varkappa x}\,dx = \frac{1}{\varkappa}\ \ G'(x)e^{\varkappa x} - \frac{1}{\varkappa}\int G''(x)e^{\varkappa x}\,dx$$

$$\cdot\ \cdot\ \cdot\ \cdot\ \cdot\ \cdot\ \cdot\ \cdot\ \cdot\ \cdot\ \cdot\ \cdot\ \cdot\ \cdot\ \cdot$$

$$\int G^{(n-1)}(x)e^{\varkappa x}\,dx = \frac{1}{\varkappa}\,G^{(n-1)}(x)e^{\varkappa x} - \frac{1}{\varkappa}\int G^{(n)}(x)e^{\varkappa x}\,dx;$$

daraus ergibt sich durch Elimination der Zwischenintegrale und mit Rücksicht darauf, daß $G^{(n)}(x)$ eine Konstante vorstellt,

$$\int G(x)e^{\varkappa x}\,dx = \frac{e^{\varkappa x}}{\varkappa}\left[\,G(x) - \frac{G'(x)}{\varkappa} + \frac{G''(x)}{\varkappa^2} - \cdots + (-1)^n\,\frac{G^{(n)}(x)}{\varkappa^n}\right] + C. \qquad (8)$$

Bezüglich des zweiten Teiles sei folgendes bemerkt. Eine einfache reelle Wurzel a von $\varphi(x)$ liefert einen Partialbruch $\frac{A}{x-a}$ und zu dem Integrale den Bestandteil

$$A\int \frac{dx}{x-a}\,e^{\varkappa x};$$

setzt man hierin $x - a = \frac{lz}{\varkappa}$, so geht dies über in

$$Ae^{\varkappa a}\int \frac{dz}{lz},$$

also in den Integrallogarithmus. — Eine m-fache reelle Wurzel a des Nenners $\varphi(x)$ führt einen Partialbruch $\frac{P(x)}{(x-a)^m}$ herbei, dessen Zähler eine ganze Funktion $(m-1)$-ten Grades ist, und daraus entsteht für das Integral der Bestandteil

$$\int \frac{P(x)}{(x-a)^m}\,e^{\varkappa x}\,dx;$$

es lassen sich aber eine ganze Funktion $\overline{m-2}$-ten Grades $P_1(x)$ und eine Konstante derart bestimmen, daß

$$\frac{P(x)}{(x-a)^m}\,e^{\varkappa x} = D_x\left\{\frac{P_1(x)}{(x-a)^{m-1}}\,e^{\varkappa x}\right\} + \frac{A}{x-a}\,e^{\varkappa x}$$

wird; denn nach Ausführung der Differentiation und Beseitigung der Nenner kommt man zu der Gleichung:

$$P(x) = \{P_1'(x) + \varkappa P_1(x)\}(x-a) - (m-1)P_1(x) + A(x-a)^{m-1} \qquad (9)$$

und erhält durch Vergleichung der beiderseitigen Koeffizienten die gerade notwendigen m Gleichungen zur Ermittelung der $m-1$ Koeffizienten in $P_1(x)$ und von A. Auf Grund jener Zerlegung aber ist

$$\int \frac{P(x)}{(x-a)^m}\,e^{\varkappa x}\,dx = \frac{P_1(x)}{(x-a)^{m-1}}\,e^{\varkappa x} + A\int \frac{dx}{x-a}\,e^{\varkappa x} \qquad (10)$$

und das verbleibende Integral führt wieder auf den Integrallogarithmus.

Beispiel. Für das Integral

$$\int \frac{x^2+1}{x^4}\,e^x\,dx \qquad \text{hat man die Zerlegung:}$$

$$\frac{x^2+1}{x^4}\,e^x = D_x\left\{\frac{Ax^2+Bx+C}{x^3}\,e^x\right\} + \frac{D}{x}\,e^x$$

und zur Bestimmung der Koeffizienten die Gleichung:

$$x^2+1 = (2Ax+B+Ax^2+Bx+C)x - 3(Ax^2+Bx+C) + Dx^3;$$

daraus ergibt sich durch Vergleichung beider Seiten:

$$A = -\frac{7}{6}, \qquad B = -\frac{1}{6}, \qquad C = -\frac{1}{3}, \qquad D = \frac{7}{6};$$

hiernach ist $\displaystyle \int \frac{x^2+1}{x^4}\,e^x\,dx = -\frac{7x^2+x+2}{6x^3}\,e^x + \frac{7}{6}\int \frac{e^x}{x}\,dx.$

262. Produkt aus einer rationalen Funktion von x und aus lx. Das Integral

$$\int f(lx)\,dx,$$

in welchem f das Zeichen für eine rationale Funktion sein soll, geht durch die Substitution $lx = t$ in das Integral des vorigen Artikels über, indem

$$\int f(lx)\,dx = \int f(t)e^t\,dt \qquad \text{wird.} \qquad (11)$$

Das Integral

$$\int f(x)\,lx\,dx$$

zerfällt, ähnlich wie es dort geschah, in die beiden Integrale

$$\int G(x)\,lx\,dx, \qquad \int \frac{F(x)}{\varphi(x)}\,lx\,dx,$$

deren erstes durch das in **258** besprochene Verfahren der partiellen Integration sogleich auf ein algebraisches sich zurückführen läßt, indem

$$\int G(x)\,lx\,dx = G_1(x)\,lx - \int \frac{G_1(x)}{x}\,dx; \qquad (12)$$

dabei bedeutet $G_1(x)$ das Integral von $G(x)$. — In dem zweiten Teile ergibt eine einfache reelle Wurzel a von $\varphi(x)$ den Bestandteil

$$A\int \frac{lx}{x-a}\,dx;$$

durch die Substitution $x - a = az$ verwandelt sich dies in

$$A\int \frac{l[a(1+z)]}{z}\,dz = A\left\{la\,lz + \int \frac{l(1+z)}{z}\,dz\right\}$$

und das verbleibende Integral ist nicht durch elementare Funktionen darstellbar. Eine mehrfache reelle Wurzel a gibt Bestandteile von der Gestalt

$$A\int \frac{lx}{(x-a)^m}\,dx,$$

die sich durch das Verfahren von **258** auf algebraische Integrale zurückführen lassen, indem für $m > 1$

$$\int \frac{lx}{(x-a)^m}\,dx = -\frac{lx}{(m-1)(x-a)^{m-1}} + \frac{1}{m-1}\int \frac{dx}{x(x-a)^{m-1}}. \qquad (13)$$

Beispiele. 1. Auf Grund von (12) ist

$$\int (ax^2 + 2bx + c)\,lx\,dx = \left(\frac{ax^3}{3} + bx^2 + cx\right)lx - \left(\frac{ax^3}{9} + \frac{bx^2}{2} + cx + C\right).$$

2. Mit Benutzung von (13) erhält man

$$\int \frac{x^2+1}{x^4}\,lx\,dx = \int \frac{lx}{x^2}\,dx + \int \frac{lx}{x^4}\,dx = -\frac{9x^2+1}{9x^3} - \frac{3x^2+1}{3x^3}\,lx + C.$$

263. Rationale Funktionen trigonometrischer Funktionen

Das Integral einer rationalen Funktion von

$$\sin x, \quad \cos x, \quad \operatorname{tg} x, \quad \operatorname{cotg} x, \ldots$$

läßt sich immer auf das Integral einer rationalen algebraischen Funktion zurückführen; die dazu dienliche Substitution richtet sich nach den unter dem Integralzeichen auftretenden trigonometrischen Funktionen und nach der Art ihres Vorkommens. Einige der wichtigen Fälle sind im Nachstehenden behandelt.

a) Eine immer zum Ziele führende Substitution ist

$$\operatorname{tg} \frac{x}{2} = t; \tag{a}$$

denn daraus folgt

$$\cos x = \cos^2 \frac{x}{2} - \sin^2 \frac{x}{2} = \cos^2 \frac{x}{2}\left(1 - \operatorname{tg}^2 \frac{x}{2}\right) = \frac{1-t^2}{1+t^2}$$

$$\sin x = 2\sin \frac{x}{2}\cos \frac{x}{2} = 2\cos^2 \frac{x}{2}\operatorname{tg} \frac{x}{2} = \frac{2t}{1+t^2}$$

$$\operatorname{tg} x = \frac{2t}{1-t^2}, \qquad \operatorname{cotg} x = \frac{1-t^2}{2t}$$

$$dx = \frac{2\,dt}{1+t^2},$$

so daß alle Bestandteile rational in t ausgedrückt sind. Hiernach ist also

$$\int f(\sin x,\ \cos x,\ \ldots)\,dx = 2\int f\left(\frac{2t}{1+t^2},\ \frac{1-t^2}{1+t^2},\ \cdots\right)\frac{dt}{1+t^2}, \tag{14}$$

und weil f rational ist, so bezieht sich die rechts vorgeschriebene Integration auf ein rationales algebraisches Differential.

Beispiele. 1. Es ist

$$\int \frac{dx}{\sin x} = \int \frac{dt}{t} = l\operatorname{tg} \frac{x}{2} + C;$$

$$\int \frac{dx}{\cos x} = -\int \frac{d\left(\frac{\pi}{2}-x\right)}{\sin\left(\frac{\pi}{2}-x\right)} = -l\operatorname{tg}\left(\frac{\pi}{4}-\frac{x}{2}\right) + C = l\operatorname{tg}\left(\frac{\pi}{4}+\frac{x}{2}\right) + C;$$

$$\int \frac{dx}{a\cos x + b\sin x} = \frac{1}{\sqrt{a^2+b^2}}\int \frac{dx}{\sin\theta\cos x + \cos\theta\sin x}$$

$$= \frac{1}{\sqrt{a^2+b^2}}\int \frac{d(x+\theta)}{\sin(x+\theta)} = \frac{1}{\sqrt{a^2+b^2}}\,l\operatorname{tg}\frac{x+\theta}{2} + C,$$

wenn θ aus den Gleichungen

$$\frac{a}{\sqrt{a^2+b^2}} = \sin\theta, \qquad \frac{b}{\sqrt{a^2+b^2}} = \cos\theta \qquad \text{bestimmt wird.}$$

2. Es ist

$$\int \frac{dx}{a\cos x + b\sin x + c} = 2\int \frac{dt}{a(1-t^2) + 2bt + c(1+t^2)}$$

$$= 2\int \frac{dt}{(c-a)t^2 + 2bt + (c+a)}$$

und die weitere Entwicklung hängt von a, b, c ab (**240**, 1. oder **243**, (14)).

b) Hat das Integral, unter f immer eine rationale Funktion verstanden, eine der Formen

$$\int f(\sin^2 x,\ \cos x)\ \sin x\, dx, \qquad \int f(\sin x,\ \cos^2 x)\ \cos x\, dx,$$

so ist es einfacher, im ersten Falle $\cos x = t$, im zweiten Falle $\sin x = t$, zu setzen, indem dann

$$\int f(\sin^2 x,\ \cos x)\ \sin x\, dx = -\int f(1-t^2, t)\, dt \qquad (15)$$

$$\int f(\sin x,\ \cos^2 x)\cos x\, dx = \quad \int f(t, 1-t^2)\, dt \quad \text{wird.} \quad (16)$$

Beispiel. 3. So ist

$$\int \frac{\sin x\, dx}{a \cos^2 x + b \sin^2 x} = -\int \frac{dt}{a t^2 + b (1 - t^2)} = -\frac{1}{b}\int \frac{dt}{1 + \dfrac{a-b}{b}\, t^2}$$

also bei $\dfrac{a-b}{b} > 0$:

$$\int \frac{\sin x\, dx}{a \cos^2 x + b \sin^2 x} = -\frac{1}{\sqrt{(a-b)b}}\ \operatorname{arctg}\left(\sqrt{\frac{a-b}{b}}\ \cos x\right) + C,$$

hingegen bei $\dfrac{a-b}{b} < 0$:

$$\int \frac{\sin x\, dx}{a \cos^2 x + b \sin^2 x} = \frac{1}{2\sqrt{(b-a)b}}\ l\ \frac{1 - \sqrt{\dfrac{b-a}{b}}\ \cos x}{1 + \sqrt{\dfrac{b-a}{b}}\ \cos x} + C.$$

c) Bei einem Integral von der Form

$$\int f(\operatorname{tg} x)\, dx$$

ist es am einfachsten, $\operatorname{tg} x = t$ zu setzen, indem dann

$$\int f(\operatorname{tg} x)\, dx = \int f(t)\ \frac{dt}{1 + t^2} \qquad \text{wird.} \qquad (17)$$

Dieser Fall läßt sich unter anderm herbeiführen, wenn $f(\cos x,\ \sin x)$ eine homogene Funktion der beiden Argumente von geradem, etwa $2p$-ten Homogenitätsgrade ist, denn dann ist

$$f(\cos x,\ \sin x) = \cos^{2p} x\, f(1,\ \operatorname{tg} x) = \frac{f(1,\ \operatorname{tg} x)}{(1 + \operatorname{tg}^2 x)^p},$$

somit $\quad \displaystyle\int f(\cos x,\ \sin x) = \int \frac{f(1, t)\, dt}{(1 + t^2)^{p+1}}.$ $\qquad\qquad (17^*)$

Beispiele. 4. In dem besonderen Falle $\int \dfrac{dx}{a + b\,\mathrm{tg}\,x}$ führt diese Substitution auf das algebraische Integral

$$\int \frac{dt}{(1 + t^2)(a + bt)} ;$$

die Zerlegung der gebrochenen Funktion liefert

$$\frac{1}{(1 + t^2)(a + bt)} = \frac{a - bt}{(a^2 + b^2)(1 + t^2)} + \frac{b^2}{(a^2 + b^2)(a + bt)},$$

woraus sich

$$\int \frac{dt}{(1 + t^2)(a + bt)} = \frac{b}{a^2 + b^2}\, l(a + bt) - \frac{b}{2(a^2 + b^2)}\, l(1 + t^2) + \frac{a}{a^2 + b^2}\,\mathrm{arctg}\,t$$

und schließlich

$$\int \frac{dx}{a + b\,\mathrm{tg}\,x} = \frac{ax}{a^2 + b^2} + \frac{b}{a^2 + b^2}\, l(a\cos x + b\sin x) + C \quad \text{ergibt.}$$

Das vorliegende Integral läßt sich indessen auch mit Umgehung jeder Substitution ermitteln; es ist nämlich

$$b\int \frac{dx}{a + b\,\mathrm{tg}\,x} = \int \frac{b\cos x\,dx}{a\cos x + b\sin x} = \int \frac{(-a\sin x + b\cos x)\,dx}{a\cos x + b\sin x}$$
$$+ a\int \frac{\sin x\,dx}{a\cos x + b\sin x} ;$$

multipliziert man diese Gleichung mit b und addiert beiderseits

$$a^2 \int \frac{\cos x\,dx}{a\cos x + b\sin x} \qquad \text{hinzu, so entsteht}$$

$$(a^2 + b^2)\int \frac{dx}{a + b\,\mathrm{tg}\,x} = bl(a\cos x + b\sin x) + ax + C,$$

woraus für das Integral derselbe Ausdruck hervorgeht, wie er oben gefunden wurde.

5. Mit Benützung der Formel (17*) erhält man

$$\int \frac{dx}{\cos^4 x + \sin^4 x} = \int \frac{(1 + t^2)\,dt}{1 + t^4} ;$$

dies fällt unter **243** und im Schlußresultat ist t wieder durch $\mathrm{tg}\,x$ zu ersetzen.

264. Reduktionsformeln für $\int \sin^m x \cos^n x\,dx$. Das Integral einer rationalen ganzen Funktion von $\sin x$, $\cos x$, $\mathrm{tg}\,x$, $\mathrm{cotg}\,x$, $\ldots$ löst sich in Integrale von der Form

$$\int \sin^m x \cos^n x\, dx \qquad (18)$$

mit ganzzahligen Exponenten auf. Durch die Substitution $\sin x = t$ geht dies in das Integral

$$\int t^m (1 - t^2)^{\frac{n-1}{2}}\, dt$$

eines binomischen Differentials über und könnte nach den in **255—256** gegebenen Methoden behandelt werden. Aus dieser letzten Form erkennt man, daß das obige Integral nur dann eine endliche Darstellung durch elementare Funktionen zuläßt, wenn die Exponenten eine der Bedingungen

erfüllen: $\quad \dfrac{n-1}{2} \quad$ oder $\quad \dfrac{m+1}{2} \quad$ oder $\quad \dfrac{m+1}{2} + \dfrac{n-1}{2} = \dfrac{m+n}{2}$

eine ganze Zahl. Sind m, n ganze Zahlen, wie dies hier angenommen wird, so ist mindestens eine davon stets erfüllt. Bei bloß rationalen Exponenten kann die dritte Bedingung unter Umständen auch erfüllt sein.

Es ist indessen vorteilhafter, das Integral (18) in seiner ursprünglichen Form zu belassen und durch Reduktion der Exponenten m, n auf möglichst kleine Beiträge gewisse einfache Integralformen herbeizuführen. Hierzu dienen die nachstehenden *Rekursionsformeln*.

1. Partielle Integration mit der Zerlegung

$$u = \cos^{n-1} x, \quad dv = \sin^m x \cos x\, dx \qquad \text{ergibt}$$

$$\int \sin^m x \cos^n x\, dx = \frac{\sin^{m+1} x \cos^{n-1} x}{m+1} \qquad (\text{I})$$

$$+ \frac{n-1}{m+1} \int \sin^{m+2} x \cos^{n-2} x\, dx \qquad (m+1 \neq 0).$$

Kehrt man die Formel um und ersetzt gleichzeitig m durch $m - 2$, n durch $n + 2$, so wird

$$\int \sin^m x \cos^n x\, dx = - \frac{\sin^{m-1} x \cos^{n+1} x}{n+1} \qquad (\text{II})$$

$$+ \frac{m-1}{n+1} \int \sin^{m-2} x \cos^{n+2} x\, dx \qquad (n+1 \neq 0).$$

2. Wird unter dem Integralzeichen rechts in (I) von der Umformung

$$\sin^{m+2} x \cos^{n-2} x = \sin^m x \cos^{n-2} x\, (1 - \cos^2 x)$$

Gebrauch gemacht, so löst sich das betreffende Integral in zwei Integrale auf, deren eines mit dem linksstehenden übereinstimmt; nach gehöriger Vereinfachung hat man:

$$\int \sin^m x \cos^n x\, dx = \frac{\sin^{m+1} x \cos^{n-1} x}{m+n} \qquad\qquad \text{(III)}$$

$$+ \frac{n-1}{m+n} \int \sin^m x \cos^{n-2} x\, dx \qquad (m+n \neq 0).$$

Die Umkehrung dieser Formel unter gleichzeitiger Erhöhung von n um 2 liefert:

$$\int \sin^m x \cos^n x\, dx = - \frac{\sin^{m+1} x \cos^{n+1} x}{n+1} \qquad\qquad \text{(IV)}$$

$$+ \frac{m+n+2}{n+1} \int \sin^m x \cos^{n+2} x\, dx \qquad (n+1 \neq 0).$$

3. Wenn in dem Integrale auf der rechten Seite von (II) $\sin^{m-2} x \cos^{n+2} x$ durch $\sin^{m-2} x \cos^n x\, (1 - \sin^2 x)$ ersetzt und sonst derselbe Vorgang beobachtet wird wie unter 2., so entsteht

$$\int \sin^m x \cos^n x\, dx = - \frac{\sin^{m-1} x \cos^{n+1} x}{m+n} \qquad\qquad \text{(V)}$$

$$+ \frac{m-1}{m+n} \int \sin^{m-2} x \cos^n x\, dx \qquad (m+n \neq 0).$$

Die Umkehrung dieser Formel bei Vermehrung von m um 2 gibt schließlich

$$\int \sin^m x \cos^n x\, dx = \frac{\sin^{m+1} x \cos^{n+1} x}{m+1} \qquad\qquad \text{(VI)}$$

$$+ \frac{m+n+2}{m+1} \int \sin^{m+2} x \cos^n x\, dx \qquad (m+1 \neq 0).$$

Die Formeln (I) und (VI) verlieren ihre Anwendbarkeit für $m = -1$; dann aber kann das Integral $\int \frac{\cos^n x}{\sin x}\, dx$ durch (III) oder (IV) (je nachdem n positiv oder negativ) auf eines der Integrale

$$\int \frac{dx}{\sin x}, \qquad \int \frac{\cos x\, dx}{\sin x}, \qquad \int \frac{dx}{\sin x \cos x} \qquad \text{gebracht werden.}$$

Die Formeln (II) und (IV) werden unbrauchbar für $n = -1$; das entsprechende Integral $\int \frac{\sin^m x\, dx}{\cos x}$ kann aber mittels (V) oder (VI) auf eines der Integrale

$$\int \frac{dx}{\cos x}, \qquad \int \frac{\sin x\, dx}{\cos x}, \qquad \int \frac{dx}{\sin x \cos x} \qquad \text{reduziert werden.}$$

Die Formeln (III) und (V) hören auf zu gelten für $m = -n$; die Integrale $\int \frac{\sin^m x}{\cos^m x} dx$, $\int \frac{\cos^n x}{\sin^n x} dx$ sind aber mittels (II), bzw. (I) zurückführbar auf eines der Integrale

$$\int dx, \qquad \int \frac{\sin x\, dx}{\cos x}, \qquad \int \frac{\cos x\, dx}{\sin x}.$$

Außer auf die genannten können die Reduktionsformeln nur noch auf die Endintegrale

$$\int \sin x\, dx, \qquad \int \cos x\, dx \qquad\qquad \text{hinleiten.}$$

Alle Endintegrale sind elementar, und obwohl ihre Werte im Vorangehenden schon angegeben sind oder aus vorhandenen Formeln leicht abgeleitet werden können, sollen sie hier nochmals zusammengestellt werden:

$$\int dx = x, \quad \int \sin x\, dx = -\cos x, \quad \int \cos x\, dx = \sin x,$$

$$\int \frac{dx}{\sin x} = l\,\mathrm{tg}\,\frac{x}{2}, \qquad \int \frac{dx}{\cos x} = l\,\mathrm{tg}\left(\frac{\pi}{4} + \frac{x}{2}\right),$$

$$\int \frac{dx}{\sin x \cos x} = l\,\mathrm{tg}\,x,$$

$$\int \frac{\cos x\, dx}{\sin x} = l\,\sin x, \qquad \int \frac{\sin x\, dx}{\cos x} = -l\,\cos x,$$

$$\int \sin x \cos x\, dx = \frac{\sin^2 x}{2}.$$

Man kann mitunter die Benutzung der Reduktionsformeln umgehen, z. B. dann, wenn einer der Exponenten m, n eine positive ungerade Zahl ist, oder auch sonst anderweitige Vereinfachungen eintreten lassen, wie dies aus den folgenden Beispielen zu entnehmen ist.

Beispiele. 1. Mit Benutzung der Formel (III) findet man

$$\int \sin^4 x \cos^3 x\, dx = \frac{\sin^5 x \cos^2 x}{7} + \frac{2}{7} \int \sin^4 x \cos x\, dx$$

$$= \frac{\sin^5 x \cos^2 x}{7} + \frac{2}{35} \sin^5 x + C;$$

in anderer Weise: $\cos^3 x = (1 - \sin^2 x) \cos x$, daher

$$\int \sin^4 x \cos^3 x\, dx = \int \sin^4 x \cos x\, dx - \int \sin^6 x \cos x\, dx$$

$$= \frac{1}{5} \sin^5 x - \frac{1}{7} \sin^7 x + C.$$

2. Nach Formel (IV) ist

$$\int \frac{dx}{\sin^2 x \cos^2 x} = \frac{1}{\sin x \cos x} + 2\int \frac{dx}{\sin^2 x} = \frac{1}{\sin x \cos x} - 2 \operatorname{cotg} x + C;$$

man kann aber auch folgenden Weg einschlagen: Es ist

$$dx = (\sin^2 x + \cos^2 x)dx, \qquad\qquad \text{daher}$$

$$\int \frac{dx}{\sin^2 x \cos^2 x} = \int \frac{dx}{\cos^2 x} + \int \frac{dx}{\sin^2 x} = \operatorname{tg} x - \operatorname{cotg} x + C.$$

3. Zur Reduktion der Integrale $\int \sin^m x\, dx$, $\int \cos^n x\, dx$ $(m, n > 0)$ ergeben sich aus (V), beziehungsweise (III), wenn man dort $n = 0$, hier $m = 0$ setzt, die Formeln

$$\left.\begin{aligned}
\int \sin^m x\, dx &= -\frac{\sin^{m-1} x \cos x}{m} + \frac{m-1}{m}\int \sin^{m-2} x\, dx \\
\int \cos^n x\, dx &= \frac{\sin x \cos^{n-1} x}{n} + \frac{n-1}{n}\int \cos^{n-2} x\, dx;
\end{aligned}\right\} \qquad (19)$$

in gleicher Weise erhält man durch Benutzung von (VI) und (IV)

$$\int \frac{dx}{\sin^m x} = -\frac{\cos x}{(m-1)\sin^{m-1} x} + \frac{m-2}{m-1}\int \frac{dx}{\sin^{m-2} x}$$

$$\int \frac{dx}{\cos^n x} = \frac{\sin x}{(n-1)\cos^{n-1} x} + \frac{n-2}{n-1}\int \frac{dx}{\cos^{n-2} x}.$$

Insbesondere ist beispielsweise

$$\int \sin^3 x\, dx = -\frac{\sin^2 x \cos x}{3} + \frac{2}{3}\int \sin x\, dx = -\frac{\sin^2 x \cos x}{3} - \frac{2\cos x}{3} + C,$$

aber auch

$$\int \sin^3 x\, dx = \int \sin x\, dx - \int \cos^2 x \sin x\, dx = -\cos x + \frac{\cos^3 x}{3} + C;$$

ferner $\quad \int \dfrac{dx}{\sin^3 x} = -\dfrac{\cos x}{2\sin^2 x} + \dfrac{1}{2}\int \dfrac{dx}{\sin x} = -\dfrac{\cos x}{2\sin^2 x} + \dfrac{1}{2}\, l\, \operatorname{tg} \dfrac{x}{2} + C.$

265. Zurückführung auf die Sinus und Kosinus vielfacher Bogen. Die Lösung des Integrals (18) bei positiven ganzen m, n, also auch die Integration einer rationalen ganzen Funktion von $\sin x$ und $\cos x$ kann noch auf einem anderen Wege erfolgen, welcher sich darauf gründet, daß die Potenzen von $\sin x$ und $\cos x$ durch die Funktionen der Vielfachen von x sich ausdrücken lassen. Diese Darstellung ergibt sich mittels der Formeln (**105**, (15)):

$$\sin x = \frac{e^{ix} - e^{-ix}}{2i}$$

$$\cos x = \frac{e^{ix} + e^{-ix}}{2};$$

wenn man beiderseits zu einer positiven ganzen Potenz erhebt, rechts von der Binomialformel Gebrauch macht und die symmetrisch angeordneten Glieder zusammenfaßt, so erhält man mit Benutzung eben derselben Formeln die folgenden Gleichungen:

$$
\begin{aligned}
\sin^{2p} x =\ & \frac{(-1)^p}{2^{2p-1}}\Big\{ \cos 2px - \binom{2p}{1} \cos(2p-2)x \\
& + \binom{2p}{2} \cos(2p-4)x - \cdots + (-1)^{p-1}\binom{2p}{p-1} \cos 2x \\
& + \frac{1}{2}(-1)^p \binom{2p}{p}\Big\} \\[4pt]
\sin^{2p+1} x =\ & \frac{(-1)^p}{2^{2p}}\Big\{ \sin(2p+1)x - \binom{2p+1}{1} \sin(2p-1)x \\
& + \binom{2p+1}{2} \sin(2p-3)x - \cdots + (-1)^p \binom{2p+1}{p} \sin x\Big\} \\[4pt]
\cos x^{2p} =\ & \frac{1}{2^{2p-1}}\Big\{ \cos 2px + \binom{2p}{1} \cos(2p-2)x \\
& + \binom{2p}{2} \cos(2p-4)x + \cdots + \binom{2p}{p-1} \cos 2x + \frac{1}{2}\binom{2p}{p}\Big\} \\[4pt]
\cos^{2p+1} x =\ & \frac{1}{2^{2p}}\Big\{ \cos(2p+1)x + \binom{2p+1}{1} \cos(2p-1)x \\
& + \binom{2p+1}{2} \cos(2p-3)x + \cdots + \binom{2p+1}{p} \cos x\Big\}.
\end{aligned}
\right\} \quad (20)
$$

Ist nun eine ganze Funktion von $\sin x$, $\cos x$ gegeben und entwickelt man alle Potenzen nach den Formeln (20), so ordnet sich der ganze Ausdruck zu einem Aggregate von Gliedern, die von Koeffizienten abgesehen eine der drei Formen:

$$\sin \lambda x \sin \mu x, \qquad \cos \lambda x \cos \mu x, \qquad \sin \lambda x \cos \mu x$$

aufweisen; dabei bedeuten λ, $\mu (\lambda \neq \mu)$ positive ganze Zahlen; die Integration führt sich also zurück auf die Formeln:

$$\left.\begin{aligned}
\int \sin \lambda x \sin \mu x\, dx &= \frac{1}{2}\int [\cos(\lambda-\mu)x - \cos(\lambda+\mu)x]\, dx \\
&= \frac{\sin(\lambda-\mu)x}{2(\lambda-\mu)} - \frac{\sin(\lambda+\mu)x}{2(\lambda+\mu)} \\
\int \cos \lambda x \cos \mu x\, dx &= \frac{1}{2}\int [\cos(\lambda-\mu)x + \cos(\lambda+\mu)x]\, dx \\
&= \frac{\sin(\lambda-\mu)x}{2(\lambda-\mu)} + \frac{\sin(\lambda+\mu)x}{2(\lambda+\mu)} \\
\int \sin \lambda x \cos \mu x\, dx &= \frac{1}{2}\int [\sin(\lambda+\mu)x + \sin(\lambda-\mu)x]\, dx \\
&= -\frac{\cos(\lambda+\mu)x}{2(\lambda+\mu)} - \frac{\cos(\lambda-\mu)x}{2(\lambda-\mu)}.
\end{aligned}\right\} \quad (21)$$

Beispielsweise führt dieser Vorgang zu folgenden Resultaten:

$$\begin{aligned}
\int \sin^4 x\, dx &= \frac{1}{8}\int (\cos 4x - 4\cos 2x + 3)\, dx \\
&= \frac{1}{8}\left(\frac{\sin 4x}{4} - 2\sin 2x + 3x\right) + C; \\
\int \sin^5 x\, dx &= \frac{1}{16}\int (\sin 5x - 5\sin 3x + 10\sin x)\, dx \\
&= \frac{1}{16}\left(-\frac{\cos 5x}{5} + \frac{5\cos 3x}{3} - 10\cos x\right) + C; \\
\int \sin^2 x \cos^2 x\, dx &= \frac{1}{4}\int \sin^2 2x\, dx \\
&= \frac{1}{8}\int (1-\cos 4x)\, dx = \frac{x}{8} - \frac{\sin 4x}{32} + C.
\end{aligned}$$

266. Produkt aus einer rationalen Funktion von x und aus $\sin x$ oder $\cos x$. Bedeutet $f(x)$ eine rationale Funktion von x, welche sich in die ganze Funktion $G(x)$ und den irreduktiblen echten Bruch $\frac{F(x)}{\varphi(x)}$ zerlegen läßt, so lösen sich dieser Zerlegung gemäß auch die Integrale

$$\int f(x)\sin x\, dx, \qquad \int f(x)\cos x\, dx \qquad (22)$$

in je zwei Integrale auf. Auf das erste läßt sich mit Erfolg partielle Integration anwenden in dem Sinne, daß man $u = G(x)$, $dv = \sin x\, dx$, beziehungsweise $= \cos x\, dx$ nimmt; man erhält so

$$\left.\begin{aligned}
\int G(x)\sin x\, dx &= -G(x)\cos x + \int G'(x)\cos x\, dx \\
\int G(x)\cos x\, dx &= G(x)\sin x - \int G'(x)\sin x\, dx;
\end{aligned}\right\} \quad (23)$$

wird auf das rechtsstehende Integral der ersten Gleichung die zweite Reduktionsformel und umgekehrt angewendet, so ergeben sich die Reduktionsformeln:

$$\int G(x) \sin x\, dx = - G(x) \cos + G'(x) \sin x - \int G''(x) \sin x\, dx \ \bigg\}$$
$$\int G(x) \cos x\, dx = \quad G(x) \sin + G'(x) \cos x - \int G''(x) \cos x\, dx, \bigg\} \tag{24}$$

durch welche das linksstehende Integral auf ein solches derselben Art zurückgeführt wird, in welchem aber der Grad der ganzen Funktion um zwei Einheiten niedriger ist. Durch eventuelle Mitbenutzung der Formeln (24) und (23) kann man diesen Grad schließlich auf Null bringen und die Reduktion bis zu den Grundintegralen $\int \sin x\, dx, \int \cos x\, dx$ führen.

Bei dem zweiten Teile der Integrale (22) liefert eine einfache reelle Wurzel a des Nenners $\varphi(x)$ einen Bestandteil, der vom Koeffizienten abgesehen lautet:

$$\int \frac{\sin x}{x-a}\, dx, \quad \text{beziehungsweise} \quad \int \frac{\cos x}{x-a}\, dx;$$

setzt man $x - a = t$, so wird

$$\int \frac{\sin x}{x-a}\, dx = \cos a \int \frac{\sin t\, dt}{t} + \sin a \int \frac{\cos t\, dt}{t}$$
$$\int \frac{\cos x}{x-a}\, dx = \cos a \int \frac{\cos t\, dt}{t} - \sin a \int \frac{\sin t\, dt}{t},$$

d. h. beide Formen lassen sich durch den Integralsinus und den Integralkosinus darstellen.

Eine mehrfache reelle Wurzel a von $\varphi(x)$ gibt Anlaß zu Integralen der Form

$$\int \frac{\sin x\, dx}{(x-a)^n}, \quad \text{beziehungsweise} \quad \int \frac{\cos x\, dx}{(x-a)^n};$$

wendet man auf diese partielle Integration an in der Weise, daß

$$dv = \frac{dx}{(x-a)^n}$$ gesetzt wird, so kommt

$$\int \frac{\sin x\, dx}{(x-a)^n} = - \frac{\sin x}{(n-1)(x-a)^{n-1}} + \frac{1}{n-1} \int \frac{\cos x\, dx}{(x-a)^{n-1}} \ \bigg\}$$
$$\int \frac{\cos x\, dx}{(x-a)^n} = - \frac{\cos x}{(n-1)(x-a)^{n-1}} - \frac{1}{n-1} \int \frac{\sin x\, dx}{(x-a)^{n-1}} \bigg\} \tag{25}$$

und nach nochmaliger Reduktion der rechts verbleibenden Integrale

$$\left.\begin{aligned}
\int \frac{\sin x\, dx}{(x-a)^n} &= -\frac{\sin x}{(n-1)(x-a)^{n-1}} - \frac{\cos x}{(n-1)(n-2)(x-a)^{n-2}} \\
&\quad - \frac{1}{(n-1)(n-2)}\int \frac{\sin x\, dx}{(x-a)^{n-2}}, \\
\int \frac{\cos x\, dx}{(x-a)^n} &= -\frac{\cos x}{(n-1)(a-x)^{n-1}} + \frac{\sin x}{(n-1)(n-2)(x-a)^{n-2}} \\
&\quad - \frac{1}{(n-1)(n-2)}\int \frac{\cos x\, dx}{(x-a)^{n-2}}.
\end{aligned}\right\} \quad (26)$$

Durch Anwendung der Formeln (26) und (25) kommt man schließlich zu den bereits besprochenen Integralen

$$\int \frac{\sin x\, dx}{x-a}, \quad \int \frac{\cos x\, dx}{x-a}$$

zurück, die eine endliche Darstellung nicht zulassen.

Beispiel. Um das Integral

$$\int \frac{x^4+1}{x^2-1}\sin x\, dx \qquad \text{zu lösen, zerlege man}$$

$$\frac{x^4+1}{x^2-1} = x^2+1+\frac{2}{x^2-1} = x^2+1+\frac{1}{x-1}-\frac{1}{x+1},$$

und man findet nun auf Grund des Vorstehenden:

$$\int \frac{x^4+1}{x^2-1}\sin x\, dx = -x^2\cos x + 2x\sin x + \cos x + 2\sin 1 \int \frac{\cos x\, dx}{x}.$$

267. Produkt aus einer rationalen Funktion, einer Exponentiellen und $\sin x$ oder $\cos x$. Bedeutet $G(x)$ eine ganze Funktion von x und wendet man auf die beiden Integrale

$$\int G(x)e^{ax}\sin bx\, dx, \quad \int G(x)e^{ax}\cos bx\, dx \qquad (27)$$

partielle Integration an mit $u = G(x)e^{ax}$, also

$$du = a\,G(x)e^{ax}dx + G'(x)e^{ax}dx, \qquad \text{so ergibt sich}$$

$$\int G(x)e^{ax}\sin bx\, dx = -\frac{1}{b}\,G(x)e^{ax}\cos bx$$

$$+ \frac{a}{b}\int G(x)e^{ax}\cos bx\, dx + \frac{1}{b}\int G'(x)e^{ax}\cos bx\, dx,$$

$$\int G(x)e^{ax}\cos bx\, dx = \frac{1}{b}\,G(x)e^{ax}\sin bx$$

$$- \frac{a}{b}\int G(x)e^{ax}\sin bx\, dx - \frac{1}{b}\int G'(x)e^{ax}\sin bx\, dx$$

diese Gleichungen sind in bezug auf die zu bestimmenden zwei Integrale (27) linear; löst man sie danach auf, so erhält man:

$$\left.\begin{aligned}
\int G(x)e^{ax}\sin bx\,dx &= \frac{a\sin bx - b\cos bx}{a^2+b^2}\,G(x)\,e^{ax}\\
+\frac{b}{a^2+b^2}\int G'(x)\,e^{ax}\cos bx\,dx &- \frac{a}{a^2+b^2}\int G'(x)e^{ax}\sin bx\,dx,\\
\int G(x)e^{ax}\cos bx\,dx &= \frac{a\cos bx + b\sin bx}{a^2+b^2}\,G(x)\,e^{ax}\\
-\frac{a}{a^2+b^2}\int G'(x)\,e^{ax}\cos bx\,dx &- \frac{b}{a^2+b^2}\int G'(x)e^{ax}\sin bx\,dx.
\end{aligned}\right\} \quad (28)$$

Fortgesetzte Anwendung dieser Formeln bringt die ganze Funktion schließlich auf den Grad Null herab, so daß als Endintegrale, von Koeffizienten abgesehen,

$$\int e^{ax}\sin bx\,dx, \quad \int e^{ax}\cos bx\,dx$$

zum Vorschein kommen; die für dieselben geltenden Werte ergeben sich aber aus (28) selbst, wenn man $G(x) = 1$ setzt; man findet nämlich

$$\left.\begin{aligned}
\int e^{ax}\sin bx\,dx &= \frac{a\sin bx - b\cos bx}{a^2+b^2}\,e^{ax} + C\\
\int e^{ax}\cos bx\,dx &= \frac{a\cos bx + b\sin bx}{a^2+b^2}\,e^{ax} + C.
\end{aligned}\right\} \quad (29)$$

So ergibt sich beispielsweise aus der Anwendung der ersten Formel (28) und der beiden Formeln (29)

$$\int x e^{ax}\sin bx\,dx = \frac{(a\sin bx - b\cos bx)x}{a^2+b^2}\,e^{ax}$$
$$+ \frac{2ab\cos bx - (a^2-b^2)\sin bx}{(a^2+b^2)^2}\,e^{ax} + C.$$

268. Vermischte Beispiele.

1. $\displaystyle\int \frac{dx}{\cos x + \sin x}.$

2. $\displaystyle\int \frac{dx}{(a + b\,\mathrm{tg}\,x)^2}.$

3. $\displaystyle\int \frac{dx}{a + b\cos x + c\sin x}.$

4. $\displaystyle\int \frac{(a - b\cos x)\,dx}{a^2+b^2 - 2ab\cos x},\ \left(a - b\cos x = \right.$
$$\left. = \frac{1}{2a}\{a^2 + b^2 - 2ab\cos x + a^2 - b^2\}\right).$$

5. $\displaystyle\int \frac{dx}{a \sin^2 x + 2b \sin x \cos x + c \cos^2 x}$.

6. $\displaystyle\int x \operatorname{arctg} x\, dx$.

7. $\displaystyle\int e^{ax} \sin bx \cos cx\, dx$.

8. $\displaystyle\int e^{ax} \sin^2 bx\, dx$, $\displaystyle\int e^{ax} \cos^2 bx\, dx$.

9. $\displaystyle\int x\, l(x^4 - 1)\, dx$.

10. $\displaystyle\int l\, \frac{x^2}{\sqrt{1 - x^2}}\, dx$.

11. $\displaystyle\int \frac{x}{\sqrt{1 - x^2}}\, lx\, dx$.

Für die nachstehenden Integrale sind Rekursionsformeln abzuleiten

12. $\displaystyle\int \operatorname{tg}^n x\, dx$, $(\operatorname{tg}^n x = \operatorname{tg}^{n-2} x\,(\sec^2 x - 1))$

13. $\displaystyle\int \operatorname{cotg}^n x\, dx$.

14. $\displaystyle\int \sec^n x\, dx$, $(u = \sec^{n-2} x, \quad dv = \sec^2 x\, dx)$.

15. $\displaystyle\int \operatorname{cosec}^n x\, dx$.

16. $\displaystyle\int x^n \cos ax\, dx$.

17. $\displaystyle\int e^{ax} \cos^n x\, dx$.

18. $\displaystyle\int \cos^n x \cos nx\, dx$ $(u = \cos^n x, \quad dv = \cos nx\, dx;$

$$\cos(n-1)x = \cos nx \cos x + \sin nx \sin x)$$

Dritter Abschnitt.

Einfache und mehrfache bestimmte Integrale.

§ 1. Wertbestimmung und Schätzung bestimmter Integrale.

269. Auswertung von Integralen mittels des Hauptsatzes
der Integralrechnung. Die Auswertung eines bestimmten Integrals
gestaltet sich dann am einfachsten, wenn die *unbestimmte Integration* in
endlicher Form sich vollziehen läßt, d. h. wenn eine in dem Integrationsintervalle (a, b) stetige, durch einen geschlossenen analytischen Ausdruck
dargestellte Funktion $F(x)$ angegeben werden kann, deren Differentialquotient an jeder Stelle durch den Wert der zu integrierenden Funktion $f(x)$ bestimmt ist; nach dem *Hauptsatze der Integralrechnung* (**232**)
ist nämlich in diesem Falle

$$\int_a^b f(x)\,dx = F(b) - F(a), \tag{1}$$

so daß es also nur auf die Ausrechnung und Subtraktion zweier besonderen Werte der Funktion $F(x)$ ankommt.

Im Vergleich zu der unerschöpflichen Mannigfaltigkeit von Formen,
welche die Funktion $f(x)$ anzunehmen vermag, ist die Zahl der Fälle, wo
von diesem Verfahren Gebrauch gemacht werden kann, allerdings eine
sehr kleine; die Anwendungen der Analysis auf Geometrie und Mechanik
führen aber solche Fälle häufig genug herbei, und einige Integralformeln,
welche auf diesem Wege abgeleitet werden können, treten sowohl in den
Anwendungen wie in der weiteren Entwicklung der Theorie so oft auf,
daß es sich empfiehlt, sie hier zusammenzustellen.

Vorher noch eine allgemeine Bemerkung. Bevor an die Auswertung
eines bestimmten Integrals geschritten wird, muß festgestellt werden, ob
die Funktion unter dem Integralzeichen den Integrabilitätsbedingungen

entspricht, d. h. ob sie im ganzen Intervall, mit Einschluß der Grenzen, endlich (und stetig) bleibt; auch auf ihre Realität ist Rücksicht zu nehmen, sofern man sich mit den Rechnungen auf das reelle Gebiet beschränkt. Hiernach wird man beispielsweise an die Rechnung des Integrals

$$\int_0^1 \frac{dx}{\sqrt[3]{1-x^3}}$$

nicht ohne weiteres gehen, weil die Funktion, kurz gesagt, an der oberen Grenze unendlich wird; das Integral

$$\int_0^1 \frac{dx}{\sqrt{x^2-x-1}}$$

überhaupt ausschließen, weil die Funktion im ganzen Intervall imaginär ist; die Brerechnung des Integrals

$$\int_0^1 \frac{(x+3)\,dx}{2x^2-5x+2}$$

nicht in Angriff nehmen, weil die Funktion an der Stelle $\frac{1}{2}$, die im Intervall liegt, unendlich wird; ebenso wird man von einer weiteren Rechnung bei dem Integral

$$\int_0^2 l(1-x)\,dx$$

deshalb absehen, weil die Funktion an der Stelle 1 unendlich wird und von da aufwärts imaginär bleibt.

Beispiele. 1. Bei $n > 0$ ist bei beliebigem a und b

$$\int_a^b x^n\,dx = \left\{\frac{x^{n+1}}{n+1}\right\}_a^b = \frac{b^{n+1}-a^{n+1}}{n+1}; \tag{2}$$

dieselbe Formel gilt auch für negative n mit Ausschluß von $n = -1$, wenn nur a, b gleich bezeichnet sind. Insbesondere ist bei $n > 0$

$$\int_0^1 x^n\,dx = \frac{1}{n+1}. \tag{3}$$

Der Fall $n = -1$ führt, wenn a, b gleich bezeichnet sind, zu der Formel

$$\int_a^b \frac{dx}{x} = l\,\frac{b}{a} \tag{4}$$

und zu der allgemeineren
$$\int_a^b \frac{dx}{\alpha + x} = l\,\frac{\alpha + b}{\alpha + a}, \tag{5}$$

wobei vorausgesetzt wird, daß $\alpha + a$ und $\alpha + b$ gleich bezeichnet sind (**233**, 1.).

2. Aus den Grundformeln ergibt sich
$$\int_0^1 \frac{dx}{1 + x^2} = \left\{\operatorname{arctg} x\right\}_0^1 = \frac{\pi}{4}; \tag{6}$$

durch Setzung von $\dfrac{x}{a}$ an die Stelle von x findet man allgemeiner
$$\int_0^a \frac{dx}{a^2 + x^2} = \frac{1}{a}\left\{\operatorname{arctg} \frac{x}{a}\right\}_0^a = \frac{\pi}{4a}. \tag{7}$$

3. Nach **235**, 2. ist
$$\int_0^a \sqrt{a^2 - x^2}\,dx = \left\{\frac{x}{2}\sqrt{a^2 - x^2} + \frac{a^2}{2}\arcsin\frac{x}{a}\right\}_0^a = \frac{\pi a^2}{4}. \tag{8}$$

4. Wenn $\varkappa > 0$, so ist laut **252**, (26)
$$\int_0^a \frac{dx}{\sqrt{\varkappa + x^2}} = \left\{l\left(x + \sqrt{\varkappa + x^2}\right)\right\}_0^a = l\,\frac{a + \sqrt{\varkappa + a^2}}{\sqrt{\varkappa}}; \tag{9}$$

also beispielsweise
$$\int_0^1 \frac{dx}{\sqrt{1 + x^2}} = l\left(1 + \sqrt{2}\right).$$

5. Unter der Voraussetzung, daß $m \gtrless 0$ und $n \gtrless 0$, sei der Wert des Integrals
$$\int_0^1 x^m (1 - x)^n\,dx = J(m, n)$$

zu bestimmen. Vor allem erkennt man auf Grund von 1., daß
$$J(m, 0) = \frac{1}{m + 1}, \qquad J(0, n) = \frac{1}{n + 1};$$

ferner zeigt die Substitution $x = 1 - t$, daß

$$J(m, n) = \int_0^1 t^n (1 - t)^m\, dt = J(n, m),$$

daß also die Vertauschung der Exponenten m, n keine Änderung an dem Werte des Integrals hervorbringt. Schließlich ergibt partielle Integration mit der Zerlegung $u = (1 - x)^n$, $dv = x^m dx$

$$J(m, n) = \left\{ \frac{x^{m+1}(1 - x)^n}{m + 1} \right\}_0^1 + \frac{n}{m + 1} \int_0^1 x^{m+1} (1 - x)^{n-1}\, dx$$

$$= \frac{n}{m + 1} \int_0^1 x^{m+1} (1 - x)^{n-1}\, dx = \frac{n}{m + 1}\, J(m + 1, n - 1).$$

Ist n *eine ganze Zahl*, so gibt n-malige Anwendung dieser Formel

$$J(m, n) = \frac{n(n - 1) \cdots 1}{(m + 1)(m + 2) \cdots (m + n)}\, J(m + n, 0)$$

$$= \frac{n!}{(m + 1)(m + 2) \cdots (m + n + 1)}.$$

Ebenso ist, wenn m *eine ganze Zahl*, vermöge $J(m, n) = J(n, m)$,

$$J(m, n) = \frac{m!}{(n + 1)(n + 2) \cdot \quad (n + m + 1)}.$$

Sind m und n ganze Zahlen, so kommt

$$J(m, n) = \frac{m!\, n!}{(m + n + 1)!}. \tag{10}$$

Hiernach ist beispielsweise

$$\int_0^1 (1 - x)^3 \sqrt{x}\, dx = \frac{6}{\frac{3}{2} \cdot \frac{5}{2} \cdot \frac{7}{2} \cdot \frac{9}{2}} = \frac{32}{315} = \int_0^1 x^3 \sqrt{1 - x}\, dx$$

und

$$\int_0^1 x^4 (1 - x)^3\, dx = \frac{3!\, 4!}{8!} = \frac{1}{280}.$$

6 Nach den Grundformeln ist

$$\int_0^{\frac{\pi}{2}} \sin x\, dx = \left\{ \cos x \right\}_{\frac{\pi}{2}}^{0} = 1, \quad \int_0^{\frac{\pi}{2}} \cos x\, dx = \left\{ \sin x \right\}_0^{\frac{\pi}{2}} = 1, \tag{11}$$

ferner $\quad \displaystyle\int_0^{\pi} \sin x\, dx = \left\{ \cos x \right\}_{\pi}^{0} = 2, \quad \int_0^{\pi} \cos x\, dx = \left\{ \sin x \right\}_0^{\pi} = 0. \tag{12}$

7. Durch Anwendung des Satzes **230**, 5. ergibt sich aus der Formel
$\cos^2 x + \sin^2 x = 1$:

$$\int\limits_0^{\frac{\pi}{2}} \cos^2 x\,dx + \int\limits_0^{\frac{\pi}{2}} \sin^2 x\,dx = \frac{\pi}{2}$$

und aus der Formel $\cos^2 x - \sin^2 x = \cos 2x$:

$$\int\limits_0^{\frac{\pi}{2}} \cos^2 x\,dx - \int\limits_0^{\frac{\pi}{2}} \sin^2 x\,dx = \int\limits_0^{\frac{\pi}{2}} \cos 2x\,dx = \frac{1}{2}\int\limits_0^{\pi} \cos z\,dz = 0;$$

daraus folgt
$$\int\limits_0^{\frac{\pi}{2}} \cos^2 x\,dx = \int\limits_0^{\frac{\pi}{2}} \sin^2 x\,dx = \frac{\pi}{4}. \tag{13}$$

Die Substitution $x = \frac{\pi}{2} - z$ zeigt, daß ganz allgemein für jedes $n > 0$

$$\int\limits_0^{\frac{\pi}{2}} \cos^n x\,dx = \int\limits_0^{\frac{\pi}{2}} \sin^n x\,dx. \tag{14}$$

8. Nach Formel **264**, (19) ist (n als ganze Zahl $\gtreqless 2$ vorausgesetzt):

$$\int\limits_0^{\frac{\pi}{2}} \sin^n x\,dx = -\left\{\frac{\sin^{n-1} x \cos x}{n}\right\}_0^{\frac{\pi}{2}} + \frac{n-1}{n}\int\limits_0^{\frac{\pi}{2}} \sin^{n-2} x\,dx = \frac{n-1}{n}\int\limits_0^{\frac{\pi}{2}} \sin^{n-2} x\,dx;$$

für $n = 2p$ gibt p-mal wiederholte Anwendung dieser Reduktionsformel

$$\int\limits_0^{\frac{\pi}{2}} \sin^{2p} x\,dx = \frac{(2p-1)(2p-3)\cdots 1}{2p\cdot(2p-2)\cdot\ \ 2}\frac{\pi}{2}; \tag{15}$$

für $n = 2p + 1$ erhält man unter Berücksichtigung von (11)

$$\int\limits_0^{\frac{\pi}{2}} \sin^{2p+1} x\,dx = \frac{2p(2p-2)\ \cdot\cdot\ 2}{(2p+1)(2p-1)\cdot\ \cdot 3}. \tag{16}$$

Bemerkenswert ist die Transzendenz des Resultates im ersten gegenüber seiner Rationalität im zweiten Falle.

Mit Hilfe der Formeln (15) und (16) läßt sich die transzendente Zahl $\frac{\pi}{2}$ zwischen beliebig enge rationale Grenzen einschließen. In dem Intervalle $\left(0,\ \frac{\pi}{2}\right)$ ist nämlich

$$\sin^{2p-1} x \geqq \sin^{2p} x \geqq \sin^{2p+1} x,$$

wobei das Gleichheitszeichen nur an den Grenzen des Intervalls Geltung hat; daraus folgt (**230**, 6.) daß

$$\int_0^{\frac{\pi}{2}} \sin^{2p-1} x\, dx > \int_0^{\frac{\pi}{2}} \sin^{2p} x\, dx > \int_0^{\frac{\pi}{2}} \sin^{2p+1} x\, dx,$$

also $\quad \dfrac{2\ 4\cdots(2p-2)}{3\cdot 5\cdot\ \cdot(2p-1)} > \dfrac{1\cdot 3\cdots(2p-1)}{2\cdot 4\cdots 2p}\ \dfrac{\pi}{2} > \dfrac{2\ 4\ \ \cdot 2p}{3\ 5\cdots(2p+1)},\quad$ woraus

$$\frac{2\cdot 2\cdot 4\cdot 4\cdots(2p-2)2p}{1\cdot 3\cdot 3\cdots(2p-1)(2p-1)} > \frac{\pi}{2} > \frac{2\cdot 2\cdot 4\cdot 4\cdot\ 2p\cdot 2p}{1\cdot 3\cdot 3\cdots(2p-1)(2p+1)}\,;$$

die obere Grenze geht aber aus der unteren durch Multiplikation mit $\dfrac{2p+1}{2p}$ hervor, daher ist weiter

$$1 + \frac{1}{2p} > \frac{\dfrac{\pi}{2}}{\dfrac{2\ \ 2\ \ \cdot\ 2p\cdot 2p}{1\cdot 3\cdot\ \ (2p-1)(2p+1)}} > 1.$$

Daraus schließt man, daß

$$\frac{\pi}{2} = \lim_{p=+\infty} \frac{2\cdot 2\cdot\ \ 2p\cdot 2p}{1\cdot 3\cdots(2p-1)(2p+1)} = \frac{2\cdot 2\cdot 4\cdot 4\cdots}{1\cdot 3\ \ 3\cdot 5\cdots}. \tag{17}$$

Diese Darstellung von $\frac{\pi}{2}$ durch ein konvergentes unendliches Produkt (**79**, 4) hat zuerst John Wallis[1]), und zwar vor Erfindung der Infinitesimalrechnung, gegeben; nach ihm heißt (17) die *Wallissche Formel*.

An dieselbe möge die Entwicklung einer anderen wichtigen Formel der Analysis geschlossen werden.[2])

Setzt man in der logarithmischen Reihe **97**, (25) $a = 1$, $z = \frac{1}{n}$, so ergibt sich

$$l\left(1 + \frac{1}{n}\right) = 2\left(\frac{1}{2n+1} + \frac{1}{3(2n+1)^3} + \frac{1}{5(2n+1)^5} + \cdots\right)$$

---

1) Arithmetica infinitorum, 1655 (Opera I, p. 469 ff.).

2) Vgl E Cesáro, Element. Lehrbuch der algebraischen Analysis und der Infinitesimalrechnung, deutsch von G Kowalewski, p. 154.

und daraus:

$$\left(n + \tfrac{1}{2}\right) l\left(1 + \tfrac{1}{n}\right) = 1 + \frac{1}{3(2n+1)^2} + \frac{1}{5(2n+1)^4} + \cdots$$

$$< 1 + \frac{1}{3}\left\{\frac{1}{(2n+1)^2} + \frac{1}{(2n+1)^4} + \cdots\right\} = 1 + \frac{1}{12\,n\,(n+1)};$$

folglich ist
$$1 < \left(n + \tfrac{1}{2}\right) l\left(1 + \tfrac{1}{2}\right) < 1 + \frac{1}{12\,n\,(n+1)},$$

also auch
$$e < \left(1 + \tfrac{1}{n}\right)^{n+\frac{1}{2}} < e^{1 + \frac{1}{12}\frac{1}{n(n+1)}}$$

Nun ist in der Reihe mit dem allgemeinen Gliede $a_n = \dfrac{n!\,e^n}{n^{n+\frac{1}{2}}}$ der Quotient zweier aufeinander folgenden Glieder

$$\frac{a_n}{a_{n+1}} = \frac{\left(1 + \tfrac{1}{n}\right)^{n+\frac{1}{2}}}{e},$$

woraus mit Rücksicht auf die obige Ungleichung

$$1 < \frac{a_n}{a_{n+1}} < e^{\frac{1}{12\,n\,(n+1)}},$$

also die Tatsache sich ergibt, daß die Glieder dieser Reihe mit wachsendem Zeiger abnehmen, so daß $a_n > a_{n+1}$; zerlegt man den Exponenten von e in $\dfrac{1}{12\,n} - \dfrac{1}{12\,(n+1)}$, so folgt weiter

$$a_n\,e^{-\frac{1}{12\,n}} < a_{n+1}\,e^{-\frac{1}{12\,(n+1)}},$$

und daraus geht hervor, daß die Glieder der neuen Reihe $a_n\,e^{-\frac{1}{12\,n}}$ wachsen, und da sie kleiner sind als die gleichstelligen der ursprünglichen, so konvergieren beide Reihen gegeneinander und ihre allgemeinen Glieder a_n und $a_n\,e^{-\frac{1}{12\,n}}$ haben wegen $\lim\limits_{n=\infty} e^{-\frac{1}{12\,n}} = 1$ einen gemeinsamen Grenzwert a.

Hiernach ist für jedes n $a_n\,e^{-\frac{1}{12\,n}} < a < a_n,$
daher gibt es einen echten Bruch θ derart, daß

$$a = a_n\,e^{-\frac{\theta}{12\,n}}.$$

Ersetzt man hierin a_n durch seinen oben angegebenen Ausdruck, so gelangt man zu einer merkwürdigen Darstellung der Fakultät $n!$, nämlich

$$n! = an^{n+\frac{1}{2}} e^{-n+\frac{\theta}{12n}}, \qquad (\alpha)$$

zu deren Vollendung noch die Kenntnis des Grenzwertes a erforderlich ist Seine Bestimmung gelingt mit Hilfe der Wallisschen Formel; schreibt man diese in der Gestalt

$$\frac{\pi}{2} = \lim_{n=\infty} \frac{2^{2n}(n!)^2}{[1 \cdot 3 \cdots (2n-1)]^2} \frac{1}{2n+1} = \lim_{n=\infty} \frac{2^{4n}(n!)^4}{[(2n)!]^2(2n+1)}$$

und ersetzt man darin $n!$ und $(2n)!$ durch die nach der Vorschrift (α) gebildeten Ausdrücke, so wird

$$\frac{\pi}{2} = a^2 \lim \frac{n}{2(2n+1)} e^{\frac{4\theta-\theta'}{12n}} = \frac{a^2}{4},$$

woraus $a = \sqrt{2\pi}$ folgt.

Nach Einsetzung dieses Wertes in (α) ergibt sich endgültig

$$n! = n^n e^{-n+\frac{\theta}{12n}} \sqrt{2\pi n}. \qquad (\beta)$$

Dies ist die **Stirlingsche Formel.**[1]) Sie liefert Grenzen für $n!$, indem man einmal $\theta = 0$, ein zweitesmal $\theta = 1$ setzt. Begnügt man sich mit der unteren zu $\theta = 0$ gehörigen Grenze als Näherungswert, wie dies für viele Fälle der Anwendung ausreicht, so hat man die **Näherungsformel:**

$$n! = n^n e^{-n} \sqrt{2\pi n}. \qquad (\gamma)$$

Zur Illustration diene das folgende. Es ist

$$20! = 2\,432\,902\,008\,176\,640\,000,$$

hingegen $\qquad 20^{20} e^{-20} \sqrt{40\pi} = 2\,422\,786 \ldots\ldots.,$

$$20^{20} e^{-20+\frac{1}{240}} \sqrt{40\pi} = 2\,432\,903 \ldots\ldots.,$$

es liegt also tatsächlich der strenge Wert zwischen diesen beiden Grenzen, der oberen weit näher Das Verhältnis der Grenzen, $e^{\frac{1}{12n}}$, nähert sich mit wachsendem n der Einheit.

9. Nach Formel **257**, 3. ist

$$\int_0^{\frac{\pi}{2}} \frac{dx}{a^2\cos^2 x + b^2\sin^2 x} = \frac{1}{ab}\left\{\operatorname{arctg}\left(\frac{b}{a}\operatorname{tg} x\right)\right\}_0^{\frac{\pi}{2}} = \frac{\pi}{2ab} \qquad (18)$$

$$(ab > 0).$$

---

1) Von **A** de **Moivre** und L. **Euler** vorbereitet, von J. **Stirling**, Methodus differentialis (1730) zuerst formuliert

10. Bei der Auswertung des Integrals

$$\int_0^\pi \frac{\sin x\, dx}{\sqrt{1 - 2\varkappa \cos x + \varkappa^2}}$$

ist Vorsicht notwendig; man darf nämlich nicht übersehen, daß die Wurzel ständig mit demselben, wie wir festsetzen wollen, mit dem positiven Wert zu nehmen ist. Nun ist das unbestimmte Integral

$$\frac{1}{\varkappa}\, \sqrt{1 - 2\varkappa \cos x + \varkappa^2};$$

an der obern Grenze wird der Radikand $(1 + \varkappa)^2$, der .Wert der Wurzel ist mit $1 + \varkappa$ oder mit $-(1 + \varkappa)$ anzusetzen, je nachdem $1 + \varkappa > 0$ oder < 0 ist. An der unteren Grenze wird der Radikand $(1 - \varkappa)^2$ und die Wurzel ist mit $1 - \varkappa$ oder mit $\varkappa - 1$ anzusetzen, je nachdem $1 - \varkappa > 0$ oder < 0 ist. Hiernach ist der Wert obigen Integrals

$$= 2, \qquad \text{wenn } \varkappa^2 \leq 1$$

$$= \frac{2}{\varkappa}, \qquad \text{,, } \quad \varkappa > 1$$

$$= -\frac{2}{\varkappa}\text{,, } \quad \text{,, } \quad \varkappa < -1.$$

270. Abschätzung eines bestimmten Integrals. Wenn die unbestimmte Integration sich nicht ausführen läßt, so muß zu anderen Hilfsmitteln der Auswertung des Integrals gegriffen werden. Solche werden im weiteren Verlaufe zur Sprache gebracht werden. Häufig aber, namentlich bei theoretischen Untersuchungen, handelt es sich um eine bloße *Schätzung* des Integralwertes, um seine Einschließung zwischen Grenzen. Die wichtigsten darauf bezüglichen Sätze werden in diesem und den beiden folgenden Artikeln entwickelt werden.

Das nächstliegende Mittel zur Abschätzung des Wertes eines bestimmten Integrals bietet der in **230**, 6. nachgewiesene Satz, wonach zwischen dem kleinsten und größten Werte der Funktion $f(x)$ eine Zahl μ liegt, derart, daß

$$\int_a^b f(x)\, dx = (b - a)\,\mu. \tag{19}$$

Bestimmt man demnach den kleinsten Wert m und den größten Wert M von $f(x)$ in (a, b), so stellen $(b-a)\,m$ und $(b-a)\,M$ eine untere und eine obere Grenze für den Wert des Integrals dar

Ist $f(x)$ stetig in (a, b), so läßt sich ein positiver echter Bruch θ so bestimmen, daß $\mu = f[a + \theta(b - a)]$ ist; bezeichnet ferner $F(x)$ eine stetige Funktion, welche $f(x)$ als Differentialquotienten ergibt, so ist $F(b) - F(a)$ eine zweite Darstellung des Integralwertes und daher nach

(19) $$F(b) - F(a) = (b - a) F'(a + \theta(b - a));$$

dies aber ist der Ausdruck für den Mittelwertsatz der Differentialrechnung (38).

Wie schon an der oben zitierten Stelle erwähnt worden ist, nennt man die Zahl μ den *Mittelwert der Funktion* $f(x)$ in dem Intervalle (a, b) Drückt beispielsweise $f(x)$ die Geschwindigkeit eines beweglichen Punktes zur Zeit x aus, so bedeutet μ die *mittlere Geschwindigkeit* in dem Zeitraume (a, b). Ist $f(x)$ die zur Abszisse x gehörige Ordinate einer Kurve CD (Fig. 132), so ist μ die *mittlere Ordinate* des Bogens CD und zugleich die Höhe jenes Rechtecks über der Basis AB, welches mit der Figur $ABDC$ gleiche Fläche hat.

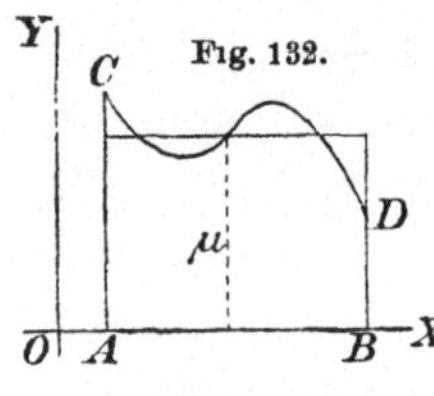

Fig. 132.

Ein anderes Hilfsmittel der Abschätzung gründet sich auf den am Schlusse von **230**, 6. erwiesenen Satz. Gelingt es nämlich, zwei Funktionen $\varphi(x)$, $\psi(x)$ anzugeben, welche die zu integrierende Funktion $f(x)$ derart einschließen, daß für alle Werte von x, für die $a \leqq x \leqq b$,

$$\varphi(x) \leqq f(x) \leqq \psi(x),$$

wobei jedoch die Gleichheitszeichen nicht durchgehends gelten, so ist dem angezogenen Satze zufolge auch

$$\int_a^b \varphi(x)\, dx < \int_a^b f(x)\, dx < \int_a^b \psi(x)\, dx. \tag{20}$$

Lassen sich die Werte der beiden äußeren Integrale bestimmen, so sind damit Grenzen für das vorgelegte Integral gewonnen.

Beispiele. 1. Es ist die mittlere Krümmung und der mittlere Krümmungsradius der Normalschnitte für einen Punkt einer krummen Fläche zu bestimmen.

Dem Eulerschen Satze (**209**, (15)) zufolge drückt sich die Krümmung $\frac{1}{R}$ eines Normalschnittes durch die Krümmungen $\frac{1}{R_1}$, $\frac{1}{R_2}$ der beiden Hauptnormalschnitte und den Winkel ω, welchen die zu $\frac{1}{R}$ und $\frac{1}{R_1}$ gehörigen Ebenen bilden, derart aus, daß

$$\frac{1}{R} = \frac{\cos^2 \omega}{R_1} + \frac{\sin^2 \omega}{R_2}.$$

Da $\frac{1}{R}$ alle Werte annimmt, deren es fähig ist, während ω das Intervall $\left(0, \frac{\pi}{2}\right)$ durchläuft, so ist die mittlere Krümmung

$$\mu\left(\frac{1}{R}\right) = \frac{1}{\frac{\pi}{2}} \int_0^{\frac{\pi}{2}} \left(\frac{\cos^2 \omega}{R_1} + \frac{\sin^2 \omega}{R_2}\right) d\omega = \frac{1}{2}\left(\frac{1}{R_1} + \frac{1}{R_2}\right),$$

also gleich dem arithmetischen Mittel der Krümmungen der Hauptnormalschnitte (**215**), wofür ja die Bezeichnung „mittlere Krümmung" üblich ist

Für den mittleren Krümmungsradius ergibt sich hingegen der Ausdruck

$$\mu(R) = \frac{1}{\frac{\pi}{2}} \int_0^{\frac{\pi}{2}} \frac{d\omega}{\dfrac{\cos^2 \omega}{R_1} + \dfrac{\sin^2 \omega}{R_2}};$$

nur wenn R_1 und R_2 gleich bezeichnet sind, also nur für einen elliptischen Punkt bleibt die Funktion unter dem Integral auf dem Integrationsintervall endlich und man hat dann nach Formel **269**, (18):

$$\mu(R) = \sqrt{R_1 R_2},$$

so daß der mittlere Radius gleich ist dem geometrischen Mittel der Hauptkrümmungsradien,

2. Um Grenzen für das Integral

$$\int_0^1 \frac{dx}{\sqrt{1 + x^n}} \quad (n > 2)$$

zu erhalten, beachte man, daß mit alleinigem Ausschluß der unteren Grenze im ganzen Integrationsintervalle

$$1 > \frac{1}{\sqrt{1 + x^n}} > \frac{1}{\sqrt{1 + x^2}},$$

also auch

$$\int_0^1 dx > \int_0^1 \frac{dx}{\sqrt{1 + x^n}} > \int_0^1 \frac{dx}{\sqrt{1 + x^2}},$$

d. i. nach **269**, 4. $\quad 1 > \int_0^1 \frac{dx}{\sqrt{1 + x^n}} > l(1 + \sqrt{2}) = 0{,}8814 \ldots$

3. Für das Integral
$$\int_0^{\frac{\pi}{2}} \frac{d\varphi}{\sqrt{1-\varkappa^2\sin^2\varphi}} \qquad (\varkappa^2 < 1)$$

ergeben sich Grenzen aus der Bemerkung, daß mit Ausschluß von $\varphi = 0$ für jedes φ

$$1 < \frac{1}{\sqrt{1-\varkappa^2\sin^2\varphi}} < \frac{1}{1-\varkappa^2\sin^2\varphi} \; ;$$

daraus folgt nämlich

$$\frac{\pi}{2} < \int_0^{\frac{\pi}{2}} \frac{d\varphi}{\sqrt{1-\varkappa^2\sin^2\varphi}} < \int_0^{\frac{\pi}{2}} \frac{d\varphi}{1-\varkappa^2\sin^2\varphi} = \int_0^{\frac{\pi}{2}} \frac{d\varphi}{\cos^2\varphi + (1-\varkappa^2)\sin^2\varphi} \, ,$$

d. i nach **269**, 9
$$\frac{\pi}{2} < \int_0^{\frac{\pi}{2}} \frac{d\varphi}{\sqrt{1-\varkappa^2\sin^2\varphi}} < \frac{\pi}{2\sqrt{1-\varkappa^2}} \, ;$$

die Grenzen liegen um so enger beisammen, je näher $\varkappa$ an Null ist.

271. **Der erste Mittelwertsatz.** Die zu integrierende Funktion lasse sich in zwei Faktoren $\varphi(x)$, $\psi(x)$ zerlegen; von beiden setzen wir voraus, daß sie in dem Integrationsintervalle (a, b) einschließlich der Grenzen endlich und stetig bleiben, von dem einen Faktor, z. B. $\psi(x)$, überdies, daß er daselbst nirgends negativ (oder positiv) sei.

Bezeichnet nun m den kleinsten, M den größten der Werte, welche $\varphi(x)$ in (a, b) annimmt, so ist für alle Werte von x aus diesem Intervalle
$$m \leqq \varphi(x) \leqq M,$$
wobei das Gleichheitszeichen nicht durchgehends Geltung hat; für solche Werte von x ist also auch, wenn $\psi(x)$ beständig positiv,
$$m\psi(x) \leqq \varphi(x)\,\psi(x) \leqq M\psi(x)$$

und daher
$$m\int_a^b \psi(x)\,dx < \int_a^b \varphi(x)\,\psi(x)\,dx < M\int_a^b \psi(x)\,dx. \tag{21}$$

Demnach gibt es notwendig eine zwischen m und M gelegene Zahl μ von solcher Beschaffenheit, daß geradezu
$$\int_a^b \varphi(x)\,\psi(x)\,dx = \mu\int_a^b \psi(x)\,dx. \tag{22}$$

Weil $\varphi(x)$ als stetig vorausgesetzt wurde, so erreicht es den Wert μ

auch sicher mindestens an *einer* zwischen a, b gelegenen Stelle $\xi = a + \theta(b-a)$, $[0 < \theta < 1]$, so daß

$$\int_a^b \varphi(x)\, \psi(x)\, dx = \varphi(\xi) \int_a^b \psi(x)\, dx. \tag{23}$$

Den Inhalt dieser Formel pflegt man als *ersten Mittelwertsatz*[1]) zu bezeichnen. Die Formel (22) ist insofern allgemeiner als (23), als sie auch dann Geltung hat, wenn die Funktion $\varphi(x)$ zwar endlich, aber nicht durchaus stetig ist; dann braucht sie nämlich den Mittelwert μ nicht anzunehmen.

Die Formel (22) oder die Ungleichung (21) führt zu einer Abschätzung des Wertes von $\int_a^b \varphi(x)\, \psi(x)\, dx$, wenn sich das Integral $\int_a^b \psi(x)\, dx$ berechnen läßt.

Ist $F(x)$ ein Integral von $\varphi(x)\, \psi(x)$, $G(x)$ ein Integral von $\psi(x)$, so daß
$$F'(x) = \varphi(x)\, \psi(x),$$
$$G'(x) = \psi(x),$$
also
$$\frac{F'(x)}{G'(x)} = \varphi(x),$$

so nimmt die Formel (23) folgende Gestalt an:

$$F(b) - F(a) = \frac{F'(\xi)}{G'(\xi)}\, [G(b) - G(a)],$$

woraus
$$\frac{F(b) - F(a)}{G(b) - G(a)} = \frac{F'(\xi)}{G'(\xi)};$$

dies aber ist der Inhalt des erweiterten Mittelwertsatzes der Differentialrechnung (**39**).

Beispiele. 1. Für das Integral

$$\int_0^a \frac{dx}{\sqrt{(1 - x^2)\,(1 - \varkappa^2 x^2)}} \qquad (\varkappa^2 < 1,\ 0 < a < 1)$$

können Grenzen gewonnen werden, indem man die Funktion in die Faktoren $\dfrac{1}{\sqrt{1 - x^2}}$ und $\dfrac{1}{\sqrt{1 - \varkappa^2 x^2}}$ zerlegt; der kleinste Wert des letzteren auf dem Integrationsintervalle ist 1, der größe Wert $\dfrac{1}{\sqrt{1 - \varkappa^2 a^2}}$; infolgedessen ist, da

---

1) Seine Formulierung stammt von P. G. L. Dirichlet, Werke I, p. 138.

$$\int_0^a \frac{dx}{\sqrt{1-x^2}} = \arcsin a,$$

$$\arcsin a < \int_0^a \frac{dx}{\sqrt{(1-x^2)(1-\varkappa^2 x^2)}} < \frac{\arcsin a}{\sqrt{1-\varkappa^2 a^2}};$$

die Grenzen sind um so enger, je kleiner a und $\varkappa$ sind; sie betragen beispielsweise für $\varkappa = \frac{1}{2}$ und $a = \frac{1}{2}$ 0,523 59 ... und 0,551 09 ...

2. Zerlegt man in dem Integral

$$\int_0^1 e^{-x^2} x^2\, dx$$

die zu integrierende Funktion in die Faktoren x und $x\, e^{-x^2}$, deren erster 0 zum kleinsten, 1 zum größten Werte hat, so ergibt sich

$$0 < \int_0^1 x^2\, e^{-x^2}\, dx < \int_0^1 x\, e^{-x^2}\, dx = \frac{1-e}{2e} = 0,316 \ldots .$$

3. Es sei $f(z)$ eine Funktion, die nebst ihren Ableitungen bis zur n-ten Ordnung eindeutig und stetig ist in dem Intervall $(x, x+h)$ der Variablen z. Setzt man in $f(z)$, $f'(z)$, ..., $f^{(n)}(z)$

$$z = x + h - t,$$

so kommen den Funktionen $f(x+h-t)$, $f'(x+h-t)$, ..., $f^{(n)}(x+h-t)$ dieselben Eigenschaften in dem Intervalle $(0, h)$ der neuen Variablen t zu. Mit Hilfe der partiellen Integration findet man:

$$\int_0^h f'(x+h-t)\, dt = \{t f'(x+h-t)\}_0^h + \int_0^h t f''(x+h-t)\, dt,$$

also $\quad \displaystyle\int_0^h f'(x+h-t)\, dt = h f'(x) \quad + \int_0^h \frac{t}{1} f''(x+h-t)\, dt,$

ebenso: $\displaystyle\int_0^h \frac{t}{1} f''(x+h-t)\, dt = \frac{h^2}{1\cdot 2} f''(x) \quad + \int_0^h \frac{t^2}{1\cdot 2} f'''(x+h-t)\, dt,$

$$\int_0^h \frac{t^2}{1\cdot 2} f'''(x+h-t)\, dt = \frac{h^3}{1\cdot 2\cdot 3} f'''(x) + \int_0^h \frac{t^3}{1\cdot 2\cdot 3} f^{IV}(x+h-t)\, dt,$$

. . . .

schließlich:
$$\int_0^h \frac{t^{n-2}}{1 \cdot 2 \cdots (n-2)} f^{(n-1)}(x+h-t)\, dt = \frac{h^{n-1}}{1 \cdot 2 \cdots (n-1)} f^{(n-1)}(x)$$

$$+ \int_0^h \frac{t^{n-1}}{1 \cdot 2 \cdots (n-1)} f^{(n)}(x+h-t)\, dt.$$

Bildet man die Summe dieser Gleichungen und beachtet dabei, daß

$$\int_0^h f'(x+h-t)\, dt = \{- f(x+h-t)\}_0^h = f(x+h) - f(x),$$

so ergibt sich:

$$\left. \begin{aligned} f(x+h) &= f(x) + h f'(x) + \frac{h^2}{1 \cdot 2} f''(x) + \frac{h^3}{1 \cdot 2 \cdot 3} f'''(x) + \cdots \\ &+ \frac{h^{n-1}}{1 \cdot 2 \cdots (n-1)} f^{(n-1)}(x) + \int_0^h \frac{t^{n-1}}{1 \cdot 2 \cdots (n-1)} f^{(n)}(x+h-t)\, dt. \end{aligned} \right\} \quad (24)$$

Man kommt also auf diesem Wege zur **Taylor**schen Formel (**91**, (6)), wobei das Restglied in der Gestalt eines bestimmten Integrals erscheint. Durch Anwendung des vorstehenden Mittelwertsatzes kann daraus die von **Lagrange** angegebene Restformel (**91**, (7)) gewonnen werden; zerlegt man nämlich die Funktion unter dem Integralzeichen in die Faktoren $\frac{t^{n-1}}{1 \cdot 2 \cdots (n-1)}$ und $f^{(n)}(x+h-t)$ und integriert den ersten, so hat man nach Formel (23) zu setzen

$$\int_0^h \frac{t^{n-1}}{1 \cdot 2 \cdots (n-1)} f^{(n)}(x+h-t)\, dt = \frac{h^n}{1 \cdot 2 \cdots n} f^{(n)}(x+h-\vartheta h),$$

wobei $0 < \vartheta < 1$; schreibt man für $1 - \vartheta$, das wieder ein positiver echter Bruch ist, θ, so ergibt sich tatsächlich die endgültige Form

$$\frac{h^n}{1 \cdot 2 \cdots n} f^{(n)}(x+\theta h).$$

272. Der zweite Mittelwertsatz. Die zu integrierende Funktion lasse sich in zwei Faktoren $\varphi(x)$, $\psi(x)$ zerlegen, von welchen vorausgesetzt wird, daß sie in dem Integrationsintervalle (a, b) einschließlich der Grenzen eindeutig, endlich und stetig seien, daß ferner einer davon, z. B. $\psi(x)$, *monoton verlaufe* (**17**), d. h. entweder niemals abnehme oder niemals zunehme, so daß $d\psi(x)$ keinen Zeichenwechsel erfährt, während x von a nach b läuft.

Bezeichnet $\Phi(x)$ ein Integral von $\varphi(x)$, also eine stetige Funktion mit dem Differentialquotienten $\varphi(x)$, so gibt partielle Integration

$$\int\limits_a^b \varphi(x)\,\psi(x)\,dx = \{\psi(x)\,\Phi(x)\}_a^b - \int\limits_a^b \Phi(x)\,d\psi(x);$$

das Integral rechter Hand erfüllt nun alle Bedingungen, welche zur Anwendung des ersten Mittelwertsatzes erforderlich sind; es läßt sich also eine Stelle ξ zwischen a und b derart bestimmen, daß

$$\int\limits_a^b \Phi(x)\,d\psi(x) = \Phi(\xi)\int\limits_a^b d\psi(x) = \Phi(\xi)\,[\psi(b) - \psi(a)].$$

Wird dies in die obige Gleichung eingetragen, so kommt

$$\int\limits_a^b \varphi(x)\,\psi(x)\,dx = \psi(b)\,\Phi(b) - \psi(a)\,\Phi(a) - \Phi(\xi)\,[\psi(b) - \psi(a)]$$
$$= \psi(a)\,[\Phi(\xi) - \Phi(a)] + \psi(b)\,[\Phi(b) - \Phi(\xi)];$$

vermöge der Bedeutung von $\Phi(x)$ ist aber

$$\Phi(\xi) - \Phi(a) = \int\limits_a^\xi \varphi(x)\,dx, \quad \Phi(b) - \Phi(\xi) = \int\limits_\xi^b \varphi(x)\,dx,$$

daher hat man endgültig:

$$\int\limits_a^b \varphi(x)\,\psi(x)\,dx = \psi(a)\int\limits_a^\xi \varphi(x)\,dx + \psi(b)\int\limits_\xi^b \varphi(x)\,dx \qquad (25)$$
$$(a < \xi < b).$$

Der Inhalt dieser Formel wird als der *zweite Mittelwertsatz*[1]) bezeichnet. Für $\varphi(x) = 1$ lautet sie

$$\int\limits_a^b \psi(x)\,dx = (\xi - a)\,\psi(a) + (b - \xi)\,\psi(b) \qquad (26)$$

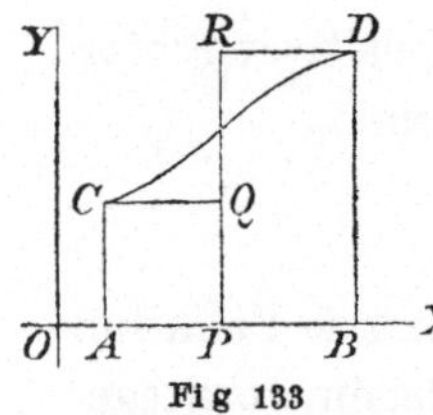

Fig 133

und hat dann, wenn man $\psi(x)$ als die zur Abszisse x gehörige Ordinate auffaßt, einen einfachen geometrischen Ausdruck Sie besagt, daß sich die von einer niemals fallenden (oder niemals steigenden) Kurve CD (Fig. 133) begrenzte Fläche $ABDC$ als Summe zweier Rechtecke $APQC$ und $PBDR$ darstellen läßt, deren Grundlinien AP, PB zusammen AB ausmachen und deren Höhen die Anfangsordinate AC und die Endordinate BD sind

---

1) In dieser Form zuerst von Weierstraß in seinen Vorlesungen gegeben.

§ 2. Erweiterung des Integralbegriffs.

273. Eigentliche und uneigentliche Integrale. Die Begriffsentwicklung des bestimmten Integrals

$$\int\limits_a^b f(x)\, dx,$$

wie sie in **226—227** erfolgt ist, gründet sich auf zwei wesentliche Voraussetzungen: daß die Funktion $f(x)$ in dem Integrationsintervalle (a, b) mit Einschluß seiner Grenzen eindeutig bestimmt und stetig oder zum mindesten begrenzt sei (in welch letzterem Falle sie noch eine weitere Bedingung erfüllen muß (**227**)), und daß das Intervall (a, b) selbst endlich sei.

Man kann nun den Integralbegriff in zweifachem Sinne erweitern: Einmal, indem man ihn auch auf solche Funktionen auszudehnen sucht, welche im Integrationsintervalle oder an seinen Grenzen unendlich werden; und dann, daß man ihn sinngemäß auch auf den Fall zu übertragen sucht, wo das Integrationsintervall nach einer oder nach beiden Seiten ins Unendliche sich erstreckt, wobei selbstverständlich vorausgesetzt wird, daß die Funktion $f(x)$ für alle reellen Werte von x definiert ist.

Diese Begriffserweiterungen gründen sich darauf, daß das Integral der ursprünglichen Definition eine stetige Funktion seiner Grenzen ist (**230**, (8)).

Man pflegt Integrale, bei welchen die oben angeführten Bedingungen bestehen und die demnach Grenzwerte von Summen darstellen, *eigentliche bestimmte Integrale,* dagegen die aus der Begriffserweiterung hervorgehenden Integrale *uneigentliche bestimmte Integrale* zu nennen.[1])

274. Integrale unendlich werdender Funktionen. Wir beginnen mit der Untersuchung von Integralen *unendlich werdender Funktionen.*

Die Funktion $f(x)$ sei in jedem Teile (a, x') des Intervalls (a, b) endlich und stetig, werde aber unendlichgroß bei dem Grenzübergange $\lim x' = b - 0$, oder, wie man sagt, an der oberen Grenze von (a, b). Dann ist, solange $a < x' < b$,

---

1) Diese Begriffsunterscheidung findet sich zuerst bei Riemann klar ausgesprochen. (Werke, S. 225)

$$\int\limits_a^{x'} f(x)\,dx = \Phi(x')$$

eine stetige Funktion von x', und bleibt sie stetig bei dem Grenzübergange $\lim x' = b - 0$, so definiert man den bestimmten endlichen Grenzwert $\lim\limits_{x'=b-0} \Phi(x')$ als das über (a, b) erstreckte Integral von $f(x)$, bezeichnet es wieder durch das Symbol $\int\limits_a^b f(x)\,dx$ und hat also dafür die erklärende Gleichung:

$$\int\limits_a^b f(x)\,dx = \lim\limits_{x'=b-0} \int\limits_a^{x'} f(x)\,dx. \tag{1}$$

Die Stetigkeit von $\Phi(x')$ bei dem Grenzübergange $\lim x' = b - 0$ erfordert (17), daß sich eine linksseitige Umgebung $(b - \delta, b)$ von b bestimmen lasse derart, daß für irgend zwei Werte $x' < x''$ aus derselben die Differenz $\Phi(x'') - \Phi(x')$ dem Betrage nach kleiner ist als eine vorbezeichnete beliebig kleine positive Zahl ε, daß also

$$\left| \int\limits_a^{x''} f(x)\,dx - \int\limits_a^{x'} f(x)\,dx \right| = \left| \int\limits_{x'}^{x''} f(x)\,dx \right| < \varepsilon. \tag{2}$$

Hat hingegen $\Phi(x')$ bei $\lim x' = b - 0$ den Grenzwert $+ \infty$ oder $- \infty$ oder nähert es sich dabei keiner Grenze, so ist $\int\limits_a^b f(x)\,dx$ ein Symbol ohne bestimmte Bedeutung.

In manchen Fällen kann die Grenzbetrachtung entfallen, so wenn es gelingt, durch eine Transformation der Variablen das Integral in ein anderes mit endlich bleibender Funktion und endlichem Intergrationsintervalle umzuwandeln, d. h in ein eigentliches Integral zu transformieren; der Wert des letzteren wird dann naturgemäß auch als Wert des ursprünglichen aufzufassen sein. Insofern jedes Integral von der hier betrachteten Art, das einen bestimmten Wert hat, durch eine passend gewählte Transformation der Integrationsvariablen in ein eigentliches Integral umgesetzt werden kann, trifft die Bezeichnung „uneigentliches Integral" nicht das Wesen, sondern nur die Form des Ausdrucks.

Wenn die unbestimmte Integration von $f(x)$ ausgeführt werden kann und wenn die Funktion $F(x)$, die für alle Werte von x, für welche $a \leqq x < b$, $f(x)$ als Differentialquotienten gibt, stetig bleibt bis an die obere Grenze b, an welcher sie den Wert $F(b)$ annehmen möge, so ist

$$\lim_{x'=b-0} \int_a^{x'} f(x)\, dx = \lim_{x'=b-0} F(x') - F(a) = F(b) - F(a)$$

und daher
$$\int_a^b f(x)\, dx = F(b) - F(a), \tag{3}$$

so daß auch in diesem Falle der Hauptsatz der Integralrechnung Gültigkeit hat.

Wird die Funktion $f(x)$ statt an der oberen an der unteren Grenze unendlich, also bei dem Grenzübergange $\lim x' = a + 0$, so ist der Gleichung (1) entsprechend zu definieren

$$\int_a^b f(x)\, dx = \lim_{\iota'=a+0} \int_{x'}^b f(x)\, dx, \tag{4}$$

vorausgesetzt, daß der rechts angeschriebene Grenzwert wirklich existiert.

Fällt der Unendlichkeitspunkt von $f(x)$ in das Innere des Intervalls an eine Stelle c, so hat man (a, b) zu zerlegen in die Teilintervalle (a, c) (c, b) und dementsprechend zu setzen:

$$\int_a^b f(x)\, dx = \lim_{x'=c-0} \int_a^{x'} f(x)\, dx + \lim_{x''=c+0} \int_{x''}^b f(x)\, dx, \tag{5}$$

wenn die beiden Grenzwerte auf der rechten Seite wirklich vorhanden sind; die beiderseitigen Grenzübergänge zu c sollen unabhängig voneinander sein.[1]

Es bedarf keiner weiteren Bemerkung, wie man sich zu benehmen hätte, wenn die Funktion $f(x)$ an mehreren vereinzelten Stellen von (a, b) unendlich werden sollte.

Beispiele. 1. Das Integral $\displaystyle\int_0^1 \frac{dx}{\sqrt{1-x^2}}$

bezieht sich auf eine Funktion, die an der oberen Grenze unendlich wird;

---

1) Existiert ein Wert des Integrals nur dann, wenn die beiden Grenzübergänge in bestimmter Weise voneinander abhängen, so spricht man nach Cauchy (Werke, Bd. I, S. 402) von einem *singularen* und insbesondere vom *Hauptwert* des Integrals, wenn beständig $c - x' = x'' - c$ ist. Integrale solcher Art können eine allgemeine Bedeutung nicht beanspruchen.

es hat indessen doch einen bestimmten Wert. Dies geht einmal daraus hervor, daß es durch die Substitution $x = \sin t$ in das eigentliche Integral

$$\int_0^{\frac{\pi}{2}} dt$$

sich verwandelt, dessen Wert $\frac{\pi}{2}$ ist; andererseits ist das unbestimmte Integral $\arcsin x$ stetig in dem Intervalle $(0, 1)$ mit Einschluß der Grenzen,

daher ist nach (3)
$$\int_0^1 \frac{dx}{\sqrt{1 - x^2}} = \arcsin 1 - \arcsin 0 = \frac{\pi}{2}. \tag{6}$$

Bei dem allgemeineren Integral

$$\int_0^a \frac{dx}{\sqrt{a^2 - x^2}},$$

wo die Quadratwurzel positiv zu nehmen ist, bestehen ähnliche Verhältnisse; setzt man $x = a \sin t$, woraus $\sqrt{a^2 - x^2} = a \cos t$,

so ergeben sich vermöge der letzteren Gleichung, da ihre linke Seite positiv ist, für die neue Variable t die Grenzen 0 und $\frac{\pi}{2}$, wenn $a > 0$, hingegen π, $\frac{\pi}{2}$, wenn $a < 0$; daher ist

$$\left.\begin{aligned}
\int_0^a \frac{dx}{\sqrt{a^2 - x^2}} &= \int_0^{\frac{\pi}{2}} dt = \quad \frac{\pi}{2}, \quad \text{wenn } a > 0; \\[2ex]
\text{und} \quad \int_0^a \frac{dx}{\sqrt{a^2 - x^2}} &= \int_\pi^{\frac{\pi}{2}} dt = -\frac{\pi}{2}, \quad \text{wenn } a < 0.
\end{aligned}\right\} \tag{7}$$

2. Es sei $a < b$ und n eine positive Zahl; das Integral

$$\int_a^b \frac{dx}{(b - x)^n},$$

das an der oberen Grenze eine Singularität aufweist, hat einen bestimmten Wert nur dann, wenn $n < 1$; es ist $+\infty$ sowohl wenn $n > 1$, wie auch für $n = 1$.

Wenn nämlich $a < x' < b$, so ist

$$\int_a^{x'} \frac{dx}{(b-x)^n} = \frac{1}{n-1}\left[\frac{1}{(b-x')^{n-1}} - \frac{1}{(b-a)^{n-1}}\right],$$

daher hat $\int_a^b \dfrac{dx}{(b-x)^n}$ einen bestimmten Wert nur dann, wenn $\lim\limits_{x'=b-0}\dfrac{1}{(b-x')^{n-1}}$ ein solcher ist, und das trifft nur zu bei $n < 1$ und zwar ist dann $\lim\limits_{v'=b-0}\dfrac{1}{(b-x')^{n-1}} = 0$. Ist hingegen $n > 1$, so ist $\lim\limits_{x'=b-0}\dfrac{1}{(b-x')^{n-1}} = +\infty$. Daher

$$\text{für } n < 1 \qquad \int_a^b \frac{dx}{(b-x)^n} = \frac{1}{(1-n)(b-a)^{n-1}}, \tag{8}$$

hingegen

$$\text{für } n > 1 \qquad \lim_{x'=b-0}\int_a^{x'} \frac{dx}{(b-x)^n} = +\infty.$$

Bei $n = 1$ hat man

$$\int_a^{x'} \frac{dx}{b-x} = l(b-a) - l(b-x'),$$

da aber $\lim\limits_{x'=b-0} l(b-x') = -\infty$, so ist auch

$$\text{für } n = 1 \qquad \lim_{v'=b-0}\int_a^{x'} \frac{dx}{b-x} = -\infty.$$

275. Allgemeiner Satz. Wo weder die Zurückführung auf ein eigentliches Integral, noch die unbestimmte Integration gelingt, muß nach andern Mitteln gesucht werden, um zu entscheiden, ob ein Integral, das auf eine unendlich werdende Funktion sich bezieht, einen bestimmten Wert hat oder nicht. In vielen Fällen kann von dem folgenden Satze Gebrauch gemacht werden:

Wenn die Funktion $f(x)$, welche endlich ist in jedem Teilintervalle (a, x') von (a, b), wenigstens von einem Werte x_0 zwischen a und b angefangen beständig positiv (negativ) bleibt und für $\lim x = b - 0 + \infty \, (-\infty)$ wird, so hat das über (a, b) erstreckte Integral von $f(x)$ nur dann einen bestimmten Wert, wenn die Ordnung des Unendlichwerdens von $f(x)$ in bezug auf $\dfrac{1}{b-x}$ kleiner ist als 1; ist sie größer oder gleich 1, so ist das Integral $+\infty \, (-\infty)$

Bezeichnet man die (positive) Ordnungszahl des Unendlichwerdens mit n, so hat

$$\frac{f(x)}{\left(\frac{1}{b-x}\right)^n} = (b-x)^n f(x) \quad \text{für} \quad \lim x = b - 0$$

einen bestimmten von Null verschiedenen Grenzwert (**16**); derselbe sei positiv und A eine positive Zahl, welche kleiner ist als dieser Grenzwert; dann wird es notwendig eine Stelle x' zwischen x_0 und b geben, von der an beständig

$$(b-x)^n f(x) > A, \qquad \text{daher}$$

$$f(x) > \frac{A}{(b-x)^n};$$

daraus folgt, daß auch $\displaystyle\int_{x'}^{x''} f(x)\,dx > A \int_{x'}^{x''} \frac{dx}{(b-x)^n} \quad (x_0 < x' < x'' < b).$

Wenn nun $n > 1$ oder $= 1$, so hat zufolge **274**, 2. das mit A multiplizierte Integral für $\lim x'' = b - 0$ den Grenzwert $+\infty$; demnach ist auch

$$\lim_{x''=b-0} \int_{x'}^{x''} f(x)\,dx = +\infty \qquad \text{und daher}$$

$$\lim_{x''=b-0} \int_{a}^{x''} f(x)\,dx = \int_{a}^{x'} f(x)\,dx + \lim_{x''=b-0} \int_{x'}^{x''} f(x)\,dx = +\infty.$$

Versteht man andererseits unter B eine Zahl, welche größer ist als der Grenzwert von $(b-x)^n f(x)$, so wird es eine Stelle x' zwischen x_0 und b geben, von welcher angefangen

$$0 < (b-x)^n f(x) < B,$$

also
$$0 < f(x) < \frac{B}{(b-x)^n};$$

daraus ergibt sich, daß $\displaystyle 0 < \int_{x'}^{x''} f(x)\,dx > B \int_{x'}^{x''} \frac{dx}{(b-x)^n}.$

Wenn nun $n < 1$, so hat das letztangeschriebene Integral für $\lim x'' = b - 0$ den endlichen Grenzwert $\dfrac{1}{(1-n)(b-x')^{n-1}}$, dem es sich wachsend nähert, und da das Integral $\displaystyle\int_{x'}^{x''} f(x)\,dx$, das unter den gemachten Voraussetzungen auch fortdauernd wächst, unter diesem Grenzwerte verbleibt, so hat es für $\lim x'' = b - 0$ ebenfalls einen bestimmten Wert; somit gilt dies auch von

$$\int_a^b f(x)\, dx = \int_a^{x'} f(x)\, dx + \lim_{x'' = b - 0} \int_{x'}^{x''} f(x)\, dx.$$

Für den Fall $\lim_{x = b - 0} f(x) = - \infty$ erleidet die Beweisführung nur eine unwesentliche Abänderung.

Beispiele. 1. Ist $\dfrac{F(x)}{\varphi(x)}$ ein irreduktibler Bruch, so hat das Integral

$$\int_a^b \frac{F(x)}{\varphi(x)}\, dx$$

nur dann einen bestimmten Wert, wenn das Intervall (a, b) mit Einschluß seiner Grenzen keine reelle Wurzel von $\varphi(x)$ enthält; im andern Falle ist es unendlich.

Denn unter der gedachten Voraussetzung ist $\dfrac{F(x)}{\varphi(x)}$ innerhalb (a, b) und an den Grenzen endlich. Hat hingegen $\varphi(x)$ zwischen a und b die reelle Wurzel c, so enthält es den Faktor $x - c$ und somit wird $\dfrac{F(x)}{\varphi(x)}$ an der Stelle $x = c$ unendlich von der ersteren oder einer höheren Ordnung in bezug auf $\dfrac{1}{x - c}$, je nachdem c eine ein- oder mehrfache Wurzel ist.

Hiernach hat $\displaystyle\int_a^b \frac{dx}{1 + x^2}$, was für Zahlen a, b auch sein mögen, einen bestimmten Wert $(\operatorname{arctg} b - \operatorname{arctg} a)$; hingegen ist $\displaystyle\int_{-1}^{1} \frac{dx}{1 - x^2}$ unendlich, weil dem Intervall $(- 1, + 1)$ die beiden reellen Wurzeln $- 1, + 1$ des Nenners angehören

2. Das Integral
$$\int_0^1 \frac{dx}{\sqrt{(1 - x^2)(1 - \varkappa^2 x^2)}} \qquad (k^2 < 1)$$

hat einen bestimmten Wert, trotzdem die Funktion

$$[(1 - x^2)(1 - \varkappa^2 x^2)]^{-\frac{1}{2}}$$

an der oberen Grenze unendlich wird; denn die Ordnung dieses Unendlichwerdens ist $\frac{1}{2}$, wie man aus der Zerlegung

$$\frac{1}{\sqrt{(1-x^2)(1-\varkappa^2 x^2)}} = \frac{1}{\sqrt{(1-x)(1+x)(1-\varkappa^2 x^2)}}$$

unmittelbar ersieht.

Man darf nun auf das Integral wie auf ein eigentliches den ersten Mittelwertsatz anwenden und schreiben:

$$\int_0^1 \frac{dx}{\sqrt{(1-x^2)(1-\varkappa^2 x^2)}} = \frac{1}{\sqrt{(1+\theta)(1-\varkappa^2\theta^2)}} \int_0^1 \frac{dx}{\sqrt{1-x}} = \frac{2}{\sqrt{(1+\theta)(1-\varkappa^2\theta^2)}}$$
$$(0 < \theta < 1);$$

$(1+\theta)(1-\varkappa^2\theta^2)$ als Funktion der unbeschränkten Variablen θ hat die Nullstellen $-\frac{1}{\varkappa}, -1, \frac{1}{\varkappa}$; zwischen die zwei ersten fällt das Minimum, zwischen die zwei letzten das Maximum; nur auf letzteres kommt es an, ob es in das Intervall $(0, 1)$ von θ zu liegen kommt oder nicht; ist ersteres der Fall, so bestimmt dieses Maximum und der kleinere der beiden Randwerte 1 und $2(1-\varkappa^2)$ die Schranken des Integrals; im andern Falle sind diese Schranken durch die Randwerte 1 und $2(1-\varkappa^2)$ selbst bestimmt.

3. Damit das Integral $\qquad \int_0^a \frac{\sin x}{x^n} dx,$

wo $n > 0$, einen bestimmten Wert besitze, trotzdem die Funktion $\frac{\sin x}{x^n}$ an der unteren Grenze unendlich wird, muß $n < 2$ sein.

Denn es ist $\qquad \lim_{x=0} \dfrac{\dfrac{\sin x}{x^n}}{\left(\dfrac{1}{x}\right)^\mu} = \lim \frac{\sin x}{x^{n-\mu}} = 1,$

wenn $n - \mu = 1$ (**16**, 2.); dem obigen Satze zufolge erfordert aber die Existenz des Integrals, daß die Ordnungszahl μ des Unendlichwerdens kleiner als 1 sei; folglich muß tatsächlich $n = \mu + 1 < 2$ sein.

Es hat also $\int_0^a \frac{\sin x \, dx}{x}$ und auch $\int_0^a \frac{\sin x \, dx}{\sqrt{x}}$, nicht aber $\int_0^a \frac{\sin x \, dx}{x^2}$

einen bestimmten Wert.

4. Das Integral $\qquad \int_0^a \frac{\cos x}{x^n} dx \qquad\qquad (n > 0)$

hat nur dann einen bestimmten Wert, wenn $n < 1$ ist

Es ist nämlich $\quad \lim\limits_{x=0} \dfrac{\dfrac{\cos x}{x^n}}{\left(\dfrac{1}{x}\right)^\mu} = \lim \dfrac{\cos x}{x^{n-\mu}} = 1,$

wenn $n - \mu = 0$; da aber zur Existenz des Integrals $\mu < 1$ erforderlich ist, so muß auch $n = \mu < 1$ sein.

Hiernach hat $\displaystyle\int\limits_0^a \frac{\cos x \, dx}{x}$ keine Bedeutung, wohl aber $\displaystyle\int\limits_0^a \frac{\cos x \, dx}{\sqrt{x}}$.

276. Integrale mit unendlichem Integrationsgebiet. Ein Integral, das sich über ein Gebiet erstrecken soll, welches auf einer Seite oder beiderseits ins Unendliche sich ausdehnt, kann nicht als Grenzwert einer Summe nach Art des eigentlichen Integrals aufgefaßt werden. Es bedarf daher einer besonderen Erklärung.

Die Funktion $f(x)$ sei in dem Gebiete $(a, +\infty)$ eindeutig definiert, und in jedem Intervalle (a, x'), wobei $x' > a$, habe das Integral

$$\int\limits_a^{x'} f(x)\, dx = \Phi(x')$$

einen bestimmten Wert. Dann ist $\Phi(x')$ eine stetige Funktion; konvergiert sie bei dem Grenzübergange $\lim x' = +\infty$ gegen eine bestimmte endliche Grenze, so erklärt man diese Grenze als das über $(a, +\infty)$ erstreckte Integral von $f(x)$, bezeichnet letzteres durch $\displaystyle\int\limits_a^\infty f(x)\, dx$ und hat hiernach die Erklärung:

$$\int\limits_a^\infty f(x)\, dx = \lim\limits_{r' = +\infty} \int\limits_a^{v'} f(x)\, dx. \tag{9}$$

Ist der Grenzwert von $\Phi(x') + \infty, -\infty$ oder nicht vorhanden, so hat das Symbol $\displaystyle\int\limits_0^\infty f(x)\, dx$ keine bestimmte Bedeutung.

Damit $\Phi(x')$ bei dem Grenzübergange $\lim x' = +\infty$ stetig bleibe und einer bestimmten Grenze sich nähere, muß sich ein Intervall $(\varkappa, +\infty)$ bestimmen lassen derart, daß für irgend zwei Werte $x' < x''$ aus demselben der Unterschied der Funktionswerte $\Phi(x'), \Phi(x'')$ dem Betrage nach kleiner ist als eine im voraus bezeichnete positive Zahl ε; demnach ist die Möglichkeit, zu einem vorgeschriebenen ε ein $\varkappa$ zu bestimmen, so daß

$$\left| \Phi(x'') - \Phi(x') \right| = \left| \int_a^{x''} f(x)\,dx - \int_a^{x'} f(x)\,dx \right| = \left| \int_{x'}^{x''} f(x)\,dx \right| < \varepsilon \qquad (10)$$

für $a < \varkappa < x' < x''$, der analytische Ausdruck der Bedingung für die Existenz von $\int_a^\infty f(x)\,dx$.

Ist es möglich, das genannte Integral durch Substitution in ein Integral mit endlichem Intervalle und endlicher Funktion umzuwandeln, so entfällt jede weitere Untersuchung.

Kennt man eine Funktion $F(x)$, welche für alle Werte von x über a den Differentialquotienten $f(x)$ besitzt, mit anderen Worten, ist die unbestimmte Integration ausführbar, und nähert sich $F(x)$ für $\lim x = +\infty$ einer bestimmten Grenze, die mit $F(\infty)$ bezeichnet werden soll, so hat man

$$\lim_{x' = +\infty} \int_a^{x'} f(x)\,da = \lim_{x' = +\infty} F(x') - F(a) = F(\infty) - F(a),$$

also
$$\int_a^\infty f(x)\,dx = F(\infty) - F(a); \qquad (11)$$

d h. es besteht dann der Hauptsatz der Integralrechnung wie bei einem endlichen Intervall.

Die Definition (9) ist auch auf Integrale übertragbar, bei welchen das Integrationsintervall ins negativ Unendliche sich erstreckt oder beiderseits unbegrenzt ist; es gilt nämlich

$$\int_{-\infty}^b f(x)\,dx = \lim_{a' = -\infty} \int_{x'}^b f(x)\,dx \qquad (12)$$

und
$$\int_{-\infty}^\infty f(x)\,dx = \lim_{x' = -\infty} \int_{x'}^a f(x)\,dx + \lim_{x'' = +\infty} \int_a^{x''} f(x)\,dx, \qquad (13)$$

sofern die rechts angesetzten Grenzwerte wirklich existieren und die Grenzübergänge voneinander unabhängig sind[1]); in Formel (13) bedeutet a eine beliebige Zahl.

---

1) Es kann geschehen, daß ein Integralwert in dem oben erklärten allgemeinen Sinne nicht, wohl aber in dem besonderen Sinne

$$\lim_{x' = +\infty} \int_{-x'}^{x'} f(x)\,dx$$

Beispiele. 1. Das Integral $\displaystyle\int_a^\infty \frac{dx}{x^n}$ $\qquad (a > 0)$

worin $n > 0$, verwandelt sich durch die Substitution

$$x = \frac{1}{t} \qquad \text{in} \qquad \int_0^{\frac{1}{a}} t^{n-2}\,dt$$

und dies ist ein eigentliches Integral mit dem Werte $\dfrac{1}{(n-1)\,a^{n-1}}$, wenn $n \gtreqless 2$.

Ist hingegen $n < 2$, so wird die Funktion $t^{n-2} = \dfrac{1}{t^{2-n}}$ an der unteren Grenze unendlich; indessen hat das Integral dennoch einen bestimmten, und zwar den angegebenen Wert, wenn $2 - n < 1$, also $n > 1$ ist (**274,** 2.).

Demnach ist $\qquad \displaystyle\int_a^\infty \frac{dx}{x^n} = \frac{1}{(n-1)\,a^{n-1}}$ für $n > 1$, $\qquad\qquad (14)$

während für $n \leqq 1$ dasselbe Integral $+ \infty$ ist.

2. Es ist $\qquad \displaystyle\int_0^\infty \frac{dx}{1 + x^2} = \lim_{x = +\infty} \operatorname{arctg} x = \frac{\pi}{2}$, $\qquad\qquad (15)$

$$\int_{-\infty}^\infty \frac{dx}{1 + x^2} = \lim_{x'' = +\infty} \operatorname{arctg} x'' - \lim_{x' = -\infty} \operatorname{arctg} x' = \pi,$$

so daß wie bei einem eigentlichen Integrale einer geraden Funktion (**236**)

$$\int_{-\infty}^\infty \frac{dx}{1 + x^2} = 2 \int_0^\infty \frac{dx}{1 + x^2} \text{ ist.}$$

Allgemeiner hat man

$$\int_0^\infty \frac{dx}{a^2 + x^2} = \frac{1}{a} \lim_{x = +\infty} \operatorname{arctg} \frac{x}{a} = \frac{\pi}{2a} \qquad (a > 0). \qquad (16)$$

---

besteht; man spricht dann von einem Hauptwert des Integrals (vgl. dazu die Fußnote p. 115)

3. Bemerkenswert sind die beiden Formeln

$$\int_a^\infty e^{-x}\,dx = -\lim_{x=+\infty} e^{-x} + e^{-a} = e^{-a} \tag{17}$$

und
$$\int_0^\infty e^{-ax}\,dx = -\lim_{x=+\infty} \frac{e^{-ax}}{a} + \frac{1}{a} = \frac{1}{a} \qquad (a>0). \tag{18}$$

4. Auf Grund der Formeln **267**, (29) ist

$$\int_0^\infty e^{-ax}\sin bx\,dx = \lim_{x=+\infty}\left[\frac{-a\sin bx - b\cos bx}{a^2+b^2}\,e^{-ax}\right]$$
$$+ \frac{b}{a^2+b^2} = \frac{b}{a^2+b^2} \qquad (a>0), \tag{19}$$

$$\int_0^\infty e^{-ax}\cos bx\,dx = \lim_{x=+\infty}\left[\frac{-a\cos bx + b\sin bx}{a^2+b^2}\,e^{-ax}\right]$$
$$+ \frac{a}{a^2+b^2} = \frac{a}{a^2+b^2} \qquad (a>0); \tag{20}$$

in beiden Fällen konvergiert nämlich der erste Ausdruck gegen die Grenze Null vermöge des Faktors e^{-ax}, trotzdem $\sin bx$, $\cos bx$ keiner bestimmten Grenze sich nähern, vielmehr unaufhörlich zwischen -1 und $+1$ schwanken.

277. Allgemeiner Satz. Wenn die unbestimmte Integration nicht ausführbar ist, dann erfordert die Entscheidung der Frage, ob ein Integral mit unendlichem Integrationsintervalle eine Bedeutung hat oder nicht, eine besondere Untersuchung. Man kann dabei häufig von dem folgenden Satze Gebrauch machen:

Wenn die Funktion $f(x)$, welche für alle Werte $x > a > 0$ eindeutig definiert ist, wenigstens von einer über a gelegenen Stelle x_0 angefangen beständig positiv (negativ) bleibt und bei dem Grenzübergange $\lim x = +\infty$ unendlichklein wird von erster oder niedrigerer als der ersten Ordnung in bezug auf $\frac{1}{x}$, so ist das über $(a, +\infty)$ erstreckte Integral von $f(x) + \infty$ $(-\infty)$; einen bestimmten Wert hat es unter den gemachten Voraussetzungen nur dann, wenn $f(x)$ unendlichklein von höherer als der ersten Ordnung wird.

Bezeichnet man die Ordnungszahl des Unendlichkleinwerdens mit n, so hat

$$\frac{f(x)}{\left(\dfrac{1}{x}\right)^n} = x^n f(x) \quad \text{für } \lim x = +\infty$$

einen bestimmten von Null verschiedenen Grenzwert, den wir als positiv voraussetzen wollen.

Sei A eine positive unter diesem Grenzwert liegende Zahl, so gibt es notwendig eine Stelle x' über x_0, von der angefangen beständig

$$x^n f(x) > A, \qquad \text{also} \qquad f(x) > \frac{A}{x^n};$$

daraus folgt dann $\quad \displaystyle\int_{x'}^{x''} f(x)\,dx > A \int_{x'}^{x''} \frac{dx}{x^n} \qquad (a < x_0 < x' < x'');$

ist nun $n \leqq 1$[1]), so ist nach **276**, 1.

$$\lim_{x'' = +\infty} \int_{x'}^{x''} \frac{dx}{x^n} = +\infty, \qquad\qquad \text{daher auch}$$

$$\lim_{x'' = +\infty} \int_{a}^{x''} f(x)\,dx = \int_{a}^{x'} f(x)\,dx + \lim_{x'' = +\infty} \int_{x'}^{x''} f(x)\,dx = +\infty.$$

Bedeutet andererseits B eine über dem Grenzwerte von $x^n f(x)$ liegende Zahl, so wird notwendig von einer über x_0 liegenden Stelle x' an beständig $\qquad x^n f(x) < B, \qquad$ also $\qquad f(x) < \dfrac{B}{x^n}$

sein; daraus folgt, daß auch

$$\int_{x'}^{x''} f(x)\,dx < B \int_{x'}^{x''} \frac{dx}{x^n} \qquad (a < x_0 < x' < x'');$$

ist nun $n > 1$, so konvergiert $\displaystyle\int_{x'}^{x''} \frac{dx}{x^n}$ für $\lim x'' = +\infty$ beständig wach-

send gegen $\dfrac{1}{(n-1)x'^{n-1}}$, daher konvergiert notwendig auch das links-stehende, ebenfalls mit x'' wachsende Integral gegen eine bestimmte Grenze; es gilt dies also auch für

$$\lim_{x'' = +\infty} \int_{a}^{x''} f(x)\,dx = \int_{a}^{x'} f(x)\,dx + \lim_{x'' = +\infty} \int_{x'}^{x''} f(x)\,dx.$$

---

1) Hierin sind also auch die Fälle $n = 0$ und $n < 0$ inbegriffen; dem ersten entspricht die Konvergenz von $f(x)$ gegen eine endliche Grenze, dem zweiten das Unendlichwerden von $f(x)$ bei $\lim x = +\infty$.

Für ein schließlich negativ bleibendes $f(x)$ erleidet der Beweis nur eine unwesentliche Abänderung.

Beispiele. 1. Es sei $\dfrac{F(x)}{\varphi(x)}$ ein irreduktibler rationaler Bruch und sein Nenner besitze in dem Intervalle $(a, +\infty)$ keine Wurzel. Das Integral

$$\int\limits_a^\infty \frac{F(x)}{\varphi(x)}\, dx$$

hat dann und nur dann einen bestimmten Wert, wenn der Bruch echt und sein Nenner wenigstens um zwei Einheiten höheren Grades ist als der Zähler; denn nur dann wird die Funktion $\dfrac{F(x)}{\varphi(x)}$ an der oberen Grenze unendlich klein von höherer als der ersten Ordnung.

Ist hingegen der Bruch unecht oder sein Nenner nur um eine Einheit dem Grade nach höher als der Zähler, so ist das Integral unendlich.

Hiernach hat beispielsweise das Integral

$$\int\limits_{-\infty}^\infty \frac{dx}{x^2 + px + q} \qquad\qquad \left(\frac{p^2}{4} - q < 0\right)$$

einen bestimmten Wert, und zwar ist (**243**, (14))

$$\int\limits_{-\infty}^\infty \frac{dx}{x^2 + px + q}$$

$$= \frac{1}{\sqrt{q - \dfrac{p^2}{4}}} \left\{ \lim_{x = +\infty} \operatorname{arctg} \frac{x + \dfrac{p}{2}}{\sqrt{q - \dfrac{p^2}{4}}} - \lim_{x = -\infty} \operatorname{arctg} \frac{x + \dfrac{p}{2}}{\sqrt{q - \dfrac{p^2}{4}}} \right\} = \frac{\pi}{\sqrt{q - \dfrac{p^2}{4}}}.$$

2. Das Integral $\displaystyle\int\limits_0^\infty x^{n-1} e^{-x}\, dx$

hat für jedes $n > 0$ einen bestimmten Wert. Solange $0 < n < 1$, wird zwar die Funktion $x^{n-1} e^{-x}$ an der unteren Grenze unendlich, aber von niedrigerer als der ersten Ordnung (**275**); diese Singularität hört auf, sobald $n \gtreqless 1$ geworden ist. An der oberen Grenze wird $x^{n-1} e^{-x}$ unendlich klein von höherer Ordnung als irgendein $\dfrac{1}{x^\mu}\ (\mu > 0)$.

Dagegen würde bei $n < 0$ die Funktion an der unteren Grenze unendlich von höherer als der ersten Ordnung.

Ist insbesondere n eine positive ganze Zahl > 1, so ergibt sich aus Formel **261**, (8), wenn man darin $G(x) = x^{n-1}$ und $x = -1$ setzt,

$$\left.\begin{aligned}
\int\limits_0^\infty x^{n-1}e^{-x}dx &= -\lim_{v=+\infty}\{e^{-x}[x^{n-1} + (n-1)x^{n-2}\\
&\quad + (n-1)(n-2)x^{n-3} + \cdots + (n-1)(n-2)\ldots 1]\}\\
&\quad + (n-1)(n-2)\ldots 1 = (n-1)!.
\end{aligned}\right\} \tag{21}$$

3. Auch das Integral $\quad\displaystyle\int\limits_0^\infty e^{-x^2}dx$

hat einen bestimmten Wert, weil e^{-x^2} für ein beständig wachsendes x unendlich klein wird von höherer Ordnung als jede positive Potenz von $\frac{1}{x}$. Man kann eine obere Grenze für seinen Wert herstellen, wenn man das Integrationsintervall in die Teile $(0, 1)$ und $(1, +\infty)$ zerlegt; im ersten Teile ist e^{-x^2} beständig $\lessgtr 1$, folglich

$$\int\limits_0^1 e^{-x^2}dx < 1;$$

im zweiten Teile ist e^{-x^2} beständig $\lessgtr x\,e^{-x^2}$, folglich

$$\int\limits_1^\infty e^{-x^2}dx < \int\limits_1^\infty x\,e^{-x^2}dx = -\lim_{v=+\infty}\frac{e^{-x^2}}{2} + \frac{1}{2e} = \frac{1}{2e},$$

so daß $\qquad\qquad\displaystyle\int\limits_0^\infty e^{-x^2}dx < 1 + \frac{1}{2e}.$

Aus der obigen Begründung geht hervor, daß auch jedes Integral $\displaystyle\int\limits_0^\infty x^n e^{-x^2}dx$, mag x^n eine noch so hohe positive Potenz sein, einen bestimmten Wert hat.

278. Funktionen mit unaufhörlichem Zeichenwechsel. Der im vorigen Artikel aufgestellte Satz enthält die wesentliche Voraussetzung, daß die Funktion unter dem Integralzeichen von einer Stelle des Intervalles $(a, +\infty)$ angefangen fortab dasselbe Zeichen beibehalte. Ist diese Voraussetzung nicht erfüllt, hört die Funktion bei beständig wachsendem x niemals auf, ihr Vorzeichen zu ändern, dann verliert der Satz seine Geltung und es muß zu anderen Methoden gegriffen werden. Der angeführte Fall tritt besonders dann ein, wenn unter dem Integralzeichen eine periodische Funktion erscheint.

Ein ·häufig verwendbares Hilfsmittel, über derlei Integrale zu urteilen, besteht darin, daß man das Integrationsintervall durch diejenigen Stellen, an welchen $f(x)$ sein Zeichen wechselt, in Teile zerlegt; die auf diese Teile bezüglichen Integralwerte bilden dann eine unendliche, und zwar eine alternierende Reihe (76), und es ist die Untersuchung des Integrals auf die Prüfung dieser Reihe auf ihre Konvergenz zurückgeführt. Die Konvergenz kann *vermöge der Betrage* der Glieder allein stattfinden und heißt dann *absolut*; sie kann aber auch erst *kraft des Zeichenwechsels* vorhanden sein: dann spricht man von *bedingter* Konvergenz. Diese Begriffsbestimmung überträgt man denn auch auf Integrale mit unendlichem Integrationsgebiete und unterscheidet zwischen solchen, welche gegen ihren Grenzwert absolut konvergieren, d. h. auch dann, wenn man statt $f(x)$ den absoluten Wert $|f(x)|$ in Rechnung zieht, und zwischen solchen, welche ihrem Grenzwerte nur bedingt, d. i. kraft des unaufhörlichen Zeichenwechsels von $f(x)$ zustreben.

Sowie man die Beurteilung von Integralen mit unendlichem Intervall mitunter mit Erfolg auf die Konvergenz von Reihen stützt, kann auch umgekehrt aus der Existenz solcher Integrale auf die Konvergenz mancher Reihen geschlossen werden.

Beispiele. 1. Der Integralsinus auf dem Gebiete $(0, +\infty)$, d. i.

$$\int_0^\infty \frac{\sin x}{x}\, dx,$$

gehört zu den eben besprochenen Formen; bezüglich seiner unteren Grenze ist schon früher (**275**, 3.) entschieden worden; es bleibt nur noch die Zulässigkeit der oberen Grenze in Frage.

Teilt man $(0, +\infty)$ in die Intervalle $(0, \pi)$, $(\pi, 2\pi)$, ..., so bilden die auf diese bezüglichen Integralwerte a_0, a_1, ... eine alternierende Reihe mit positivem Anfangsgliede, und wenn diese Reihe

$$a_0 + a_1 + \cdots$$

konvergiert, so hat das Integral einen bestimmten Wert gleich dem Grenzwert dieser Reihe. Nun folgt aus

$$a_n = \int\limits_{n\pi}^{(n+1)\pi} \frac{\sin x\, dx}{x}, \qquad a_{n+1} = \int\limits_{(n+1)\pi}^{(n+2)\pi} \frac{\sin x\, dx}{x},$$

daß
$$|a_n| > |a_{n+1}|;$$

denn führt man in dem zweiten Integrale die Substitution $x = \pi + t$ aus, so kommt
$$a_{n+1} = -\int\limits_{n\pi}^{(n+1)\pi} \frac{\sin t\, dt}{\pi + t};$$

jetzt beziehen sich a_n und a_{n+1} auf dasselbe Intervall, es ist aber

$$\left|\frac{\sin x}{x}\right| > \left|\frac{\sin x}{\pi + x}\right| \text{ für alle Werte aus } [n\pi, (n+1)\pi].$$

Ferner ist
$$|a_n| < \int\limits_{n\pi}^{(n+1)\pi} \frac{dx}{x} = l\frac{n+1}{n},$$

es konvergiert also a_n mit wachsendem n gegen die Grenze Null.

Durch diese zwei Tatsachen ist die Konvergenz der Reihe $a_0 + a_1 + \cdots$ erwiesen (**76**).

Die Konvergenz des Integrals ist aber eine bedingte. Denn

$$|a_n| = \int\limits_{n\pi}^{(n+1)\pi} \frac{|\sin x|}{x}\, dx > \frac{1}{(n+1)\pi} \int\limits_{n\pi}^{(n+1)\pi} |\sin x|\, dx = \frac{2}{(n+1)\pi},$$

daher ist
$$a_0 + |a_1| + a_2 + \cdots + |a_n|$$
$$> \frac{2}{\pi}\left(\frac{1}{1} + \frac{1}{2} + \frac{1}{3} + \cdots + \frac{1}{n+1}\right),$$

folglich (**73**, 1.)
$$\int\limits_0^\infty \frac{|\sin x|}{x}\, dx = +\infty.$$

Das analog gebaute Integral

$$\int\limits_0^\infty \frac{\sin x}{x^\nu}\, dx \qquad\qquad (1 < \nu < 2)$$

hingegen ist absolut konvergent. Von seiner Existenz überzeugt man sich auf dieselbe Art wie oben, von der absoluten Konvergenz durch die Bemerkung, daß jetzt

$$|a_n| = \int\limits_{n\pi}^{(n+1)\pi} \frac{|\sin x|}{x^\nu}\, dx < \frac{1}{(n\pi)^\nu} \int\limits_{n\pi}^{(n+1)\pi} |\sin x|\, dx = \frac{2}{(n\pi)^\nu},$$

daher $\qquad a_1 + |a_2| + \cdots + |a_n| < \dfrac{2}{\pi^\nu}\left(\dfrac{1}{1^\nu} + \dfrac{1}{2^\nu} + \cdots + \dfrac{1}{n^\nu}\right);$

folglich hat auch $\displaystyle\int_0^\infty \dfrac{|\sin x|}{x^\nu}\,dx \; (1 < \nu < 2)$ einen bestimmten Wert (**73, 4.**).

2. Von der Existenz des Integrals

$$\int_0^\infty \sin\,(x^2)\,dx$$

überzeugt man sich auf ähnliche Weise. Wird nämlich $(0, +\infty)$ in die Teile $(0,\ \sqrt{\pi}),\ (\sqrt{\pi},\ \sqrt{2\pi}),\ \ldots$ zerlegt, so bilden die hierauf bezüglichen Integralwerte eine alternierende Reihe $a_0 + a_1 + \cdots$, deren Glieder dem Betrage nach beständig abnehmen und schließlich gegen Null konvergieren. Denn es ist

$$a_n = \int_{\sqrt{n\pi}}^{\sqrt{(n+1)\pi}} \sin\,(x^2)\,dx, \qquad a_{n+1} = \int_{\sqrt{(n+1)\pi}}^{\sqrt{(n+2)\pi}} \sin\,(x^2)\,dx\;;$$

das zweite Integral geht aber durch die Substitution $x^2 = \pi + t^2$ über in

$$a_{n+1} = -\int_{\sqrt{n\pi}}^{\sqrt{(n+1)\pi}} \sin\,(t^2)\,\dfrac{t}{\sqrt{\pi + t^2}}\,dt$$

und aus dieser seiner Form ist unmittelbar zu erkennen, daß $|a_n| > |a_{n+1}|$; ferner ist

$$|a_n| < \int_{\sqrt{n\pi}}^{\sqrt{(n+1)\pi}} dx = \sqrt{(n+1)\pi} - \sqrt{n\pi} = \dfrac{\sqrt{\pi}}{\sqrt{n} + \sqrt{n+1}},$$

folglich $\displaystyle\lim_{n=+\infty} a_n = 0$.

Die Konvergenz ist hier nur bedingt. Denn nach **270**, (19) ist

$$|a_n| = \int_{\sqrt{n\pi}}^{\sqrt{(n+1)\pi}} |\sin\,(x^2)|\,dx = \theta_n\{\sqrt{(n+1)\pi} - \sqrt{n\pi}\}$$

$$= \dfrac{\theta_n\sqrt{\pi}}{\sqrt{n} + \sqrt{n+1}} > \dfrac{\theta_n\sqrt{\pi}}{2\sqrt{n+1}},$$

folglich, wenn θ das kleinste unter den θ_n,

$$a_0 + |a_1| + \cdots + |a_n| > \frac{\theta \sqrt{\pi}}{2} \left[\frac{1}{\sqrt{1}} + \frac{1}{\sqrt{2}} + \cdots + \frac{1}{\sqrt{n+1}} \right],$$

also (**73, 3.**) $\displaystyle\int_0^\infty |\sin (x^2)|\, dx = +\infty.$

Es ist nicht ohne Nutzen, auf das verschiedene Verhalten der beiden Integrale

$$\int_0^\infty \frac{\sin x}{x}\, dx, \qquad \int_0^\infty \sin (x^2)\, dx$$

hinzuweisen. Bei dem ersten erfolgte die Teilung in *gleiche Intervalle* $(0, \pi)$, $(\pi, 2\pi)$, ..., aber die Funktion $\frac{\sin x}{x}$ nimmt von einem Intervalle zum nächsten immer kleinere Werte an: die Kurve $y = \frac{\sin x}{x}$ ist eine Wellenlinie von gleich langen Wellen mit abnehmender Amplitude (Fig. 134). Bei dem zweiten Integrale wurden die Teilintervalle $(0, \sqrt{\pi})$, $(\sqrt{\pi}, \sqrt{2\pi})$,..., immer kleiner, in jedem derselben erreicht aber die Funktion $\sin (x^2)$ denselben größten Betrag: die Kurve $y = \sin (x^2)$ ist eine Wellenlinie mit abnehmender Wellenlänge, aber gleichbleibender Amplitude (Fig. 135).

3. Der Schluß von der Existenz eines Integrals mit unendlichem Integrationsgebiete auf die Konvergenz einer unendlichen Reihe kann auf Grund des folgenden Satzes gemacht werden: Ist $f(x)$ eine in dem Intervall (a, ∞) beständig positive und abnehmende Funktion, und hat das Integral

$$\int_a^\infty f(x)\, dx$$

einen bestimmten Wert, so ist die unendliche Reihe

$$f(\alpha) + f(\alpha + 1) + f(\alpha + 2) + \cdots$$

konvergent; hat hingegen das Integral den Wert $+\infty$, so ist die Reihe divergent; α bedeutet die kleinste ganze Zahl in $(a, +\infty)$.

Weil nämlich für alle Werte von x zwischen $\alpha + n$ und $\alpha + n + 1$

$$f(\alpha + n) > f(x) > f(\alpha + n + 1),$$

so ergibt sich durch Integration zwischen $\alpha + n$ und $\alpha + n + 1$:

$$f(\alpha + n) > \int\limits_{\alpha + n}^{\alpha + n + 1} f(x)\,dx > f(\alpha + n + 1).$$

Daraus folgt aber, daß

$$\int\limits_{\alpha}^{\infty} f(x)\,dx > f(\alpha + 1) + f(\alpha + 2) + f(\alpha + 3) + \cdots$$

$$\int\limits_{\alpha}^{\infty} f(x)\,dx < f(\alpha) + f(\alpha + 1) + f(\alpha + 2) + \cdots.$$

Ist demnach $\int\limits_{\alpha}^{\infty} f(x)\,dx$ eine endliche Größe, so ist vermöge der ersten Beziehung die aus positiven Gliedern bestehende Reihe $f(\alpha + 1) + f(\alpha + 2) + f(\alpha + 3) + \cdots$, also auch die Reihe $f(\alpha) + f(\alpha + 1) + \cdots$ konvergent; die zweite Beziehung zeigt, daß die Reihe $f(\alpha) + f(\alpha + 1) + \cdots$ divergent ist, wenn das Integral einen unendlichen Wert hat.

So hat das Integral $\qquad\qquad \int\limits_{1}^{\infty} \dfrac{dx}{x^n} \qquad\qquad\qquad (n > 0)$

einen bestimmten Wert, wenn $n > 1$, dagegen einen unendlichen Wert, wenn $n \gtreqless 1$ (**276**, 1.); infolgedessen ist die Reihe

$$\frac{1}{1^n} + \frac{1}{2^n} + \frac{1}{3^n} + \cdots$$

konvergent für $n > 1$, divergent für $n \gtreqless 1$ (**73**, 1., 3., 4.).

Das Integral $\int\limits_{2}^{\infty} \dfrac{dx}{x\,lx}$ hat den Wert $+ \infty$, weil

$$\int\limits_{2}^{\infty} \frac{dx}{x\,lx} = \lim_{x = +\infty} llx - ll2 = +\infty,$$

daher ist die Reihe $\qquad \dfrac{1}{2\,l2} + \dfrac{1}{3\,l3} + \dfrac{1}{4\,l4} + \cdots \qquad\qquad$ divergent.

§ 3. Integration unendlicher Reihen.

279. Hauptsatz über die Integration gleichmäßig konvergenter Reihen. Die Aufgabe, eine konvergente unendliche Reihe, deren Glieder Funktionen von x sind, zu integrieren, kann sich in zweifacher Weise darbieten. Entweder ist die zu integrierende Funktion durch eine solche Reihe definiert, und dann liegt die Aufgabe unmittelbar vor; oder die Funktion unter dem Integralzeichen gehört zu denjenigen, deren unbestimmte Integration mittels der elementaren Funktionen in endlicher Form nicht möglich ist, und dann wird man mittelbar zu jener Aufgabe geführt, wenn man die Funktion in eine konvergente Reihe entwickelt.

$$\text{Es sei} \qquad f_0(x) + f_1(x) + f_2(x) + \cdots \qquad (1)$$

eine unendliche Reihe, deren Glieder in dem endlichen Intervalle (a, b) mit Einschluß der Grenzen eindeutige, stetige Funktionen von x sind, und die in dem genannten Intervalle gleichmäßig konvergiert (**81**). Dann ist ihr Grenzwert $f(x)$ eine in demselben Intervalle einschließlich seiner Grenzen stetige Funktion von x (**83**) und daher zur Integration über (a, b) geeignet. Es handelt sich nur darum, in welcher Weise die Integration an der definierenden Reihe (1) zu vollziehen ist. Darüber belehrt nun der folgende Satz:

Die durch gliedweise Integration einer in (a, b) gleichmäßig honvergenten Reihe $f_0(x) + f_1(x) + f_2(x) + \cdots$ entstandene Reihe

$$\int_a^b f_0(x)\, dx + \int_a^b f_1(x)\, dx + \int_a^b f_2(x)\, dx + \cdots \qquad (2)$$

ist konvergent und $\qquad \displaystyle\int_a^b f(x)\, dx$

ihr Grenzwert, wenn $f(x)$ der Grenzwert der vorgelegten Reihe ist.

Setzt man nämlich

$$f_0(x) + f_1(x) + \cdots + f_n(x) = s_n(x),$$
$$f_{n+1}(x) + f_{n+2}(x) + \cdots = r_n(x),$$

so daß $\qquad f(x) = s_n(x) + r_n(x),$

so gibt die Integration (**230**, 5.)

$$\int_a^b f(x)\,dx = \int_a^b s_n(x)\,dx + \int_a^b r_n(x)\,dx,$$

und weiter ist auf derselben Grundlage

$$\int_\alpha^b s_n(x)\,dx = \int_a^b f_0(x)\,dx + \int_a^b f_1(x)\,dx + \cdots + \int_a^b f_n(x)\,dx = S_n(x).$$

Dem Begriffe der gleichmäßigen Konvergenz gemäß läßt sich zu einem beliebig klein festgesetzten positiven ε eine natürliche Zahl m bestimmen derart, daß für jedes x, wofür $a \leqq x \leqq \cdot b$,

$$|r_n(x)| < \varepsilon,$$

so lange $n \geqq m$; daraus folgt, daß

$$\left|\int_a^b r_n(x)\,dx\right| < \varepsilon \int_a^b dx = \varepsilon(b - a)$$

und

$$\left|\int_a^b f(x)\,dx - S_n(x)\right| < \varepsilon(b - a)$$

für jedes $n \gtreqless m$. Daß aber der Unterschied zwischen $\int_a^b f(x)\,dx$ und $S_n(x)$ dadurch, daß man n groß genug wählt, dem absoluten Betrage nach unter jede beliebig klein festgesetzte positive Zahl gebracht werden kann, ist gleichbedeutend mit der Aussage:

$$\int_a^b f(x)\,dx = \lim_{n=+\infty} S_n(x),$$

d. h. wenn man die Bedeutung von $S_n(x)$ ins Auge faßt,

$$\int_a^b f(x)\,dx = \int_a^b f_0(x)\,dx + \int_a^b f_1(x)\,dx + \int_a^b f_2(x)\,dx + \cdots . \tag{3}$$

Den in dieser Formel enthaltenen Sachverhalt bezeichnet man als den *Satz von der gliedweisen Integration*. Es sei bemerkt, daß zu seiner Geltung die *gleichmäßige* Konvergenz der zu integrierenden Reihe nicht notwendige, sondern bloß hinreichende Bedingung ist.

Man braucht nur die untere Grenze unbestimmt zu lassen und die obere als variabel anzusehen — beide Grenzen selbstverständlich auf das

Konvergenzintervall von (1) angewiesen — um die Formel für unbestimmte Integration zu erhalten.

Eine Potenzreihe ist in jedem Intervalle, das *innerhalb* ihres Konvergenzintervalles liegt, gleichmäßig konvergent (85); daraus ergibt sich auf Grund des obigen Satzes die wichtige Folgerung:

Eine Potenzreihe ist in jedem Intervalle, das innerhalb ihres Konvergenzintervalles enthalten ist, zur gliedweisen Integration geeignet.

Was die Grenzen des Konvergenzintervalles selbst anlangt, so ist folgendes zu bemerken. Ist X beispielsweise die obere Grenze des Konvergenzintervalles, a jedoch innerhalb desselben gelegen und die Reihe

$$\int_a^X f_0(x)\,dx + \int_a^X f_1(x)\,dx + \cdots$$

konvergent, so stellt sie den Wert des Integrals

$$\int_a^X f(x)\,dx$$

auch dann noch dar, wenn die vorgelegte Reihe an der Grenze X selbst nicht mehr konvergent sein sollte (274).

Ist demnach insbesondere $(-X, +X)$ das Konvergenzintervall der Potenzreihe $\qquad a_0 + a_1 x + a_2 x^2 + \cdots$ und $f(x)$ ihr Grenzwert, so ist

$$\int_0^x f(t)\,dt = a_0 x + a_1 \frac{x^2}{2} + a_2 \frac{x^3}{3} + \cdots$$

für jedes x, das dem Betrage nach kleiner ist als X, und es gilt auch noch

$$\int_0^X f(x)\,dx = a_0 X + a_1 \frac{X^2}{2} + a_2 \frac{X^3}{3} + \cdots,$$

wenn nur die rechts befindliche Reihe konvergent ist, auch wenn

$$a_0 + a_1 X + a_2 X^2 + \cdots$$

nicht mehr konvergent sein sollte.

So ist beispielsweise, solange $|x| < 1$,

$$\frac{1}{1+x^2} = 1 - x^2 + x^4 - \cdot$$

(**69**, 1.); daher für jedes solche x auch

$$\int_0^x \frac{dt}{1+t^2} = \operatorname{arctg} x = \frac{x}{1} - \frac{x^3}{3} + \frac{x^5}{5} - \cdots,$$

aber auch noch

$$\int_0^1 \frac{dx}{1+x^2} = \frac{\pi}{4} = \frac{1}{1} - \frac{1}{3} + \frac{1}{5} - \cdots,$$

weil die rechts befindliche Reihe konvergiert, obwohl die ursprüngliche Reihe für $x = 1$ nicht mehr konvergent ist.

Ebenso hat man, solange $|x| < 1$,

$$\frac{1}{1+x} = 1 - x + x^2 - \cdots$$

und für jedes so beschaffene x auch

$$\int_0^x \frac{dt}{1+t} = l(1+x) = \frac{x}{1} - \frac{x^2}{2} + \frac{x^3}{3} - \cdots$$

aber auch noch

$$\int_0^1 \frac{dx}{1+x} = l2 = \frac{1}{1} - \frac{1}{2} + \frac{1}{3} - \cdots,$$

obwohl die der Integration unterworfene Reihe $x = 1$ nicht mehr für konvergent ist.

Ein weiteres Beispiel dieser Art bietet der für jedes x, dessen Betrag unter 1 liegt, geltende Ansatz

$$\frac{1}{\sqrt{1-x^2}} = 1 + \frac{1}{2} x^2 + \frac{1\cdot 3}{2\cdot 4} x^4 + \cdots;$$

solange $|x| < 1$, ist auch

$$\int_0^x \frac{dt}{\sqrt{1-t^2}} = \arcsin x = \frac{x}{1} + \frac{1}{2}\frac{x^3}{3} + \frac{1\cdot 3}{2\cdot 4}\frac{x^5}{5} + \cdots;$$

da die rechts befindliche Reihe auch noch für $x = 1$ konvergent ist — die ursprüngliche ist es nicht mehr (98) —, so ist auch

$$\int_0^1 \frac{dx}{\sqrt{1-x^2}} = \frac{\pi}{2} = \frac{1}{1} + \frac{1}{2}\frac{1}{3} + \frac{1}{2}\frac{3}{4}\frac{1}{5} + \cdots.$$

280. Differentiation konvergenter Reihen. Von einer konvergenten Potenzreihe mit dem Grenzwerte $f(x)$ ist in Artikel **88** der Satz bewiesen worden, daß sie durch gliedweise Differentiation eine neue konvergente Reihe ergibt, deren Grenzwert der Differentialquotient $f'(x)$ von $f(x)$ ist. Dieser Satz kann nun auf konvergente Reihen überhaupt ausgedehnt werden und lautet dann folgendermaßen:

Wenn aus der konvergenten Reihe $f_0(x) + f_1(x) + f_2(x) + \cdots$ *mit dem Grenzwerte* $f(x)$ *durch gliedweise Differentiation eine gleichmäßig konvergente Reihe* $f_0'(x) + f_1'(x) + f_2'(x) + \cdots$ *hervorgeht, so ist der Grenzwert* $F(x)$ *der letzteren* $= f'(x)$.

Sind nämlich a und x zwei Werte, welche den Konvergenzintervallen beider Reihen zugleich angehören, so darf auf die zweite Reihe wegen ihrer gleichmäßigen Konvergenz gliedweise Integration über (a, x) angewandt werden, und das gibt:

$$\int\limits_a^x F(t)\,dt = \int\limits_a^x f_0'(t)\,dt + \int\limits_a^x f_1'(t)\,dt + \int\limits_a^x f_2'(t)\,dt + \cdots$$

$$= f_0(x) - f_0(a) + f_1(x) - f_1(a) + f_2(x) - f_2(a) + \cdots$$

$$= f_0(x) + f_1(x) + f_2(x) + \cdots$$
$$- [f_0(a) + f_1(a) + f_2(a) + \cdots]$$

$$= f(x) - f(a);$$

daraus folgt aber durch Differentiation nach der oberen Grenze x, daß

$$F(x) = f'(x).$$

281. Integration mittels unendlicher Reihen. Wie schon am Eingange von **279** bemerkt worden ist, bildet *die Integration mittels unendlicher Reihen* ein wichtiges Hilfsmittel solchen Funktionen gegenüber, deren unbestimmte Integration durch die elementaren Funktionen in endlicher Form nicht möglich ist. Gelingt es, die Funktion oder einen passend gewählten Faktor derselben in eine gleichmäßig konvergente Reihe, insbesondere also in eine Potenzreihe zu entwickeln, so kann an dieser die Integration vollzogen werden, und das Integral selbst ist durch eine, unter Umständen mehrere konvergente Reihen dargestellt. Voraussetzung ist dabei, daß die Integrale der einzelnen Glieder zu den elementaren Formen gehören.

Beispiele. 1. Enthält das Intervall (a, x) die Null nicht, so hat das Integral (man unterscheide zwischen der Integrationsvariablen und der oberen Grenze)

$$\int_a^x \frac{e^x}{x}\,dx$$

einen bestimmten Wert, der sich in Form einer konvergenten Reihe darstellen läßt; es ist nämlich für jedes x

$$e^x = 1 + \frac{x}{1!} + \frac{x^2}{2!} + \cdots,$$

daher
$$\int_a^x \frac{e^x}{x}\,dx = l\,\frac{x}{a} + \frac{x-a}{1\cdot 1!} + \frac{x^2-a^2}{2\cdot 2!} + \frac{x^3-a^3}{3\;\;3!} + \cdots.$$

2. Das Integral
$$\int_0^x \frac{l(1+x)}{x}\,dx$$

kann für jedes x, dessen $|x| \le 1$, durch eine Reihe dargestellt werden. Es ist nämlich, solange $-1 < x \le 1$,

$$l(1 + x) = \frac{x}{1} - \frac{x^2}{2} + \frac{x^3}{3} - \cdots,$$

daher
$$\int_0^x \frac{l(1+x)}{x}\,dx = \frac{x}{1^2} - \frac{x^2}{2^2} + \frac{x^3}{3^2} - \cdots;$$

daraus folgt ohne weiteres

$$\int_0^1 \frac{l(1+x)}{x}\,dx = \frac{1}{1^2} - \frac{1}{2^2} + \frac{1}{3^2} - \cdots;$$

daß auch $x = -1$ genommen werden kann, hat seinen Grund darin, daß die aus der Integration hervorgegangene Reihe auch für diesen Wert noch konvergent ist, wiewohl die zugrunde gelegte nicht mehr konvergiert. Daher ist weiter

$$\int_0^{-1} \frac{l(1+x)}{x}\,dx = \int_0^1 \frac{l(1-x)}{x}\,dx = -\left(\frac{1}{1^2} + \frac{1}{2^2} + \frac{1}{3^2} + \cdots\right)$$

und somit
$$\int_{-1}^1 \frac{l(1+x)}{x} = 2\left(\frac{1}{1^2} + \frac{1}{3^2} + \frac{1}{5^2} + \cdots\right).$$

3. Man hat für jedes beliebige x

$$\int\limits_0^x \frac{\sin x}{x}\, dx = \int\limits_0^x \Big[1 - \frac{x^2}{3!} + \frac{x^4}{5!} - \cdots\Big]\, dx = \frac{x}{1\cdot 1!} - \frac{x^3}{3\cdot 3!} + \frac{x^5}{5\cdot 5!} - \cdots,$$

also beispielsweise

$$\int\limits_0^1 \frac{\sin x}{x}\, dx = \frac{1}{1\cdot 1!} - \frac{1}{3\cdot 3!} + \frac{1}{5\cdot 5!} - \cdots.$$

Hingegen gilt nur so lange, als das Intervall (a, x) die Null nicht enthält (**275**, 4.), die Formel

$$\int\limits_a^x \frac{\cos x}{x}\, dx = \int\limits_a^x \Big[\frac{1}{x} - \frac{x}{2!} + \frac{x^3}{4!} - \cdots\Big]\, dx = l\,\frac{x}{a} - \frac{x^2 - a^2}{2\cdot 2!} + \frac{x^4 - a^4}{4\cdot 4!} - \cdots.$$

4. Um den Wert des Integrals

$$\int\limits_0^1 x^{nx}\, dx$$

zu bestimmen, beachte man, daß für jedes positive x

$$x^{nx} = e^{nxlx} = 1 + nxlx + \frac{n^2 x^2 (lx)^2}{2!} + \cdots;\qquad \text{demnach ist}$$

$$\int\limits_0^1 x^{nx}\, dx = \int\limits_0^1 dx + n\int\limits_0^1 xlx\, dx + \frac{n^2}{2!}\int\limits_0^1 x^2(lx)^2\, dx + \cdots;$$

nun gilt nach **259**, 1.:

$$\int x^m(lx)^n\, dx = \frac{x^{m+1}(lx)^n}{m+1} - \frac{n}{m+1}\int x^m(lx)^{n-1}\, dx$$

daraus folgt, wenn m eine positive ganze Zahl und $n = m$ ist,

$$\int\limits_0^1 x^m(lx)^m\, dx = -\frac{m}{m+1}\int\limits_0^1 x^m(lx)^{m-1}\, dx$$

$$= \frac{m(m-1)}{(m+1)^2}\int\limits_0^1 x^m(lx)^{m-2}\, dx = \cdots = (-1)^m \frac{m(m-1)\cdots 1}{(m+1)^m}\int\limits_0^1 x^m\, dx$$

$$= (-1)^m \frac{m!}{(m+1)^{m+1}}.$$

Hiernach ist endgültig

$$\int_0^1 x^{nx}\,dx = 1 - \frac{n}{2^2} + \frac{n^2}{3^3} - \frac{n^3}{4^4} - \cdots,$$

also insbesondere

$$\int_0^1 x^x\,dx = 1 - \frac{1}{2^2} + \frac{1}{3^3} - \frac{1}{4^4} + \cdots.$$

5. Es sei der Wert des Integrals

$$\int_{\frac{1}{2}}^{2} \frac{dx}{\sqrt{1+x^4}} \qquad\text{zu berechnen.}$$

Solange $|x| \gtrless 1$, läßt sich $(1 + x^4)^{-\frac{1}{2}}$ in eine konvergente Potenzreihe nach x entwickeln, und zwar ist

$$(1 + x^4)^{-\frac{1}{2}} = 1 - \frac{1}{2}\,x^4 + \frac{1\cdot 3}{2\cdot 4}\,x^8 - \cdots,$$

das Integral hiervon $\quad x - \frac{1}{2}\frac{x^5}{5} + \frac{1\cdot 3}{2\;\;4}\frac{x^9}{9} - \cdots, \qquad$ daher zunächst

$$\int_{\frac{1}{2}}^{1} \frac{dx}{\sqrt{1+x^4}} = 1 - \frac{1}{2}\cdot\frac{1}{5} + \frac{1\cdot 3}{2\cdot 4}\cdot\frac{1}{9} - \cdots$$
$$- \left(\frac{1}{2} - \frac{1}{2}\cdot\frac{1}{5\cdot 2^5} + \frac{1\cdot 3}{2\cdot 4}\cdot\frac{1}{9\cdot 2^9} - \cdots\right).$$

In dem zweiten Teile des in $(\frac{1}{2}, 1)$ und $(1, 2)$ zerlegten Integrationsintervalles schreibe man

$$\int_{1}^{2} \frac{dx}{x^2\sqrt{1+\dfrac{1}{x^4}}};$$

jetzt läßt sich $\left(1 + \dfrac{1}{x^4}\right)^{-\frac{1}{2}}$ für alle Werte von x aus dem Intervalle $(1, 2)$ in eine konvergente Potenzreihe nach $\dfrac{1}{x}$ entwickeln, nämlich

$$\left(1 + \frac{1}{x^4}\right)^{-\frac{1}{2}} = 1 - \frac{1}{2}\frac{1}{x^4} + \frac{1\cdot 3}{2\cdot 4}\frac{1}{x^8} - \cdots;$$

Division durch x^2 und gliedweise Integration gibt

$$-\frac{1}{x} + \frac{1}{2}\frac{1}{5x^5} - \frac{1\cdot 3}{2\cdot 4}\frac{1}{9\cdot x^9} + \cdots,$$

woraus[1])
$$\int_1^2 \frac{dx}{\sqrt{1+x^4}} = \frac{1}{1} - \frac{1}{2}\cdot\frac{1}{5} + \frac{1\cdot 3}{2\cdot 4}\cdot\frac{1}{9} - \cdots$$
$$- \left(\frac{1}{2} - \frac{1}{2}\cdot\frac{1}{5\cdot 2^5} + \frac{1\cdot 3}{2\cdot 4}\cdot\frac{1}{9\cdot 2^9} - \cdots\right).$$

Demnach ist
$$\int_{\frac{1}{2}}^{2} \frac{dx}{\sqrt{1+x^4}} = \int_{\frac{1}{2}}^{1} \frac{dx}{\sqrt{1+x^4}} + \int_{1}^{2} \frac{dx}{\sqrt{1+x^4}}$$
$$= 2\left[\frac{1}{1} - \frac{1}{2}\cdot\frac{1}{5} + \frac{1\cdot 3}{2\cdot 4}\cdot\frac{1}{9} - \cdots - \left(\frac{1}{2} - \frac{1}{2}\cdot\frac{1}{5\cdot 2^5} + \frac{1\cdot 3}{2\cdot 4}\cdot\frac{1}{9\cdot 2^9} - \cdots\right)\right].$$

6. Es ist in **275**, 2. gezeigt werden, daß bei dem Integral[2])

$$\int_0^x \frac{dx}{\sqrt{(1-x^2)(1-k^2x^2)}}, \qquad (0 < k^2 < 1,\ 0 \leqq x < 1), \tag{4}$$

die Integration bis $x = 1$ erstreckt werden darf, trotzdem die Funktion unter dem Integralzeichen für diesen Wert unendlich wird. Zu dieser Erkenntnis kommt man auch direkt durch die Substitution

$$x = \sin\varphi,$$

weil durch sie das Integral (4) mit der oberen Grenze $x = 1$ in ein eigentliches sich verwandelt. Allgemein führt diese Substitution zu

---

1) Man hätte dieses zweite Teilintegral auch durch die Substitution

$$x = \frac{1}{z}$$

auf das erste zurückführen können; in der Tat ist

$$\int_1^2 \frac{dx}{\sqrt{1+x^4}} = \int_{\frac{1}{2}}^1 \frac{dz}{\sqrt{1+z^4}}.$$

2) Für $k = 0$ und $k^2 = 1$ gehört das Integral zu den elementaren und ist im ersten Falle

$$\int_0^x \frac{dx}{\sqrt{1-x^2}} = \arcsin x,$$

im zweiten Falle
$$\int_0^x \frac{dx}{1-x^2} = \frac{1}{2}\, l\frac{1+x}{1-x};$$

im ersten Falle ist die obere Grenze $x = 1$ zulässig, im zweiten Falle nicht.

$$F(k, \varphi) = \int\limits_0^\varphi \frac{d\varphi}{\sqrt{1 - k^2 \sin^2 \varphi}}, \tag{5}$$

wo die obere Grenze φ jenen Bogen aus dem Intervalle $\left(0, \frac{\pi}{2}\right)$ bedeutet, welcher der früheren oberen Grenze x entspricht; bei $\varphi = \frac{\pi}{2}$, was dem früheren $x = 1$ entspricht, zeigt nämlich diese Form nichts Besonderes mehr. (4) ist die algebraische, (5) die trigonometrische Form des *elliptischen Normalintegrals erster Gattung*, das bei vielen Anwendungen der Analysis auf Geometrie und Mechanik auftritt; die obere Grenze φ heißt die *Amplitude*, k der *Modul* des Integrals.

Um die Berechnung in der Gestalt (4) durchzuführen, entwickelt man $(1 - k^2 x^2)^{-\frac{1}{2}}$ in eine Potenzreihe, was für alle Werte $0 \leq x^2 \leq 1$ zulässig ist, da $k^2 < 1$ vorausgesetzt wird; man erhält

$$(1 - k^2 x^2)^{-\frac{1}{2}} = 1 + \frac{1}{2} k^2 x^2 + \frac{1 \cdot 3}{2 \cdot 4} k^4 x^4 + \cdots$$

und daraus weiter

$$\int\limits_0^x \frac{dx}{\sqrt{(1 - x^2)(1 - k^2 x^2)}} = J_0 + \frac{1}{2} k^2 J_2 + \frac{1 \cdot 3}{2 \cdot 4} k^4 J_4 + \cdots, \tag{6}$$

wobei
$$J_{2p} = \int\limits_0^x \frac{x^{2p} dx}{\sqrt{1 - x^2}}; \tag{7}$$

die Werte aller dieser Integrale sind durch die Formel **257**, (35) bestimmt, indem

$$\left. \begin{aligned} J_{2p} = &\frac{1 \cdot 3 \ldots (2p - 1)}{2 \cdot 4 \ldots 2p} \arcsin x \\ &- \frac{\sqrt{1 - x^2}}{2p}\left(x^{2p-1} + \frac{2p-1}{2p-2} x^{2p-3}\right. \\ &+ \left.\frac{(2p-1)(2p-3)}{(2p-2)(2p-4)} x^{2p-5} + \cdots + \frac{(2p-1)\ldots 3}{(2p-2)\ldots 2} x\right) \text{ ist.} \end{aligned} \right\} \tag{8}$$

Geht man von der trigonometrischen Gestalt (5) aus und entwickelt

$$(1 - k^2 \sin^2 \varphi)^{-\frac{1}{2}} = 1 + \frac{1}{2} k^2 \sin^2 \varphi + \frac{1 \cdot 3}{2 \cdot 4} k^4 \sin^4 \varphi + \cdots,$$

so kommt
$$\int\limits_0^\varphi \frac{d\varphi}{\sqrt{1 - k^2 \sin^2 \varphi}} = J_0 + \frac{1}{2} k^2 J_2 + \frac{1 \cdot 3}{2 \cdot 4} k^4 J_4 + \cdots \tag{9}$$

und darin ist
$$J_{2p} = \int\limits_0^\varphi \sin^{2p} \varphi \, d\varphi, \tag{10}$$

wofür sich aus (8) durch dieselbe Substitution, welche (4) in (5) übergeführt hat, die Formel

$$
\left.
\begin{aligned}
J_{2p} =\ & \frac{1 \cdot 3 \dots (2p-1)}{2 \cdot 4 \dots 2p}\, \varphi \\
& - \frac{\cos \varphi}{2p} \left(\sin^{2p-1}\varphi + \frac{2p-1}{2p-2}\sin^{2p-3}\varphi \right. \\
& \left. + \frac{(2p-1)(2p-3)}{(2p-2)(2p-4)}\sin^{2p-5}\varphi + \cdots + \frac{(2p-1)\dots 3}{(2p-2)\dots 2}\sin\varphi \right)
\end{aligned}
\right\} \quad (11)
$$

ergibt.

Als vollständiges elliptisches Integral bezeichnet man dasjenige, dessen obere Grenze $x = 1$, bzw. $\varphi = \dfrac{\pi}{2}$ ist; sein Wert $F(k)$ ist, da

$$
\int_0^1 \frac{x^{2p}\,dx}{\sqrt{1-x^2}} = \int_0^{\frac{\pi}{2}} \sin^{2p}\varphi\,d\varphi = \frac{1 \cdot 3 \dots (2p-1)}{2 \cdot 4 \dots 2p}\,\frac{\pi}{2}\,,
$$

durch die Reihe

$$
\left.
\begin{aligned}
F(k) =\ & \int_0^1 \frac{dx}{\sqrt{(1-x^2)(1-k^2x^2)}} = \int_0^{\frac{\pi}{2}} \frac{d\varphi}{\sqrt{1-k^2\sin^2\varphi}} \\
=\ & \frac{\pi}{2}\left[1 + \left(\frac{1}{2}\right)^2 k^2 + \left(\frac{1 \cdot 3}{2 \cdot 4}\right)^2 k^4 + \cdots \right]
\end{aligned}
\right\} \quad (12)
$$

dargestellt, die um so rascher konvergiert, je kleiner k ist. (Vgl. die **275**, 2. dafür gefundenen Grenzen.)

Um eine Vorstellung von dem Verlauf von $F(k, \varphi)$ in bezug auf k und φ zu geben, ist nachstehend eine kleine Tabelle mitgeteilt, der bei Bedarf auch approximative Werte dieser Funktion für andere Argumente als die in der Tabelle vorkommenden entnommen werden können. Es ist üblich, in Tabellen dieses Integrals k durch den Sinus eines Winkels auszudrücken, also $k = \sin \alpha$ zu setzen.

Werte von $F(k, \varphi)$.

φ	α									
	0^0	10^0	20^0	30^0	40^0	50^0	60^0	70^0	80^0	90^0
10^0	0,1745	0,1746	0,1746	0,1748	0,1749	0,1751	0,1752	0,1754	0,1754	0,1754
20^0	0,3491	0,3493	0,3499	0,3508	0,3520	0,3533	0,3545	0,3555	0,3562	0,3564
30^0	0,5236	0,5243	0,5263	0,5294	0,5334	0,5379	0,5422	0,5459	0,5484	0,5493
40^0	0,6981	0,6997	0,7043	0,7117	0,7213	0,7323	0,7436	0,7535	0 7604	0,7629
50^0	0,8727	0,8756	0,8842	0,8983	0,9173	0,9401	0,9647	0,9876	1,0044	1,0107
60^0	1,0472	1,0519	1,0660	1,0896	1,1226	1,1643	1,2125	1,2619	1,3014	1,3170
70^0	1,2217	1,2286	1,2495	1,2853	1,3372	1,4068	1,4944	1,5959	1,6918	1,7354
80^0	1,3963	1,4057	1,4344	1,4846	1,5597	1,6660	1,8125	2,0119	2,2653	2,4363
90^0	1,5708	1,5828	1,6200	1,6858	1,7868	1,9356	2,1565	2,5046	3,1534	∞

Dieser Tabelle entnimmt man beispielsweise:

$$F\left(\frac{1}{2}, \frac{\pi}{3}\right) = 1{,}0896, \quad F\left(\frac{\sqrt{3}}{2}, \frac{\pi}{6}\right) = 0{,}5422, \quad F\left(1, \frac{\pi}{3}\right) = 1{,}3170.$$

Die erste Kolonne gibt die Werte des elementaren Integrals $\int\limits_0^\varphi d\varphi$, die

letzte Kolonne die Werte des elementaren Integrals $\int\limits_0^\varphi \dfrac{d\varphi}{\cos\varphi}$; die letzte

Zeile enthält Werte des vollständigen Integrals. Man achte auf das lang-
währende nahezu proportionale Wachsen des Integralwerts mit φ, namentlich bei kleinem α, und auf die durchgängige Zunahme von $F(k, \varphi)$
mit wachsendem k.

7. Zu ganz ähnlichen Rechnungen gibt das Integral[1])

$$\int\limits_0^x \sqrt{\frac{1 - k^2 x^2}{1 - x^2}}\, dx \quad (0 < k^2 < 1,\ 0 \leqq x < 1) \quad (13)$$

Anlaß, dessen obere Grenze aus denselben Gründen wie bei dem vorigen
Integral (4) bis $x = 1$ hinausgeschoben werden kann; durch die Substitution
$$x = \sin\varphi$$
verwandelt es sich in

$$E(k, \varphi) = \int\limits_0^\varphi \sqrt{1 - k^2 \sin^2\varphi}\, d\varphi \qquad (14)$$

und läßt nun unmittelbar erkennen, daß die Grenze $\varphi = \dfrac{\pi}{2}$ zulässig ist.
(13) ist die algebraische, (14) die trigonometrische Gestalt des *elliptischen
Normalintegrals zweiter Gattung.*

---

1) Auch dieses Integral ist elementar, wenn $k = 0$, nämlich

$$\int\limits_0^x \frac{dx}{\sqrt{1 - x^2}} = \arcsin x$$

und wenn $k^2 = 1$, nämlich $\qquad \int\limits_0^x dx = x$;

in beiden Fällen kann die obere Grenze auch 1 sein

Wir beschränken uns auf die letztere Form und entwickeln

$$\sqrt{1 - k^2 \sin^2 \varphi} = 1 - \frac{1}{2} k^2 \sin^2 \varphi - \frac{1 \cdot 1}{2 \cdot 4} k^4 \sin^4 \varphi - \frac{1 \cdot 1 \cdot 3}{2 \cdot 4 \cdot 6} k^6 \sin^6 \varphi - \cdots;$$

daraus leitet sich durch Integration, die auch hier, weil eine Potenzreihe nach dem Argumente $\sin \varphi$, also eine gleichmäßig konvergente Reihe vorliegt, gliedweise vollzogen werden kann, die Reihe

$$E(k, \varphi) = J_0 - \frac{1}{2} k^2 J_2 - \frac{1 \cdot 1}{2 \cdot 4} k^4 J_4 - \frac{1 \cdot 1 \cdot 3}{2 \cdot 4 \cdot 6} k^6 J_6 - \cdots \qquad (15)$$

ab; die einzelnen Integrale sind nach (11) zu entwickeln.

Wieder bezeichnet man als vollständiges Integral dasjenige, dessen obere Grenze $x = 1$, bzw. $\varphi = \dfrac{\pi}{2}$ ist; sein Wert ist

$$E(k) = \frac{\pi}{2} \left[1 - \left(\frac{1}{2} \right)^2 \frac{k^2}{1} - \left(\frac{1 \cdot 3}{2 \cdot 4} \right)^2 \frac{k^4}{3} - \left(\frac{1 \cdot 3 \cdot 5}{2 \cdot 4 \cdot 6} \right)^2 \frac{k^6}{5} - \cdots \right]. \qquad (16)$$

Die nachstehende Tabelle ist geeignet, einen Einblick in den Verlauf der Funktion $E(k, \varphi)$ zu vermitteln und, wenn es sich um angenäherte Werte dieser Funktion handelt, Interpolation zu ermöglichen. Dabei ist wieder $k = \sin \alpha$ gesetzt.

Werte von $E(k, \varphi)$.

φ	α									
	0^0	10^0	20^0	30^0	40^0	50^0	60^0	70^0	80^0	90^0
10^0	0,1745	0,1745	0,1744	0,1743	0,1742	0,1740	0,1739	0,1738	0,1737	0,1737
20^0	0,3491	0,3483	0,3483	0,3473	0,3462	0,3450	0,3438	0,3429	0,3422	0,3420
30^0	0,5236	0,5229	0,5209	0,5179	0,5141	0,5100	0,5061	0,5029	0,5007	0,5000
40^0	0,6981	0,6966	0,6921	0,6851	0,6763	0,6667	0,6575	0,6497	0,6446	0,6428
50^0	0,8727	0,8698	0,8614	0,8483	0,8317	0,8134	0,7954	0,7801	0,7697	0,7660
60^0	1,0472	1,0426	1,0290	1,0076	0,9801	0,9493	0,9184	0,8914	0,8728	0,8660
70^0	1,2217	1,2149	1,1949	1,1632	1,1221	1,0750	1,0266	0,9830	0,9514	0,9397
80^0	1,3963	1,3870	1,3597	1,3161	1,2590	1,1926	1,1225	1,0565	1,0054	0,9848
90^0	1,5708	1,5589	1,5238	1,4675	1,3931	1,3055	1,2111	1,1184	1,0401	1,0000

Die erste Kolonne stimmt mit jener der vorigen Tabelle überein und gibt $\int\limits_0^\varphi d\varphi$, die letzte enthält die Werte von $\int\limits_0^\varphi \cos \varphi \, d\varphi$; in der letzten Zeile stehen Werte des vollständigen Integrals. Auch hier findet zwischen dem Integralwert und φ, namentlich bei kleinem k, angenäherte Proportionalität statt und mit wachsendem k ständige Abnahme.[1]

---

[1] Bezüglich ausführlicherer Tabellen für $F(k, \varphi)$ und $E(k, \varphi)$ sehe man E. Jahnke-F. Emde, Funktionentafeln usw. Leipzig 1909, p. 52—64.

§ 4. Differentiation durch Integrale definierter Funktionen.

282. Das Integral als Funktion einer seiner Grenzen. Schon bei der Begriffsentwicklung des bestimmten Integrals ergab sich die Tatsache, daß ein bestimmtes Integral, das auf eine in (α, β) endliche Funktion $f(x)$ sich bezieht, seine Funktion der oberen, innerhalb (α, β) variabel gedachten Grenze ist, und daß es, nach dieser Grenze differentiiert, den Wert der Funktion $f(x)$ ergibt, falls diese an der betreffenden Stelle stetig ist (**230**).

In der Darstellung einer Funktion durch ein Integral mit veränderlicher oberer Grenze liegt eine wesentliche Erweiterung des Funktionsbegriffes; so sind durch

$$\int_0^x \frac{dt}{lt}, \ (x>0); \quad \int_0^x \frac{\sin t\,dt}{t}, \quad \int_0^x \frac{\cos t\,dt}{t}, \ (ax>0);$$

$$\int_0^x \frac{dt}{\sqrt{(1-t^2)(1-k^2t^2)}}, \quad (k^2<1, \ |x|\leqq 1);$$

$$\int_0^x \sqrt{\frac{1-k^2t^2}{1-t^2}}\,dt, \qquad (k^2<1, \ |x|\leqq 1)$$

neue transzendente Funktionen von x definiert — der Integrallogarithmus, Integralsinus, Integralkosinus, das elliptische Integral erster und zweiter Gattung — welche eine Darstellung mittels der elementaren Funktionen in geschlossener Form nicht gestatten.

Die Formel für die Differentiation derart definierter Funktionen lautet demnach

$$D_x \int_a^x f(t)\,dt = f(x). \tag{1}$$

Hiernach ist beispielsweise

$$D_x \int_0^x \frac{dt}{lt} = \frac{1}{lx},$$

und da $\frac{1}{lx}$ für $0<x<1$ negativ, für $x>1$ positiv ist, so ist die durch $\int_0^x \frac{dt}{lt}$ definierte Funktion von $x=0$ bis $x=1$ abnehmend, von $x=1$ an wachsend, und hat an der Stelle $x=1$ ihren kleinsten Wert.

Die geometrische Darstellung der Funktion $\int\limits_a^x f(x)\,dx$ ist, wenn man $y = f(x)$ als Gleichung einer Kurve CM (Fig. 136a) in rechtwinkligen Koordinaten auffaßt, durch die Fläche $APMC$ gegeben.[1]) Bei dieser Auffassung sagt die Gleichung (1), der Differentialquotient der Fläche $APMC$ in bezug auf die Endabszisse $OP = x$ sei die Endordinate PM, und das *Differential dieser Fläche* das Rechteck aus der Endordinate mit dem Differential jener Abszisse. Wird dieses letztere Differential als positiv festgesetzt, so ist das Flächendifferential positiv oder negativ, stellt also eine Zu- oder eine Abnahme der Fläche vor,

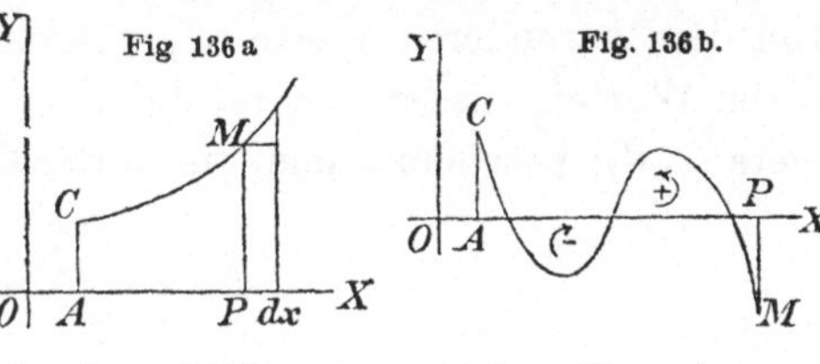

je nachdem $f(x) > 0$ oder $f(x) < 0$; den Stellen, wo $f(x) = 0$, entsprechen also im allgemeinen extreme Werte der Funktion

$$\int\limits_0^x f(x)\,dx.$$

Auch ein Integral mit variabler unterer Grenze x, wie

$$\int\limits_x^b f(x)\,dx,$$

definiert eine Funktion dieser untern Grenze x, und ihr Differentialquotient ist

$$D_x\int\limits_x^b f(t)\,dt = D_x\left\{-\int\limits_b^x f(t)\,dt\right\} = -f(x). \tag{2}$$

Man spricht dies auch dahin aus, der Differentialquotient eines bestimmten Integrals nach seiner unteren Grenze sei der zu dieser Grenze gehörige Wert der Funktion unter dem Integralzeichen, aber mit entgegengesetztem Zeichen genommen.

Das zugehörige Differential stellt, wenn dx als positiv festgesetzt wird, eine Ab- oder Zunahme der durch das Integral dargestellten Fläche vor, je nachdem $f(x) > 0$ oder $f(x) < 0$.

---

1) In allgemeinster Fassung bedeutet das Integral die algebraische Summe der von dem Linienzug $APMC$ umschlossenen Flächen, die im positiven Sinne umfahrenen positiv, die im entgegengesetzten Sinne umfahrenen negativ genommen (Fig. 136b).

283. Das Integral als Funktion eines Parameters der zu integrierenden Funktion. Die Funktion unter dem Integralzeichen enthalte außer der Integrationsvariablen x einen *veränderlichen Parameter* y und sei in dem Intervalle (a, b) integrierbar, welchen Wert aus dem Intervalle (c, d) man dem Parameter y erteilen mag; dann hängt der Wert des Integrals

$$\int_a^b f(x, y)\,dx$$

von dem besonderen Werte ab, welchen man dem y erteilt hat, mit anderen Worten, dieses Integral definiert eine Funktion von y auf dem Gebiete (c, d); bezeichnet man sie durch $\Phi(y)$, so gilt für sie die Definition:

$$\Phi(y) = \int_a^b f(x, y)\,dx \qquad (c \leqq y \leqq d). \qquad (3)$$

Zunächst läßt sich zeigen, daß $\Phi(y)$ eine *stetige* Funktion von y in (c, d) ist, wenn die gleiche Eigenschaft für $f(x, y)$ gilt bei jedem Werte x aus (a, b). Denn diese Stetigkeit von $f(x, y)$ hat den Sinn, daß sich zu einem beliebig klein festgesetzten positiven ε ein hinreichend kleines positives η muß bestimmen lassen derart, daß

$$|f(x, y + k) - f(x, y)| < \varepsilon \qquad (a \leqq x \leqq b)$$

ist, wenn nur y und $y + k$ dem Intervalle (c, d) angehören und $|k| < \eta$ ist. Da nun

$$\left.\begin{aligned}\Phi(y + k) - \Phi(y) &= \int_a^b f(x, y + k)\,dx - \int_a^b f(x, y)\,dx \\ &= \int_a^b [f(x, y + k) - f(x, y)]\,dx,\end{aligned}\right\} \qquad (4)$$

so ist unter den gemachten Voraussetzungen

$$|\Phi(y + k) - \Phi(y)| < \varepsilon \int_a^b dx = \varepsilon (b - a);$$

die linksstehende Größe kann also bei endlichem (a, b) unter jeden positiven Betrag gebracht werden, daher ist tatsächlich $\Phi(y)$ stetig im Intervalle (c, d).

Die Bedingungen dieses Satzes sind sicher erfüllt, wenn $f(x, y)$, als Funktion zweier unabhängigen Variablen aufgefaßt (**45**), stetig ist in dem durch die Relationen

$$a \leqq x \leqq b, \qquad c \leqq y \leqq d \qquad \text{bezeichneten Bereiche.}$$

Aus der Gleichung (4) folgt

$$\frac{\Phi(y+k)-\Phi(y)}{k} = \int_a^b \frac{f(x,y+k)-f(x,y)}{k}\,dx;$$

besitzt $f(x,y)$ an jeder Stelle $a \leq x \leq b$ und bei jedem y aus dem Intervall $(y-k,\ y+k)$ einen endlichen ersten und ebenso einen endlichen zweiten Differentialquotienten in bezug auf y — der erste ist dann notwendig stetig — so kann die Taylorsche Formel angewandt und

$$f(x,y+k) = f(x,y) + kf_y(x,y) + \frac{k^2}{2}f_{yy}(x,y+\theta k) \qquad (0<\theta<1)$$

gesetzt werden. Dann aber verwandelt sich die obige Formel in

$$\frac{\Phi(y+k)-\Phi(y)}{k} = \int_a^b f_y(x,y)\,dx + \frac{k}{2}\int_a^b f_{yy}(x,y+\theta k)\,dx. \tag{5}$$

Ist das Intervall $(a,\,b)$ endlich, so haben auch die Integrale der rechten Seite endliche und bestimmte Werte und der Grenzübergang $\lim k = 0$ gibt

$$\Phi'(y) = \int_a^b f_y(x,y)\,dx. \tag{6}$$

Aber auch bei einem unendlichen $(a,\,b)$ gilt diese Formel, wenn die beiden Integrale $\int_a^b f_y(x,y)\,dx$ und $\int_a^b f_{yy}(x,y)\,dx$ bei jedem y aus $(y-k,y+k)$ vorhanden sind.

Die Formel (6) spricht den folgenden Satz aus: *Die durch das Integral $\int_a^b f(x,y)\,dx$ definierte Funktion von y kann in der Weise differentiiert werden, daß man die Differentiation an der Funktion unter dem Integralzeichen vollzieht.*

Die Bedingungen, unter welchen dieser Prozeß zur Ausführung gebracht werden darf, den man als *Differentiation unter dem Integralzeichen* bezeichnet, sind im Laufe der Deduktion angegeben worden.

Die Grenzen $a,\ b$ galten bisher als unabhängig von y. Es ist leicht, auch den allgemeinsten Fall, die Differentiation einer Funktion $\Psi(y)$ zu erledigen, welche durch das Integral

$$\int_u^v f(x,y)\,dx \tag{7}$$

definiert ist, dessen Grenzen u, v Funktionen des Parameters y der Funktion unter dem Integralzeichen sind. Das Symbol (7) ist dabei als eine zusammengesetzte Funktion der Variablen y (55) aufzufassen und demgemäß zu behandeln; man erhält, der Reihe nach die untere, die obere Grenze und das y unter dem Integralzeichen ins Auge fassend und von den Formeln des vorigen Artikels Gebrauch machend:

$$\Psi'(y) = -f(u,y)\frac{du}{dy} + f(v,y)\frac{dv}{dy} + \int\limits_{u}^{v} f_y(x,y)\,dx. \tag{8}$$

284. **Differentiation unter dem Integralzeichen.** Wenn das Integral $\int\limits_{a}^{b} f(x,y)\,dx$ ausgewertet, also die durch dasselbe definierte Funktion $\Phi(y)$ explizit dargestellt ist, so kann die Differentiation nach y in zweifacher Weise, an dem Integral laut Formel (6) und an der expliziten Darstellung, vollzogen werden; die Gleichsetzung der beiden Resultate liefert eine neue Integralformel.

Auf diesem Wege können aus vorhandenen Integralformeln durch Differentiation neue Formeln abgeleitet werden.

Beispiele. 1. Es ist für jedes $n > -1$

$$\int\limits_{0}^{1} x^n\,dx = \frac{1}{n+1};$$

betrachtet man n als veränderlichen Parameter und differentiiert beiderseits m-mal danach, so ergibt sich

$$\int\limits_{0}^{1} x^n (lx)^m\,dx = \frac{(-1)^m \cdot 1 \cdot 2 \dots m}{(n+1)^{m+1}}.$$

Das Verfahren ist auf der linken Seite anwendbar, weil alle Integrale $\int\limits_{0}^{1} x^n (lx)^m\,dx$, wenn $n > -1$ ist, bestimmte Bedeutung haben, indem dann die Funktion unter dem Integralzeichen bei $\lim x = +0$ entweder gegen Null konvergiert, wenn $n > 0$ (**111**), oder unendlich groß wird von niedrigerer als der ersten Ordnung, wenn $0 > n > -1$.

2. Es ist für jedes $y > 0$

$$\int_0^\infty e^{-xy}\,dx = \frac{1}{y}$$

(276, 3)); differentiiert man beiderseits n-mal nacheinander in bezug auf y, so ergibt sich als Endresultat

$$\int_0^\infty x^n e^{-yx}\,dx = \frac{1 \cdot 2 \ldots n}{y^{n+1}};$$

insbesondere folgt daraus für $y = 1$:

$$\int_0^\infty x^n e^{-x}\,dx = n!$$

Die Zulässigkeit des Verfahrens folgt aus **277**, 2.

3. Sieht man in der Formel (**269**, (18))

$$\int_0^{\frac{\pi}{2}} \frac{dx}{a^2 \cos^2 x + b^2 \sin^2 x} = \frac{\pi}{2ab} \qquad (ab > 0)$$

einmal a, ein zweites Mal b als veränderlichen Parameter an und differentiiert darnach, so ergeben sich die neuen Formeln:

$$\int_0^{\frac{\pi}{2}} \frac{\cos^2 x\,dx}{(a^2 \cos^2 x + b^2 \sin^2 x)^2} = \frac{\pi}{4a^3 b},$$

$$\int_0^{\frac{\pi}{2}} \frac{\sin^2 x\,dx}{(a^2 \cos^2 x + b^2 \sin^2 x)^2} = \frac{\pi}{4ab^3}$$

und durch ihre Summierung die weitere Formel

$$\int_0^{\frac{\pi}{2}} \frac{dx}{(a^2 \cos^2 x + b^2 \sin^2 x)^2} = \frac{\pi}{4ab}\left(\frac{1}{a^2} + \frac{1}{b^2}\right).$$

Wiederholt man an dieser denselben Vorgang, so gelangt man zu den Formeln

$$\int\limits_0^{\frac{\pi}{2}} \frac{\cos^2 x\, dx}{(a^2 \cos^2 x + b^2 \sin^2 x)^3} = \frac{\pi}{16\, a^2 b}\left(\frac{3}{a^2} + \frac{1}{b^2}\right),$$

$$\int\limits_0^{\frac{\pi}{2}} \frac{\sin^2 x\, dx}{(a^2 \cos^2 x + b^2 \sin^2 x)^3} = \frac{\pi}{16\, a b^3}\left(\frac{1}{a^2} + \frac{3}{b^2}\right),$$

durch deren Summierung sich ergibt:

$$\int\limits_0^{\frac{\pi}{2}} \frac{dx}{(a^2 \cos^2 x + b^2 \sin^2 x)^3} = \frac{\pi}{16\, a b}\left(\frac{3}{a^4} + \frac{2}{a^2 b^2} + \frac{3}{b^4}\right).$$

Das Verfahren kann beliebig oft wiederholt werden.

285. Auswertung von Integralen durch Differentiation.
Mit Hilfe der Differentiation unter dem Integralzeichen gelingt es mitunter, ein vorgelegtes Integral zu bestimmen. Handelt es sich beispielsweise um

$$\Phi(y) = \int\limits_a^b f(x, y)\, dx$$

und kann man $\int\limits_a^b f_y(x, y)\, dx$ auswerten, also $\Phi'(y)$ explizit darstellen, so ist die Bestimmung von $\Phi(y)$ nun auf die Integration von $\Phi'(y)$ zurückgeführt; gelingt diese, so ist damit der Wert des vorgelegten Integrals gefunden.

Wir benutzen dieses Verfahren, um einige wichtige Integralformeln zu gewinnen.

Beispiele. 1. Das Integral

$$\int\limits_0^{\infty} e^{-yx} \frac{\sin x}{x}\, dx$$

hat für jedes y, die Null eingeschlossen, einen bestimmten Wert und stellt eine auf dem ganzen Gebiete $(0, +\infty)$ stetige Funktion von y dar, die mit $\Phi(y)$ bezeichnet werden möge.

Um die Richtigkeit dieser Behauptung zu erkennen, zerlege man nach dem in 278 erläuterten Vorgange das Integrationsgebiet in die Teile $(0, \pi)$, $(\pi, 2\pi)$, ... und bezeichne die auf sie bezüglichen Integrale mit $a_0, a_1, \ldots$; dann erscheint der Wert des Integrals als Grenzwert der unendlichen Reihe $a_0 + a_1 + a_2 + \cdots$.

Konstruiert man die Kurven

$$\eta = \frac{\sin x}{x} \quad \text{und} \quad \eta = e^{-yx}\frac{\sin x}{x},$$

so bilden sie Wellenzüge gleicher Wellenlänge; die Amplitude der Wellen der zweiten Kurve nimmt mit dem Wachsen von y immer mehr ab. In Fig. 137 entspricht die voll gezeichnete Wellenlinie der ersten Gleichung, die punktiert gezeichnete einer Kurve der zweiten Gleichung: für $y = 0$ fällt die zweite Kurve mit der ersten, für $y = +\infty$ aber fällt sie mit der X-Achse zusammen.

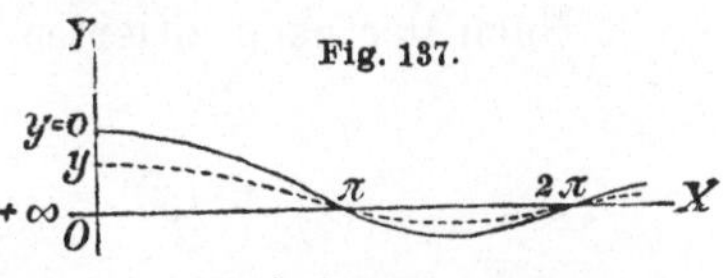

Bezeichnet man die zu $y = 0$, also zu dem Integrale $\int\limits_0^\infty \frac{\sin x}{x}\,dx$ gehörige Reihe mit $a_0^{(0)} + a_1^{(0)} + a_2^{(0)} + \cdots$,

so ist aus der Figur unmittelbar zu erkennen, daß

$$|a_n| \lesseqgtr |a_n^{(0)}| \qquad\qquad (0 \lesseqgtr y),$$

und da beide Reihen alternierend sind und die zweite konvergiert (**278**, 1.), so konvergiert auch die erste.

Als Funktion von y aufgefaßt ist s_n stetig; darum lassen sich y und y' so eng aneinander wählen, daß die zugehörigen Werte von s_n dem Betrage nach um weniger als ε differieren, daß also

$$|s_n' - s_n| < \varepsilon;$$

ferner kann man durch entsprechende Wahl von n bewirken, daß die zugehörigen Reste r_n und r_n' unter ε herabsinken; denn (**76**) ist n einmal so groß genommen, daß $|a_n^0| < \varepsilon$ ist, so ist auch

$$|r_n| < |a_n| \leqq |a_n^0| < \varepsilon$$
$$|r_n'| < |a_n| \leqq |a_n^0| < \varepsilon;$$

infolgedessen ist $\qquad |(s_n' + r_n') - (s_n + r_n)| < 3\varepsilon,$

anders geschrieben: $\qquad |\Phi(y') - \Phi(y)| < 3\varepsilon,$

also $\Phi(y)$ in der Tat stetig.

Die Differentiation unter dem Integralzeichen ist statthaft; denn es ist

$$f(x, y) = e^{-yx}\frac{\sin x}{x},$$
$$f_y(x, y) = -e^{-yx}\sin x, \quad f_{yy}(x, y) = xe^{-yx}\sin x,$$

und die beiden Integrale $\int\limits_0^\infty f_y(x,y)\,dx$, $\int\limits_0^\infty f_{yy}(x,y)\,dx$ existieren für $y > 0$; ersteres vermöge **276**, 4., letzteres, weil

$$\left|\int\limits_0^\infty x e^{-yx}\sin x\,dx\right| < \int\limits_0^\infty x e^{-yx}\,dx = -\left\{\frac{x e^{-yx}}{y}\right\}_0^\infty + \frac{1}{y}\int\limits_0^\infty e^{-yx}\,dx = \frac{1}{y^2}.$$

Nach der eben zitierten Formel ist

$$\Phi'(y) = -\int\limits_0^\infty e^{-yx}\sin x\,dx = -\frac{1}{1+y^2}$$

und daraus wieder folgt

$$\int\limits_y^\infty \Phi'(y)\,dy = \Phi(\infty) - \Phi(y) = -\{\operatorname{arctg} y\}_y^\infty = \operatorname{arctg} y - \frac{\pi}{2},$$

insbesondere $\qquad \int\limits_0^\infty \Phi'(y)\,dy = \Phi(\infty) - \Phi(0) = -\frac{\pi}{2}.$

Nun aber ist auf Grund der vorausgeschickten Betrachtung

$$\Phi(\infty) = 0, \qquad \Phi(0) = \int\limits_0^\infty \frac{\sin x}{x}\,dx;$$

damit ergeben sich die wichtigen Formeln:

$$\Phi(y) = \int\limits_0^\infty e^{-yx}\frac{\sin x}{x}\,dx = \operatorname{arctg}\frac{1}{y} \tag{9}$$

und

$$\int\limits_0^\infty \frac{\sin x}{x}\,dx = \frac{\pi}{2}. \tag{10}$$

2. Das Integral $\int\limits_0^\infty \frac{\sin yx}{x}\,dx$ hat allerdings für jedes y einen bestimmten Wert, aber die Differentiation nach y unter dem Integralzeichen ist bei ihm nicht zulässig; denn setzt man $\frac{\sin yx}{x} = f(x,y)$, so ist

$$f_y(x,y) = \cos yx, \qquad f_{yy}(x,y) = -x\sin yx$$

und keines der Integrale $\int\limits_0^\infty f_y(x,y), \int\limits_0^\infty f_{yy}(x,y)dx$ hat einen Sinn. In der Tat ist die Funktion $\Phi(y)$, welche durch obiges Integral dargestellt ist, eigentümlicher Art. Setzt man nämlich $yx = t$, so sind die Grenzen des neuen Integrals $0, +\infty$ oder $0, -\infty$, je nachdem y positiv oder negativ ist, folglich hat man

$$\text{für } y > 0 \qquad \Phi(y) = \int\limits_0^\infty \frac{\sin yx}{x}dx = \int\limits_0^\infty \frac{\sin t}{t}dt = \frac{\pi}{2},$$

$$\text{für } y < 0 \qquad \Phi(y) = \int\limits_0^{-\infty} \frac{\sin t}{t}dt = -\int\limits_0^\infty \frac{\sin t}{t}dt = -\frac{\pi}{2},$$

während $$\Phi(0) = 0$$

ist. Es hängt also der Wert von $\Phi(y)$ nicht von dem Betrage, sondern nur von dem Vorzeichen des y ab, bleibt für alle positiven wie für alle negativen y konstant und an der Stelle $y = 0$ tritt eine Unstetigkeit ein, indem die Werte $\frac{\pi}{2}, 0, -\frac{\pi}{2}$ unvermittelt aufeinanderfolgen.

Funktionen von solch eigenartigem Verlauf haben unter dem Namen *Diskontinuitätsfaktoren* vielfach wichtige analytische Anwendung gefunden. Wir wollen einen solchen auf der Grundlage des Integralsinns konstruieren. Das Integral

$$\int\limits_0^\infty \frac{\sin x}{x}\cos yx\,dx$$

läßt sich nach der in **265** besprochenen Methode zerlegen in

$$\frac{1}{2}\left[\int\limits_0^\infty \frac{\sin(1+y)x}{x}dx + \int\limits_0^\infty \frac{\sin(1-y)x}{x}dx\right];$$

beschränken wir uns auf positive y, so ist der Inhalt der eckigen Klammer π, so lange y unter 1 bleibt, $\frac{\pi}{2}$ für $y = 1$ und 0 bei allen über 1 liegenden Werten. Infolgedessen hat man in

$$\frac{2}{\pi}\int\limits_0^\infty \frac{\sin x}{x}\cos yx\,dx$$

eine Funktion, welche gleich 1 ist, so lange $0 \leq y < 1$, gleich $\frac{1}{2}$ bei $y = 1$ und gleich 0, so lange $1 < y$.[1])

3. Von der Existenz des Integralwertes

$$\Phi(y) = \int_0^\infty e^{-x^2} \cos 2yx \, dx$$

überzeugt man sich nach der in **278** entwickelten Methode durch Zerlegung des Integrationsgebietes in die Teile:

$$\left(0, \frac{\pi}{4\,|\,y\,|}\right), \quad \left(\frac{\pi}{4\,|\,y\,|}, \frac{3\,\pi}{4\,|\,y\,|}\right), \quad \left(\frac{3\,\pi}{4\,|\,y\,|}, \frac{5\,\pi}{4\,|\,y\,|}\right), \ \ldots$$

Die Differentiation unter dem Integralzeichen ist statthaft; denn es ist

$$f(x, y) = e^{-x^2} \cos 2yx, \qquad f_y(x,y) = -2xe^{-x^2} \sin 2yx,$$
$$f_{yy}(x,y) = -4x^2 e^{-x^2} \cos 2yx,$$

und die beiden Integrale $\int_0^\infty f_y(x,y)\,dx$, $\int_0^\infty f_{yy}(x,y)\,dx$ haben bestimmte Werte;

denn das erste ist dem Betrage nach kleiner als $\int_0^\infty 2xe^{-x^2}\,dx = 1$ und das

zweite kleiner als der Wert von $4\int_0^\infty x^2 e^{-x^2}\,dx$, der auch endlich ist (Schlußsatz von **277**).

Es ist also

$$\Phi'(y) = -\int_0^\infty 2xe^{-x^2} \sin 2yx \, dx = \left\{ e^{-x^2} \sin 2yx \right\}_0^\infty - 2y \int_0^\infty e^{-x^2} \cos 2yx \, dx,$$

d. h. $\qquad\qquad\qquad\qquad \Phi'(y) = -2y\,\Phi(y);$

daraus folgt $\qquad\qquad\qquad \dfrac{\Phi'(y)}{\Phi(y)} = -2y \qquad\qquad\qquad$ und

$$\int_0^y \frac{\Phi'(y)\,dy}{\Phi(y)} = l\,\Phi(y) - l\,\Phi(0) = -y^2;$$

mithin ist $\qquad\qquad \Phi(y) = \Phi(0)e^{-y^2} = e^{-y^2}\int_0^\infty e^{-x^2}\,dx.$ $\qquad\qquad$ (11)

Die Wertbestimmung des obigen Integrals hängt also von einem neuen Integrale ab, dessen Wert wir sogleich finden werden.

---

1) P. L. Dirichlets erster Diskontinuitätsfaktor.

4. Die Existenz und Stetigkeit der Funktion

$$F(y) = \int_0^\infty e^{-x^2} \frac{\sin 2yx}{x}\, dx,$$

ebenso die Statthaftigkeit der Differentiation unter dem Integralzeichen ist nach der Methode des Artikels **278** wieder leicht zu erweisen. Man

darf also schreiben $\quad F'(y) = \int_0^\infty 2\, e^{-x^2} \cos 2yx\, dx,$

und nach Formel (11) $\quad F'(y) = 2\, e^{-y^2} \int_0^\infty e^{-x^2} dx:$

setzt man also $\quad\quad\quad\quad\quad \int_0^\infty e^{-x^2} dx = J,$

so ist weiter $\quad\quad\quad\quad\quad F'(y) = 2\, J e^{-y^2}$

und daraus $\quad \int_0^y F'(y)\, dy = F(y) - F(0) = 2J \int_0^y e^{-y^2} dy,\quad$ insbesondere

$$\int_0^\infty F'(y)\, dy = F(\infty) - F(0) = 2J \int_0^\infty e^{-y^2} dy = 2J^2.$$

Für $y > 0$ ergibt sich durch die Substitution $2yx = t$

$$F(y) = \int_0^\infty e^{-\frac{t^2}{4y^2}} \frac{\sin t}{t}\, dt$$

und hieraus erkennt man, daß

$$F(\infty) = \int_0^\infty \frac{\sin t}{t}\, dt = \frac{\pi}{2};$$

andererseits ist $\quad\quad\quad\quad\quad F(0) = 0.$

Demnach hat man $\quad\quad 2J^2 = \frac{\pi}{2}, \quad J = \frac{\sqrt{\pi}}{2},$

d. h. $\quad\quad\quad\quad\quad\quad \int_0^\infty e^{-x^2} dx = \frac{\sqrt{\pi}}{2} \quad\quad\quad\quad\quad (12)$

und $\quad\quad F(y) = \int_0^\infty e^{-x^2} \frac{\sin 2yx}{x}\, dx = \sqrt{\pi} \int_0^y e^{-y^2} dy. \quad\quad (13)$

Das durch die Formel (12) bestimmte Integral spielt in vielen Gebieten der Anwendung eine wichtige Rolle. Durch die Substitution $x = t\sqrt{y}$ verallgemeinert lautet die Formel:

$$\int\limits_0^\infty e^{-y\,t^2}\,dt = \frac{1}{2}\sqrt{\frac{\pi}{y}} \qquad\qquad (y > 0);$$

differentiiert man beiderseits n-mal in bezug auf y, so kommt

$$\int\limits_0^\infty t^{2n} e^{-y\,t^2}\,dt = \frac{1 \cdot 3 \ldots (2n-1)}{2^{n+1}}\sqrt{\frac{\pi}{y^{2n+1}}}$$

zustande, und wird $y = 1$, $t = x$ gesetzt, so ergibt sich die Formel:

$$\int\limits_0^\infty x^{2n} e^{-x^2}\,dx = \frac{1 \cdot 3 \ldots (2n-1)}{2^{n+1}}\sqrt{\pi}. \qquad\qquad (14)$$

Hingegen ergibt sich durch partielle Integration

$$\int\limits_0^\infty x^{2n+1} e^{-x^2}\,dx = -\left|\, x^{2n}\frac{e^{-x^2}}{2}\,\right._0^\infty + n\int\limits_0^\infty x^{2n-1} e^{-x^2}\,dx = n\int\limits_0^\infty x^{2n-1} e^{-x^2}\,dx,$$

und durch n-malige Wiederholung des Vorgangs

$$\int\limits_0^\infty x^{2n+1} e^{-x^2}\,dx = \frac{n!}{2}, \qquad\qquad (15)$$

wie auch auf Grund von **277**, (21) durch die Substitution $x = t^2$ hätte gefunden werden können.

Beispiel. Die kinetische Gastheorie weist nach, daß die Anzahl der Moleküle in der Volumeinheit, deren Geschwindigkeit zwischen c und $c + dc$ liegt, ausgedrückt ist durch das Produkt $\varphi(c)dc$, wo

$$\varphi(c) = 4\pi A c^2 e^{-\frac{c^2}{\alpha^2}}$$

das sogenannte Geschwindigkeitsverteilungsgesetz bedeutet.

Wenn es sich nun um die *mittlere Geschwindigkeit* der Moleküle handelt, so ist die Summe aller Geschwindigkeiten nach dem Maße ihres Vorkommens zu bilden und durch die Anzahl der Moleküle zu dividieren. Der Zähler dieses Quotienten ist durch das Integral von $c\varphi(c)dc$ über alle möglichen Geschwindigkeiten, also durch

$$4\pi A \int_0^\infty c^3 e^{-\frac{c^2}{\alpha^2}}\, dc = 4\pi A \alpha^4 \int_0^\infty t^3 e^{-t^2}\, dt$$

gegeben, und da nach Formel (15) der Wert des Integrals $\frac{1}{2}$ ist, so kommt dies gleich $2\pi A \alpha^4$. Der Nenner ist durch das ebenso gebildete Integral von $\varphi(c)\,dc$, also durch

$$4\pi A \int_0^\infty c^2 e^{-\frac{c^2}{\alpha^2}}\, dc = 4\pi A \alpha^3 \int_0^\infty t^2 e^{-t^2}\, dt,$$

bestimmt, und das hat nach Formel (14) den Wert $A\alpha^3 \sqrt{\pi^3}$.[1] Infolgedessen ist die gesuchte mittlere Geschwindigkeit $\dfrac{2\alpha}{\sqrt{\pi}}$.

Es ist von Interesse, sie mit der am häufigsten vertretenen Geschwindigkeit zu vergleichen, die sich als derjenige Wert von c ergibt, für welchen $\varphi(c)$ ein Maximum ist; aus

$$\varphi'(c) = 8\pi A c\, e^{-\frac{c^2}{\alpha^2}} \left(1 - \frac{c^2}{\alpha^2}\right)$$

folgt, daß dies $c = \alpha$ ist. Mithin übertrifft die mittlere Geschwindigkeit die am häufigsten vorkommende an Größe.

§ 5. Integration durch Integrale definierter Funktionen. Das Doppelintegral.

286. Integration unter dem Integralzeichen. Zweifache Integrale. Es sei $f(x, y)$ eine in dem Gebiete, das durch die Relationen

$$a \leqq x \leqq b \tag{1}$$
$$c \leqq y \leqq d$$

bestimmt ist, eindeutige und stetige Funktion von x, y; dann ist das Integral $\int_a^b f(x, y)\, dx$ nach **283** eine stetige Funktion von y in (c, d) und kann nach dieser Variablen von c bis d integriert werden; der Prozeß und sein Resultat möge in der Form

---

[1] Encykl. d mathem. Wissensch· V 1, p. 522 ist dies irrtümlich mit $A\sqrt{\dfrac{\pi^3}{\alpha^3}}$ angegeben.

$$\int\limits_{c}^{d} dy \int\limits_{a}^{b} f(x,\,y)\,dx \tag{2}$$

angeschrieben werden. Es ist aber aus gleichen Gründen auch $\int\limits_{c}^{d} f(x,\,y)\,dy$ eine stetige Funktion von x in $(a,\,b)$ und kann danach innerhalb dieser Grenzen integriert werden; das Resultat wird zu schreiben sein:

$$\int\limits_{a}^{b} dx \int\limits_{c}^{d} f(x,\,y)\,dy. \tag{3}$$

Es soll nun gezeigt werden, daß unter den über $f(x,\,y)$ gemachten Voraussetzungen die beiden Resultate einander gleich sind.

Ersetzt man in (2) die oberen Grenzen b, d durch x, y, Werte, die innerhalb $(a,\,b)$, bzw. $(c,\,d)$ zu liegen haben, so erscheint der Ausdruck als eine Funktion $\Phi(x,\,y)$ dieser oberen Grenzen; und nach **282** ist

$$\frac{\partial\,\Phi}{c\,y} = \int\limits_{a}^{x} f(x,\,y)\,dx,$$

wo rechts unter y die obere Grenze von $(c,\,y)$ zu verstehen ist; und weiter

$$\frac{\partial\,\dfrac{\partial\Phi}{\partial y}}{\partial x} = f(x,\,y),$$

wo nun x die obere Grenze von $(a,\,x)$ bedeutet. Nach **284** und **282** ist weiter

$$\frac{\partial\Phi}{\partial x} = \int\limits_{c}^{y} dy\,\frac{\partial}{\partial x}\int\limits_{a}^{x} f(x,\,y)\,dx = \int\limits_{c}^{y} f(x,\,y)\,dy$$

und

$$\frac{\partial\,\dfrac{\partial\Phi}{\partial x}}{\partial y} = f(x,\,y).$$

Die Funktion Φ als bekannt vorausgesetzt, ist aber nach dem Hauptsatze der Integralrechnung einerseits

$$\int\limits_{c}^{d} dy \int\limits_{a}^{b} f(x,\,y)\,dx = \int\limits_{c}^{d} \left\{\frac{\partial\,\Phi(x,\,y)}{\partial y}\right\}_{a}^{b} dy$$

$$= \int\limits_{c}^{d} \left(\frac{\partial\,\Phi(b,\,y)}{\partial y} - \frac{\partial\,\Phi(a,\,y)}{\partial y}\right) dy = \left\{\Phi(b,\,y) - \Phi(a,\,y)\right\}_{c}^{d},$$

$$\text{andererseits}\qquad \int_a^b dx \int_c^d f(x,\,y)\,dy = \int_a^b \left\{ \frac{\partial\,\varPhi(x,\,y)}{\partial x} \right\} dx$$

$$= \int_a^b \left(\frac{\partial\,\varPhi(x,\,d)}{\partial x} - \frac{\partial\,\varPhi(x,\,c)}{\partial x} \right) dx = \left\{ \varPhi(x,\,d) - \varPhi(x,\,c) \right\}_a^b;$$

die beiden Endausdrücke liefern aber ausgeführt:

$$\varPhi(b,\,d) - \varPhi(a,\,d) - \varPhi(b,\,c) + \varPhi(a,\,c),$$

$$\text{so daß tatsächlich}\qquad \int_c^d dy \int_a^b f(x,\,y)\,dx = \int_a^b dx \int_c^d f(x,\,y)\,dy. \qquad (4)$$

In dieser Gleichung spricht sich der wichtige Satz aus: *Sind an der im Gebiete* (1) *stetigen Funktion* $f(x,\,y)$ *nacheinander die Integrationen in bezug auf* x *und* y *zwischen den bezüglichen Grenzen* a, b, *und* c, d *zu vollführen, so gelangt man zu demselben Resultate, in welcher Reihenfolge die Integrationen auch ausgeführt werden.*

Die Differentialrechnung besitzt einen hierzu analogen Satz (**52**).

Analytische Ausdrücke von dem Baue, wie ihn die beiden Seiten der Gleichung (4) aufweisen, bezeichnet man als *zweifache Integrale.*[1]) Ihre Ausrechnung führt auf die Ausführung zweier Integrationen in dem bisherigen Sinne oder zweier *einfachen* Integrationen zurück.

Die Ausführung der durch (2) vorgeschriebenen Integration des Integrals $\int_a^b f(x,\,y)\,dx$ nach dem *Parameter* y in der durch (3) angezeigten Weise nennt man *Integration unter dem Integralzeichen.*

Anders verhält es sich, wenn die Funktion $\varPhi(y)$, an welcher man die Integration zwischen vorgeschriebenen Grenzen c, d vornehmen soll, gegeben ist durch ein Integral

$$\int_{\varphi_0(y)}^{\varphi_1(y)} f(x,\,y)\,dx,$$

bei dem auch die Grenzen von dem Parameter y abhängen; formell ist das Resultat, sofern ein solches vorhanden ist, in der Art

---

1) O. Stolz (Grundzüge der Differential- und Integralrechnung, III, 1899), gebraucht dafür den von P. du Bois-Reymond vorgeschlagenen Namen „zweimaliges Integral"

$$\int\limits_c^d dy \int\limits_{\varphi_0(y)}^{\varphi_1(y)} f(x, y)\, dx \tag{5}$$

anzuschreiben; aber an die Ausführung der Integration nach y könnte erst geschritten werden, nachdem die Integration nach x vollzogen wäre. Bei dem zweifachen Integral (5) kann also von einer Umkehrung der Reihenfolge der Integrationen im Sinne des obigen Satzes nicht die Rede sein.

Die Integration unter dem Integralzeichen ist ebenso wie die gleichgeartete Differentiation ein Mittel, um aus vorhandenen Integralformeln neue abzuleiten, eventuell vorgelegte Integrale zu bestimmen.

Beispiele. 1. Für jedes $y > 0$ ist

$$\int\limits_0^\infty e^{-yx}\, dx = \frac{1}{y};$$

sind daher a, b zwei positive Zahlen und integriert man nach y von a bis b, so ergibt sich, wenn man diese Integration links unter dem Integralzeichen, also an der Funktion e^{-xy} vollzieht, wodurch

$$\left\{\frac{e^{-xy}}{-x}\right\}_a^b = \frac{e^{-ax} - e^{-bx}}{x}$$

erhalten wird, die neue Formel

$$\int\limits_0^\infty \frac{e^{-ax} - e^{-bx}}{x}\, dx = l\,\frac{b}{a} \qquad (a > 0,\ b > 0).$$

2. Sobald nur $y > -1$ ist, gilt die Formel

$$\int\limits_0^1 x^y\, dx = \frac{1}{y+1};$$

durch Integration nach y auf einem Intervalle $(a,\ b)$, bei dem a und $b > -1$ sind, erhält man daraus

$$\int\limits_0^1 dx \int\limits_a^b x^y\, dy = \int\limits_a^b \frac{dy}{y+1},$$

d. i.

$$\int\limits_0^1 \frac{x^b - x^a}{lx}\, dx = l\,\frac{b+1}{a+1}.$$

Übrigens kann aus dieser Formel die des vorigen Beispiels mittels der Substitution $x = e^{-t}$ abgeleitet werden.

3. Für jedes $y > 0$ hat man (**276**, 4.)

$$\int_0^\infty e^{-yx} \cos bx\, dx = \frac{y}{y^2 + b^2}$$

$$\int_0^\infty e^{-yx} \sin bx\, dx = \frac{b}{y^2 + b^2};$$

sind demnach α, β irgend zwei positive Zahlen, so darf man nach y zwischen den Grenzen α, β integrieren und erhält, wenn man die Integration links unter dem Integralzeichen vornimmt — von der Statthaftigkeit des Vorgangs kann man sich leicht überzeugen —

$$\int_0^\infty \frac{e^{-\alpha x} - e^{-\beta x}}{x} \cos bx\, dx = \frac{1}{2}\, l\, \frac{\beta^2 + b^2}{\alpha^2 + b^2}$$

$$\int_0^\infty \frac{e^{-\alpha x} - e^{-\beta x}}{x} \sin bx\, dx = \operatorname{arctg} \frac{\beta}{b} - \operatorname{arctg} \frac{\alpha}{b}$$

$$(\alpha > 0,\ \beta > 0).$$

Geht man nun über zu $\lim \alpha = +0$ und $\lim \beta = +\infty$, so hat die rechte Seite der ersten Gleichung den Grenzwert $+\infty$, die rechte Seite der zweiten Gleichung aber den Grenzwert $\frac{\pi}{2}$ oder $-\frac{\pi}{2}$, je nachdem b eine positive oder eine negative Zahl ist. Hiernach gelten die Formeln:

$$\int_0^\infty \frac{\cos bx}{x}\, dx = +\infty$$

$$\int_0^\infty \frac{\sin bx}{x}\, dx = \begin{cases} \dfrac{\pi}{2} & (b > 0) \\[2ex] -\dfrac{\pi}{2} & (b < 0), \end{cases}$$

die letztere ist **285**, 2. auf anderem Wege gefunden worden.

4. Das Integral $\qquad J = \int_0^\infty e^{-x^2}\, dx,$

dessen Existenz schon **277**, 3. erkannt und dessen Wert in **285**, 4. bereits bestimmt wurde, bietet zur Anwendung des vorliegenden Verfahrens keinen Anhalt, weil die Funktion unter dem Integralzeichen keinen Parameter enthält. Formt man aber das Integral durch die Substitution $x = yt\,(y > 0)$ um, so kommt

$$J = \int_0^\infty e^{-y^2 t^2} y\, dt \quad \text{und} \quad Je^{-y^2} = \int_0^\infty e^{-y^2(1+t^2)} y\, dt;$$

jetzt stellt das rechtsstehende Integral die auf der linken Seite explizit ausgedrückte Funktion von y dar und diese läßt Integration auf dem Intervalle $(0, \infty)$ zu, die rechts auch unter dem Integralzeichen vorgenommen werden darf; man findet so

$$J \int_0^\infty e^{-y^2} dy = \int_0^\infty dt \int_0^\infty e^{-y^2(1+t^2)} y\, dy.$$

also

$$J^2 = \int_0^\infty \frac{dt}{-2(1+t^2)} \int_0^\infty e^{-y^2(1+t^2)} d(-y^2(1+t^2)),$$

$$J^2 = \int_0^\infty \frac{dt}{-2(1+t^2)} \left\{ e^{-y^2(1+t^2)} \right\}_0^\infty = \frac{1}{2} \int_0^\infty \frac{dt}{1+t^2} = \frac{\pi}{4},$$

woraus sich, wie an der letztzitierten Stelle, $J = \dfrac{\sqrt{\pi}}{2}$ ergibt.

287. Das Doppelintegral. Es sei $f(x, y)$ eine für alle Wertverbindungen x/y, die den Bedingungen

$$\begin{aligned} a \leq x \leq b \\ c \leq y \leq d \end{aligned} \tag{6}$$

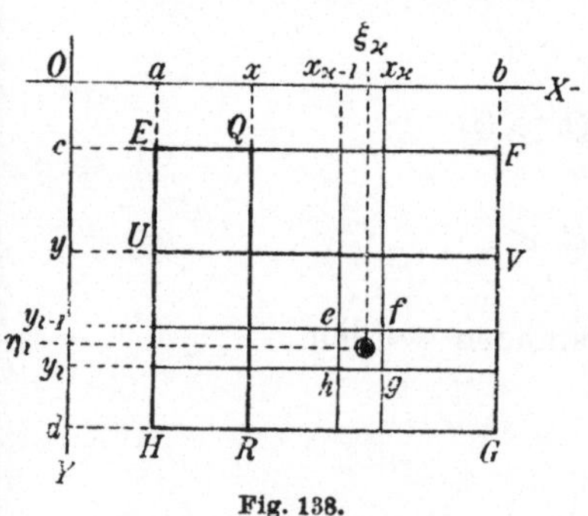

Fig. 138.

genügen, einwertige und stetige Funktion. In geometrischer Darstellung entspricht dem *Bereich* (6), der in der Folge kurz mit P bezeichnet werden soll, ein Rechtecl $EFGH$ in der xy-Ebene (Fig. 138), dessen Seiten der y- und x-Achse in den Abständen a, b bzw. c, d parallel sind.

Durch die arithmetisch geordneten Zahlenfolgen

$$a = x_0, \; x_1, \ldots x_{k-1}, \; x_k, \ldots x_{p-1}, \; x_p = b$$
$$c = y_0, \; y_1, \ldots y_{l-1}, \; y_l, \ldots y_{q-1}, \; y_q = d$$

sind die Intervalle (a, b) und (c, d) in p, bzw. q Teilintervalle zerlegt, deren Größe mit

$$\delta_k = x_k - x_{k-1} \qquad (k = 1, 2, \ldots p)$$
$$\varepsilon_l = y_l - y_{l-1} \qquad (l = 1, 2, \ldots q)$$

bezeichnet werden soll. Indem man durch die Teilpunkte Parallelen zu den Achsen zieht, ergibt sich auch eine Teilung des Gebietes B in ein System von Rechtecken, deren eines, in der Figur durch $efgh$ vertreten, die Flächenzahl

$$\Delta_{k,l} P = \delta_k \varepsilon_l$$

besitzt; nach den getroffenen Bestimmungen ist jedes $\Delta_{k,l} B$ positiv.

Ist ξ_k / η_l ein Punkt in $\Delta_{k,l} P$, dessen Koordinaten also den Teilintervallen (x_{k-1}, x_k), (y_{l-1}, y_l) angehören, so gehört zu ihm ein Wert $f(\xi_k, \eta_l)$ der gegebenen Funktion.

Auf Grund der vorgenommenen Gebietsteilung T bilden wir die Doppelsumme

$$S(T) = \sum_1^q \sum_1^p f(\xi_k, \eta_l) \Delta_{k,l} B; \tag{7}$$

es läßt sich dann beweisen, daß *diese Doppelsumme unter den über $f(x, y)$ gemachten Voraussetzungen bei beständig wachsenden p und q und bei Abnahme aller δ_k und ε_l gegen Null sich einer bestimmten Grenze nähert, die unabhängig ist von der sonstigen Art der Teilung und von der Wahl der Zwischenwerte ξ_k, η_l.*

Der Gedankengang des Beweises ist konform dem in **226** entwickelten und kann daher kürzer gefaßt werden.

Es bezeichne $m_{k,l}$ die untere, $M_{k,l}$ die obere Grenze von $f(x, y)$ in $\Delta_{k,l} P$; m die untere, M die obere Grenze der Funktion im ganzen Gebiet P.

Ersetzt man in $S(T)$ die $f(\xi_k, \eta_l)$ einmal durch die $m_{k,l}$, dann durch die $M_{k,l}$, so entstehen zwei neue Summen, die mit $S_u(T)$, $S_o(T)$ bezeichnet werden mögen; und ersetzt man weiter die $m_{k,l}$ durchwegs durch m, die $M_{k,l}$ durch M, so gehen $S_u(T)$ und $S_o(T)$ über in mP und MP, und zwischen all diesen Größen besteht die Beziehung:

$$mP < S_u(T) < S(T) < S_o(T) < MP, \tag{8}$$

so daß $S(T)$ schon zwischen zwei feste Grenzen eingeschlossen erscheint.

Wird die Zerlegung T von P in der Weise weiter geführt, daß man zwischen die Werte x_k und y_l neue einschaltet, so wird $S_u(T)$ im allgemeinen wachsen, ohne jedoch die obere Grenze MP überschreiten zu können; $S_o(T)$ hingegen nimmt ab, kann aber nicht unter mP herabsinken; folglich kommen beide Summen einander immer näher und konvergieren gegen eine gemeinsame Grenze, da ihre Differenz

$$S_o(T) - S_u(T) = \sum\sum (M_{k,l} - m_{k,l}) \varDelta_{k,l} P \qquad (9)$$

wegen der Stetigkeit von $f(x, y)$ schließlich unter jeden noch so klein gewählten Betrag ε herabsinkt. Diese gemeinsame Grenze ist aber zugleich der Grenzwert von $S(T)$·

Um dies letztere näher darzulegen, gehe man vom Mittelpunkt $\mathfrak{x}_k/\mathfrak{y}$ von $\varDelta_{k,l} P$ aus und beachte, daß sich wegen der Stetigkeit von $f(x, y)$ im ganzen Bereiche P zu einem beliebig klein festgesetzten positiven λ ein hinreichend kleines positives μ bestimmen läßt derart, daß

$$|f(x, y) - f(\mathfrak{x}_k, \mathfrak{y}_l)| < \lambda,$$

so lange $|x - \mathfrak{x}_k|$, $|y - \mathfrak{y}_l|$ kleiner sind als μ (45); ist also die Zerlegung von P so weit fortgeschritten, daß alle $\varDelta_{k,l} P$ nach beiden Richtungen eine unter 2μ liegende Ausdehnung haben, so ist auch

$$|m_{k,l} - f(\mathfrak{x}_k, \mathfrak{y}_l)| < \lambda,$$
$$|M_{k,l} - f(\mathfrak{x}_k, \mathfrak{y}_l)| < \lambda,$$

somit $\qquad\qquad\qquad M_{k,l} - m_{k,l} < 2\lambda,$

daher $\qquad\qquad\qquad S_o(T) - S_u(T) < 2\lambda \cdot P;$

wählt man also $2\lambda < \dfrac{\varepsilon}{P}$, so wird in der Tat

$$S_o(T) - S_u(T) < \varepsilon.$$

Daß der gemeinsame Grenzwert von $S_u(T)$, $S(T)$, $S_o(T)$ unabhängig ist von der Art, wie man P teilt, wenn nur schließlich alle δ_k und ε_l gegen Null konvergieren, ergibt sich aus der Tatsache, daß jedes S_u kleiner ist als das auf dieselbe oder eine andere Zerlegung gegründete S_o; der Beweis hierfür ist genau so zu führen wie in **226, 4.**

Man definiert nun den $\lim S(T)$ als *das Doppelintegral der Funktion* $f(x, y)$, *ausgedehnt über das Gebiet P,* und gebraucht dafür das Zeichen[1]

$$\int_P f(x, y)\, dP \quad \text{oder} \quad \iint_P f(x, y)\, dx\, dy. \qquad (10)$$

---

1) Auch die Bezeichnungen $\underset{P}{S} f(x, y)\, dP$ und $\underset{P}{S} f(x, y)\, dx\, dy$ kommen vor.

Der unter dem Integralzeichen stehende Ausdruck heißt das *Element des Doppelintegrals*, dP oder $dx\,dy$ das *Element des Integrationsgebiets*. Da bei geometrischer Interpretation dieses letztere durch eine ebene Figur, hier durch ein Rechteck, dargestellt ist, so nennt man ein Doppelintegral auch ein *Flächenintegral*, zum Unterschiede davon ein einfaches bestimmtes Integral ein *Linienintegral*.

288. Auflösung des Doppelintegrals in ein zweifaches Integral. Der in Behandlung stehende Fall bietet das einfachste Beispiel eines Doppelintegrals dar, das sich auf zwei nacheinander folgende Integrationen, also auf ein zweifaches Integral zurückführen läßt.

Es handelt sich um die Bestimmung des Grenzwertes

$$\lim_{\substack{\delta_k=0\\ \varepsilon_l=0}} \sum_1^q {}_l \sum_1^p {}_k f(\xi_k,\,\eta_l)\,\delta_k\varepsilon_l;$$

führt man den Grenzübergang zuerst in bezug auf x aus, so entsteht

$$\sum_1^q {}_l\,\varepsilon_l \lim \sum_1^p {}_k f(\xi_k,\,\eta_l)\,\delta_k = \sum_1^q {}_l\,\varepsilon_l \int_a^b f(x,\,\eta_l)\,dx,$$

und hieraus durch Vollziehung des Grenzübergangs in bezug auf y

$$\int_c^d dy \int_a^b f(x,\,y)\,dx. \tag{11}$$

Macht man die Grenzübergänge in der andern Ordnung, so ergibt sich das zweifache Integral

$$\int_a^b dx \int_c^d f(x,\,y)\,dy \tag{12}$$

Die Wertgleichheit dieser beiden Integralausdrücke ist in 286 nachgewiesen worden; beide bestimmen den Wert des Doppelintegrals (10).

Erfolgt die Ausrechnung nach Vorschrift von (11), so geschieht die erste Integration bei festem y in bezug auf x, geometrisch gesprochen, längs einer das Integrationsgebiet durchsetzenden zur x-Achse parallelen Transversalen wie UV (Fig. 138), die zweite nach y zwischen den beiden äußersten Lagen dieser Transversalen. Nach Vorschrift von (12) geschieht die erste Integration bei konstantem x, etwa längs QR, die zweite nach x zwischen den beiden äußersten Lagen von QR.

289. Beliebig begrenztes Integrationsgebiet. Es liegt nun nahe, den Begriff des Doppelintegrals dahin zu verallgemeinern, daß man

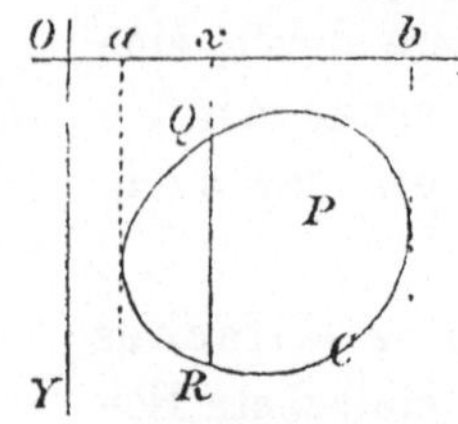

Fig 139.

ein *beliebig begrenztes Integrationsgebiet* P (Fig. 139) zugrunde legt, auf welchem die Funktion $f(x, y)$ endlich und stetig ist. Die Integration von $f(x, y)$ erstreckt sich dann auf solche Wertverbindungen x/y, welchen Punkte innerhalb und am Rande von P entsprechen; analytisch sind derlei Wertverbindungen dadurch gekennzeichnet, daß sie einer oder mehreren

Relationen von der Form
$$\psi(x, y) \leq 0 \tag{13}$$
genügen; so würde beispielsweise, wenn das Integrationsgebiet ein um O mit dem Radius R beschriebener Kreis wäre, diese Relation

$$x^2 + y^2 - R^2 \leq 0$$

lauten, dagegen durch die drei Relationen

$$x \gtrless 0, \qquad y \gtrless 0, \qquad x^2 + y^2 - R^2 \leq 0$$

zu ersetzen sein, wenn nur über den *ersten* Quadranten dieses Kreises zu integrieren wäre.

Am einfachsten gestaltet sich die Darstellung eines solchen Doppelintegrals, wenn die Randkurve C von P durch jede Transversale parallel zu einer der Koordinatenachsen nicht öfter als zweimal geschnitten wird. Trifft dies bei den Transversalen parallel zu OY zu, so führt man die Integration nach y bei festem x längs der Transversale QR, also zwischen Grenzen durch, welche durch die Ordinaten der Punkte Q, R von C dargestellt und daher Funktionen von x sind, die mit $\varphi_0(x)$, $\varphi_1(x)$ bezeichnet werden mögen; die Integration dieses Integralwertes

$$\int_{\varphi_0(x)}^{\varphi_1(x)} f(x, y)\, dy$$

in bezug auf x geschieht nun auf jener Strecke (a, b), welche durch die parallel zu OY an C geführten Tangenten (oder äußersten Linien) auf der X-Achse ausgeschnitten wird, und liefert den endgültigen Ausdruck

$$\int_a^b dx \int_{\varphi_0(x)}^{\varphi_1(x)} f(x, y)\, dy \tag{14}$$

für das Doppelintegral
$$\iint_P f(x, y)\, dx\, dy. \tag{15}$$

Schneidet auch jede Transversale parallel zu OX die Randkurve zweimal, wie es in Fig. 159 der Fall ist, so gibt die Integration nach x bei festem y

$$\int_{\chi_0(y)}^{\chi_1(y)} f(x, y)\, dx,$$

wobei $\chi_0(y)$, $\chi_1(y)$ die zu y gehörigen Abszissen von C sind, und die abschließende Integration nach y liefert

$$\int_c^d dy \int_{\chi_0(y)}^{\chi_1(y)} f(x, y)\, dx, \tag{16}$$

wobei das Intervall (c, d) zwischen den zu OX parallelen Tangenten (oder Streiflinien) an C enthalten ist.

Die Vergleichung der beiden Darstellungsformen (14) und (16) des Doppelintegrals (15) ergibt dann eine Verallgemeinerung des in **286** hervorgehobenen Satzes *von der Vertauschbarkeit der Reihenfolge der Integrationen*, wobei aber zu bemerken ist, daß hier nicht auch wie dort die Grenzen mit vertauscht werden; vielmehr sind die Grenzen der erstmaligen Integration abhängig von der Variablen, nach welcher zum zweitenmal integriert wird, und nur die Grenzen der zweiten Integration sind feste Zahlen.

Mit dem obigen ist zugleich die Bedeutung eines zweifachen Integrals, wie es am Schlusse von **286** in (5) erwähnt worden ist, näher erläutert.

Hat das Integrationsgebiet eine solche Gestalt, daß sein Rand von Transversalen parallel zu den Achsen auch in mehr als zwei Punkten getroffen wird, so muß es in Teile zerlegt werden, welche den oben geforderten Bedingungen genügen; für jeden dieser Teile hat die Ausrechnung nach dem Schema (14) oder (16) für sich zu geschehen.

Auch ein Doppelintegral mit krummlinig begrenztem Gebiete kann als Grenzwert einer Doppelsumme von der Zusammensetzung (7) angesehen werden. Umschreibt man P ein Rechteck (Fig. 140), zerlegt dieses in ein Netz von Teilrechtecken und bildet die Summen $S_u(T)$, $S(T)$, $S_o(T)$ über *alle* Teilrechtecke, welche vollständig *innerhalb* P liegen, so beziehen sich diese Doppelsummen nicht auf das ganze Gebiet P, sondern nur auf eine ihm eingeschriebene Figur mit

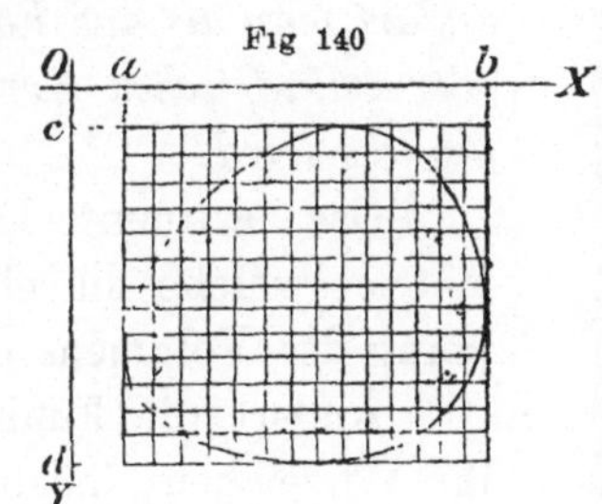

rechtwinklig gebrochenem Umfange; diese Figur ändert sich aber mit fortschreitender Teilung, nimmt an Größe zu, weil solche Teile, die bei einem früheren Stadium der Teilung fortblieben, immer mehr und mehr einbezogen werden, und sie nähert sich dem Gebiete P als Grenze, so daß auch der gemeinsame Grenzwert von S_u, S, S_o sich auf das *ganze* Gebiet P bezieht; dieser Grenzwert, nach dem in 288 entwickelten Vorgange bestimmt, fällt aber genau mit dem Ausdrucke (14) oder (16) zusammen.

290. Geometrische Interpretation. Eine wichtige *geometrische Bedeutung* kommt dem über ein Gebiet P erstreckten Doppelintegrale einer Funktion $f(x, y)$ zu, wenn man ihre Werte als Applikaten einer krummen Fläche auffaßt, deren Gleichung also

$$z = f(x, y) \tag{17}$$

ist, und annimmt, daß z im Gebiete P niemals negativ werde.

Das Produkt $f(\xi_k, \eta_l)\,\delta_k \varepsilon_l$ bedeutet dann das Volumen eines Prisma mit der Basis

$$\varDelta_{k,l} P = \delta_k \varepsilon_l$$

und der Höhe

$$f(\xi_k, \eta_l) = z_{k,l},$$

welches die vom Punkte ξ_k/η_l, der in *efgh* beliebig angenommen werden kann (Fig. 138 und 142), ausgehende Applikate von (17) ist. Die Doppelsumme (8), d. i.

$$\sum \sum z_{k,l}\,\varDelta_{k,l} P,$$

ist das Volumen eines Körpers, der nach unten durch P, seitlich durch vertikale, nach oben durch horizontale Ebenen verschiedener Höhenlage begrenzt ist.

Den Grenzwert dieser Doppelsumme, also das über P ausgedehnte Doppelintegral der Funktion $f(x, y)$, d. i.

$$\iint\limits_P z \, dx \, dy, \tag{18}$$

erklärt man als das Volumen des über P als Basis ruhenden prismatischen oder zylindrischen Körpers, dessen obere Begrenzung durch die Fläche (17) gebildet wird.

Das bestimmte Doppelintegral löst hiernach eine Aufgabe der Geometrie, welche die elementare Mathematik unerledigt läßt: die Bestimmung des Volumens eines krummflächig begrenzten Körpers.

Ändert die Funktion $f(x, y)$ innerhalb des Integrationsgebietes P ihr Vorzeichen, indem sie beispielsweise längs der Kurve $\varGamma$ (Fig. 141) durch Null geht, innerhalb derselben positiv, zwischen ihr und dem Rande negativ ist, so bedeutet das Integral (18) die Differenz aus dem über dem Innern von Γ liegenden Volumen und jenem, welches unter dem Ringe zwischen Γ und C sich befindet.

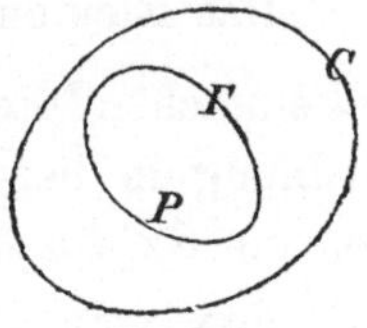

Die Ausrechnung des Integrals (18) durch sukzessive Ausführung zweier Integrationen hat bei der geometrischen Deutung den nachfolgenden Sinn.

Integriert man $f(x, y)$ bei festem x in bezug auf y zwischen den Grenzen c, d (Fig. 138 und 142), so ist

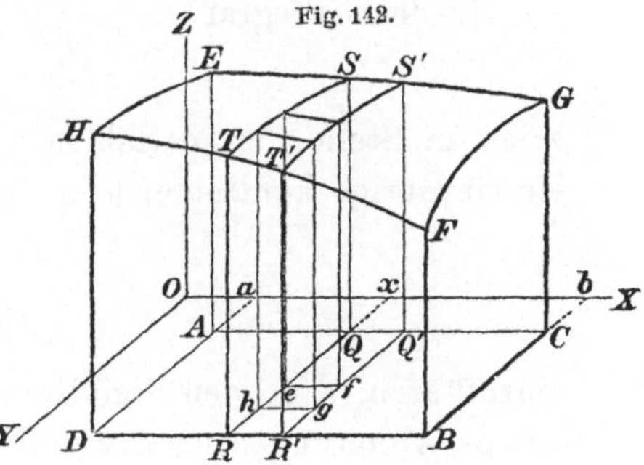

Fig 141.

$$\int_c^d f(x, y)\, dy = \text{area } QRTS = u$$

die Fläche eines Querschnittes des Körpers, geführt im Abstande x parallel zur yz-Ebene; weiter gibt

$$dx \int_c^d f(x, y)\, dy = u\, dx$$

das Volumen eines zur x-Achse parallelen Zylinders, welcher jenen Querschnitt zur Basis und die Höhe dx hat; der Grenzwert der Summe dieser Zylinder, d. i.

$$\int_a^b dx \int_c^d f(x, y)\, dy = \int_a^b u\, dx,\tag{19}$$

ist das Volumen des ganzen Körpers.

Bei der umgekehrten Reihenfolge der Integrationen ergibt sich dasselbe Volumen als Grenzwert der Summe von Zylindern, welche zur zx-Ebene parallele Querschnitte zu Grundflächen haben und der y-Achse parallel sind.

Diese Betrachtung trifft auch dann zu, wenn das Gebiet P krummlinig begrenzt ist.

Das Element

$$z\, dx\, dy$$

des Doppelintegrals (18) stellt, mit Vernachlässigung von Größen höherer als der zweiten Ordnung in bezug auf dx und dy, das Volumen eines prismatischen Säulchens vor, das über dem Elemente $dx\, dy = efgh$ ruht und oben

Fig. 142.

durch die krumme Fläche (17) begrenzt ist, mag z von welchem Punkte von $efgh$ immer ausgehen.

Das Element
$$u\,dx$$
des einfachen Integrals (19) gibt, mit Vernachlässigung von Größen höherer Ordnung in bezug auf dx, das Volumen einer Körperschichte zwischen den um dx voneinander entfernten Querschnitten $QRTS$ und $Q'R'T'S'$.

291. Einführung neuer Variablen in einem Doppelintegral Eine weitere bedeutsame Verallgemeinerung des Begriffs des Doppelintegrals besteht darin, daß man neben der bisher geübten Teilung des Integrationsgebiets in rechteckige Elemente mit zu den Achsen parallelen Seiten auch andere Teilungen zuläßt. Das über ein Gebiet P ausgedehnte Doppelintegral hat nämlich immer denselben Wert, wie man auch P teilen mag, wenn nur dafür gesorgt ist, daß sich die Gesamtheit der innerhalb P enthaltenen Elemente dem P als Grenze nähert und daß die Ausdehnung jedes Elementes nach allen Richtungen gegen Null konvergiert. In dieser Auffassung werde das Integral mit

$$\iint_P f(x, y)\,dP \qquad \text{bezeichnet.}$$

Mit dieser Verallgemeinerung des Begriffs des Doppelintegrals hängt seine Umgestaltung durch *Einführung neuer Variablen* eng zusammen. Dieser Prozeß aber stellt sich als ein wichtiges Hilfsmittel der Auswertung von Doppelintegralen dar. Die Anpassung der Gebietseinteilung an die Natur der zu integrierenden Funktion ist von wesentlicher Bedeutung nicht nur für den eigentlichen Integrationsprozeß, sondern auch für die Feststellung der Integrationsgrenzen, die anders sich sehr schwierig und umständlich gestalten kann.

In dem Integral
$$\iint_P f(x, y)\,dx\,dy \qquad (20)$$

seien an Stelle der Variablen x, y zwei neue Variable u, v durch die ein-eindeutige kontinuierliche Transformation (64)

$$\begin{aligned} x &= \varphi(u, v) \\ y &= \psi(u, v) \end{aligned} \qquad (21)$$

einzuführen. Von den Funktionen φ, ψ wird vorausgesetzt, daß sie auch stetige Ableitungen nach u und v haben.

Durch (21) ist jedem Punkte x/y der Ebene XOY (Fig. 143) ein
bestimmter Punkt u/v derselben Ebene, einem Kontinuum von x/y-Punk-
ten wieder ein Kontinuum von u/v-Punk-
ten, insbesondere dem Gebiet P mit seiner Randkurve C ein Gebiet P' mit der
Randkurve C' zugeordnet. Es ist eine
Folge der Ein-Eindeutigkeit und Stetigkeit der Transformation, daß sich aus
den Gleichungen

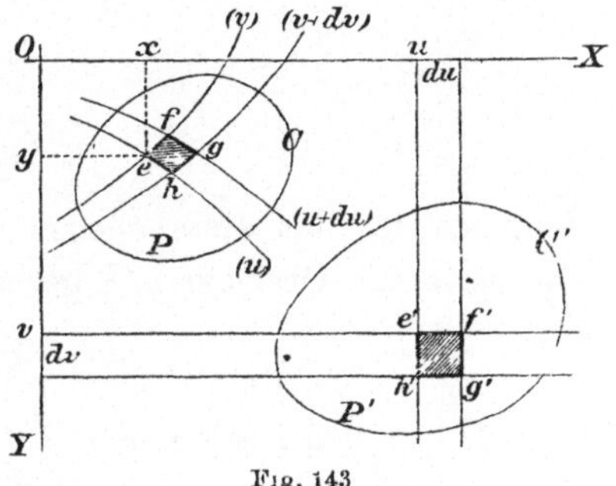

Fig. 143

$$dx = \frac{\partial \varphi}{\partial u}\, du + \frac{\partial \varphi}{\partial v}\, dv$$

$$dy = \frac{\partial \psi}{\partial u}\, du + \frac{\partial \psi}{\partial v}\, dv$$

an jeder Stelle zu gegebenen Werten von dx, dy bestimmte Werte von
du, dv ergeben und umgekehrt; mithin kann die Determinante

$$J = \begin{vmatrix} \dfrac{\partial \varphi}{\partial u} & \dfrac{\partial \varphi}{\partial v} \\[2ex] \dfrac{\partial \psi}{\partial u} & \dfrac{\partial \psi}{\partial v} \end{vmatrix} \tag{22}$$

an keiner Stelle von P' verschwinden, muß also wegen ihrer Stetigkeit
im ganzen Gebiete P' *dasselbe Zeichen* beibehalten. Man nennt diese
Determinante die *Funktionaldeterminante* oder, nach dem Urheber dieser
Benennung, die Jacobische Determinante der Funktionen φ, ψ und bezeichnet sie kürzer nach dem Vorschlage Donkins mit

$$\frac{\partial(\varphi, \psi)}{\partial(u, v)}.$$

Denkt man sich das neue Gebiet P' durch Gerade parallel zu den
Achsen in rechteckige Elemente zerlegt, deren eines $e'f'g'h' = dP'$ sei,
so entspricht dem eine Zerlegung des ursprünglichen Gebiets P durch
zwei Systeme im allgemeinen krummer Linien in Elemente $dP = efgh$,
die bei sehr klein angenommenem du, dv als geradlinige Parallelogramme
angesehen werden können, da die Teilungslinien wegen der Stetigkeit
der Ableitungen von φ, ψ ihre Richtung stetig und daher innerhalb kurzer Strecken sehr wenig ändern.

Bei dem Übergang von e' zu f', wobei v *konstant* bleibt, geht $e(x/y)$
nach f und seine Koordinaten ändern sich um

$$d_1 x = \frac{\partial \varphi}{\partial u}\, du \qquad d_1 y = \frac{\partial \psi}{\partial u}\, du;$$

bei dem Übergang von e' nach h', wobei u *konstant* bleibt, geht e nach h und die Koordinaten ändern sich um

$$d_2 x = \frac{\partial \varphi}{\partial v}\, dv$$

$$d_2 y = \frac{\partial \psi}{\partial v}\, dv;$$

demnach ist das stets ebenso wie P positiv genommene dP, als das Doppelte des Dreiecks efh gerechnet, gleich dem absoluten Betrage von

$$\begin{vmatrix} d_1 x & d_1 y \\ d_2 x & d_2 y \end{vmatrix} = \begin{vmatrix} \dfrac{\partial \varphi}{\partial u}\, du & \dfrac{\partial \psi}{\partial u}\, du \\[2ex] \dfrac{\partial \varphi}{\partial v}\, dv & \dfrac{\partial \psi}{\partial v}\, dv \end{vmatrix} = J\, du\, dv;$$

setzt man ein für allemal fest, daß die Differentiale der Integrationsvariablen als *positiv* zu gelten haben, so ist

$$dP = |J|\, du\, dv \qquad \text{zu setzen.} \qquad (23)$$

Hiernach ergibt sich als Endresultat für (20):

$$\iint\limits_{P} f(x, y)\, dP = \iint\limits_{P'} f(\varphi, \psi)\, |J|\, du\, dv. \qquad (24)$$

Es ist also das vorgelegte Integral der Funktion $f(x, y)$ gleich dem Integrale der Funktion $f(\varphi, \psi)\,|J|$ der neuen Variablen, erstreckt über das transformierte Gebiet P' bei Teilung desselben in Elemente $du\, dv$.

Die Grenzen der einzelnen Integrationen sind aus der Randkurve C' ebenso zu bestimmen, wie dies in **289** für C erklärt worden ist.

Der ganze Vorgang läßt aber noch eine andere Auffassung zu, wenn man u, v nicht wieder als neue rechtwinklige Koordinaten, sondern als *Parameter* ansieht, durch welche x, y ausgedrückt werden.

Während v konstant bleibt, beschreibt der Punkt x/y eine Kurve (v), und während u konstant bleibt, beschreibt x/y eine Kurve (u); der Punkt $x/y \equiv e$ selbst erscheint als Schnittpunkt dieser Kurven, und deshalb nennt man u, v *krummlinige* Koordinaten des Punktes e. Mit andern Worten: den früheren Teilungslinien von P' entsprechen zwei Systeme krummliniger Teilungslinien von P, und das durch vier solche Linien, je zwei aus jedem Systeme, begrenzte Element von P ist durch $|J|\, du\, dv$ gegeben.

Legt man diese Auffassung zugrunde, so wird die Funktion $f(\varphi, \psi)$ der neuen Variablen wieder auf dem Gebiete P integriert, wobei $|J|\, du\, dv$

das Element desselben ist; die Grenzen sind der geometrischen Bedeutung der Parameter u, v entsprechend zu bestimmen. Diesen Sinn hat es, wenn wir dem transformierten Doppelintegral wieder dasselbe Gebiet zuweisen.

292. Beispiele. 1. Ist in einem Doppelintegral die zu integrierende Funktion $f(x, y) \equiv 1$, so stellt es, dem Begriff gemäß, die Größe des Integrationsgebiets P dar.

Von dieser Bemerkung ausgehend, soll die Größe der von der Ellipse

$$(a_1 x + b_1 y)^2 + (a_2 x + b_2 y)^2 = k^2 \tag{25}$$

umschlossenen Fläche bestimmt werden. Zu diesem Ende hat man das über diese Fläche P erstreckte Integral

$$\iint\limits_P dx\, dy \qquad \text{auszuwerten.} \tag{26}$$

Führt man an dem Integral die projektive Transformation

$$a_1 x + b_1 y = u$$
$$a_2 x + b_2 y = v$$

aus, durch welche die Ebene mit einem System paralleler Geraden (u) und einem zweiten System paralleler Geraden (v) überzogen und in parallelogrammatische Elemente zerlegt wird, so ergibt sich aus der Auflösung nach x, y:

$$x = \frac{b_2 u - b_1 v}{D}$$

$$y = \frac{-a_2 u + a_1 v}{D},$$

worin
$$D = \begin{vmatrix} a_1 & b_1 \\ a_2 & b_2 \end{vmatrix},$$

die Jacobische Determinante der Substitution:

$$J = \begin{vmatrix} \dfrac{b_2}{D} & \dfrac{-b_1}{D} \\ \dfrac{-a_2}{D} & \dfrac{a_1}{D} \end{vmatrix} = \frac{1}{D^2} \begin{vmatrix} a_1 & a_2 \\ b_1 & b_2 \end{vmatrix} = \frac{1}{D},$$

mithin ist
$$\iint\limits_P dx\, dy = \iint\limits_{P'} \frac{1}{|D|}\, du\, dv = \frac{1}{|D|} \iint\limits_{P'} du\, dv.$$

Das erübrigende Integral stellt aber die Größe des transformierten Gebietes dar, dessen Randkurve zufolge ihrer Gleichung

$$u^2 + v^2 = k^2$$

ein Kreis vom Radius k ist; folglich ist

$$\iint_{P'} du\, dv = \pi k^2.$$

Die Ellipse (25) hat also den Flächeninhalt πk^2.

2 Auf das Integral $\iint_{P} f(x,\, y)\, dx\, dy$ soll die Transformation

$$\left.\begin{array}{l} x = r \cos \varphi \\ y = r \sin \varphi \end{array}\right\} \tag{27}$$

ausgeübt werden, wobei $r,\, \varphi$ die neuen Variablen sind. Man bezeichnet diese Transformation in bezug auf das räumliche Koordinatensystem als Einführung *semipolarer* oder *zylindrischer Koordinaten*.

Die Jacobische Determinante

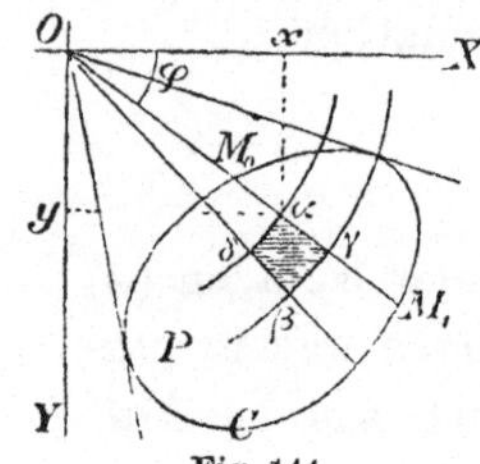

$$J = \left| \begin{array}{cc} \cos \varphi & \sin \varphi \\ - r \sin \varphi & r \cos \varphi \end{array} \right| = r$$

ergibt für das dieser Transformation entsprechende Element des Integrationsgebietes

$$dP = r\, dr\, d\varphi; \tag{28}$$

die r-Kurven (Linien mit konstantem r) sind Kreise um den Ursprung, die φ Kurven (Linien mit konstantem φ) Strahlen aus dem Ursprunge; dP ist der Ausdruck für einen Kreisringsektor (Fig. 144).

Fig. 144

Demnach ist

$$\left.\begin{array}{l} \displaystyle\iint_{P'} f(x,\, y)\, dx\, dy = \iint_{P} f(r \cos \varphi,\, r \sin \varphi)\, r\, dr\, d\varphi \\[2em] \displaystyle = \int_{\varphi_0}^{\Phi} d\varphi \int_{\omega_0(\varphi)}^{\omega_1(\varphi)} f(r \cos \varphi,\, r \sin \varphi)\, r\, dr; \end{array}\right\} \tag{29}$$

$\omega_0(\varphi),\ \omega_1(\varphi)$ sind die zu den Punkten M_0, M_1 gehörigen Werte von r; $\varphi_0,\ \Phi$ werden durch die aus O an C gezogenen Tangenten bestimmt.

3. Unter *elliptischen Koordinaten* eines Punktes x/y versteht man ein Wertepaar u/v, das mit x/y durch die Gleichungen

$$\frac{x^2}{u^2} + \frac{y^2}{u^2 - c^2} = 1, \quad \frac{x^2}{v^2} + \frac{y^2}{v^2 - c^2} = 1$$

zusammenhängt, wobei u auf das Intervall $(c,\, \infty)$, v auf das Intervall $(0,\, c)$ angewiesen ist. Unter diesen Voraussetzungen stellt die erste Gleichung ein System von homofokalen Ellipsen, die zweite ein System von homofokalen Hyperbeln mit demselben Brennpunktepaar dar, durch beide Liniensysteme wird die Ebene in rechtwinklig-viereckige Elemente zerlegt. Um den allgemeinen Ausdruck eines solchen Elementes zu finden, braucht man die Jacobische Determinante. Nun ergibt sich aus den obigen Gleichungen für einen Punkt des ersten Quadranten

$$x = \frac{uv}{c}, \quad y = \frac{1}{c}\sqrt{(u^2 - c^2)(c^2 - v^2)},$$

die Wurzel positiv genommen, und hieraus weiter

$$J = \begin{vmatrix} \dfrac{v}{c} & \dfrac{u}{c}\sqrt{\dfrac{c^2 - v^2}{u^2 - c^2}} \\[3mm] \dfrac{u}{c} & -\dfrac{v}{c}\sqrt{\dfrac{u^2 - c^2}{c^2 - v^2}} \end{vmatrix} = \frac{v^2 - u^2}{\sqrt{(u^2 - c^2)(c^2 - v^2)}};$$

unter den über u, v gemachten Voraussetzungen ist J positiv, wenn die Wurzel mit dem negativen Zeichen genommen wird.

Ist das Integrationsgebiet P der erste Quadrant einer speziellen aus dem System der Ellipsen, etwa derjenigen, für welche $u = a$ ist, so hat man

$$\int\!\!\int_{P} f(x, y)\, dx\, dy$$

$$= \int\!\!\int_{P} f\left(\frac{uv}{c}, \frac{1}{c}\sqrt{(u^2 - c^2)(c^2 - v^2)}\right) \frac{u^2 - v^2}{\sqrt{(u^2 - c^2)(c^2 - v^2)}}\, du\, dv$$

$$= \int_{c}^{a} \frac{du}{\sqrt{u^2 - c^2}} \int_{0}^{c} f\left(\frac{uv}{v}, \frac{1}{c}\sqrt{(u^2 - c^2)(c^2 - v^2)}\right) \frac{u^2 - v^2}{\sqrt{c^2 - v^2}}\, dv.$$

293. Uneigentliche Doppelintegrale. So nennt man Doppelintegrale, die sich auf eine im Integrationsgebiete oder an seinem Rande unendlich werdende Funktion beziehen und solche, die sich über ein unendliches Gebiet erstrecken, im Gegensatz zu den *eigentlichen* Integralen, bei denen die in **287—289** ausgesprochenen Bedingungen erfüllt sind und die sich als Grenzwerte von Doppelsummen darstellen lassen.

Das Doppelintegral einer Funktion, welche auf dem Integrationsgebiete unendlich wird, definiert man durch den Grenzwert eines Doppelintegrals, das sich auf ein Gebiet bezieht, von welchem die kritischen Stellen durch entsprechend geführte Linien ausgeschlossen sind, wenn dieses letztere Gebiet sich dem vollen auf irgend eine Weise als Grenze

nähert; existiert ein solcher Grenzwert nicht, so hat das betreffende
Doppelintegral keine Bedeutung.

In ähnlicher Weise wird ein über ein unendliches Gebiet sich er-
streckendes Doppelintegral durch den Grenzwert eines über ein endliches
Gebiet sich ausdehnenden Integrals definiert, wenn dieses Gebiet unbegrenzt sich erweitert, vorausgesetzt wieder, daß ein solcher Grenzwert wirklich existiert.

Beispiele. 1. Für das über das Rechteck OC (Fig.
145) ausgedehnte Integral der Funktion $f_{xy}(x, y)$ ergibt
sich nach den Ausführungen in **286** der folgende Wert:

Fig. 145.

$$\iint\limits_{(OC)} f_{xy}(x, y)\, dx\, dy = \int_0^a dx \int_0^b f_{xy}(x, y)\, dy$$

$$= f(a, b) - f(a, 0) - f(0, b) + f(0, 0);$$

in gleicher Weise ist

$$\iint\limits_{(O\varGamma)} f_{xy}(x, y)\, dx\, dy = f(\alpha, \beta) - f(\alpha, 0) - f(0, \beta) + f(0, 0);$$

das über das hexagonale Gebiet P erstreckte Integral ist der Unterschied
beider, also

$$\iint\limits_{P} f_{xy}(x, y) = f(a, b) - f(a, 0) - f(0, b) - f(\alpha, \beta) + f(\alpha, 0) + f(0, \beta).$$

Von dieser letzten Formel kann in dem Falle Gebrauch gemacht
werden, wenn $f_{xy}(x, y)$ bei Annäherung an die Stelle 0/0 unendlich wird,
ohne sonst Unstetigkeit zu zeigen; nur wenn dann der rechtstehende
Ausdruck für beliebige Grenzübergänge $\lim \alpha = + 0$, $\lim \beta = + 0$ einer
bestimmten Grenze sich nähert, hat das Integral über (OC) unter den
bemerkten Umständen einen bestimmten Wert.

Ein solcher Fall entsteht beispielsweise, wenn

$$f(x, y) = \operatorname{arctg} \frac{y}{x},$$

weil dann

$$f_{xy}(x, y) = \frac{y^2 - x^2}{(x^2 + y^2)^2}$$

für $\lim x = 0$, $\lim y = 0$ unendlich wird; hier ist nun $f(a, 0) = \operatorname{arctg} 0 = 0$,
$f(0, b) = \dfrac{\pi}{2}$, ebenso $f(\alpha, 0) = 0$ und $f(0, \beta) = \dfrac{\pi}{2}$, folglich

$$\iint\limits_{P} \frac{y^2 - x^2}{(x^2 + y^2)^2}\, dx\, dy = \operatorname{arctg} \frac{b}{a} - \operatorname{arctg} \frac{\beta}{\alpha}\,;$$

weil nun $\operatorname{arctg} \frac{\beta}{\alpha}$ bei beliebiger Annäherung von α und β an Null keiner bestimmten Grenze zustrebt, so ist

$$\iint\limits_{(OC)} \frac{y^2 - x^2}{(x^2 + y^2)^2}\, dx\, dy \qquad\qquad \text{bedeutungslos.}$$

2. Um das Integral $\displaystyle\iint e^{-(ax+by)^2}\, dx\, dy \qquad (a > 0,\ b > 0)$ auf dem durch die Relationen

$$x \gtreqless 0, \quad y \gtreqless 0$$

gekennzeichneten Gebiete, also über dem ersten Quadranten der xy-Ebene zu bestimmen, führe man die Substitution

$$ax + by = u$$
$$y = xv$$

aus, die sich durch den Bau des Integranden von selbst darbietet; vermöge derselben erscheint der Punkt x/y definiert als Schnittpunkt einer Geraden vom Richtungskoeffizienten $-\dfrac{a}{b}$ und dem Abstande $\dfrac{u}{\sqrt{a^2+b^2}}$ vom Ursprunge mit einem Strahle aus O vom Richtungskoeffizienten v (Fig. 146). Für die ursprünglichen Variablen ergeben sich die Ausdrücke

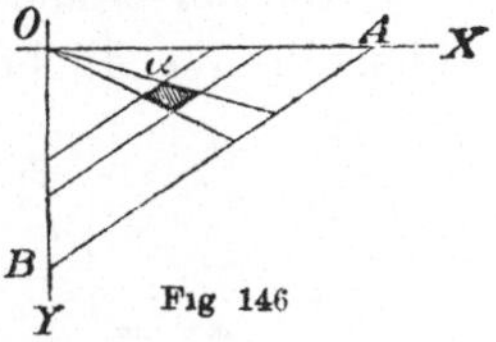

$$x = \frac{u}{a + bv}$$
$$y = \frac{uv}{a + bv}$$

und daraus die Funktionaldeterminante der Substitution:

$$J = \begin{vmatrix} \dfrac{1}{a + bv}, & \dfrac{v}{a + bv} \\[2ex] \dfrac{-bu}{(a + bv)^2}, & \dfrac{u}{a + bv} - \dfrac{buv}{(a + bv)^2} \end{vmatrix} = \frac{u}{(a + bv)^2}\,.$$

Die angewendete Gebietsteilung hat den Vorteil, daß das Doppelintegral sich in zwei voneinander völlig unabhängige Integrationen mit leicht bestimmbaren Grenzen auflöst, nämlich

12*

$$\int\limits_0^\infty \frac{dv}{(a+bv)^2} \int\limits_0^u e^{-u^2}\, u\, du$$

$$= \frac{1}{2}\,(1-e^{-u^2}) \int\limits_0^\infty \frac{dv}{(a+bv)^2} = \frac{1}{2\,ab}\,(1-e^{-u^2});$$

dabei erstreckt es sich vorläufig nur über das Dreieck OAB mit den Katheten $\dfrac{u}{a}$, $\dfrac{u}{b}$. Um seinen Wert für den ganzen Quadranten XOY zu gewinnen, hat man den Grenzübergang $\lim u = +\infty$ auszuführen und findet so

$$\int\limits_0^\infty \int\limits_0^\infty e^{-(ax+by)^2}\, dx\, dy = \frac{1}{2\,ab}.$$

3. Soll das Integral $\displaystyle\iint e^{-(x^2+y^2)}\, dx\, dy$

über der ganzen xy-Ebene berechnet werden, so empfehlen sich mit Rücksicht auf die Funktion Zylinderkoordinaten; bei ihrer Benützung stellt sich der Wert des Doppelintegrals, wenn man es zunächst bloß über einen Teilkreis vom Halbmesser R ausdehnt, auf

$$\int\limits_0^{2\pi} d\varphi \int\limits_0^R e^{-r^2}\, r\, dr = \pi(1-e^{-R^2})$$

Daraus erhält man mittels des Grenzüberganges $\lim R = +\infty$ das über die unendliche Ebene ausgedehnte Integral

$$\int\limits_{-\infty}^\infty \int\limits_{-\infty}^\infty e^{-(x^2+y^2)}\, dx\, dy = \pi\,; \qquad\qquad \text{weil aber}$$

$$\int\limits_{-\infty}^\infty \int\limits_{-\infty}^\infty e^{-(x^2+y^2)}\, dx\, dy = \int\limits_{-\infty}^\infty e^{-x^2}\, dx \int\limits_{-\infty}^\infty e^{-y^2}\, dy = \left\{ \int\limits_{-\infty}^\infty e^{-x^2}\, dx \right\}^2$$

ist, so schließt man aus obigem Resultate, daß

$$\int\limits_{-\infty}^\infty e^{-x^2}\, dx = \sqrt{\pi}$$

ist (**285**, 4. und **286**, 4.).

§ 6. Drei- und mehrfache Integrale.

294. Das dreifache Integral. Wenn man auf eine Funktion der Variablen $f(x, y, z)$ zuerst Integration in bezug auf z allein zwischen festen oder von x, y abhängigen Grenzen, auf das Resultat Integration in bezug auf y zwischen festen oder von x abhängigen Grenzen ausübt und das neue Resultat schließlich nach x zwischen festen Grenzen integriert, so heißt das so entstandene Gebilde ein bestimmtes *dreifaches Integral* jener Funktion. Selbstverständlich ist der Begriff nicht an die Reihenfolge der Variablen gebunden.

Wichtiger als die formale Entstehung ist die Bedeutung des Integrals als Grenzwert einer dreifachen Summe.

Ist nämlich die gegebene Funktion $f(x, y, z)$ für alle Werte der Variablen, welche die Bedingungen:

$$\left.\begin{array}{l} a \leqq x \leqq b \\ c \leqq y \leqq d \\ g \leqq z \leqq h \end{array}\right\} \tag{30}$$

erfüllen, also auf einem Gebiete R, das geometrisch durch ein Parallelepiped mit zu den Koordinatenachsen parallelen Kanten der Längen $b - a$, $d - c$, $h - g$ dargestellt ist, eindeutig und stetig, so konvergiert die mit den arithmetisch geordneten Werten

$$a = x_0, \ (\xi_1), \ x_1, \ (\xi_2), \ x_2, \ \ldots, \ x_{p-1}, \ (\xi_p), \ x_p = b$$
$$c = y_0, \ (\eta_1), \ y_1, \ (\eta_2), \ y_2, \ \ldots, \ y_{q-1}, \ (\eta_q), \ y_q = d$$
$$g = z_0, \ (\zeta_1), \ z_1, \ (\zeta_2), \ z_2, \ \ldots, \ z_{r-1}, \ (\zeta_r), \ z_r = h$$

gebildete dreifache Summe

$$\sum_{1}^{r} {}_l \sum_{1}^{q} {}_k \sum_{1}^{p} {}_j f(\xi_j, \eta_k, \zeta_l) \, \Delta x_j \Delta y_k \Delta z_l, \tag{31}$$

in welcher

$$\Delta x_j = x_j - x_{j-1}, \qquad \Delta y_k = y_k - y_{k-1}, \qquad \Delta z_l = z_l - z_{l-1}$$

ist, bei beständigem Wachsen der Zahlen p, q, r und beständiger Abnahme aller Differenzen $\Delta x_j, \Delta y_k, \Delta z_l$ gegen Null nach einer bestimmten Grenze; dieser Grenzwert ist es, den man als das dreifache über das Gebiet R ausgedehnte Integral der Funktion $f(x, y, z)$ definiert und mit

$$\int\!\!\int\!\!\int f(x, y, z)\, dx\, dy\, dz \tag{32}$$

anschreibt. Daß der Grenzwert vorhanden ist, wenn $f(x, y, z)$ die vorausgesetzten Eigenschaften besitzt, ergibt sich durch eine Schlußreihe, die der in 287—289 entwickelten völlig analog ist. Praktisch wird dieser Grenzwert dadurch erhalten, daß man auf die Funktion $f(x, y, z)$ drei sukzessive Integrationen in dem eingangs erwähnten Sinne ausübt, z. B. die erste nach z zwischen den Grenzen g, h; die zweite nach y zwischen c, d; die dritte nach x zwischen a, b; oder in einer der noch möglichen fünf Reihenfolgen.

Hiernach hat man für (32) nach Trennung der Integrationen in der Reihenfolge z, y, x die Darstellung

$$\int\limits_a^b dx \int\limits_c^d dy \int\limits_g^h f(x, y, z)\, dz. \tag{33}$$

Der so festgelegte Begriff des dreifachen Integrals kann auch auf einen Raum R ausgedehnt werden, der beliebig begrenzt ist; wird die Begrenzung beispielsweise durch eine in sich geschlossene Fläche gebildet, deren Gleichung

$$F(x, y, z) = 0 \tag{34}$$

ist, so kann die Auflösung in einfache Integrationen ohne weiteres geschehen, wenn diese Fläche von Parallelen zu einer der Koordinatenachsen nicht öfter als zweimal getroffen wird. Gilt dies für die Parallelen zur z-Achse, so hat die erste bei festen Werten von x, y erfolgende Inte-

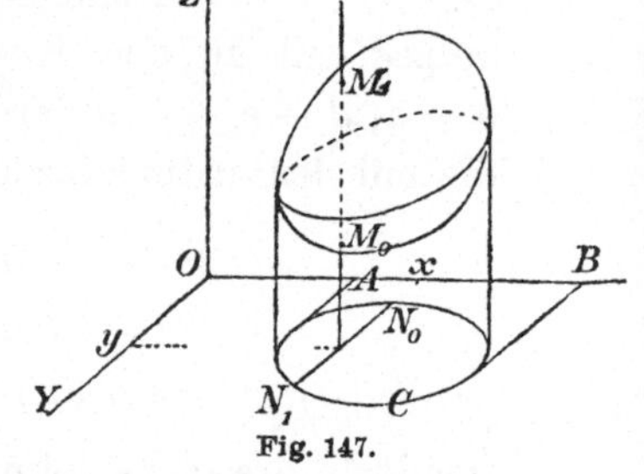

Fig. 147.

gration zwischen jenen Grenzen zu geschehen, welche durch die Applikaten der zu x/y gehörigen Punkte M_0, M_1 (Fig. 147) von (34) bezeichnet sind; bezeichnet man diese Auflösungen von (34) nach z in steigender Größenordnung mit $\varphi_0(x, y)$, $\varphi_1(x, y)$ so gibt die erste Integration

$$\int\limits_{\varphi_0(x,y)}^{\varphi_1(x,y)} f(x, y, z)\, dz.$$

Die nun erübrigende zweifache Integration hat zum Gebiete jenen Teil der xy-Ebene, welcher durch den sichtbaren Umriß von (34) in dieser

Ebene begrenzt und analytisch durch Elimination von z zwischen (34) und

$$\frac{\partial F}{\partial z} = 0 \qquad \text{bestimmt wird (190, 6.).}$$

Demnach ist das Endergebnis bei Einhaltung obiger Reihenfolge:

$$\int\limits_a^b dx \int\limits_{\psi_0(x)}^{\psi_1(x)} dy \int\limits_{\varphi_0(x,y)}^{\varphi_1(x,y)} f(x, y, z)\, dz; \tag{35}$$

dabei sind $\psi_0(x)$, $\psi_1(x)$ die zur Abszisse x gehörigen Ordinaten der Umrißkurve C.

In geometrischer Ausdrucksweise geschieht die erste Integration längs $M_0 M_1$, die zweite längs $N_0 N_1$, die dritte längs AB.

Während bei einem dreifachen Integral das Integrationsgebiet der *geometrischen* Versinnlichung noch fähig ist, läßt das Integral selbst eine solche nicht mehr zu. Weil das Gebiet ein Teil des Raumes oder auch der unendliche Raum selbst ist, so nennt man ein dreifaches Integral auch ein *Raumintegral*.

Die nächstliegende Veranschaulichung eines solchen besteht in folgendem. Denkt man sich den Raum R, über welchen das Integral sich erstreckt, mit *Masse* ungleichförmig erfüllt derart, daß die *Dichtigkeit*[1]) am Punkte $x/y/z$ gleich $f(x, y, z)$ ist, so drückt das Integral die Größe der den Raum R einnehmenden Masse aus.

295. Einführung neuer Variablen in einem dreifachen Integral. An die Stelle der Teilung des Raumes R in Parallelepipeda mit zu den Achsen parallelen Kanten kann jede andere gesetzt werden, wenn nur bei fortgesetzter Teilung alle Ausdehnungen eines jeden Elementes dR gegen Null konvergieren. Wir drücken dies dadurch aus, daß wir für (32) das allgemeinere Zeichen

$$\iiint\limits_R f(x, y, z)\, dR \qquad \text{setzen.} \tag{36}$$

Auf dieses Integral soll nun die ein-eindeutige kontinuierliche *Transformation der Variablen*

$$\begin{aligned}
x &= \varphi(u, v, w) \\
y &= \psi(u, v, w) \\
z &= \chi(u, v, w)
\end{aligned} \tag{37}$$

---

1) D. i. der Grenzwert des Verhältnisses eines den Punkt nicht ausschließenden Teiles der Masse zu seinem Volumen, wenn dieses letztere, allseitig sich zusammenziehend, gegen Null abnimmt

ausgeübt werden. Wie in **291** überzeugt man sich, daß infolge der Eindeutigkeit und Stetigkeit die Funktionaldeterminante oder die **Jacobi**sche
Determinante

$$J = \begin{vmatrix} \dfrac{\partial \varphi}{\partial u} & \dfrac{\partial \varphi}{\partial v} & \dfrac{\partial \varphi}{\partial w} \\[2mm] \dfrac{\partial \psi}{\partial u} & \dfrac{\partial \varphi}{\partial v} & \dfrac{\partial \psi}{\partial w} \\[2mm] \dfrac{\partial \chi}{\partial u} & \dfrac{\partial \chi}{\partial v} & \dfrac{\partial \chi}{\partial w} \end{vmatrix} = \frac{\partial (\psi, \psi, \chi)}{\partial (u, v, w)} \tag{38}$$

der Funktionen φ, ψ, χ an keiner Stelle des transformierten Gebietes R_1
verschwindet, also durchwegs ein und dasselbe Vorzeichen beibehält.

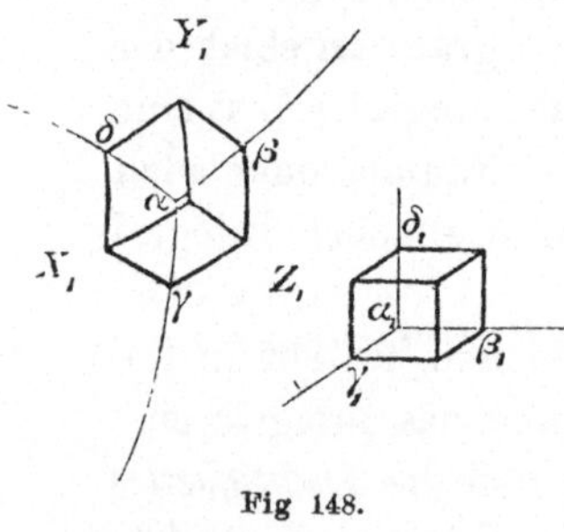

Fig 148.

Für das neue Gebiet R_1 soll die Teilung in
parallelepipedische Elemente $dR_1 = \alpha_1\beta_1\gamma_1\delta_1$ (Fig.
148) aufrecht erhalten bleiben. Einem solchen
entspricht in dem ursprünglichen Raume R ein
Element $dR = \alpha\beta\gamma\delta$ von anderer Form, das im
allgemeinen von krummen Flächen begrenzt ist,
für den Grenzübergang aber, d. h. bei sehr kleinem du, dv, dw, als ebenflächig begrenztes schie-
fes Parallelepiped aufgefaßt und demgemäß berechnet werden kann.

Bei dem Übergange von β_1 zu β_1 bleiben v, w *konstant* und der Punkt
$x/y/z$ bewegt sich von α nach β, wobei seine Koordinaten die Änderungen

$$d_1 x = \frac{\partial \varphi}{\partial u}\, du$$

$$d_1 y = \frac{\partial \psi}{\partial u}\, du$$

$$d_1 z = \frac{\partial \chi}{\partial u}\, du \qquad\qquad \text{erfahren.}$$

Bei dem Übergange von α_1 zu γ_1 ändern sich w, u nicht, daher die
Koordinaten des Punktes $x/y/z$, welcher dabei von α nach γ fortschreitet, um

$$d_2 x = \frac{\partial \varphi}{\partial v}\, dv$$

$$d_2 y = \frac{\partial \psi}{\partial v}\, dv$$

$$d_2 z = \frac{\partial \chi}{\partial v}\, dv.$$

Bei dem Übergange von α_1 nach δ_1 endlich bleiben u, v konstant und ändern sich die Koordinaten des Punktes $x/y/z$, der von α nach δ fortschreitet, um

$$d_3 x = \frac{\partial \varphi}{\partial w}\, dw$$

$$d_3 y = \frac{\partial \psi}{\partial w}\, dw$$

$$d_3 z = \frac{\partial \chi}{\partial w}\, dw\,.$$

Das Raumelement dR, als das sechsfache des Tetraeders $\alpha\beta\gamma\delta$, kommt hiernach gleich dem absoluten Betrage von

$$\begin{vmatrix} d_1 x & d_1 y & d_1 z \\ d_2 x & d_2 y & d_2 z \\ d_3 x & d_3 y & d_3 z \end{vmatrix} = J\,du\,dv\,dw;$$

hält man also an der Festsetzung, daß die Differentiale der Variablen positiv seien, so gilt die Formel

$$dR = |J|\,du\,dv\,dw, \qquad \text{und weiter} \qquad (39)$$

$$\iiint\limits_R f(x, y, z)\,dR = \iiint f(\varphi, \psi, \chi)\,|J|\,du\,dv\,dw. \qquad (40)$$

Die Grenzen der einzelnen Integrationen sind aus der Begrenzung von R_1 nach dem im vorigen Artikel erklärten Vorgange abzuleiten.

Den rechtsseitigen Ausdruck kann man ebensowohl als Integration der Funktion $f(\varphi, \psi, \chi)\,|J|$ über den Raum R_1 mit dem Elemente $du\,dv\,dw$, wie auch als Integration der Funktion $f(\varphi, \psi, \chi)$ über den Raum R mit dem Elemente $|J|\,du\,dv\,dw$ auffassen; in letzterem Falle gelten u, v, w als Parameter und es entsprechen den drei Systemen orthogonaler Ebenen, welche den Raum R_1 eingeteilt haben, drei Systeme von krummen Flächen (u), (v), (w), welche R in die neuen Elemente zerlegen. Bei der zweiten Auffassung erstreckt sich das transformierte Integral über denselben Raum R wie das ursprüngliche.

Beispiele. 1. Das Integral $\iiint\limits_R dR$,

ausgedehnt über den Raum des Ellipsoids

$$(a_1 x + b_1 y + c_1 z)^2 + (a_2 x + b_2 y + c_2 z)^2 + (a_3 x + b_3 y + c_3 z)^2 = k^2,$$

gibt die Größe dieses Raumes selbst.

Um sie zu bestimmen, wenden wir die projektive Transformation

$$a_1 x + b_1 y + c_1 z = u$$
$$a_2 x + b_2 y + c_2 z = v$$
$$a_3 x + b_3 y + c_3 z = w$$

an, vermöge welcher das Ellipsoid in die Kugel

$$u^2 + v^2 + w^2 = k^2$$

verwandelt wird. Setzt man

$$D = \begin{vmatrix} a_1 & b_1 & c_1 \\ a_2 & b_2 & c_2 \\ a_3 & b_3 & c_3 \end{vmatrix}$$

und bezeichnet die Unterdeterminanten zweiten Grades mit $\dot{\alpha}_1$, β_1, usw., so ergeben sich für die ursprünglichen Variablen die Ausdrücke:

$$x = \frac{\alpha_1 u + \alpha_2 v + \alpha_3 w}{D}$$
$$y = \frac{\beta_1 u + \beta_2 v + \beta_3 w}{D}$$
$$z = \frac{\gamma_1 u + \gamma_2 v + \gamma_3 w}{D}$$

und aus diesen die Jacobische Determinante der Transformation:

$$J = \begin{vmatrix} \dfrac{\alpha_1}{D} & \dfrac{\beta_1}{D} & \dfrac{\gamma_1}{D} \\ \dfrac{\alpha_2}{D} & \dfrac{\beta_2}{D} & \dfrac{\gamma_2}{D} \\ \dfrac{\alpha_3}{D} & \dfrac{\beta_3}{D} & \dfrac{\gamma_3}{D} \end{vmatrix} = \frac{1}{D^3} \begin{vmatrix} \alpha_1 & \beta_1 & \gamma_1 \\ \alpha_2 & \beta_2 & \gamma_2 \\ \alpha_3 & \beta_3 & \gamma_3 \end{vmatrix} = \frac{1}{D}.$$

Mithin ist

$$\iiint\limits_{R} dR = \frac{1}{D} \iiint\limits_{R_1} du\, dv\, dw;$$

das erübrigende Integral aber bedeutet den transformierten Raum selbst, der eine Kugel vom Halbmesser k ist; folglich ist das Volumen des Ellipsoids

$$\frac{4\pi k^3}{3 |D|}.$$

2. Auf das Integral

$$\iiint\limits_{R} f(x, y, z)\, dx\, dy\, dz$$

soll die Transformation (**68, I**)

$$\left.\begin{aligned}
x &= r \sin \theta \cos \varphi \\
y &= r \sin \theta \sin \varphi \\
z &= r \cos \theta
\end{aligned}\right\} \tag{41}$$

ausgeübt werden. Man bezeichnet dies als den Übergang von rechtwinkligen Koordinaten zu *räumlichen Polarkoordinaten.*

Aus der Jacobischen Determinante

$$J = \begin{vmatrix}
\sin \theta \cos \varphi, & r \cos \theta \cos \varphi, & -r \sin \theta \sin \varphi \\
\sin \theta \sin \varphi, & r \cos \theta \sin \varphi, & r \sin \theta \cos \varphi \\
\cos \theta, & -r \sin \theta, & 0
\end{vmatrix} = r^2 \sin \theta$$

ergibt sich das dieser Transformation entsprechende Raumelement

$$dR = r^2 \sin \theta\, dr\, d\theta\, d\varphi. \tag{42}$$

Da die Flächen mit konstantem r Kugeln um O, die Flächen mit konstantem θ Kreiskegel mit der Spitze O und der Achse OZ, endlich die Flächen mit konstantem φ Ebenen durch die Z-Achse sind, so drückt dR (*bis auf Größen höherer als der dritten Ordnung*) einen von zwei Kugeln, zwei Kegeln und zwei Ebenen begrenzten Körper (Fig. 149) aus.

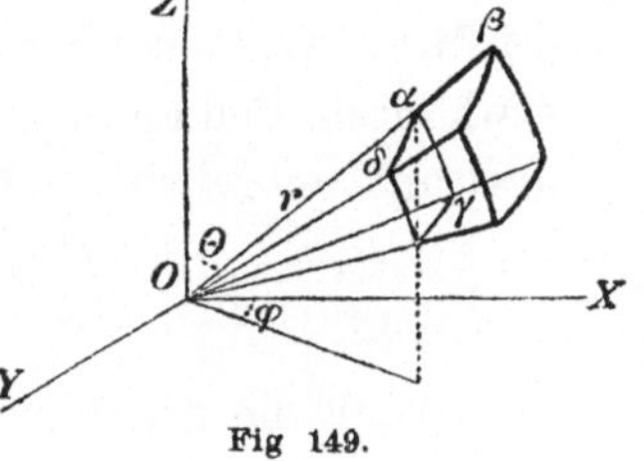

Fig 149.

Hiernach ist schließlich

$$\left.\begin{aligned}
&\iiint\limits_{R} f(x, y, z)\, dx\, dy\, dz \\
&= \iiint\limits_{R} f(r \sin \theta \cos \varphi,\ r \sin \theta \sin \varphi,\ r \cos \theta)\, r^2 \sin \theta\, dr\, d\theta\, d\varphi;
\end{aligned}\right\} \tag{43}$$

die Grenzen der einzelnen Integrationen sind der Begrenzung von R anzupassen.

296. Das n-fache Integral. Es unterliegt keiner Schwierigkeit, die Begriffsbildung, aus welcher das Doppel- und das dreifache Integral hervorgegangen sind, auf eine Funktion von mehr als drei, allgemein von n Variablen auszudehnen.

Ist $f(x_1, x_2, \ldots, x_n)$ eine solche Funktion und integriert man sie sukzessive nach den n Variablen in einer festgesetzten Reihenfolge, wobei die Grenzen einer Integration entweder feste Werte oder aber Funktionen derjenigen Variablen sind, nach welchen noch nicht integriert worden ist, so entsteht ein *n-faches bestimmtes Integral* jener Funktion, das bei der Reihenfolge $x_n, x_{n-1}, \ldots, x_1$ unter Beifügung der Grenzen zu schreiben wäre

$$\int\limits_{u_1'}^{u_1''} dx_1 \int\limits_{u_2'}^{u_2''} dx_2 \ldots \int\limits_{u_n'}^{u_n''} f(x_1, x_2, \ldots, x_n)\, dx_n. \tag{44}$$

Ein solches Integral ist zugleich der Grenzwert einer n-fachen Summe von dem Baue

$$\sum_{(n)} f(\xi_1, \xi_2, \ldots, \xi_n)\, \Delta x_1 \Delta x_2 \ldots \Delta x_n, \tag{45}$$

welche sich auf solche Wertverbindungen der Variablen bezieht, die einer oder mehreren Bedingungen der Form

$$F(x_1, x_2, \ldots, x_n) \leqq 0$$

genügen, für gegen Null abnehmende Δx_1, Δx_2, $\ldots$, Δx_n.

Die Ausdrucksweise der früheren Fälle beibehaltend nennt man diesen Grenzwert das über den n-dimensionalen Raum K, der durch die eben erwähnten Bedingungen gekennzeichnet ist, ausgedehnte n-fache Integral und gebraucht dafür das Symbol

$$\int_{(n)}^{} \!\!\!\!\!{}_{K}\, f(x_1, x_2, \ldots, x_n)\, dx_1\, dx_2 \ldots dx_n. \tag{46}$$

Auch die Ausführung einer ein-eindeutigen Transformation

$$\left.\begin{aligned}
x_1 &= \varphi_1(u_1, u_2, \ldots, u_n)\\
x_2 &= \varphi_2(u_1, u_2, \ldots, u_n)\\
&\;\cdots\cdots\cdots\cdots\cdots\\
x_n &= \varphi_n(u_1, u_2, \cdot\quad, u_n)
\end{aligned}\right\} \tag{47}$$

auf (46) führt zu einem ähnlichen Resultate wie bei zwei und drei Variablen, indem das vorgelegte n-fache Integral sich verwandelt in

$$\int_{(n)}^{} \!\!\!\!\!{}_{K}\, f(\varphi_1, \varphi_2, \ldots, \varphi_n)\,|J|\, du_1\, du_2 \ldots du_n, \tag{48}$$

wobei K, je nach der Auffassung, wieder das ursprüngliche oder jenes Gebiet ist, dessen „Begrenzung" aus derjenigen des ursprünglichen Gebiets durch die Substitution (47) hervorgeht, während J die Jacobische Determinante der Funktionen φ_1, φ_2, $\ldots$, φ_n bedeutet, also

$$J = \begin{vmatrix}
\dfrac{\partial \varphi_1}{\partial u_1}, & \dfrac{\partial \varphi_1}{\partial u_2}, & \ldots, & \dfrac{\partial \varphi_1}{\partial u_n}\\[1.5ex]
\cdot & \cdot & \cdots & \cdot\\[1.5ex]
\dfrac{\partial \varphi_n}{\partial u_1}, & \dfrac{\partial \varphi_n}{\partial u_2}, & \ldots, & \dfrac{\partial \varphi_n}{\partial u_n}
\end{vmatrix}. \tag{49}$$

§ 7. Kurvenintegrale. Integrale von Funktionen einer komplexen Variablen.

297. Begriff des Kurvenintegrals. Es sei $P(x, y)$, kurz P, eine Funktion der Variablen x, y, die für einen Bereich der xy-Ebene eindeutig definiert ist. Zieht man in diesem Bereich einen Kurvenbogen AB (Fig. 150), so ist durch ihn eine einfach unendliche stetige Menge von Werten der Funktion P herausgehoben. Wählt man auf dem Bogen eine Folge von $n + 1$ Punkten $A, \ldots, M_{\nu-1}$, $M_\nu, \ldots, B$, bezeichnet deren Koordinaten mit (a, y_0), $\ldots, (x_{\nu-1}, y_{\nu-1}), (x_\nu, y_\nu), \ldots, (b, y_n)$ und bildet auf dieser Grundlage die Summe

$$\sum_{1}^{n}{}_{\nu} P(x_{\nu-1}, y_{\nu-1})\, \delta_\nu, \tag{1}$$

wobei $\delta_\nu = x_\nu - x_{\nu-1}$, so bietet sich die Frage dar, welches Verhalten diese Summe bei fortschreitender Verdichtung der Punktfolge und ständiger Abnahme aller δ_ν gegen Null zeigen wird.

Diese Frage findet ihre Erledigung dadurch, daß sich die Summe (1) auf eine solche zurückführen läßt, in der eine Funktion von nur einer Variablen vorkommt. Dies ist in der Tat möglich, wenn y längs AB eine eindeutige Funktion von x, etwa $y = \varphi(x)$, ist; denn dann verwandelt sich (1) in

$$\sum_{1}^{n}{}_{\nu} P(x_{\nu-1}, \varphi(x_{\nu-1}))\, \delta_\nu$$

und der Grenzwert hiervon ist (**228**, (18)) das bestimmte Integral

$$\int_{a}^{b} P\{x, \varphi(x)\}\, dx. \tag{2}$$

Dies ist also zugleich der Grenzwert von (1), man bezeichnet ihn kurz mit

$$\int_{C} P\, dx \tag{3}$$

und nennt einen solchen analytischen Ausdruck ein *Kurvenintegral*. Sein Wert hängt nicht allein von den Endpunkten A, B, sondern auch von dem sie verbindenden *Integrationsweg C* ab.

Nach dem gleichen Prinzip kann mit einer Funktion $Q(x, y) = Q$ in bezug auf die Variable y verfahren werden; als Grenzwert der Summe

$$\sum_{1}^{n} Q(x_{\nu-1}, y_{\nu-1})\, \varepsilon_\nu, \tag{1*}$$

wo nunmehr $\varepsilon_\nu = y_\nu - y_{\nu-1}$ ist, ergibt sich das Kurvenintegral

$$\int_C Q\, dy. \tag{3*}$$

Es ist unmittelbar einleuchtend, daß die *Richtung des Integrationsweges* bloß auf das Vorzeichen des Integralwerts Einfluß hat und daß

$$\int_{(AB)} P\, dx = -\int_{(BA)} P\, dx. \tag{4}$$

Von besonderer Wichtigkeit erweist sich die Summe der Integrale (3) und (3*), also ein Kurvenintegral von der Gestalt

$$\int_C (P\, dx + Q\, dy). \tag{5}$$

Seine Auswertung führt auf ein gewöhnliches bestimmtes Integral, wenn der Integrationsweg parametrisch gegeben ist, etwa durch die Gleichungen $\qquad x = f(t), \qquad y = g(t); \qquad$ denn dann ist

$$\int_C (P\, dx + Q\, dy) = \int_\alpha^\beta [P(f, g)\, f'(t) + Q(f, g)\, g'(t)]\, dt,$$

sofern AB beschrieben wird, während t das Intervall (α, β) durchläuft.

298. Umwandlung eines Flächenintegrals in ein Kurvenintegral. Auf dem Gebiete A, das von den zwei geschlossenen Kurven C, C', die weder sich selbst noch einander durchschneiden, begrenzt ist,

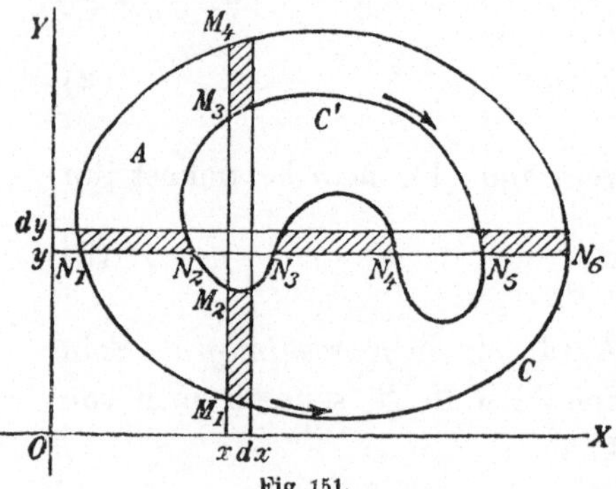

Fig 151.

und auf seinem Rande seien die Funktionen P, Q nebst ihren partiellen Ableitungen erster Ordnung eindeutig und stetig.

Über die Richtung, in welcher der Rand von A verfolgt werden soll, sei festgesetzt, daß sich zu ihrer Linken das *Innere* von A befinden soll; dies führt zu den in Fig. 151 eingetragenen Pfeilen

Wir befassen uns nun mit den beiden Flächenintegralen

$$\int_A \frac{\partial P}{\partial y}\, dA, \qquad \int_A \frac{\partial Q}{\partial x}\, dA.$$

Bei der Zerlegung von A in rechteckige Elemente schreibt sich das erste

$$\int dx \int \frac{\partial P}{\partial y}\, dy$$

und gibt nach Ausführung der ersten Integration, die längs der zur y-Achse parallelen Transversale im Abstande x erfolgt,

$$\int \varepsilon\, dx\, \{- P(x, y_1) + P(x, y_2) - P(x, y_3) + P(x, y_4)\},$$

wenn y_1, y_2, y_3, y_4 die Ordinaten der Punkte M_1, M_2, M_3, M_4 sind, in welchen die genannte Transversale in das Gebiet A eintritt, bzw. aus ihm austritt; ε ist ein Zeichenfaktor, ± 1. Beachtet man nun, daß dx bei der Verfolgung des Randes in dem vorgezeichneten Sinne an den Eintrittsstellen M_1, M_3 positiv, an den Austrittsstellen M_2, M_4 aber negativ ist, so werden alle Teile des letzten Integranden mit negativem Zeichen versehen sein, d. h. es ist

$$\int_A \frac{\partial P}{\partial y}\, dA = -\int_{C,\,C'} P\, dx, \tag{6}$$

das rechtsseitige Kurvenintegral längs des ganzen Randes von A in dem vorgezeichneten Sinne genommen.

Für das zweite Flächenintegral erhält man bei analogem Verfahren zunächst die Darstellung

$$\int dy \int \frac{\partial Q}{\partial x}\, dx = \int \varepsilon\, dy\, \{- Q(x_1, y) + Q(x_2, y) - Q(x_3, y)$$
$$+ Q(x_4, y) - Q(x_5, y) + Q(x_6, y)\},$$

wobei $x_1, \ldots, x_6$ die Abszissen der Ein- und Austrittspunkte der zur x-Achse parallelen Transversale im Abstande y bedeuten. Beachtet man, daß bei Einhaltung der vorgezeichneten Randrichtung dy an den Eintrittsstellen N_1, N_3, N_5 negativ, an den Austrittstellen N_2, N_4, N_6 aber positiv zu nehmen ist, so erkennt man, daß alle Teile des letzten Integranden das positive Zeichen erhalten, daß also

$$\int_A \frac{\partial Q}{\partial x}\, dA = \int_{C,\,C'} Q\, dy, \tag{7}$$

wo bezüglich des rechtsstehenden Kurvenintegrals dasselbe zu bemerken ist wie vorhin.

Aus (6) und (7) folgt

$$\int_A \left(-\frac{\partial P}{\partial y} + \frac{\partial Q}{\partial x}\right) dA = \int_C (P\,dx + Q\,dy), \qquad (8)$$

wo nunmehr Kürze halber der *ganze* Rand mit C bezeichnet ist, aus wieviel selbständigen Kurven er sich zusammensetzen möge, nur muß bezüglich seiner Richtung an den getroffenen Festsetzungen gehalten werden.

Haben die Funktionen P, Q außer den bereits vorausgesetzten Eigenschaften auch noch die, daß überall

$$\frac{\partial P}{\partial y} = \frac{\partial Q}{\partial x}, \qquad (9)$$

so wird das Flächenintegral und mit ihm auch das Kurvenintegral gleich Null. Dies führt zu dem fundamentalen Satze:

Das Kurvenintegral $\int (P\,dx + Q\,dy)$, genommen längs des Randes eines Gebietes, auf welchem die Funktionen P, Q und ihre partiellen Ableitungen erster Ordnung stetig sind und außerdem der Bedingung $\frac{\partial P}{\partial y} = \frac{\partial Q}{\partial x}$ genügen, hat den Wert Null.

Wenn die Bedingung (9) erfüllt ist, bildet der Ausdruck $P\,dx + Q\,dy$ das *exakte Differential* einer gewissen Funktion z, so zwar, daß $P = \frac{\partial z}{\partial x}$, $Q = \frac{\partial z}{\partial y}$; denn tatsächlich ist dann $\frac{\partial P}{\partial y} = \frac{\partial Q}{\partial x} = \frac{\partial^2 z}{\partial x\,\partial y}$. Die Funktion z ist unter den über P, Q gemachten Voraussetzungen ebenfalls stetig im Bereiche A.

299. Bedingung für die Unabhängigkeit des Kurvenintegrals $\int (P\,dx + Q\,dy)$ von dem Verlauf des Integrationsweges. Wenn man in dem Gebiete, auf welchem die Funktionen P, Q eindeutig und stetig sind nebst ihren ersten partiellen Ableitungen, zwei Punkte A, B durch einen Kurvenbogen verbindet, so wird der Wert des über denselben erstreckten Integrals im allgemeinen außer von den Endpunkten auch von dem Verlauf des Integrationsweges abhängen. Es kann nun die Frage aufgeworfen werden, ob es möglich ist, daß der genannte Wert *nur* von den Endpunkten und nicht auch von der Gestalt des Weges abhängt.

Diese Frage findet ihre Erledigung in dem vorangehenden Satze. Wenn zwei verschiedene Wege wie AC_1B und AC_2B, Fig. 152, zu demselben Integralwert führen sollen, so muß der über den ganzen geschlossenen Linienzug in irgend einer Richtung gebildete Integralwert Null sein; denn aus

$$\int_{(A C_1 B)} (P\,dx + Q\,dy) = \int_{(A C_2 B)} (P\,dx + Q\,dy)$$

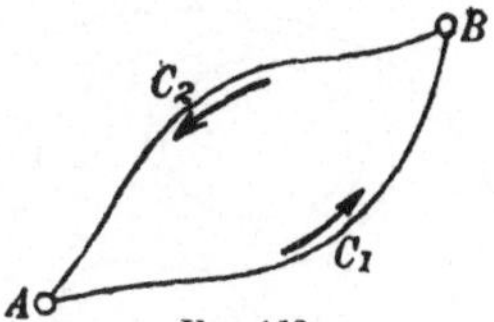

folgt mit Rücksicht auf (4):

$$\int_{(A C_1 B)} (P\,dx + Q\,dy) + \int_{(B C_2 A)} (P\,dx + Q\,dy)$$
$$= \int_{(A C_1 B C_2 A)} (P\,dx + Q\,dy) = 0.$$

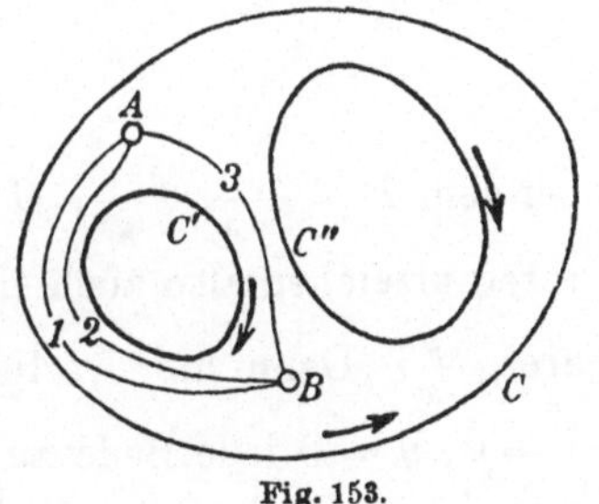

Fig. 152

Das ist aber nur dann der Fall, wenn P, Q nebst ihren partiellen Ableitungen erster Ordnung auf dem von den beiden Wegen eingeschlossenen Gebiet stetig sind und die Bedingung $\dfrac{\partial P}{\partial y} = \dfrac{\partial Q}{\partial x}$ erfüllen.

Man kann dieses Ergebnis, um auch Gebiete einzubeziehen, die mehrere getrennte Randkurven besitzen, wie folgt aussprechen:

Zwei in dem Gebiet, auf welchem P, Q nebst ihren partiellen Ableitungen erster Ordnung stetig sind und der Bedingung $\dfrac{\partial P}{\partial y} = \dfrac{\partial Q}{\partial x}$ genügen, zwischen zwei Punkten A, B verlaufende Integrationswege führen dann und nur dann zu demselben Wert des Integrals $\int (P\,dx + Q\,dy)$, wenn sich der eine Weg ohne Überschreitung eines Randes in den andern überführen läßt[1]).

Das wird in einem einrandigen Gebiet für alle, zwei Punkte verbindenden Wege der Fall sein; bei einem Gebiet von der Form Fig. 153, das drei Ränder C, C', C'' hat, gilt dies beispielsweise von den Wegen $A1B$ und $A2B$, nicht aber von diesen und dem Wege $A3B$.

Bezüglich in sich geschlossener Integrationswege ergibt sich daraus folgendes. Läßt sich ein solcher Integrationsweg ohne Überschreitung eines Randes auf einen Punkt zusammenziehen, so ist das Integral längs desselben gleich Null (W_1, Fig. 154). Lassen

Fig. 153.

---

1) Eine andere Begründung dieses fundamentalen Satzes wird in der Variationsrechnung gegeben werden.

zwei geschlossene Wege, die dieser Bedingung nicht entsprechen, sich ohne Überschreitung des Randes ineinander überführen, so führen sie zu gleichen, aber von Null verschiedenen Integralen (W_2 und W_3). Gestatten sie auch eine solche Überführung nicht, so ergeben sie ungleiche und von Null verschiedene Integralwerte (W_2 oder W_3 und W_4).

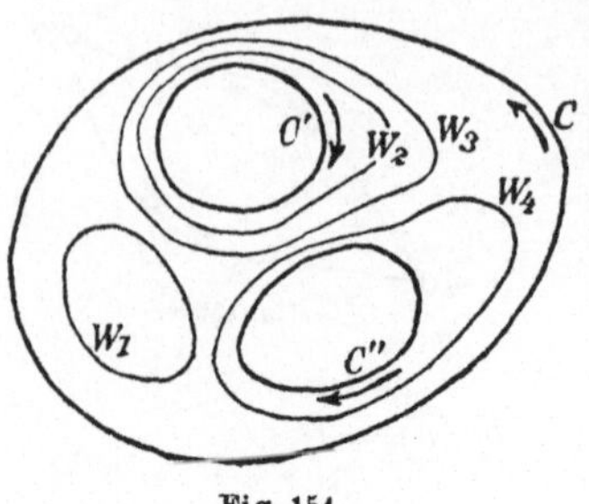

Fig. 154.

Zur Illustration folgende Beispiele.

Das Integral

$$\int (y\,dx + x\,dy)$$

erfüllt die wiederholt formulierten Bedingungen in der ganzen xy-Ebene, sein Integrand ist das exakte Differential von xy; daher ist sein Wert zwischen irgend zwei Punkten auf jedem sie verbindenden Weg derselbe, nämlich die Differenz der den Punkten zugeordneten Produkte xy; und auf jedem in sich geschlossenen Wege ist er gleich Null; so hat man beispielsweise, wenn man als Integrationsweg den Kreis K

$$x^2 + y^2 = r^2$$

nimmt, bei Einführung von Polarkoordinaten

$$y\,dx + x\,dy = - r \sin \varphi \; r \sin \varphi\, d\varphi + r \cos \varphi \; r \cos \varphi\, d\varphi = r^2 \cos 2\varphi\, d\varphi$$

und

$$\int_K (y\,dx + x\,dy) = r^2 \int_0^{2\pi} \cos 2\varphi\, d\varphi = 0 \qquad \text{bei jedem } r.$$

Anders steht es bei dem Integral

$$\int \frac{x\,dy - y\,dx}{x^2 + y^2},$$

bei dem $P = - \dfrac{y}{x^2 + y^2}$, $Q = \dfrac{x}{x^2 + y^2}$, $\dfrac{\partial P}{\partial y} = \dfrac{\partial Q}{\partial x}$, die Funktion unter dem Integralzeichen also auch ein vollständiges Differential ist, und zwar von $\operatorname{arctg} \dfrac{y}{x}$. Denn hier verlieren P, Q und ihre Ableitungen an der Stelle $x = 0$, $y = 0$ jede Bedeutung. Wenn also ein geschlossener Integrationsweg diesen Punkt umschließt, so hat das längs desselben gebildete Integral nicht den Wert Null; längs desselben Kreises wie vorhin ist beispielsweise

$$\frac{x\,dy - y\,dx}{x^2 + y^2} = \frac{r \cos \varphi\, r \cos \varphi\, d\varphi + r \sin \varphi\, r \sin \varphi\, d\varphi}{r^2} = d\varphi$$

und somit
$$\int\limits_{K} \frac{x\,dy - y\,dx}{x^2 + y^2} = \int\limits_{0}^{2\pi} d\varphi = 2\pi,$$

also wohl wieder unabhängig von r, weil für alle derartigen Kreise (und geschlossene Linien überhaupt) gleich, aber nicht Null.

300. Integral einer Funktion einer komplexen Variablen. Die reelle Variable x findet ihre Darstellung in einer Geraden, der x-Achse, der Integrationsweg eines bestimmten Integrals, das sich auf eine Funktion dieser Variablen bezieht, ist durch die Grenzen schon bestimmt, es ist die zwischen den Grenzen liegende Strecke der x-Achse.

Nicht so ist es bei der komplexen Variablen $z = x + iy$ und einem Integral, das sich auf eine Funktion derselben bezieht. Die Variable z findet ihre Darstellung in einer Ebene, der xy- oder z-Ebene, und der Integrationsweg ist mit den Grenzen $z_0 = x_0 + iy_0$, $z_1 = x_1 + iy_1$ nicht auch schon gegeben. Vielmehr können zwischen x_0/y_0 und x_1/y_1 unendlich viele Integrationswege verzeichnet werden.

Es sei $f(z) = u + iv$ und A das Gebiet, auf welchem u, v eindeutig und stetig sind und partielle Ableitungen erster Ordnung besitzen; dann ist $f(z)$ auf eben demselben Gebiet eine eindeutige und stetige *analytische Funktion* (**101**). Ferner sei C irgend ein die Punkte z_0, z_1 verbindender ganz in A verlaufender Weg (Fig. 155). Das längs dieses Weges gebildete Integral von $f(z)$ hat den folgenden Sinn. Es ist

Fig. 155.

$$\int\limits_{C} f(z)\,dz = \int\limits_{C} (u + iv)(dx + i\,dy) = \int\limits_{C} (u\,dx - v\,dy) + i\int\limits_{C} (v\,dx + u\,dy). \tag{10}$$

Aber die auf der rechten Seite auftretenden Kurvenintegrale sind kraft der Eigenschaften einer analytischen Funktion von dem *Verlauf* des Integrationsweges unabhängig und schon durch dessen Endpunkte bestimmt; denn vermöge dieser Eigenschaften ist

$$\frac{\partial u}{\partial y} = - \frac{\partial v}{\partial x}$$

und hierdurch ist die Unabhängigkeit des ersten Integrals von dem Verlauf von C dargetan, und aus $\;\dfrac{\partial u}{\partial x} = \dfrac{\partial v}{\partial y}$

folgt die Unabhängigkeit des zweiten.

13*

Dies gibt den nach Cauchy, der ihn zuerst ausgesprochen und bewiesen hat[1]), benannten *Integralsatz*, wonach *das Integral* $\int f(z)\,dz$, *genommen längs eines in dem Bereiche, auf welchem $f(z)$ eine eindeutige und stetige analytische Funktion ist, von z_0 bis z_1 verlaufenden Weges unabhängig ist von dessen übrigem Verlauf.*

Dieser Satz rechtfertigt es, wenn man das Integral ebenso bezeichnet wie das einer Funktion der reellen Variablen durch bloße Hinzufügung der Grenzen, also schreibt

$$\int_{z_0}^{z_1} f(z)\,dz,$$

ohne den Integrationsweg ersichtlich zu machen.

Faßt man die obere Grenze als variabel auf und bezeichnet sie demgemäß mit z, so stellt das Integral eine Funktion dieser Grenze dar, von der sich nachweisen läßt, daß auch sie eine analytische Funktion ist. Denn im Sinne von (10) ist

$$\int_{z_0}^{z} f(z)\,dz = U + iV,$$

wobei
$$U = \int_{(x_0/y_0)}^{(x/y)} (u\,dx - v\,dy), \qquad V = \int_{(x_0/y_0)}^{(x/y)} (v\,dx + u\,dy);$$

folglich ist
$$\frac{\partial U}{\partial x} = u, \qquad \frac{\partial V}{\partial y} = u,$$
$$\frac{\partial U}{\partial y} = -v, \qquad \frac{\partial V}{\partial x} = v,$$

also tatsächlich
$$\frac{\partial U}{\partial x} = \frac{\partial V}{\partial y}$$
$$\frac{\partial U}{\partial y} = -\frac{\partial V}{\partial x},$$

wodurch $F(z) = U + iV$ als analytische Funktion gekennzeichnet ist.
Da ferner

$$\frac{dF(z)}{dz} = \frac{\partial U}{\partial x} + i\frac{\partial V}{\partial x} = \frac{\partial V}{\partial y} - i\frac{\partial U}{\partial y} = u + iv = f(z),$$

---

1) Ein anderer Beweis, der dem Gedankengange Cauchys folgt, wird in der Variationsrechnung gegeben werden. — Eine elementare Theorie der Kurvenintegrale und einen darauf gestützten Beweis des Cauchyschen Integralsatzes hat A. Pringsheim entwickelt in den Sitzungsber. d. k. bayr. Akad. d. Wissensch., Bd. XXV (1895), p. 39—72. Daselbst auch einschlägige historische Daten.

so gilt auch bei Integralen von Funktionen der komplexen Variablen der fundamentale Satz, daß

$$\frac{d}{dz}\int_{z_0}^{z} f(z)\,dz = f(z), \qquad \text{(vgl. 203, 9).} \qquad (11)$$

301. Darstellung der Innenwerte von $f(z)$ durch die Randwerte der Funktion. Die analytische Funktion $f(z)$ sei in dem Gebiet A, Fig. 156, eindeutig und stetig; z_0 sei ein Punkt im Innern von A. Dann ist $\frac{f(z)}{z - z_0}$ eine Funktion, die im Gebiet A dieselben Eigenschaften besitzt, mit Ausschluß des Punktes z_0, woselbst sie unendlich wird. Umgibt man diesen Punkt mit einem aus ihm beschriebenen Kreise k vom Radius r, der innerhalb A verbleibt, so erfüllt auf dem zwischen dem Kreise und dem Rand C von A befindlichen Gebiet auch die Funktion $\frac{f(z)}{z - z_0}$ die Bedingungen des Cauchyschen Satzes; somit gilt für gleiche Richtung beider Randlinien der Ansatz:

$$\int_C \frac{f(z)}{z - z_0}\,dz = \int_k \frac{f(z)}{z - z_0}\,dz.$$

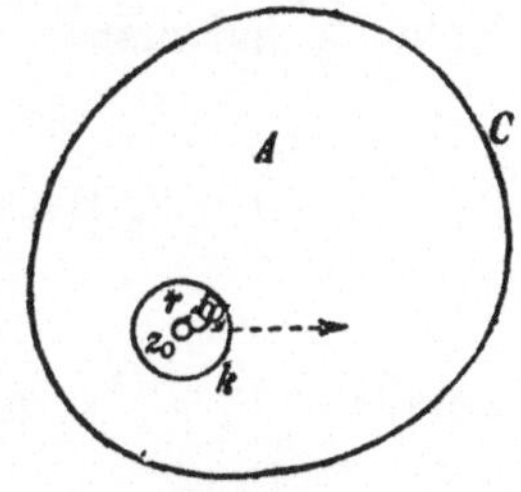

Wegen der vorausgesetzten Stetigkeit von $f(z)$ kann r so klein gewählt werden, daß der absolute Wert von

$$f(z) - f(z_0) = \eta$$

für alle Punkte von k unter einen beliebig klein festgesetzten Betrag ε herabsinkt. Setzt man also in dem zweiten Integral $f(z_0) + \eta$ für $f(z)$, so wird weiter

$$\int_C \frac{f(z)}{z - z_0}\,dz = f(z_0)\int_k \frac{dz}{z - z_0} + \int_k \frac{\eta\,dz}{z - z_0}.$$

Bei Einführung von Polarkoordinaten aus z_0 ist

$$z - z_0 = re^{i\varphi}, \quad dz = ire^{i\varphi}d\varphi,$$

$$\int_k \frac{dz}{z - z_0} = i\int_0^{2\pi} d\varphi = 2\pi i, \quad \int_k \frac{\eta\,dz}{z - z_0} = i\int_0^{2\pi} \eta\,d\varphi,$$

folglich

$$\left| \int \frac{\eta\,dz}{z - z_0} \right| < 2\pi\varepsilon;$$

der von r unabhängige Unterschied

Fig. 156.

$$\int_C \frac{f(z)\,dz}{z - z_0} - 2\pi i f(z_0)$$

muß also, als dem Betrage nach beliebig klein, notwendig Null sein, so daß

$$\int_C \frac{f(z)}{z - z_0}\,dz = 2\pi i f(z_0),$$

woraus
$$f(z_0) = \frac{1}{2\pi i}\int_C \frac{f(z)}{z - z_0}\,dz. \tag{12}$$

Diese Formel drückt die Tatsache aus, daß sich der Wert der Funktion $f(z)$ in einem Innenpunkt z_0 darstellen läßt mit Hilfe derjenigen Werte, welche sie längs der Randkurve C annimmt.

Statt C kann man jede andere den Punkt z_0 umschließende geschlossene Linie benützen, die ganz innerhalb A verläuft; wählt man als solche einen um z_0 mit entsprechend eingeschränktem Radius R beschriebenen Kreis, so hat man $\quad z - z_0 = Re^{i\varphi}, \quad dz = iRe^{i\varphi}d\varphi \quad$ und

$$f(z_0) = u_0 + iv_0 = \frac{1}{2\pi}\int_0^{2\pi}(u + iv)d\varphi = \frac{1}{2\pi}\int_0^{2\pi}u\,d\varphi + \frac{i}{2\pi}\int_0^{2\pi}v\,d\varphi,$$

woraus
$$u_0 = \frac{1}{2\pi}\int_0^{2\pi}u\,d\varphi, \quad v_0 = \frac{1}{2\pi}\int_0^{2\pi}v\,d\varphi,$$

d. h. die zu dem Punkte z_0 gehörigen Werte u_0, v_0 sind die Mittelwerte aus den u, respektive v längs des Kreises (z_0, R) [270].

302. Pole einer analytischen Funktion. Eine analytische Funktion, die in einem Gebiete der Ebene eindeutig und stetig ist, heißt in eben diesem Gebiete holomorph (auch synektisch). Die Eindeutigkeit ist so zu verstehen, daß man an einer Stelle immer zu demselben Funktionswert kommt, auf welchem Wege man auch zu ihr gelangen möge. Das einfachste Beispiel holomorpher Funktionen sind die rationalen ganzen Funktionen von z.

Unter den Punkten, in welchen eine analytische Funktion unendlich wird, sind die Pole bezüglich des Verhaltens der Funktion die einfachsten. Man bezeichnet a als einen Pol von $f(z)$, wenn $f(z)$ daselbst unendlich wird, jedoch so, daß das Produkt $(z - a)^n f(z)$, wo n eine positive ganze Zahl und die kleinste dieser Eigenschaft bedeutet, einer endlichen Grenze sich nähert; mit andern Worten, in einem Pol wird $f(z)$ unendlich von einer angebbaren Ordnung in bezug auf $\dfrac{1}{z-a}$. Die Zahl n bezeichnet die **Ordnung** (oder Multiplizität) des Pols.

Eine Funktion, die Pole besitzt und mit Ausschluß derselben holomorph ist, nennt man **meromorph**. Das einfachste Beispiel einer solchen ist eine rationale gebrochene Funktion von z; ihre Pole sind die **Nullstellen** (oder Wurzeln) des Nenners.

In **301** war $f(z)$ als eine holomorphe Funktion vorausgesetzt; dann ist $\dfrac{f(z)}{z-z_0}$ eine meromorphe Funktion mit dem einzigen und einfachen Pol z_0.

Ist wieder $f(z)$ holomorph in einem Gebiet, dem die Punkte z_0, z_1 augehören, so ist $\dfrac{f(z)}{(z-z_0)(z-z_1)}$ meromorph mit den einfachen Polen z_0, z_1, $\dfrac{f(z)}{(z-z_0)^2}$ meromorph mit dem einzigen zweifachen Pol z_0, u. ä.

In **300** ist gezeigt worden, daß das Integral einer holomorphen Funktion, genommen längs der ganzen Umrandung eines Gebiets, auf dem sie diese Eigenschaft besitzt, den Wert Null hat. Nicht so verhält es sich, wenn die Funktion meromorph ist.

Um den einfachsten Fall dieser Art vorzuführen, sei $f(z)$ eine in dem Gebiet A, das durch eine einfache Randkurve C begrenzt sein und die Punkte $z_1, z_2, \ldots z_n$ enthalten soll, holomorph; dann ist die Funktion

$$\frac{f(z)}{(z-z_1)(z-z_2)\ldots(z-z_n)}$$

daselbst meromorph und hat die genannten Punkte zu einfachen Polen dabei ist vorausgesetzt, daß sich darunter keine Wurzel von $f(z)$ findet.

Nach den rein algebraischen Sätzen über die Zerlegung einer rationalen gebrochenen Funktion ist

$$\frac{1}{(z-z_1)(z-z_2)\ldots(z-z_n)} = \frac{A_1}{z-z_1} + \frac{A_2}{z-z_2} + \cdots + \frac{A_n}{z-z_n};$$

was die Zähler anlangt, so gilt für sie die allgemeine Formel (**239**):

$$A_\lambda = \frac{1}{F'(z_\lambda)},$$

wenn $F(z) = (z-z_1)(z-z_2)\ldots(z-z_n)$ gesetzt wird. Mithin hat man

$$\frac{f(z)}{F(z)} = \frac{1}{F'(z_1)}\frac{f(z)}{z-z_1} + \frac{1}{F'(z_2)}\frac{f(z)}{z-z_2} + \cdots + \frac{1}{F'(z_n)}\frac{f(z)}{z-z_n};$$

daraus ergibt sich durch Integration längs C unter Benützung der Formel (12), **301**:

$$\int\limits_{C} \frac{f(z)}{F(z)}\, dz = 2\pi i\left\{ \frac{f(z_1)}{F'(z_1)} + \frac{f(z_2)}{F'(z_2)} + \cdots + \frac{f(z_n)}{F'(z_n)} \right\}; \tag{13}$$

weder ein $f(z_\lambda)$ noch ein $F'(z_\lambda)$ ist Null, ersteres nach Voraussetzung, letzteres, weil die z_λ ausdrücklich als einfache Pole, also als einfache Wurzeln von $F(z)$ angenommen sind.

Das Integral der vorliegenden meromorphen Funktion längs des Randes von A hat also einen bestimmten von Null verschiedenen Wert, der gleich ist $2\pi i$ multipliziert mit der Summe von n bestimmten den einzelnen Polen zugeordneten Werten; diese Werte werden nach einer von Cauchy eingeführten Terminologie die den Polen zukommenden Residua der Funktion $\frac{f(z)}{F(z)}$ genannt.

303. Anwendungen. Die vorgeführten Integralsätze bilden ein weittragendes Mittel zur Auswertung von Integralen auch im reellen Gebiet. Der Grundgedanke, der dabei meistens befolgt wird, besteht darin, daß man an der Begrenzung des Gebiets, das man dem Integral der entsprechend gewählten analytischen Funktion zugrunde legt, auch die x-Achse als Integrationsweg im reellen Gebiet in geeigneter Weise teilnehmen läßt. Zur Begrenzung des Gebiets eignen sich besonders Gerade parallel zu den Achsen und Kreise. Denn längs einer solchen Geraden ist das eine Element von $z = x + iy$ konstant, daher reduziert sich dz auf dx oder idy und die Funktion von z auf eine solche von x oder y allein, je nachdem y oder x konstant ist; und längs eines Kreises ist, wenn man seinen Mittelpunkt zum Ursprung macht, der Modul von z konstant und es bleibt die Amplitude als die alleinige Variable übrig. Die Durchführung dieses Gedankenganges kann nur an Beispielen erklärt werden; unter diesen ist auch eines aufgenommen, bei dem ein anderer Weg eingeschlagen ist.

1. Das Integral
$$\int\limits_{-\infty}^{\infty} \frac{dx}{x^2 - x + 1}$$

hat einen bestimmten Wert, weil der Nenner im reellen Gebiet nirgends verschwindet und um zwei Grade höher ist als der Zähler (**275, 277**).

Wir betrachten das Integral $\displaystyle\int \frac{dz}{z^2 - z + 1}$, genommen längs des Umfangs einer Halbkreisfläche vom Radius R, Fig. 157. Von den beiden Wurzeln des Nenners, $\dfrac{1 \pm i\sqrt{3}}{2}$, liegt die obere in dieser Fläche, sobald nur $R > 1$ ist. Dies vorausgesetzt, ist das Integral laut (13) gleich $2\pi i \dfrac{1}{i\sqrt{3}} = \dfrac{2\pi}{\sqrt{3}}$, mithin hat man den Ansatz

$$\int\limits_{-R}^{R} \frac{dx}{x^2 - x + 1} + \int\limits_{k} \frac{dz}{z^2 - z + 1} = \frac{2\pi}{\sqrt{3}}.$$

Fig. 157.

Führt man in dem Kreisintegral Polarkoordinaten ein, so ist $z = Re^{i\varphi}$, $dz = iRe^{i\varphi}d\varphi$ zu setzen; hiermit geht es über in

$$i\int\limits_{0}^{\pi} \frac{Re^{i\varphi}\,d\varphi}{R^2 e^{2i\varphi} - Re^{i\varphi} + 1};$$

R ist an keine Schranke gebunden; läßt man es unbegrenzt wachsen, so konvergiert der Integrand und mit ihm der ganze Ausdruck gegen Null und der obige Ansatz verwandelt sich in

$$\int\limits_{-\infty}^{\infty} \frac{dx}{x^2 - x + 1} = \frac{2\pi}{\sqrt{3}}.$$

2. Bezüglich des Integrals $\displaystyle\int \frac{x^2\,dx}{x^4 + 1}$ gelten analoge Erwägungen; aber von den vier Wurzeln des Nenners, d. i. $e^{\frac{\pi}{4}i}$, $e^{\frac{3\pi}{4}i}$, $e^{\frac{5\pi}{4}i}$, $e^{\frac{7\pi}{4}i}$, liegen jetzt zwei, und zwar die ersten zwei, in der Halbkreisfläche, sobald nur $R > 1$ ist; die diesen Polen entsprechenden Residua sind

$$\left(\frac{z^2}{4z^3}\right)_{z = e^{\frac{\pi}{4}i}} = \frac{1}{4}\left(\cos\frac{\pi}{4} - i\sin\frac{\pi}{4}\right),$$

$$\left(\frac{z^2}{4z^3}\right)_{z = e^{\frac{3\pi}{4}i}} = \frac{1}{4}\left(-\cos\frac{\pi}{4} - i\sin\frac{\pi}{4}\right),$$

ihre Summe macht $-\dfrac{i}{2}\sin\dfrac{\pi}{4} = -\dfrac{i\sqrt{2}}{4}$; folglich hat man laut **302**, $R > 1$ vorausgesetzt, den Ansatz:

$$\int\limits_{-R}^{R} \frac{x^2\,dx}{x^4 + 1} + \int\limits_{K} \frac{z^2\,dz}{z^4 + 1} = \frac{\pi\sqrt{2}}{2};$$

von dem zweiten Integral läßt sich in derselben Weise wie vorhin nachweisen, daß es mit unbegrenzt wachsendem R gegen Null konvergiert; somit bleibt als Resultat:

$$\int_{-\infty}^{\infty} \frac{x^2\,dx}{x^4+1} = \frac{\pi}{\sqrt{2}}.$$

3. Transformiert man das Integral

$$\int_0^{2\pi} \frac{dx}{a+\cos x},$$

das bei $a>1$ einen bestimmten Wert hat, durch die Substitution

$$\cos x = \frac{e^{ix}+e^{-ix}}{2}, \quad e^{ix}=z, \quad \text{woraus } dx = \frac{dz}{iz},$$

so geht es über in $\qquad \dfrac{2}{i}\int \dfrac{dz}{z^2+2az+1},$

und während x das Intervall $(0, 2\pi)$ durchläuft, beschreibt der Punkt z, da seine Koordinaten $\xi = \cos x$, $\eta = \sin x$ sind, den Umfang eines Kreises vom Radius 1, beginnend rechts in der x-Achse. Innerhalb dieses Kreises liegt von den beiden Wurzeln des Nenners nur die eine $-a+\sqrt{a^2-1}$, während die andere, $-a-\sqrt{a^2-1}$, außerhalb desselben fällt, wie man an den reziproken Werten leicht erkennt. Das jener Wurzel als Pol der gebrochenen Funktion entsprechende Residuum ist

$$\left(\frac{1}{2z+2a}\right)_{z=-a+\sqrt{a^2-1}} = \frac{1}{2\sqrt{a^2-1}},$$

mithin hat das Integral, mit Weglassung des Faktors $\dfrac{2}{i}$, den Wert $\dfrac{\pi i}{\sqrt{a^2-1}}$; folglich ist

$$\int_0^{2\pi} \frac{dx}{a+\cos x} = \frac{2\pi}{\sqrt{a^2-1}}.$$

4. Die Funktion e^{-z^2} ist holomorph in jedem Teil der Ebene; infolgedessen ist ihr Integral längs irgendeiner geschlossenen Linie gleich Null. Wählt man als solche das Rechteck $ABCD$, Fig. 158, so führt dies zu dem Ansatze:

$$\int_{-a}^{a} e^{-x^2}\,dx + \int_0^{b} e^{-(a+iy)^2}\,i\,dy + \int_a^{-a} e^{-(x+bi)^2}\,dx + \int_b^{0} e^{-(-a+iy)^2}\,i\,dy = 0.$$

Läßt man, was vermöge der **Natur** der **Funktion** zulässig ist, a unbeschränkt wachsen, so nimmt das erste Integral den Wert $\sqrt{\pi}$ an (285, 4.); das zweite und vierte konvergiert mit dem Integranden gegen Null; das dritte entwickelt sich wie folgt:

$$e^{b^2}\int_{\infty}^{-\infty} e^{-x^2-2ibx}dx = -e^{b^2}\left\{\int_{-\infty}^{\infty} e^{-x^2}\cos 2bx\,dx - i\int_{-\infty}^{\infty} e^{-x^2}\sin 2bx\,dx\right\};$$

von den zwei Integralen in der **Klammer** verschwindet aber das zweite, weil der Integrand eine ungerade Funktion ist (**236**). Mithin ergibt sich (vgl. **285, 4.**)

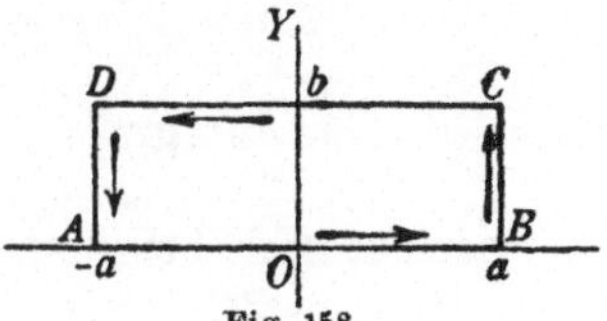

Fig. 158.

$$\int_{-\infty}^{\infty} e^{-x^2}\cos 2bx\,dx = e^{-b^2}\sqrt{\pi}.$$

5. Die Funktion $\dfrac{e^{iz}}{z}$ ist holomorph in jedem Teile der Ebene, der den Nullpunkt nicht enthält. Integriert man sie also längs des Umfangs des Halbrings, Fig. 159, so ergibt sich der Integralwert Null. Sind R, r die Radien der beiden Halbkreise K, k, so hat man folgenden Ansatz:

$$\int_{-R}^{-r}\frac{e^{ix}\,dx}{x} + \int_{k}\frac{e^{iz}\,dz}{z} + \int_{r}^{R}\frac{e^{ix}\,dx}{x} + \int_{K}\frac{e^{iz}\,dz}{z} = 0.$$

Läßt man R unbegrenzt wachsen und r unbegrenzt abnehmen, so schließen sich das erste und dritte Integral zusammen zu

$$\int_{-\infty}^{\infty}\frac{e^{ix}\,dx}{x} = \int_{-\infty}^{\infty}\frac{\cos x\,dx}{x} + i\int_{-\infty}^{\infty}\frac{\sin x\,dx}{x},$$

wobei noch das erste Teilintegral den Wert Null hat, weil es sich auf eine ungerade Funktion bezieht. Die Einführung von Polarkoordinaten in den beiden Kurvenintegralen führt zu

$$\int_{\pi}^{0} e^{ir(\cos\varphi + i\sin\varphi)}\,i\,d\varphi + \int_{0}^{\pi} e^{iR(\cos\varphi + i\sin\varphi)}\,i\,d\varphi;$$

Fig 159.

aus dieser Darstellung ist ersichtlich, daß das zweite bei $\lim R = \infty$ wegen des Faktors $e^{-R\sin\varphi}$ gegen Null konvergiert, während das erste sich mit $\lim r = 0$ der Grenze

$$i\int\limits_{\pi}^{0} d\varphi = -\pi i$$

nähert; somit hat man (**285, 1.**)

$$\int\limits_{-\infty}^{\infty} \frac{\sin x\, dx}{x} = \pi, \qquad \int\limits_{0}^{\infty} \frac{\sin x\, dx}{x} = \frac{\pi}{2}.$$

6. Das Integral $\quad\displaystyle\int \frac{z^{p-1}\, dz}{1+z}$

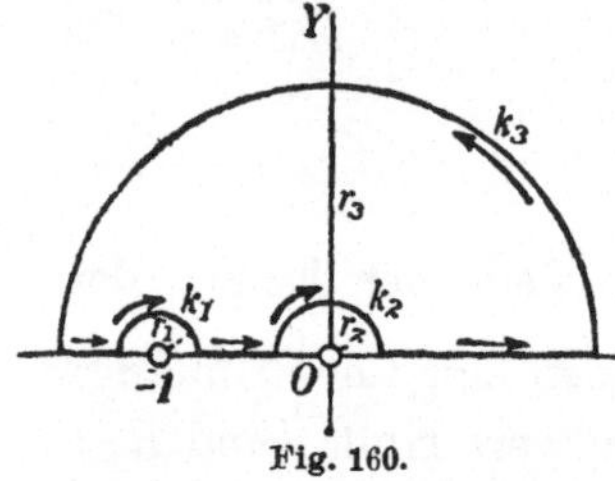
Fig. 160.

bezieht sich bei $0 < p < 1$ auf eine Funktion mit Unendlichkeitsstellen nämlich $z = 0$ und $z = -1$; mit Ausschluß dieser ist die Funktion holomorph. Bildet man also ihr Integral längs einer geschlossenen Linie, die diese Stellen ausschließt, so hat es den Wert Null. Eine solche Linie ist in Fig. 160 dargestellt; sie besteht aus Strecken der x-Achse und den drei Halbkreisen k_1, k_2, k_3, die mit den Radien r_1, r_2, r_3 aus den Punkten -1 und 0 beschrieben sein mögen. Es gilt somit der Ansatz:

$$\int\limits_{-r_2}^{-1-r_1} \frac{x^{p-1}\, dx}{1+x} + \int\limits_{k_1} \frac{z^{p-1}\, dz}{1+z} + \int\limits_{-1+r_1}^{-r_2} \frac{x^{p-1}\, dx}{1+x} + \int\limits_{k_3} \frac{z^{p-1}\, dz}{1+z} + \int\limits_{r_2}^{r_3} \frac{x^{p-1}\, dx}{1+x} + \int\limits_{k_1} \frac{z^{p-1}\, dz}{1+z} = 0,$$

die Richtung der Integration ist durch Pfeile angezeigt.

Läßt man, was zulässig ist, r_1 und r_2 gegen Null konvergieren und r_3 unbegrenzt wachsen, so schließen sich die drei reellen Integrale zu

$$\int\limits_{-\infty}^{\infty} \frac{x^{p-1}\, dx}{1+x}$$

zusammen. Führt man weiter in den Kreisintegralen Polarkoordinaten aus -1, bzw. 0 ein, so verwandelt sich der Integrand des ersten in $(r_1 e^{i\varphi} - 1)^{p-1} i\, d\varphi$ und konvergiert bei abnehmendem r_1 gegen

$$(-1)^{p-1} i\, d\varphi = e^{(p-1)\pi i} i\, d\varphi, \qquad\qquad \text{folglich ist}$$

$$\lim \int\limits_{k_1} \frac{z^{p-1}\, dz}{1+z} = i e^{(p-1)\pi i} \int\limits_{\pi}^{0} d\varphi = -\pi i e^{(p-1)\pi i} = \pi i e^{p\pi i}.$$

Der Integrand des zweiten lautet $\dfrac{r_2{}^p e^{p i \varphi} i\, d\varphi}{1 + r_2\, e^{i \varphi}}$ und konvergiert mit $\lim r_2 = 0$ gegen Null; folglich ist

$$\lim \int\limits_{k_2} \frac{z^{p-1}\, dz}{1+z} = 0.$$

Der Integrand des dritten ergibt sich aus dem vorigen durch Ersetzung von r_2 durch r_3 und konvergiert mit $\lim r_3 = \infty$ auch gegen Null, so daß auch

$$\lim \int\limits_{k_3} \frac{z^{p-1}\, dz}{1+z} = 0.$$

Mithin reduziert sich die obige Gleichung auf

$$\int\limits_{-\infty}^{\infty} \frac{x^{p-1}\, dx}{1+x} + \pi i e^{p \pi i} = 0.$$

Zerlegt man aber das Integral in die beiden Teile

$$J' = \int\limits_{-\infty}^{0} \frac{x^{p-1}\, dx}{1+x}, \qquad J = \int\limits_{0}^{\infty} \frac{x^{p-1}\, dx}{1+x}$$

und ändert in dem ersten das Vorzeichen der Variablen, so wird

$$J' = (-1)^{p-1} \int\limits_{0}^{\infty} \frac{x^{p-1}\, dx}{1-x} = e^{(p-1)\pi i} K,$$

wenn

$$K = \int\limits_{0}^{\infty} \frac{x^{p-1}\, dx}{1-x},$$

man hat also weiter: $\qquad J + e^{(p-1)\pi i} K + \pi i e^{p \pi i} = 0$

oder auch $\qquad\qquad J - e^{p \pi i} K = - \pi i e^{p \pi i}$

und nach Übergang zu der trigonometrischen Form:

$$J - (\cos p\pi + i \sin p\pi)\, K = \pi (\sin p\pi - i \cos p\pi),$$

woraus die beiden Gleichungen

$$J - K \cos p\pi = \pi \sin p\pi$$

$$K \sin p\pi = \pi \cos p\pi,$$

resultieren, aus denen sich schließlich die Werte der beiden Integrale J, K ergeben, nämlich:

$$\int\limits_0^\infty \frac{x^{p-1}\,dx}{1+x} = \frac{\pi}{\sin p\,\pi}$$

$$\int\limits_0^\infty \frac{x^{p-1}\,dx}{1-x} = \pi \cotg p\,\pi$$

$$(0 < p < 1)$$

(vgl. hierzu **305**).

§ 8. Analytische Anwendungen.

304. Die Eulerschen Integrale. Unter den durch Integrale dargestellten Funktionen sind wegen ihrer vielfachen analytischen Anwendungen die *Beta-* und die *Gammafunktion* von besonderer Bedeutung, so genannt nach den Buchstaben, die zu ihrer Bezeichnung verwendet worden sind. Die Betafunktion, eine Funktion zweier Argumente, ist ausgedrückt durch

$$B(p,\,q) = \int\limits_0^1 x^{p-1}(1-x)^{q-1}\,dx, \tag{1}$$

die Gammafunktion, nur von einem Argument abhängig, durch

$$\Gamma(a) = \int\limits_0^\infty e^{-x} x^{a-1}\,dx. \tag{2}$$

Die rechtsstehenden Integrale heißen das Eulersche *Integral erster*, bzw. *zweiter Gattung*. Beide Definitionen gelten aus Gründen, die in § 2 dieses Abschnittes entwickelt worden sind, nur mit gewissen Einschränkungen: es müssen p, q, a positiv sein.

Für ganzzahlige p, q, a sind die Integrale bereits **269**, 5. und **277**, 2. ausgewertet worden und es ergab sich für das zweite Integral eine Fakultät, nämlich $(a-1)!$[1]), für das erste Integral ein aus Fakultäten zusammengesetzter Ausdruck, nämlich $\dfrac{(p-1)!\,(q-1)!}{(p+q-1)!}$. Gerade dieser Zusammenhang mit den Fakultäten war es, der Euler zur Aufstellung und Untersuchung dieser Integrale geführt hatte und der ihre große Wichtigkeit begründet.

Außer den Definitionsformen (1), (2) gibt es noch verschiedene andere, und da für die Zwecke der Untersuchung bald die eine, bald die

---

1) Das Gaußsche Zeichen für $\Gamma(a)$ ist das Produktzeichen $\Pi(a-1)$ und paßt sich diesem speziellen Falle an.

andere sich als vorteilhafter erweist, so mögen einige gleich angeführt werden.

Setzt man in (1) $x = \dfrac{t}{1+t}$, so wird $1 - x = \dfrac{1}{1+t}$ und $dx = \dfrac{dt}{(1+t)^2}$, also

$$B(p, q) = \int_0^\infty \frac{t^{p-1} dt}{(1+t)^{p+q}};\tag{3}$$

zerlegt man letzteres Integral in zwei mit den Integrationsintervallen $(0, 1)$, $(1, \infty)$ und führt im zweiten $\dfrac{1}{t}$ statt t als Variable ein, so ergibt sich

$$B(p, q) = \int_0^1 \frac{t^{p-1} + t^{q-1}}{(1+t)^{p+q}} \, dt,\tag{4}$$

und diese Form läßt die Symmetrie von $B(p, q)$ in bezug auf die beiden Argumente unmittelbar erkennen; es ist also

$$B(p, q) = B(q, p).\tag{5}$$

Die Substitution $x = \sin^2 \varphi$ verwandelt (1) in

$$B(p, q) = 2 \int_0^{\frac{\pi}{2}} \sin^{2p-1} \varphi \, \cos^{2q-1} \varphi \, d\varphi.\tag{6}$$

Durch die Substitution $e^{-x} = z$ geht (2) über in

$$\Gamma(a) = \int_0^1 \left(l \frac{1}{z} \right)^{a-1} dz;\tag{7}$$

dies ist die Form, in der Euler das Integral zuerst aufgestellt hat.

Von den beiden Integralen (1) und (2) hat indessen nur das zweite einen selbständigen Charakter, indem sich das erste durch Integrale zweiter Gattung ausdrücken läßt. Um das zu zeigen, werde in (2) x durch $kx (k > 0)$ ersetzt; es ergibt sich so die Formel

$$\Gamma(a) = k^a \int_0^\infty e^{-kx} x^{a-1} dx\tag{8}$$

und aus dieser $\dfrac{1}{k^a} = \dfrac{1}{\Gamma(a)} \int_0^\infty e^{-kx} x^{a-1} dx;$

schreibt man hierin $1 + t$ für k, $p + q$ für a, multipliziert beiderseits mit t^{p-1} und integriert hierauf von 0 bis ∞, so erhält man mit Rücksicht auf (3)

$$B(p, q) = \frac{1}{\Gamma(p+q)} \int_0^\infty t^{p-1} dt \int_0^\infty e^{-(1+t)x} x^{p+q-1} dx,$$

wofür nach dem Satze von der Umkehrbarkeit der Integrationsfolge geschrieben werden kann:

$$B(p, q) = \frac{1}{\Gamma(p+q)} \int_0^\infty e^{-x} x^{p+q-1} dx \int_0^\infty e^{-xt} t^{p-1} dt;$$

die innere Integration liefert aber wegen (8) das Resultat $\frac{\Gamma(p)}{x^p}$, infolgedessen wird

$$B(p, q) = \frac{\Gamma(p)}{\Gamma(p+q)} \int_0^\infty e^{-x} x^{q-1} dx = \frac{\Gamma(p)\Gamma(q)}{\Gamma(p+q)}, \qquad (9)$$

womit die obige Behauptung erwiesen ist.

Gauß hat für die Gammafunktion eine vom Integralzeichen freie Definition verwendet, durch ein unendliches Produkt; sie läßt sich aus (2) ableiten, indem man von der Bemerkung ausgeht, daß e^{-x} der Grenzwert von $\left(1 - \frac{x}{m}\right)^m$ ist für $\lim m = \infty$; hiernach kann man schreiben:

$$\Gamma(a) = \lim_{m=\infty} \int_0^m \left(1 - \frac{x}{m}\right)^m x^{a-1} dx.$$

Nun ergibt partielle Integration nach und nach:

$$\int_0^m \left(1 - \frac{x}{m}\right)^m x^{a-1} dx = \left\{ \frac{x^a}{a}\left(1 - \frac{x}{m}\right)^m \right\}_0^m + \int_0^m \left(1 - \frac{x}{m}\right)^{m-1} \frac{x^a}{a} dx$$

$$= \int_0^m \left(1 - \frac{x}{m}\right)^{m-1} \frac{x^a}{a} dx,$$

$$\int_0^m \left(1 - \frac{x}{m}\right)^{m-1} \frac{x^a}{a} dx = \int_0^m \left(1 - \frac{x}{m}\right)^{m-2} \frac{(m-1)x^{a+1}}{ma(a+1)} dx,$$

$$\int_0^m \left(1 - \frac{x}{m}\right)^{m-2} \frac{(m-1)x^{a+1}}{ma(a+1)} dx = \int_0^m \left(1 - \frac{x}{m}\right)^{m-3} \frac{(m-1)(m-2)x^{a+2}}{m^2 a(a+1)(a+2)} dx;$$

nimmt man also m als positive ganze Zahl an, was unbeschadet der Allgemeinheit geschehen darf, so kommt schließlich das Integral zustande:

$$\int_0^m \frac{(m-1)(m-2)\ldots 1\, x^{a+m-1}}{m^{m-1}a(a+1)\ldots(a+m-1)}\, dx = \frac{(m-1)(m-2)\ldots 1\, m^{a+m}}{m^{m-1}a(a+1)\ldots(a+m)};$$

durch Addition dieser Gleichungen ergibt sich also

$$\int_0^m \left(1-\frac{x}{m}\right)^m x^{a-1} dx = \frac{m(m-1)(m-2)\ldots 1\, m^a}{a(a+1)(a+2)\ldots(a+m)}.$$

Mithin ist $\quad \Gamma(a) = \lim_{m=\infty} \frac{m!\, m^a}{a(a+1)(a+2)\ldots(a+m)}.$ \hfill (10)

Diese Definition ist insofern allgemeiner als (2), als sie für *jedes* a Geltung behält.

Man kann ihr noch eine andere Gestalt geben, wenn man bemerkt, daß im Zähler

$$m^a = \left(\frac{2}{1}\right)^{a-1}\left(\frac{3}{2}\right)^{a-1}\cdots\left(\frac{m}{m-1}\right)^{a-1} m$$

$$= \left(1+\frac{1}{1}\right)^{a-1}\left(1+\frac{1}{2}\right)^{a-1}\cdots\left(1+\frac{1}{m-1}\right)^{a-1} m$$

gesetzt und der Nenner umgeformt werden kann in

$$(m+1+a-1)(m+a-1)\cdots(1+a-1)$$

$$= (m+1)!\left(1+\frac{a-1}{m+1}\right)\left(1+\frac{a-1}{m}\right)\cdots\left(1+\frac{a-1}{1}\right);$$

dadurch wird

$$\frac{m!\, m^a}{a(a+1)\cdots(a+m)} = \frac{m\left(1+\frac{1}{1}\right)^{a-1}\left(1+\frac{1}{2}\right)^{a-1}\cdots\left(1+\frac{1}{m-1}\right)^{a-1}}{(m+1)\left(1+\frac{a-1}{1}\right)\left(1+\frac{a-1}{2}\right)\cdots\left(1+\frac{a-1}{m+1}\right)};$$

löst man

$$\frac{m}{m+1}\quad \frac{1}{\left(1+\frac{a-1}{m}\right)\left(1+\frac{a-1}{m+1}\right)}$$

ab, was ja den Grenzwert 1 hat, um Konformität im Zähler und Nenner zu erzielen, so ergibt sich schließlich

$$\Gamma(a) = \prod_1^\infty \frac{\left(1+\frac{1}{n}\right)^{a-1}}{1+\frac{a-1}{n}}. \hfill (10^*)$$

305. Zurückführung der Gammafunktion auf das kleinste Argumentintervall. Für die Auswertung der Gammafunktion ist eine Formel von großer Bedeutung, die sich ergibt, wenn man auf (2) partielle Integration mit der Zerlegung x^{a-1}, $e^{-x}dx$ anwendet; man erhält so:

$$\Gamma(a) = \{ - e^{-x}x^{a-1}\}_0^\infty + (a-1)\int_0^\infty e^{-x}x^{a-2}dx,$$

d. i.
$$\Gamma(a) = (a-1)\,\Gamma(a-1) \qquad (a>1). \qquad (11)$$

Ist nun n die größte in a enthaltene ganze Zahl, so daß $a-n$ ein positiver echter Bruch ist, so liefert die n-mal wiederholte Anwendung dieser Formel:

$$\Gamma(a) = (a-1)\,(a-2)\cdots(a-n)\,\Gamma(a-n), \qquad (12)$$

und dadurch ist die Berechnung aller Werte von $\Gamma(a)$ zurückgeführt auf das Intervall $(0, 1)$. Was die Grenzen dieses Intervalls selbst anlangt, so folgt aus (2) unmittelbar, daß $\Gamma(0) = \infty$ und $\Gamma(1) = 1$ ist

Indessen ist noch eine weitere Einschränkung möglich, nämlich auf das Intervall $\left(0, \frac{1}{2}\right)$, die sich durch Vermittlung eines Integrals ergibt, das Euler ebenfalls zum Gegenstand seiner Untersuchungen gemacht hat und mit dem wir uns nun beschäftigen wollen.

Durch Verbindung der Formeln (3) und (9) und wenn gleichzeitig $p + q = 1$ genommen wird, erhält man

$$\Gamma(p)\,\Gamma(1-p) = \int_0^\infty \frac{t^{p-1}dt}{1+t}. \qquad (13)$$

Dieses Integral ist es, durch dessen Vermittlung sich die letzterwähnte Einschränkung erzielen läßt. Sein Wert ist in **303** auf dem Wege über Integrale mit einer komplexen Variablen bestimmt worden. Doch soll hier, mit Rücksicht auf die Wichtigkeit, auch ein Weg beschritten werden, der im reellen Gebiet verbleibt.

Bei rationalen p — und auf solche darf man sich, wenn praktische Zwecke vorliegen, beschränken — läßt sich das Integral in (13) aus dem Eulerschen Integral

$$\int_{-\infty}^\infty \frac{x^{2m}dx}{1+x^{2n}}$$

ableiten, in welchem m, n positive ganze Zahlen bedeuten und $m < n$

sein soll. Unter diesen Voraussetzungen besitzt nämlich dieses uneigentliche Integral nach **277, 1.** einen bestimmten Wert, zu dessen Auffindung man die gebrochene Funktion $\dfrac{x^{2m}}{1+x^{2n}}$ in ihre Partialbrüche zerlegen und diese einzeln integrieren wird.

Der Nenner hat n Paare konjugiert-komplexer Nullstellen und es möge zuerst untersucht werden, was die von einem solchen Wurzelpaar $\alpha+\beta i$, $\alpha-\beta i$ stammenden Partialbrüche zum Integralwert liefern. Diese Partialbrüche werden **239,** (9) die allgemeine Form

$$\frac{A+Bi}{x-\alpha-\beta i} + \frac{A-Bi}{x-\alpha+\beta i}$$

besitzen und in ihrer Zusammenfassung ergeben:

$$\frac{2A(x-\alpha)-2B\beta}{(x-\alpha)^2+\beta^2} = \frac{2A(x-\alpha)}{(x-\alpha)^2+\beta^2} - \frac{2B\beta}{(x-\alpha)^2+\beta^2}\;.$$

Ihre unbestimmte Integration gibt weiter:

$$Al((x-\alpha)^2+\beta^2) - 2B\,\mathrm{arctg}\,\frac{x-\alpha}{\beta}\;;$$

bei endlichen Grenzen $-a$, b $(a>0,\ b>0)$ erhält man als Wert des bestimmten Integrals

$$Al\,\frac{(b-\alpha)^2+\beta^2}{(a+\alpha)^2+\beta^2} - 2B\left(\mathrm{arctg}\,\frac{b-\alpha}{\beta} + \mathrm{arctg}\,\frac{a+\alpha}{\beta}\right)$$

$$= 2Al\,\frac{b}{a} + Al\,\frac{\left(1-\dfrac{\alpha}{b}\right)^2+\dfrac{\beta^2}{b^2}}{\left(1+\dfrac{\alpha}{a}\right)^2+\dfrac{\beta^2}{a^2}} - 2B\left(\mathrm{arctg}\,\frac{b-\alpha}{\beta} + \mathrm{arctg}\,\frac{a+\alpha}{\beta}\right);$$

läßt man nun a, b unabhängig voneinander ins Unendliche wachsen, so bleibt $l\,\dfrac{b}{a}$ unbestimmt, das zweite Glied konvergiert gegen 0 und das dritte gegen $-2B\pi$.

Dies vorausgeschickt, kann man nunmehr schreiben:

$$\int_{-\infty}^{\infty} \frac{x^{2m}}{1+x^{2n}}\,dx = 2\lim l\,\frac{b}{a}\sum_0^{n-1} A_k - 2\pi\sum_0^{n-1} B_k,$$

wenn A_k, B_k $(k=0,1,\cdots,n-1)$ in der oben erwähnten Weise zu den n Wurzelpaaren von $1+x^{2n}$ gehören, wenn also

$$\frac{x^{2m}}{1+x^{2n}} = \sum_0^{n-1} \frac{2A_k(x-\alpha_k)}{(x-\alpha_k)^2+\beta_k^2} - \sum_0^{n-1} \frac{2B_k\beta_k}{(x-\alpha_k)^2+\beta_k^2}\;.$$

Nun geht aus diesem Ansatze, nachdem man ihn mit $1 + x^{2n}$ multipliziert, unmittelbar hervor, daß auf der rechten Seite die nach Potenzen von x fallend geordnete Entwicklung mit $2x^{2n-1} \sum\limits_{0}^{n-1} A_k$ beginnt, während linker Hand die höchste Potenz von x den Grad $2n - 2$ nicht übersteigen kann; mithin ist notwendig

$$\sum_{0}^{n-1} A_k = 0;$$

somit entfällt das unbestimmte Glied des obigen Integralwerts und es verbleibt nur mehr:

$$\int_{-\infty}^{\infty} \frac{x^{2m}\, dx}{1 + x^{2n}} = - 2\pi \sum_{0}^{n-1} B_k.$$

Nun folgt aus $x^{2n} = - 1 = e^{\pm (2k+1)\pi i}$ (105), daß $x_k = e^{\pm \frac{(2k+1)\pi}{2n} i}$ der allgemeine Ausdruck für die Wurzelpaare des Nenners ist, und nach (**239**, (6)) ist das zugehörige

$$A_k + B_k i = \left(\frac{x^{2m}}{2nx^{2n-1}} \right)_{x_k} = - \left(\frac{x^{2m+1}}{2n} \right)_{x_k} = - \frac{1}{2n} e^{+ \frac{(2k+1)(2m+1)\pi}{2n} i};$$

demnach hat man mit der Abkürzung $\frac{(2m+1)\pi}{2n} = \delta$:

$$B_k = - \frac{1}{2n} \sin (2k+1)\delta,$$

also $\quad - 2 \sum\limits_{0}^{n-1} B_k = \frac{1}{n} \{ \sin \delta + \sin 3\delta + \cdots + \sin (2n-1)\delta \}.$

Um die rechts angedeutete Summierung auszuführen, beachte man, daß der eingeklammerte Ausdruck sich als Koeffizient von i in der Summe

$$e^{\delta i} + e^{3\delta i} + \cdots + e^{(2n-1)\delta i}$$

ergibt; diese aber, als geometrische Reihe behandelt, kommt gleich (**105**, (15)):

$$e^{\delta i} \frac{e^{2n\delta i} - 1}{e^{2\delta i} - 1} = e^{\delta i} \frac{e^{(2m+1)\pi i} - 1}{e^{2\delta i} - 1} = \frac{-2e^{\delta i}}{e^{2\delta i} - 1} = \frac{-2}{e^{\delta i} - e^{-\delta i}} = \frac{i}{\sin \delta};$$

mithin ist $\quad \sin \delta + \sin 3\delta + \cdots + \sin (2n-1)\delta = \frac{1}{\sin \delta}$,
daher endgültig

$$\int_{-\infty}^{\infty} \frac{x^{2m}}{1 + x^{2n}}\, dx = \frac{\pi}{n \sin \delta} = \frac{\pi}{n \sin \frac{(2m+1)\pi}{2n}}. \tag{14}$$

Da nun die Funktion unter dem Integralzeichen gerade ist, kann man sich auf das Intervall $(0, \infty)$ beschränken und den entsprechenden Integralwert verdoppeln; setzt man ferner

$$x^{2n} = t, \qquad \frac{2m+1}{2n} = p,$$

so ergibt sich aus (14): $\qquad \displaystyle\int_0^\infty \frac{t^{p-1}\,dt}{1+t} = \frac{\pi}{\sin p\pi}.$ \hfill (15)

Mit Benutzung dieses Wertes und mit Rücksicht auf (13) lautet also die Relation zwischen Gammafunktionen, deren Argumente sich zu 1 ergänzen:

$$\Gamma(a)\,\Gamma(1-a) = \frac{\pi}{\sin a\pi}. \tag{16}$$

Aus ihr folgt insbesondere

$$\Gamma^2(\tfrac{1}{2}) = \pi, \qquad \Gamma(\tfrac{1}{2}) = \sqrt{\pi}. \tag{17}$$

Dieses Resultat, eines der ersten, welche Euler auf diesem Gebiete gefunden, führt zu einer im Vorangehenden (285, 4.; 286. 4.) auf anderem Wege schon abgeleiteten Integralformel; macht man nämlich in

$$\int_0^\infty e^{-x}\, x^{-\frac{1}{2}}\, dx$$

die Substitution $x = z^2$, so entsteht die Formel

$$\int_0^\infty e^{-z^2}\, dz = \frac{\sqrt{\pi}}{2}.$$

Mittels (12) und (17) kann man die Gammafunktion für alle gebrochenen Argumente mit dem Nenner 2 berechnen, ist demnach bereits im Besitze der Werte:

$$\Gamma(0) = \infty, \quad \Gamma(1) = 1, \quad \Gamma(2) = 1, \quad \Gamma(3) = 1\cdot 2, \quad \Gamma(4) = 1\cdot 2\cdot 3, \cdots$$

$$\Gamma(\tfrac{1}{2}) = \sqrt{\pi}, \quad \Gamma(\tfrac{3}{2}) = \tfrac{1}{2}\sqrt{\pi}, \quad \Gamma(\tfrac{5}{2}) = \tfrac{3}{2}\cdot\tfrac{1}{2}\sqrt{\pi}, \quad \Gamma(\tfrac{7}{2}) = \tfrac{5}{2}\cdot\tfrac{3}{2}\cdot\tfrac{1}{2}\sqrt{\pi}, \cdots$$

Zu weitergehenden Ausrechnungen dienen die Reihenentwicklungen des nächsten Artikels. Der Verlauf der Gammafunktion im Intervall $(1, 2)$ ist aus der folgenden Tabelle zu ersehen.

$$\text{Werte von } \Gamma(a):$$

a	$\Gamma(a)$	a	$\Gamma(a)$
1,00	1,0000	1,50	0,8862
1,05	0,9735	1,55	0,8889
1,10	0,9514	1,60	0,8935
1,15	0,9330	1,65	0,9001
1,20	0,9182	1,70	0,9086
1,25	0,9064	1,75	0,9191
1,30	0,8975	1,80	0,9314
1,35	0,8911	1,85	0,9456
1,40	0,8873	1,90	0,9618
1,45	0,8857	1,95	0,9799
		2,00	1,0000

Die Tabelle läßt erkennen, daß in dem Intervall (1, 2) das Minimum von $\Gamma(a)$ liegt, und zwar findet es an der Stelle $a = 1{,}46163$ statt und beträgt 0,885603.

Beispiel. Um ein Beispiel hierzu zu geben, nehmen wir die am Schlusse von **285** begonnene Untersuchung über die Bewegung der Moleküle eines Gases wieder auf, um sie in einer andern Richtung weiter zu führen.

Den Ausgangspunkt bildete dort der Ausdruck

$$\varphi(c)\,dc = 4\pi A c^2 e^{-\frac{c^2}{\alpha^2}}\,dc$$

für die Anzahl solcher Moleküle in der Volumeinheit, die mit Geschwindigkeiten zwischen c und $c + dc$ begabt sind.

Führt man in diesem Ausdruck an Stelle von c die lebendige Kraft eines Moleküls

$$\frac{mc^2}{2} = x$$

ein (m die Masse), so verwandelt er sich in

$$\psi(x)\,dx = \frac{4\pi A \sqrt{2}}{m^{\frac{3}{2}}} e^{-\frac{2x}{m\alpha^2}} \sqrt{x}\,dx$$

und seine Bedeutung ist nun die der Anzahl der Moleküle in der Volumeinheit, deren lebendige Kraft zwischen x und $x + dx$ liegt.

Das Integral von $\psi(x)\,dx$ über alle möglichen Werte von x, d. i. über das Integral $(0, \infty)$, gibt die Anzahl aller Moleküle und man findet mittels der Substitution $\dfrac{2x}{m\alpha^2} = t$:

$$\int\limits_0^\infty \psi(x)\,dx = 2\pi A\alpha^3 \int\limits_0^\infty e^{-t} t^{\frac{1}{2}}\,dt = 2\pi A\alpha^3 \Gamma\left(\frac{3}{2}\right) = A\alpha^3 \sqrt{\pi^3}$$

in Übereinstimmung mit der Anzahlbestimmung aus den Geschwindigkeiten.

Um die mittlere lebendige Kraft der Moleküle zu finden, hat man $x\psi(x)\,dx$ über alle Werte von x zu integrieren, wodurch die Summe der lebendigen Kräfte aller Moleküle gefunden wird, und durch deren Anzahl zu dividieren. Nun ist mit der benützten Substitution

$$\int\limits_0^\infty x\psi(x)\,dx = \pi m A\alpha^5 \int\limits_0^\infty e^{-t} t^{\frac{3}{2}}\,dt = \pi m A\alpha^5 \Gamma\left(\frac{5}{2}\right) = \frac{3}{4}\,m A\alpha^5 \sqrt{\pi^3};$$

die Division durch $A\alpha^3 \sqrt{\pi^3}$ gibt die mittlere lebendige Kraft

$$\frac{3\,m\alpha^2}{4};$$

sie ist also $\frac{3}{2}$ mal so groß als die lebendige Kraft der Moleküle mit der am häufigsten vorkommenden Geschwindigkeit.

Noch wollen wir sie mit der am häufigsten auftretenden lebendigen Kraft vergleichen; diese ergibt sich als derjenige Wert von x, der $\psi(x)$ zum Maximum macht; aus

$$\psi'(x) = \frac{2\pi A\sqrt{2}}{m^{\frac{3}{2}}}\, e^{-\frac{2x}{m\alpha^2}}\, x^{-\frac{1}{2}} \left(1 - \frac{4x}{m\alpha^2}\right)$$

folgt, daß dies $x = \dfrac{m\alpha^2}{4}$ ist. Von diesem Werte ist also die mittlere lebendige Kraft das Dreifache.

306. Reihenentwicklung für die Gammafunktion. Um weitere Werte der Gammafunktion berechnen zu können, genügt es, ein Mittel zu haben, das ihre Berechnung in dem Intervall $(\frac{1}{2}, 1)$ oder $(1, \frac{3}{2})$ gestattet. Ein solches ergibt sich durch Reihenentwicklung.

Geht man von der Gaußschen Definition (10) aus und formt den Ausdruck hinter dem lim-Zeichen wie folgt um:

$$\frac{m^a}{a(1+a)\left(1+\dfrac{a}{2}\right)\cdots\left(1+\dfrac{a}{m}\right)},$$

so ergibt sich für seinen natürlichen Logarithmus die Entwicklung (vorausgesetzt wird dabei $|a| < 1$):

$$alm - la - a + \frac{a^2}{2} - \frac{a^3}{3} + \cdots$$

$$- \frac{a}{2} + \frac{a^2}{2 \cdot 2^2} - \frac{a^3}{3 \cdot 2^3} + \cdots$$

$$\cdot \quad \cdot \quad \cdot \quad \cdot \quad \cdot \quad \cdot \quad \cdot \quad \cdot \qquad (18)$$

$$- \frac{a}{m} + \frac{a^2}{2 m^2} - \frac{a^3}{3 m^3} + \cdots$$

$$= - a \left(1 + \frac{1}{2} + \frac{1}{3} + \cdots + \frac{1}{m} - lm\right) - la + \frac{a^2}{2} s_2^{(m)} - \frac{a^3}{3} s_3^{(m)} + \cdots,$$

worin $s_2^{(m)}$, $s_3^{(m)}$, ... folgende Bedeutung haben:

$$s_2^{(m)} = 1 + \frac{1}{2^2} + \frac{1}{3^2} + \cdots + \frac{1}{m^2}$$

$$s_3^{(m)} = 1 + \frac{1}{2^3} + \frac{1}{3^3} + \cdots + \frac{1}{m^3}$$

$$\cdot \quad \cdot \quad \cdot \quad \cdot \quad \cdot \quad \cdot \quad \cdot \quad \cdot$$

Bei Ausführung des Grenzüberganges $\lim m = \infty$ ist von der in **73**, 4. festgestellten Tatsache Gebrauch zu machen, daß die letztangeschriebenen hyperharmonischen Reihen konvergent sind, daher bestimmte Grenzwerte s_2, s_3, ... besitzen. Zu erledigen bleibt also nur mehr die Grenzbestimmung

$$\lim_{m = +\infty} \left(1 + \frac{1}{2} + \frac{1}{3} + \cdots + \frac{1}{m} - lm\right). \qquad (19)$$

Die harmonische Reihe ist divergent

$$H_m = 1 + \frac{1}{2} + \frac{1}{3} + \cdots + \frac{1}{m}$$

wächst mit ständig zunehmendem m über alle Grenzen; desgleichen lm. Trotzdem kann $H_m - lm$ einer Grenze sich nähern. Um darüber entscheiden zu können, gehen wir von der Identität

$$lm = l(m - 1 + 1) = l(m - 1) + l\left(1 + \frac{1}{m - 1}\right)$$

aus und entwickeln, $m > 2$ voraussetzend, das zweite Glied der rechten Seite, dadurch entsteht:

$$lm = l(m - 1) + \frac{1}{m - 1} - \frac{1}{2(m - 1)^2} + \frac{1}{3(m - 1)^3} - \cdots;$$

ebenso ist also

$$l(m-1) = l(m-2) + \frac{1}{m-2} - \frac{1}{2(m-2)^2} + \frac{1}{3(m-2)^3} - \cdots$$

$$l(m-2) = l(m-3) + \frac{1}{m-3} - \frac{1}{2(m-3)^2} + \frac{1}{3(m-3)^3} - \cdots$$

$$\cdot \quad \cdot \quad \cdot \quad \cdot \quad \cdot \quad \cdot \quad \cdot \quad \cdot \quad \cdot \quad \cdot \quad \cdot \quad \cdot \quad \cdot$$

$$l2 \quad = \quad \frac{1}{1} - \frac{1}{2 \cdot 1^2} + \frac{1}{3 \cdot 1^3} - \cdots,$$

die Addition dieser Gleichungen führt zu

$$lm = 1 + \frac{1}{2} + \cdots + \frac{1}{m-1} - \frac{1}{2} s_2^{(m-1)} + \frac{1}{3} s_3^{(m-1)} - \cdots ;$$

woraus $\qquad H_m - lm = \frac{1}{m} + \frac{1}{2} s_2^{(m-1)} - \frac{1}{3} s_3^{(m-1)} + \cdots;$

da nun die Grenzwerte $s_2, s_3, \ldots$ von $s_2^{(m-1)}, s_3^{(m-1)}, \ldots$ eine fallende Folge von Zahlen bilden, so ist

$$\lim (H_m - lm) = \frac{1}{2} s_2 - \frac{1}{3} s_3 + \frac{1}{4} s_4 - \cdots \tag{20}$$

durch eine konvergente Reihe dargestellt und hat somit tatsächlich einen bestimmten Wert γ. Diese Zahl γ bildet neben e und π eine wichtige Konstante der Analysis und heißt die Eulersche oder die Mascheronische Konstante; sie ist ebenso wie π Gegenstand vielfacher und weitgehender Berechnungen geworden. Auf 10 Dezimalen abgekürzt ist

$$\gamma = 0{,}57721\,56649 \cdots. \tag{21}$$

Durch den Grenzübergang ergibt also (18):

$$l\Gamma(a) = -\gamma a - la + \frac{a^2}{2} s_2 - \frac{a^3}{3} s_3 + \cdots. \tag{22}$$

Die Summen der hyperharmonischen Reihen $\sum \frac{1}{n^p}$ sind von Legendre[1]) für alle p von 2 bis 35 auf 16 Dezimalen berechnet worden; auf 10 Dezimalen abgekürzte Werte einiger dieser Summen sind:

$s_2 = 1{,}64493\,40668$	$s_{10} = 1{,}00099\,45751$	$s_{24} = 1{,}00000\,00596$
$s_3 = 1{,}20205\,69032$	$s_{11} = 1{,}00049\,41886$	$s_{30} = 1{,}00000\,00009$
$s_4 = 1{,}08232\,32337$	$s_{12} = 1{,}00024\,60866$	$s_{33} = 1{,}00000\,00001$

---

1) Exercises de calcul intégral, II. Bd. (1814), p. 65.

$$s_5 = 1{,}03692\,77551 \qquad s_{13} = 1{,}00012\,27133$$
$$s_6 = 1{,}01734\,30620 \qquad s_{14} = 1{,}00006\,12481$$
$$s_7 = 1{,}00834\,92774 \qquad s_{15} = 1{,}00003\,05882$$
$$s_8 = 1{,}00407\,73562 \qquad s_{16} = 1{,}00001\,52823$$
$$s_9 = 1{,}00200\,83928 \qquad s_{17} = 1{,}00000\,76372.$$

Die Entwicklung (22) hat den Nachteil langsamer Konvergenz. Zu einer rascher konvergierenden Reihe gelangt man auf folgendem Wege. Durch Vereinigung der beiden logarithmischen Glieder ergibt sich mit Rücksicht auf (11):

$$l\,\Gamma(a+1) = -\gamma a + \frac{a^2}{2}\,s_2 - \frac{a^3}{3}\,s_3 + \cdots;$$

addiert man hierzu

$$l(a+1) = a - \frac{a^2}{2} + \frac{a^3}{3} - \cdots,$$

so entsteht weiter

$$l\,\Gamma(a+1) = a(1-\gamma) - l(a+1) + \frac{a^2}{2}\,(s_2-1) - \frac{a^3}{3}\,(s_3-1) + \cdots,$$

daraus durch Änderung des Vorzeichens von a[1]:

$$l\,\Gamma(1-a) = -a(1-\gamma) - l(1-a) + \frac{a^2}{2}\,(s_2-1) + \frac{a^3}{3}\,(s_3-1) + \cdots,$$

endlich durch Subtraktion der letzten zwei Gleichungen:

$$l\,\Gamma(1+a) - l\,\Gamma(1-a)$$
$$= 2a(1-\gamma) - l\,\frac{1+a}{1-a} - \frac{2a^3}{3}\,(s_3-1) - \frac{2a^5}{5}\,(s_5-1) - \cdots;$$

nun ist aber wegen (11) und (16)

$$l\,\Gamma(1+a) + l\,\Gamma(1-a) = l\,a\,\Gamma(a)\,\Gamma(1-a) = l\,\frac{a\pi}{\sin a\pi};$$

durch additive Verbindung dieser zwei Ansätze erhält man schließlich die sehr rasch konvergierende Reihe Legendres:

$$l\,\Gamma(1+a) = \frac{1}{2}\,l\,\frac{a\pi}{\sin a\pi} - \frac{1}{2}\,l\,\frac{1+a}{1-a}$$
$$+ a(1-\gamma) - \frac{a^3}{3}\,(s_3-1) - \frac{a^5}{5}\,(s_5-1) - \cdots. \qquad (23)$$

Erteilt man a Werte aus dem Intervall $(-\tfrac{1}{2},\,0)$ oder aus dem Intervall $(0,\,\tfrac{1}{2})$ so ergeben sich Werte von $l\,\Gamma$ aus dem Intervall $(\tfrac{1}{2},\,1)$ bzw. $(1,\,\tfrac{3}{2})$.

---

1) Das Argument der linksstehenden Gammafunktion bleibt wegen $a < 1$ trotzdem positiv.

307. Fouriersche Reihen. Aus der Funktion $\sin x$, welche die Periode 2π, die Amplitude 2 und den Anfangswert 0 (für $x = 0$) besitzt, kann man Funktionen erzeugen mit beliebig kleiner Periode, beliebiger Amplitude und beliebigem Anfangswert. Denn die Funktion $A \sin(nx + \alpha)$, in welcher n eine ganze Zahl bedeuten möge, hat die Periode $\frac{2\pi}{n}$, die Amplitude $2A$ und den Anfangswert $A \sin \alpha$, die alle durch entsprechende Wahl von n, A und α nach Belieben reguliert werden können.

Eine ähnliche Betrachtung kann bezüglich der Funktion $\cos x$ angestellt werden, die sich von der vorigen nur im Anfangswert unterscheidet.

Nun ist aber $A \sin(nx + \alpha) = A \cos \alpha \sin nx + A \sin \alpha \cos nx$; es läßt sich also die Funktion $A \sin(nx + \alpha)$ auch durch Summierung der beiden Funktionen $B \sin nx$, $C \cos nx$ herstellen, wenn $B = A \cos \alpha$, $C = A \sin \alpha$ genommen wird.

Aus dem Umstande, daß bei diesen beiden Funktionen durch Wahl von n ein beliebig rascher Zeichenwechsel und durch Wahl der Koeffizienten beliebig große und beliebig kleine Amplituden erzielt werden können, erklärt sich die Tatsache, daß durch Addition mehrere Ausdrücke dieser Zusammensetzung Funktionen des mannigfachsten Verlaufs erzeugt werden können, geometrisch gesprochen: daß man durch Superposition von in dem letztgedachten Sinne verallgemeinerten Sinus- und Kosinuslinien die mannigfachsten Kurven herstellen kann.

Ihren höchsten Ausdruck findet diese Tatsache in dem Satze, *daß es möglich ist, jede eindeutig definierte Funktion $f(x)$*, sofern sie nur gewissen Bedingungen genügt, die übrigens bei allen in den Anwendungen der Analysis auf naturwissenschaftliche und technische Probleme bisher gebrauchten Funktionen erfüllt sind, *in eine nach den Sinus und Kosinus der Vielfachen von x fortschreitende unendliche Reihe zu entwickeln, also in der Form*

$$f(x) = \tfrac{1}{2} b_0 + b_1 \cos x + b_2 \cos 2x + b_3 \cos 3x + \cdots$$
$$+ \, a_1 \sin x + a_2 \sin 2x + a_3 \sin 3x + \cdots \tag{1}$$

darzustellen.

Man nennt eine derartige Reihe eine *trigonometrische* und in der Ausführung, die ihr im Nachfolgenden gegeben werden wird, eine *Fouriersche Reihe*. Diese letztere Bezeichnung ist dadurch gerechtfertigt, daß Fourier als erster die Behauptung aufgestellt hat, jede willkürliche Funktion lasse eine solche Entwicklung zu[1]).

Die Reihe auf der rechten Seite von (1) ist periodisch und hat die Periode 2π. Danach möchte es scheinen, als ob der Ansatz nur für Funktionen eben dieser Eigenschaft gelte. Indessen liegt das Problem so, daß die Funktion $f(x)$, in einem Intervall $(0, c)$ oder $(-c, c)$ eindeutig definiert, in diesem Intervall durch eine Fouriersche Reihe darzustellen ist. Man wird dann den trigonometrischen Funktionen im ersten Falle statt x das Argument $\frac{2\pi x}{c}$, im zweiten Falle das Argument $\frac{\pi x}{c}$ geben; denn $\frac{2\pi x}{c}$ durchläuft das Intervall $(0, 2\pi)$, während x von 0 bis c geht, und $\frac{\pi x}{c}$ das Intervall $(-\pi, \pi)$, während x sich von $-c$ bis c ändert. Außerhalb des betreffenden Intervalles liefert die Reihe eine periodische Wiederholung dessen, was sie in dem Intervall selbst ergab.

308. Darstellung der Koeffizienten. Bei der Bestimmung der Koeffizienten der Fourierschen Reihe kommen einige Integralformeln zur Anwendung, die auch sonst von Wichtigkeit sind und daher vor allem entwickelt werden sollen.

Sind p, q ganze Zahlen, so ist

$$\int_0^{2\pi} \sin px\, dx = \left\{ \frac{\cos px}{p} \right\}_{2\pi}^0 = 0, \tag{2}$$

$$\int_0^{2\pi} \cos px\, dx = \left\{ \frac{\sin px}{p} \right\}_0^{2\pi} = 0; \tag{3}$$

weil ferner

$$\int_0^{2\pi} \sin px \sin qx\, dx = \tfrac{1}{2} \int_0^{2\pi} [\cos (p-q)x - \cos (p+q)x]\, dx,$$

$$\int_0^{2\pi} \cos px \cos qx\, dx = \tfrac{1}{2} \int_0^{2\pi} [\cos (p-q)x + \cos (p+q)x]\, dx,$$

$$\int_0^{2\pi} \sin px \cos qx\, dx = \tfrac{1}{2} \int_0^{2\pi} [\sin (p-q)x + \sin (p+q)x]\, dx,$$

---

1) Mém. de l'Acad. de Paris, 1807; weitergehende Betrachtungen über den Gegenstand finden sich in seiner Théorie analyt. de la chaleur, 1822. Vor ihm war Euler an die Frage herangetreten. Die Feststellung der Bedingungen, unter welchen eine Funktion in eine Fouriersche Reihe entwickelbar ist, gab zuerst Dirichlet, Journ. von Crelle, Bd. 4 (1829).

so ist wegen (2), (3) auch

$$\left.\begin{aligned}\int_0^{2\pi}\sin px\,\sin qx\,dx &= 0\\[2mm]\int_0^{2\pi}\cos px\,\cos qx\,dx &= 0\end{aligned}\right\}\quad\text{bei } p \neq q \tag{4}$$

$$\int_0^{2\pi}\sin px\,\cos qx\,dx = 0,$$

während sich für $p = q$ ergibt:

$$\int_0^{2\pi}\sin^2 px\,dx = \pi,$$

$$\int_0^{2\pi}\cos^2 px\,dx = \pi. \tag{5}$$

Nimmt man alle diese Integrale zwischen den Grenzen $-\pi$ und π, so überzeugt man sich leicht, etwa durch die Substitution $x + \pi = t$, daß für sie dann auch die Formeln (2)—(5) gelten.

Soll nun die Funktion $f(x)$ in dem Intervall $(0, 2\pi)$ durch die Reihe (1) dargestellt werden, so multipliziere man, um b_n zu bestimmen, den Ansatz mit $\cos nx$ und integriere Glied für Glied zwischen 0 und 2π; es ergeben dabei alle Glieder der rechten Seite bis auf dasjenige mit b_n im Hinblick auf die vorstehenden Formeln Null, so daß nur

$$\int_0^{2\pi} f(x)\cos nx\,dx = \pi b_n,$$

verbleibt, woraus $\qquad b_n = \dfrac{1}{\pi}\int_0^{2\pi} f(x)\cos nx\,dx; \tag{6}$

um a_n zu bestimmen, multipliziere man mit $\sin nx$ und gehe im übrigen ebenso vor; dadurch entsteht

$$\int_0^{2\pi} f(x)\sin nx\,dx = \pi a_n,$$

woraus $\qquad a_n = \dfrac{1}{\pi}\int_0^{2\pi} f(x)\sin nx\,dx. \tag{7}$

Die Formel (6) umfaßt auch den Koeffizienten b_0, wie man sich überzeugt, wenn man (1) nach bloßer Multiplikation mit dx zwischen 0 und 2π integriert; es ist also

$$b_0 = \frac{1}{\pi} \int_0^{2\pi} f(x)\,dx. \tag{8}$$

Hiernach lautet die Fouriersche Reihe für $f(x)$[1]:

$$f(x) = \frac{1}{2\pi} \int_0^{2\pi} f(x)\,dx + \frac{1}{\pi} \sum_1^\infty \cos nx \int_0^{2\pi} f(x) \cos nx\,dx$$

$$+ \frac{1}{\pi} \sum_0^\infty \sin nx \int_0^{2\pi} f(x) \sin nx\,dx. \tag{9}$$

Ist $f(x)$ statt in dem Intervall $(0, 2\pi)$ in dem beliebigen Intervall $(0, c)$ zu entwickeln, so gilt nach einer oben gemachten Bemerkung der Ansatz:

$$f(x) = \frac{1}{c} \int_0^c f(x)\,dx + \frac{2}{c} \sum_1^\infty \cos \frac{2n\pi x}{c} \int_0^c f(x) \cos \frac{2n\pi x}{c}\,dx$$

$$+ \frac{2}{c} \sum_1^\infty \sin \frac{2n\pi x}{c} \int_0^c f(x) \sin \frac{2n\pi x}{c}\,dx. \tag{10}$$

Der andere der oben erwähnten Fälle, daß nämlich die Funktion $f(x)$ in dem Intervall $(-\pi, \pi)$ bzw. $(-c, c)$ gegeben ist, findet seine Erledigung auf Grund der vorausgeschickten Bemerkungen ohne weiteres; es wird jetzt

$$b_n = \frac{1}{\pi} \int_{-\pi}^{\pi} f(x) \cos nx\,dx, \quad a_n = \frac{1}{\pi} \int_{-\pi}^{\pi} f(x) \sin nx\,dx,$$

die erste Formel auch für $n = 0$ gültig, so daß nunmehr

---

1) Für praktische Zwecke, wo es sich um die immer wiederkehrende Aufgabe der Darstellung einer Beobachtungsreihe durch eine Fouriersche Reihe handelt, hat man Apparate, sogenannte *harmonische Analysatoren*, konstruiert, welche auf Grund des graphisch gegebenen $f(x)$ die Koeffizienten b_n und a_n [Formeln (6) und (7)] mechanisch zu berechnen gestatten.

$$f(x) = \frac{1}{2\pi}\int\limits_{-\pi}^{\pi} f(x)\,dx + \frac{1}{\pi}\sum_{1}^{\infty}\cos nx \int\limits_{-\pi}^{\pi} f(x)\cos nx\,dx$$

$$+ \frac{1}{\pi}\sum_{1}^{\infty}\sin nx \int\limits_{-\pi}^{\pi} f(x)\sin nx\,dx, \tag{11}$$

bzw.
$$f(x) = \frac{1}{2c}\int\limits_{-c}^{c} f(x)\,dx + \frac{1}{c}\sum_{1}^{\infty}\cos\frac{n\pi x}{c}\int\limits_{-c}^{c} f(x)\cos\frac{n\pi x}{c}\,dx$$

$$+ \frac{1}{c}\sum_{1}^{\infty}\sin\frac{n\pi x}{c}\int\limits_{-c}^{c} f(x)\sin\frac{n\pi x}{c}\,dx. \tag{12}$$

Diese letzten Formeln lassen eine bemerkenswerte Spezialisierung zu.
Ist nämlich $f(x)$ eine *gerade* Funktion, so kann sowohl in dem Einzelglied auf der rechten Seite, als auch in der ersten Summe, da der Kosinus ebenfalls eine gerade Funktion ist, das Integrationsintervall auf die Hälfte reduziert werden, während die zweite Summe, da der Sinus ungerade ist, entfällt; man hat also in diesem Falle die Formeln:

$$f(x) = \frac{1}{\pi}\int\limits_{0}^{\pi} f(x)\,dx + \frac{2}{\pi}\sum_{1}^{\infty}\cos nx \int\limits_{0}^{\pi} f(x)\cos nx\,dx, \tag{13}$$

$$f(x) = \frac{1}{c}\int\limits_{0}^{c} f(x) + \frac{2}{c}\sum_{1}^{\infty}\cos\frac{n\pi x}{c}\int\limits_{0}^{c} f(x)\cos\frac{n\pi x}{c}\,dx. \tag{14}$$

Hat man es hingegen in $f(x)$ mit einer ungeraden Funktion zu tun, so entfallen das Einzelglied und die erste Summe, und wenn man in der zweiten Summe mit geraden Integranden wieder mit der Halbierung des Integrationsintervalls vorgeht, entstehen die Ansätze:

$$f(x) = \frac{2}{\pi}\sum_{1}^{\infty}\sin nx \int\limits_{0}^{\pi} f(x)\sin nx\,dx, \tag{15}$$

$$f(x) = \frac{2}{\pi}\sum_{1}^{\infty}\sin\frac{n\pi x}{c}\int\limits_{0}^{c} f(x)\sin\frac{n\pi x}{c}\,dx. \tag{16}$$

Indessen können die Reihen (13), (15) bzw. (14), (16) auch dazu dienen, eine *beliebige* für das Intervall $(0, \pi)$ bzw. $(0, c)$ gegebene Funktion innerhalb desselben darzustellen, und beide sind dazu prinzipiell gleich geeignet. An den Enden des Intervalls braucht jedoch die Summe der trigonometrischen Reihe mit dem Funktionswert nicht übereinzustimmen; denn für $x = 0$ und $x = \pi$ wird beispielsweise die rechte Seite von (15) Null, während $f(x)$ daselbst im allgemeinen einen von Null verschiedenen Wert haben wird.

309. Beispiele. 1. Die Funktion $f(x)$ habe in der ersten Hälfte des Intervalls $(0, c)$ den festen Wert k, in der zweiten Hälfte den Wert 0. Zu ihrer Darstellung hat man die Formel (10) zu verwenden, und zwar ist darin

$$\int_0^c f(x)\,dx = \int_0^{\frac{c}{2}} k\,dx = \frac{ck}{2},$$

$$\int_0^c f(x)\cos\frac{2n\pi x}{c}\,dx = k\int_0^{\frac{c}{2}}\cos\frac{2n\pi x}{c}\,dx = \frac{ck}{2n\pi}\left\{\sin\frac{2n\pi x}{c}\right\}_0^{\frac{c}{2}} = 0,$$

$$\int_0^c f(x)\cos\frac{2n\pi x}{c}\,dx = k\int_0^{\frac{c}{2}}\sin\frac{2n\pi x}{c}\,dx$$

$$= \frac{ck}{2n\pi}\left\{\cos\frac{2n\pi x}{c}\right\}_{\frac{c}{2}}^0 = \begin{cases} 0 & \text{für } n \text{ gerad} \\ \dfrac{ck}{n\pi} & \text{,, } n \text{ ungerad.} \end{cases}$$

Es gilt also für die so definierte Funktion der Ansatz:

$$f(x) = \frac{k}{2} + \frac{2k}{\pi}\left\{\sin\frac{2\pi x}{c} + \frac{1}{3}\sin\frac{6\pi x}{c} + \frac{1}{5}\sin\frac{10\pi x}{c} + \cdots\right\}.$$

Man überzeugt sich leicht, daß $f\left(\frac{c}{4}\right) = k$, $f\left(\frac{3c}{4}\right) = 0$ ist, wie es der Definition entspricht; man braucht nur an die bekannte Reihe $\frac{\pi}{4} = 1 - \frac{1}{3} + \frac{1}{5} - \cdots$ zu denken. Hingegen gibt die Reihe für $x = 0, \frac{c}{2}, c$ den außer der Definition liegenden Wert $\frac{k}{2}$.

Außerhalb des Intervalls $(0, c)$ führt die Reihe zu einer periodischen Wiederholung des nämlichen Wertevorrats (Fig. 161).

2. Die Funktion $f(x)$ habe in dem Intervall $(0, c)$ beständig den Wert k.

Wählt man zu ihrer Darstellung die Formel (16), so ergibt sich, da

$$\int_0^c f(x)\sin\frac{n\pi x}{c}\,dx = \frac{kc}{n\pi}\left\{\cos\frac{n\pi x}{c}\right\}_c = \begin{cases} 0 & \text{für } n \text{ gerad}\\[2mm] \dfrac{2kc}{n\pi} & \text{''}\ n \text{ ungerad},\end{cases}$$

der für alle $0 < x < c$ geltende Ansatz:

$$k = \frac{4k}{\pi}\left\{\sin\frac{\pi x}{c} + \frac{1}{3}\sin\frac{3\pi x}{c} + \frac{1}{5}\sin\frac{5\pi x}{c} + \cdots\right\};$$

somit ist, solange $0 < z < \pi$,

$$\frac{\pi}{4} = \sin z + \frac{1}{3}\sin 3z + \frac{1}{5}\sin 5z + \cdots.$$

An den Grenzen des Intervalls nimmt jede der Reihen den Wert 0 an.

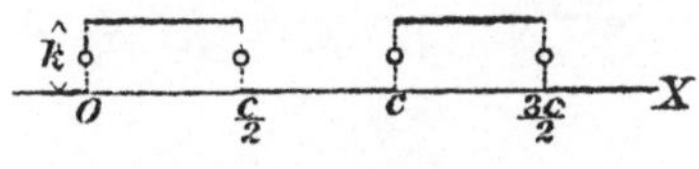

Fig. 161.   Fig. 162.

Über das Intervall $(0, \pi)$ hinaus verfolgt, zeigt die durch die letzte Reihe ausgedrückte Funktion den in Fig. 162 angedeuteten Verlauf.

3. In dem Intervall $(0, c)$ sei $f(x) = x$. Zur Darstellung dieser Funktion kann man sowohl die Fouriersche Kosinusreihe (14) als auch die Sinusreihe (16) benutzen.

Im ersten Falle hat man in Ausführung der Formel:

$$\int_0^c x\,dx = \frac{c^2}{2},$$

$$\int_0^c x\cos\frac{n\pi x}{c}\,dx = \left\{\frac{cx}{n\pi}\sin\frac{n\pi x}{c} + \frac{c^2}{n^2\pi^2}\cos\frac{n\pi x}{c}\right\}_0^c = \begin{cases} 0 & \text{für } n \text{ gerad}\\[2mm] -\dfrac{2c^2}{n^2\pi^2} & \text{''}\ n \text{ ungerad},\end{cases}$$

folglich ist

$$x = \frac{c}{2} - \frac{4c}{\pi^2}\left\{\cos\frac{\pi x}{c} + \frac{1}{3^2}\cos\frac{3\pi x}{c} + \frac{1}{5^2}\cos\frac{5\pi x}{c} + \cdots\right\}. \tag{α}$$

Im zweiten Falle ergibt sich wegen

$$\int_0^c x\sin\frac{n\pi x}{c}\,dx$$

$$= \left\{-\frac{cx}{n\pi}\cos\frac{n\pi x}{c} + \frac{c^2}{n^2\pi^2}\sin\frac{n\pi x}{c}\right\}_0^c = \begin{cases} -\dfrac{c^2}{n\pi} & \text{für } n \text{ gerad}\\[2mm] \dfrac{c^2}{n\pi} & \text{''}\ n \text{ ungerad}\end{cases}$$

die Entwicklung:

$$x = \frac{2c}{\pi}\left\{\sin\frac{\pi x}{c} - \frac{1}{2}\sin\frac{2\pi x}{c} + \frac{1}{.3}\sin\frac{3\pi x}{c} - \cdots\right\}. \qquad (\beta)$$

Der Ansatz (α) gilt für $0 \leq x \leq c$, wie man sich mit Zuhilfenahme der Formel $\frac{\pi^2}{8} = 1 + \frac{1}{3^2} + \frac{1}{5^2} + \cdots$ leicht überzeugt; der Ansatz (β) gilt für $0 \leq x < c$, während für $x = c$ die rechte Seite 0 statt c ergibt.

Läßt man die rechte Seite von (α) über das genannte Intervall hinaus gelten, so stellt sie eine in $(-c, c)$ gerade und darüber hinaus perio-

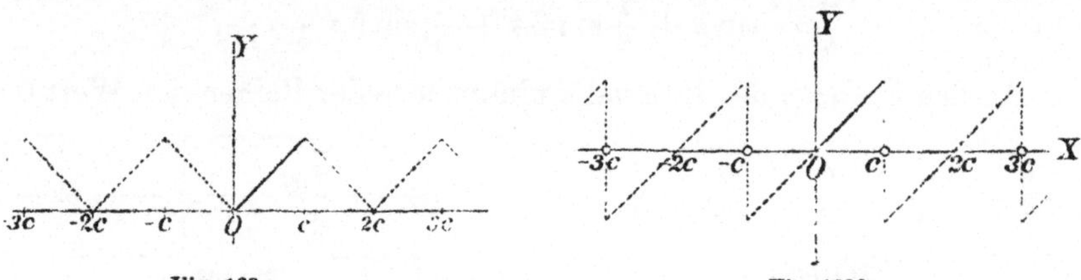

Fig. 163 a.   Fig 163 b.

disch sich wiederholende Funktion dar (Fig. 163a); durch (β) hingegen ist eine in $(-c, c)$ ungerade und darüber hinaus periodisch wiederkehrende Funktion bestimmt, wie Fig. 163 b andeutet.

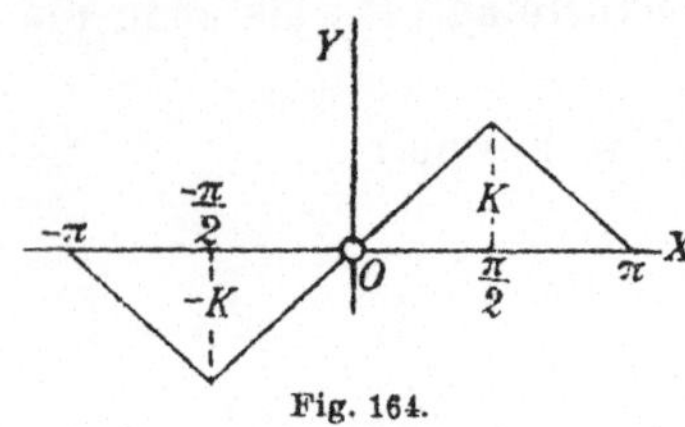

Fig. 164.

4. Die in Fig. 164 dargestellte Funktion ist ungerad; zu ihrer Entwicklung eignet sich die Formel (15). In der ersten Hälfte des Intervalls $(0, \pi)$ hat $f(x)$ den Ausdruck $\frac{2Kx}{\pi}$, in der zweiten Hälfte den Ausdruck $\frac{2K(\pi - x)}{\pi}$, somit tritt an die Stelle von $\int_0^\pi f(x) \sin nx\, dx$ die Summe

$$\frac{2K}{\pi}\int_0^{\frac{\pi}{2}} x \sin nx\, dx + \frac{2K}{\pi}\int_{\frac{\pi}{2}}^{\pi} (\pi - x) \sin nx\, dx;$$

führt man in dem zweiten Integral $\pi - x$ als neue Variable ein, so verwandelt sich die Summe in

$$\frac{2K}{\pi}\int_0^{\frac{\pi}{2}} x \sin nx\, dx + \frac{2K}{\pi}\int_0^{\frac{\pi}{2}} x \sin (n\pi - x)\, dx$$

und wird offenkundig Null bei geradem n, während sie bei ungeradem n
aus zwei gleichen Gliedern besteht und somit

$$\frac{4\,K}{\pi}\int\limits_0^{\frac{\pi}{2}} x\,\sin nx\,dx = \frac{4\,K}{\pi}\left\{-\frac{x\cos nx}{n} + \frac{\sin nx}{n^2}\right\} = (-1)^{\frac{n-1}{2}}\frac{4\,K}{\pi\,n^2}$$

ausmacht. Hiernach ist

$$f(x) = \frac{2}{\pi}\sum (-1)^{\frac{n-1}{2}}\frac{4\,K}{\pi\,n^2}\sin nx,$$

die Summe für alle ungeraden n gebildet, also

$$f(x) = \frac{8\,K}{\pi^2}\left\{\frac{\sin x}{1^2} - \frac{\sin 3x}{3^2} + \frac{\sin 5x}{5^2} - \cdots\right\}.$$

Allgemeine Bemerkung. Die unendliche Fouriersche Reihe hat, wie
jeder unendliche Prozeß, nur ideelle Bedeutung. Praktisch kommt bloß
die abgekürzte Reihe mit einer stets nur geringen Anzahl von Gliedern
in Betracht. Der Sachverhalt ist nun der, daß solche Partialreihen, je
mehr Glieder sie umfassen, Funktionen definieren, die sich der darzustellenden immer mehr, wenn auch an verschiedenen Stellen in ungleichem
Maße nähern. Die beste Vorstellung davon gibt die geometrische Auffassung. Das Bild der Funktion, die durch die Fouriersche Reihe analytisch erfaßt werden soll, ist eine gewisse Kurve, die auf verschiedene
Weise bestimmt sein kann (am häufigsten stammt sie aus Beobachtungen).
Die abgekürzten Reihen führen zu Kurven und zwar zu Wellenlinien, die
in immer kürzeren und flacheren Windungen sich um die erstere Kurve
schlingen und sich ihr auf diese Weise immer mehr nähern.

Es möge das an dem letzten Beispiel näher erläutert werden. Bricht
man die Reihe beim 1., 2., 3. Gliede ab, so stellen die abgekürzten Reihen

$$\frac{8\,K}{\pi^2}\sin x,\qquad \frac{8\,K}{\pi^2}\left(\sin x - \frac{\sin 3x}{9}\right),\qquad \frac{8\,K}{\pi^2}\left(\sin x - \frac{\sin 3x}{9} + \frac{\sin 5x}{25}\right)$$

Wellenzüge mit den Amplituden

$$0{,}8105\,K,\qquad 0{,}9006\,K,\qquad 0{,}9366\,K$$

dar, die sich der Amplitude K des
gebrochenen Linienzuges nähern. Fig.
165 gibt ein ungefähres Bild davon;
die Linien sind mit 1, 2, 3 bezeichnet und durch ungleiche Ausführung

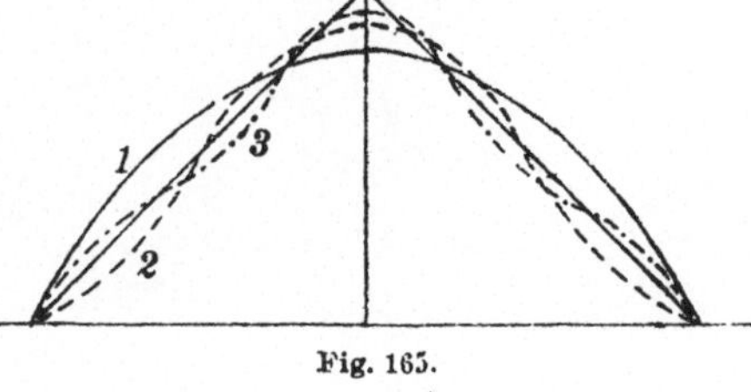

Fig. 165.

unterschieden; schon jetzt zeigt sich deutlich das Hinstreben zu der ge
brochenen Linie.

Um die Konvergenz noch deutlicher zu machen, sei folgende Rechnung durchgeführt. Der genaue Wert der darzustellenden Funktion $f(x)$
bei $x = \dfrac{\pi}{4}$ ist $\dfrac{K}{2}$. Nun lautet die Reihe für diese Stelle

$$\frac{4K\sqrt{2}}{\pi^2}\left[\frac{1}{1^2} - \frac{1}{3^2} - \frac{1}{5^2} + \frac{1}{7^2} + \frac{1}{9^2} - \frac{1}{11^2} - \frac{1}{13^2} + \cdots\right];$$

bricht man sie mit dem 1., 3., 5., ... 19. Gliede ab, so erhält man für
$f(x)$ folgende Näherungswerte: K multipliziert mit

0,5731	0,4865
0,5053	0,4972
0,5017	0,4989
0,5009	0,4995
0,5006	0,4997

Diejenigen Partialsummen, die mit positiven Gliedern enden (links),
konvergieren fallend, diejenigen, die mit negativen Gliedern aufhören
(rechts), konvergieren steigend gegen die gemeinsame Grenze $0,5\,K$; es
findet ein beständiges Oszillieren um dieselbe statt, und die Annäherung
ist schon bei mäßiger Gliederzahl erheblich.

Vierter Abschnitt.

Anwendungen der Integralrechnung.

§ 1. Quadratur ebener Kurven.

310. Allgemeine Formeln. Bei Gelegenheit der Begriffsentwicklung eines einfachen bestimmten Integrals hat sich (**220**) die **Tatsache** ergeben, daß mit der Ausrechnung des bestimmten Integrals

$$\int\limits_a^b f(x)\,dx$$

einer auf dem Gebiete (a, b) stetigen und zeichenbeständigen Funktion $f(x)$ die Aufgabe gelöst ist, die von der Kurve

$$y = f(x),$$

der Abszissenachse und den zu den Abszissen $x = a$ und $x = b$ gehörigen Ordinaten begrenzte Figur $ABDC$ (Fig. 166) ihrem Flächeninhalte nach zu bestimmen oder zu *quadrieren.*

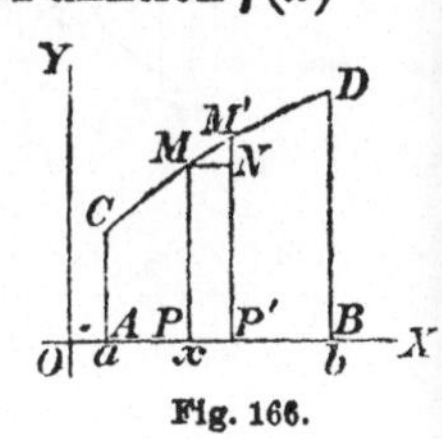

Fig. 166.

Bezeichnet man die Flächenzahl, bezogen auf die Quadrateinheit, die der Längeneinheit entspricht, in welcher die linearen Größen x, y, a, b ausgedrückt sind, mit S, so bildet die Gleichung

$$S = \int\limits_a^b f(x)\,dx = \int\limits_a^b y\,dx \tag{1}$$

die *Grundformel* für die *Quadratur ebener Kurven.*

Inwieweit von einer Fläche auch dann gesprochen werden kann, wenn die Kurve innerhalb (a, b) eine zur Ordinatenachse parallele Asymptote hat, oder wenn sie ins Unendliche sich erstreckend der Abszissenachse sich als Asymptote nähert, darüber entscheiden die Untersuchungen der Artikel **274—278.**

Die nächstliegende Verallgemeinerung der Formel (1), welche aber keine wesentliche Änderung des analytischen Vorganges nach sich zieht, ergibt sich bei Zugrundelegung eines schiefwinkligen Koordinatensystems. An die Stelle des *Flächendifferentials*

$$y\,dx,$$

welches dem Rechtecke $PP'NM$ entspricht, tritt nun, wenn θ der Koordinatenwinkel, das Flächendifferential

$$\sin\theta\,y\,dx$$

als Ausdruck für das entsprechende Parallelogramm, und die Fläche ist

$$S = \sin\theta\int\limits_a^b y\,dx. \tag{2}$$

Handelt es sich um eine von der Kurve umschlossene Fläche (Fig. 167a), und gehören zu einer Abszisse $OP = x$ innerhalb AB zwei Ordinaten y_1, y_2, von welchen y_1 die algebraisch größere, so ist ohne Rücksicht auf die Lage der Abszissenachse

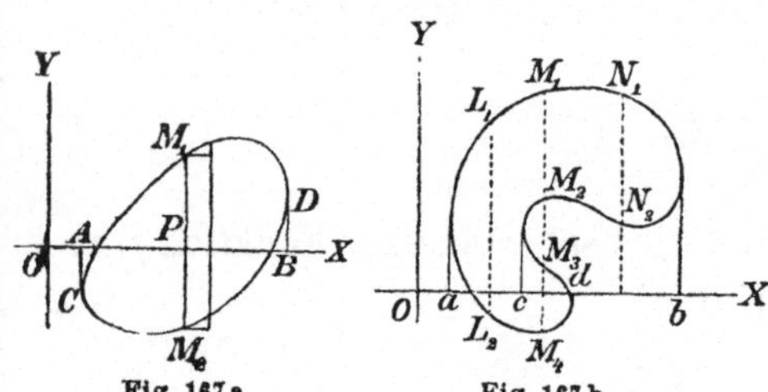

Fig. 167 a.   Fig. 167 b.

$$(y_1 - y_2)\,dx$$

das Flächendifferential und

$$S = \int\limits_a^b (y_1 - y_2)\,dx \tag{3}$$

die Fläche selbst. Diese Formel gilt auch dann, wenn es sich um eine von zwei verschiedenen Kurven $y_1 = f_1(x)$, $y_2 = f_2(x)$ begrenzte Fläche handelt.

Wird jedoch die Grenzkurve in gewissen Intervallen von der Ordinatenlinie in mehr als zwei Punkten geschnitten, so ist eine Teilung des Integrationsgebietes notwendig. Beispielsweise gilt im Falle der Fig. 167 b ohne weitere Erklärung:

$$S = \int\limits_a^c L_2 L_1\,dx + \int\limits_c^d (M_4 M_3 + M_2 M_1)\,dx + \int\limits_d^b N_2 N_1\,dx.$$

Indessen läßt sich jede von einer geschlossenen Kurve, die sich nicht selbst durchschneidet, umgrenzte Fläche durch *ein* Integral darstellen, wenn man den Integralbegriff entsprechend erweitert. Das zwischen den Ordinatenlinien durch P und P', Fig. 168, eingeschlossene Flächenelement hat den Ausdruck

$$- y_1 dx + y_2 dx - y_3 dx + y_4 dx,$$

wenn y_1, y_2, y_3, y_4 die Ordinaten der Punkte M_1, M_2, M_3, M_4 bedeuten. Bezeichnet man die an diese Punkte anstoßenden Bogenelemente (Bogendifferentiale) der Umfangslinie mit ds_1 bis ds_4, die äußeren Normalen dieser Linie in den genannten Punkten mit n_1 bis n_4, so bemerkt man, daß die Winkel dieser Normalen mit der positiven Richtung der y-Achse an allen *Eintritts*stellen, wie M_1, M_3, ..., stumpf, an allen *Austritts*stellen, wie M_2, M_4, ..., spitz sind; folglich ist

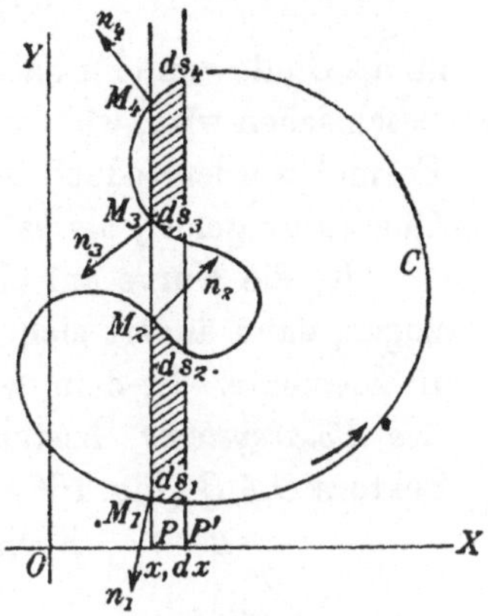

Fig. 168.

$$PP' = dx = -ds_1 \cos(yn_1) = ds_2 \cos(yn_2) = -ds_3 \cos(yn_3) = ds_4 \cos(yn_4),$$

wenn die ds in der Richtung des Pfeils positiv gezählt werden. Durch diese Bemerkung kann den Gliedern des obigen Flächendifferentials die einheitliche Form

$$y \cos(yn) \, ds$$

und der Fläche selbst der Ausdruck

$$S = \int_C y \cos(yn) \, ds \tag{4}$$

gegeben werden, wobei durch das dem Integralzeichen angehängte C angedeutet werden soll, daß sich die Integration über alle Elemente der Umfangskurve C in der durch den Pfeil angezeigten Richtung zu erstrecken hat. Ein solches Integral bezeichnet man als *Kurvenintegral*.[1]) Die Formel (4) gilt auch, wenn man y durch x ersetzt und unter (xn) den Winkel versteht, den die äußere Normale mit der positiven Richtung der x-Achse bildet.

Die obigen Formeln sind unmittelbar anwendbar, wenn y als Funktion von x sich darstellen läßt; sind x, y durch Vermittlung eines Parameters u gegeben:

$$x = x(u),$$
$$y = y(u),$$

---

1) Man vergleiche dies mit dem allgemeineren Begriff in 297.

dann kommt
$$S = \int_{u_0}^{u_1} y(u)\,x'(u)\,du \tag{5}$$

an die Stelle von (1); dabei ist vorausgesetzt, daß der Bogen CD, Fig. 166, beschrieben wird, während u das Intervall (u_0, u_1) durchläuft. Durch diese Formel werden jedoch mitunter auch zusammengesetztere Aufgaben der Quadratur gelöst, als es die Figur 166 anzeigt.

Ist die Kurve auf ein anderes als ein Parallelkoordinatensystem bezogen, dann ändert sich der Sinn des Grundproblems und die Zerlegung in Elemente. In dem wichtigsten Falle, der hier zu erwähnen ist, dem des *Polarsystems*, besteht die Grundaufgabe in der Berechnung eines Sektors OAB (Fig. 166a), und das Flächendifferential, entsprechend dem

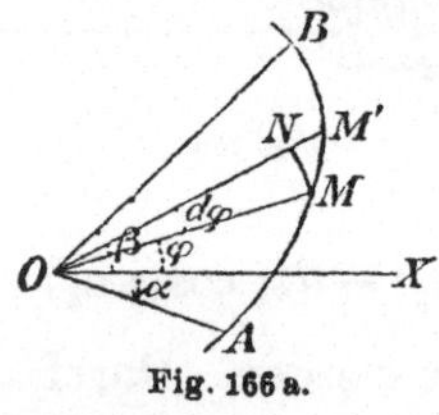

Fig. 166a.

Kreissektor OMN, ist ausgedrückt durch
$$\tfrac{1}{2} r^2 d\varphi,$$
mithin die Fläche selbst durch
$$S = \tfrac{1}{2} \int_{\alpha}^{\beta} r^2 d\varphi; \tag{6}$$

dabei sind α, β die zu A, B gehörigen Amplituden. Auch diese Formel läßt naheliegende Verallgemeinerungen im Sinne von (3) und (4) zu.

Bei Anwendung rechtwinkliger Koordinaten drückt sich der infinitesimale Sektor OMM', als Dreieck aufgefaßt, wenn x, y die Koordinaten von M, $x + dx$, $y + dy$ die Koordinaten von M' sind, durch
$$\tfrac{1}{2} \begin{vmatrix} x & y \\ x + dx & y + dy \end{vmatrix} = \tfrac{1}{2}(x\,dy - y\,dx)$$

aus, und für die Fläche OAB ergibt sich die Formel:
$$S = \tfrac{1}{2} \int (x\,dy - y\,dx); \tag{7}$$

die Integrationsgrenzen hängen von der Wahl der Integrationsvariablen ab.

Bei besonderen Aufgaben der Quadratur kann auch eine andere dem Falle angepaßte Zerlegung in Elemente vorteilhaft sein.

311. Beispiele. 1. *Quadratur der allgemeinen Parabel*
$$y = a x^m \quad (a > 0).$$

α) Bei $m > 0$ geht die Kurve durch den Ursprung und ihre von da an bis zu einer beliebigen Ordinate y gezählte Fläche ist

$$S = a \int_0^x x^m\, dx = \frac{a x^{m+1}}{m+1} = \frac{xy}{m+1},$$

steht also zu dem Rechteck xy aus den Endkoordinaten in einem konstanten Verhältnis. So hat man bei der gewöhnlichen Parabel $m = \frac{1}{2}$ oder $m = 2$, je nachdem OX oder OY die Achse ist, und dementsprechend die Fläche $\frac{2}{3}xy$, bzw. $\frac{1}{3}xy$.

β) Wenn $-1 < m < 0$, so ist (**274**, 2.) die Integration von $x = +0$ an zulässig und liefert wieder das obige Resultat, so daß auch jetzt zwischen der durch Schraffierung angedeuteten Fläche (Fig. 169) und dem Rechteck xy der Endkoordinaten ein konstantes Verhältnis besteht; hingegen ist die rechts von y befindliche, unendlich ausgedehnte Fläche unendlichgroß (**276**, 1.).

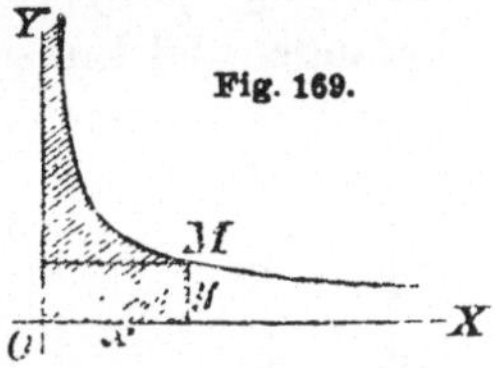

Fig. 169.

Gerade umgekehrt verhält es sich im Falle $m < -1$; dann ist die links von y liegende, längs der Ordinatenachse sich erstreckende Fläche unendlichgroß, die rechts befindliche endlich und hat den Wert

$$S_1 = a \int_x^\infty x^m\, dx = -\frac{xy}{m+1}.$$

In dem Grenzfalle $m = +1$ hat man zwischen zwei beliebigen Punkten

$$S = a \int_{x_0}^x \frac{dx}{x} = a\, l\, \frac{x}{x_0} \qquad\qquad (x_0 x > 0)$$

und es ist sowohl die über $(0, x)$ als auch die über $(x; \infty)$ ruhende Fläche unendlich. Bemerkenswert ist die Formel, welche sich für $a = 1$, $x_0 = 1$ ergibt; sie lautet
$$S = l x$$
und besagt, daß die zwischen der Scheitelordinate der gleichseitigen Hyperbel $xy = 1$ und einer anderen Ordinate eingeschlossene Fläche durch den natürlichen Logarithmus der zur letzteren Ordinate gehörigen Abszisse gegeben ist; damit hängt zusammen der Name *hyperbolische Logarithmen* für natürliche Logarithmen.

Zu den Kurven der eben betrachteten Gleichungsform gehören die *polytropischen Kurven*, das sind jene Linien, welche die Zustandsänderungen permanenter Gase zur Darstellung bringen. Für diese Zustandsänderungen bestehen nämlich die Gleichungen

$$p v^n = A$$
$$T v^{n-1} = B;$$

v, p, T bedeuten der Reihe nach das Volumen, den Druck, die absolute Temperatur, n, A, B sind bestimmte Konstanten. Faßt man v als Abszisse, p, bzw. T als Ordinate auf, so erhält man in beiden Fällen eine polytropische Kurve.

Wir wollen hier nur eine auf die Polytropen bezügliche Frage, die mit deren Quadratur zusammenhängt, behandeln.

Es liege eine Polytrope in p, v vor (z. B. in Zeichnung, ein Indikatordiagramm); man soll den zu ihr gehörigen Exponenten n bestimmen. Anfangs- und Endzustand seien durch die Wertepaare p_1/v_1, p_2/v_2 gekennzeichnet. Dann ist, Fig. 170,

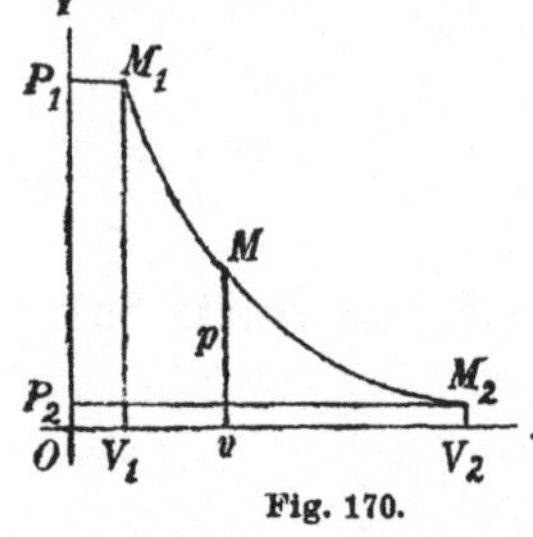

Fig. 170.

$$V_1 V_2 M_2 M_1 = S_1 = \int_{v_1}^{v_2} p \, dv,$$

$$P_2 P_1 M_1 M_2 = S_2 = \int_{p_2}^{p_1} v \, dp;$$

X nun folgt aus $p v^n = A$:

$$v^n dp + n p v^{n-1} dv = 0$$

und nach Unterdrückung des von Null verschiedenen Faktors v^{n-1}

$$v \, dp + n p \, dv = 0,$$

woraus

$$\int_{p_2}^{p_1} v \, dp + n \int_{v_2}^{v_1} p \, dv = 0$$

also $S_2 = n S_1$. Somit bestimmt sich n als Quotient der beiden Flächen $P_2 P_1 M_1 M_2$ und $V_1 V_2 M_2 M_1$ (s. hierzu Mechanische Quadratur 312).

2. *Quadratur der Ellipse und Hyperbel.* Für den Teil $P_0 P_1 M_1 M_0$ (Fig. 171) der Ellipse

$$\frac{x^2}{a^2} + \frac{y^2}{b^2} = 1$$

ergibt sich (269, 3.)

Fig. 171.

$$S = \frac{b}{a} \int_{x_0}^{x_1} \sqrt{a^2 - x^2} \, dx$$

$$= \frac{b}{a} \left\{ \frac{x}{2} \sqrt{a^2 - x^2} + \frac{a^2}{2} \arcsin \frac{x}{a} \right\}_{x_0}^{x_1}$$

$$= \frac{x_1 y_1 - x_0 y_0}{2} + \frac{ab}{2} \left\{ \arcsin \frac{x_1}{a} - \arcsin \frac{x_0}{a} \right\}.$$

Bringt man hiervon das Trapez $P_0 P_1 M_1 M_0$ in Abzug, dessen Flächenzahl $\frac{1}{2}(x_1 - x_0)(y_0 + y_1)$, so erhält man das *Segment* $M_0 M M_1$:

$$\text{Segm.} = \frac{x_0 y_1 - x_1 y_0}{2} + \frac{ab}{2}\left\{ \arcsin \frac{x_1}{a} - \arcsin \frac{x_0}{a} \right\}.$$

Fügt man hierzu wieder das Dreieck $O M_1 M_0$, dessen Flächenzahl $\frac{1}{2}(x_1 y_0 - x_0 y_1)$ ist, so ergibt sich der *Sektor* $O M_1 M_0$:

$$\text{Sekt.} = \frac{ab}{2}\left\{ \arcsin \frac{x_1}{a} - \arcsin \frac{x_0}{a} \right\}.$$

Daraus berechnet sich mit der Substitution $x_0 = 0$, $x_1 = a$ **die Fläche des** *Ellipsenquadranten*

$$\frac{\pi ab}{4},$$

so **daß** die Fläche der *Ellipse* selbst

$$\pi ab \qquad\qquad\text{ist.}$$

Das Flächenstück, welches von der Hyperbel $\dfrac{x^2}{a^2} - \dfrac{y^2}{b^2} = 1$ **durch die zur Abszisse** x **gehörige Ordinate abgeschnitten wird, hat den Inhalt (253, 3.):**

$$S = \frac{b}{a} \int_a^x \sqrt{x^2 - a^2}\, dx$$

$$= \frac{b}{2a}\left\{ x\sqrt{x^2 - a^2} - a^2 l\, \frac{x + \sqrt{x^2 - a^2}}{a} \right\}.$$

Um den von der gleichseitigen Hyperbel $x^2 - y^2 = a^2$ begrenzten Sektor OAH (Fig. 171a) zu berechnen, ist es einfacher, zu Polarkoordinaten überzugehen; die Gleichung der Hyperbel lautet dann $r^2 = \dfrac{a^2}{\cos 2\varphi}$, so daß sich für die genannte Sektorfläche der Ausdruck

$$S' = \frac{a^2}{2} \int_0^\varphi \frac{d\varphi}{\cos 2\varphi} = \frac{a^2}{4}\, l\, \mathrm{tg}\left(\frac{\pi}{4} + \varphi \right)$$

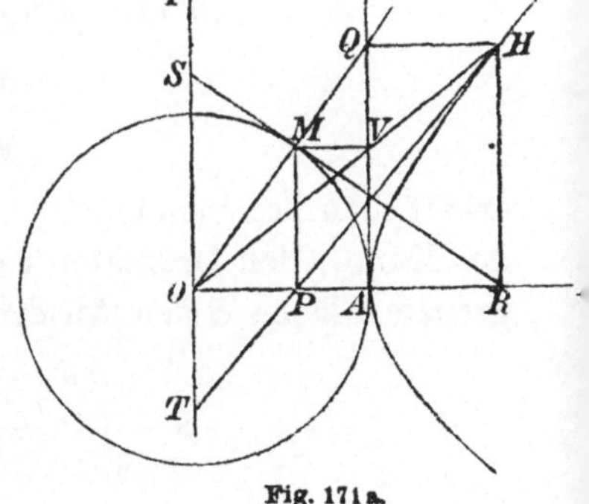

Fig. 171a.

(264) ergibt. Führt man an Stelle von φ die hyperbolische Amplitude $\theta = \sphericalangle XOM$ ein, so erhält man wegen $\sin \theta = \mathrm{tg}\,\varphi$:

$$\mathrm{tg}\left(\frac{\pi}{4} + \varphi \right) = \mathrm{tg}^2\left(\frac{\pi}{4} + \frac{\theta}{2} \right),$$

so daß mit diesem Argument

$$S' = \frac{a^2}{2}\, l\, \mathrm{tg}\left(\frac{\pi}{4} + \frac{\theta}{2}\right).$$

Hiermit ist eine in **34** aufgestellte Behauptung erwiesen.

3. *Quadratur der von der Parabel $y^2 = 2px$ und ihrer Evolute begrenzten Fläche.* Nach **160**, 1. lautet die auf dasselbe System bezogene Gleichung der Evolute

$$y^2 = \frac{8}{27\,p}\,(x-p)^3.$$

Durch Auflösen der Gleichung

$$\frac{8}{27p}\,(x-p)^3 = 2px$$

ergibt sich die Abszisse der reellen gemeinsamen Punkte beider Kurven

$$x = 4p.$$

Demnach ist die gesuchte Fläche

$$S = 2\int_0^p \sqrt{2px}\,dx + 2\int_p^{4p}\left\{\sqrt{2px} - \frac{2\sqrt{2}}{3\sqrt{3p}}\,(x-p)^{\frac{3}{2}}\right\}dx$$

$$= 2\int_0^{4p}\sqrt{2px}\,dx - 2\int_p^{4p}\frac{2\sqrt{2}}{3\sqrt{3p}}\,(x-p)^{\frac{3}{2}}dx$$

$$= \frac{4\sqrt{2p}}{3}\left\{x^{\frac{3}{2}}\right\}_0^{4p} - \frac{8\sqrt{2}}{15\sqrt{3p}}\left\{(x-p)^{\frac{5}{2}}\right\}_0^{4p} = \frac{88\sqrt{2}}{15}\,p^2.$$

4. *Quadratur der Zykloiden.* Auf Grund der Gleichungen

$$x = au - b\sin u$$
$$y = a - b\cos u$$

erhält man bei Benutzung der Formel (5) für die von einem ganzen Ast der Kurve, den Ordinaten seiner Endpunkte und der Abszissenachse begrenzte Fläche S den Ausdruck:

$$S = \int_0^{2\pi}(a - b\cos u)^2\,du = \pi(2a^2 + b^2);$$

diese Formel gilt ebensowohl für die verlängerte wie für die verkürzte Zykloide. Bei der gemeinen ist $b = a$, daher

$$S = 3\pi a^2.$$

Bei der verkürzten Zykloide kann die Frage nach der Fläche S_0 einer Schleife interessieren. Bezeichnet u_0 den Wälzungswinkel, nach welchem der erste Knotenpunkt erreicht wird — man findet ihn aus der Gleichung

$$0 = au_0 - b \sin u_0$$

— so hat man dafür den Ansatz

$$S_0 = 2 \int_0^{u_0} (a - b \cos u)^2 \, du;$$

die weitere Ausführung unter Benutzung der obigen Gleichung gibt

$$S_0 = b \sin u_0 \left[\frac{b^2 - a^2}{a} - (a - b \cos u_0) \right].$$

Beispielsweise ist bei $b = 2a$

$$S_0 = 16 a^2 \sin \frac{u_0}{2} \cos^3 \frac{u_0}{2},$$

wobei u_0 die Wurzel der Gleichung

$$u_0 = 2 \sin u_0$$

bedeutet; mit Hilfe der Tabelle der Bogenmaße der Winkel und der Tabelle der trigonometrischen Zahlen ergibt sich

$$u_0 = 1{,}8954 \text{ entsprechend } 108^0 \, 36',$$

und damit berechnet sich $\quad S_0 = 2{,}5818 \, a^2$.

5. *Quadratur des Maltakreuzes.* In der später (**314**, 2.) darzulegenden Weise geht aus einer gemeinen Zykloide die mit dem obigen Namen belegte Kurve hervor. Ist c der Radius des rollenden Kreises, so lauten ihre parametrischen Gleichungen:

$$x = c \cos v (1 + \sin^2 v)$$
$$y = - c \sin v \cos^2 v.$$

Durch Anwendung der Quadraturformel (5) mit dem Integrationsintervall $\left(0, \frac{\pi}{2}\right)$ ergibt sich ein Viertel der von der Kurve umschlossenen Fläche, nämlich

$$c^2 \int_0^{\frac{\pi}{2}} \sin^2 v \cos^2 v (3 \sin^2 v - 1) \, dv = c^2 \int^{\frac{\pi}{2}} (- \sin^2 v + 4 \sin^4 v - 3 \sin^6 v) \, dv = \frac{\pi c^2}{32},$$

so daß die ganze Fläche $\frac{\pi c^2}{8}$ ausmacht.

6. *Quadratur des Cartesischen Blattes.* Bezüglich dieser Kurve, die in **129**, 3. und **143**, 1. diskutiert worden ist, legen wir uns zwei Fragen vor: nach der Größe der Schleife (Fig. 172), und danach, ob der zwischen dem unendlichen Aste und der Asymptote enthaltene Streifen der Ebene eine bestimmte Größe hat.

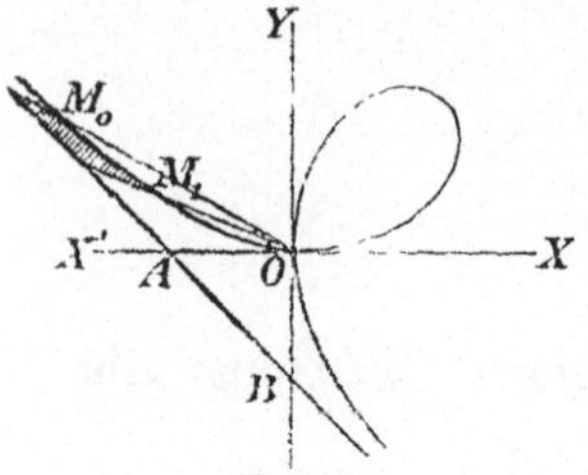

Die Lösung dieser Fragen mit Hilfe der Gleichung $x^3 - 3axy + y^3 = 0$ $(a > 0)$

in rechtwinkligen Koordinaten würde sich umständlich gestalten, weil die Auflösung nach y auf zusammengesetzte Wurzelausdrücke führt.

Fig. 172.

Mit Hilfe der parametrischen Gleichungen, die sich aus der Substitution $y = ux$ ergeben und lauten:

$$x = \frac{3au}{1 + u^3}, \qquad y = \frac{3au^2}{1 + u^3},$$

erledigt sich die Frage wie folgt. Der bewegliche Punkt beschreibt die Schleife im umgekehrten Sinne des Uhrzeigers, während u das Intervall $(0, \infty)$ durchläuft; er muß sie in dem entgegengesetzten Sinne durchlaufen, soll die Formel (5) die Fläche positiv ergeben; daher ist die Fläche der Schleife

$$S_0 = 9a^2 \int_\infty^0 \frac{u^3(1 - 2u^3)\,du}{(1 + u^3)^3}$$

$$= 9a^2 \int_\infty^0 \frac{u^2(3 - 2(1 + u^3))\,du}{(1 + u^3)^3}$$

$$= 9a^2 \int_\infty^0 \left[\frac{3u^2}{(1 + u^3)^3} - \frac{2}{3}\frac{3u^2}{(1 + u^3)^2} \right] du$$

$$= 9a^2 \left[-\frac{1}{2(1 + u^3)^2} + \frac{2}{3}\frac{1}{1 + u^3} \right]_\infty^0 = \frac{3}{2}\,a^2.$$

In Polarkoordinaten, O als Pol und OX als Polarachse genommen, lautet die Gleichung der Kurve:

$$r = \frac{3a \cos\varphi \sin\varphi}{\cos^3\varphi + \sin^3\varphi}$$

und die ihrer Asymptote: $r = \dfrac{-a}{\cos\varphi + \sin\varphi}.$

Für die Fläche der Schleife ergibt sich der Ausdruck

$$S_0 = \frac{9\,a^2}{2} \int\limits_0^{\frac{\pi}{2}} \frac{\cos^2\varphi\,\sin^2\varphi\,d\varphi}{(\cos^3\varphi + \sin^3\varphi)^2} = \frac{3\,a^2}{2} \int\limits_0^{\frac{\pi}{2}} \frac{d(\mathrm{tg}^3\varphi)}{(1 + \mathrm{tg}^3\varphi)^2}\,,$$

der wieder den oben gefundenen Wert liefert. Für einen Sektor zwischen der Asymptote und der Kurve, wie er in der Figur durch Schraffierung angedeutet ist, erhält man

$$S = \frac{a^2}{2} \int\limits_{\varphi_0}^{\varphi_1} \left[\frac{1}{(\cos\varphi + \sin\varphi)^2} - \frac{9\cos^2\varphi\,\sin^2\varphi}{(\cos^3\varphi + \sin^3\varphi)^2} \right] d\varphi$$

$$= \frac{a^2}{2} \int\limits_{\varphi_0}^{\varphi_1} \left[\frac{d(1 + \mathrm{tg}\,\varphi)}{(1 + \mathrm{tg}\,\varphi)^2} - 3\frac{d(1 + \mathrm{tg}^3\varphi)}{(1 + \mathrm{tg}^3\varphi)^2} \right]$$

$$= \frac{a^2}{2} \left\{ \frac{1}{1 + \mathrm{tg}\,\varphi} - \frac{3}{1 + \mathrm{tg}^3\varphi} \right\}_{\varphi_1}^{\varphi_0} = \frac{a^2}{2} \left\{ \frac{\mathrm{tg}^2\varphi - \mathrm{tg}\,\varphi - 2}{1 + \mathrm{tg}^3\varphi} \right\}_{\varphi_1}^{\varphi_0};$$

da Zähler und Nenner des Bruches durch $\mathrm{tg}\,\varphi + 1$ teilbar sind, hat man mit Ausschluß der unteren Grenze $\frac{3\pi}{4}$

$$S = \frac{a^2}{2} \left[\frac{\mathrm{tg}\,\varphi_0 - 2}{\mathrm{tg}\,\varphi_0{}^2 - \mathrm{tg}\,\varphi_0 + 1} - \frac{\mathrm{tg}\,\varphi_1 - 2}{\mathrm{tg}^2\varphi_1 - \mathrm{tg}\,\varphi_1 + 1} \right].$$

Mit $\varphi_1 = \pi$ und $\lim \varphi_0 = \frac{3\pi}{4} + 0$ ergibt sich hieraus die zwischen dem unendlichen Kurvenaste, der Asymptote und über OX' liegende Fläche gleich $\frac{a^2}{2}$; ebensogroß ist, vermöge der Symmetrie, die zwischen der Asymptote, dem unendlichen Kurvenaste und rechts von OY' gelegene Fläche; da endlich auch das Dreieck OBA den Inhalt $\frac{a^2}{2}$ hat, so ist die zwischen der Asymptote und der Kurve enthaltene Fläche

$$S_1 = \frac{3\,a^2}{2} \qquad \text{ebensogroß wie die Schleife.}$$

7. Die Fläche zwischen einem Kurvenbogen AB, den Krümmungsradien AC, BD seiner Endpunkte und dem zugehörigen Bogen CD der Evolute zu bestimmen (Fig. 173).

Das Element dieser Fläche, durch die Krümmungsradien zweier sehr nahen Punkte M, M' und die Bögen MM', $\Omega\Omega'$ begrenzt, kann bis auf Größen höherer als der ersten Ordnung als ein gleichschenkliges Dreieck vom

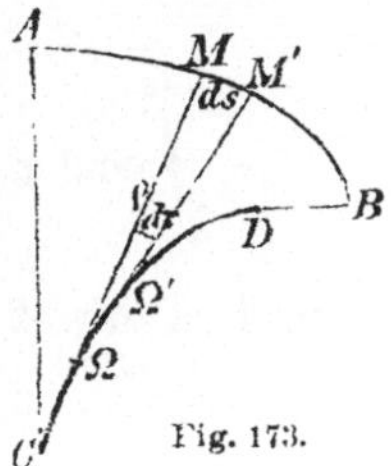

Fig. 173.

Schenkel $M\Omega = \varrho$ und mit dem Kontingenzwinkel $d\tau$ an der Spitze gerechnet werden und hat als solches die Fläche

$$\frac{1}{2}\,\varrho^2 \sin d\tau = \frac{1}{2}\,\varrho^2 \left(d\tau - \frac{d\tau^3}{1\cdot 2\cdot 3} + \cdots\right),$$

oder in der bereits festgesetzten Größenordnung

$$\frac{1}{2}\,\varrho^2 d\tau = \frac{1}{2}\,\varrho\, ds,$$

wenn ds das Bogendifferential der gegebenen Kurve bedeutet. Hiernach ist die verlangte Fläche

$$S = \frac{1}{2}\int_\alpha^\beta \varrho\, ds,$$

wenn α, β die den Punkten A, B entsprechenden Werte der Integrationsvariablen sind.

In Anwendung auf den Quadranten der Ellipse

$$x = a \sin \varphi$$
$$y = b \cos \varphi \qquad\qquad \text{hat man } (\mathbf{158}, 2.)$$

$$\varrho = \frac{(a^2 \cos^2 \varphi + b^2 \sin^2 \varphi)^{\frac{3}{2}}}{ab}, \quad ds = \sqrt{a^2 \cos^2 \varphi + b^2 \sin^2 \varphi}\, d\varphi,$$

$$\alpha = 0, \quad \beta = \frac{\pi}{2},$$

daher
$$S = \frac{1}{2ab}\int_0^{\frac{\pi}{2}} (a^2 \cos^2 \varphi + b^2 \sin^2 \varphi)^2\, d\varphi.$$

Entwickelt man das Quadrat, so entstehen die drei Integrale ($\mathbf{269}$ (14) und (15)):

$$\int_0^{\frac{\pi}{2}} \cos^4 \varphi\, d\varphi = \int_0^{\frac{\pi}{2}} \sin^4 \varphi\, d\varphi = \frac{3\pi}{16}$$

$$\int_0^{\frac{\pi}{2}} \cos^2 \varphi \sin^2 \varphi\, d\varphi = \int_0^{\frac{\pi}{2}} \sin^2 \varphi\, d\varphi - \int_0^{\frac{\pi}{2}} \sin^4 \varphi\, d\varphi = \frac{\pi}{4} - \frac{3\pi}{16} = \frac{\pi}{16}$$

und es ergibt sich mit diesen Werten

$$S = \frac{\pi}{32\, ab}\,(3a^4 + 3b^4 + 2a^2 b^2).$$

Subtrahiert man hiervon die Fläche $\dfrac{\pi a b}{4}$ des Ellipsenquadranten, so kommt man zur Fläche eines Quadranten der Evolute, d. i.

$$S_1 = \frac{3\pi c^4}{32 a b} \qquad (c^2 = a^2 - b^2).$$

Die Parameter a_0, b_0 in der Gleichung der Evolute

$$\left(\frac{x}{a_0}\right)^{\frac{2}{3}} + \left(\frac{y}{b_0}\right)^{\frac{2}{3}} = 1$$

haben aber die Bedeutung $a_0 = \dfrac{c^2}{a}$, $b_0 = \dfrac{c^2}{b}$, daher hat die ganze Evolute, in ihren eigenen Parametern ausgedrückt, die Fläche

$$4 S_1 = \frac{3}{8}\,\pi a_0 b_0\,.$$

Bei $b_0 = a_0$ geht die Evolute der Ellipse in die Astroide (**171**, 2.)

$$x^{\frac{2}{3}} + y^{\frac{2}{3}} = a_0^{\frac{2}{3}}$$

über, deren Fläche hiernach gleichkommt

$$\frac{3}{8}\,\pi a_0^2\,.$$

Die Astroide teilt also die Fläche des umschriebenen Kreises in dem rationalen Verhältnis $3:5$.

8. *Quadratur der Epizykloide.* Wenn R den Radius des Grundkreises, r den Radius des rollenden Kreises und u das Bogenmaß des Winkels bezeichnet, um welchen sich die Zentrallinie beider Kreise aus ihrer Anfangslage gedreht hat, so lauten die Gleichungen der Epizykloide (**130**):

$$x = (R + r)\cos u - r\cos\frac{R + r}{r}\,u,$$

$$y = (R + r)\sin u - r\sin\frac{R + r}{r}\,u.$$

Hier empfiehlt sich die Anwendung der Formel (6):

$$S = \frac{1}{2}\int (x\,dy - y\,dx).$$

Man findet

$$x\,dy - y\,dx = (R + r)(R + 2r)\left(1 - \cos\frac{R}{r}\,u\right)du;$$

während ein voller Zykloidenlauf beschrieben wird, durchläuft u das Intervall $\left(0,\,\dfrac{2\pi r}{R}\right)$; der diesem Lauf entsprechende Sektor aus dem Mittelpunkt des Grundkreises ist demnach gleich

$$S = \frac{(R+r)(R+2r)}{2} \int\limits_0^{\frac{2\pi r}{R}} \left(1 - \cos\frac{R}{r}u\right) du = \frac{\pi r(R+r)(R+2r)}{R}.$$

Subtrahiert man hiervon den zugehörigen Sektor des Grundkreises, der gleich ist $\frac{1}{2} R^2 \frac{2\pi r}{R} = \pi r R$, so ergibt sich die zwischen einem Lauf der Zykloide und dem Grundkreise eingeschlossene Fläche:

$$S_1 = \frac{3R+2r}{R}\,\pi r^2.$$

Bei $R = r$ geht S in die Fläche der Kardioide über, die demnach $6\pi r^2$ ist.

9. *Quadratur der Fußpunktkurven.* Das Lot p und sein Neigungs-

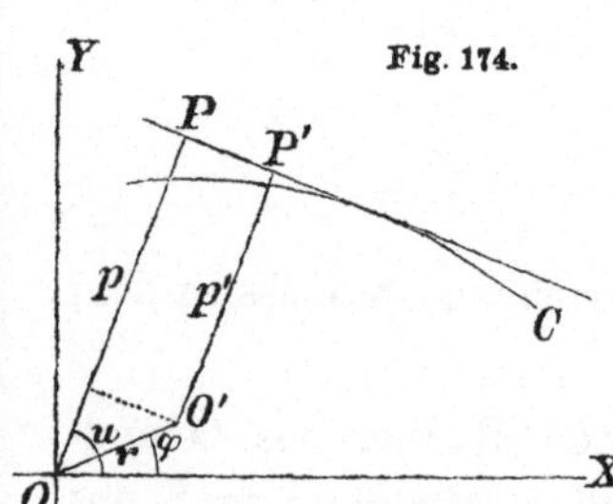

winkel u gegen OX bilden die Polarkoordinaten des Punktes P der Fußpunktkurve von C in bezug auf O als Pol (Fig. 174). Demnach ist der einem bestimmten Bogen von C entsprechende Sektor der Fußpunktkurve bestimmt durch

$$S = \tfrac{1}{2}\int p^2\,du,$$

und der demselben Bogen von C entsprechende Sektor der aus einem andern Pol O' erzeugten Fußpunktkurve durch

$$S' = \tfrac{1}{2}\int p'^2\,du;$$

beide Integrale haben dieselben Grenzen.

Sind nun r/φ die Polar-, x/y die rechtwinkligen Koordinaten des neuen Pols O', so ist

$$p' = p - r\cos(u - \varphi)$$
$$= p - x\cos u - y\sin u, \qquad\text{folglich}$$

$$p'^2 = p^2 - 2px\cos u - 2py\sin u + x^2\cos^2 u + 2xy\cos u\sin u + y^2\sin^2 u$$

und

$$S' = S - x\int p\cos u\,du - y\int p\sin u\,du + \tfrac{1}{2}x^2\int\cos^2 u\,du$$
$$+ xy\int\cos u\sin u\,du + \tfrac{1}{2}y^2\int\sin^2 u\,du.$$

Alle auftretenden Integrale sind von O' unabhängig und stellen, sobald auf C ein Bogen begrenzt ist, bestimmte Zahlen vor; bezeichnet man diese der Reihe nach mit f, g, $2a$, $2b$, $2c$, so lautet die Beziehung zwischen S' und S:

$$S' = S - fx - gy + ax^2 + 2bxy + cy^2.$$

Hieraus ergibt sich der Satz: *Die Pole solcher Fußpunktkurven, in welchen zu einem Bogen von C eine gegebene Sektorfläche S' gehört, liegen auf einem Kegelschnitt; der Mittelpunkt dieses Kegelschnitts bleibt derselbe, wie man auch S' wählen mag.*

Die Natur des Kegelschnitts ist durch $b^2 - ac$ bestimmt, dies hat aber die Form $\left(\int \Phi\,\Psi\,du\right)^2 - \int \Phi^2\,du \int \Psi^2\,du$, und die Integrale bedeuten Grenzwerte von Summen; mithin ist $b^2 - ac$ als Grenzwert des Produkts aus du^2 mit einem Ausdruck von der Form

$$(\Phi_1\Psi_1 + \Phi_2\Psi_2 + \cdots)^2 - (\Phi_1^2 + \Phi_2^2 + \cdots)(\Psi_1^2 + \Psi_2^2 + \cdots)$$

negativ, weil sich eine derartige Differenz auflöst in

$$- (\Phi_1\Psi_2 - \Phi_2\Psi_1)^2 - (\Phi_1\Psi_3 - \Phi_3\Psi_1)^2 - \cdots.$$

Der Kegelschnitt ist also im allgemeinen eine *Ellipse*.

Ist C eine geschlossene konvexe Kurve und beziehen sich S, S' auf ihren ganzen Umfang, so wird (308) $a = c = \dfrac{\pi}{2}$, $b = 0$, der Kegelschnitt geht also dann in einen *Kreis* über.

10. Es sind zu berechnen:

a) Die von der Kurve $xy^2 = 4a^2(2a - x)$ und ihrer Asymptote begrenzte Fläche.

b) Die zwischen der Kurve $(a^2 + x^2)y^2 = a^2x^2$ und ihren Asymptoten eingeschlossene Fläche.

c) Die von der Schleife der Strophoide (**129**, 1.) einerseits und andererseits von den unendlichen Ästen und der Asymptote umschlossene Fläche.

d) Die ganze von der Kurve $(y - x)^2 = a^2 - x^2$ begrenzte Fläche.

e) Die Fläche eines Blattes der Kurve $a^2y^4 = x^4(a^2 - x^2)$.

f) Die Fläche eines Blattes der Kurve $r^2 \cos\varphi = a^2 \sin 3\varphi$.

g) Die ganze Fläche der Kurve $r = a(\cos 2\varphi + \sin 2\varphi)$.

h) Die Fläche zwischen zwei aufeinanderfolgenden Umläufen der Archimedischen Spirale (**136**, 1.) und zwei Radienvektoren.

i) Die von der Parabel $y^2 = ax$ und dem Kreise $x^2 + y^2 = 2ax$ eingeschlossene Fläche.

j) Die Fläche zwischen zwei Radien einer Ellipse.

312. Flächensätze über Fußpunktkurven und Rollkurven.[1])
a) Es sei ein System von Punkten A_1, A_2, ... A_n in der Ebene gegeben,
deren jedem eine ,positive Zahl α_1, α_2, ... α_n zugeordnet ist. Außerdem
sei ein Punkt P in der Ebene angenommen, seine Abstände von den
Punkten des Systems seien a_1, a_2, ... a_n. Wir bilden auf Grund dieser
Daten die Größe

$$\Sigma = \sum_1^n \alpha_\lambda a_\lambda^2 \tag{1}$$

und fragen darnach, für welche Lage des Punktes P sie ein Minimum
wird; denn nur um ein solches kann es sich handeln, da Σ durch entsprechende Wahl von P so groß gemacht werden kann als man will.

Zur Erledigung dieser Frage beziehen wir das Ganze auf ein recht-
winkliges Koordinatensystem, nennen die Koordinaten von A_λ x_λ/y_λ, die
von P x/y; dann schreibt sich

$$\Sigma = \sum_1^n \alpha_\lambda [(x_\lambda - x)^2 + (y_\lambda - y)^2]$$

und der gesuchte Punkt, er heiße x_0/y_0, ergibt sich aus den Gleichungen

$$\left. \begin{aligned} \Sigma \alpha_\lambda (x_\lambda - x_0) &= 0 \\ \Sigma \alpha_\lambda (y_\lambda - y_0) &= 0, \end{aligned} \right\} \tag{2}$$

den Bedingungen für dieses Minimum: mithin ist

$$x_0 = \frac{\Sigma \alpha_\lambda x_\lambda}{\Sigma \alpha_\lambda}, \qquad y_0 = \frac{\Sigma \alpha_\lambda y_\lambda}{\Sigma \alpha_\lambda}.$$

Dieser Punkt soll der *Mittelpunkt* des mit den Zahlen α begabten
Punktsystems heißen und fortan mit S bezeichnet werden. Er ändert
sich nicht, wenn man die Zahlen α in gleichem Verhältnis abändert.
Denkt man sich unter diesen Zahlen Massen, so kommt dem Punkt S die
Bedeutung des Massenmittelpunkts oder *Schwerpunkts* zu.

Hat der beliebige Punkt P in bezug auf S die relativen Koordinaten x/y, so stellt sich Σ auch so dar:

$$\Sigma = \Sigma \alpha_\lambda [(x_\lambda - x_0 + x)^2 + (y_\lambda - y_0 + y)^2],$$

entwickelt gibt dies

---

1) J. Steiner, Journal f. d. reine und angewandte Mathematik, Bd. 21
(1840), p. 33 u. 101.

$$\Sigma = \Sigma\left[(x_\lambda - x_0)^2 + (y_\lambda - y_0)^2\right] + 2x \sum \alpha_\lambda (x_\lambda - x_0)$$
$$+ 2y \sum \alpha_\lambda (y_\lambda - y_0) + (x^2 + y^2) \sum \alpha_\lambda;$$

der erste Teil rechts bedeutet die Summe Σ in bezug auf S, die beiden folgenden Teile verschwinden mit Rücksicht auf (2), der dritte endlich ist das mit der Summe der Zahlen α multiplizierte Quadrat die Entfernung SP, die s heißen möge; damit schreibt sich diese Entwicklung

$$\Sigma_P = \Sigma_S + s^2 \sum \alpha_\lambda. \qquad (3)$$

Hieran liest man aufs neue ab, daß Σ_P den kleinsten Wert annimmt bei $s = 0$, also wenn P mit S zusammenfällt, aber darüber hinaus die Tatsache, daß Σ_P für alle Punkte P, die auf einem um S beschriebenen Kreise liegen, denselben Wert besitzt, und daß die Differenz $\Sigma_P - \Sigma_S$ im Verhältnis des Quadrats von s zunimmt.

b) Es sei A_1, A_2, $\ldots A_n$ ein geschlossenes konvexes Polygon; α_1 α_2, $\ldots \alpha_n$ seien die Nebenwinkel seiner Innenwinkel; F heiße seine Fläche. Fällt man aus einem Punkte P Lote auf die Seiten des Polygons, so bestimmen ihre Fußpunkte B_1, B_2, $\ldots B_n$ wieder ein geschlossenes konvexes Polygon von derselben Seitenzahl; seine Fläche heiße Φ_P. Wir fragen darnach, bei welcher Lage von P wird Φ_P am kleinsten oder größten.

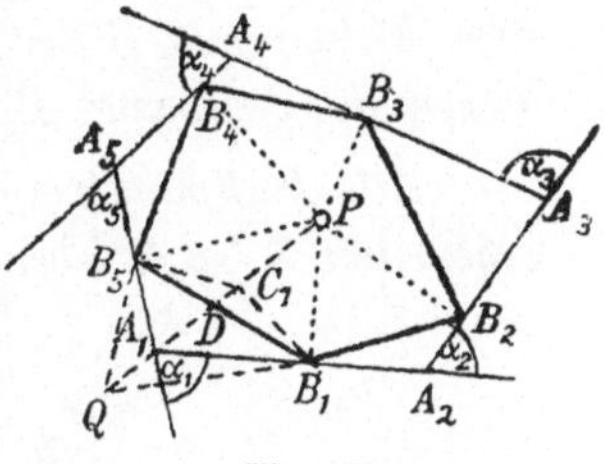

Wir ziehen zu diesem Zwecke die Strecken zwischen P und den Ecken A_1, A_2, $\ldots A_n$ und bezeichnen ihre Längen mit a_1, a_2, $\ldots a_n$, Fig. 175.

Fig. 175.

Die Differenz $2\triangle B_1 P B_5 - B_1 P B_5 A_1$ ist der Größe nach durch das Doppelte des $\triangle B_1 C_1 B_5$ dargestellt, wo C_1 den Mittelpunkt von $A_1 P$, also auch den Mittelpunkt des Kreises bedeutet, der dem Viereck $A_1 B_1 P B_5$ umschrieben ist; denn diese Differenz ergibt sich zunächst in der Form des Vierecks $B_1 A_1 B_5 Q$, dessen Eckpunkt Q durch Verdoppelung von PD entsteht; da nun

$$DC_1 = DP - \frac{a_1}{2}$$

$$QA_1 = QD - A_1 D = DP - \left(\frac{a_1}{2} - DC_1\right)$$

$$= DP - \left(\frac{a_1}{2} - DP + \frac{a_1}{2}\right)$$

$$= 2\left(DP - \frac{a_1}{2}\right),$$

so ist in der Tat $B_1 A_1 B_5 Q$ doppelt so groß als das Dreieck $B_1 C_1 B_5$; dieses aber kommt gleich $\frac{1}{8} a_1{}^2 \sin 2\alpha_1$; mithin ist

$$2\,\varDelta\,B_1 P B_5 - B_1 P B_5 A_1 = \tfrac{1}{4}\, a_1{}^2 \sin 2\alpha_1$$
$$2\,\varDelta\,B_2 P B_1 - B_2 P B_1 A_2 = \tfrac{1}{4}\, a_2{}^2 \sin 2\alpha_2$$
$$2\,\varDelta\,B_3 P B_2 - B_3 P B_2 A_3 = \tfrac{1}{4}\, a_3{}^2 \sin 2\alpha_3$$
$$2\,\varDelta\,B_4 P B_3 - B_4 P B_3 A_4 = \tfrac{1}{4}\, a_4{}^2 \sin 2\alpha_4$$
$$2\,\varDelta\,B_5 P B_4 - B_5 P B_4 A_5 = \tfrac{1}{4}\, a_5{}^2 \sin 2\alpha_5\,.$$

Durch Addition folgt daraus

$$2\,\varPhi_P - F = \tfrac{1}{4} \sum a_\lambda{}^2 \sin 2\alpha_\lambda, \tag{4}$$

und dies gilt sinngemäß bei beliebig vielen Seiten.

Durch den Satz a) ist die gestellte Frage schon beantwortet; denn auf der rechten Seite steht eine Summe von der dort betrachteten Art, nur sind die positiven Zahlen jetzt durch die Sinus der doppelten Nebenwinkel an den Ecken vertreten.

Das Fußpunktenpolygon hat also den kleinsten Inhalt, wenn P mit dem Mittelpunkt S der mit den Sinus der doppelten Nebenwinkel begabten Ecken des gegebenen Polygons zusammenfällt.

Alle Fußpunktpolygone, die aus Punkten P entspringen, welche auf einem um S beschriebenen Kreise liegen, haben gleiche Flächen.

Aus Fig. 176 geht hervor, daß

$$a_1{}^2 = b_1{}^2 + s^2 - 2 b_1 s \cos (b_1 s);$$

wendet man diese Umformung auf alle $a_\lambda{}^2$ an, so zerfällt die rechte Seite von (4) in

$$\sum b_\lambda{}^2 \sin 2\alpha_\lambda + s^2 \sum \sin 2\alpha_\lambda - 2s \sum b_\lambda \sin 2\alpha_\lambda \cos (b_\lambda s);$$

Fig. 176.

der letzte Teil verschwindet, denn $\sum b_\lambda{}^2 \sin 2\alpha_\lambda$ in der Richtung s differentiiert gibt

$$2 \sum b_\lambda \sin 2\alpha_\lambda \,\frac{d b_\lambda}{ds} = 2 \sum b_\lambda \sin 2\alpha_\lambda \cos (b_\lambda s),$$

andererseits Null, weil die differentiierte Summe ein Minimum bedeutet; hiernach kann statt (4) auch geschrieben werden

$$2\,\varPhi_P - F = \tfrac{1}{4} \sum b_\lambda{}^2 \sin 2\alpha_\lambda + \tfrac{1}{4} s^2 \sum \sin 2\alpha_\lambda. \tag{5}$$

Fällt P mit S zusammen, so wird $s = 0$, und man erhält

$$2\,\Phi_S - F = \tfrac{1}{4} \sum b_\lambda{}^2 \sin 2\,\alpha_\lambda, \tag{6}$$

und aus beiden Gleichungen zusammen ergibt sich

$$\Phi_P - \Phi_S = \tfrac{1}{8}\,s^2 \sum \sin 2\,\alpha_\lambda. \tag{7}$$

Nun denke man sich statt eines Polygons eine geschlossene konvexe Kurve; dann geht das Fußpunktenpolygon in ihre Fußpunktkurve bezüglich P, bzw. S über. Den Übergang von dem ersten Falle zum zweiten kann man durch eine Grenzbetrachtung herstellen, indem man die gegebene Kurve in sehr kleine *gleiche* Elemente zerlegt und ihr ein Polygon einschreibt, dessen Ecken in die Teilungspunkte fallen. Die Winkel α_1, α_2, ... werden sehr klein und verwandeln sich in die Kontingenzwinkel τ_1, τ_2, ... der aufeinander folgenden Bogenelemente, bei der Grenzwertbestimmung der zweiten Summe rechts in (5) dürfen die Sinus durch die Bögen ersetzt werden, die Summe der doppelten Kontingenzwinkel, erstreckt über die ganze Kurze, ergibt deren doppelte totale Krümmung, d. i. 4π.

Behält man die Bezeichnung F, Φ_P, Φ_S für die Flächen der Kurven bei, so kommt man zu den Beziehungen:

$$2\,\Phi_P - F = \tfrac{1}{2} \sum b_\lambda{}^2 \tau_\lambda + \pi s^2 \tag{5*}$$

$$2\,\Phi_S - F = \tfrac{1}{2} \sum b_\lambda{}^2 \tau_\lambda \tag{6*}$$

$$\Phi_P - \Phi_S = \tfrac{1}{2}\,\pi s^2. \tag{7*}$$

Bevor wir die Ergebnisse formulieren, sei über den Punkt S gesprochen; er gehört jetzt nicht zu einem System diskreter Punkte, sondern zu der stetigen Gesamtheit der Kurvenpunkte, deren jedem als Zahl der doppelte Kontingenzwinkel des anstoßenden Bogenelements zugeordnet ist; bei gleichen Bogenelementen stehen aber die Kontingenzwinkel also auch die doppelten, im Verhältnis der Krümmungen. Der Punkt S wird also zum Schwerpunkt der Kurve, wenn ihren Punkten die zugehörigen Krümmungen als Zahlen α zugeordnet werden, und erhielt daher den Namen *Krümmungsschwerpunkt*, nachgebildet dem Worte Massenschwerpunkt.

Man kann nun die letzten Ergebnisse wie folgt aussprechen:

Unter allen Fußpunktkurven einer geschlossenen konvexen Kurve hat diejenige die kleinste Fläche, deren Pol der Krümmungsschwerpunkt dieser Kurve ist.

Zu Polen, welche auf einem um den Krümmungsschwerpunkt beschriebenen Kreise liegen, gehören flächengleiche Fußpunktkurven.

Die Fläche der Fußpunktkurve zu einem beliebigen Pol P unterscheidet sich von der Fläche der Fußpunktkurve zum Krümmungsschwerpunkt S um die halbe Fläche des Kreises vom Radius PS.

Ist also eine der beiden Flächen bestimmt, so ergibt sich die andere durch Hinzufügung oder Wegnahme dieser halben Kreisfläche.

Zu einer konstruktiven Bestimmung des Krümmungsschwerpunktes führt die Kenntnis der Flächen dreier Fußpunktkurven, deren Pole nicht in einer Geraden liegen; nennt man nämlich die Abstände dieser Pole P_1, P_2, P_3 von dem unbekannten Krümmungsschwerpunkt s_1, s_2, s_3, so folgt aus den Ansätzen

$$\Phi_{P_1} - F = \tfrac{1}{2}\,\pi s_1{}^2, \qquad \Phi_{P_2} - F = \tfrac{1}{2}\,\pi s_2{}^2, \qquad \Phi_{P_3} - F = \tfrac{1}{2}\,\pi s_3{}^2,$$

daß
$$s_2{}^2 - s_3{}^2 = \frac{2}{\pi}\,(\Phi_{P_2} - \Phi_{P_3}), \qquad s_3{}^2 - s_1{}^2 = \frac{2}{\pi}\,(\Phi_{P_3} - \Phi_{P_1}),$$

$$s_1{}^2 - s_2{}^2 = \frac{2}{\pi}\,(\Phi_{P_1} - \Phi_{P_2});$$

dadurch aber sind drei Gerade bestimmt, die durch den gesuchten Punkt S gehen.

Beispiele. 1. Die zugrunde liegende Kurve sei ein Kreis vom Radius a. Der Krümmungsschwerpunkt fällt offenkundig mit dem Mittelpunkt zusammen, die auf ihn bezügliche Fußpunktkurve ist der Kreis selbst, daher
$$\Phi_S = \pi a^2;$$

demnach ist die Fläche der Fußpunktkurve in bezug auf einen Punkt P im Abstande s vom Zentrum laut (7*)
$$\Phi_P = \pi a^2 + \tfrac{1}{2}\,\pi s^2;$$

liegt insbesondere der Pol auf dem Umfange des Kreises, in welchem Falle die Kordioide als Fußpunktkurve entsteht (**311**, 8), so wird
$$\Phi_P = \tfrac{3}{2}\,\pi a^2.$$

2. Ist die Ausgangskurve eine Ellipse mit den Halbachsen a, b, so ist wieder ihr Mittelpunkt zugleich Krümmungsschwerpunkt; aber die Fläche der auf ihn bezüglichen Fußpunktkurve läßt sich nicht unmittelbar angeben wie im vorigen Beispiel. Hingegen führt die Verlegung des Pols nach einem Brennpunkt zu einer Fußpunktkurve bekannten Inhalts,

nämlich zu einem Kreise vom Halbmesser a um den Mittelpunkt der Ellipse; bezeichnet man also den Brennpunkt mit B, so ist

$$\Phi_B = \pi a^2,$$

und damit ist die Handhabe zur Inhaltsbestimmung aller anderen Fußpunktkurven gegeben, so zur Bestimmung der flächenkleinsten; denn der Abstand zwischen B und dem Krümmungsschwerpunkt S ist $\sqrt{a^2 - b^2}$, daher auf Grund von (7*)

$$\Phi_B - \Phi_S = \tfrac{1}{2}\,\pi(a^2 - b^2)$$

und daraus $\qquad\qquad \Phi_S = \tfrac{1}{2}\,\pi(a^2 + b^2).$

Hat ein beliebiger Pol P die Entfernung s vom Mittelpunkt, so ist

$$\Phi_P = \tfrac{1}{2}\,\pi(a^2 + b^2 + s^2);$$

so hat beispielsweise die Fußpunktkurve zu einem Scheitel der großen Achse die Fläche $\tfrac{1}{2}\pi(2a^2 + b^2)$, die zu einem Scheitel der kleinen Achse die Fläche $\tfrac{1}{2}\pi(a^2 + 2b^2)$.

c) Eine geschlossene konvexe Kurve rolle auf einer Geraden ab, und ein mit ihr fest verbundener Punkt P beschreibe dabei eine Kurve. Wir denken an eine einmalige vollständige Abrollung und fragen nach der Fläche, welche von der erzeugten Kurve, den Strecken von ihren Endpunkten nach den momentanen Berührungspunkten (Polen) der rollenden Kurve und von der Geraden begrenzt wird, auf der das Abrollen vor sich geht.

In Fig. 177 ist die Anfangslage der Kurve gezeichnet. Man denke sie sich wieder in sehr kleine *gleiche* Bogenelemente zerlegt und halte

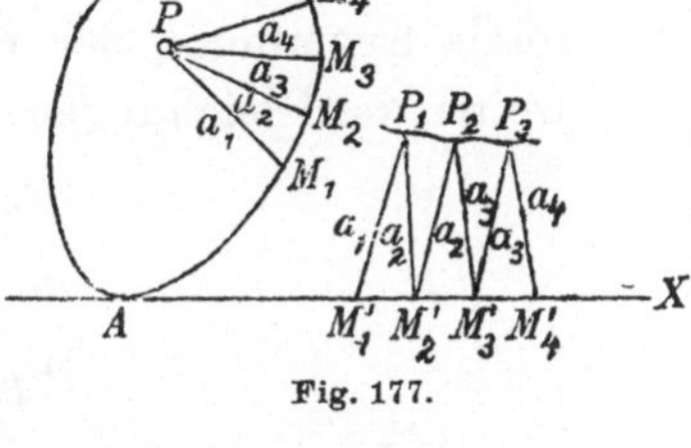

Fig. 177.

sich zunächst an das Polygon, das durch die Sehnen dieser Bogenelemente gebildet wird.

Die Sehnen der Elemente $M_1 M_2$, $M_2 M_3$, $M_3 M_4$, ... kommen nach einer gewissen Abrollung in die Lagen $M_1' M_2'$, $M_2' M_3'$, $M_3' M_4'$, ..., und die Dreiecke, die sie mit P bilden, in die Lagen $M_1' M_2' P_1$, $M_2' M_3' P_2$, $M_3' M_4' P_3$, ...; der Punkt P beschreibt bei dem Vorgang der Reihe nach die Kreisbögen $P_1 P_2$, $P_2 P_3$, ... aus den Mittelpunkten M_2', M_3', ..., und die Zentriwinkel dieser Bögen sind die Nebenwinkel α_2, α_3, ... der Polygonwinkel bei M_2, M_3, ... Beim Grenzübergang wird aus dem Kreisbogenzug $P_1 P_2 P_3$, ... die von P beschriebene Rollkurve, die Winkel α_2, α_3, ... werden die Kontingenzwinkel τ_2, τ_3, ... der aufeinanderfolgenden gleichen Bogenelemente der rollenden Linie und für die gesuchte Fläche ergibt sich aus unmittelbarer Anschauung, wenn man für die Fläche der gegebenen Kurve die Bezeichnung F beibehält, die Fläche der Rollkurve aber mit Ψ_P bezeichnet, der Ansatz:

$$\Psi_P = F + \tfrac{1}{2} \sum a_\lambda^2 \tau_\lambda.$$

Das Problem hängt also wieder von einer Summe ab, wie sie in dem Satze a) behandelt wurde, und es gelten sinngemäß alle Folgerungen, die daraus in a) und b) gezogen worden sind. Gegenüber dem Fall der Fußpunkt*polygone* tritt die Änderung ein, daß an Stelle der $\sin 2\alpha_\lambda$ nunmehr bloß die α_λ, und gegenüber dem Fall der Fußpunkt*kurve*, daß an die Stelle der doppelten die einfachen Kontingenzwinkel treten. Als wesentliches Resultat ergibt sich vor allem der Satz:

Die Rollkurve von kleinster Fläche erzeugt der Krümmungsschwerpunkt.

Die weitere Ausführung des Gedankenganges in derselben Art wie unter b) ergibt den Ansatz

$$\Psi_P = F + \tfrac{1}{2} \sum b_\lambda^2 \tau_\lambda + \tfrac{1}{2} s^2 \sum \tau_\lambda, \tag{8}$$

wobei b_λ die Vektoren aus dem Krümmungsschwerpunkt S sind und s seinen Abstand von P bedeutet. Mit Rücksicht darauf, daß $\Sigma \tau_\lambda$ als totale Krümmung der rollenden Kurve den Wert 2π hat, ergeben sich weiter die Gleichungen

$$\Psi_P - F = \tfrac{1}{2} \sum b_\lambda^2 \tau_\lambda + \pi s^2 \tag{9}$$

$$\Psi_S - F = \tfrac{1}{2} \sum b_\lambda^2 \tau_\lambda \tag{10}$$

$$\Psi_P - \Psi_S = \pi s^2. \tag{11}$$

Rollkurven, die von Punkten beschrieben werden, welche auf einem Kreise um den Krümmungsschwerpunkt liegen, sind inhaltsgleich.

Die Fläche der Rollkurve, die von einem beliebigen Punkte P beschrieben wird, ist im Vergleich zur Fläche der inhaltkleinsten Rollkurve um die Kreisfläche größer, die zum Radius den Abstand des Punktes P vom Krümmungsschwerpunkt S hat.

Die Vergleichung von (8) mit (5*) führt zu dem bemerkenswerten Resultat:

$$\Psi_P = 2 \Phi_P, \tag{12}$$

d. h. *die von P beschriebene Rollkurve hat die doppelte Fläche der zu ihm als Pol gehörigen Fußpunktkurve.*

Beispiele. 1. Ist die rollende Linie ein Kreis vom Radius a, so hat die von seinem Krümmungsschwerpunkt (Mittelpunkt) beschriebene Linie die Fläche

$$\Psi_S = 2\pi a^2.$$

Daraus folgt die Fläche der von einem beliebigen Punkt P im Abstand s von S beschriebenen Rollkurve (Zykloide)

$$\Psi_P = \pi(2a^2 + s^2).$$

Bei der gemeinen Zykloide ist $s = a$, daher

$$\Psi = 3\pi a^2.$$

2. Die rollende Linie sei eine Ellipse mit den Halbachsen a, b. Wiewohl sich die Fläche der vom Krümmungsschwerpunkt (Mittelpunkt) erzeugten Rollkurve nicht unmittelbar angeben läßt, kann man sie mit Hilfe des Zusammenhangs mit der Fußpunktkurve doch finden; diese war $\Phi_S = \frac{1}{2}\pi(a^2 + b^2)$, mithin ist

$$\Psi_S = \pi(a^2 + b^2),$$

also gleich dem Kreise um das Achsenrechteck, und

$$\Psi_P = \pi(a^2 + b^2 + s^2)$$

gleich der Summe dreier Kreise mit den Radien a, b, s.

d) Es ist nur eine andere Anordnung der in Fig. 177 angedeuteten Flächenelemente von Ψ_P, wenn man aus der gegebenen, wieder als geschlossen und konvex vorausgesetzten Kurve eine neue auf folgende Weise konstruiert: Man zieht zu ihr in den Punkten M_1, M_2, M_3, M_4, ... die Tangenten und trägt darauf die Strecken PM_1, PM_2, PM_3, PM_4, ... ab; dies kann, vom Inneren der Kurve aus betrachtet, nach links oder rechts geschehen; die so erhaltenen Punkte Q_1, Q_2, Q_3, Q_4, ... liegen jedesmal wieder auf einer geschlossenen Kurve (Fig. 178). Von dieser Kurve gelten also bezüglich des Flächeninhaltes alle Aussagen, die unter c) betreffend die Rollkurven gemacht worden sind, und es gelten auch die Formeln (9) bis (11). Insbesondere also hat die Kurve den

Fig. 178.

kleinsten Inhalt, wenn zum Ausgangspunkt der Konstruktion der Krümmungsschwerpunkt genommen wird.

Die Erzeugungsweise dieser Kurve kann unter Zuhilfenahme der Bewegungsvorstellung auch so beschrieben werden: Ein veränderliches gleichschenkliges Dreieck bewegt sich so, daß ein Basiseckpunkt P festbleibt, der Scheitel M eine gegebene Kurve durchläuft und der zweite Schenkel sie beständig berührt; der dritte Eckpunkt erzeugt die Kurve.

e) Es sei nur angedeutet und im übrigen der selbständigen Durcharbeitung überlassen, wie sich die Dinge gestalten, wenn eine geschlossene konvexe Kurve (M) auf einer anderen ebenfalls konvexen Kurve (N), und zwar auf deren konvexer Seite, rollt und ein mit ihr in fester Verbindung stehender Punkt P eine Kurve beschreibt, Fig. 179. Sind $M_\lambda M_{\lambda+1}$, $N_\lambda N_{\lambda+1}$ zwei Elemente, die beim Abrollen übereinander zu liegen kommen, und sind τ_λ, t_λ ihre Kontingenzwinkel, so nimmt der Flächenansatz für die so entstandene Rollkurve die Form an:

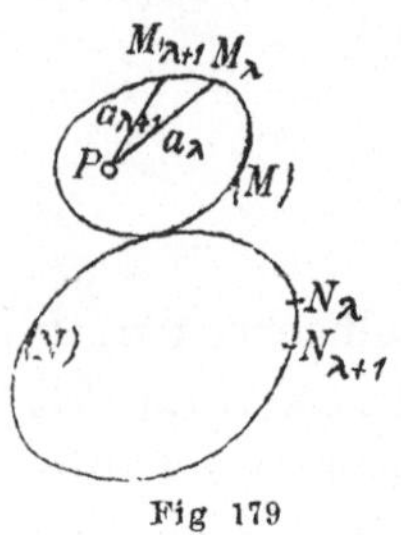

Fig 179

$$X_P = F' + \tfrac{1}{2} \sum a_\lambda{}^2 (\tau_\lambda + t_\lambda).$$

An die Stelle des bisherigen Krümmungsschwerpunktes S von (M) tritt jetzt ein Punkt $\mathfrak{S}$, der auch als Schwerpunkt von (M) aufzufassen ist, aber mit der Abänderung, daß jetzt jedem ihrer Punkte als Zahl α zugeordnet ist die Summe aus ihrer eigenen Krümmung in diesem Punkte und der Krümmung der Polkurve in jenem Punkte, der mit dem ersteren zur Deckung kommt.

313. Mechanische Quadratur. Hierunter versteht man die näherungsweise Ausrechnung eines einfachen bestimmten Integrals, bei welcher nicht der ganze Verlauf der zu integrierenden Funktion, sondern nur einzelne zu bestimmten Werten der Variablen gehörige Werte derselben zur Geltung kommen.

Die Bezeichnung „Quadratur" führt das Problem daher, weil es sich in geometrischem Gewande dann einstellt, wenn eine durch Zeichnung gegebene Kurve quadriert werden soll; die in Verwendung zu ziehenden Funktionswerte werden dann durch *Messung* einzelner Ordinaten gewonnen.

In anderen Fällen werden diese Werte durch *messende Beobachtung* gewisser Größen oder auch durch *Rechnung* gefunden, denn von der „mechanischen" Quadratur im Gegensatze zur strengen Integration wird auch Gebrauch gemacht, wenn der analytische Ausdruck der Funktion letztere nicht zuläßt.

Neben der mechanischen Quadratur einer gezeichneten Kurve *durch Rechnung* kennt man auch eine solche mittels besonderer *Mechanismen* (Planimeter); diese schließen wir aus dem Rahmen unserer Ausführungen aus.

I. Das nächstliegende Hilfsmittel zur Berechnung eines bestimmten Integrals

$$\int_a^b f(x)\,dx$$

ergibt sich unmittelbar aus dessen Definition (228); teilt man das Intervall (a, b) in n gleiche Teile $h = \dfrac{b-a}{n}$, so konvergiert sowohl der Ausdruck

$$h \sum_{\varkappa=0}^{\varkappa=n-1} f(a + \varkappa h),$$

als auch

$$h \sum_{\varkappa=1}^{\varkappa=n} f(a + \varkappa h)$$

für $\lim h = 0$ $(nh = b - a)$ gegen den durch das Integral definierten Wert, so daß näherungsweise gesetzt werden darf:

$$\int_a^b f(x)\,dx \sim h[f(a) + f(a + h) + \cdots + f(b - h)] \tag{1}$$

wie auch

$$\int_a^b f(x)\,dx \sim h[f(a + h) + f(a + 2h) + \cdots + f(b)]; \tag{2}$$

der Ansatz ist um so zutreffender, je kleiner h, also je größer n genommen wurde.

Ist $y = f(x)$ durch eine Kurve dargestellt, so mögen ein für allemal die zu den Abszissen

$$a, a + h, \ldots a + \varkappa h, \ldots$$

gehörigen Ordinaten mit $\quad y_0, y_1, \ldots, y_\varkappa, \ldots$

bezeichnet werden. Diese Darstellung lehrt auf einen Blick, daß bei einer beständig wachsenden Funktion die Formel (1) einen zu kleinen, (2) dagegen einen zu großen Wert für das Integral liefert, und daß bei einer beständig abnehmenden Funktion gerade das Umgekehrte stattfindet.

Daher darf man unter allen Umständen erwarten, daß sich das arithmetische Mittel der beiden Ausdrücke (1) und (2) dem strengen Werte des Integrals in stärkerem Maße anpassen werde als jeder einzelne, daß also zutreffender

$$\int_a^b f(x)\,dx \sim \left[\frac{f(a)+f(b)}{2} + f(a+h) + f(a+2h) + \cdots + f(b-h)\right] \quad (3)$$

oder in anderer Schreibweise:

$$\int_a^b y\,dx \sim h\left[\frac{y_0+y_n}{2} + y_1 + y_2 + \cdots + y_{n-1}\right] \quad (4)$$

gesetzt werden kann.

Diese Formel führt aus geometrischen Gründen den Namen *Trapez-formel*; denn das arithmetische Mittel aus zwei übereinander stehenden Gliedern von (1) und (2), wie

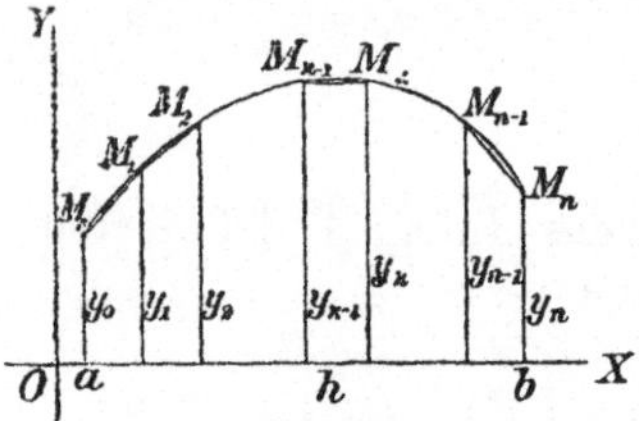

$$h\,\frac{y_{\varkappa-1}+y_\varkappa}{2},$$

bedeutet die Fläche des Trapezes, welches von den Ordinaten $y_{\varkappa-1}$, $y_\varkappa$ (Fig. 180) der Abszissenachse und der Sehne $M_{\varkappa-1}$, $M_\varkappa$ begrenzt ist. Die Formel (4) setzt also an die Stelle der durch die Kurve $M_0 M_n$ begrenzten Fläche diejenige, welche nach obenhin durch das Sehnenpolygon

$$M_0 M_1 \ldots M_n$$

begrenzt wird; sie gibt zu viel bei einer nach obenhin beständig konkaven, zu wenig bei einer nach oben beständig konvexen Kurve, und nur wenn Konkavität und Konvexität abwechseln, wird ein Ausgleich stattfinden.

Beispiel. Um die Leistungsfähigkeit einer Quadraturformel praktisch zu erproben, wendet man sie auf ein auswertbares Integral an und vergleicht den erzielten Wert mit dem strengen. Wir wählen hierzu das Integral

$$\int_0^1 \frac{dx}{1+x},$$

dessen strenger Wert $l2 = 0{,}69314718\ldots$ ist.

Wendet man darauf die Formel (4) mit $n = 8$ an, so stellt sich die Rechnung wie folgt:

$$h = \tfrac{1}{8}$$
$$y_0 \qquad = 1$$
$$y_1 = \tfrac{8}{9} = 0{,}88888888$$
$$y_2 = \tfrac{4}{5} = 0{,}8$$
$$y_3 = \tfrac{8}{11} = 0{,}72727272$$
$$y_4 = \tfrac{2}{3} = 0{,}66666666$$
$$y_5 = \tfrac{8}{13} = 0{,}61538461$$
$$y_6 = \tfrac{4}{7} = 0{,}57142857$$
$$y_7 = \tfrac{8}{15} = 0{,}53333333$$
$$y_8 = \tfrac{1}{2} = 0{,}5$$
$$\frac{y_0 + y_8}{2} + y_1 + y_2 + \cdots + y_7 = \overline{5{,}55297475}$$
$$\int\limits_0^1 \frac{dx}{1+x} \sim 0{,}69412184;$$

dem strengen Werte gegenüber ist dies (um $0{,}00097466$) zu groß, weil die Kurve $y = \dfrac{1}{1+x}$, eine Hyperbel, in dem Intervalle $(0,\,1)$ konkav nach oben ist.

II. Es liegt nahe, die obere Begrenzung der zu bestimmenden Fläche in passender Weise durch Tangenten der Kurve zu ersetzen. Am einfachsten geschieht dies in der Weise, daß man $(a,\,b)$ in eine *gerade* Anzahl gleicher Teile $h = \dfrac{b-a}{2n}$ zerlegt, in den Endpunkten der Ordinaten y_1, $y_3, \ldots, y_{2n-1}$ mit ungeradem Zeiger die Tangenten zieht und jeweilen bis zu den Nachbarordinaten links und rechts führt. Dadurch entsteht eine aus Tangenten und Ordinatenlinien zusammengesetzte polygonale Begrenzung und die betreffende Figur (Fig. 181) zerfällt in Trapeze von der Breite $2h$, welche der Reihe nach die Inhalte $\quad 2hy_1,\ 2hy_3, \ldots, 2hy_{2n-1}$ besitzen; daraus ergibt sich die Näherungsformel

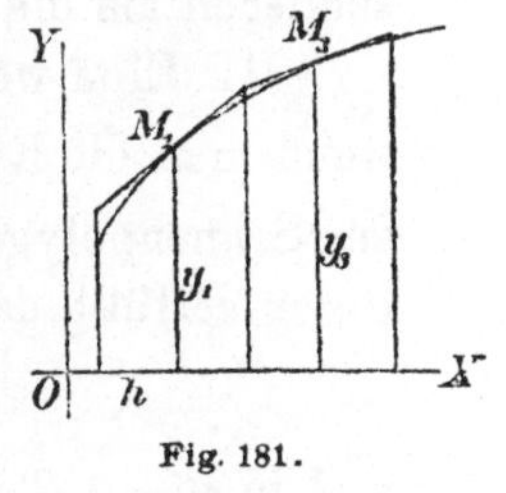

Fig. 181.

$$\int\limits_a^b y\,dx \sim 2h(y_1 + y_3 + \cdots + y_{2n-1}), \qquad (5)$$

welche dadurch bemerkenswert ist, daß sie nicht die Kenntnis aller Teilungsordinaten, sondern nur derjenigen mit ungeradem Zeiger erfordert. Entweder wird dadurch Arbeit erspart oder bei gleicher Arbeit eine größere Genauigkeit erzielt, weil sich die Tangenten besser an die Kurve schmiegen als die Sehnen.

Beispiel. Wendet man diese Formel auf dasselbe Integral mit $n = 8$ an, so hat man:

$$h = \tfrac{1}{16}$$

$$y_1 = \tfrac{16}{17} = 0{,}94117647$$
$$y_3 = \tfrac{16}{19} = 0{,}84210526$$
$$y_5 = \tfrac{16}{21} = 0{,}76190476$$
$$y_7 = \tfrac{16}{23} = 0{,}69565217$$
$$y_9 = \tfrac{16}{25} = 0{,}64$$
$$y_{11} = \tfrac{16}{27} = 0{,}59259259$$
$$y_{13} = \tfrac{16}{29} = 0{,}55172413$$
$$y_{15} = \tfrac{16}{31} = 0{,}51612903$$
$$y_1 + y_3 + \cdots + y_{15} = \overline{5{,}54128441}$$

$$\int\limits_0^1 \frac{dx}{1+x} \sim 0{,}60266073,$$

was gegenüber dem strengen Werte um $0{,}00047645$ zu klein ist. Der Fehler hat, was vorauszusehen war, entgegengesetztes Vorzeichen, aber einen weniger als halb so großen Betrag gegenüber dem früheren (letzteres erklärt sich dadurch, daß die Tangenten enger der Kurve sich anschließen als die Sehnen).

III. Eine weitere, von **Parmentier** herrührende Formel ergibt sich, wenn man die Kurve nach Teilung von (a, b) in $2n$ Teile $h = \dfrac{b-a}{2n}$ durch das Sehnenpolygon $M_0 M_1 M_3 M_5 \ldots M_{2n-1} M_{2n}$ ersetzt; die so entstandene Figur zerfällt dann in zwei Trapeze von der Breite h mit den Inhalten

$$h\frac{y_0 + y_1}{2}, \quad h\frac{y_{2n-1} + y_{2n}}{2}$$

und in $n - 1$ Trapeze von der Breite $2h$ mit den Flächen

$$h(y_1 + y_3),\ h(y_3 + y_5),\ \cdots,\ h(y_{2n-3} + y_{2n-1});$$

durch Zusammenfassung erhält man

$$\int\limits_a^b y\,dx \sim 2h\left[\frac{y_0 - y_1}{4} + y_1 + y_3 + \cdots + y_{2n-1} + \frac{y_{2n} - y_{2n-1}}{4}\right]. \quad (6)$$

Angenommen, die Kurve wäre im ganzen Verlaufe nach oben konvex; dann liefert Formel (5) einen zu großen, (6) einen zu kleinen Wert und der Unterschied beider, d. i.

$$2h\left[\frac{y_0 - y_1}{4} + \frac{y_{2n} - y_{2n-1}}{4}\right] = h\left[\frac{y_0 + y_{2n}}{2} - \frac{y_1 + y_{2n-1}}{2}\right], \tag{7}$$

ist größer als die Abweichung jedes der beiden Näherungsbeträge von dem strengen Werte. Dieser Unterschied läßt sich geometrisch leicht konstruieren; die Sehne $M_0 M_{2n}$ (Fig. 182) schneidet nämlich auf der mittleren Ordinate y_n die Strecke $\frac{y_0 + y_{2n}}{2}$, die Sehne $M_1 M_{2n-1}$ die Strecke $\frac{y_1 + y_{2n-1}}{2}$ ab, und die Differenz beider Strecken bestimmt mit h

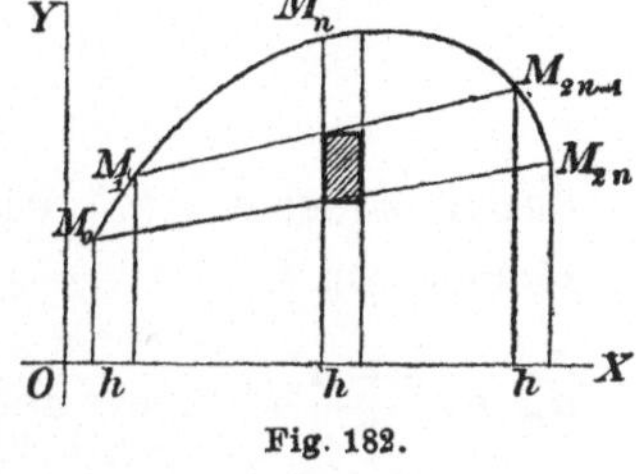

Fig. 182.

ein Rechteck, das durch (7) ausgedrückt ist; dieses Rechteck gestattet dann sowohl den Fehler der Formel (5) wie jenen von (6) zu schätzen. Das war der Grund, weshalb Parmentier den etwas gekünstelten Weg eingeschlagen hat.

Die Formel (6) verlangt außer der Messung der Ordinaten mit ungeradem Zeiger auch die Kenntnis der beiden Endordinaten.

Beispiel. Mit $n = 8$ liefert die Formel (7) das folgende Resultat:

$$\int_0^1 \frac{dx}{1+x} \sim \frac{1}{8}\left[5{,}54128441 + 0{,}01067362\right] = 0{,}69399475;$$

dasselbe ist dem strengen Werte gegenüber um $0{,}00074757$ zu groß, etwas genauer, als es bei fast gleichem Arbeitsaufwand die Trapezformel geliefert hat.

IV. Eine allgemeine Methode der mechanischen Quadratur besteht darin, daß man die Funktion $f(x)$ im ganzen Intervalle (a, b) oder streckenweise durch andere Funktionen ersetzt, welche sich ihr in entsprechendem Maße anschließen und unmittelbare Integration zulassen; der Anschluß wird dadurch erzielt, daß man die Forderung stellt, es möge das gewählte $\varphi(x)$ an bestimmten, genügend nahe aneinander liegenden Stellen mit $f(x)$ übereinstimmen. Der Wert von $\int \varphi(x)\,dx$ ist dann ein Näherungswert für $\int f(x)\,dx$.

Geometrisch bedeutet dies, daß man die gezeichnete oder analytisch bestimmte Kurve durch eine gesetzmäßig gestaltete quadrierbare Kurve ersetzt, die mit ihr eine entsprechende Anzahl vorgeschriebener Punkte gemein hat.

Der Ausführung dieser Methode schicken wir einen Satz voraus, der auch in anderen Fällen nützliche Anwendung gestattet.

Ist $\varphi(x)$ eine ganze Funktion höchstens vom dritten Grade, so gilt in aller Strenge

$$\int_a^b \varphi(x)\,dx = \frac{b-a}{6}\left[\varphi(a) + 4\varphi\left(\frac{a+b}{2}\right) + \varphi(b)\right], \qquad (8)$$

so daß der Wert des Integrals aus den beiden Endwerten und dem mittleren Werte der Funktion berechnet werden kann.

Führt man nämlich in dem Integral die lineare Substitution

$$x = \frac{a+b}{2} + \frac{b-a}{2}\,t$$

durch, so geht $\varphi(x)$ wieder in eine ganze Funktion höchstens dritten Grades von t:

$$A + Bt + Ct^2 + Dt^3,$$

dx in $\dfrac{b-a}{2}\,dt$ über und die Grenzen der neuen Integration sind -1, $+1$, so daß

$$\int_a^b \varphi(x)\,dx = \frac{b-a}{2}\int_{-1}^{1}(A + Bt + Ct^2 + Dt^3)\,dt = (b-a)\left(A + \frac{C}{3}\right);$$

da nun den Werten a, $\dfrac{a+b}{2}$, b von x der Reihe nach die Werte $-1, 0, 1$ von t entsprechen, so ist

$$\varphi(a) = A - B + C - D$$

$$\varphi\left(\frac{a+b}{2}\right) = A$$

$$\varphi(b) = A + B + C + D;$$

daraus folgt $\varphi(a) + 4\varphi\left(\dfrac{a+b}{2}\right) + \varphi(b) = 6A + 2C$

und weiter $A + \dfrac{C}{3} = \dfrac{1}{6}\left[\varphi(a) + 4\varphi\left(\dfrac{a+b}{2}\right) + \varphi(b)\right];$

damit ist die Formel (8) tatsächlich als richtig erwiesen. Man überzeugt sich leicht, daß sie in Geltung bleibt, auch wenn $\varphi(x)$ von niedrigerem als dem dritten Grade ist.

V. Um von diesem Satze bei dem Integral $\int\limits_a^b f(x)\,dx$ praktischen Gebrauch zu machen, teile man zunächst (a, b) in $2n$ gleiche Teile $h = \dfrac{b-a}{2n}$; in dem Doppelintervalle $(a, a + 2h)$ ersetze man $f(x)$ durch jene ganze Funktion $\qquad \alpha + \beta x + \gamma x^2$

so, daß sie mit $f(x)$ an den Stellen a, $a + h$, $a + 2h$ übereinstimmt, dortselbst also die vorgezeichneten Werte y_0, y_1, y_2 hat — die Funktion ist durch diese Forderung vollständig bestimmt, und nun ersetze man $\int\limits_a^{a+2h} f(x)\,dx$ näherungsweise durch das Integral dieser Funktion; d. i. laut (8) durch

$$\frac{h}{3}\,[y_0 + 4y_1 + y_2].$$

Auf Grund analoger Erwägungen tritt an die Stelle von $\int\limits_{a+2h}^{a+4h} f(x)\,dx$ der Ausdruck $\qquad \dfrac{h}{3}\,[y_2 + 4y_3 + y_4],$

usw.; schließlich an die Stelle von $\int\limits_{b-2h}^{b} f(x)\,dx$

$$\frac{h}{3}\,[y_{2n-2} + 4y_{2n-1} + y_{2n}].$$

Durch Zusammenfassung erhält man schließlich die Näherungsformel

$$\int\limits_a^b f(x)\,dx \sim \frac{h}{3}\,[y_0 + y_{2n} + 2(y_2 + y_4 + \cdots + y_{2n-2}) \left.\vphantom{\frac{h}{3}}\right\} \tag{9}$$
$$+ 4(y_1 + y_3 + \cdots + y_{2n-1})],$$

welche unter dem Namen der Simpsonschen *Regel*[1]) bekannt sind.

Die geometrische Bedeutung des ganzen Vorganges liegt in folgendem. Nachdem man die zu quadrierende Fläche durch die äquidistanten Ordinaten y_0, y_1, $\ldots$, y_{2n} in Streifen zerlegt hat, denke man sich die Bogenstücke $M_0\,M_1\,M_2$, $M_2\,M_3\,M_4$, $\ldots$, $M_{2n-2}\,M_{2n-1}\,M_{2n}$ durch Parabelbögen von der Gleichungsform

$$y = \alpha + \beta x + \gamma x^2,$$

---

1) Veröffentlicht in den Mathematical Dissertations, 1743, S. 109. Indessen war die Formel für einen Doppelstreifen, die doch die Grundlage bildet, schon von R. Cotes, De Methodo Differentiali, 1722, S. 32, gegeben worden.

d. i. durch Parabeln mit zu OY paralleler Achse ersetzt, deren erste durch die drei Punkte M_0, M_1, M_2, deren zweite durch M_2, M_3, M_4 hindurchgeht, usw. Der Ausdruck rechts in (9) gilt für die so abgeänderte Fläche, die sich bei genügend kleinem h augenscheinlich von der gegebenen nicht erheblich unterscheiden kann.

Dies bestätigt auch die folgende Untersuchung. Entwickelt man $\int\limits_a^{a+2h} f(x)\,dx$ nach der Taylorschen Reihe, so ergibt sich:

$$\int\limits_a^{a+2h} f(x)\,dx = 2hf(a) + 2h^2 f'(a)$$

$$+ \frac{4h^3}{3} f''(a) + \frac{2h^4}{3} f'''(a) + \frac{4h^5}{15} f^{IV}(a) + \cdots;$$

demgegenüber liefert die gleiche Entwicklung

$$\frac{h}{3}(y_0 + 4y_1 + y_2) = \frac{h}{3}\left[f(a) + 4f(a+h) + f(a+2h) \right]$$

$$= \frac{h}{3}\Big[f(a) + 4\left\{ f(a) + hf'(a) + \frac{h^2}{2} f''(a) + \frac{h^3}{6} f'''(a) + \frac{h^4}{24} f^{IV}(a) + \cdots \right\}$$

$$+ \left\{ f(a) + 2hf'(a) + 2h^2 f''(a) + \frac{4h^3}{3} f'''(a) + \frac{2h^4}{3} f^{IV}(a) + \cdots \right\}\Big]$$

$$= 2hf(a) + 2h^2 f'(a) + \frac{4h^3}{3} f''(a) + \frac{2h^4}{3} f'''(a) + \frac{5h^5}{18} f^{IV}(a) + \cdots;$$

hiernach beträgt der Unterschied beider Größen mit Außerachtlassung von Gliedern höherer als der fünften Ordnung in bezug auf h

$$\frac{4h^5}{15} f^{IV}(a) - \frac{5h^5}{18} f^{IV}(a) = -\frac{h^5}{90} f^{IV}(a).$$

Für das nächste Intervall $(a+2h,\ a+4h)$ ergibt sich auf gleiche Weise

$$-\frac{h^5}{90} f^{IV}(a+2h);$$

schließlich für das Endintervall $(b-2h,\ b)$

$$-\frac{h^5}{90} f^{IV}(b-2h).$$

Demnach beträgt der Unterschied zwischen der linken und rechten Seite von (9) bei Beschränkung auf Glieder der fünften Ordnung

$$-\frac{h^5}{90}\left[f^{IV}(a) + f^{IV}(a+2h) + \cdots + f^{IV}(b-2h) \right],$$

wofür, wenn u ein zwischen a, b passend gewählter Wert ist,

$$-\frac{nh^5}{90}\, f^{IV}(u) = -\frac{(2nh)^5}{2^5 n^4 \cdot 90}\, f^{IV}(u) = -\frac{(b-a)^5}{2880\, n^4}\, f^{IV}(u) \tag{10}$$

geschrieben werden kann. Wie man erkennt, nimmt der zu befürchtende Fehler mit wachsendem n sehr rasch ab. Er wird Null, wenn $f(x)$ eine ganze rationale Funktion höchstens vom dritten Grade ist.

Anmerkung. Bei der Ableitung der Simpsonschen Regel werden Doppelstreifen gebildet. Man kann aber unter dem oben dargelegten Gesichtspunkte auch Einzelstreifen berechnen. Die Parabel

$$y = \alpha + \beta x + \gamma x^2,$$

die den Kurvenbogen $M_0 M_1 M_2$ ersetzt, ist durch die Bedingungen

$$y_0 = \alpha - \beta h + \gamma h^2$$
$$y_1 = \alpha$$
$$y_2 = \alpha + \beta h + \gamma h^2$$

bestimmt, wenn man die Ordinatenachse nach y_1 verlegt; man findet daraus

$$\alpha = y_1, \qquad \beta = \frac{y_2 - y_0}{2h}, \qquad \gamma = \frac{y_0 + y_2 - 2y_1}{2h^2};$$

damit berechnet sich der Streifen $(y_0\, y_1)$

$$\int_{-h}^{0} y\, dx = \frac{h}{12}\, (5y_0 + 8y_1 - y_2)$$

und der Streifen $(y_1\, y_2)$

$$\int_{0}^{h} y\, dx = \frac{h}{12}\, (5y_2 + 8y_1 - y_0).$$

Die Vereinigung beider Resultate gibt, wie es sein muß, wieder den Ausdruck

$$\frac{h}{3}\, (y_0 + 4y_1 + y_2).$$

Es wird aber von obigen Formeln auch einzeln Gebrauch gemacht, wenn die Simpsonsche Regel bei einer ungeraden Anzahl von Streifen zur Anwendung kommen soll. So erhält man bei 5 Streifen, wenn man den letzten einzeln rechnet,

$$\frac{h}{12}\, (4y_0 + 16y_1 + 8y_2 + 15y_3 + 12y_4 + 5y_5).$$

Beispiel. Bei Anwendung der Simpsonschen Regel auf das Integral

$$\int_0^1 \frac{dx}{1+x}$$

hat man für $n=8$ folgende Rechnuug

$$h = \frac{1}{16}$$

$y_0 = 1$	$y_2 = 0{,}888\,888\,88$	$y_1 = 0{,}941\,176\,47$
$y_{16} = 0{,}5$	$y_4 = 0{,}8$	$y_3 = 0{,}842\,105\,26$
$\overline{1{,}5}$	$y_6 = 0{,}727\,272\,72$	$y_5 = 0{,}761\,904\,76$
	$y_8 = 0{,}666\,666\,66$	$y_7 = 0{,}695\,652\,17$
	$y_{10} = 0{,}615\,384\,61$	$y_9 = 0{,}64$
	$y_{12} = 0{,}571\,428\,57$	$y_{11} = 0{,}592\,592\,59$
	$y_{14} = \underline{0{,}533\,333\,33}$	$y_{13} = 0{,}551\,724\,13$
	$4{,}802\,974\,75$	$y_{15} = \underline{0{,}516\,129\,03}$
		$5{,}541\,284\,41$

$$\int_0^1 \frac{dx}{1+x} \sim \frac{1}{48}\left[1{,}5 + 2 \cdot 4{,}802\,974\,75 + 4 \cdot 5{,}541\,284\,41\right] = 0{,}693\,147\,64;$$

dem strengen Werte gegenüber ist dies nur mehr um $0{,}000\,000\,46$ zu groß.

Die Schätzung des Fehlers nach der Formel (10) ergibt folgendes Resultat. Aus

$$f(x) = \frac{1}{1+x} \quad \text{folgt} \quad f^{IV}(x) = \frac{1 \cdot 2 \cdot 3 \cdot 4}{(1+x)^5},$$

mithin ist der Fehler ausgedrückt durch

$$-\frac{4!}{2880 \cdot 8^4 (1+u)^5} \quad \text{oder} \quad -\frac{1}{491\,520(1+u)^5},$$

wobei u einen unbestimmten positiven echten Bruch bedeutet; die äußersten Grenzen hiervon, entsprechend den Werten $u=0$ und $u=1$, sind

$$-0{,}000\,002\,03 \quad \text{und} \quad -0{,}000\,000\,06,$$

so daß der Wert des Integrals mit Sicherheit zwischen

$$0{,}693\,147\,64 - 0{,}000\,002\,03 = 0{,}693\,145\,61$$

und
$$0{,}693\,147\,64 - 0{,}000\,000\,06 = 0{,}693\,147\,58$$

enthalten ist; dies trifft auch tatsächlich zu.

VI. Wendet man eine Parabel der dritten Ordnung an:

$$y = \alpha + \beta x + \gamma x^2 + \delta x^3$$

und schreibt ihr vor, mit der gegebenen Kurve in vier äquidistanten Ordinaten übereinzustimmen, so ergeben sich aus den Gleichungen

$$y_0 = \alpha$$
$$y_1 = \alpha + \beta h + \gamma h^2 + \delta h^3$$
$$y_2 = \alpha + 2\beta h + 4\gamma h^2 + 8\delta h^3$$
$$y_3 = \alpha + 3\beta h + 9\gamma h^2 + 27\delta h^3$$

Werte für α, βh, γh^2, δh^3, die in

$$\int\limits_0^{3h} y\,dx = 3\alpha h + \frac{9}{2}\beta h^2 + 9\gamma h^3 + \frac{81}{4}\delta h^4$$

eingesetzt, die Näherungsformel ergeben:

$$\int\limits_0^{3h} f(x)\,dx \sim \frac{3h}{8}(y_0 + 3y_1 + 3y_2 + y_3), \tag{11}$$

die eine Zerlegung der zu quadrierenden Fläche in $3n$ gleich breite Streifen fordert. Die Formel (11) stammt von Newton[1]).

Auf das Integral $\displaystyle\int\limits_0^1 \frac{dx}{1+x}$ mit $n = 2$ angewendet $\left(h = \frac{1}{6}\right)$, ergibt sie den Wert $0{,}693\,195\,35$, der um $0{,}000\,048\,17$ größer ist als der wahre.

Führt man die analoge Rechnung mit der Parabel sechster Ordnung:

$$y = a + bx + cx^2 + dx^3 + ex^4 + fx^5 + gx^6$$

aus, indem man sie sieben äquidistanten Ordinaten anpaßt, deren mittlere y_3 in die Ordinatenachse verlegt werden möge, so erhält man einerseits:

$$\int\limits_{-3h}^{3h} y\,dx = 6ah + 18ch^3 + \frac{486}{5}eh^5 + \frac{4374}{7}gh^7;$$

andererseits findet sich, daß

$$6y_3 + y_0 + y_2 + y_4 + y_6 + 5(y_1 + y_5) = 20a + 60ch^2 + 324eh^4 + 2100gh^6,$$

---

1) In dem zehn Jahre nach Newtons Tode erschienenen Methodus Differentialis, 1736.

mithin unterscheidet sich der obige Integralwert von

$$\frac{3h}{10}\left[6y_3+y_0+y_2+y_4+y_6+5(y_1+y_5)\right] = 6ah+18ch^3+\frac{486}{5}eh^5+\frac{4410}{7}gh^7$$

bei entsprechend kleinem h so unerheblich, daß näherungsweise

$$\int_{-3h}^{3h} f(x)\,dx \sim \frac{3h}{10}\left[6y_3+y_0+y_2+y_4+y_6+5(y_1+y_5)\right] \tag{12}$$

gesetzt werden kann. Dies ist die **Weddlesche Regel**, welche eine Zerlegung der zu quadrierenden Fläche in $6n$ gleich breite Streifen voraussetzt.

Wendet man sie, $n=1\left(h=\dfrac{1}{6}\right)$ setzend, auf dasselbe Integral an, so ergibt sich der Näherungswert 0,693 149 35, der dem wahren Werte gegenüber um 0,000 002 17 zu groß ist.

§ 2. Rektifikation von Kurven.

314. Allgemeine Formeln. In Art. **153** ist die Länge eines Kurvenbogens als Grenzwert der Länge eines ihm eingeschriebenen Sehnenzuges definiert worden, dessen Seitenanzahl beständig wächst und von dem jede Seite gegen Null konvergiert, die Existenz eines solchen Grenzwertes vorausgesetzt. Die Bestimmung der so definierten Länge wird als *Rektifikation* der Kurve bezeichnet.

Angenommen,
$$y = f(x)$$

sei die Gleichung der Kurve, a, b seien die Abszissen der Endpunkte des Bogens. Die Eckpunkte $M_0, M_1, \ldots, M_{n-1}, M_n$ des Polygons, bis auf M_0, M_n willkürlich angenommen, mögen die Abszissen

$$a = x_0,\; x_1,\; \cdots,\; x_{n-1},\; x_n = b$$

haben; die Länge der Seite $M_{\nu-1}M_\nu$ ist dann durch die positive Quadratwurzel

$$\sqrt{(x_\nu-x_{\nu-1})^2 + (f(x_\nu)-f(x_{\nu-1}))^2}$$

gegeben und die Länge des ganzen Polygons durch

$$\sum_1^n \sqrt{(x_\nu-x_{\nu-1})^2 + (f(x_\nu)-f(x_{\nu-1}))^2}.$$

Hat nun $f(x)$ an jeder Stelle von (a, b) einen Differentialquotienten, so ist dem Mittelwertsatze (38) zufolge

$$f(x_\nu) - f(x_{\nu-1}) = (x_\nu - x_{\nu-1}) f'(\xi_\nu)$$

für $\nu = 1, 2, \ldots, n$; ξ_ν bezeichnet dabei einen *bestimmten* Wert zwischen $\xi_{\nu-1}$ und ξ_ν. Unter diesen Voraussetzungen ist die Länge des Polygons

$$\sum_{1}^{n}{}^\nu (x_\nu - x_{\nu-1}) \sqrt{1 + f'(\xi_\nu)^2}.$$

Nach **226** aber konvergiert dieser Ausdruck, während n beständig wächst und jedes $x_\nu - x_{\nu-1} = \delta_\nu$ gegen Null abnimmt, gegen eine bestimmte Grenze, nämlich gegen den Integralwert

$$\int_a^b \sqrt{1 + f'(x)^2}\, dx,$$

wenn nur $\sqrt{1 + f'(x)^2}$, also auch $f'(x)$, eine in dem Intervalle (a, b) endliche und stetige Funktion ist. Der Definition gemäß ist also die Länge des Bogens $M_0 M_n$ ausgedrückt durch

$$s = \int_a^b \sqrt{1 + y'^2}\, dx, \tag{1}$$

kurz gesagt, durch das Integral des Bogendifferentials.

Weil der Grenzwert der obigen Summe derselbe bleibt, wenn man die ξ_ν durch *beliebige* Zwischenwerte ersetzt, so gilt der Satz: Zieht man an die Bogenstücke $M_0 M_1$, $M_1 M_2, \ldots, M_{n-1} M_n$ (Fig. 183) in beliebigen Punkten $\mathfrak{M}_1, \mathfrak{M}_2, \ldots, \mathfrak{M}_n$ Tangenten und begrenzt diese durch die benachbarten Teilungsordinaten, so ist der Grenzwert der Summe dieser Tangentenstücke unabhängig von der Wahl der Zwischenpunkte und gleich der Länge des ganzen Bogens.

Fig. 183.

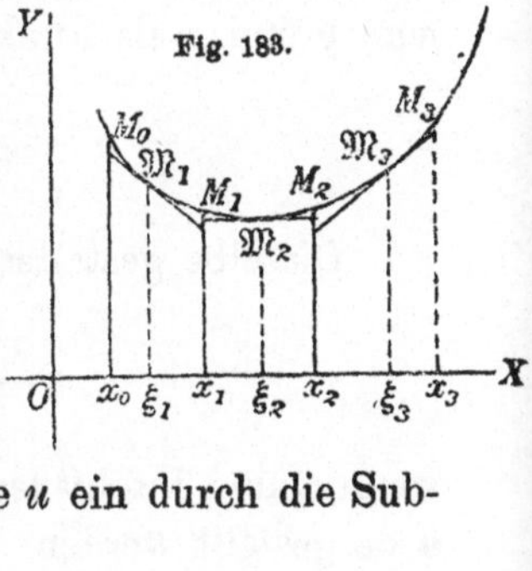

Führt man an Stelle von x eine neue Variable u ein durch die Substitution

$$x = x(u),$$

wodurch vermöge der Kurvengleichung auch

$$y = y(u)$$

wird, so kommt an die Stelle von y' der Quotient $\dfrac{y'(u)}{x'(u)}$ (**43**, II.) und an die Stelle von dx der Ausdruck $x'(u)\,du$; wird der zu rektifizierende Bogen beschrieben, während u das Intervall (α, β) durchläuft, so ist

$$s = \int_{\alpha}^{\beta} \sqrt{x'(u)^2 + y'(u)^2}\,du, \qquad (2)$$

eine Formel, die bei **parametrischer** Darstellung der Kurve zur Anwendung kommt.

Der Fall polarer Koordinaten kann als besonderer Fall von diesem angesehen werden; ist nämlich $r = f(\varphi)$ die Gleichung der Kurve, so können auf Grund derselben und der Transformationsgleichungen:

$$x = r \cos \varphi$$
$$y = r \sin \varphi$$

x und y als Funktionen von φ aufgefaßt werden, und es ist

$$x'(\varphi) = - r \sin \varphi + r' \cos \varphi$$
$$y'(\varphi) = r \cos \varphi + r' \sin \varphi;$$

daraus folgt $\qquad x'(\varphi)^2 + y'(\varphi)^2 = r^2 + r'^2,$

so daß, wenn α, β die den beiden Endpunkten des Bogens entsprechenden Werte von φ bedeuten,

$$s = \int_{\alpha}^{\beta} \sqrt{r^2 + r'^2}\,d\varphi \quad \text{ist.} \qquad (3)$$

Auf Raumkurven läßt sich die an die Spitze dieses Artikels gestellte Definition der Bogenlänge ohne weiteres übertragen und führt, wenn man y und z als Funktionen von x darstellt, zu der Formel:

$$s = \int_{a}^{h} \sqrt{1 + y'^2 + z'^2}\,dx. \qquad (4)$$

Dieselbe gestaltet sich wie oben um in

$$s = \int_{\alpha}^{\beta} \sqrt{x'(u)^2 + y'(u)^2 + z'(x)^2}\,du, \qquad (5)$$

wenn x und infolgedessen auch y und z als Funktionen eines Parameters u dargestellt werden.

Als besonderer Fall sei eine *sphärische Kurve* erwähnt; ist a der Halbmesser der Kugel, auf der sie liegt, wird das Zentrum der Kugel als Ursprung eines rechtwinkligen Koordinatensystems gewählt, so ist die Kurve in räumlichen Polarkoordinaten durch

$$r = a, \qquad \theta = f(\varphi)$$

bestimmt; auf Grund dessen und der Transformationsgleichungen:

$$x = r \sin \theta \cos \varphi$$

$$y = r \sin \theta \sin \varphi$$

$$z = r \cos \theta$$

können x, y, z als Funktionen von φ betrachtet werden, und es ist:

$$x'(\varphi) = \quad a \cos \theta \cos \varphi \cdot \theta' - a \sin \theta \sin \varphi$$

$$y'(\varphi) = \quad a \cos \theta \sin \varphi \cdot \theta' + a \sin \theta \cos \varphi$$

$$z'(\varphi) = - a \sin \theta \cdot \theta';$$

daraus folgt $\quad x'(\varphi)^2 + y'(\varphi)^2 + z'(\varphi)^2 = a^2 \theta'^2 + a^2 \sin^2 \theta$

und vermöge (5) $\qquad s = a \int\limits_{\alpha}^{\beta} \sqrt{\theta'^2 + \sin^2 \theta} \cdot d\varphi; \qquad\qquad (6)$

θ' ist der Differentialquotient von θ in bezug auf φ, und α, β sind die den Endpunkten des Bogens zugehörigen Werte von φ.

Die Elemente der Integrale (1), (2), (3), (5) sind schon an anderen Stellen (**154, 155, 175**) als *Bogendifferentiale* abgeleitet, definiert und geometrisch gedeutet worden.

315. Beispiele. 1. *Rektifikation der Parabel.* Unter den Kegelschnitten ist es neben dem Kreise nur noch die Parabel, deren Rektifikation auf ein elementares Integral führt. Bei geeigneter Wahl des Koordinatensystems ist $\qquad x^2 = 2py$

die Gleichung der Parabel; aus ihr folgt $y' = \dfrac{x}{p}$; und laut (1) ist

$$s = \int\limits_{0}^{x} \sqrt{1 + \frac{x^2}{p^2}}\, dx = \frac{1}{\lambda} \int\limits_{0}^{\lambda x} \sqrt{1 + u^2}\, du$$

die Länge des im Scheitel beginnenden Bogens, dessen Endpunkt die Abszisse x hat; die zweite Form geht aus der ersten durch die Substitution

$$\frac{1}{p} = \lambda, \qquad \frac{x}{p} = u \qquad\qquad \text{hervor.}$$

Das auszuführende Integral ist nach dem Zusatz zu Formel (31), **253,** gleich $\qquad \dfrac{u}{2} \sqrt{1 + u^2} + \dfrac{1}{2}\, l\left(u + \sqrt{1 + u^2}\right); \qquad\qquad$ mithin ist

$$s = \frac{1}{2\lambda}\left[\lambda x \sqrt{1 + \lambda^2 x^2} + l\left(\lambda x + \sqrt{1 + \lambda^2 x^2}\right)\right]$$

oder, wenn man für λ wieder seinen Wert setzt,

$$s = \frac{p}{2}\left[\frac{x}{p}\sqrt{1 + \frac{x^2}{p^2}} + l\left(\frac{x}{p} + \sqrt{1 + \frac{x^2}{p^2}}\right)\right].$$

2. *Rektifikation der gemeinen Zykloide.* Unter den Zykloiden läßt nur die gemeine Zykloide elementare Rektifikation zu (bezüglich der **andern** siehe Beispiel 5.). Aus ihren Gleichungen

$$x = a(u - \sin u), \quad y = a(1 - \cos u)$$

folgt
$$x'(u) = a(1 - \cos u), \quad y'(u) = a \sin u,$$

und daraus nach der Formel (2) für die Länge eines im Ursprunge beginnenden Bogens der Ausdruck:

$$s = 2a\int\limits_0^u \sin\frac{u}{2}\,du = 8a\sin^2\frac{u}{4}.$$

An der Form $s = 4a\left(1 - \cos\frac{u}{2}\right)$ erkennt man, daß die Länge des betrachteten Bogens gleich ist dem Doppelten der Strecke, die auf der Tangente seines Endpunktes durch die Scheiteltangente begrenzt wird. Hiernach gehört die gemeine Zykloide zu den rektifikabeln Kurven im engeren Sinne, indem sich zu jedem Bogen eine ihm gleiche Strecke *konstruieren* läßt.

Setzt man insbesondere $u = 2\pi$, so erhält man die Länge eines ganzen Astes der Zykloide: $\quad s_0 = 8a,$
die demnach gleichkommt dem vierfachen Durchmesser des erzeugenden Kreises.

Zur *Vierteilung* der Zykloide führt hiernach der Ansatz

$$8a\sin^2\frac{u}{4} = 2a,$$

aus dem sich $\sin\frac{u}{4} = \frac{1}{2}$, somit $u = \frac{2}{3}\pi$ ergibt. Das erste Viertel entsteht also durch Abrollung um 120^0, das zweite durch weiteres Rollen um 60^0.

Im Anschluße an das vorliegende Beispiel wollen wir die Aufgabe behandeln, *die Einhüllende der Scheiteltangente einer gemeinen Zykloide zu bestimmen, wenn die Kurve auf einer Geraden abrollt.*

Das Abrollen erfolgt auf der y-Achse; diese aber soll für das zu suchende Gebilde als x-Achse dienen, während die jetzige x-Achse Ordinatenachse werden soll. In erster Linie handelt es sich darum, nach Abrollung des Bogens OM_0, Fig. 184, zu dessen Endpunkt der Parameter u gehören soll, die Koordinaten ξ/η der neuen Lage A des Scheitels A_0 zu bestimmen. Dazu benützen wir das Streckenpaar

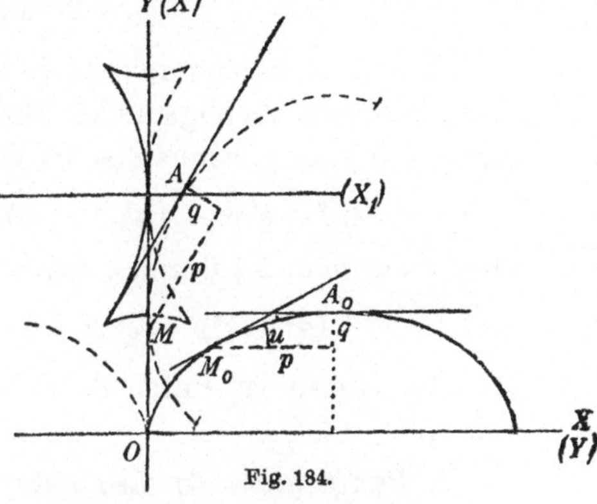

$$p = a(\pi - u + \sin u)$$
$$q = a(1 + \cos u)$$

und die Bogenlänge

$$s = 4a\left(1 - \cos\frac{u}{2}\right);$$

mit Hilfe dieser Größen kann man unmittelbar die Ansätze bilden:

$$\xi = s + p\sin\frac{u}{2} + q\cos\frac{u}{2} = a\left[4 - 2\cos\frac{u}{2} + (\pi - u)\sin\frac{u}{2}\right]$$

$$\eta = \quad p\cos\frac{u}{2} - q\sin\frac{u}{2} = a(\pi - u)\cos\frac{u}{2}.$$

Die Scheiteltangente als eine unter dem Winkel $\frac{\pi}{2} - \frac{u}{2}$ durch ξ/η gehende Gerade hat, in den laufenden Koordinaten x, y geschrieben, die Gleichung:

$$x\cos\frac{u}{2} - y\sin\frac{u}{2} = 4a\cos\frac{u}{2} - 2a\cos^2\frac{u}{2};$$

durch Differentiation nach u ergibt sich daraus

$$-x\sin\frac{u}{2} - y\cos\frac{u}{2} = -4a\sin\frac{u}{2} + 4a\cos\frac{u}{2}\sin\frac{u}{2}.$$

Mit der Auflösung der letzten zwei Gleichungen erhält man die parametrische Darstellung der gesuchten Einhüllenden:

$$x = 4a - 2a\cos\frac{u}{2}\left(1 + \sin^2\frac{u}{2}\right)$$

$$y = \quad -2a\sin\frac{u}{2}\cos^2\frac{u}{2}.$$

Durch Abrollung des rechts liegenden Zykloidenastes entsteht die linke Hälfte, durch Abrollung des links liegenden Astes die rechte Hälfte der Einhüllenden. Ihre vollständige Darstellung in bezug auf ein um $4a$ nach aufwärts verschobenes Koordinatensystem lautet:

$$x = 2a \cos v(1 + \sin^2 v)$$
$$y = 2a \sin v \cos^2 v.$$

Es ist eine algebraische Kurve 6. Ordnung mit vier Spitzen und einem Selbstberührungspunkt; ihre kartesische Gleichung, durch Elimination von v zu gewinnen, schreibt sich

$$(x^2 + y^2)^3 = 4a^2x^4 + 80a^2x^2y^2 - 32a^2y^4 - 256a^4y^2,$$

oder, wenn man $2a$ durch c ersetzt:

$$(x^2 + y^2)^3 = c^2x^4 + 20c^2x^2y^2 - 8c^2y^4 - 16a^4y^2.$$

Die Kurve ist unter dem Namen *Maltakreuz* vielfach untersucht worden.

3. *Rektifikation der Lemniskate.* Auf das Polarsystem OX, **132**, 2., bezogen lautet die Gleichung:

$$r = a\sqrt{\cos 2\varphi};$$

daraus ergibt sich
$$r' = - \frac{a \sin 2\varphi}{\sqrt{\cos 2\varphi}},$$

so daß der vom Scheitel A bis zu einem Punkte mit der Amplitude $\varphi < \frac{\pi}{4}$ reichende Bogen gleichkommt

$$s = a\int_0^\varphi \frac{d\varphi}{\sqrt{\cos 2\varphi}} = a\int_0^\varphi \frac{d\varphi}{\sqrt{1 - 2\sin^2\varphi}}.$$

Führt man die Substitution

$$\sqrt{2}\sin\varphi = \sin\psi \qquad\qquad\text{(a)}$$

aus, vermöge welcher
$$\sqrt{2}\cos\varphi\, d\varphi = \cos\psi\, d\psi$$
$$\sqrt{1 - 2\sin^2\varphi} = \cos\psi$$
$$\cos\varphi = \sqrt{1 - \frac{1}{2}\sin^2\psi},$$

so daß durch entsprechende Verbindung

$$\frac{d\varphi}{\sqrt{1 - 2\sin^2\varphi}} = \frac{1}{\sqrt{2}}\frac{d\psi}{\sqrt{1 - \frac{1}{2}\sin^2\psi}}$$

gefunden wird, so ergibt sich

$$s = \frac{a}{\sqrt{2}} \int\limits_0^{\psi} \frac{d\psi}{\sqrt{1 - \frac{1}{2}\sin^2\psi}},$$

wobei die obere Grenze ψ der früheren oberen Grenze nach Vorschrift der Gleichung (a) zuzuordnen ist.

Es führt somit die Rektifikation der Lemniskate auf ein elliptisches Integral erster Gattung mit dem Modul $\frac{1}{\sqrt{2}}$; die Reihenentwicklung eines solchen ist in **281**, 6. vollzogen worden.

Dem Quadranten der Lemniskate entspricht die obere Grenze $\varphi = \frac{\pi}{4}$ und dieser der Wert $\psi = \frac{\pi}{2}$, so daß der Quadrant

$$\frac{L}{4} = \frac{a}{\sqrt{2}} \int\limits_0^{\frac{\pi}{2}} \frac{d\psi}{\sqrt{1 - \frac{1}{2}\sin^2\psi}} = \frac{a}{\sqrt{2}} F\left(\frac{1}{\sqrt{2}}, \frac{\pi}{2}\right)$$

durch das vollständige Integral ausgedrückt ist, dessen Wert gleichkommt 1,8541, so daß der Umfang einer Lemniskate vom Parameter a gleich ist 5,244 ... a.

4. *Rektifikation der Ellipse.* Wenn man die Koordinaten eines Punktes M der Ellipse durch dessen exzentrische Anomalie φ (**160**, 2.) ausdrückt:

$$x = a \sin\varphi$$
$$y = b \cos\varphi \qquad\qquad (a > b),$$

so kann das Bogendifferential in einer der beiden Formen

$$ds = \sqrt{a^2 \cos^2\varphi + b^2 \sin^2\varphi}\, d\varphi, \qquad\qquad \text{(A)}$$

$$ds = a\sqrt{1 - \varepsilon^2 \sin^2\varphi}\, d\varphi \qquad\qquad \text{(B)}$$

dargestellt werden; behält man die zweite Form bei, so ist der vom Scheitel $(0/b)$ der kleinen Achse bis zum Punkte M reichende Bogen durch

$$s = a \int\limits_0^{\varphi} \sqrt{1 - \varepsilon^2 \sin^2\varphi}\, d\varphi$$

gegeben; seine Bestimmung hängt also von einem elliptischen Integral zweiter Gattung ab, dessen Modul der relativen Exzentrizität $\varepsilon = \frac{\sqrt{a^2 - b^2}}{a}$

der Ellipse gleichkommt; die Reihenentwicklung eines solchen Integrals ist in **281, 7.** vorgenommen worden. Insbesondere hat man nach den dortigen Entwicklungen für den Ellipsenquadranten den Ausdruck:

$$\left.\begin{aligned}\frac{E}{4} &= a\int_0^{\frac{\pi}{2}} \sqrt{1 - \varepsilon^2\sin^2\varphi}\, d\varphi = a\,E\!\left(\varepsilon, \frac{\pi}{2}\right)\\[2mm]&= \frac{\pi a}{2}\left[1 - \left(\frac{1}{2}\right)^2\frac{\varepsilon^2}{1} - \left(\frac{1\cdot 3}{2\cdot 4}\right)^2\frac{\varepsilon^4}{3} - \cdots\right].\end{aligned}\right\} \qquad (C)$$

Wie der Tabelle an der zitierten Stelle entnommen werden kann, ist der Wert des vollständigen elliptischen Integrals beispielsweise bei $\varepsilon = \frac{1}{2}$ gleich 1,4675, folglich der Umfang einer Ellipse mit den Halbachsen a und $\frac{a}{2}\sqrt{3}$ gleich 5,870 ... a.

Da $$b < \sqrt{a^2\cos^2\varphi + b^2\sin^2\varphi} < a,$$

wie man sich überzeugt, wenn man unter der Wurzel einmal a durch b ein zweites Mal b durch a ersetzt, so ist auch

$$2\pi b < \int_0^{2\pi} \sqrt{a^2\cos^2\varphi + b^2\sin^2\varphi}\, d\varphi < 2\pi a;$$

vermöge der Form (A) drückt aber das Integral den Umfang E der Ellipse aus; dieser liegt also, wie es auch der Augenschein lehrt, zwischen den Umfängen des eingeschriebenen und des umgeschriebenen Kreises.

Wir werfen nun die Frage auf, in welcher Größenbeziehung E zu dem arithmetischen Mittel dieser beiden Umfänge, d. i. zu $\pi(a + b)$, steht. Da $\pi(a + b)$ durch Integration von $a\cos^2\varphi + b\sin^2\varphi$ auf dem Intervalle $(0, 2\pi)$ entsteht, so bilden wir

$$\begin{aligned}&\sqrt{a^2\cos^2\varphi + b^2\sin^2\varphi} - (a\cos^2\varphi + b\sin^2\varphi)\\[1mm]&= \frac{a^2\cos^2\varphi + b^2\sin^2\varphi - (a\cos^2\varphi + b\sin^2\varphi)^2}{a\cos^2\varphi + b\sin^2\varphi + \sqrt{a^2\cos^2\varphi + b^2\sin^2\varphi}}\\[1mm]&= (a - b)^2\frac{\sin^2\varphi\cos^2\varphi}{a\cos^2\varphi + b\sin^2\varphi + \sqrt{a^2\cos^2\varphi + b^2\sin^2\varphi}};\end{aligned}$$

daraus folgt durch Integration von 0 bis 2π:

$$\begin{aligned}&E - \pi(a + b)\\[1mm]&= (a - b)^2\int_0^{2\pi}\frac{\sin^2\varphi\cos^2\varphi\, d\varphi}{a\cos^2\varphi + b\sin^2\varphi + \sqrt{a^2\cos^2\varphi + b^2\sin^2\varphi}} = (a - b)^2 J,\end{aligned}$$

woraus schon die wichtige Tatsache entnommen werden kann, daß immer $E > \pi(a+b)$ ist.

Um Grenzen für den Unterschied zu erhalten, bemerke man, daß[1])

$$\frac{1}{2a} < \frac{1}{a\cos^2\varphi + b\sin^2\varphi + \sqrt{a^2\cos^2\varphi + b^2\sin^2\varphi}} < \frac{1}{2b};$$

daraus ergibt sich weiter

$$\frac{1}{2a}\int\limits_0^{2\pi}\sin^2\varphi\cos^2\varphi\,d\varphi < J < \frac{1}{2b}\int\limits_0^{2\pi}\sin^2\varphi\cos^2\varphi\,d\varphi;$$

da nun
$$\int\limits_0^{2\pi}\sin^2\varphi\cos^2\varphi\,d\varphi = 4\int\limits_0^{\frac{\pi}{2}}\sin^2\varphi\cos^2\varphi\,d\varphi = \frac{\pi}{4},$$

so liegt J zwischen $\dfrac{\pi}{8a}$ und $\dfrac{\pi}{8b}$.

Es ist also
$$\frac{\pi(a-b)^2}{8a} < E - \pi(a+b) < \frac{\pi(a-b)^2}{8b},$$

sonach
$$\pi(a+b) + \frac{\pi(a-b)^2}{8a} < E < \pi(a+b) + \frac{\pi(a-b)^2}{8b}. \tag{D}$$

Hiermit sind leicht berechenbare Grenzen für den Umfang der Ellipse gefunden.

Ist beispielsweise $a = 21$ cm, $b = 20$ cm, woraus die relative Exzentrizität $\varepsilon = \dfrac{\sqrt{41}}{21} = 0{,}349\ldots$ folgt, so ergibt die Ausführung von (D)
$$128{,}824\,000 < E < 128{,}824\,92,$$

so daß der Umfang der Ellipse auf drei Stellen, d. i. auf Hundertelmillimeter genau, gleichkommt
$$E = 128{,}824\ldots \text{ cm};$$

die Erzielung eines gleich genauen Resultates mit Hilfe der Reihenentwicklung (C) würde einen weit größeren Arbeitsaufwand erfordern.

5. *Rektifikation der Hyperbel.* Unter den Kegelschnitten erfordert die Hyperbel bei ihrer Rektifikation die weitestgehenden analytischen Hilfsmittel.

---

1) Man überzeugt sich hiervon wieder, indem man im Nenner einmal a für b, ein zweites Mal b für a setzt.

Ordnet man das Koordinatensystem in der aus Fig. 185 ersichtlichen Weise an, wählt die Exzentrizität als Längeneinheit, bezeichnet die reelle Halbachse (< 1) mit k, so schreibt sich die Gleichung der Hyperbel

$$\frac{y^2}{k^2} - \frac{x^2}{1-k^2} = 1.$$

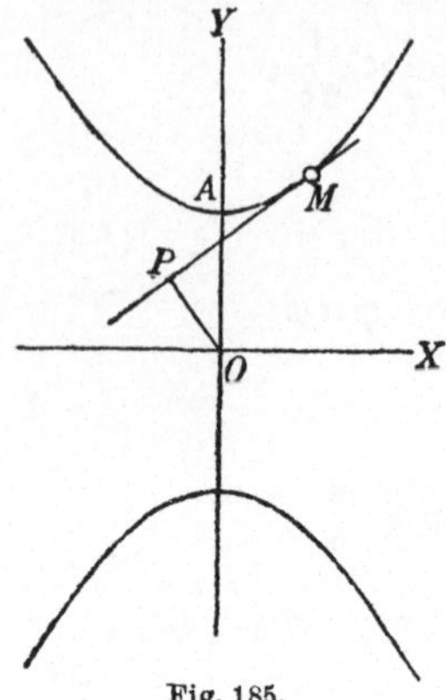
Fig. 185.

Führt man einen Parameter φ ein durch die Substitution $\quad x = (1-k^2)\,\mathrm{tg}\,\varphi$,

so wird $\qquad y = \dfrac{k\,\varDelta(\varphi)}{\cos\varphi}$,

wenn man sich der üblichen Abkürzung

$$\varDelta(\varphi) = \sqrt{1 - k^2\sin^2\varphi}$$

bedient. Aus dieser parametrischen Darstellung berechnet sich

$$ds = \frac{(1-k^2)\,d\varphi}{\cos^2\varphi\,\varDelta(\varphi)};$$

somit ist der im Scheitel A beginnende und bis zum Punkte M mit dem Parameterwert φ reichende Bogen ausgedrückt durch

$$s = (1-k^2)\int_0^\varphi \frac{d\varphi}{\cos^2\varphi\,\varDelta(\varphi)}. \tag{a}$$

Partielle Integration ergibt

$$\int_0^\varphi \frac{d\varphi}{\cos^2\varphi\,\varDelta(\varphi)} = \frac{\mathrm{tg}\,\varphi}{\varDelta(\varphi)} - \int_0^\varphi \frac{k^2\sin^2\varphi\,d\varphi}{\varDelta^3(\varphi)}$$

und wenn man beachtet, daß $k^2\sin^2\varphi = 1 - \varDelta^2(\varphi)$, so ist weiter

$$\int_0^\varphi \frac{d\varphi}{\cos^2\varphi\,\varDelta(\varphi)} = \frac{\mathrm{tg}\,\varphi}{\varDelta(\varphi)} + \int_0^\varphi \frac{d\varphi}{\varDelta(\varphi)} - \int_0^\varphi \frac{d\varphi}{\varDelta^3(\varphi)}. \tag{b}$$

Zur Vollendung bedarf es noch der Entwicklung des letztangeschriebenen Integrals. Geht man zu diesem Zweck von der Differentialformel

$$d\,\frac{1}{\varDelta(\varphi)} = \frac{k^2\sin\varphi\cos\varphi\,d\varphi}{\varDelta^3(\varphi)}$$

aus, multipliziert sie mit $k^2\sin\varphi\cos\varphi$ und integriert sodann, indem man links partielle Integration anwendet, so entsteht

$$\frac{k^2\sin\varphi\cos\varphi}{\varDelta(\varphi)} - \int_0^\varphi \frac{k^2(\cos^2\varphi - \sin^2\varphi)\,d\varphi}{\varDelta(\varphi)} = \int_0^\varphi \frac{k^4\sin^2\varphi\cos^2\varphi\,d\varphi}{\varDelta^3(\varphi)},$$

woraus sich

$$\frac{k^2 \sin\varphi \cos\varphi}{\varDelta\varphi} = \int\limits_0^\varphi \frac{\varDelta^4(\varphi) - (1-k^2)}{\varDelta^3(\varphi)}\, d\varphi = \int\limits_0^\varphi \varDelta(\varphi)\, d\varphi - (1-k^2)\int\limits_0^\varphi \frac{d\varphi}{\varDelta^3(\varphi)}$$

ergibt, mithin ist

$$\int\limits_0^\varphi \frac{d\varphi}{\varDelta^3(\varphi)} = \frac{1}{1-k^2}\int\limits_0^\varphi \varDelta(\varphi)\, d\varphi - \frac{k^2 \sin\varphi \cos\varphi}{(1-k^2)\varDelta(\varphi)}. \qquad (c)$$

Indem man dies in (b) und weiter aus dieser Gleichung in (a) einsetzt, erhält man für den gedachten Hyperbelbogen

$$s = (1-k^2)\int\limits_0^\varphi \frac{d\varphi}{\varDelta(\varphi)} - \int\limits_0^\varphi \varDelta(\varphi)\, d\varphi + \varDelta(\varphi)\, \mathrm{tg}\,\varphi. \qquad (d)$$

In den beiden Integralen erkennt man das elliptische Normalintegral erster Gattung $F(k, \varphi)$ und das der zweiten Gattung $E(k, \varphi)$ (**281**, 6., 7.), so daß sich mit dieser Abkürzung schreibt

$$s = (1-k^2)\, F(k, \varphi) - E(k, \varphi) + \varDelta(\varphi)\, \mathrm{tg}\,\varphi. \qquad (d^*)$$

Der integralfreie Teil der rechten Seite hat eine einfache geometrische Bedeutung. Das Lot aus O auf die Tangente in M hat die Gleichung

$$\varDelta(\varphi)\,\xi + k\eta \sin\varphi = 0,$$

sein Abstand vom Punkte M ist also

$$\frac{\varDelta(\varphi)x + ky \sin\varphi}{\sqrt{\varDelta^2(\varphi) + k^2 \sin^2\varphi}} = \varDelta(\varphi)\, \mathrm{tg}\,\varphi\,;$$

mithin stellt der erwähnte Teil den Abschnitt MP der Tangente vor, der vom Berührungspunkt und dem Lot aus O begrenzt wird.

Bei $k = \dfrac{1}{\sqrt{2}}$ z. B. läßt sich also ein Hyperbelbogen durch einen Bogen einer gewissen Lemniskate $\left(\text{Parameter } \dfrac{1}{\sqrt{2}}\right)$, einen Bogen einer bestimmten Ellipse $\left(\text{mit den Halbachsen } 1, \dfrac{1}{2}\right)$ und die zuletzt genannte gerade Strecke ausdrücken (**314**, 3., 4.).

6. *Rektifikation der verlängerten und verkürzten Zykloide*. Bei diesen Linien, dargestellt durch die Gleichungen

$$\begin{aligned} x &= au - b\sin u \\ y &= a\ \ - b\cos u, \end{aligned} \qquad\qquad a \gtrless b$$

ergibt sich für das Bogendifferential der Ausdruck:

$$ds = \sqrt{(a - b\cos u)^2 + b^2\sin^2 u}\,du = \sqrt{a^2 + b^2 - 2ab\cos u}\,du;$$

durch Einführung des halben Winkels wird daraus

$$ds = \sqrt{(a + b)^2 - 4ab\cos^2\frac{u}{2}}\,du;$$

somit ist die Länge eines ganzen Astes

$$s = 2\int_0^\pi \sqrt{(a + b)^2 - 4ab\cos^2\frac{u}{2}}\,du = 2(a+b)\int_0^\pi \sqrt{1 - \frac{4ab}{(a+b)^2}\cos^2\frac{u}{2}}\,du;$$

setzt man den echten Bruch $\dfrac{4ab}{(a+b)^2} = k^2$ und $\dfrac{u}{2} = \dfrac{\pi}{2} - \varphi$, so wird schließlich

$$s = 4(a+b)\int_0^{\frac{\pi}{2}} \sqrt{1 - k^2\sin^2\varphi}\,d\varphi\,.$$

Die Länge stimmt also überein mit dem Umfang einer Ellipse, deren Halbachsen $A = a + b$, $B = |a - b|$ die Abschnitte sind, in welche der die Zykloide beschreibende Punkt den Durchmesser des rollenden Kreises teilt.

7. Von der Kurve im Raume: $x^2 = 2py$, $x^2 = 2qz$ jenen endlichen Bogen zu bestimmen, der durch die Ebene $x + y + z = \dfrac{3}{2}\dfrac{pq}{p+q}$ abgeschnitten wird.

Durch Auflösung der drei Gleichungen nach x erhält man als Abszissen der Bogenendpunkte

$$x_1 = -\frac{3pq}{p+q}, \qquad x_2 = \frac{pq}{p+q}$$

und für die Länge des Bogens

$$s = \int_{x_1}^{x_2} \sqrt{1 + \left(\frac{1}{p^2} + \frac{1}{q^2}\right)x^2}\,dx;$$

mit der Substitution

$$x = \frac{pq}{\sqrt{p^2 + q^2}}\,t$$

wird daraus

$$s = \frac{pq}{\sqrt{p^2 + q^2}}\int_{-3\frac{\sqrt{p^2+q^2}}{p+q}}^{\frac{\sqrt{p^2+q^2}}{p+q}} \sqrt{1 + t^2}\,dt$$

und das ist nach den Formeln zu (31), **253**, auswertbar.

8. *Rektifikation der sphärischen Kurve*

$$x^2 + y^2 + z^2 = a^2, \quad x^2 + y^2 = ax.$$

In räumlichen Polarkoordinaten hat die Kurve, von welcher Fig. 186 einen Quadranten zur Anschauung bringt, die Gleichungen:

$$r = a, \quad \theta = \frac{\pi}{2} - \varphi;$$

nach Formel (6) ist daher die Länge des Bogens AM

$$s = a \int_0^\varphi \sqrt{1 + \cos^2\varphi}\, d\varphi = a \int_0^\varphi \sqrt{2 - \sin^2\varphi}\, d\varphi$$

$$= a\sqrt{2} \int_0^\varphi \sqrt{1 - \frac{1}{2}\sin^2\varphi}\, d\varphi.$$

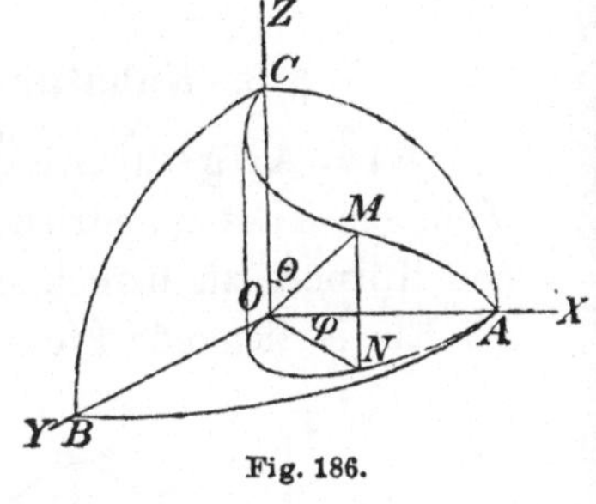

Fig. 186.

Vergleicht man dies mit den Resultaten in Beispiel 4., so ergibt sich, daß der genannte sphärische Bogen gleichkommt dem Bogen einer Ellipse mit der großen Halbachse $a\sqrt{2}$, der relativen Exzentrizität $\frac{1}{\sqrt{2}}$, also der kleinen Halbachse a, gezählt vom Scheitel der Nebenachse bis zu dem Punkte mit der exzentrischen Anomalie φ; insbesondere ist der Quadrant AC der räumlichen Kurve ebensolang wie der Quadrant dieser Ellipse.

9. Zu rektifizieren:

a) Ein beliebiger Bogen und der ganze Umfang der Astroide.

b) Die ganze Länge der Kurve $4(x^2 + y^2) - a^2 = 3a^{\frac{4}{3}} y^{\frac{2}{3}}$ (man wähle y als Integrationsvariable).

c) Festzustellen, unter welchen Bedingungen sich Kurven der Gleichungsform $a^m y^n = x^{m+n}$ elementar rektifizieren lassen.

d) Zu zeigen, daß bei der Kurve $y = \dfrac{x^{n+1}}{2(n+1)a^n} + \dfrac{a^n}{2(n-1)x^{n-1}}$ die Relation stattfindet: $y^2 - s^2 = \dfrac{x^2}{n^2 - 1}$. $\left(\text{Als Anfangspunkt für die Zählung des Bogens nehme man } x = a\sqrt[2n]{\dfrac{1+n}{1-n}}.\right)$

e) Zu rektifizieren die Archimedische und die logarithmische Spirale.

f) Die Formel zu erweisen, daß $s = \int \dfrac{r\,dr}{\sqrt{r^2 - p^2}}$, wenn p das Lot vom Pol zur Tangente des Punkte (r/φ) bedeutet.

g) Mit Hilfe dieser Formel die Epizykloide zu rektifizieren, insbesondere zu zeigen, daß ein Lauf dieser Kurve die Länge $\dfrac{8\,r\,(R + r)}{R}$ hat (**130**).

§ 3. Kubatur krummflächig begrenzter Körper.

316. Allgemeine Formeln. Die Grundaufgabe der Kubatur: Das Volumen eines zylindrischen, in der Richtung der Z-Achse sich erstreckenden Körpers zu berechnen, dessen untere Begrenzung durch die in der xy-Ebene liegende Figur P (Fig. 187), dessen obere Begrenzung durch die Fläche

$$z = f(x, y)$$

gebildet wird, ist in **290** gelöst worden, und zwar ergab sich für dieses Volumen v die Formel:

$$v = \iint_P z\,dx\,dy \qquad (1)$$

und nach Ausführung einer Integration, z. B. derjenigen nach y,

$$v = \int_a^b u\,dx; \qquad (2)$$

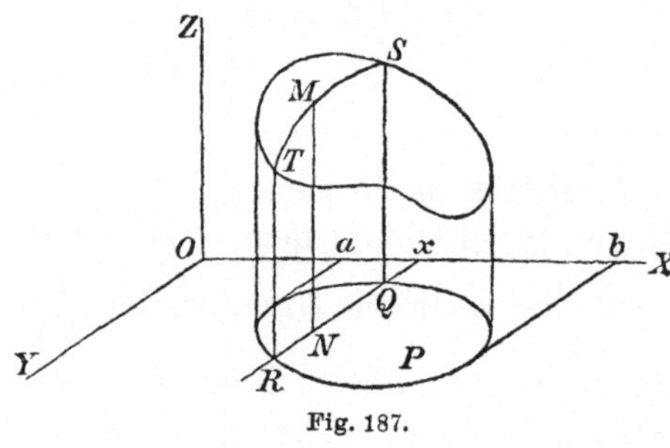

Fig. 187.

hierin bedeutet u den Querschnitt $QRTS$ des Körpers, geführt im Abstande x parallel zur yz-Ebene.

Diese Formeln sollen nun verallgemeinert werden. Es handle sich um das Volumen eines von einer geschlossenen krummen Fläche begrenzten Körpers (Fig. 188); die Begrenzungsfläche werde von jeder Parallelen zur z-Achse, deren Fußpunkt N in der xy-Ebene innerhalb des sichtbaren Umrisses C des Körpers, also in der Figur P gelegen ist, zweimal, in den Punkten M_1, M_2, getroffen. Durch die Berührungskurve Γ des umschriebenen Zylinders ist die Oberfläche des Körpers in zwei Teile, einen oberen und einen unteren, zerlegt; ersterer begrenzt einen Zylinder über P als Basis, dessen Volumen

$$\iint_P z_1\,dx\,dy$$

ist, wenn $z_1 = NM_1$; der letztere begrenzt einen zweiten Zylinder vom Volumen

$$\iint_P z_2 \, dx \, dy,$$

wo $z_2 = NM_2$. Der Unterschied beider Zylinder gibt das gesuchte Volumen, wofür hiernach die Formel

$$v = \iint_P (z_1 - z_2) \, dx \, dy \qquad (3)$$

gilt. Dies bleibt auch bestehen, wenn die Oberfläche des Körpers die xy-Ebene schneiden sollte (s. Bemerkung zu Fig. 141, p. 171).

Man kann aber das Volumen des ersten Zylinders auch durch

$$\int_a^b u_1 \, dx,$$

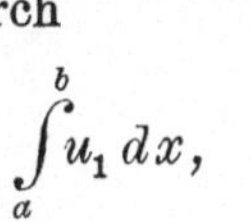

Fig. 188.

wobei $u = QRTM_1SQ$, das des zweiten durch

$$\int_a^b u_2 \, dx,$$

wobei $u_2 = QRTM_2SQ$, ausdrücken, und erhält dann für das Volumen des vorgelegten Körpers den Ausdruck

$$v = \int_a^b (u_1 - u_2) \, dx;$$

da aber $u_1 - u_2 = u$ die Fläche des Querschnittes SM_1TM_2 darstellt, so kann auch

$$v = \int_a^b u \, dx \qquad (4)$$

geschrieben werden. Die Formel (2) ist hiermit als allgemein gültig erwiesen. Sie entspricht der folgenden geometrischen Vorstellung: der Körper wird durch ein System zur x-Achse senkrechter Ebene in dünne Schichten zerlegt, und diese Schichten werden durch gerade Zylinder ersetzt, welche die aufeinander folgenden Querschnitte zu Grundflächen haben.

Die Formeln (2), (4) kommen zur Anwendung, wenn der Querschnitt u eine Figur von bekanntem Flächeninhalte ist; in den anderen Fällen treten die Formeln (1), (3) in Kraft. Bei Ausführung der Integrale wird selbstverständlich von all den entwickelten Hilfsmitteln entsprechender Gebrauch zu machen sein.

Der hier erörterte Fall, wo die Kubatur durch ein *einfaches* Integral geleistet wird, ist nicht der einzige dieser Art; immer, wenn es gelingt, den Körper in unendlich kleine Elemente der ersten Größenordnung zu zerlegen, deren analytischer Ausdruck sich angeben läßt, kommt es auf eine einmalige Integration an.

Unter Umständen kann es sich empfehlen, den Körper in unendlich kleine Elemente von der dritten Ordnung zu zerlegen und sein Volumen zunächst durch ein dreifaches Integral darzustellen, das sich über den Raum R des Körpers ausdehnt. Bei rechtwinkligen Koordinaten ist dann
(**295**)
$$v = \iiint\limits_{R} dx\,dy\,dz \tag{5}$$

und bei räumlichen Polarkoordinaten

$$v = \iiint\limits_{R} r^2 \sin\theta\,dr\,d\theta\,d\varphi; \tag{6}$$

in letzterem Falle läßt sich die eine Integration, die nach r, ausführen. Fassen wir den Fall ins Auge, daß der Ursprung O sich innerhalb des Körpers befindet und die Begrenzungsfläche durch

$$r = f(\theta, \varphi) \tag{7}$$

gegeben ist, wobei f eine eindeutige Funktion bedeuten soll; dann gibt die Integration in bezug auf r

$$\int\limits_0^r r^2\,dr = \tfrac{1}{3}\,r^3 \qquad \text{und es wird hiermit}$$

$$v = \tfrac{1}{3} \int\limits_0^{2\pi} d\varphi \int\limits_0^{\pi} r^3 \sin\theta\,d\theta, \tag{8}$$

worin für r der Ausdruck aus (7) zu setzen ist; diese Darstellung entspricht — bis auf Größen höherer als der zweiten Ordnung — einer Zerlegung des Körpers in Kegel mit der Spitze O, der Basis $r^2 \sin\theta\,d\theta\,d\varphi$ und der Höhe r.

317. Kubaturen mittels eines einfachen Integrals. 1. *Kubatur des Kegels und des Kegelstutzes.* Ordnet man den Kegel derart an, daß seine Spitze mit dem Ursprunge zusammenfällt und seine Grundfläche G zur x-Achse normal steht, so ist der Querschnitt im Abstande x

$$u = \frac{Gx^2}{H^2},$$

worin H die Höhe des Kegels bedeutet. Daher hat man nach (4)

$$v = \frac{G}{H^2}\int_0^H x^2\,dx = \frac{GH}{3}.$$

Wird derselbe Kegel durch einen Querschnitt im Abstande H_1 von der Spitze gestutzt, so hat der Stutz das Volumen

$$v = \frac{G}{H^2}\int_{H_1}^H x^2\,dx = \frac{G(H^3-H_1{}^3)}{3H^2} = \frac{H-H_1}{3}\,\frac{G(H^2+HH_1+H_1{}^2)}{H^2}$$

$$= \frac{H-H_1}{3}\left(G + G\frac{H_1}{H} + G\frac{H_1{}^2}{H^2}\right);$$

es ist aber $H-H_1 = h$ die Höhe, $G\frac{H_1{}^2}{H^2} = g$ die zweite Grundfläche des Stutzes, endlich $G\frac{H_1}{H} = \sqrt{Gg}$, daher

$$v = \frac{h}{3}\left(G + \sqrt{Gg} + g\right).$$

2. *Kubatur des allgemeinen Ellipsoids*

$$\frac{x^2}{a^2} + \frac{y^2}{b^2} + \frac{z^2}{c^2} = 1.$$

Der Querschnitt im Abstande x ist eine Ellipse, deren Projektion auf der yz-Ebene die Gleichung

$$\frac{y^2}{b^2} + \frac{z^2}{c^2} = 1 - \frac{x^2}{a^2}$$

hat; hiernach ist die Fläche dieses Querschnitts

$$u = \pi bc\left(1 - \frac{x^2}{a^2}\right).$$

Da dies eine ganze Funktion des zweiten Grades ist, so kann man nach dem in **312**, IV entwickelten Satze schreiben:

$$v = \int_{-a}^a u\,dx = \frac{2a}{6}(u_{-a} + 4u_0 + u_a);$$

es ist aber $u_{-a} = u_a = 0$, $u_0 = \pi bc$, folglich

$$v = \tfrac{4}{3}\pi abc.$$

Die Anwendung des eben zitierten Satzes auf den vorliegenden Gegenstand führt zu einer schon von Kepler[1]) aufgestellten Regel, die zur Lösung zahlreicher Aufgaben geeignet ist und sich folgendermaßen aussprechen läßt: Ist der Querschnitt u eines Körpers parallel zu einer festen Ebene als quadratische oder kubische Funktion seines Abstandes x von jener Ebene darstellbar, so ist das Volumen des Körpers:

$$v = \frac{h}{6}\,(A + 4M + B);$$

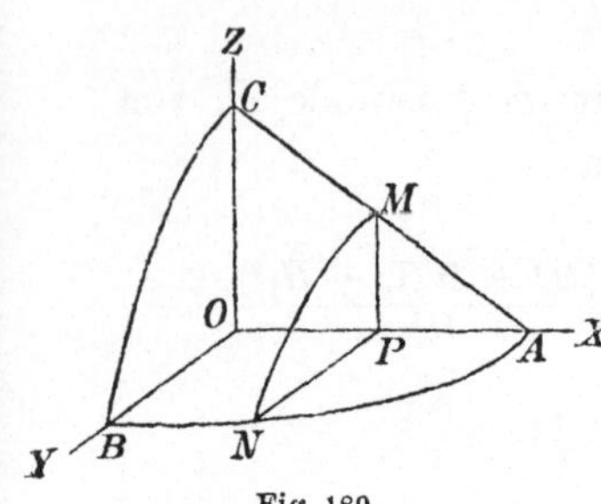

Fig. 189.

dabei bedeuten A, B die beiden äußersten Querschnitte (Grundflächen), M den mittleren Querschnitt und h den senkrechten Abstand von A und B.

3. *Kubatur des Körpers* $OABC$ (Fig. 189), dessen Basis ein Ellipsenquadrant mit den Halbachsen $OA = a$, $OB = b$, dessen rückwärtige Begrenzung das Dreieck OAC mit $OC = c$ ist, und dessen zur yz-Ebene parallelen Querschnitte durch Parabeln MN mit der Achse MP und dem Scheitel M begrenzt sind.

Der Querschnitt im Abstande $OP = x$ hat die Größe

$$u = \frac{2}{3}\,PN \cdot PM;$$

darin ist $PN = \frac{b}{a}\sqrt{a^2 - x^2}$, $PM = \frac{c}{a}\,(a - x)$; daher

$$u = \frac{2bc}{3a^2}\,(a - x)\sqrt{a^2 - x^2}.$$

Demnach hat man (**269, 3.**)

$$v = \frac{2bc}{3a^2}\int_0^a (a - x)\sqrt{a^2 - x^2}\,dx$$

$$= \frac{2bc}{3a^2}\left\{ a\int_0^a \sqrt{a^2 - x^2}\,dx - \int_0^a x\sqrt{a^2 - x^2}\,dx \right\}$$

$$= \frac{2bc}{3a^2}\left\{ \frac{\pi a^3}{4} + \frac{1}{3}\Big|_0^a (a^2 - x^2)^{\frac{3}{2}} \right\}$$

$$= \frac{2abc}{3}\left\{ \frac{\pi}{4} - \frac{1}{3} \right\}.$$

1) Doliometrie, 1615.

4. *Kubatur von Rotationskörpern.* Rotiert die Figur $ABDC$ (Fig. 190) um OX, so beschreiben AC, BD Kreisflächen und der Bogen CD eine Rotationsfläche; der von diesen dreien begrenzte Körper hat im Abstande x von O den zu OX senkrechten Querschnitt

$$u = \pi y^2,$$

daher das Volumen $\quad v = \pi \int\limits_a^b y^2\, dx;$ $\qquad\qquad\qquad$ (9)

y ist vermöge der Gleichung der Kurve CD als Funktion von x gegeben.

Umdrehungskörper der Lemniskate. Aus der Gleichung (**132**, 2.)

$$(x^2 + y^2)^2 + a^2(y^2 - x^2) = 0$$

berechnet sich das Quadrat der *reellen* zu x gehörigen Ordinate

$$y^2 = \tfrac{1}{2}\left(a \sqrt{a^2 + 8x^2} - a^2 - 2x^2\right);$$

demnach ist das Volumen des von dem einen Oval beschriebenen Körpers

$$v = \frac{\pi}{2} \int\limits_0^a \left(a \sqrt{a^2 + 8x^2} - a^2 - 2x^2\right) dx.$$

Nun hat man nach einem **314**, 1. erläuterten Vorgange

$$\int\limits_0^a \sqrt{a^2 + 8x^2}\, dx = 2\sqrt{2} \int\limits_0^a \sqrt{\frac{a^2}{8} + x^2}\, dx$$

$$= 2\sqrt{2}\left\{\frac{x}{2}\sqrt{\frac{a^2}{8} + x^2} + \frac{a^2}{16} l\left(x + \sqrt{\frac{a^2}{8} + x^2}\right)\right\}\Big|_0^a$$

$$= 2\sqrt{2}\left\{\frac{3a^2}{8}\sqrt{2} + \frac{a^2}{16} l(3 + 2\sqrt{2})\right\};$$

die noch erübrigende Integration ist leicht auszuführen. Nach entsprechender Reduktion ergibt sich

$$v = \frac{\pi a^3}{48}\left[3\sqrt{2}\, l(3 + 2\sqrt{2}) - 4\right].$$

Umdrehungskörper der Zykloiden. Aus den Gleichungen

$$x = au - b\sin u, \qquad y = a - b\cos u$$

folgt $y^2\, dx = (a - b\cos u)^3\, du$; demnach ist das von der Fläche eines Zykloidenastes beschriebene Volumen

$$v = \pi \int_0^{2\pi} (a - b \cos u)^3 \, du$$

$$= \pi \left\{ a^3 u - 3a^2 b \sin u + \frac{3}{2} ab^2 (u + \sin u \cos u) - b^2 \sin u \left(1 - \frac{\sin^2 u}{3} \right) \right\}_0^{2\pi}$$

$$= \pi^2 a (2a^2 + 3b^2).$$

Bei der gemeinen Zykloide vereinfacht sich dieses Resultat zu $5\pi^2 a^3$; bei der verkürzten Zykloide entstehen zwei Volumina, wovon das eine in dem andern eingeschlossen ist. Um das äußere Volumen allein zu erhalten, hat man die untere Integrationsgrenze durch das aus dem Ansatze $0 = au_0 - b \sin u_0$ resultierende u_0 zu ersetzen (vgl. **311**, 4.).

Anmerkung. Schreibt man die Formel (9) in der Gestalt

$$v = 2\pi \int_a^b \frac{y}{2} \, y \, dx,$$

so erkennt man in dem Integral, das neben 2π steht, das statische Moment der Figur $ABDC$ (Fig. 190) in bezug auf OX, das auch gleichkommt dem Produkte aus der Fläche S der Figur mit der Ordinate Y ihres Schwerpunktes Σ; hiernach ist auch

$$v = 2\pi Y \cdot S. \tag{10}$$

In dieser Formel spricht sich die nach Guldin benannte Regel[1]) aus, *wonach das von einer Figur des Flächeninhalts S bei voller Rotation beschriebene Volumen gleichkommt dem eines Zylinders von der Basis S und einer Höhe, welche dem Umfang des vom Schwerpunkte der Figur beschriebenen Kreises gleich ist.*

Bei bekanntem S und Y dient die Formel (10) zur Kubatur, bei bekanntem v und S zur Schwerpunktbestimmung.

So hat der von dem Kreise (Fig. 191) beschriebene Torus (**195**, 3.) das Volumen

$$v = 2\pi R \cdot \pi r^2 = 2\pi^2 R r^2 \qquad (R \geq r);$$

Fig. 191.

hingegen ergibt sich aus dem oben gefundenen Volumen des Umdrehungskörpers der Zykloide und ihrer in **311**, 4. berechneten Fläche $S = 3\pi a^2$ die Schwerpunktsordinate

---

1) Die Regel ist schon zu Ende des 3. Jahrh. n. Chr. von Pappus gefunden worden, dann aber in Vergessenheit geraten. Kepler gelangte in seiner Stereometria doliorum (1615) wieder zu ihr, ohne sie zu formulieren. Den Namen hat sie von ihrem dritten Erfinder, Paul Guldin (Centrobaryca, Buch II, 1640).

$$Y = \frac{5\pi^2 a^3}{2\pi \cdot 3\pi a^2} = \frac{5}{6}\,a,$$

die zur Bestimmung des Schwerpunktes genügt, weil die Abszisse von vornherein $(=\pi a)$ bekannt ist.

5. Das Volumen eines Zylinders zu bestimmen, dessen Basis P von der Ellipse

$$\frac{x^2}{a^2} + \frac{y^2}{b^2} = \lambda \qquad\qquad (\lambda > 0) \qquad\qquad \text{(A)}$$

und der nach oben durch eine Fläche der Gleichungsform

$$z = f\!\left(\frac{x^2}{a^2} + \frac{y^2}{b^2}\right) \qquad\qquad \text{begrenzt ist.} \qquad \text{(B)}$$

Längs der Ellipse $\qquad \dfrac{x^2}{a^2} + \dfrac{y^2}{b^2} = w, \qquad\qquad (w > 0) \qquad\qquad \text{(C)}$

deren Flächeninhalt $\pi a b w$ ist, hat z den konstanten Wert $f(w)$, beschreibt also eine Zylinderfläche von dieser Höhe; nimmt w um dw zu, so ändert sich die Ellipsenfläche um einen elliptischen Ring, dessen Inhalt bis auf Größen höherer Ordnung in dw gleich

$$\pi a b\, dw$$

ist; über diesem Ringe ruht nun eine zylindrische Schale, welche als Element des zu kubierenden Körpers aufgefaßt werden kann und das Volumen

$$\pi a b f(w)\, dw \qquad\qquad\qquad\qquad \text{hat.}$$

Während die veränderliche Ellipse (C) das Gebiet P beschreibt durchläuft w das Intervall $(0, \lambda)$; $w = 0$ entspricht der Ursprung O und $w = \lambda$ die Randellipse (A). Demnach ist das gesuchte Volumen

$$v = \pi a b \int\limits_0^\lambda f(w)\, dw. \qquad\qquad\qquad \text{(D)}$$

Nach dieser Methode kann beispielsweise das Ellipsoid

$$\frac{x^2}{a^2} + \frac{y^2}{b^2} + \frac{z^2}{c^2} = 1 \qquad\qquad \text{kubiert werden; denn}$$

$$z = c\sqrt{1 - \left(\frac{x^2}{a^2} + \frac{y^2}{b^2}\right)}$$

hat die Gestalt (B) und die Randellipse

$$\frac{x^2}{a^2} + \frac{y^2}{b^2} = 1$$

die Form (A); demnach ist das halbe Volumen des Ellipsoids

$$v = \pi a b c \int\limits_0^1 \sqrt{1 - w}\, dw = \tfrac{2}{3}\pi a b c\left\{(1 - w)^{\frac{3}{2}}\right\}_1^0 = \tfrac{2}{3}\pi a b c$$

und das ganze Volumen $\tfrac{4}{3}\pi a b c$ wie in 2.

Ist $\qquad\qquad\qquad z = e^{-\left(\frac{x^2}{a^2} + \frac{y^2}{b^2}\right)}$

die krumme Fläche und (A) die Randellipse von P, so hat man

$$v = \pi a b \int\limits_0^\lambda e^{-w}\, dw = \pi a b (1 - e^{-\lambda});$$

für $\lim \lambda = \infty$ verwandelt sich P in die unendliche Ebene, der Wert des Integrals aber konvergiert gegen die bestimmte Grenze $\pi a b$; hiernach ist

$$\int\limits_{-\infty}^{\infty} e^{-\frac{x^2}{a^2}}\, dx \int\limits_{-\infty}^{\infty} e^{-\frac{y^2}{b^2}}\, dy = \pi a b,$$

und weil die beiden Integrationen unabhängig voneinander sind,

$$\int\limits_{-\infty}^{\infty} e^{-\frac{x^2}{a^2}}\, dx = a\sqrt{\pi} \qquad\qquad\text{(vgl. \textbf{293}, 3.).}$$

6. Das Volumen eines Zylinders zu bestimmen, dessen Basis P der erste Quadrant des Kreises $\qquad x^2 + y^2 = R^2 \qquad\qquad$ **(A)** ist und der nach obenhin durch das Konoid

$$z = f\left(\frac{y}{x}\right) \qquad\qquad\textbf{(B)}$$

begrenzt wird.

Längs des Strahles OP (Fig. 192):

$$\frac{y}{x} = \omega, \qquad\qquad\textbf{(C)}$$

hat z den konstanten Wert

$$f(\omega) = PM;$$

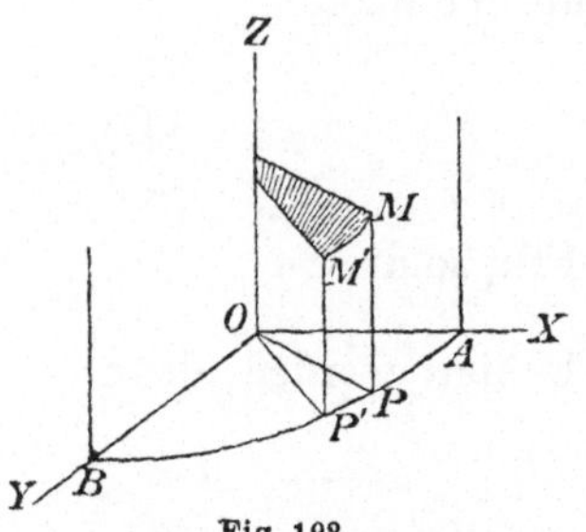

Fig. 192.

variiert ω um $d\omega$, so ändert sich der Kreissektor OAP, dessen Fläche $\tfrac{1}{2}R^2 \operatorname{arctg}\omega$ ist, um OPP', das bis auf Größen höherer Ordnung in $d\omega$ gleichkommt

$$\frac{1}{2}R^2 \frac{d\omega}{1 + \omega^2};$$

das über OPP' ruhende keilförmige Element des Körpers kann als Prisma angesehen und dem Volumen nach durch

$$\frac{1}{2} R^2 \frac{f(\omega)\,d\omega}{1+\omega^2}$$ ausgedrückt werden.

Da nun ω, während der Strahl OP den ersten Quadranten XOY beschreibt, das Intervall $(0, \infty)$ durchläuft, so ist

$$v = \frac{1}{2} R^2 \int\limits_0^\infty \frac{f(\omega)\,d\omega}{1+\omega^2}. \tag{D}$$

Als Beispiel hierzu diene die Bestimmung des Raumes unter dem ersten Viertelgang der Wendelfläche

$$z = b \operatorname{Arctg} \frac{y}{x}$$

innerhalb des Zylinders (A). Nach Formel (D) hat man unmittelbar

$$v = \frac{1}{2} b R^2 \int\limits_0^\infty \frac{\operatorname{arctg}\omega\,d\omega}{1+\omega^2} = \frac{1}{4} b R^2 \{\operatorname{arctg}^2 \omega\}_0^\infty = \frac{\pi^2 b R^2}{16};$$

es ist dies die Hälfte jenes Zylinders, der den Viertelkreis zur Basis und dieselbe Höhe $\frac{\pi b}{2}$ hat wie der kubierte Raum.

318. Kubaturen mittels eines Doppelintegrals. 1. Das Volumen des Körpers zu berechnen, der von den fünf Ebenen $z = 0$; $x = \alpha$, $x = \beta$, $y = \gamma$, $y = \delta$ und von der krummen Fläche

$$xyz = c^3$$ begrenzt wird.

Nach Formel (1) hat man hierfür ohne weiteres

$$v = c^3 \int\int \frac{dx\,dy}{xy} = c^3 \int\limits_\alpha^\beta \frac{dx}{x} \int\limits_\gamma^\delta \frac{dy}{y} = c^3 l\,\frac{\beta}{\alpha}\, l\,\frac{\delta}{\gamma}.$$

2. Das von der xy-Ebene, dem elliptischen Zylinder

$$\left(\frac{x-\alpha}{a}\right)^2 + \left(\frac{y-\beta}{b}\right)^2 = 1$$

und dem hyperbolischen Paraboloid

$$z = \frac{xy}{c}$$

begrenzte Volumen zu kubieren.

Im Hinblick auf das Integrationsgebiet P (Fig. 193) ergeben sich als Grenzen bei Vornahme der Integration nach y

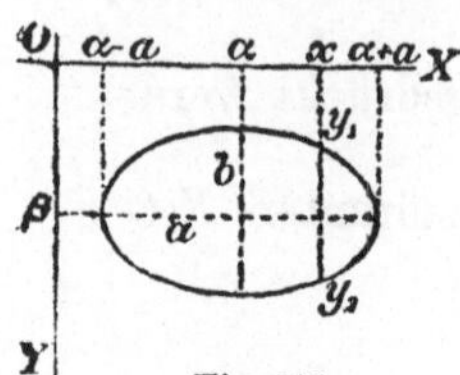

Fig. 193.

$$y_1 = \beta - \frac{b}{a}\sqrt{a^2 - (x-\alpha)^2}$$

$$y_2 = \beta + \frac{b}{a}\sqrt{a^2 - (x-\alpha)^2}$$

und als Grenzen der darauffolgenden Integration nach x

$$\alpha - a, \qquad \alpha + a.$$

Hiernach ist

$$v = \frac{1}{c}\int_{\alpha-a}^{\alpha+a} x\,dx \int_{y_1}^{y_2} y\,dy = \frac{1}{2c}\int_{\alpha-a}^{\alpha+a}(y_2{}^2 - y_1{}^2)x\,dx;$$

nun ist $y_2{}^2 - y_1{}^2 = (y_2 + y_1)(y_2 - y_1) = 4\frac{b\beta}{a}\sqrt{a^2 - (x-\alpha)^2}$, daher weiter

$$v = \frac{2b\beta}{ac}\int_{\alpha-a}^{\alpha+a} x\sqrt{a^2 - (x-\alpha)^2}\,dx = \frac{2b\beta}{ac}\int_{-a}^{a}(\xi + \alpha)\sqrt{a^2 - \xi^2}\,d\xi,$$

wenn man die Substitution $x - \alpha = \xi$ anwendet; es ist aber (236)

$$\int_{-a}^{a}\xi\sqrt{a^2 - \xi^2}\,d\xi = 0,$$

$$\int_{-a}^{a}\sqrt{a^2 - \xi^2}\,d\xi = 2\int_{0}^{a}\sqrt{a^2 - \xi^2}\,d\xi = \frac{\pi a^2}{2}$$

infolgedessen schließlich

$$v = \frac{\pi a b \alpha \beta}{c}.$$

Das Resultat läßt eine bemerkenswerte Deutung zu, wenn man beachtet, daß $\pi a b$ die Fläche der Ellipse und $\frac{\alpha\beta}{c}$ die zu ihrem Mittelpunkte gehörige Applikate des hyperbolischen Paraboloids ist.

3. Der über der xy-Ebene, unter dem ersten Gang der Wendelfläche

$$z = b\,\text{Arctg}\,\frac{y}{x},$$

und innerhalb des Zylinders $x^2 + y^2 = R^2$

befindliche Raum ist in rechtwinkligen Koordinaten durch

$$v = b\int_{-R}^{R} dx \int_{-\sqrt{R^2 - x^2}}^{\sqrt{R^2 - x^2}} \text{Arctg}\,\frac{y}{x}\,dy$$

ausgedrückt; dabei ist für $\operatorname{Arctg}\dfrac{y}{x}$ der der Vorzeichenkombination von x, y entsprechende Bogen aus dem Intervall $(0, 2\pi)$ zu nehmen. Die Integration ist in dieser Form unbequem; wendet man hingegen Zylinderkoordinaten an (**294**, 2.), so drückt sich v wie folgt aus:

$$v = b\iint \operatorname{Arctg}(\operatorname{tg}\varphi)\, r\, dr\, d\varphi = b\int_0^{2\pi}\varphi\, d\varphi \int_0^R r\, dr = \pi^2 b R^2.$$

Die Wendelfläche halbiert also den Zylinder von gleicher Höhe $(\pi R^2 \cdot 2\pi b)$ (vgl. **316**, 6).

4. Der Körper, welcher aus der Kugel

$$x^2 + y^2 + z^2 = a^2 \qquad \text{durch den Zylinder} \qquad x^2 + y^2 = ax$$

ausgeschnitten wird, zerfällt durch die zx- und xy-Ebene in vier gleiche Teile; sein Volumen, in rechtwinkligen Koordinaten dargestellt, hat (Fig. 194) den Ausdruck

$$v = 4\int_0^a dx \int_0^{\sqrt{ax-x^2}} \sqrt{a^2 - x^2 - y^2}\, dy.$$

Bequemer als in dieser Form wird die Ausrechnung in semipolaren Koordinaten, indem dann

$$v = 4\iint \sqrt{a^2 - r^2}\, r\, dr\, d\varphi,$$

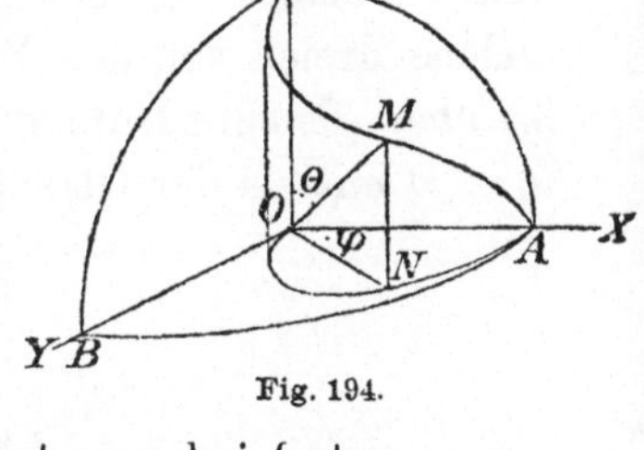

Fig. 194.

ausgedehnt über den Halbkreis $OANO$. Integriert man bei festem φ zuerst nach r, so sind 0 und $ON = a\cos\varphi$ die Grenzen; danach ist in bezug auf φ von 0 bis $\dfrac{\pi}{2}$ zu integrieren. Man hat daher

$$v = 4\int_0^{\frac{\pi}{2}} d\varphi \int_0^{a\cos\varphi} \sqrt{a^2 - r^2}\cdot r\, dr$$

$$= \frac{4}{3}\int_0^{\frac{\pi}{2}} \left\{(a^2 - r^2)^{\frac{3}{2}}\right\}_{a\cos\varphi}^{0} d\varphi = \frac{4a^3}{3}\int_0^{\frac{\pi}{2}} (1 - \sin^3\varphi)\, d\varphi$$

$$= \frac{4a^3}{3}\left(\frac{\pi}{2} - \frac{2}{3}\right).$$

Von der *Halbkugel*, welcher der Körper entnommen ist, verbleibt also als Rest ein Körper von dem rationalen Volumen $\frac{8}{9}a^3$.

319. Beispiel einer Kubatur durch ein dreifaches Integral.
Es ist das Volumen des von den vier Ebenen

$$\left.\begin{aligned}
E_1 &\equiv a_1 x + b_1 y + c_1 z + d_1 = 0\\
E_2 &\equiv a_2 x + b_2 y + c_2 z + d_2 = 0\\
E_3 &\equiv a_3 x + b_3 y + c_3 z + d_3 = 0\\
E_4 &\equiv a_4 x + b_4 y + c_4 z + d_4 = 0
\end{aligned}\right\} \tag{A}$$

begrenzten Tetraeders zu berechnen.

Wollte man die Rechnung in rechtwinkligen Koordinaten durchführen, so müßte das Integrationsgebiet, durch den Umriß des Tetraeders
auf der xy-Ebene begrenzt, in mehrere Teile zerlegt werden und die
Grenzen von z, y, x wären für jeden besonders zu bestimmen.

Der Grund der Komplikation liegt darin, daß die Zerlegung des
Körpers durch Ebenen senkrecht zu den Achsen nicht naturgemäß ist.
Seiner Form entspricht eine Zerlegung durch drei Systeme von Ebenen,
welche dreien von den Ebenen (A), z. B. E_1, E_2, E_3, parallel sind. Das
ist aber gleichbedeutend mit der Einführung von drei neuen Variablen
u, v, w mittels der Gleichungen

$$\left.\begin{aligned}
a_1 x + b_1 y + c_1 z &= u\\
a_2 x + b_2 y + c_2 z &= v\\
a_3 x + b_3 y + c_3 z &= w.
\end{aligned}\right\} \tag{B}$$

Um die nötigen Rechnungen übersichtlich durchzuführen, seien die
den Elementen von

$$R = \begin{vmatrix}
a_1 & b_1 & c_1 & d_1\\
a_2 & b_2 & c_2 & d_2\\
a_3 & b_3 & c_3 & d_3\\
a_4 & b_4 & c_4 & d_4
\end{vmatrix}$$

adjungierten Unterdeterminanten mit den entsprechenden großen Buchstaben und die Unterdeterminanten von

$$D_4 = \begin{vmatrix}
a_1 & b_1 & c_1\\
a_2 & b_2 & c_2\\
a_3 & b_3 & c_3
\end{vmatrix}$$

mit den griechischen Buchstaben bezeichnet. Dann folgt aus (B):

$$x = \frac{\alpha_1 u + \alpha_2 v + \alpha_3 w}{D_4}$$

$$y = \frac{\beta_1 u + \beta_2 v + \beta_3 w}{D_4}$$

$$z = \frac{\gamma_1 u + \gamma_2 v + \gamma_3 w}{D_4},$$

und die Jacobische Determinante der Substitution (B) ist

$$J = \frac{1}{D_4{}^3} \begin{vmatrix} \alpha_1 & \beta_1 & \gamma_1 \\ \alpha_2 & \beta_2 & \gamma_2 \\ \alpha_3 & \beta_3 & \gamma_3 \end{vmatrix} = \frac{1}{D_4}.$$

Die Integration nach den neuen Variablen geschieht zwischen *festen* Grenzen. Die Ebene U hat nämlich, um den Raum des Tetraeders zu durchlaufen, aus der Lage E_1, d. i.

$$u + d_1 = 0,$$

sich in jene zu bewegen, in welcher sie durch den gemeinsamen Punkt der Ebenen E_2, E_3, E_4 hindurchgeht. In dieser letzten Lage aber hat sie die Gleichung $\quad \lambda E_2 + \mu E_3 + \nu E_4 = 0,$

wobei λ, μ, ν den Bedingungen

$$a_2 \lambda + a_3 \mu + a_4 \nu = a_1$$
$$b_2 \lambda + b_3 \mu + b_4 \nu = b_1$$
$$c_2 \lambda + c_3 \mu + c_4 \nu = c_1$$

zu entsprechen haben, welche aus der Forderung des Parallelismus mit E_1 entspringen. Aus diesen Bedingungen folgt dann:

$$\lambda = -\frac{D_2}{D_1}, \quad \mu = -\frac{D_3}{D_1}, \quad \nu = -\frac{D_4}{D_1},$$

so daß der Endlage der Ebene die Gleichung

$$a_1 x + b_1 y + c_1 z - \left(\frac{D_2}{D_1} d_2 + \frac{D_3}{D_1} d_3 + \frac{D_4}{D_1} d_4 \right) = 0$$

oder $$u - \left(\frac{R}{D_1} - d_1 \right) = 0 \qquad\qquad \text{zukommt.}$$

Die Grenzen von u sind also $-d_1$, $\frac{R}{D_1} - d_1$; ebenso findet man $-d_2$, $\frac{R}{D_2} - d_2$ als Grenzen von v und $-d_3$, $\frac{R}{D_3} - d_3$ als Grenzen von w.

Das verlangte Volumen hat demnach, vom Vorzeichen abgesehen, den Ausdruck

$$v = \iiint \frac{1}{D_4}\, du\, dv\, dw = \frac{1}{D_4} \int\limits_{-d_1}^{\frac{R}{D_1}-d_1} du \int\limits_{-d_2}^{\frac{R}{D_2}-d_2} dv \int\limits_{-d_3}^{\frac{R}{D_3}-d_3} dw = \frac{R^3}{D_1 D_2 D_3 D_4}\,.$$

320. Weitere Beispiele. 1. Das Volumen zu bestimmen, das bei der Rotation einer Zykloidenfläche um die Scheiteltangente der Kurve erzeugt wird.

2. Eine Zissoide (**129,** 2.) rotiert um ihre Asymptote; welches Volumen umschließt die beschriebene Fläche?

3. Die durch Drehung der Kurve $xy^2 = 4a^2(2a - x)$ um ihre Asymptote beschriebene Fläche umschließt einen Raum, dessen Volumen bestimmt werden soll.

4. Das Volumen des Körpers zu bestimmen, der von dem einschaligen Hyperboloid $- \frac{x^2}{a^2} + \frac{y^2}{b^2} + \frac{z^2}{c^2} = 1$, seinem Asymptotenkegel $- \frac{x^2}{a^2} + \frac{y^2}{b^2} + \frac{z^2}{c^2} = 0$ und den Ebenen $x = A$, $x = B$ begrenzt wird.

5. Das Volumen zu ermitteln, das von der Fläche $\frac{y^2}{b} + \frac{z^2}{c} = 2x$ und der Ebene $x = a$ begrenzt ist.

6. Das von den Flächen $x^2 + y^2 = cz$, $x^2 + y^2 = ax$ und $z = 0$ begrenzte Volumen zu bestimmen.

7. Den Körper zu kubieren, der von den Flächen $cz = x^2 + y^2$ und $z = x + y$ begrenzt ist.

8. Den zwischen den Flächen $az = xy$, $x + y + z = a$, $z = 0$ eingeschlossenen Raum dem Inhalte nach zu bestimmen.

§ 4. Komplanation krummer Flächen.

321. Allgemeine Formeln. Die allgemeinste Aufgabe, die hier zur Lösung gestellt wird, besteht in folgendem: *Von einer krummen Fläche*

$$z = f(x, y) \tag{1}$$

ist der durch eine geschlossene Kurve Γ (Fig. 195) begrenzte Teil S seiner Größe nach zu bestimmen.

Da die elementare Geometrie nur die Ausmessung geradlinig begrenzter ebener Flächen lehrt, so bedarf es einer Erklärung, was unter der Größe einer krummen Fläche zu verstehen sei.

Zum Zwecke der Aufstellung dieser Definition projizieren wir S mit seiner Randkurve Γ auf die xy-Ebene und erhalten die Figur P mit dem Rande C. Nun teilen wir P durch zwei Systeme von Parallelen zu OY bzw. OX in Elemente; ein solches Element $\alpha\gamma\beta\delta$ sei durch die Teilungslinien x_{k-1}, x_k; y_{l-1}, y_l bestimmt, seine Fläche ist

$$\Delta P = \delta_k \varepsilon_l,$$

wenn $x_k - x_{k-1} = \delta_k, y_l - y_{l-1} = \varepsilon_l$ gesetzt wird.

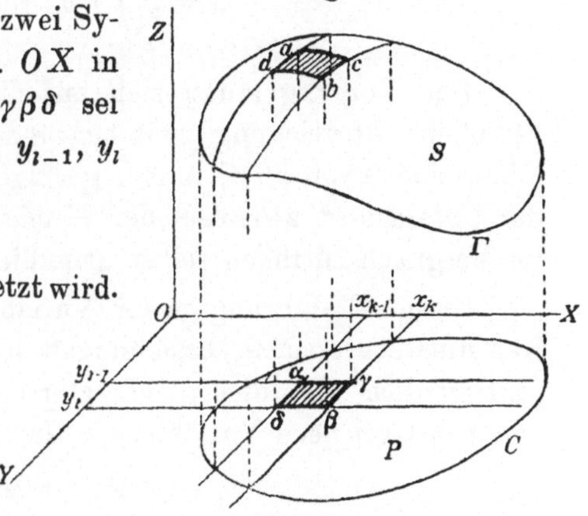

Zu einem beliebig innerhalb ΔP angenommenen Punkte ξ_k/η_l gehört ein Punkt auf der Fläche, und die Tangentialebene in diesem Punkte ist zur xy-Ebene unter einem Winkel ϑ geneigt, dessen Kosinus (**207, 5.**)

Fig. 195.

$$\cos \vartheta = \frac{1}{\sqrt{f_x'(\xi_k, \eta_l)^2 + f_y'(\xi_k, \eta_l)^2 + 1}}$$

ist. Diese Tangentialebene schneidet aus dem über $\alpha\gamma\beta\delta$ errichteten, zur xy-Ebene senkrechten Prisma ein Parallelogramm $ABCD$ aus, dessen Fläche

$$\frac{\Delta P}{\cos \vartheta} = \delta_k \varepsilon_l \sqrt{f_x'(\xi_k, \eta_l)^2 + f_y'(\xi_k, \eta_l)^2 + 1}$$

gleichkommt. Die Doppelsumme dieser Parallelogramme

$$\sum\sum \frac{\Delta P}{\cos \vartheta},$$

ausgedehnt über alle Elemente von P, konvergiert aber zufolge des in **287** bewiesenen Satzes, wenn alle Differenzen δ_k, ε_l gegen Null abnehmen, gegen eine von der Wahl der Punkte ξ_k/η_l unabhängige Grenze, nämlich gegen den Wert des Doppelintegrals

$$\int\int_P \sqrt{f_x'(x, y)^2 + f_y'(x, y)^2 + 1}\, dx\, dy.$$

Diese Grenze soll nun die *analytische Definition* für die Größe von S bilden, so daß wir mit den üblichen Abkürzungen

$$f_x'(x, y) = \frac{\partial z}{\partial x} = p, \qquad f_y'(x, y) = \frac{\partial z}{\partial y} = q$$

die *Grundformel für die Komplanation* erhalten:

$$S = \int\limits_{P}\int \sqrt{p^2 + q^2 + 1}\, dx\, dy. \tag{2}$$

Der Vorgang stützt sich auf die anschauliche Tatsache, daß die räumliche Abweichung zwischen $ABCD$ und $abcd$ mit abnehmenden Dimensionen von $\alpha\beta\gamma\delta$ immer geringer wird und daß infolgedessen auch der Unterschied zwischen der *Größe* von $ABCD$ und jener von $abcd$ im Vergleich zu ihnen selbst unendlich klein wird.

Durch Einführung neuer Variablen kann die Formel (2) anderen Koordinatensystemen, beziehungsweise anderen Teilungen von P angepaßt werden. Um dies gleich allgemein auszuführen, mögen an Stelle von x, y zwei neue Variable u, v durch die Gleichungen

$$\left.\begin{aligned} x &= \varphi(u, v)\\ y &= \psi(u, v)\end{aligned}\right\} \tag{3}$$

eingeführt werden; infolge von (1) wird auch z eine Funktion derselben werden:

$$z = \chi(u, v).$$

Aus der letzten dieser Gleichungen ergibt sich

$$\frac{\partial z}{\partial u} = p\,\frac{\partial x}{\partial u} + q\,\frac{\partial y}{\partial u}$$

$$\frac{\partial z}{\partial v} = p\,\frac{\partial x}{\partial v} + q\,\frac{\partial y}{\partial v};$$

$\dfrac{\partial x}{\partial u}$, $\dfrac{\partial y}{\partial u}$, $\dfrac{\partial x}{\partial v}$, $\dfrac{\partial y}{\partial v}$ sind aus den beiden ersten Gleichungen zu entnehmen. Bedient man sich bei der Auflösung dieser Gleichungen in bezug auf p, q für die auftretenden Funktionaldeterminanten der in **291** erwähnten Donkinschen Bezeichnung, wonach z. B.

$$\begin{vmatrix} \dfrac{\partial x}{\partial u} & \dfrac{\partial y}{\partial u}\\[2ex] \dfrac{\partial x}{\partial v} & \dfrac{\partial y}{\partial v}\end{vmatrix} = \frac{\partial(x, y)}{\partial(u, v)} \quad \text{usw.,}$$

so wird

$$p = -\,\frac{\dfrac{\partial(y, z)}{\partial(u, v)}}{\dfrac{\partial(x, y)}{\partial(u, v)}}, \qquad q = -\,\frac{\dfrac{\partial(z, x)}{\partial(u, v)}}{\dfrac{\partial(x, y)}{\partial(u, v)}}.$$

Da ferner die Jacobische Determinante der Substitution (3)

$$J = \frac{\partial(x, y)}{\partial(u, v)}$$

ist, so lautet (2) nach vollzogener Transformation (**281**, (24)):

$$S = \int\int \sqrt{\left(\frac{\partial(y, z)}{\partial(u, v)}\right)^2 + \left(\frac{\partial(z, x)}{\partial(u, v)}\right)^2 + \left(\frac{\partial(x, y)}{\partial(u, v)}\right)^2}\, du\, dv. \tag{4}$$

Zuerst werde diese allgemeine Formel auf den Fall semipolarer Koordinaten angewendet; hier sind

$$x = r \cos\varphi, \qquad y = r \sin\varphi$$

und r, φ die neuen Variablen; die drei Determinanten haben die Werte

$$\begin{vmatrix} \sin\varphi, & \dfrac{\partial z}{\partial r} \\[2mm] r\cos\varphi, & \dfrac{\partial z}{\partial\varphi} \end{vmatrix} = -r\frac{\partial z}{\partial r}\cos\varphi + \frac{\partial z}{\partial\varphi}\sin\varphi$$

$$\begin{vmatrix} \dfrac{\partial z}{\partial r}, & \cos\varphi \\[2mm] \dfrac{\partial z}{\partial\varphi}, & -r\sin\varphi \end{vmatrix} = -r\frac{\partial z}{\partial r}\sin\varphi - \frac{\partial z}{\partial\varphi}\cos\varphi$$

$$\begin{vmatrix} \cos\varphi, & \sin\varphi \\[2mm] -r\sin\varphi, & r\cos\varphi \end{vmatrix} = r,$$

ihre Quadratsumme ist $\quad r^2 + \left(r\dfrac{\partial z}{\partial r}\right)^2 + \left(\dfrac{\partial z}{\partial\varphi}\right)^2;$

daher erhält man für diese Art der Gebietsteilung die Formel:

$$S = \int\int \sqrt{r^2 + \left(r\frac{\partial z}{\partial r}\right)^2 + \left(\frac{\partial z}{\partial\varphi}\right)^2}\, dr\, d\varphi. \tag{5}$$

An zweiter Stelle nehmen wir an, die Fläche sei auf räumliche Polarkoordinaten bezogen und habe die Gleichung

$$r = f(\theta, \varphi); \tag{6}$$

dann sind

$$x = r \sin\theta \cos\varphi$$
$$y = r \sin\theta \sin\varphi$$
$$z = r \cos\theta$$

infolge von (6) ebenso wie r Funktionen von θ und φ; die drei Funktionaldeterminanten lauten jetzt:

$$\left| \begin{array}{l} \dfrac{\partial r}{\partial \theta} \sin \theta \sin \varphi + r \cos \theta \sin \varphi, \quad \dfrac{\partial r}{\partial \theta} \cos \theta - r \sin \theta \\[2mm] \dfrac{\partial r}{\partial \varphi} \sin \theta \sin \varphi + r \sin \theta \cos \varphi, \quad \dfrac{\partial r}{\partial \varphi} \cos \theta \end{array} \right|$$

$$= - r \frac{\partial r}{\partial \theta} \sin \theta \cos \theta \cos \varphi + r \frac{\partial r}{\partial \varphi} \sin \varphi + r^2 \sin^2 \theta \cos \varphi,$$

$$\left| \begin{array}{l} \dfrac{\partial r}{\partial \theta} \cos \theta - r \sin \theta, \quad \dfrac{\partial r}{\partial \theta} \sin \theta \cos \varphi + r \cos \theta \cos \varphi \\[2mm] \dfrac{\partial r}{\partial \varphi} \cos \theta, \qquad\qquad \dfrac{\partial r}{\partial \varphi} \sin \theta \cos \varphi - r \sin \theta \sin \varphi \end{array} \right|$$

$$= - r \frac{\partial r}{\partial \theta} \sin \theta \cos \theta \sin \varphi - r \frac{\partial r}{\partial \varphi} \cos \varphi + r^2 \sin^2 \theta \sin \varphi,$$

$$\left| \begin{array}{l} \dfrac{\partial r}{\partial \theta} \sin \theta \cos \varphi + r \cos \theta \cos \varphi, \quad \dfrac{\partial r}{\partial \theta} \sin \theta \sin \varphi + r \cos \theta \sin \varphi \\[2mm] \dfrac{\partial r}{\partial \varphi} \sin \theta \cos \varphi - r \sin \theta \sin \varphi, \quad \dfrac{\partial r}{\partial \varphi} \sin \theta \sin \varphi + r \sin \theta \cos \varphi \end{array} \right|$$

$$= r \frac{\partial r}{\partial \theta} \sin^2 \theta + r^2 \sin \theta \cos \theta;$$

ihre Quadratsumme ist

$$r^2 \left(\frac{\partial r}{\partial \theta} \right)^2 \sin^2 \theta + r^2 \left(\frac{\partial r}{\partial \varphi} \right)^2 + r^4 \sin^2 \theta.$$

Infolgedessen gilt für räumliche Polarkoordinaten die Formel:

$$S = \int\!\!\int \sqrt{ \left[\left(\frac{\partial r}{\partial \theta} \right)^2 + r^2 \right] \sin^2 \theta + \left(\frac{\partial r}{\partial \varphi} \right)^2 } \; r \, d\theta \, d\varphi. \tag{7}$$

Für eine *sphärische Figur* vereinfacht sie sich wesentlich; wenn nämlich $r = a$ konstant ist, so wird

$$S = a^2 \int\!\!\int \sin \theta \, d\theta \, d\varphi, \tag{8}$$

eine Formel, die durch eine einfache geometrische Betrachtung bestätigt werden kann.

322. Zylinder- und Rotationsflächen. Die Formel (2) verliert, wie aus dem Gange ihrer Ableitung hervorgeht, Geltung bei einer *zur z-Achse parallelen Zylinderfläche*. Handelt es sich um die Quadratur des Stückes $ABDC$ der Zylinderfläche

$$\varphi(x, y) = 0, \tag{9}$$

(Fig. 196), das begrenzt ist von dem Bogen AB der Leitkurve, den Mantellinien AC, BD und der Kurve CD, längs welcher (9) durch die Fläche

$$\psi(x, y, z) = 0 \tag{10}$$

geschnitten wird, so denke man sich den Zylinder in eine Ebene abge-
wickelt; dann liegt die Grundaufgabe der Quadratur einer ebenen Kurve
vor mit dem Unterschiede, daß an die Stelle
der Abszisse der Bogen von von AB tritt;
hiernach ist

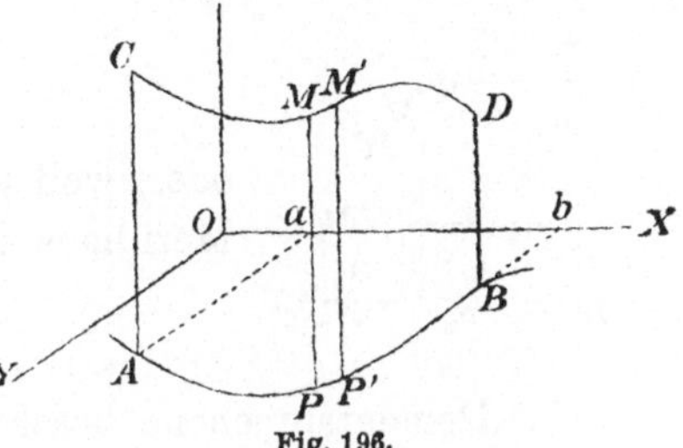

$$S = \int\limits_{x=a}^{x=b} z\, ds, \tag{11}$$

darin bedeutet z jene Funktion von x, welche
sich aus (9) und (10) durch Elimination von
y ergibt.

Fig. 196.

Einen weiteren wichtigen Fall, wo die
Quadratur mittels einer *einfachen* Integration bewerkstelligt werden kann,
bieten die *Rotationsflächen* dar, wenn es sich um die Bestimmung einer
von zwei Parallelkreisen begrenzten Zone handelt.

Ordnet man das Koordinatensystem derart an, daß die Rotationsachse mit der z-Achse zusammenfällt, so hat die Fläche eine Gleichung
der Form (**195, 2.**)

$$z = f\left(\sqrt{x^2 + y^2}\right); \tag{12}$$

hieraus folgt

$$p = f'\left(\sqrt{x^2+y^2}\right)\frac{x}{\sqrt{x^2+y^2}}, \qquad q = f'\left(\sqrt{x^2+y^2}\right)\frac{y}{\sqrt{x^2+y^2}},$$

und die Eintragung dieser Werte in (2) gibt

$$S = \int\int \sqrt{1 + f'\left(\sqrt{x^2+y^2}\right)^2}\, dx\, dy;$$

führt man semipolare Koordinaten ein, so geht dies über in

$$S = \int\int \sqrt{1 + f'(r)^2} \cdot r\, dr\, d\varphi.$$

Soll nun eine von zwei Parallelkreisen begrenzte Zone quadriert
werden, so sind die Grenzen von r feste Zahlen — die Radien jener Parallelkreise, — die von φ aber 0 und 2π; letztere Integration kann also
unmittelbar ausgeführt werden und man erhält

$$S = 2\pi \int\limits_{r_0}^{r_1} \sqrt{1 + f'(r)^2}\, r\, dr;$$

da nunmehr das übrige Integral von φ nicht abhängt, so kann man darin $\varphi = 0$ setzen, wodurch $r = x$ wird, und findet so als endgültige Formel für die von dem Bogen $M_0 M_1$ des Meridians (Fig. 197) beschriebene Zone

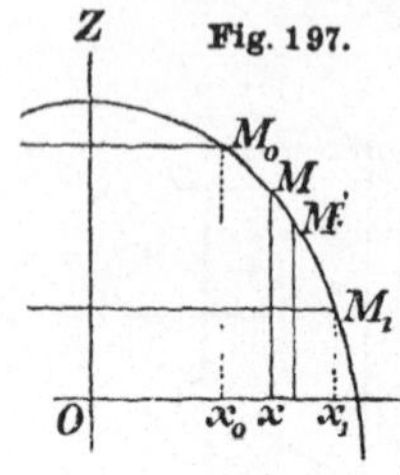

Fig. 197.

$$S = 2\pi \int_{x_0}^{x_1} \sqrt{1 + f'(x)^2}\, x\, dx,$$

oder, weil $\sqrt{1 + f'(x)^2}\, dx$ das Bogendifferential ds des Meridians ist,

$$S = 2\pi \int_{x=x_0}^{x=x_1} x\, ds. \tag{13}$$

Dementsprechend beschreibt der Bogen $M_0 M_1$ der um die x-Achse rotierenden Kurve $y = f(x)$ (Fig. 198) eine Zone von der Größe

$$S = 2\pi \int_{x=x_0}^{x=x_1} y\, ds. \tag{14}$$

Die Ausdrücke $2\pi x\, ds$, $2\pi y\, ds$ bedeuten bis auf Größen höherer als der ersten Ordnung die von dem Bogenelemente MM' im ersten und zweiten Falle beschriebenen Elementarzonen.

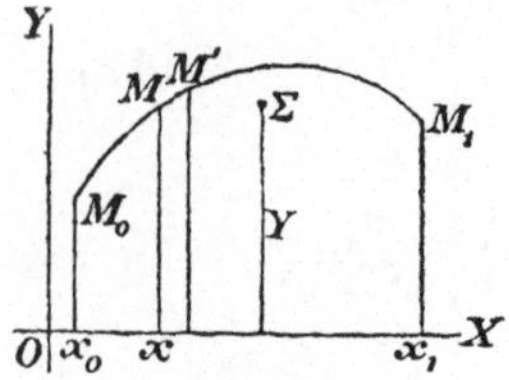

Die beiden behandelten Fälle sind nicht die einzigen, wo zur Quadrierung einer krummen Fläche *eine* Integration ausreicht; dies tritt immer ein, wenn die Fläche eine Zerlegung in Elemente zuläßt, die sich durch einen Differentialausdruck erster Ordnung darstellen lassen.

Fig. 198.

Anmerkung. Das Integral $\int_{x_0}^{x_1} y\, ds$ in (14) hat die Bedeutung des statischen Momentes des Bogens $M_0 M_1$ bezüglich der x-Achse, kommt also auch gleich dem Produkte Ys aus der Ordinate Y des Schwerpunktes Σ dieses Bogens und seiner Länge s. Man hat demnach auch

$$S = 2\pi Ys. \tag{15}$$

Darin spricht sich ein Analogon der Guldinschen Regel (**316**, 4.) aus, wonach *die von dem Bogen s beschriebene Zone gleich ist dem Mantel eines geraden Zylinders, dessen Basisumfang s ist und dessen Höhe gleichkommt dem Umfang des Kreises, den der Schwerpunkt des Bogens bei der Rotation beschreibt.*

323. Komplanationen mittels einfacher Integrale.

1. *Komplanation des Rotationsparaboloids.* Rotiert die Parabel

$$y^2 = 2px$$

um die x-Achse, so beschreibt der im Scheitel beginnende und bei dem Punkte mit der Abszisse x schließende Bogen eine Kalotte von der Größe (14)

$$S = 2\pi \int_0^x y \sqrt{1 + \frac{p^2}{y^2}}\, dx$$

$$S = 2\pi \int_0^x \sqrt{2px + p^2}\, dx$$

$$= \frac{2\pi}{3p}\left[(2px + p^2)^{\frac{3}{2}} - p^3\right].$$

2. *Quadratur der Rotationsellipsoide.* Die Ellipse

$$\frac{x^2}{a^2} + \frac{y^2}{b^2} = 1 \qquad\qquad (a > b)$$

beschreibt bei der Drehung um die x-Achse ein *oblonges*, bei der Drehung um die y-Achse ein *abgeplattetes* Ellipsoid; es sollen deren Gesamtoberflächen bestimmt werden.

Dem Bogendifferential der Ellipse kann man die beiden Formen

$$ds = \frac{\sqrt{a^4 y^2 + b^4 x^2}}{a^2 y}\, dx, \qquad ds = \frac{\sqrt{a^4 y^2 + b^4 x^2}}{b^2 x}\, dy$$

verleihen, je nachdem x oder y als unabhängige Variable gelten soll.

α) Die Oberfläche des oblongen Ellipsoids ist

$$S = 2\pi \int_{x=-a}^{x=a} y\, ds = \frac{2\pi}{a^2} \int_{-a}^{a} \sqrt{a^4 y^2 + b^4 x^2}\, dx$$

oder, wenn man y mittels der Ellipsengleichung als Funktion von x darstellt und die relative Exzentrizität $\varepsilon = \dfrac{\sqrt{a^2 - b^2}}{a}$ einführt,

$$S = \frac{4\pi b}{a} \int_0^a \sqrt{a^2 - \varepsilon^2 x^2}\, dx;$$

mittels der Substitution $\varepsilon x = au$ ergibt sich schließlich (**235, 2.**):

$$S = \frac{4\pi ab}{\varepsilon} \int_0^\varepsilon \sqrt{1 - u^2}\, du$$
$$= 2\pi ab\left[\sqrt{1 - \varepsilon^2} + \frac{\arcsin \varepsilon}{\varepsilon}\right]. \qquad\qquad \text{(A)}$$

β) Die Oberfläche des abgeplatteten Ellipsoids (Sphäroids) ist

$$S = 2\pi \int_{y=-b}^{y=b} x\, ds = \frac{2\pi}{b^2} \int_{-b}^{b} \sqrt{a^4 y^2 + b^4 x^2}\, dy;$$

drückt man x durch y aus und benutzt wieder die relative Exzentrizität, so kommt zunächst

$$S = \frac{4\pi a}{b^2} \int_0^b \sqrt{a^2 \varepsilon^2 y^2 + b^4}\, dy$$

und mittels der Substitution $a\varepsilon y = b^2 u$

$$S = \frac{4\pi b^2}{\varepsilon} \int_0^{\frac{a\varepsilon}{b}} \sqrt{1 + u^2}\, du$$
$$= 2\pi a^2\left[1 + \frac{b^2}{a^2 \varepsilon} l\sqrt{\frac{1 + \varepsilon}{1 - \varepsilon}}\right]. \qquad\qquad \text{(B)}$$

Führt man den Grenzübergang $\lim b = a$, mit dem $\lim \varepsilon = 0$ einhergeht, an den beiden Formeln (A) und (B) aus, so ergibt sich als gemeinsames Endresultat $4\pi a^2$, d. i. die Oberfläche einer Kugel vom Halbmesser a.

3. Quadratur der durch Rotation eines Astes der *Zykloide*

$$x = a(u - \sin u)$$
$$y = a(1 - \cos u) \qquad\qquad \text{beschriebenen Fläche}$$

Weil $ds = 2a \sin \frac{u}{2}\, du$ und $y = 2a \sin^2 \frac{u}{2}$, so ist

$$S = 8\pi a^2 \int_0^{2\pi} \sin^3\frac{u}{2}\, du = 16\pi a^2 \int_0^{\pi} \sin^3\omega\, d\omega = \frac{64}{3}\pi a^2.$$

Aus der bekannten Länge $s = 8a$ (**314**, 2.) ergibt sich mit Benutzung der Formel (15) die Ordinate des Schwerpunktes der krummen Begrenzungslinie

$$Y = \frac{\frac{64}{3}\pi a^2}{2\pi \cdot 8a} = \frac{4}{3}a.$$

4. Einen durch den Zylinder

$$x^2 + y^2 = R^2$$

begrenzten Gang der *Wendelfläche*

$$z = b \operatorname{Arctg} \frac{y}{x} \qquad\qquad \text{zu quadrieren.}$$

Mit Hilfe von $p = -\dfrac{by}{x^2 + y^2}$, $q = \dfrac{bx}{x^2 + y^2}$ findet man den Kosinus des Neigungswinkels der Tangentialebene gegen die xy-Ebene

$$\cos \vartheta = \frac{1}{\sqrt{1 + \dfrac{b^2}{x^2 + y^2}}}$$

und erkennt daraus, daß er nur abhängt von dem Abstande $r = \sqrt{x^2 + y^2}$ des Punktes von der z-Achse. Schneidet man also die Wendelfläche durch zwei koachsiale Zylinder von den Radien r und $r + dr$, so ist der ausgeschnittene bandförmige Streifen, der sich in der xy-Ebene in einen Kreisring von der Fläche $2\pi r\, dr$ projiziert, gleich

$$\frac{2\pi r\, dr}{\cos \vartheta} = 2\pi \sqrt{b^2 + r^2}\, dr;$$

daraus folgt die Oberfläche des ganzen Ganges

$$S = 2\pi \int\limits_0^R \sqrt{b^2 + r^2}\, dr = 2\pi b^2 \int\limits_0^{\frac{R}{b}} \sqrt{1 + u^2}\, du$$

$$= \pi b^2 \left[\frac{R}{b} \sqrt{1 + \frac{R^2}{b^2}} + l\left(\frac{R}{b} + \sqrt{1 + \frac{R^2}{b^2}} \right) \right].$$

5. *Komplanation der Oberfläche des dreiachsigen Ellipsoids*

$$\frac{x^2}{a^2} + \frac{y^2}{b^2} + \frac{z^2}{c^2} = 1 \qquad (a > b > c). \qquad \text{(A)}$$

Aus der expliziten Darstellung von z ergeben sich die Differentialquotienten

$$p = -\frac{c\,\dfrac{x}{a}}{a\sqrt{1 - \left(\dfrac{x}{a}\right)^2 - \left(\dfrac{y}{b}\right)^2}}, \qquad q = -\frac{c\,\dfrac{y}{b}}{b\sqrt{1 - \left(\dfrac{x}{a}\right)^2 - \left(\dfrac{y}{b}\right)^2}}$$

und hiermit

$$\cos^2 \vartheta = \frac{a^2 b^2 \left[1 - \left(\dfrac{x}{a}\right)^2 - \left(\dfrac{y}{b}\right)^2 \right]}{b^2 c^2 \left(\dfrac{x}{a}\right)^2 + a^2 c^2 \left(\dfrac{y}{b}\right)^2 + a^2 b^2 \left[1 - \left(\dfrac{x}{a}\right)^2 - \left(\dfrac{y}{b}\right)^2 \right]}.$$

Der geometrische Ort solcher Punkte des Ellipsoids, in welchen die Tangentialebene gegen die xy-Ebene unter dem Winkel ϑ geneigt ist, projiziert sich auf die xy-Ebene in eine Kurve, welche durch die letztgeschriebene Gleichung dargestellt ist, wenn man darin ϑ als konstant auffaßt; geordnet lautet diese Gleichung

$$\left[1 - \frac{a^2 - c^2}{a^2}\cos^2\vartheta\right]\left(\frac{x}{a}\right)^2 + \left[1 - \frac{b^2 - c^2}{b^2}\cos^2\vartheta\right]\left(\frac{y}{b}\right)^2 = \sin^2\vartheta, \qquad \text{(B)}$$

gehört somit einer Ellipse an, deren Halbachsen

$$\frac{a\sin\vartheta}{\sqrt{1 - \dfrac{a^2 - c^2}{a^2}\cos^2\vartheta}}, \qquad \frac{b\sin\vartheta}{\sqrt{1 - \dfrac{b^2 - c^2}{b^2}\cos^2\vartheta}}$$

sind und deren Fläche sonach gleichkommt

$$u = \frac{\pi a b \sin^2\vartheta}{\sqrt{(1 - \alpha^2\cos^2\vartheta)(1 - \beta^2\cos^2\vartheta)}}, \qquad \text{(C)}$$

wenn man sich der Abkürzungen

$$\frac{\sqrt{a^2 - c^2}}{a} = \alpha, \qquad \frac{\sqrt{b^2 - c^2}}{b} = \beta \qquad \text{bedient.} \qquad \text{(D)}$$

Durch eine Folge von Ellipsen (B) mit wechselndem ϑ werde das Integrationsgebiet $\dfrac{x^2}{a^2} + \dfrac{y^2}{b^2} = 1$ in infinitesimale elliptische Ringe zerlegt; diesen entsprechen auf dem Ellipsoid bandförmige Streifen, deren allgemeiner Ausdruck

$$\frac{du}{\cos\vartheta}$$

ist. Da ϑ, vom Punkte $0/0/c$ anfangend bis zur xy-Ebene das Intervall $0, \dfrac{\pi}{2}$ durchläuft, so ist bei Benutzung von ϑ als Integrationsvariable

$$S = 2\int_0^{\frac{\pi}{2}} \frac{du}{\cos\vartheta}.$$

Teilweise Ausführung der Integration gibt

$$\frac{S}{2} = \left[\frac{u}{\cos\vartheta}\right]_0^{\frac{\pi}{2}} - \int_0^{\frac{\pi}{2}} \frac{u\sin\vartheta}{\cos^2\vartheta}\,d;$$

setzt man für u den Wert aus (C) ein und transformiert das Integral durch die Substitution $\qquad \alpha\cos\vartheta = \sin\varphi,$

setzt
$$\frac{\beta}{\alpha} = k,$$

das zufolge (D) ein echter Bruch ist, so wird

$$\frac{S}{2} = \left[\frac{\dfrac{\pi a b (\alpha^2 - \sin^2 \varphi)}{\alpha \sin \varphi \cos \varphi \sqrt{1 - k^2 \sin^2 \varphi}}}{+ \dfrac{\pi a b}{\alpha} \int \dfrac{(\alpha^2 - \sin^2 \varphi)\, d\varphi}{\sin^2 \varphi \sqrt{1 - k^2 \sin^2 \varphi}}} \right]_{\text{arcsin}\,\alpha}^{0}.$$

Formt man nun das Integral, das für sich allein weiter ausgeführt werden soll, auf Grund der Identität

$$\alpha^2 - \sin^2 \varphi = \alpha^2 (1 - k^2 \sin^2 \varphi) + (\alpha^2 k^2 - 1) \sin^2 \varphi$$

um, so verwandelt es sich, von den Grenzen abgesehen, in die Summe

$$\alpha^2 \int \frac{\sqrt{1 - k^2 \sin^2 \varphi}}{\sin^2 \varphi}\, d\varphi + (\alpha^2 k^2 - 1) \int \frac{d\varphi}{\sqrt{1 - k^2 \sin^2 \varphi}};$$

und wenn in dem ersten Teile partielle Integration zur Anwendung gebracht wird mit der Zerlegung $\sqrt{1 - k^2 \sin^2 \varphi},\ \dfrac{d\varphi}{\sin^2 \varphi}$, so gibt dieser Teil

$$- \alpha^2 \cotg \varphi \sqrt{1 - k^2 \sin^2 \varphi}$$

$$- \alpha^2 \int \frac{k^2 \cos^2 \varphi\, d\varphi}{\sqrt{1 - k^2 \sin^2 \varphi}} + (\alpha^2 k^2 - 1) \int \frac{d\varphi}{\sqrt{1 - k^2 \sin^2 \varphi}};$$

das erste dieser letzten zwei Integrale zerfällt weiter durch die Umformung

$$k^2 \cos^2 \varphi = k^2 - 1 + 1 - k^2 \sin^2 \varphi$$

in zwei Integrale und der ganze Ausdruck verwandelt sich in

$$- \alpha^2 \cotg \varphi \sqrt{1 - k^2 \sin^2 \varphi} - (\alpha^2 k^2 - \alpha^2) \int \frac{d\varphi}{\sqrt{1 - k^2 \sin^2 \varphi}}$$

$$- \alpha^2 \int \sqrt{1 - k^2 \sin^2 \varphi}\, d\varphi + (\alpha^2 k^2 - 1) \int \frac{d\varphi}{\sqrt{1 - k^2 \sin^2 \varphi}}$$

$$= - \alpha^2 \cotg \varphi \sqrt{1 - k^2 \sin^2 \varphi}$$

$$+ (\alpha^2 - 1) \int \frac{d\varphi}{\sqrt{1 - k^2 \sin^2 \varphi}} - \alpha^2 \int \sqrt{1 - k^2 \sin^2 \varphi}\, d\varphi.$$

Setzt man dies in den Ausdruck für $\dfrac{S}{2}$ ein, so wird

$$\frac{S}{2} = \pi a b\left\{\left[\frac{\alpha^2 - \sin^2\varphi}{\alpha\sin\varphi\cos\varphi\sqrt{1-k^2\sin^2\varphi}} - \alpha\cotg\varphi\sqrt{1-k^2\sin^2\varphi}\right]_{\arcsin\alpha}^{0}\right.$$

$$\left. + \left(\frac{1}{\alpha} - \alpha\right)\int_0^{\arcsin\alpha}\frac{d\varphi}{\sqrt{1-k^2\sin^2\varphi}} + \alpha\int_0^{\arcsin\alpha}\sqrt{1-k^2\sin^2\varphi}\,d\varphi\right\};$$

der vom Integralzeichen freie Ausdruck nimmt an der oberen Grenze die unbestimmte Form $\infty - \infty$ an, sein Grenzwert für $\lim \varphi = 0$ ist aber, wie aus der Umformung $\dfrac{\alpha^2 - 1 + \alpha^2 k^2\cos^2\varphi}{\alpha\cos\varphi\sqrt{1-k^2\sin^2\varphi}}\sin\varphi$ ersichtlich, $= 0$. Demnach ist endgültig

$$\left.\begin{aligned}
S = 2\pi a b\Big[&\sqrt{(1-\alpha^2)(1-\beta^2)} \\
&+ \left(\frac{1}{\alpha} - \alpha\right)\int_0^{\arcsin\alpha}\frac{d\varphi}{\sqrt{1-k^2\sin^2\varphi}} + \alpha\int_0^{\arcsin\alpha}\sqrt{1-k^2\sin^2\varphi}\,d\varphi\Big].
\end{aligned}\right\} \quad (E)$$

Die Oberfläche des allgemeinen Ellipsoids drückt sich also durch elliptische Integrale erster und zweiter Gattung aus. Es ist leicht zu erweisen, daß die Formel (E) für $b = c$, $a = b$ in die Formeln (A), bezw. (B) von Beispiel 2. übergeht[1]).

Für ein Ellipsoid mit den Halbachsen

$$a, \qquad b = \frac{2a}{\sqrt{7}} = 0{,}7559\,a, \qquad c = \frac{a}{2} = 0{,}5\,a$$

ergibt sich beispielsweise

$$\alpha = \frac{\sqrt{3}}{2}, \qquad \beta = \frac{3}{4}, \qquad k = \frac{\sqrt{3}}{2};$$

die Einsetzung dieser Werte in die Formel (E) liefert

$$S = 4\pi a^2\left\{\frac{1}{8} + \frac{\sqrt{21}}{42}\int_0^{\frac{\pi}{3}}\frac{d\varphi}{\sqrt{1-\frac{3}{4}\sin^2\varphi}} + \frac{\sqrt{21}}{14}\int_0^{\frac{\pi}{3}}\sqrt{1-\frac{3}{4}\sin^2\varphi}\,d\varphi\right\};$$

entnimmt man die Integralwerte den Tabellen in **281**, so hat man schließlich

---

1) Der der vorgeführten Lösung zugrunde liegende Gedanke stammt von E. Catalan (Liouville Journ. IV., p. 323) und ist weiter ausgebildet worden von Lobatto (ib., V., p. 115) und G. L. Dirichlet (Vorlesungen, herausgeg. von G. Arendt, 1904, p. 257).

$$S = 4\pi a^2 \{0{,}125 + 0{,}1091 \cdot 1{,}2125 + 0{,}3273 \cdot 0{,}9184\} = 0{,}4256 \cdot 4\pi a^2;$$

es beträgt also die Oberfläche dieses Ellipsoids 0,4256 von der Oberfläche der mit der größten Halbachse beschriebenen Kugel.

324. Komplanationen mittels doppelter Integrale.

1. Den Mantel eines geraden elliptischen Kegels mit den Basishalbachsen a, b und der Höhe c zu quadrieren.

Verlegt man die Spitze in den Ursprung, die Höhe in die (positive) z-Achse, so hat die Kegelfläche die Gleichung

$$\left(\frac{x}{a}\right)^2 + \left(\frac{y}{b}\right)^2 - \left(\frac{z}{c}\right)^2 = 0$$

und das Integrationsgebiet ist durch die Ellipse

$$\left(\frac{x}{a}\right)^2 + \left(\frac{y}{b}\right)^2 = 1$$

begrenzt. Aus der expliziten Darstellung von z erhält man

$$p = \frac{c\,\dfrac{x}{a}}{a\sqrt{\left(\dfrac{x}{a}\right)^2 + \left(\dfrac{y}{b}\right)^2}}, \qquad q = \frac{c\,\dfrac{y}{b}}{b\sqrt{\left(\dfrac{x}{a}\right)^2 + \left(\dfrac{y}{b}\right)^2}}$$

und hiermit

$$\sqrt{p^2 + q^2 + 1} = \sqrt{\frac{\dfrac{a^2+c^2}{a^2}\left(\dfrac{x}{a}\right)^2 + \dfrac{b^2+c^2}{b^2}\left(\dfrac{y}{b}\right)^2}{\left(\dfrac{x}{a}\right)^2 + \left(\dfrac{y}{b}\right)^2}},$$

so daß sich mit den Abkürzungen

$$\frac{\sqrt{a^2+c^2}}{a} = \alpha, \qquad \frac{\sqrt{b^2+c^2}}{b} = \beta$$

ergibt:

$$S = \iint \sqrt{\frac{\left(\dfrac{\alpha x}{a}\right)^2 + \left(\dfrac{\beta y}{b}\right)^2}{\left(\dfrac{x}{a}\right)^2 + \left(\dfrac{y}{b}\right)^2}}\, dx\,dy,$$

die Integration ausgedehnt über die erwähnte Ellipse. Diese aber verwandelt sich durch die projektive Transformation

$$\frac{x}{a} = x_1, \qquad \frac{y}{b} = y_1$$

in den Kreis $\qquad x_1^2 + y_1^2 = 1,\qquad$ und das Integral in

$$S = ab \iint \sqrt{\frac{(\alpha x_1)^2 + (\beta y_1)^2}{x_1^2 + y_1^2}}\, dx_1\, dy_1,$$

ausgedehnt über eben diesen Kreis. Einführung semipolarer Koordinaten gibt endlich

$$S = ab \int_0^1 r\,dr \int_0^{2\pi} \sqrt{\alpha^2 \cos^2 \varphi + \beta^2 \sin^2 \varphi}\,d\varphi$$

$$= \frac{\sqrt{ab}}{2} \int_0^{2\pi} \sqrt{\alpha^2\,ab\,\cos^2 \varphi + \beta^2\,ab\,\sin^2 \varphi}\,d\varphi.$$

Nach **315**, 4., (A) stellt das Integral für sich den Umfang einer Ellipse mit den Halbachsen $\alpha\sqrt{ab}$, $\beta\sqrt{ab}$ dar, es hat sonach ein gerader Zylinder mit *dieser* Ellipse als Basis und der Höhe $\frac{\sqrt{ab}}{2}$ denselben Mantel wie der Kegel.

Die vorliegende Aufgabe führt also auf ein elliptisches Integral zweiter Gattung.

2. Von dem Körper, welchen der Zylinder

$$x^2 + y^2 = ax$$

aus der Kugel $$x^2 + y^2 + z^2 = a^2$$

ausschneidet (**315**, 8., Fig. 186), die in die Kugeloberfläche fallenden Flächenteile und die ganze Oberfläche zu quadrieren.

Die Beibehaltung rechtwinkliger Koordinaten erweist sich hier alsbald als unzweckmäßig. In semipolaren Koordinaten lauten die beiden Gleichungen: $$r = a \cos \varphi$$

$$z = \sqrt{a^2 - r^2}\,;$$

in Ausführung der Formel **321**, (5) hat man also

$$\frac{\partial z}{\partial r} = -\frac{r}{\sqrt{a^2 - r^2}}, \quad \frac{\partial z}{\partial \varphi} = 0$$

und für ein Viertel des auf der Kugel liegenden Flächenteils

$$\frac{S}{4} = a \int_0^{\frac{\pi}{2}} d\varphi \int_0^{a \cos \varphi} \frac{r\,dr}{\sqrt{a^2 - r^2}}$$

$$= a^2 \int_0^{\frac{\pi}{2}} (1 - \sin \varphi)\,d\varphi = a^2 \left(\frac{\pi}{2} - 1\right),$$

so daß $$S = 2a^2(\pi - 2).$$

Um ferner den zylindrischen Teil der Begrenzungsfläche zu berechnen, hat man sich der Formel **321**, (11) zu bedienen; dabei ist ds das Bogendifferential des Kreises $\quad r = a \cos \varphi,$

also $ds = \sqrt{r^2 + r'^2}\, d\varphi = a\, d\varphi$, ferner z derjenige Wert, welcher aus der Verbindung der beiden Gleichungen

$$r = a \cos \varphi, \qquad z = \sqrt{a^2 - r^2}$$

hervorgeht, d. i. $z = a \sin \varphi$. Der vierte Teil dieses Mantels ist sonach

$$\frac{M}{4} = a^2 \int\limits_0^{\frac{\pi}{2}} \sin \varphi \, d\varphi = a^2$$

und

$$M = 4\,a^2.$$

Demnach ist schließlich die gesamte Oberfläche des Körpers

$$O = S + M = 2\pi a^2,$$

gleich der halben Oberfläche der Kugel.[1]

3. In der xy-Ebene eines räumlichen Koordinatensystems ist eine zu OY parallele Gerade LL' (Fig. 199) im Abstande $OA = a$ gegeben, die aus O nach dieser Geraden gezogenen Strahlen OP bilden die Durchmesser von Kreisen, deren Ebenen durch OZ gehen. Von der so entstandenen zyklischen Fläche ist jener Teil zu quadrieren, der zwischen dem kleinsten Kreise OBA und dem Kreise OMP liegt.

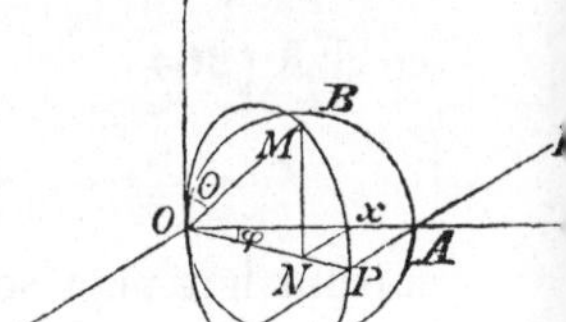

Um die Gleichung der Fläche zu finden, beachte man, daß

$$ON^2 + NM^2 = ON \cdot OP;$$

aus $\dfrac{OP}{ON} = \dfrac{a}{x}$ folgt aber $OP = \dfrac{a}{x}\, ON$, folglich ist weiter

$$ON^2 + NM^2 = \frac{a}{x}\, ON^2$$

---

1) Das Problem der Berechnung solcher Ausschnitte der Kugeloberfläche, wie sie hier betrachtet worden sind, ist zuerst 1692 von Viviani, einem Schüler Galileis, aufgestellt worden. Was an dem Problem hauptsächlich interessierte, ist der Umstand, daß der verbleibende Rest der Halbkugelfläche quadrierbar ist im engeren Sinne, d. h. darstellbar durch ein inhaltsgleiches Quadrat $(2\pi a^2 - S = 4 a^2)$.

und dies gibt unmittelbar die gesuchte Gleichung:

$$(x^2 + y^2 + z^2)x = a(x^2 + y^2).$$

Die Quadratur aber gestaltet sich am einfachsten in räumlichen Polarkoordinaten; in diesen schreibt sich die Gleichung der Fläche

$$r = \frac{a \sin \theta}{\cos \varphi}.$$

In Anwendung der Formel **321**, (7) hat man

$$\frac{\partial r}{\partial \theta} = \frac{a \cos \theta}{\cos \varphi}, \quad \frac{\partial r}{\partial \varphi} = \frac{a \sin \theta \sin \varphi}{\cos^2 \varphi},$$

$$\sqrt{\left[\left(\frac{\partial r}{\partial \theta}\right)^2 + r^2\right] \sin^2 \theta + \left(\frac{\partial r}{\partial \varphi}\right)^2} = \frac{a \sin \theta}{\cos^2 \varphi};$$

folglich ist

$$S = a^2 \int_0^\varphi \frac{d\varphi}{\cos^3 \varphi} \int_0^\pi \sin^2 \theta \, d\theta = \frac{\pi a^2}{2} \int_0^\varphi \frac{d\varphi}{\cos^3 \varphi};$$

das noch erübrigende Integral gibt bei partieller Integration

$$\int \frac{d\varphi}{\cos^3 \varphi} = \frac{\operatorname{tg} \varphi}{\cos \varphi} - \int \frac{\sin^2 \varphi}{\cos^3 \varphi} \, d\varphi = \frac{\operatorname{tg} \varphi}{\cos \varphi} - \int \frac{d\varphi}{\cos^3 \varphi} + \int \frac{d\varphi}{\cos \varphi},$$

so daß (264)

$$\int_0^\varphi \frac{d\varphi}{\cos^3 \varphi} = \frac{\operatorname{tg} \varphi}{2 \cos \varphi} + \frac{1}{2} l \operatorname{tg}\left(\frac{\pi}{4} + \frac{\varphi}{2}\right);$$

mithin hat man schließlich

$$S = \frac{\pi a^2}{4}\left[\frac{\operatorname{tg} \varphi}{\cos \varphi} + l \operatorname{tg}\left(\frac{\pi}{4} + \frac{\varphi}{2}\right)\right].$$

325. Weitere Beispiele. Zu komplanieren:

a) Eine Zone des Rotationsparaboloids.

b) Eine Zone des einschaligen Rotationshyperboloids.

c) Eine Zone des zweischaligen Rotationshyperboloids.

d) Die durch Umdrehung der Kettenlinie $y = \frac{a}{2}\left(e^{\frac{x}{a}} + e^{-\frac{x}{a}}\right)$ um die x-, bzw. um die y-Achse beschriebene Fläche.

e) Die Fläche, welche ein Ast der Zykloide bei der Umdrehung um die Scheiteltangente beschreibt.

f) Die Fläche, welche ein Ast der Zykloide bei der Umdrehung um die Symmetrieachse erzeugt.

g) Den im ersten Raumoktanten liegenden Teil der Fläche

$$z^2 + (x \cos \alpha + y \sin \alpha)^2 - a^2 = 0 \quad \text{(Zylinderfläche)}.$$

h) Zu zeigen, daß die Quadratur der Flächen $2az = x^2 + y^2$ und $az = xy$ auf ein und dasselbe Integral führt; insbesondere den Teil zu berechnen, welcher sich in den Kreis $x^2 + y^2 = a^2$ projiziert.

§ 5. Massen-, Moment- und Schwerpunktbestimmungen.

326. Allgemeine Betrachtung. Bei den Anwendungen der Integralrechnung auf die Mechanik stellen sich Probleme ein, die sich unter der folgenden analytischen Form zusammenfassen.lassen: Es sei K ein stetiges geometrisches Gebilde — ein Körper, eine Fläche, eine Linie —, dK ein Element (Differential) desselben, φ eine stetige Funktion jener Argumente, welche die Lage von dK in K bestimmen; verlangt wird der Wert des über das Gebilde K erstreckten Integrals von $\varphi\,dK$, also von

$$\int_K \varphi\,dK. \tag{1}$$

Das Integral ist ein einfaches, doppeltes, dreifaches, je nachdem φ eine Funktion von ein, zwei, drei Variablen ist. Also nicht auf die Anzahl der Dimensionen von K kommt es dabei an.

Die Bedeutung des Integrals hängt von der Bedeutung des K und des φ ab. Allgemein kann man den Wert von (1) als das Resultat der Integration der Funktion φ durch das Gebiet K bezeichnen.

Es sei noch bemerkt, daß in Erweiterung des Begriffs des Mittelwertes einer Funktion einer Variablen (**270**) in einem begrenzten Intervall der Ausdruck

$$\frac{1}{K} \int_K \varphi\,dK$$

den *Mittelwert der Funktion* φ in dem Gebilde (Gebiete) K bedeutet. Ist z. B. F der Querschnitt durch ein fließendes Wasser, dF ein Element desselben, innerhalb dessen die Geschwindigkeit v der Wasserfäden als gleich angesehen werden kann, so heißt

$$\frac{1}{F} \int_F v\,dF$$

die mittlere Geschwindigkeit in dem Querschnitt,

$$\frac{1}{F} \int\limits_{F} v^2 \, dF$$

das mittlere Geschwindigkeitsquadrat, das wohl zu unterscheiden ist von dem Quadrat der mittleren Geschwindigkeit.[1])

Die Aufzählung einiger besonderer Fälle wird zeigen, wie umfassend die analytische Form (1) ist.

a) Bedeutet K einen Körper, dessen Volumen v ist, dK also das Volumdifferential dv, φ die Dichtigkeit einer den Körper erfüllenden Masse an der Stelle des Elements dv[2]), so drückt

$$\int\limits_{v} \varphi \, dv = m \tag{2}$$

die *Masse* des Körpers aus.

Bedeutet K eine ebene oder krumme Fläche, deren Inhalt S sein möge, dK also das Flächenelement dS, φ die Dichtigkeit ihrer Belegung mit irgendeiner Masse an der Stelle von dS, so ist

$$\int\limits_{S} \varphi \, dS = m \tag{3}$$

die Masse der ganzen Belegung.

Desgleichen wird, wenn K eine ebene oder räumliche Linie von der Länge s vorstellt, die mit Masse belegt ist, welcher an der Stelle des

---

1) In dem Intervall (x_0, x_1) ist der Mittelwert von x

$$\frac{1}{x_1 - x_0} \int\limits_{x_0}^{x_1} x \, dx = \frac{x_1{}^2 - x_0{}^2}{2(x_1 - x_0)} = \frac{x_0 + x_1}{2},$$

der Mittelwert von x^2

$$\frac{1}{x_1 - x_0} \int\limits_{x_0}^{x_1} x^2 \, dx = \frac{x_1{}^3 - x_0{}^3}{3(x_1 - x_0)} = \frac{x_0{}^2 + x_0 x_1 + x_1{}^2}{3} \qquad \text{und es ist}$$

$$\frac{x_0{}^2 + x_0 x_1 + x_1{}^2}{3} - \left(\frac{x_0 + x_1}{2}\right)^2 = \frac{(x_1 - x_0)^2}{12},$$

der Mittelwert des Quadrates also größer als das Quadrat des Mittelwertes. Dieser Satz hat allgemeine Geltung.

2) Aus der Begriffsentwicklung des Integrals ist der Sinn dieser Redewendung klar; es kann für φ die Dichtigkeit in irgendeinem Punkte des Raumelements dv genommen werden.

Elements ds die Dichtigkeit φ zukommt,

$$\int_s \varphi\, ds = m \qquad (4)$$

die Masse der „materiellen Linie" sein.

b) Unter denselben Annahmen über K wie vorhin bedeute φ das Produkt aus der Dichtigkeit ϱ der Masse an der Stelle von dK und dem Abstande δ dieser Stelle von der Ebene (der Geraden, dem Punkte) E, so daß $\varphi = \varrho\,\delta$; dann bedeutet

$$\int_v \varrho\,\delta\, dv = M_E$$
$$\int_S \varrho\,\delta\, dS = M_E \qquad (5)$$
$$\int_s \varrho\,\delta\, ds = M_E$$

das *statische Moment* der über v, beziehungsweise S, s verteilten Masse *in bezug auf* E.

Ist ϱ konstant, die Verteilung der Masse also gleichförmig (der materielle Körper, die Fläche, die Linie homogen), so definiert man die mit Weglassung von ϱ gebildeten Integrale

$$\int_v \delta\, dv, \qquad \int_S \delta\, dS, \qquad \int_s \delta\, ds$$

als statische Momente der rein geometrischen Gebilde in bezug auf E.

c) Mit denselben Bezeichnungen wie vorhin sei $\varphi = \varrho\,\delta^2$; die hiermit gebildeten Integrale

$$\int_v \varrho\,\delta^2\, dv = J_E$$
$$\int_S \varrho\,\delta^2\, dS = J_E \qquad (6)$$
$$\int_s \varrho\,\delta^2\, ds = J_E$$

bezeichnet man als *Trägheitsmomente* des materiellen Körpers, der Fläche, der Linie in bezug auf E. Die mit Weglassung von ϱ, falls es konstant ist, gebildeten Integrale

$$\int_v \delta^2\, dv, \qquad \int_S \delta^2\, dS, \qquad \int_s \delta^2\, ds$$

führen ebenfalls den (ursprünglich für materielle Gebilde aufgestellten) Namen Trägheitsmoment des betreffenden rein geometrischen Gebildes.

Im zweitnächsten Paragraphen wird sich Gelegenheit geben, auf die Form (1) nochmals hinzuweisen.

327. Schwerpunkt. Wir greifen das Integral

$$\int_v \delta\, dv = M_E \tag{7}$$

wieder auf, das wir als das statische Moment des geometrischen Körpers v^1) in bezug auf E definiert haben, worunter wir die Ebene

$$\xi \cos \alpha + \eta \cos \beta + \zeta \cos \gamma - p = 0 \tag{8}$$

verstehen wollen. Ist $x/y/z$ jener Punkt in dv, von dem aus wir den Abstand δ zählen, so ist bei entsprechender Festsetzung über das Vorzeichen

$$\delta = x \cos \alpha + y \cos \beta + z \cos \gamma - p,$$

also

$$M_E = \int_v (x \cos \alpha + y \cos \beta + z \cos \gamma - p)\, dv$$

$$= \cos \alpha \int_v x\, dv + \cos \beta \int_v y\, dv + \cos \gamma \int_v z\, dv - pv$$

$$= v \left[\frac{\int_v x\, dv}{v} \cos \alpha + \frac{\int_v y\, dv}{v} \cos \beta + \frac{\int_v z\, dv}{v} \cos \gamma - p \right];$$

setzt man die *von der Lage der Ebene E unabhängigen* Quotienten

$$\frac{\int_v x\, dv}{v} = X, \qquad \frac{\int_v y\, dv}{v} = Y, \qquad \frac{\int_v z\, dv}{v} = Z, \tag{9}$$

so ist weiter $\quad M_E = v[X \cos \alpha + Y \cos \beta + Z \cos \gamma - p];$

der Ausdruck in der Klammer bedeutet aber den Abstand $\varDelta$ des Punktes $X/Y/Z$ von E, so daß $\qquad M_E = v\varDelta.$ $\hfill (10)$

Es existiert also ein Punkt Σ von solcher Art, daß das in ihm „konzentrierte" Volumen in bezug auf *jede* Ebene dasselbe statische Moment besitzt wie das ausgedehnte Volumen. Er wird als der *Schwerpunkt* des geometrischen Körpers bezeichnet; seine Koordinaten sind durch (9) bestimmt.²) Die Zähler jener Ausdrücke haben die Form (7) und bedeuten

---

1) Wir benutzen, ohne eine Unklarheit fürchten zu müssen, v als Zeichen sowohl für den Körper, als auch für seinen Inhalt.

2) Die Ausdrucksweise „in einem Punkte konzentriertes Volumen" geht ebenso wie die Bezeichnung „Schwerpunkt" auf physikalische Vorstellungen zurück.

die statischen Momente von v in bezug auf die Koordinatenebenen yz, zx, xy.

Der oben ausgesprochene Satz gilt ebenso für eine Fläche S und für eine Linie s; bei diesen treten an die Stelle von (9) die Gleichungen:

$$X = \frac{\int\limits_{S} x\,dS}{S}, \qquad Y = \frac{\int\limits_{S} y\,dS}{S}, \qquad Z = \frac{\int\limits_{S} z\,dS}{S}, \tag{11}$$

$$X = \frac{\int\limits_{s} x\,ds}{s}, \qquad Y = \frac{\int\limits_{s} y\,ds}{s}, \qquad Z = \frac{\int\limits_{s} z\,ds}{s}. \tag{12}$$

Handelt es sich um eine ebene Fläche oder Linie, so kann die Betrachtung in der betreffenden Ebene durchgeführt und für E eine in dieser Ebene liegende Gerade genommen werden. Man überzeugt sich dann durch eine der obigen analoge Analyse von der Existenz eines Punktes in der mehrerwähnten Ebene von solcher Art, daß die in ihm konzentrierte Fläche, beziehungsweise Linie, in bezug auf *jede* Gerade der Ebene dasselbe statische Moment besitzt, wie die ausgedehnte Fläche, Linie. Die Koordinaten X, Y dieses Punktes, der als Schwerpunkt der Fläche, der Linie definiert wird, haben denselben Ausdruck wie in (11), (12).

Im Sinne einer in **326** gegebenen Auslegung können die Koordinaten des Schwerpunktes eines Gebildes auch als *die mittleren Entfernungen* dieses Gebildes (d. h. der in ihm enthaltenen Punkte) von den Koordinatenebenen, beziehungsweise, wenn es sich um ein ebenes Gebilde handelt, von den Koordinatenachsen gedeutet werden.

328. Momente zweiten Grades. Bezeichnet man die statistischen Momente deshalb, weil in ihrem Ausdruck die erste Potenz der Entfernung eines Massenelements von dem geometrischen Gebilde vorkommt, auf das sich das Moment bezieht, so gehören die *Trägheitsmomente* aus ähnlicher Erwägung zu den Momenten zweiten Grades oder den quadratischen Momenten.

Je nachdem das Beziehungselement E eine Ebene, eine Gerade oder ein Punkt ist, hat man planare, achsiale und polare Trägheitsmomente zu unterscheiden. Bezieht man das Massensystem auf ein rechtwinkliges, mit ihm in fester Verbindung stehendes Koordinatensystem, so sind es besonders die auf die Ebenen, Achsen und den Ursprung dieses Systems bezüglichen Trägheitsmomente, die den Ausgangspunkt für weitere Untersuchungen bilden. Bezeichnet man die Ebenen yz, zx, xy kurz mit ξ, η, ζ, die Achsen mit x, y, z, den Ursprung mit o, so hat man

$$\left.\begin{aligned}
J_\xi &= \int x^2\, dm \\
J_\eta &= \int y^2\, dm \\
J_\zeta &= \int z^2\, dm,
\end{aligned}\right\} \tag{13}$$

wobei dm das Massenelement, $x/y/z$ die Koordinaten eines seiner Punkte bedeuten und die Integrationen über alle Elemente zu erstrecken sind. Bei homogenen Massen kann die Dichtigkeit als konstant ausgeschieden und dm durch das Raumelement dv ersetzt werden. Wir denken hier nur an Massen im mechanischen Sinne; die Begriffe gelten aber auch für „Massen" in erweitertem Sinne, also für elektrische und magnetische Massen, bei denen Qualitätsunterschiede vorkommen, die im Vorzeichen Ausdruck finden.

Des weiteren ist

$$\left.\begin{aligned}
J_x &= \int (y^2 + z^2)\, dm = J_\eta + J_\zeta \\
J_y &= \int (z^2 + x^2)\, dm = J_\zeta + J_\xi \\
J_z &= \int (x^2 + y^2)\, dm = J_\xi + J_\eta
\end{aligned}\right\} \tag{14}$$

und schließlich $\quad J_0 = \int (x^2 + y^2 + z^2)\, dm = J_\xi + J_\eta + J_\zeta.$ $\tag{15}$

Daraus ergeben sich weitere Beziehungen, wie

$$J_x = J_0 - J_\xi, \qquad J_y = J_0 - J_\eta, \qquad J_z = J_0 - J_\zeta \tag{16}$$

$$J_0 = \tfrac{1}{2}(J_x + J_y + J_z). \tag{17}$$

Nimmt man an dem Koordinatensystem eine Translation vor derart, daß der neue Ursprung im alten System die Koordinaten $a/b/c$ erhält, so wird das Trägheitsmoment in bezug auf die neue z-Achse

$$J_{z'} = \int [(x - a)^2 + (y - b)^2]\, dm$$

$$= \int (x^2 + y^2)\, dm - 2a \int x\, dm - 2b \int y\, dm + (a^2 + b^2)\, m;$$

nehmen wir an, die ursprüngliche z-Achse sei durch den Schwerpunkt des Massensystems gegangen, dann sind $\int x\, dm$, $\int y\, dm$ gleich Null; ferner stellt $a^2 + b^2$ das Quadrat des Abstandes d der beiden Achsen dar; es besteht also die Beziehung $\quad J_{z'} = J_z + d^2 \cdot m,$ $\tag{18}$

welche lehrt, wie man von dem Trägheitsmoment einer durch den Schwerpunkt gehenden Achse zu dem Trägheitsmoment einer ihr parallelen Achse gelangt, und welche das wichtige Ergebnis liefert, daß unter den Trägheitsmomenten eines Systems paralleler Achsen dasjenige am kleinsten ist, das zur Schwerpunktachse gehört.

Der Übergang vom polaren Moment in bezug auf den Schwerpunkt zu einem andern in bezug auf einen beliebigen Punkt O', der im alten System die Koordinaten $a/b/c$ hat, führt zu einer ähnlichen Beziehung; es ist nämlich

$$J_{O'} = \int [(x - a)^2 + (y - b)^2 + (z - c)^2]\, dm$$
$$= \int (x^2 + y^2 + z^2)\, dm - 2a \int x\, dm - 2b \int y\, dm$$
$$- 2c \int z\, dm + (a^2 + b^2 + c^2)\, m,$$

und weil die Integrale $\int x\, dm$, $\int y\, dm$, $\int z\, dm$, wenn O der Schwerpunkt ist, verschwinden und $a^2 + b^2 + c^2$ das Quadrat der Strecke $O\,O' = d$ ist, so verbleibt
$$J_{O'} = J_O + d^2 \cdot m, \tag{19}$$

woraus ähnliche Schlüsse zu ziehen sind wie aus (18).

Zu den Momenten zweiten Grades rechnet man auch Ausdrücke, die in folgender Weise gebildet sind: Jedes Massenelement wird mit seinen Abständen von zwei zu einander senkrechten Ebenen[1]) multipliziert und die Summe aller dieser Produkte gebildet. Ein so gestalteter Ausdruck wird als das auf das Ebenenpaar (oder auch auf seine Schnittlinie als Achse) bezügliche *Deviations-* oder *Zentrifugalmoment* definiert.

In bezug auf die Ebenenpaare unseres Koordinatensystems ergeben sich also die drei Deviationsmomente

$$\left. \begin{aligned} D_{\eta\zeta} &= \int yz\, dm \\ D_{\zeta\xi} &= \int zx\, dm \\ D_{\xi\eta} &= \int xy\, dm\,. \end{aligned} \right\} \tag{20}$$

Beim Deviationsmoment treten die Zeichenunterschiede von x, y, z in Wirksamkeit, ein solches Moment kann also den Wert Null annehmen.

---

1) In allgemeinerer Auffassung: von zwei beliebigen Ebenen.

Wir wollen die Frage untersuchen, ob und wieviele rechtwinklige Ebenenpaare durch eine beliebige Achse gehen, deren Deviationsmoment Null ist; die Ebenen solcher Paare sollen dann zueinander *konjugiert* genannt werden.

Wir können als Achse die z-Achse unseres ohnehin beliebig angenommenen Koordinatensystems benutzen und aus den Ebenen ξ, η ein neues Paar ξ', η' durch Drehung (im positiven Sinne) um den Winkel α erzeugen; die neuen Koordinaten x', y' eines Massenelements drücken sich dann wie folgt aus:

$$x' = \quad x \cos \alpha + y \sin \alpha$$
$$y' = - x \sin \alpha + y \cos \alpha, \qquad \text{sonach wird}$$

$$D_{\xi' \eta'} = \cos \alpha \sin \alpha \left(\int y^2 dm - \int x^2 dm \right) + (\cos^2 \alpha - \sin^2 \alpha) \int xy\, dm,$$

also $\qquad D_{\xi' \eta'} = \cos \alpha \sin \alpha\, (J_\eta - J_\xi) + (\cos^2 \alpha - \sin^2 \alpha) D_{\xi \eta};$

somit wird $D_{\xi' \eta'}$ Null, wenn

$$\operatorname{tg} 2\alpha = \frac{2 D_{\xi \eta}}{J_\xi - J_\eta}; \tag{21}$$

dadurch ist aber ein und nur ein Ebenenpaar bestimmt, das mit dem Ebenenpaar ξ, η zusammenfällt, wenn dieses selbst konjugiert, also $D_{\xi \eta} = 0$ ist. Unbestimmt bleibt das Ebenenpaar, wenn gleichzeitig $D_{\xi \eta} = 0$ und $J_\xi = J_\eta$ ist.

Die achsialen Trägheitsmomente und die Deviationsmomente zu einem Koordinatensystem reichen hin, um durch sie das Trägheitsmoment in bezug auf eine beliebige Ebene und auf eine beliebige Achse durch den Ursprung darzustellen.

Sei ε die Ebene, $\qquad ux + vy + wz = 0$
ihre Gleichung. Dann ist

$$J_\varepsilon = \int \frac{(ux + vy + wz)^2}{u^2 + v^2 + w^2}\, dm$$
$$= \frac{1}{u^2 + v^2 + w^2} \int [u^2 x^2 + v^2 y^2 + w^2 z^2 + 2vw\, yz + 2wu\, zx + 2uv\, xy]\, dm;$$

setzt man also

$$J_\xi = a \qquad J_\eta = b \qquad J_\zeta = c; \qquad D_{\eta\zeta} = d \qquad D_{\zeta\xi} = e \qquad D_{\xi\eta} = f,$$

so schreibt sich der letzte Ansatz

$$(u^2 + v^2 + w^2) J_\varepsilon = au^2 + bv^2 + cw^2 + 2dvw + 2ewu + 2fuv \tag{22}$$

und J_ε ist bestimmt.

Ist g die durch O senkrecht zu ε geführte Gerade, so ist im Sinne von (16)
$$J_g = J_O - J_\varepsilon;$$
dies mit Hilfe der vorangehenden Gleichung ausgeführt gibt
$$(u^2 + v^2 + w^2)J_g = (u^2 + v^2 + w^2)(a + b + c)$$
$$- [au^2 + bv^2 + cw^2 + 2dvw + 2ewu + 2fuv]$$
$$= (b + c)u^2 + (c + a)v^2 + (a + b)w^2 - 2dvw - 2ewu + 2fuv;$$

$b + c$, $c + a$, $a + b$ sind die achsialen Trägheitsmomente J_x, J_y, J_z; bezeichnet man ihre Werte mit a', b', c', so lautet die letzte Gleichung
$$(u^2 + v^2 + w^2)J_g = a'u^2 + b'v^2 + c'w^2 - 2dvw - 2ewu - 2fuv \qquad (23)$$

und so ist denn auch J_g bestimmt.

Zu jedem Trägheitsmoment gehört ein *Trägheitshalbmesser*; sein Quadrat ist der Quotient aus dem Trägheitsmoment durch die ganze Masse. Begrifflich bedeutet er somit die Entfernung, in welcher die Masse konzentriert werden müßte, um in bezug auf das betreffende Gebilde dasselbe Trägheitsmoment zu haben wie die verteilte Masse. Es gehören also zu J_ξ, J_x, J_O die folgenden Trägheitshalbmesser:

$$k_\xi = \sqrt{\frac{J_\xi}{m}} \qquad k_x = \sqrt{\frac{J_x}{m}} \qquad k_O = \sqrt{\frac{J_O}{m}}. \qquad (24)$$

Trägt man auf der Achse g vom Ursprung aus nach beiden Seiten eine ihrem Trägheitshalbmesser invers proportionale Größe, etwa $\dfrac{p^2}{k_g}$ ab, so hat der Endpunkt die Koordinaten

$$x = \mp \frac{p^2 u}{k_g \sqrt{u^2 + v^2 + w^2}} \qquad y = \mp \frac{p^2 v}{k_g \sqrt{u^2 + v^2 + w^2}} \qquad z = \mp \frac{p^2 w}{k_g \sqrt{u^2 + v^2 + w^2}};$$

dividiert man also die Gleichung (23), nachdem man darin J_g durch mk_g ersetzt und sie mit p^4 multipliziert hat, durch $(u^2 + v^2 + w^2)k_g$, so verwandelt sie sich in

$$mp^4 = a'x^2 + b'y^2 + c'z^2 - 2dyz - 2ezx - 2fxy \qquad (25)$$

als den Ort der so konstruierten Punkte aller durch O gehenden Achsen. Nun ist aber (25) eine Mittelpunktsfläche zweiten Grades, die, weil die Trägheitsmomente und die Trägheitshalbmesser einer endlichen Masse auch endlich und durchwegs reell sind, nur ein Ellipsoid sein kann. Man bezeichnet es als das zu dem Punkte O gehörige (Poinsotsche) *Trägheitsellipsoid*.

Aus dieser geometrischen Auffassung geht eine Reihe wichtiger Tatsachen hervor. In jedem Punkte bestehen drei paarweise zueinander senkrechte Achsen mit ausgezeichneten Trägheitsmomenten: zu derjenigen, in welcher die kürzeste der Ellipsoidachsen liegt, gehört das größte, zu einer anderen, in der sich die längste Ellipsoidachse befindet, das kleinste Trägheitsmoment. Ein zwischen beiden liegendes gehört zur dritten Achse (von mittlerer Länge). Man nennt diese drei Achsen die *Trägheitshauptachsen* für den betreffenden Punkt.

Wählt man sie zu Koordinatenachsen, so wird die auf dieses neue System bezügliche Gleichung (25) rechts nur die in x, y, z quadratischen Glieder enthalten; die anderen entfallen, was nur dadurch geschehen kann, daß nunmehr d, e, f den Wert Null annehmen. Das besagt, daß die Hauptebenen des Trägheitsellipsoids paarweise konjugiert sind, weil die zu ihren Paaren gehörigen Deviationsmomente Null geworden sind.

All das Gesagte gilt auch dann, wenn der Schwerpunkt zum Ausgangspunkt genommen wird. Man pflegt dann das zugehörige Trägheitsellipsoid vorzugsweise *Zentralellipsoid* und seine Achsen *Zentralachsen* zu nennen. Nach den oben entwickelten Sätzen ist das Zentralellipsoid geeignet, über *alle* Trägheitsmomente Aufschluß zu geben.

Anmerkung. Handelt es sich um ein „ebenes" Massensystem, so erfahren die obigen Gleichungen lediglich eine Vereinfachung, ihr wesentlicher Inhalt bleibt aber der nämliche. An die Stelle des Trägheitsellipsoids tritt eine *Trägheitsellipse.* Die Aufstellung der betreffenden Formeln und Gleichungen wird der Leser selber durchführen können.

329. Beispiele. Die Auswahl der folgenden Aufgaben ist so getroffen, daß daran verschiedene Methoden der Rechnung vorgeführt werden können.

I. *Schwerpunkte betreffend.*

1. Den Schwerpunkt des durch die Koordinatenlinien von $M(x/y)$ begrenzten Abschnittes der Parabel $y^2 = 2px$ zu bestimmen.

Man wird hier von den Formeln

$$X = \frac{\int xy\,dx}{S}, \qquad Y = \frac{\int \tfrac{1}{2}y^2\,dx}{S}$$

Gebrauch machen; die Zähler stellen die statischen Momente in bezug auf die y- bzw. die x-Achse vor, wenn die Teilung in Elemente beidemal durch Ordinatenlinien erfolgt.

Die Ausführung gibt

$$X = \frac{\sqrt{2p}\int_0^x x^{\frac{3}{2}}dx}{S} = \frac{2x^2 y}{5S} = \frac{3}{5}x,$$

$$Y = \frac{p\int_0^x x\,dx}{S} = \frac{xy^2}{4S} = \frac{3}{8}y.$$

Durch X ist auch der Schwerpunkt des durch die Doppelordinate abgeschnittenen Segments bestimmt.

2. Den Schwerpunkt jener Fläche zu bestimmen, welche von der Kurve $(y-x)^2 = a^2 - x^2$ und der Ordinatenachse begrenzt wird und rechts von dieser liegt.

Da $$S = 2\int_0^a \sqrt{a^2 - x^2}\,dx = \frac{\pi a^2}{2},$$

so ist, wenn man die Lösungen der Kurvengleichung nach y in absteigender Folge y_1, y_2 nennt,

$$X = \frac{\int_0^a x(y_1 - y_2)\,dx}{S} = \frac{2\int_0^a x\sqrt{a^2 - x^2}\,dx}{S} = \frac{4a}{3\pi}$$

$$Y = \frac{\frac{1}{2}\int_0^a (y_1 - y_2)(y_1 + y_2)\,dx}{S} = \frac{4a}{3\pi}.$$

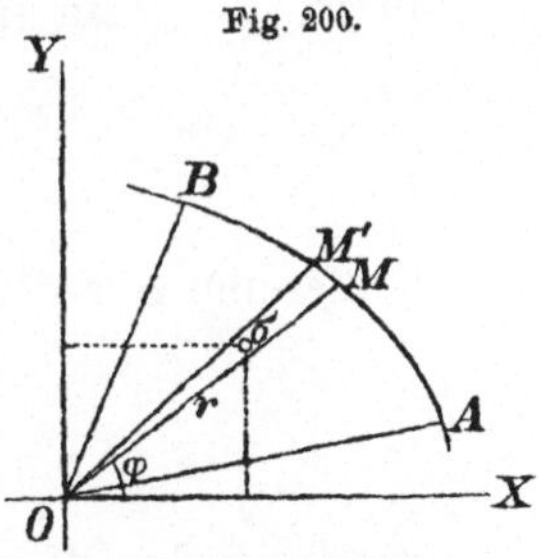

3. Den Schwerpunkt des Sektors $S = OAB$ (Fig. 200) zu bestimmen, wenn die Linie AB in Polarkoordinaten dargestellt ist.

Der Schwerpunkt σ des Elementes OMM' $= dS = \frac{1}{2}r^2 d\varphi$ kann als in der Entfernung $\frac{2}{3}r$ von O und mit der Amplitude φ angenommen werden; seine rechtwinkligen Koordinaten sind also mit $\frac{2}{3}r\cos\varphi$, $\frac{2}{3}r\sin\varphi$ in Rechnung zu stellen. Infolgedessen ist

Fig. 200.

$$\left.\begin{array}{l} X = \dfrac{\frac{1}{3}\int_\alpha^\beta r^3 \cos\varphi\,d\varphi}{S}, \\[3em] Y = \dfrac{\frac{1}{3}\int_\alpha^\beta r^3 \sin\varphi\,d\varphi}{S}. \end{array}\right\} \qquad (26)$$

4. Den Schwerpunkt eines Blattes der Kurve $r = a \cos n\varphi$ zu bestimmen.

Zieht man jenes Blatt in Betracht, welches bei der Variation von φ zwischen $-\dfrac{\pi}{2n}$ und $\dfrac{\pi}{2n}$ entsteht, so ergibt sich zunächst seine Fläche:

$$S = \frac{a^2}{2} \int\limits_{-\frac{\pi}{2n}}^{\frac{\pi}{2n}} \cos^2 n\varphi\, d\varphi = \frac{\pi a^2}{4n}; \qquad \text{sodann ist weiter}$$

$$\frac{a^3}{3} \int\limits_{-\frac{\pi}{2n}}^{\frac{\pi}{2n}} \cos^3 n\varphi \cos\varphi\, d\varphi = \frac{a^3}{6} \int\limits_{0}^{\frac{\pi}{2n}} (\cos 3n\varphi + 3 \cos n\varphi) \cos\varphi\, d\varphi$$

$$= \frac{a^3}{12} \int\limits_{0}^{\frac{\pi}{2n}} \{3 \cos(n-1)\varphi + 3 \cos(n+1)\varphi + \cos(3n-1)\varphi$$
$$+ \cos(3n+1)\varphi\}\, d\varphi$$

$$= \frac{a^3}{12} \left\{ \frac{3 \sin(n-1)\varphi}{n-1} + \frac{3 \sin(n+1)\varphi}{n-1} + \frac{\sin(3n-1)\varphi}{3n-1} + \frac{\sin(3n-1)\varphi}{3n+1} \right\}_{0}^{\frac{\pi}{2n}};$$

nun ist $\qquad \sin(n \mp 1)\varphi = \sin n\varphi \cos\varphi \mp \cos n\varphi \sin\varphi, \qquad$ daher

$$\left\{ \sin(n \mp 1)\varphi \right\}_{0}^{\frac{\pi}{2n}} = \cos\frac{\pi}{2n};$$

auf dieselbe Art überzeugt man sich, daß

$$\left\{ \sin(3n \mp 1)\varphi \right\}_{0}^{\frac{\pi}{2n}} = -\cos\frac{\pi}{2n};$$

hiermit ist der Wert des obigen Ausdrucks

$$\frac{a^3}{12} \cos\frac{\pi}{2n} \left\{ \frac{3}{n-1} + \frac{3}{n+1} - \frac{1}{3n-1} - \frac{1}{3n+1} \right\} = 4a^3 \frac{n^3}{(n^2-1)(9n^2-1)} \cos\frac{\pi}{2n},$$

während der Zähler von Y verschwindet, weil $\sin\varphi$ eine ungerade Funktion ist. Die Koordinaten des Schwerpunktes sind demnach:

$$X = \frac{16 n^4 \cos\dfrac{\pi}{2n}}{(n^2-1)(9n^2-1)\pi}\, a, \quad Y = 0.$$

5. Den Schwerpunkt eines Ellipsoidoktanten zu bestimmen.

Zerlegt man den ersten Oktanten des Ellipsoids $\dfrac{x^2}{a^2} + \dfrac{y^2}{b^2} + \dfrac{z^2}{c^2} = 1$ durch Schnitte parallel zur yz-Ebene in Elemente, so hat ein solches den Inhalt

$$dv = \frac{\pi}{4}\, b\, c\left(1 - \frac{x^2}{a^2}\right) dx,$$

und da $v = \tfrac{1}{6}\pi abc$, so ist zufolge (9)

$$X = \frac{3}{2\,a}\int\limits_0^a x\left(1 - \frac{x^2}{a^2}\right) dx = \frac{3}{8}\,a;$$

vermöge der Symmetrie der Flächengleichung ist $Y = \tfrac{3}{8}b$, $Z = \tfrac{3}{8}c$.

6. Den Schwerpunkt eines Oktanten der Kugeloberfläche zu bestimmen.

Ist a der Radius der Kugel, so hat man in räumlichen Polarkoordinaten (**320**, (8)) $\qquad dS = a^2 \sin\theta\, d\theta\, d\varphi$

und da $x = a\sin\theta\cos\varphi$, so ist zufolge (11):

$$X = \frac{a^3\displaystyle\int_0^{\frac{\pi}{2}}\cos\varphi\, d\varphi \int_0^{\frac{\pi}{2}}\sin^2\theta\, d\theta}{\tfrac{1}{2}\pi a^2} = \frac{a}{2},$$

ebenso $Y = Z = \dfrac{a}{2}$, so daß der Schwerpunkt vom Mittelpunkt den Abstand $\dfrac{a}{2}\sqrt{3}$ hat. Noch einfacher durch Zerlegung in Zonen parallel der yz-Ebene, wonach

$$X = \frac{\displaystyle\int_0^a \tfrac{1}{2}\pi a x\, dx}{\tfrac{1}{2}\pi a^2} = \frac{a}{2}.$$

II. Trägheitsmomente betreffend.

1. Das zentrale Trägheitsmoment eines Kreises vom Radius a und das achsiale Trägheitsmoment eines Zylinders von demselben Radius und der Höhe h zu bestimmen.

Bei Zerlegung des Kreises in konzentrische Kreisringe, des Zylinders in koachsiale Zylinderschalen wird

$$dS = 2\pi x\, dx \qquad dv = 2\pi h x\, dx,$$

folglich einerseits $\qquad J_o = 2\pi\displaystyle\int_0^a x^3\, dx = \dfrac{\pi a^4}{2},$

andererseits
$$J = 2\pi h \int\limits_0^a x^3\, dx = \frac{\pi a^4 h}{2},$$

in beiden Fällen ist der Trägheitsradius derselbe: $k = \dfrac{a}{\sqrt{2}}$.

Aus dem zentralen Trägheitsmoment des Kreises ergibt sich das diametrale nach dem Satze (14), da alle Durchmesser sich gleich verhalten, nämlich $J_D = \dfrac{1}{2} J_0 = \dfrac{\pi a^4}{4}$; der Trägheitsradius ist demnach $\dfrac{a}{2}$.

2. Das Trägheitsmoment einer Kugel vom Radius a in bezug auf einen Durchmesser zu bestimmen.

Zerlegt man die Kugel durch Ebenen normal zur Momentenachse in Schichten und bezeichnet mit y den Radius, mit dx die Höhe einer solchen, so ist ihr Trägheitsmoment nach (1) $\pi y^2 dx \cdot \dfrac{y^2}{2}$; folglich das Trägheitsmoment der Kugel

$$J = \frac{\pi}{2} \int\limits_{-a}^{a} y^4\, dx = \pi \int\limits_0^a (a^2 - x^2)^2\, dx = \frac{8}{15}\pi a^5,$$

und
$$k^2 = \tfrac{8}{15}\pi a^5 : \tfrac{4}{3}\pi a^3 = \tfrac{2}{5} a^2.$$

3. Das Trägheitsmoment eines Zylinders vom Halbmesser a und der Höhe h in bezug auf eine die Höhe in deren Mittelpunkt normal schneidende Achse zu bestimmen.

Man zerlege den Zylinder durch Normalschnitte in Scheiben; ist x der Abstand einer solchen Scheibe von der Momentenachse und dx ihre Dicke, so ist nach 1. und unter Benutzung des Satzes (18) $\pi a^2 dx\left(\dfrac{a^2}{4} + x^2\right)$ ihr Trägheitsmoment, daher das des ganzen Zylinders:

$$J = \pi a^2 \int\limits_{-\frac{h}{2}}^{\frac{h}{2}} \left(\frac{a^2}{4} + x^2\right) dx = \frac{1}{12}\pi a^2 h\,(3a^2 + h^2),$$

mithin
$$k^2 = \frac{a^2}{4} + \frac{h^2}{12}.$$

Die letzte Formel gilt für jede beliebige Normalschnittform des Zylinders, wenn nur $\dfrac{a^2}{4}$, das hier für den Kreis gilt, ersetzt wird durch das Quadrat des Trägheitsradius des Normalschnittes.

4. Das Trägheitsmoment eines Kreiskegels vom Radius a und der Höhe h in bezug auf eine zur Höhenlinie senkrechte Scheitelachse zu berechnen.

Bei analoger Zerlegung, und wenn y den Radius des Schnittes im Abstande x vom Scheitel bedeutet, ist nach dem gleichen Prinzip

$$\pi y^2 dx \left(\frac{y^2}{4} + x^2\right) \qquad \text{das elementare und}$$

$$J = \pi \int_0^h y^2 \left(\frac{y^2}{4} + x^2\right) dx \doteq \frac{\pi a^2}{h^2} \left(\frac{a^2}{4h^2} + 1\right) \int_0^h x^4 dx = \frac{1}{20} \pi a^2 h (a^2 + 4h^2)$$

das totale Trägheitsmoment, folglich

$$k^2 = \tfrac{3}{20} a^2 + \tfrac{3}{5} h^2.$$

5. Das Trägheitsmoment eines Rechtecks mit den Seiten a, b in bezug auf eine Symmetrieachse, in bezug auf eine Seite und in bezug auf den Mittelpunkt zu bestimmen.

Ist die Achse parallel zu a, so ist

$$J_1 = a \int_{-\frac{b}{2}}^{\frac{b}{2}} x^2 dx = \frac{ab^3}{12}, \quad k_1{}^2 = \frac{1}{12} b^2,$$

$$J_2 = ab \left(\frac{1}{12} b^2 + \frac{1}{4} b^2\right) = \frac{ab^3}{3}, \quad k_2{}^2 = \frac{1}{3} b^2,$$

$$J_3 = \frac{ab^3}{12} + \frac{a^3 b}{12} = \frac{ab}{12} (a^2 + b^2), \quad k_3{}^2 = \frac{a^2 + b^2}{12}.$$

6. Eine ebene Figur S rotiert um eine in ihrer Ebene befindliche Achse ZZ' (durch O senkrecht zu XY) durch einen Winkel θ. Das statische Moment des beschriebenen Keils in bezug auf ZZ' ist zu ermitteln.

Man zerlege den Körper durch Zylinder um ZZ' in Schalen; ist y der Radius, dy die Dicke, z die Länge einer solchen Schale, so ist $\theta y z\, dy$ ihr Volumen und

$$M_x = \theta \int r y z\, dy$$

das Moment, wenn r den Abstand des Schwerpunktes eines Bogens vom Radius y und dem Zentriwinkel θ von seinem Mittelpunkte bezeichnet;

das Moment dieses Bogens in bezug auf OY (Fig. 201) ist aber

$$\int\limits_{-\frac{\theta}{2}}^{\frac{\theta}{2}} y\, d\varphi \cdot y \cos\varphi = 2y^2 \sin\frac{\theta}{2}, \quad \text{daher} \quad r = 2y\,\frac{\sin\frac{\theta}{2}}{\theta}.$$

Mithin hat man

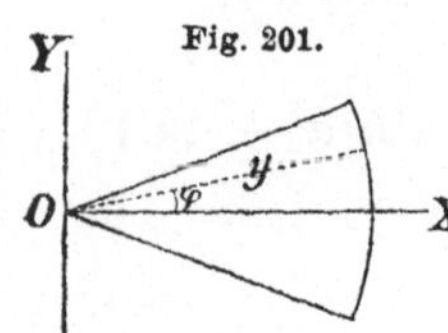

Fig. 201.

$$M_x = 2\sin\frac{\theta}{2}\int y^2 z\, dy = 2\sin\frac{\theta}{2}\cdot J_x,$$

d. h. das gesuchte statische Moment ist gleich dem Trägheitsmoment der rotierenden Figur in bezug auf ZZ' multipliziert mit $2\sin\dfrac{\theta}{2}$.

330. Anwendung der mechanischen Quadratur auf Kubaturen, Schwerpunkt und Momentbestimmungen. Die Verwendbarkeit der mechanischen Quadratur geht über den Rahmen hinaus, auf den der Name des Verfahrens hinweist, nämlich über die Flächenbestimmung krummlinig begrenzter Figuren. Vielmehr kommt sie überall zur Geltung, wo es sich um die näherungsweise Auswertung von Integralen handelt.

Um an einen besonderen Fall anzuknüpfen, sei der vielfachen Anwendungen der mechanischen Quadratur im Schiffbau gedacht, wo es sich um die Bestimmung der Flächen verschiedener Schnitte (so der Spanten, das sind Querschnitte senkrecht zur Längenachse, und der Wasserlinien, das sind Schnitte parallel zur Wasserfläche), um die Bestimmung von Volumen (z. B. der Verdrängung), von Schwerpunkten und verschiedenen Momenten handelt.

Über die Berechnung der Schnittinhalte braucht nicht mehr gesprochen zu werden; nur sei bemerkt, daß durch die Längsebene des Schiffes Spanten und Wasserlinien in zwei formgleiche Teile zerlegt werden; man hat sich nur mit der Hälfte zu beschäftigen.

Dasselbe gilt von der Verdrängung, deren Kubatur entweder aus äquidistanten Spanten oder äquidistanten Wasserlinien gewonnen wird, indem man deren Flächenzahlen wieder als äquidistante Ordinaten einer Kurve verwendet, deren Quadratur nunmehr die Kubatur der Wasserverdrängung liefert; man wird beide Verfahren anwenden, um eine Kontrolle der Resultate zu erzielen.

Bei der Schwerpunktbestimmung einer Fläche, z. B. des Schiffs-längsschnittes, ist der Vorgang der folgende. Es handelt sich dabei um die Auswertung folgender Ausdrücke:

$$X = \frac{\int xy\,dx}{\int y\,dx}, \qquad Y = \frac{\int \frac{y^2}{2}\,dx}{\int y\,dx}.$$

Mit Benutzung der Simpsonschen Regel erhält man für das Nenner-integral bei acht Streifen, Fig. 201, den Näherungswert

$$\frac{h}{3}\,[y_0 + 4y_1 + 2y_2 + 4y_3 + 2y_4 + 4y_5 + 2y_6 + 4y_7 + y_8];$$

für das Integral $\int xy\,dx$, wenn man beachtet, daß den Ordinaten

$$y_0, \quad y_1, \quad y_2, \quad y_3, \quad y_4, \quad y_5, \quad y_6, \quad y_7, \quad y_8$$
$$\text{die Abszissen} \quad 0, \quad h, \quad 2h, \quad 3h, \quad 4h, \quad 5h, \quad 6h, \quad 7h, \quad 8h$$

entsprechen, ergibt sich nach derselben Regel der Ausdruck

$$\frac{2h^2}{3}\,[1\cdot 2y_1 + 2\cdot 1y_2 + 3\cdot 2y_3 + 4\cdot 1y_4 + 5\cdot 2y_5 + 6\cdot 1y_6 + 7\cdot 2y_7 + 8\cdot 1y_8]$$

und schließlich für das Integral $\int \frac{y^2}{2}\,dx$

$$\frac{h}{6}\,[y_0^2 + 4y_1^2 + 2y_2^2 + 4y_3^2 + 2y_4^2 + 4y_5^2 + 2y_6^2 + 4y_7^2 + y_8^2];$$

hiermit sind alle Elemente zur Berechnung von X, Y gegeben.

Sollen von derselben Figur die Trägheitsmomente in bezug auf die beiden Koordinatenachsen bestimmt werden, so kommt es auf die näherungsweise Ausrechnung der Ausdrücke

$$J_x = \tfrac{1}{3}\int y^3\,dx, \qquad J_y = \int x^2 y\,dx$$

an. Man findet bei Anwendung der Simpsonschen Regel für J_x den Näherungswert

$$\frac{h}{9}\,[y_0^3 + 4y_1^3 + 2y_2^3 + 4y_3^3 + 2y_4^3 + 4y_5^3 + 2y_6^3 + 4y_7^3 + y_8^3]$$

und für J_y

$$\frac{4h^3}{3}\,[y_1 + 2y_2 + 9y_3 + 8y_4 + 25y_5 + 18y_6 + 49y_7 + 16y_8].$$

Dividiert man diese Werte durch den vorhin ermittelten Wert von $\int y\,dx$, so bekommt man die Quadrate der zugehörigen Trägheitshalb-messer.

331. Graphische Integration. Ist die mechanische Quadratur ein rechnerisches Verfahren, so ist die graphische Integration, die zur Lösung der nämlichen Aufgaben verwendet wird, ein zeichnerischer, konstruktiver Vorgang.

Reduziert man die Flächen, welche durch eine gegebene Kurve C, eine feste Anfangsordinate und eine fortschreitende Endordinate begrenzt werden, auf eine gemeinsame Basis p und trägt die jeweilige andere Seite y_1 des inhaltsgleichen Rechtecks zu der betreffenden Abszisse als Ordinate auf, so entsteht eine neue Kurve Γ, welche man die Integralkurve von C nennt. Der Zusammenhang beider Linien ist also durch den Ansatz

$$py_1 = \int\limits_a^x y\,dx \qquad \text{gekennzeichnet.} \qquad (1)$$

Als Vorbereitung auf das vorzuführende Verfahren mögen die folgenden drei Beispiele dienen.

α) C sei eine zur x-Achse parallele Gerade im Abstande b; dann ist wie $y = b$,

$$py_1 = bx, \qquad \text{also} \qquad y_1 = \frac{a}{p}\,x;$$

die Integralkurve ist also eine Gerade durch den Ursprung, deren Richtung von b und p in der aus Fig. 203α) ersichtlichen Weise abhängt.

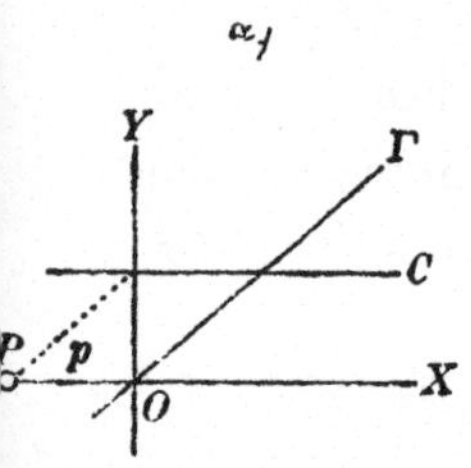
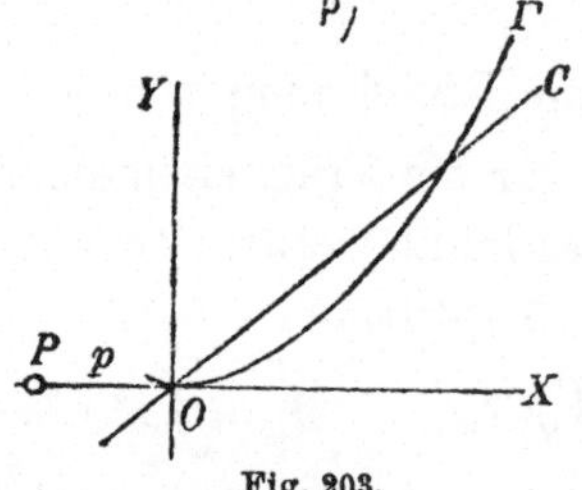
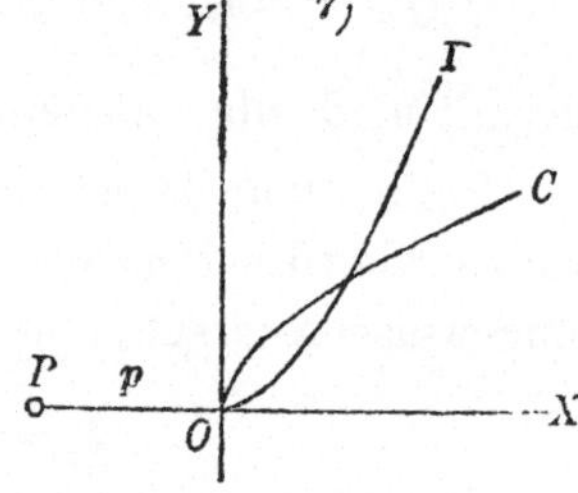

Fig. 203.

β) C sei eine Gerade durch den Ursprung: $y = kx$; dann ist

$$py_1 = \frac{\alpha x^2}{2}, \qquad \text{also} \qquad y_1 = \frac{\alpha}{2p}\,x^2,$$

die Integralkurve eine Parabel (Fig. 203β)).

γ) C sei eine Parabel $y^2 = 2ax$, dann ergibt sich

$$y_1{}^2 = \frac{8a}{9p^2}\,x^3$$

als Gleichung der Integralkurve, diese ist also eine **Neilsche Parabel** (Fig. 203γ)).

Bei den praktischen Anwendungen liegt die Kurve C gezeichnet vor und Γ ist aus ihr konstruktiv abzuleiten. Das kann auf den Fall α) zurückgeführt werden, und zwar in zweifacher Weise. Das einemal gleicht man die Kurvenfläche staffelförmig aus in der aus Fig. 204 ersichtlichen Weise, das anderemal in der Art, wie es Fig. 205 anzeigt; da der Ausgleich schätzungsweise erfolgt, wird er nie vollkommen gelingen; für die

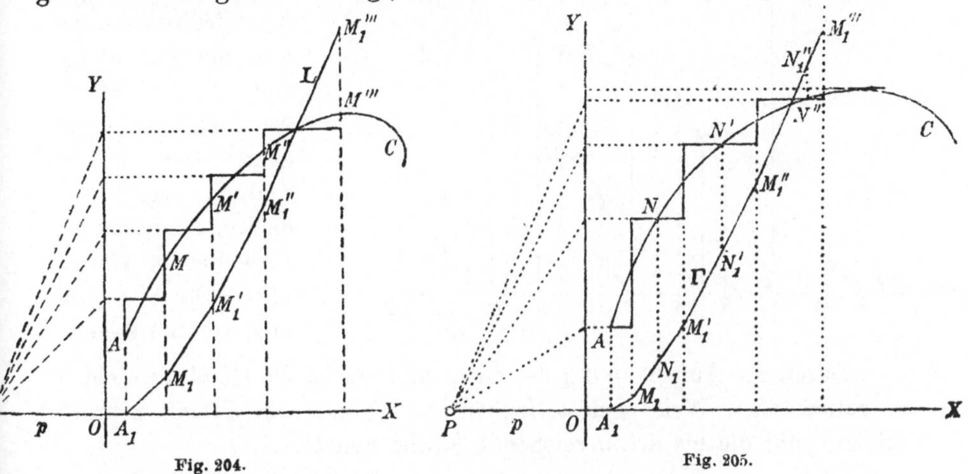

Fig. 204.
Fig. 205.

theoretische Erörterung gelte er aber als genau durchgeführt, so daß die aufeinander folgenden Paare gemischtliniger Dreiecke für inhaltsgleich gelten.

Im ersten Falle erhält man statt der Integralkurve ein Polygon, dessen Seiten der Reihe nach den Polstrahlen links der Ordinatenachse parallel sind nach Angabe von Fig. 203 α); die *Ecken* A_1, M_1, M_1', M_1'',... liegen auf der Integralkurve, weil bis M, M', M'', ... voraussetzungsgemäß durch die Staffellinie ein vollständiger Ausgleich hergestellt ist. Man kann, wenn auf diese Weise genügend viele Punkte gewonnen sind, die Kurve Γ einzeichnen.

Auch im zweiten Falle erhält man auf dieselbe Weise ein Polygon; jetzt aber sind nicht die Eckpunkte M_1, M_1', M_1'',..., sondern die Punkte A_1, N_1', N_1'', ... Punkte der Integralkurve, diese ist jetzt durch eine Anzahl Tangenten mit ihren Berührungspunkten bestimmt. Insofern wäre dieses zweite Verfahren dem ersten vorzuziehen.

Indessen wird in der Praxis von einem Flächenausgleich durch eine eingelegte Staffellinie abgesehen und wie folgt verfahren. Man teilt die

Basis in eine Anzahl gleicher Teile und setzt die Abtragung über O fort als Grundlage für die Streifenteilung. In jedem Streifen zeichnet man die Mittellinie und zieht die Polygonseiten parallel den Polstrahlen von Mittellinie zu Mittellinie. Die gewählte Anordnung, Fig. 206, erspart das Projizieren der Ordinatenendpunkte auf die Ordinatenachse, weil der Pol je um einen Teil vorwärts wandert. Bei genügend weitgehender Teilung ergibt sich ein Linienzug, der mit zureichender Genauigkeit für Γ genommen werden kann.

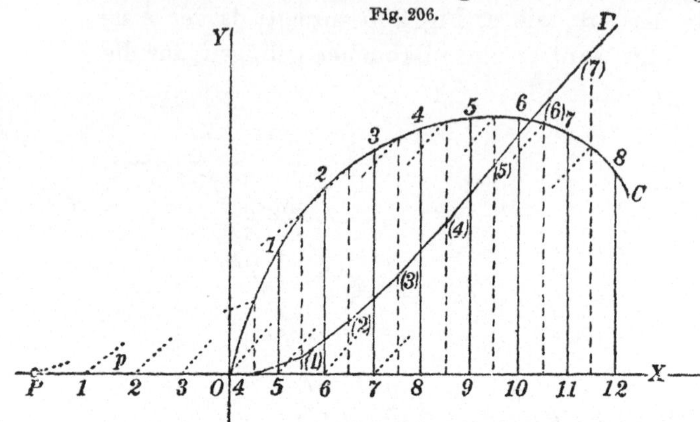

Fig. 206.

Durch die Aufzeichnung der Integralkurve ist die Quadratur von C in vollständiger Weise gelöst; irgendeine Ordinate von Γ, mit p multipliziert, gibt die bis dahin reichende Fläche von C.

332. Anwendung der graphischen Integration zur Momentenbestimmung. Hat man zu einer Kurve C die Integralkurve Γ_1, zu dieser neuerdings die Integralkurve Γ_2, zu dieser aufs neue die Integralkurve Γ_3 usw. bestimmt, so soll von ihnen als von der ersten, zweiten, dritten usw. Integralkurve in bezug auf C gesprochen werden. An der einmal gewählten Basis p soll dabei festgehalten werden. Dann ist der Zusammenhang dieser Kurven, Fig. 207, durch folgende Gleichungen ausgedrückt:

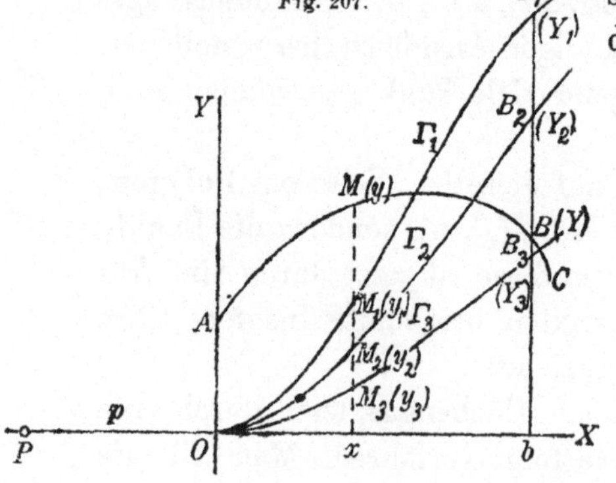

Fig. 207.

$$\left. \begin{aligned} py_1 &= \int_0^x y\,dx \\[2ex] py_2 &= \int_0^x y_1\,dx \\[2ex] py_3 &= \int_0^x y_2\,dx \\[1ex] &\quad\cdots\cdots \end{aligned} \right\} \qquad (1)$$

Daraus folgt:
$$\left.\begin{array}{l} p\,dy_1 = y\,dx \\ p\,dy_2 = y_1\,dx \\ p\,dy_3 = y_2\,dx \\ \cdot\ \cdot\ \cdot\ \cdot\ \cdot \end{array}\right\} \tag{2}$$

Nach dem Früheren löst Γ_1 die Aufgabe der Quadratur; insbesondere ist die bis $x = b$ reichende Fläche S_b durch pY gegeben.

Wie nun gezeigt werden soll, lösen Γ_2, Γ_3 die Aufgaben der Bestimmung des statischen und des Trägheitsmoments der Fläche von C in folgendem Sinne:

Das statische Moment in bezug auf die Endordinate ist

$$M_b = \int_0^b (b-x)\,y\,dx = p \int_0^b (b-x)\,dy_1 = p\left[(b-x)y_1 + \int y_1\,dx\right]_0^b;$$

da nun $(b-x)y_1$ sowohl an der obern Grenze (wegen des ersten Faktors) als auch an der unteren Grenze (wegen des zweiten Faktors) verschwindet, so bleibt

$$M_b = p \int_0^b y_1\,dx = p^2\,Y_2. \tag{3}$$

Das Trägheitsmoment bezüglich derselben Achse drückt sich aus:

$$J_b = \int_0^b (b-x)^2 y\,dx = p \int_0^b (b-x)^2 dy_1 = p\left[(b-x)^2 y_1 + 2\int (b-x)y_1\,dx\right]_0^b$$

$$= 2p \int_0^b (b-x)y_1\,dx = 2p^2 \int_0^b (b-x)\,dy_2 = 2p^2\left[(b-x)y_2 + \int y_2\,dx\right]_0^b,$$

also schließlich

$$J_b = 2p^2 \int_0^b y_2\,dx = 2p^3\,Y_3. \tag{4}$$

Man hat also, um das statische Moment zu erhalten, die Endordinate von Γ_2 mit p^2, und um das Trägheitsmoment zu bekommen, die Endordinate Γ_3 mit $2p^3$ zu multiplizieren.

Durch Weiterführung des Verfahrens könnten auch noch höhere Momente bestimmt werden.

§ 6. Die Sätze von Green.

333. Kurven-, Flächen- und Raumintegrale. Zufolge des Hauptsatzes der Integralrechnung läßt sich ein einfaches bestimmtes Integral unmittelbar auswerten, wenn man eine Funktion angeben kann, deren Ableitung mit der Funktion unter dem Integralzeichen übereinstimmt. Bemerkenswert ist dabei, daß man von dieser Funktion nur die Randwerte, d. h. die Werte an den Grenzen des Integrationsgebietes zu kennen braucht.

Dieser Gedanke hat eine bedeutsame Fortbildung erfahren bei Integralen, die sich über ein zweifach oder dreifach ausgedehntes Gebiet erstrecken. Die bezüglichen Formeln und Sätze haben für einzelne Teile der Mechanik und Physik, so für die Potentialtheorie, die Theorie der Elektrizität und des Magnetismus, große Bedeutung erlangt. Sie sollen hier im Zusammenhange entwickelt werden.

In **298** ist die Umwandlung eines Flächenintegrals in ein Kurvenintegral ausgeführt worden; die dort gefundenen Resultate (6), (7), (8) mögen nun in abgeänderter Gestalt von neuem aufgenommen werden.

Es seien X, Y zwei in dem ebenen Gebiete, Fig. 208, eindeutige und stetige Funktionen von x, y; auch ihren ersten partiellen Ableitungen sollen dieselben Eigenschaften zukommen. Dann ist, wenn der gesamte Rand von P mit s bezeichnet und an den dort erörterten Richtungsbestimmungen festgehalten wird, entsprechend den eben zitierten Formeln (6) und (7):

$$\int_P \frac{\partial X}{\partial x}\, dP = \int_s X\, dy$$

$$\int_P \frac{\partial Y}{\partial y}\, dP = -\int_s Y\, dx.$$

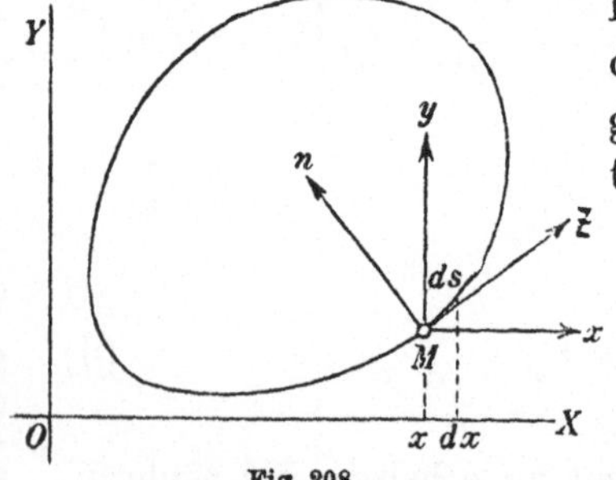
Fig. 208.

Nun sei t die in der positiven Randrichtung gezogene Tangente im Punkte M, n die *innere* Normale zum Rand daselbst, ds das in der positiven Richtung anstoßende Randelement (Bogendifferential); dann hat man für die Differentiale der Koordinaten von M die Ausdrücke:

$$dx = ds \cos(xt), \qquad dy = ds \sin(xt).$$

Aus den Winkelrelationen

$$(xt) + (tn) + (nx) = 0$$
$$(xy) + (yn) + (nx) = 0$$

folgt, da (tn) und (xy) je $\dfrac{\pi}{2}$ betragen,

$$(xt) = (xn) - \frac{\pi}{2}$$
$$(xt) = (yn)$$

$$\cos(xt) = \cos(yn), \qquad \sin(xt) = -\cos(xn),$$

mithin ist $\qquad dx = ds \cos(yn), \qquad dy = -ds \cos(xn).$

Nach Einsetzung dieser Werte heißen die obigen Integralformeln:

$$\int_P \frac{\partial X}{\partial x}\, dP = -\int_s X \cos(xn)\, ds \qquad (1)$$

$$\int_P \frac{\partial Y}{\partial y}\, dP = -\int_s Y \cos(yn)\, ds, \qquad (2)$$

und ihre Summe gibt:

$$\int_P \left(\frac{\partial X}{\partial x} + \frac{\partial Y}{\partial y}\right) dP = -\int_s [X \cos(xn) + Y \cos(yn)]\, ds. \qquad (\mathrm{I})$$

Während man in dem Flächenintegral links den Verlauf von $\dfrac{\partial X}{\partial x}$, $\dfrac{\partial Y}{\partial y}$ im ganzen Gebiet P braucht, ist in dem Kurvenintegral rechts nur die Kenntnis des Verlaufs von X, Y am Rande erforderlich.

Es seien ferner X, Y, Z drei nebst ihren partiellen Ableitungen erster Ordnung in dem Gebiet R eindeutige und stetige Funktionen von x, y, z; S die gesamte Begrenzung von R. Führt man in dem Raumintegral

$$\int_R \frac{\partial X}{\partial x}\, dx\, dy\, dz$$

die Integration nach x, also längs einer den Raum durchsetzenden Transversale $M_1 M_2 \ldots$ (Fig. 209) parallel zur x-Achse aus, so kommt man zu einem Doppelintegral mit dem Integranden

$$(-X_1 + X_2 - \cdots)\, dy\, dz,$$

worin X_1, X_2, ... die Werte von X an den Stellen M_1, M_2, ... bedeuten.

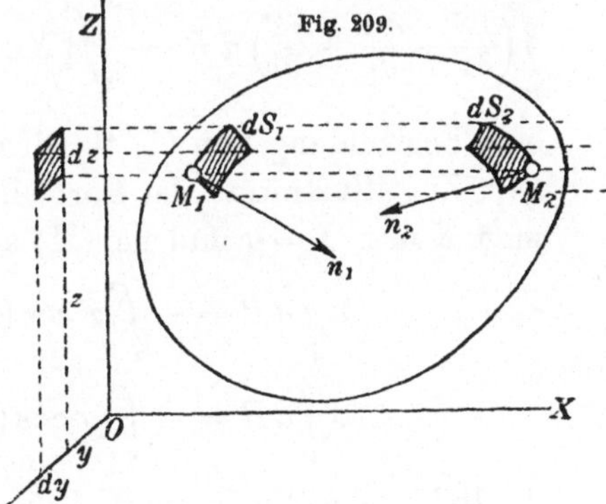

Zieht man in den Punkten M_1, M_2, ... die *innere* Normale zur Oberfläche von R, so ist ihr Winkel mit der positiven x-Richtung in den Eintrittspunkten M_1, ... spitz, in den Austrittspunkten M_2, ... stumpf, folglich hat man

$$dy\,dz = dS_1 \cos(xn_1) = -\,dS_2 \cos(xn_2) = \cdots,$$

wenn die Oberflächendifferentiale, die sich in das Rechteck $dy\,dz$ projizieren, absolut genommen werden. Daher kann für jenen Integranden

$$-\,(X_1 \cos(xn_1)dS_1 + X_2 \cos(xn_2)dS_2 + \cdots)$$

und für das Integral $-\int_S X \cos(xn)dS$

geschrieben werden, wobei zu beachten ist, daß sich nun die Integration über alle Oberflächenelemente, also über die ganze Oberfläche S von R zu erstrecken hat. Hierdurch ist das vorgelegte Raumintegral in ein *Oberflächenintegral* umgewandelt, was in der Formel

$$\int_R \frac{\partial X}{\partial X}\,dR = -\int_S X \cos(xn)dS \qquad (3)$$

seinen kurzen Ausdruck findet. In gleicher Weise findet man

$$\int_R \frac{\partial Y}{\partial y}\,dR = -\int Y \cos(yn)\,dS$$

$$\int_R \frac{\partial Z}{\partial z}\,dR = -\int Z \cos(zn)\,dS.$$

Durch Summierung dieser Formeln ergibt sich die weitere:

$$\int_R \left(\frac{\partial X}{\partial x} + \frac{\partial Y}{\partial y} + \frac{\partial Z}{\partial z}\right) dR = -\int_S [X\cos(xn) + Y\cos(yn) + Z\cos(zn)]dS, \qquad \text{(II)}$$

eine Fortbildung von (I) für den Raum.

Zur Illustration der Formeln (I), (II) diene folgendes Beispiel: Setzt man $X = x$, $Y = y$ und bei (II) auch noch $Z = z$, so ergibt sich zunächst

$$2\int_P dP = -\int_s [x \cos(xn) + y \cos(yn)]ds$$

$$3\int_R dR = -\int_S [x \cos(xn) + y \cos(yn) + z \cos(zn)]dS;$$

die linksstehenden Integrale bedeuten P, bzw. R; $-[x\cos(xn) + y\cos(yn)]$

stellt die Länge p des Lotes aus O zur Tangente an s im Punkte x/y; $-[x \cos(xn) + y \cos(yn) + z \cos(zn)]$ die Länge des Lotes aus O zur Tangentenebene an S im Punkte $x/y/z$ dar; hiernach ergeben sich zur Berechnung von P und R die Formeln:

$$P = \tfrac{1}{2} \int_s p \, ds$$

$$R = \tfrac{1}{3} \int_S p \, dS,$$

die geometrisch leicht zu verifizieren sind.

334. Die Sätze von Green.[1]) Es seien U, V zwei auf dem ebenen Gebiet P mit dem Rande s eindeutig definierte und stetige Funktionen von x, y, so beschaffen, daß auch den mit ihnen gebildeten Funktionen

$$X = U \frac{\partial V}{\partial x}, \qquad Y = U \frac{\partial V}{\partial y}$$

die gleichen Eigenschaften zukommen. Führt man diese in die Formel (I) ein, wobei zu beachten ist, daß nunmehr

$$\frac{\partial X}{\partial x} + \frac{\partial Y}{\partial y} = \frac{\partial U}{\partial x} \frac{\partial V}{\partial x} + \frac{\partial U}{\partial y} \frac{\partial V}{\partial y} + U \left(\frac{\partial^2 V}{\partial x^2} + \frac{\partial^2 V}{\partial y^2} \right),$$

so ergibt sich mit der Bezeichnung[2])

$$\Delta_2 V = \frac{\partial^2 V}{\partial x^2} + \frac{\partial^2 V}{\partial y^2} \tag{4}$$

die nachstehende Formel:

$$\int_P \left(\frac{\partial U}{\partial x} \frac{\partial V}{\partial x} + \frac{\partial U}{\partial y} \frac{\partial V}{\partial y} \right) dP + \int_P U \Delta_2 V \, dP =$$

$$- \int_S U \left[\frac{\partial V}{\partial x} \cos(xn) + \frac{\partial V}{\partial y} \cos(yn) \right] ds;$$

---

1) Die im vorigen Artikel angegebenen Umformungen von Flächen- und Raumintegralen in Linien- und Oberflächenintegrale sind schon 1813 von Gauß in einer Abhandlung gebraucht worden; ihre systematische Anwendung ist aber G. Green zu verdanken (Essay on the application of mathematical analysis to the theories of electricity and magnetism, 1828, deutsch von Wangerin in Ostwalds Klassikerausgaben). Daher werden (I), (II) auch als Greensche *Formeln* bezeichnet.

2) Um der verschiedenen Schreibweise der Greenschen Sätze Rechnung zu tragen, sei bemerkt, daß für diese Funktion auch andere Zeichen, so ΔV, $- \nabla^2 V$ u. a. im Gebrauch sind. Auch wird vielfach statt der inneren Normale die äußere genommen, wodurch sich die Vorzeichen anders gestalten. — Das oben benutzte Zeichen $\Delta_2 V$ stammt von Lamé.

es ist aber (47, (7))

$$\frac{\partial V}{\partial x} \cos(xn) + \frac{\partial V}{\partial y} \cos(yn) = \frac{\partial V}{\partial n}$$

der in der Richtung der inneren Normale gebildete Differentialquotient von V. Hiernach hat man:

$$\int_P \left(\frac{\partial U}{\partial x} \frac{\partial V}{\partial x} + \frac{\partial U}{\partial y} \frac{\partial V}{\partial y} \right) dP = - \int_s U \frac{\partial V}{\partial n} ds - \int_P U \Delta_2 V dP. \qquad \text{(III)}$$

Sind U, V so beschaffen, daß auch

$$V \frac{\partial U}{\partial x}, \qquad V \frac{\partial U}{\partial y}$$

die oben bezüglich X, Y vorausgesetzten Eigenschaften besitzen, so führt der gleiche Vorgang zu der Formel:

$$\int_P \left(\frac{\partial U}{\partial x} \frac{\partial V}{\partial x} + \frac{\partial U}{\partial y} \frac{\partial V}{\partial y} \right) dP = - \int_s V \frac{\partial U}{\partial n} ds - \int_P V \Delta_2 U dP. \qquad \text{(IV)}$$

Durch diese zwei Formeln ist das linksstehende Flächenintegral auf zwei Arten in ein Kurvenintegral und ein anderes Flächenintegral umgewandelt. Dieses letztere entfällt, wenn U, V den Bedingungsgleichungen

$$\Delta_2 U = 0, \qquad \Delta_2 V = 0 \qquad\qquad (5)$$

genügen, wie dies bei manchen Anwendungen, z. B. in der Potentialtheorie, der Fall ist; dann hat man nämlich

$$\int_P \left(\frac{\partial U}{\partial x} \frac{\partial V}{\partial x} + \frac{\partial U}{\partial y} \frac{\partial V}{\partial y} \right) dP = - \int_s V \frac{\partial U}{\partial n} ds = - \int_s U \frac{\partial V}{\partial n} ds. \qquad \text{(V)}$$

Aus den Formeln (III), (IV) folgt die unter allen Umständen gültige Gleichung

$$\int_s \left(U \frac{\partial V}{\partial n} - V \frac{\partial U}{\partial n} \right) ds = \int_P (V \Delta_2 U - U \Delta_2 V) dP, \qquad \text{(VI)}$$

die wiederum bei Bestand der Bedingungen (5) zu

$$\int_s \left(U \frac{\partial V}{\partial n} - V \frac{\partial U}{\partial n} \right) ds = 0 \qquad\qquad \text{führt.} \qquad \text{(VII)}$$

Mit der Annahme $U = V$ resultiert des weiteren aus (V) die Formel

$$\int_P \left[\left(\frac{\partial V}{\partial x} \right)^2 + \left(\frac{\partial V}{\partial y} \right)^2 \right] dP = - \int_s V \frac{\partial V}{\partial n} ds, \qquad \text{(VIII)}$$

wobei nicht zu übersehen ist, daß bei ihr auch die Voraussetzung $\Delta_2 V = 0$ gilt.

In fast wörtlicher Wiederholung der obigen Schlüsse ergeben sich durch Anwendung der Formel (II) auf die Funktionen

$$X = U\frac{\partial V}{\partial x}, \quad Y = U\frac{\partial V}{\partial y}, \quad Z = U\frac{\partial V}{\partial z}$$

der drei Variablen x, y, z die auf den Raum bezüglichen Greenschen Sätze:

$$\int_R \left(\frac{\partial U}{\partial x}\frac{\partial V}{\partial x} + \frac{\partial U}{\partial y}\frac{\partial V}{\partial y} + \frac{\partial U}{\partial z}\frac{\partial V}{\partial z}\right) dR = -\int_S U\frac{\partial V}{\partial n}\,dS - \int_R U\varDelta_2 V\,dR \quad \text{(III*)}$$

$$\int_R \left(\frac{\partial U}{\partial x}\frac{\partial V}{\partial x} + \frac{\partial U}{\partial y}\frac{\partial V}{\partial y} + \frac{\partial U}{\partial z}\frac{\partial V}{\partial z}\right) dR = -\int_S V\frac{\partial U}{\partial n}\,dS - \int_R V\varDelta_2 U\,dR, \quad \text{(IV*)}$$

wo nunmehr
$$\varDelta_2 V = \frac{\partial^2 V}{\partial x^2} + \frac{\partial^2 V}{\partial y^2} + \frac{\partial^2 V}{\partial z^2} \tag{6}$$

ist, und die analoge Bedeutung hat $\varDelta_2 U$. Des weiteren bei

$$\varDelta_2 U = 0, \quad \varDelta_2 V = 0: \tag{7}$$

$$\int_R \left(\frac{\partial U}{\partial x}\frac{\partial V}{\partial x} + \frac{\partial U}{\partial y}\frac{\partial V}{\partial y} + \frac{\partial U}{\partial z}\frac{\partial V}{\partial z}\right) dR = -\int_S U\frac{\partial V}{\partial n}\,dS = -\int_S V\frac{\partial U}{\partial n}\,dS, \quad \text{(V*)}$$

sodann aus dem Zusammenhalte von (III*) und (IV*):

$$\int_S \left(U\frac{\partial V}{\partial n} - V\frac{\partial U}{\partial n}\right) dS = \int_R (V\varDelta_2 U - U\varDelta_2 V)\,dR, \quad \text{(VI*)}$$

und hieraus bei Zutreffen von (7):

$$\int_S \left(U\frac{\partial V}{\partial n} - V\frac{\partial U}{\partial n}\right) dS = 0. \tag{VII*}$$

Endlich resultiert aus (V*) bei $U = V$ (und $\varDelta_2 V = 0$)

$$\int_R \left[\left(\frac{\partial V}{\partial x}\right)^2 + \left(\frac{\partial V}{\partial y}\right)^2 + \left(\frac{\partial V}{\partial z}\right)^2\right] dR = -\int_S V\frac{\partial V}{\partial n}\,dS. \tag{VIII*}$$

§ 7. Das Potential.

335. Begriff der Kräftefunktion und des Potentials. Die Physik führt gewisse Erscheinungen auf Kräfte zurück, welche sie zwischen Punkten als wirkend annimmt, die mit Agensmengen (Massen, Elektrizitäten, Magnetismen) begabt sind.

Liegt ein System solcher Punkte oder ein mit Agens erfülltes Kontinuum[1]) vor, so übt dasselbe im Grunde dieser Annahme auf einen beweglich gedachten, mit einer bestimmten Agensmenge begabten Punkt eine Kraft aus, die von der Lage des Punktes im Raume abhängen wird. Die Gesamtheit der Kräfte, die solcher Art von dem System oder dem Kontinuum auf den veränderlichen Punkt ausgeübt werden können, bildet das *Kraftfeld* des Systems, bzw. des Kontinuums.

Das Kraftfeld ist als gegeben zu betrachten, wenn sich für jeden Punkt des Raumes die Größe und Richtung der Kraft bestimmen läßt, die auftritt, falls der mit einer Agensmenge begabte variable Punkt dahin gebracht wird.

Eine solche vollständige Beschreibung des Kraftfeldes wäre gegeben, wenn sich eine Funktion der Koordinaten des variablen Punktes angeben ließe, deren Ableitung nach irgendeiner Richtung die in diese Richtung fallende Komponente[2]) der daselbst wirkenden Kraft gibt. Daß Fälle dieser Art existieren, ist mehrfach bemerkt worden, und W. R. Hamilton gab einer solchen Funktion den Namen *Kräftefunktion*.

Sei $U(x, y, z)$ eine solche, R die Kraft, welche im Punkte $P(x, y, z)$ auftritt, R_s ihre in die Richtung (S) aus P fallende Komponente, so möge das Vorzeichen von U so festgesetzt werden, daß

$$- \frac{dU}{ds} = R_s$$

ist. Hat man die Komponenten für drei nicht in einer Ebene liegende Richtungen $(S_1), (S_2), (S_3)$ bestimmt, so ergibt sich die Gesamtkraft R geometrisch durch Legung dreier Ebenen, welche die betreffenden Strahlen in den Abständen $R_{s_1}, R_{s_2}, R_{s_3}$ von P rechtwinklig schneiden.

Insbesondere sind demnach die partiellen Ableitungen von U nach x, y, z die in die Richtungen der Koordinatenachsen fallenden Komponenten X, Y, Z von R, das sich aus ihnen durch Zusammensetzung nach dem Kräfteparallelepiped ergibt. Man hat also:

---

1) Ob ein solches wirklich besteht oder eine bloße Fiktion ist, bleibt hier außer Betracht; für die mathematische Behandlung der einschlägigen Probleme ist diese Vorstellung notwendig.

2) Bei rechtwinkliger Zerlegung.

$$-\frac{\partial U}{\partial x} = X, \qquad -\frac{\partial U}{\partial y} = Y, \qquad -\frac{\partial U}{\partial z} = Z;$$

$$R = \sqrt{X^2 + Y^2 + Z^2}$$

$$\cos(xR) = \frac{X}{R}, \qquad \cos(yR) = \frac{Y}{R}, \qquad \cos(zR) = \frac{Z}{R}.$$

Der für die Naturforschung wichtigste Fall von Kräften, die zu einer Kräftefunktion führen, besteht in den (anziehenden, abstoßenden) Kräften, welche zwischen punktförmigen Agensmengen wirkend dem Quadrate ihrer Entfernung invers proportional sind. Das Auftreten solcher Fernkräfte ist zuerst von Newton[1]) bei *Massen* nachgewiesen worden; das von ihm aufgestellte *Gravitationsgesetz* sagt aus, daß zwei punktförmige Massen m, μ, die zu einem Zeitpunkte die Entfernung r haben, einander gegenseitig anziehen mit einer Kraft, deren Größe durch

$$G\,\frac{m\,\mu}{r^2}$$

ausgedrückt ist. Ein analoges Gesetz ist von Ch. A. Coulomb[2]) bei mit *Elektrizitätsmengen* geladenen Punkten bezüglich der zwischen ihnen auftretenden (abstoßenden, bzw. anziehenden) Kräfte erkannt worden, und auch die *magnetischen* Kräfte (zwischen gleichnamigen, bzw. ungleichnamigen Magnetpolen) befolgen ein solches.[3])

Daß solchen Kräften eine Kräftefunktion in dem oben erörterten Sinne zukommt, ist von J. Lagrange zuerst bemerkt worden, und

---

1) Philosophiae naturalis principia mathematica, 1686

2) Histoire et Mémoires de l'Académie Royale. Paris 1785—1787.

3) In dem Ausdruck des Gravitationsgesetzes hat die Konstante G, die *Gravitationskonstante*, die Bedeutung der Anziehungskraft zwischen zwei um die Längeneinheit voneinander entfernten Masseneinheiten; ihr Wert hängt also von der Wahl dieser Einheiten ab. Im C-S-G-System beträgt sie nach der experimentellen Bestimmung von P. Richarz und O. Krigar-Menzel (1898) $6{,}685.10^{-8}$, d. h. zwei Massen von je 1 g in der Entfernung von 1 cm üben aufeinander eine Anziehung von $6{,}685.10^{-8}$ Dyn. Im Coulombschen Gesetz für elektrische Kräfte hat man die Einheit der elektrischen Ladungsmenge so definiert, daß die Konstante der Formel 1 wird, nämlich als jene Ladung, welche auf eine ihr gleiche, im Abstande von 1 cm eine abstoßende Kraft von 1 Dyn ausübt In analoger Weise ist die Festsetzung der Polstärkeeinheit im Coulombschen Gesetz für magnetische Kräfte erfolgt.

G. Green hat ihr den Namen *Potentialfunktion,* C. F. Gauß den kürzeren *Potential* gegeben, der sich eingebürgert hat.[1])

Der Nachweis möge zuerst für ein System diskreter Punkte M_1, M_2, ... mit den Massen m_1, m_2, ... geführt werden; in dem variablen Punkte P — dem *Aufpunkte* —, der mit keinem Punkte des Systems zusammenfallen soll, befinde sich die Masse μ. Das Ganze werde auf ein rechtwinkliges Koordinatensystem bezogen und es habe M_i die Koordinaten $\xi_i/\eta_i/\zeta_i$, P die Koordinaten $x/y/z$. Dann wirkt zwischen M_i und P die Kraft

$$G\frac{m_i\mu}{r_i{}^2},$$

worin
$$r_i = \sqrt{(x-\xi_i)^2+(y-\eta_i)^2+(z-\zeta_i)^2},$$

und ihre Komponenten nach den Achsenrichtungen sind:

$$G\frac{m_i\mu}{r_i{}^2}\frac{x-\xi_i}{r_i},\quad G\frac{m_i\mu}{r_i{}^2}\frac{y-\eta_i}{r_i},\quad G\frac{m_i\mu}{r_i{}^2}\frac{z-\zeta_i}{r_i}.$$

Durch Summierung über alle Werte des Zeigers i ergeben sich daraus die Komponenten der Gesamtanziehung:

$$
\begin{aligned}
X &= G\mu\sum\frac{m_i(x-\xi_i)}{r_i{}^3}\\[4pt]
Y &= G\mu\sum\frac{m_i(y-\eta_i)}{r_i{}^3}.\\[4pt]
Z &= G\mu\sum\frac{m_i(z-\zeta_i)}{r_i{}^3}
\end{aligned}
\tag{1}
$$

Man erkennt nun unmittelbar, daß sie sich auch als die negativ genommenen partiellen Differentialquotienten der Funktion

$$V = G\mu\sum\frac{m_i}{r_i} \tag{2}$$

darstellen lassen, weil $\dfrac{\partial}{\partial x}\left(\dfrac{1}{r_i}\right) = -\dfrac{x-\xi_i}{r_i{}^3}$ usw. Diese Funktion ist somit die Kräftefunktion des Systems.

Nun liege statt eines Systems diskreter Massenpunkte ein stetig mit Masse erfüllter Raum, ein materieller Körper vor; seine Masse heiße m, sein Volumen v. Man zerlege ihn auf passende Art in Elemente; ist dm ein solches, $\xi/\eta/\zeta$ ein ihm angehörender Punkt M,

---

1) Manche Autoren machen indessen einen Unterschied zwischen Potential und Potentialfunktion. Vgl. R. Clausius' einschlägige Schrift, E. Bettis Potentialtheorie.

$$r = \sqrt{(x - \xi)^2 + (y - \eta)^2 + (z - \zeta)^2} \qquad (3)$$

sein Abstand vom Aufpunkte $P(x/y/z)$, der außerhalb des Körpers liegen soll: dann stellen sich die Komponenten der Anziehungskraft dar durch

$$X = G\mu \int \frac{(x - \xi)\,dm}{r^3}$$

$$Y = G\mu \int \frac{(y - \eta)\,dm}{r^3} \qquad (1^*)$$

$$Z = G\mu \int \frac{(z - \zeta)\,dm}{r^3},$$

und die Funktion, als deren partielle Ableitungen nach x, y, z sie sich ergeben, hat den Ausdruck

$$V = G\mu \int \frac{dm}{r}, \qquad (2^*)$$

alle Integrale über den Raum des Körpers ausgedehnt. Ob es ein-, zwei- oder dreifache Integrale sind, hängt von der Größenordnung der Raumelemente ab.

Da die Ergebnisse der folgenden allgemeinen Untersuchungen von den konstanten Faktoren unbeeinflußt sind, so sollen diese von jetzt ab unterdrückt werden, so daß als *Potential* der Masse m fortab die Funktion

$$V = \int \frac{dm}{r} \qquad (4)$$

betrachtet werden wird. Diese Vereinfachung darf jedoch nicht außer acht gelassen werden, wenn es sich um Wertangaben für die Massenanziehung handelt.

Was das Massendifferential dm betrifft, so bestimmt sich dasselbe als Produkt aus dem Volumdifferential dv mit der im Punkte M herrschenden Massendichtigkeit ϱ, indem mit Rücksicht auf den bei der Integration vollzogenen Grenzübergang angenommen werden kann, diese (im allgemeinen von Punkt zu Punkt veränderliche) Dichtigkeit gelte für das ganze Raumelement dv.

336. Das Potential und seine Ableitungen im Außenraum. Die Funktion $\frac{1}{r}$, über welche sich das Integral (4) erstreckt, ist eindeutig, stetig und endlich für solche Punkte P, die von allen Punkten der Masse m eine endliche Entfernung besitzen, also für alle Punkte des

Außenraumes, wie nahe sie auch an die Oberfläche des Körpers heranrücken mögen. Das gleiche gilt von allen Ableitungen von $\frac{1}{r}$.

Daraus schließt man, daß *das Potential V, seine Ableitungen X, X, Z, aber auch alle höheren Ableitungen im ganzen Außenraum, bis beliebig nahe an die Oberfläche heran, endlich und stetig sind.*

Wir wollen insbesondere noch die zweiten Ableitungen näher betrachten. Aus

$$\frac{\partial V}{\partial x} = - X = - \int \frac{x - \xi}{r^3}\, dm$$

und den beiden weiteren analogen Ansätzen folgt:

$$\frac{\partial^2 V}{\partial x^2} = \int \left(- \frac{1}{r^3} + \frac{3(x - \xi)^2}{r^5} \right) dm$$

$$\frac{\partial^2 V}{\partial y^2} = \int \left(- \frac{1}{r^3} + \frac{3(y - \eta)^2}{r^5} \right) dm \tag{5}$$

$$\frac{\partial^2 V}{\partial z^2} = \int \left(- \frac{1}{r^3} + \frac{3(z - \zeta)^2}{r^5} \right) dm;$$

durch Addition ergibt sich daraus die *im Außenraum* geltende Gleichung

$$\frac{\partial^2 V}{\partial x^2} + \frac{\partial^2 V}{\partial y^2} + \frac{\partial^2 V}{\partial z^2} = 0, \tag{6}$$

welche eine zuerst von Laplace bemerkte Eigenschaft jedes Potentials ausdrückt und nach ihm die Laplacesche *Gleichung* genannt wird (vgl. hierzu **101, 334**). Sie ist nicht bloß für die Gravitation, sondern auch für andere Naturerscheinungen, wie für die Temperaturverteilung in einem Körper ohne Wärmequellen im stationären Zustande, für die Verteilung stationärer galvanischer Ströme in einem körperlichen Leiter, charakteristisch.

Ist so das Verhalten des Potentials und seiner Ableitungen bis beliebig nahe an die Oberfläche des Körpers heran gekennzeichnet, so bleibt noch die Frage zu erörtern, wie sich diese Funktionen im Unendlichen verhalten. Heiße L die Entfernung des Aufpunktes vom Ursprung des Koordinatensystems, dann ist

$$LV = \int \frac{L}{r}\, dm;$$

mit wachsendem L nähern sich alle Verhältnisse $\frac{L}{r}$ dem Grenzwert 1, folglich ist

$$\lim_{L = \infty} LV = m,$$

V wird also mit unendlich wachsendem L unendlich klein von der Ordnung $\frac{1}{L}$. Ferner folgt aus

$$L^2 X = \int \frac{L^2(x-\xi)}{r^3}\, dm,$$

da mit wachsendem L alle Verhältnisse $\frac{L}{r}$ der Grenze 1 und alle Verhältnisse $\frac{x-\xi}{r}$ dem $\cos\alpha$ sich nähern, wenn $\alpha/\beta/\gamma$ die Richtungswinkel von L sind, daß $\qquad \lim_{L=\infty} L^2 X = m \cos\alpha;$

X, ebenso Y und Z, werden also mit unbeschränkt wachsendem L unendlich klein von der Ordnung $\frac{1}{L^2}$.

Man kann diesen Ergebnissen mit Rücksicht darauf, daß $L\cos\alpha$, $L\cos\beta$, $L\cos\gamma$ die Koordinaten des Aufpunktes sind, auch den Ausdruck geben, daß

$$xV,\ yV,\ zV;\ x^2\frac{\partial V}{\partial x},\ y^2\frac{\partial V}{\partial y},\ z^2\frac{\partial V}{\partial z}$$

bei beständigem Hinausrücken des Aufpunktes gegen endliche Grenzen konvergieren.

337. Das Potential und seine Ableitungen im Innenraum. Gelangt der Aufpunkt P in das Innere des Körpers oder an seine Oberfläche, so werden die Integrale, welche V und seine Ableitungen definieren, uneigentliche Integrale, weil nun die Integration sich auch auf die nächste Umgebung des Aufpunktes bezieht, hier aber die zu integrierenden Funktionen, d. i.

$$\frac{1}{r},\ \text{bzw.}\ \frac{x-\xi}{r^3},\ \text{usw.}\ -\frac{1}{r^3}+\frac{3(x-\xi)}{r^5}\ \text{usw.}$$

unendlich groß werden.

Es handelt sich da zunächst um die Frage, ob die Integrale trotzdem einen Sinn bewahren. Dies ist tatsächlich der Fall bei den Integralen, welche $V, \frac{\partial V}{\partial x}, \frac{\partial V}{\partial y}, \frac{\partial V}{\partial z}$ definieren, weil sie sich durch eine Koordinatentransformation in eigentliche Integrale umwandeln lassen. Wählt man nämlich den Aufpunkt selbst als Mittelpunkt von Polarkoordinaten in einem zum ursprünglichen parallelen Koordinatensystem, so wird:

$$
\begin{aligned}
x-\xi &= r\sin\theta\cos\varphi\\
y-\eta &= r\sin\theta\sin\varphi\\
z-\zeta &= r\cos\theta\\
dv &= r^2\sin\theta\, dr\, d\theta\, d\varphi;
\end{aligned}
\tag{7}
$$

hiermit aber gehen die Integrale, welche $V, \dfrac{\partial V}{\partial x}, \dfrac{\partial V}{\partial y}, \dfrac{\partial V}{\partial z}$ darstellen, über in

$$\iiint \varrho r \sin \theta \, dr \, d\theta \, d\varphi \tag{8}$$

$$\left.\begin{aligned} &\iiint \varrho \sin^2 \theta \cos \varphi \, dr \, d\theta \, d\varphi \\ &\iiint \varrho \sin^2 \theta \cos \varphi \, dr \, d\theta \, d\varphi \\ &\iiint \varrho \sin \theta \cos \theta \, dr \, d\theta \, d\varphi, \end{aligned}\right\} \tag{9}$$

und da sie sich nun auf eindeutige stetige Funktionen beziehen, die im ganzen Gebiete endlich bleiben, so kommen ihnen bestimmte Werte zu.

Um die Frage der *Stetigkeit* von V auch für den Innenraum und die Oberfläche zu erledigen, sei die folgende Untersuchung vorausgeschickt.

Es ist unmittelbar einzusehen, daß

$$V = \int \frac{\varrho \, dv}{r} < \varrho_0 \int \frac{dv}{r}$$

ist, wenn ϱ_0 die größte im Körper auftretende Dichtigkeit ist. Aus den Relationen

$$\cos(xr) = \frac{x-\xi}{r}, \qquad \cos(yr) = \frac{y-\eta}{r}, \qquad \cos(zr) = \frac{z-\zeta}{r}$$

folgt weiter

$$\frac{\partial \cos(xr)}{\partial \xi} = -\frac{1}{r} + \frac{(x-\xi)^2}{r^3}, \qquad \frac{\partial \cos(yr)}{\partial \eta} = -\frac{1}{r} + \frac{(y-\eta)^2}{r^3},$$

$$\frac{\partial \cos(zr)}{\partial \zeta} = -\frac{1}{r} + \frac{(z-\zeta)^2}{r^3}$$

und daraus durch Addition

$$\frac{1}{r} = -\frac{1}{2}\left\{\frac{\partial \cos(xr)}{\partial \xi} + \frac{\partial \cos(yr)}{\partial \eta} + \frac{\partial \cos(zr)}{\partial \zeta}\right\};$$

unter Anwendung der Greenschen Formel (II), **333**, ist also

$$\int \frac{dv}{r} = -\frac{1}{2} \int_v \left\{\frac{\partial \cos(xr)}{\partial \xi} + \frac{\partial \cos(yr)}{\partial \eta} + \frac{\partial \cos(zr)}{\partial \zeta}\right\} dv$$

$$= -\frac{1}{2} \int_S \left\{\cos(xr)\cos(xn) + \cos(yr)\cos(yn) + \cos(zr)\cos(zn)\right\} dS$$

$$= \frac{1}{2} \int_S \cos(rn) \, dS;$$

dabei bedeutet dS das Element der Oberfläche des Körpers, n deren innere Normale in einem Punkte von dS und r die Verbindungslinie dieses Punktes mit dem Aufpunkte. Mithin ist schließlich, da $\cos(rn)$ ein echter Bruch,

$$|V| < \frac{\varrho_0 S}{2}. \tag{10}$$

Die nämliche Relation gilt auch für einen inneren Aufpunkt; denn umschließt man ihn mit einer Kugel vom Radius δ, so ist für den außerhalb dieser Kugel befindlichen Körperteil, dessen Oberfläche sich nunmehr aus S und $4\pi\delta^2$ zusammensetzt,

$$|V_1| < \frac{\varrho_0(S + 4\pi\delta^2)}{2};$$

da diese Beziehung aufrecht bleibt, wie klein man auch δ wählt, so gilt auch für das Potential des ganzen Körpers die Relation (10).

Nun seien P, P' zwei Punkte im Innern des Körpers; man umschließe beide mit einer Fläche σ und teile so den Körper in einen äußeren m_1 und den von dieser Fläche umschlossenen inneren m_2, bezeichne deren Potentiale in P mit V_1, V_2, in P' mit V_1', V_2'; dann sind die Potentiale des ganzen Körpers in P und P':

$$V = V_1 + V_2$$
$$V' = V_1' + V_2', \qquad \text{ihre Differenz}$$
$$V' - V = V_1' - V_1 + V_2' - V_2;$$

die Differenz $V_1' - V_1$ kann durch fortgesetzte Annäherung von P' an P beliebig klein gemacht werden, weil das Potential im Außenraum stetig ist; die Differenz $V_2' - V_2$ kann durch Annäherung der Punkte und gleichzeitige Zusammenziehung der Fläche σ beliebig klein gemacht werden, weil sowohl V_2 als auch V_2' dem Betrage nach unter $\frac{\varrho_0 \sigma}{2}$ liegt. Folglich kann auch $V' - V$ beliebig klein gemacht werden, d. h. V ist auch im Innenraum stetig. Die Betrachtung gilt auch, wenn P auf der Oberfläche des Körpers angenommen wird, die Stetigkeit besteht also auch hier.

Es bleibt aber noch eine Frage zu erledigen, die dahin geht, ob nun die Integrale (9) noch die Ausdrücke für die Komponenten darstellen; denn sie sind aus V durch Differentiation unter dem Integralzeichen hervorgegangen, eine Operation, die bei uneigentlichen Integralen nicht ohne weiteres statthaft ist.

Zu diesem Zwecke führe man durch $P(x/y/z)$ eine Parallele zu OX, nehme darauf einen zweiten Punkt $P'(x'/y/z)$ an und bestimme das Potential V' für diesen (Fig. 210). Hat $M(\xi/\eta/\zeta)$ in bezug auf P und ein zu XYZ paralleles System die räumlichen Polarkoordinaten $l/\theta/\varphi$, so ist das Volumelement in M:

$$dv = l^2 \sin\theta\, dl\, d\theta\, d\varphi;$$

schließt ferner PM mit OX den Winkel α ein, so ist

$$r = \sqrt{l^2 + (x' - x)^2 - 2l(x' - x)\cos\alpha}$$
$$= \sqrt{l^2 \sin^2\alpha + (x' - x - l\cos\alpha)^2},$$

folglich ist

$$V' = \int \frac{\varrho\, l^2 \sin\theta\, dl\, d\theta\, d\varphi}{\sqrt{l^2 \sin^2\alpha + (x' - x - l\cos\alpha)^2}}.$$

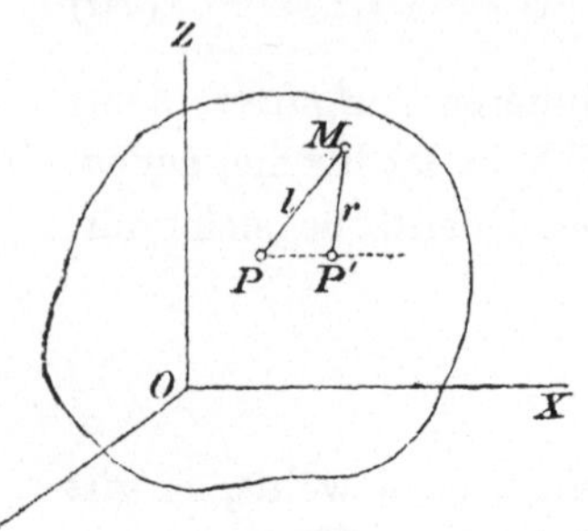
Fig. 210.

Dieses Integral ist nun kein uneigentliches mehr, weil die Funktion unter dem Integralzeichen für die an P und an P' unendlich nahen Punkte nicht unendlich wird. Es darf daher die Differentiation nach x' unter dem Integralzeichen ausgeführt werden, wodurch erhalten wird:

$$\frac{\partial V'}{\partial x'} = - \int \frac{\varrho\, l^2 (x' - x - l\cos\alpha) \sin\theta\, dl\, d\theta\, d\varphi}{\left\{ \sqrt{l^2 \sin^2\alpha + (x' - x - l\cos\alpha)^2} \right\}^3};$$

dies geht aber für $x' = x$ in $\dfrac{\partial V}{\partial x}$ über, und weil dabei l mit r zusammenfällt, so ist

$$\frac{\partial V}{\partial x} = \int \varrho \sin\theta \cos\alpha\, dr\, d\theta\, d\varphi.$$

Andererseits war der ursprüngliche Ausdruck für die Komponente X:

$$X = \int \frac{\varrho\, (x - \xi)}{r^3}\, dv;$$

er verwandelt sich durch Transformation in Polarkoordinaten, wenn man beachtet, daß $\dfrac{\xi - x}{r} = \cos\alpha$ ist, in

$$X = - \int \varrho \sin\theta \cos\alpha\, dr\, d\theta\, d\varphi,$$

somit ist auch jetzt $\qquad X = - \dfrac{\partial V}{\partial x},$ usw.

Wenn man die Transformation (7) auf die Integrale (5) anwendet, welche $\dfrac{\partial^2 V}{\partial x^2},\ \dfrac{\partial^2 V}{\partial y^2},\ \dfrac{\partial^2 V}{\partial z^2}$ ausdrücken, so bleiben diese für einen Aufpunkt im Innern auch nach der Transformation uneigentliche Integrale; denn es wird beispielsweise

$$\frac{\partial^2 V}{\partial x^2} = \int \varrho \, \frac{-1 + 3 \sin^2\theta \cos^2\varphi}{r} \sin\theta \, dr \, d\theta \, d\varphi.$$

Dieses singuläre Verhalten wird alsbald an einem besonderen Falle Aufklärung finden.

338. Potential und Anziehung einer Kugelschale und einer Vollkugel. Zur Illustration der bisher gewonnenen allgemeinen Formeln behandeln wir zunächst die wichtige Aufgabe, *Potential und Anziehung einer homogenen Kugelschale von sehr kleiner Dicke in einem äußeren und einem inneren Aufpunkt zu bestimmen.*

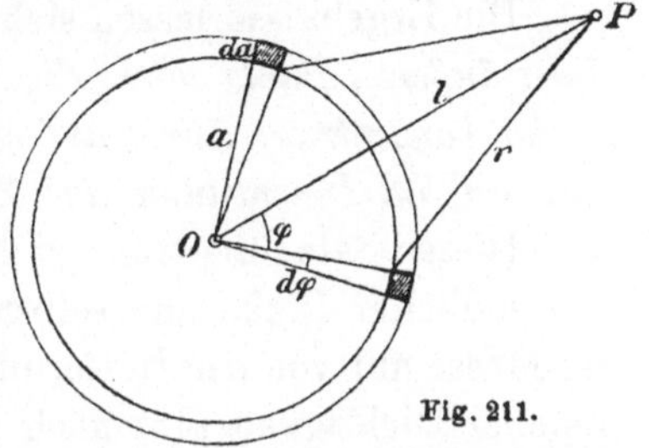

Fig. 211.

Die Schale sei von zwei Kugeln mit den Radien a und $a + da$ begrenzt und habe die Dichtigkeit ϱ. Zerlegt man sie durch Kegelflächen mit dem Scheitel O (Fig. 211) und der Achse OP in Elemente, und haben zwei solche benachbarten Kegelflächen die Öffnungswinkel φ und $\varphi + d\varphi$, so hat das zwischenliegende Element das Volumen

$$dv = 2\pi a^2 \sin\varphi \, da \, d\varphi$$

und seine Punkte sind von P um eine Strecke entfernt, deren Quadrat

$$r^2 = a^2 + l^2 - 2al \cos\varphi$$

ist; das Potential der Schale ist hiernach

$$V = 2\pi a^2 \varrho \, da \int_0^\pi \frac{\sin\varphi \, d\varphi}{r} \,.$$

Aus der darüber stehenden Gleichung folgt aber durch Differentiation:

$$r \, dr = al \sin\varphi \, d\varphi;$$

macht man davon Gebrauch zur Umformung von V, so wird

$$V = \frac{2\pi a\varrho \, da}{l} \int dr.$$

Ist der Punkt P ein äußerer, so sind $l - a$, $l + a$ die Grenzen von r, daher

$$V = \frac{4\pi \varrho a^2 \, da}{l} = \frac{\text{Masse der Schale}}{l} \,. \tag{11}$$

Is P ein innerer Punkt, so hat r die Grenzen $a - l$, $a + l$; daher ist dann

$$V = 4\pi \varrho a \, da \qquad \text{unabhängig von } l. \tag{12}$$

Die Richtung der Gesamtanziehung ist hier aus der Massenverteilung unmittelbar zu erkennen, sie fällt mit PO zusammen; man findet also ihre Größe R durch Differentiation von V in bezug auf l, so daß für einen äußeren Punkt

$$R = \frac{\text{Masse}}{l^2}, \tag{11*}$$

für einen inneren

$$R = 0. \tag{12*}$$

Die Ergebnisse lassen sich in folgendem Satze zusammenfassen: *Auf einen äußeren Punkt wirkt die Kugelschale so, als ob ihre Masse im Mittelpunkte konzentriert wäre; auf einen inneren Punkt übt sie keine Anziehung aus, weil im Innenraume das Potential konstant ist.*

Dieser Satz überträgt sich unmittelbar auch auf eine Kugelschale von endlicher Dicke und selbst auf eine Vollkugel, wenn die Dichtigkeit der Masse nur von der Entfernung vom Mittelpunkte abhängig ist, Punkte gleicher Dichtigkeit also nach konzentrischen Kugeln geordnet sind. Im Falle der Vollkugel reduziert sich der Innenraum auf den Mittelpunkt.

Das Potential einer *homogenen* Kugel vom Radius A und der Dichtigkeit ϱ in bezug auf einen äußeren Punkt ist hiernach

$$V = \frac{\text{Masse}}{l} = \frac{4\pi\varrho A^3}{3l} \tag{13}$$

und die Anziehung

$$R = \frac{4\pi\varrho A^3}{3l^2}. \tag{14}$$

Um die entsprechenden Größen für einen inneren Punkt P zu bestimmen, lege man durch ihn eine konzentrische Kugelfläche und beachte, daß für die dadurch begrenzte Vollkugel die Gesetze (13), (14), für die äußere Schale die Gesetze (12), (12*) gelten; hiernach ist

$$\left.\begin{aligned}
V &= \frac{4\pi\varrho l^3}{3l} + 4\pi\varrho \int_l^A a\,da \\
&= \frac{4\pi\varrho l^2}{3} + 2\pi\varrho(A^2 - l^2) \\
&= 2\pi\varrho \left(A^2 - \frac{l^2}{3}\right)
\end{aligned}\right\} \tag{15}$$

und

$$R = \frac{4\pi\varrho l^3}{3l^2} + 0 = \frac{4\pi\varrho l}{3}. \tag{16}$$

Durch neuerliche Differentiation von R nach l ergibt sich die zweite Abteilung von V in der Richtung OP, und zwar ist für einen Außenpunkt

$$R' = \frac{dR}{dl} = -\frac{d^2V}{dl^2} = -\frac{8\pi\varrho A^3}{3l^3},\tag{17}$$

für einen Innenpunkt $\quad R' = \frac{dR}{dl} = -\frac{d^2V}{dl^2} = \frac{4\pi\varrho}{3}.\tag{18}$

Die Figuren 212, 213, 214 stellen den Verlauf von V, R und R'

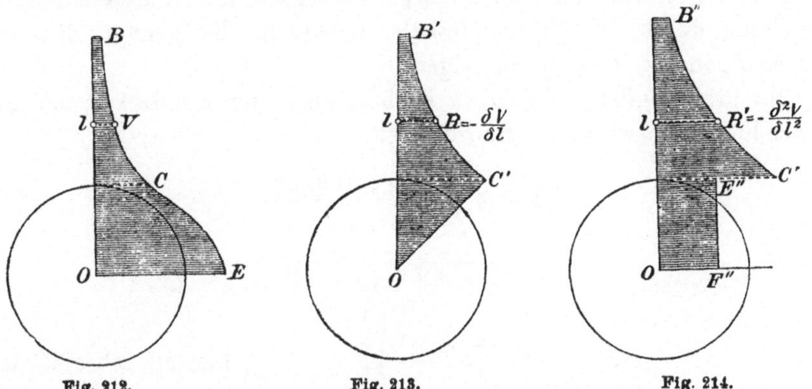

Fig. 212.   Fig. 213.   Fig. 214.

(den Beträgen nach) bei veränderlichem l im Kraftfelde einer homogenen Kugel dar.

a) Die den Verlauf von V darstellende Kurve besteht aus einer gleichseitigen Hyperbel BC und einer Parabel CE, die sich in einem Punkte C vereinigen, weil die zugehörigen Gleichungen (13), (15) für $l = A$ denselben Wert V liefern.

b) Die Kurve, welche den Verlauf von R zur Anschauung bringt, setzt sich aus einer hyperbolischen Kurve 3. Ordnung $B'C'$ und einer Geraden $C'O$ zusammen, die wieder in einem Punkte C' zusammenhängen, weil die zugeordneten Gleichungen (14), (16) für $l = A$ dasselbe R ergeben; aus demselben Grunde haben Hyperbel und Parabel der vorigen Figur in C eine gemeinsame Tangente.

c) Die Kurve der R' oder der $\frac{\partial^2 V}{\partial l^2}$ setzt sich aus der hyperbolischen Kurve 4. Ordnung $B''C''$ und aus der Geraden $E''F''$ zusammen, die außer Zusammenhang sind; ihre Gleichungen sind (17) und (18).

Die Figuren illustrieren den stetigen Verlauf von V und seiner ersten Ableitung im ganzen Raume und den stetigen Anschluß von außen nach innen; sie zeigen aber auch die Unstetigkeit der im allgemeinen kontinuierlichen zweiten Ableitung bei dem Übergange von außen nach innen.

In der *analytischen Darstellung* besteht bei allen drei Größen eine Unstetigkeit insofern, als V und seine Ableitungen außen und innen durch verschiedene Funktionen ausgedrückt sind.

339. Komponenten der Anziehung bei einem homogenen Körper. Bei einem homogenen Körper lassen sich die Komponenten der Anziehung durch *Oberflächenintegrale* darstellen. Es genügt, dies für eine Komponente, z. B. X, zu zeigen.

Ihr ursprünglicher Ausdruck ist bei konstanter Dichtigkeit und bei Anwendung rechtwinkliger Koordinaten:

$$X = \varrho \int_v \frac{(x-\xi)\, d\xi\, d\eta\, d\zeta}{r^3}.$$

Nun ist aber, da $r = \sqrt{(x-\xi)^2 + (y-\eta)^2 + (z-\zeta)^2}$,

$$\frac{x-\xi}{r^3} = \frac{\partial\left(\frac{1}{r}\right)}{\partial \xi}; \qquad \text{hiermit schreibt sich}$$

$$X = \varrho \int_v \frac{\partial\left(\frac{1}{r}\right)}{\partial \xi}\, d\xi\, d\eta\, d\zeta;$$

nach Formel **333**, (3) läßt sich aber das Raumintegral auf ein Oberflächenintegral zurückführen, wodurch

$$X = -\varrho \int_S \frac{\cos(xn)}{r}\, dS \qquad (19)$$

erhalten wird; n ist die innere Normale zum Oberflächenelement dS.

In analoger Weise ergibt sich:

$$Y = -\varrho \int_S \frac{\cos(yn)}{r}\, dS, \qquad Z = -\varrho \int_S \frac{\cos(zn)}{r}\, dS. \qquad (19^*)$$

Mit Benutzung dieser Formeln kann die Anziehung einer homogenen Kugel in folgender Weise direkt bestimmt und daraus ihr Potential abgeleitet werden.

Verlegt man den Mittelpunkt der Kugel, deren Radius A sein möge, in den Ursprung, den Aufpunkt P in die positive z-Achse, wobei $OP = l$ (Fig. 215), und wendet Polarkoordinaten an, so wird (**320**)

$$dS = A^2 \sin\theta\, d\theta\, d\varphi,$$

ferner
$$(z n) = \pi - \theta,$$
$$r = \sqrt{A^2 + l^2 - 2 A l \cos \theta},$$

und die Gesamtanziehung, die im vorliegenden Falle mit Z gleichbedeutend ist, hat nach (19*) den Ausdruck:

$$R = \varrho A^2 \int_S \frac{\sin \theta \cos \theta \, d\theta \, d\varphi}{\sqrt{A^2 + l^2 - 2 A l \cos \theta}}$$

Die Integration wird über die ganze Kugelfläche S erstreckt sein, wenn man in bezug auf φ von 0 bis 2π, in bezug auf θ von 0 bis π integriert; hiernach ist weiter

$$R = 2 \pi \varrho A^2 \int_0^\pi \frac{\sin \theta \cos \theta \, d\theta}{\sqrt{A^2 + l^2 - 2 A l \cos \theta}};$$

Fig. 215.

partielle Integration mit
$$\cos \theta = u, \qquad \frac{\sin \theta \, d\theta}{\sqrt{A^2 + l^2 - 2 A l \cos \theta}} = dv$$

gibt endlich
$$R = \frac{2 \pi \varrho A}{l} \left\{ \cos \theta \sqrt{A^2 - l^2 - 2 A l \cos \theta} \right.$$
$$\left. + \frac{1}{3 A l} \sqrt{(A^2 + l^2 - 2 A l \cos \theta)^3} \right\}_0^\pi.$$

Bei der Einführung der Grenzen ist zwischen einem äußeren und einem inneren Aufpunkt zu unterscheiden und darauf zu achten, daß die Quadratwurzeln jedesmal mit ihrem absoluten Betrage zu nehmen sind.

Hiernach ergibt sich für P außen $(l > A)$:

$$R = \frac{2 \pi \varrho A}{l} \left\{ -(l + A) - (l - A) \right.$$
$$\left. + \frac{1}{3 A l}[(l + A)^3 - (l - A)]^3 \right\} = \frac{4 \pi \varrho A^3}{3 l^2}$$

in Übereinstimmung mit (14); für P innen $(l < A)$:

$$R = \frac{2 \pi \varrho A}{l} \left\{ -(A + l) - (A - l) \right.$$
$$\left. + \frac{1}{3 A l}[(A + l)^3 - (A - l)^3] \right\} = \frac{4 \pi \varrho l}{3}$$

in Übereinstimmung mit (16).

Aus $\dfrac{dV}{dl} = -R$ folgt durch Integration: für einen äußeren Aufpunkt

$$V = - \frac{4\pi\varrho A^3}{3} \int \frac{dl}{l^2} = \frac{4\pi\varrho A^3}{3l} + C,$$

und weil nach **336** $\lim\limits_{l=\infty} V = 0$ ist, so ist auch $C = 0$, daher endgültig

$$V = \frac{4\pi\varrho A^3}{3l};$$

für einen inneren Aufpunkt

$$V = - \frac{4\pi\varrho}{3} \int l\,dl = C' - \frac{2\pi\varrho l^2}{3};$$

diesmal bedeutet die Konstante C' das Potential der Kugel im Mittelpunkte, also ist

$$C' = \int_0^A \frac{4\pi\varrho x^2\,dx}{x} = 2\pi\varrho A^2;$$

mithin hat man $\qquad V = 2\pi\varrho\left(A^2 - \frac{l^2}{3}\right).$

Auch diese Ausdrücke stimmen mit den in **338** gefundenen überein.

340. Die Poissonsche Gleichung. Anknüpfend an die letzte Formel sollen die zweiten Ableitungen von V für einen Punkt im Innern der homogenen Kugel bestimmt werden.

Macht man den Mittelpunkt der Kugel zum Ursprung, während der Aufpunkt eine beliebige Lage gegen das Koordinatensystem hat, so ist

$$l^2 = x^2 + y^2 + z^2$$

und $\qquad V = 2\pi\varrho\left(A^2 - \frac{x^2 + y^2 + z^2}{3}\right).$

Daraus folgen

$$\frac{\partial V}{\partial x} = - \frac{4\pi\varrho x}{3}, \qquad \frac{\partial V}{\partial y} = - \frac{4\pi\varrho y}{3}, \qquad \frac{\partial V}{\partial z} = - \frac{4\pi\varrho z}{3};$$

$$\frac{\partial^2 V}{\partial x^2} = - \frac{4\pi\varrho}{3}, \qquad \frac{\partial^2 V}{\partial y^2} = - \frac{4\pi\varrho}{3}, \qquad \frac{\partial^2 V}{\partial z^2} = - \frac{4\pi\varrho}{3};$$

es haben also die zweiten Differentialquotienten bestimmte Werte und ihre Summe ist

$$\frac{\partial^2 V}{\partial x^2} + \frac{\partial^2 V}{\partial y^2} + \frac{\partial^2 V}{\partial z^2} = - 4\pi\varrho \qquad\qquad (20)$$

im Gegensatze zur Laplaceschen Gleichung (6), welche für einen äußern Punkt bei *beliebiger* anziehender Masse gegolten hat.

Die Gleichung (20), nach ihrem Urheber die Poissonsche *Gleichung* genannt, gilt mit entsprechender Deutung und Einschränkung für jeden beliebigen Körper.

Es sei ein beliebiger und nicht homogener Körper und innerhalb desselben ein Aufpunkt P gegeben; dem Ganzen liege ein rechtwinkliges Koordinatensystem zugrunde. Unter der Voraussetzung, daß die Dichtigkeit in der Umgebung von P keine Unstetigkeit erleidet, kann man sich eine so kleine, den Punkt P einschließende Kugel ausgeschieden denken, daß innerhalb derselben die Masse als homogen und mit der am Punkte P herrschenden Dichtigkeit ϱ begabt angesehen werden kann. Heißt m_2 die Masse dieser Kugel, m_1 die übrige, m die ganze Masse, so gilt für die Potentiale V_2, V_1, V in P in bezug auf die drei unterschiedenen Massen die Gleichung: $\qquad V = V_1 + V_2,$

daher auch $\qquad \dfrac{\partial^2 V}{\partial x^2} + \dfrac{\partial^2 V}{\partial y^2} + \dfrac{\partial^2 V}{\partial z^2}$

$$= \left\{ \frac{\partial^2 V_1}{\partial x^2} + \frac{\partial^2 V_1}{\partial y^2} + \frac{\partial^2 V_1}{\partial z^2} \right\} + \left\{ \frac{\partial^2 V_2}{\partial x^2} + \frac{\partial^2 V_2}{\partial y^2} + \frac{\partial^2 V_2}{\partial z^2} \right\};$$

der erste Klammerausdruck hat den Wert 0, weil P in bezug auf m_1 außen liegt; der zweite Klammerausdruck nach dem eben behandelten speziellen Falle den Wert $- 4\pi\varrho$; daher ist auch

$$\frac{\partial^2 V}{\partial x^2} + \frac{\partial^2 V}{\partial y^2} + \frac{\partial^2 V}{\partial z^2} = - 4\pi\varrho.$$

Es besteht also die Poissonsche Gleichung auch hier, *wenn unter ϱ die am Aufpunkte herrschende Dichtigkeit verstanden wird.*

Im Außenraume gilt die Laplacesche Gleichung (6), im Innenraume die Poissonsche Gleichung (20), an der Trennungsfläche keine von beiden; letzteres gilt auch von Punkten im Innern, bei deren Überschreitung die Dichtigkeit unstetig sich ändert, also an den Trennungsflächen ungleich dichter Massenteile. Diese Tatsachen hängen mit der an einem besonderen Falle (**338**) schon erkannten Unstetigkeit der zweiten Ableitungen von V beim Übergange von außen nach innen und mit ihrem an früherer Stelle (**337**, Schluß) schon erwähnten singulären Verhalten zusammen.

Es mag noch bemerkt werden, daß die Laplacesche Gleichung als besonderer Fall der Poissonschen angesehen werden kann, insofern an einem äußern Punkte die Dichtigkeit der anziehenden Masse $= 0$ ist.

341. Mechanische Bedeutung des Potentials. Dem Potential kommt eine wichtige mechanische Bedeutung zu, die selbst zum Ausgangspunkt der Potentialtheorie genommen werden könnte. Sie ergibt sich durch folgende Betrachtung.

Die Einheit des Agens, hier der Masse, in Punktform gedacht, bewege sich auf einer Bahnkurve C im Kraftfelde einer anderen Agensmenge vom Punkte P_1 nach einem anderen Punkte P_2 (Fig. 216). Betrachten wir sie an einer beliebigen Stelle P, so erfährt sie hier eine bestimmte Anziehung R, deren in die Tangente der Bahn fallende Komponente R_s dargestellt ist durch den negativen Differentialquotienten des (durch die Hinzufügung der Gravitationskonstante vervollständigten) Potentials in Richtung der Tangente, die mit jener des Bogenelements zusammenfällt, so daß

$$R_s = - \frac{dV}{ds};$$

Fig. 216.

demnach ist die während der infinitesimalen Verschiebung von P nach P' geleistete mechanische Arbeit

$$R_s\,ds = - dV.$$

Daraus ergibt sich die auf dem endlichen Wege geleistete mechaniche Arbeit:

$$\mathfrak{A} = \int R_s\,ds = -\int_{(P_1)}^{(P_2)} dV = V_1 - V_2, \qquad (21)$$

wenn V_1, V_2 die Potentiale in P_1, P_2 bedeuten. Dies gibt den Satz:

Die mechanische Arbeit, welche bei der Verschiebung der Masseneinheit von einem Punkte des Kraftfeldes in beliebiger Bahn nach einem anderen Punkte geleistet wird, ist durch die Potentialdifferenz der beiden Punkte bestimmt.

Läßt man insbesondere die Masseneinheit aus P auf irgendeiner Bahn ins Unendliche fortrücken, so ist die zugehörige Arbeitsleistung

$$\mathfrak{A} = -\int_{(P)}^{(\infty)} dV = V,$$

weil V im Unendlichen Null wird.

Damit erscheint das Potential selbst als eine mechanische Arbeit aufgefaßt, als diejenige, welche bei der Verschiebung der Masseneinheit aus dem Punkte P, wo eben das Potential V besteht, ins Unendliche (auf irgendeiner Bahn) geleistet wird. Daraus folgt auch die Benennung, welche dem Potential der Massenanziehung zukommt; im C-S-G-System ist es in Einheiten der mechanischen Arbeit (Erg) ausgedrückt.

342. Niveauflächen und Kraftlinien. Zu einer anschaulichen Beschreibung eines Kraftfeldes führen die *Niveauflächen* und die *Kraftlinien*.

Das Potential V ist eine Funktion der Koordinaten x, y, z des Aufpunktes. Legt man sich die Frage nach den Punkten des Raumes vor, in welchen das Potential einen vorgeschriebenen Wert C (aus den überhaupt möglichen Werten) besitzt, so ist die Antwort durch den Ansatz

$$V = C \qquad (22)$$

gegeben, dessen geometrisches Korrelat eine Fläche ist. Man nennt eine solche Fläche, in deren Punkten das Potential einen und denselben Wert hat, eine *äquipotentielle Fläche* oder, nach A. Clairaut[1]), eine *Niveaufläche*.

Der Gesamtheit der möglichen Werte von C entspricht eine einfach unendliche Schar von Niveauflächen, die wegen der Eindeutigkeit der Potentialfunktion den Raum derart erfüllt, daß durch jeden Punkt nur eine Fläche geht.

Ist P ein Punkt der Fläche (22), so ist in jeder von ihm in der Fläche ausgehenden Richtung (S)

$$\frac{dV}{ds} = 0; \qquad (23)$$

die in die Tangenten der Fläche fallenden Komponenten der anziehenden Kraft sind also Null. Daraus folgt, daß die anziehende Kraft R selbst zur Niveaufläche *normal* ist, daß infolgedessen

$$R = -\frac{dV}{dn} \qquad \text{gilt.} \qquad (24)$$

Die vorstehende Gleichung enthält eine wichtige, die Lagerung der Niveauflächen betreffende Eigenschaft. Der Normalabstand dn zweier nahe benachbarten Niveauflächen, für die dV einen festen Wert hat, an verschiedenen Stellen gemessen, ist nämlich laut dieser Gleichung der dort herrschenden Anziehungskraft invers proportional. Umgekehrt kann also aus der Lagerung zweier benachbarten Niveauflächen auf den Verlauf der Intensität der Anziehung längs einer derselben geschlossen werden: je näher die Niveauflächen aneinander rücken, desto größer ist die dort herrschende Anziehung.

---

1) Figure de la terre, 1743.

Eine Linie, welche die Schar der Niveauflächen rechtwinklig durchsetzt, heißt eine *Kraftlinie*, weil sie mit ihrer Tangente in irgendeinem Punkte die Richtung der daselbst herrschenden Anziehungskraft anzeigt.

Ein aus dem zweifach unendlichen System der Kraftlinien herausgehobenes Bündel wird eine *Kraftröhre* genannt. Ihr Querschnitt mit einer Niveaufläche soll $\frac{1}{k}$ Flächeneinheiten (cm²) betragen, wenn in der betreffenden Niveaufläche die auf die Masseneinheit (g) ausgeübte Kraft k Krafteinheiten (dyn) beträgt. Eine so bestimmte Kraftröhre wird *Einheitsröhre* genannt und als Vertreter einer solchen eine in ihr verlaufende Kraftlinie angesehen. In diesem Sinne spricht man von einer *Anzahl der Kraftlinien*, die durch ein begrenztes Stück einer Niveaufläche hindurchgehen, als einem bildlichen. Ausdruck für die daselbst herrschende *Feldstärke*.

Differentialgleichungen.

343. Definition und Haupteinteilung der Differentialgleichungen. Jede Gleichung zwischen *einer* unabhängigen Variablen x,
einer oder mehreren unbekannten Funktionen y, z, ... von x und ihren
Ableitungen bis zu einer gewissen Ordnung heißt eine *gewöhnliche Differentialgleichung*. Die Ordnung des höchsten vorkommenden Differentialquotienten bestimmt die *Ordnung der Differentialgleichung*.

Die allgemeine Form einer gewöhnlichen Differentialgleichung $n$ter
Ordnung mit einer unbekannten Funktion y ist

$$f(x,\, y,\, y',\, y'',\, \ldots y^{(n)}) = 0,$$

und
$$\varphi(x,\, y,\, z,\, y',\, z') = 0$$
$$\psi(x,\, y,\, z,\, y',\, z') = 0$$

ist ein System von zwei gewöhnlichen Differentialgleichungen erster
Ordnung mit zwei unbekannten Funktionen y, z.

Jede Gleichung zwischen *mehreren* unabhängigen Variablen x, y, ...,
einer oder mehreren Funktionen z, u, ... von x, y, ... und ihren Ableitungen bis zu einer gewissen Ordnung heißt eine *partielle Differentialgleichung*. Ihre Ordnung bestimmt sich wie vorhin.

Die allgemeine Darstellung einer partiellen Differentialgleichung
erster Ordnung mit einer unbekannten Funktion z schreibt sich

$$f\!\left(x,\, y,\, z,\, \frac{\partial z}{\partial x},\, \frac{\partial z}{\partial y}\right) = 0$$

und die eines Systems von zwei partiellen Differentialgleichungen erster
Ordnung mit zwei unbekannten Funktionen z, u lautet:

$$\varphi\!\left(x,\, y,\, z,\, u,\, \frac{\partial z}{\partial x},\, \frac{\partial z}{\partial y},\, \frac{\partial u}{\partial x},\, \frac{\partial u}{\partial y}\right) = 0$$

$$\psi\!\left(x,\, y,\, z,\, u,\, \frac{\partial z}{\partial x},\, \frac{\partial z}{\partial y},\, \frac{\partial u}{\partial x},\, \frac{\partial u}{\partial y}\right) = 0.$$

Die Aufgabe, welche der Analysis einer solchen Gleichung oder einem System derartiger Gleichungen, einem *Differentialsystem*, gegenüber erwächst, besteht im engeren Sinne in der Aufsuchung aller solchen Funktionen $y, z, \ldots$ im ersten, bzw. $z, u, \ldots$ im zweiten Falle, welche nebst ihren betreffenden Differentialquotienten die vorgelegten Differentialgleichungen identisch, d. i. für alle Werte der unabhängigen Variablen erfüllen. Im weiteren Sinne richtet sich die Aufgabe dahin, aus den Differentialgleichungen selbst Eigenschaften der durch sie definierten Funktionen zu gewinnen.

Die durch die obigen Definitionen gekennzeichnete Scheidung in gewöhnliche und partielle Differentialgleichungen drückt sich in der Theorie und Behandlung der Differentialgleichungen am schärfsten aus.

Neben den gewöhnlichen und partiellen spricht man auch von *totalen Differentialgleichungen* und Systemen solcher. Man versteht unter einer totalen Differentialgleichung mit den Variablen $x, y, z, \ldots$ eine Gleichung, die zwischen diesen Variablen und ihren Differentialen $dx, dy, dz, \ldots$ besteht und in bezug auf die letzteren *homogen* ist mit einem positiven ganzen Homogenitätsgrade. Hiernach ist beispielsweise

$$Xdx + Ydy + Zdz = 0,$$

worin X, Y, Z im allgemeinen Funktionen von x, y, z bedeuten, eine totale Differentialgleichung ersten Grades;

$$X_1 dx^2 + Y_1 dy^2 + Z_1 dz^2 = 0$$
$$X_2 dx^2 + Y_2 dy^2 + Z_2 dz^2 = 0,$$

wo über $X_1, \ldots X_2, \ldots$ dasselbe gilt, was vorhin über $X, \ldots$ gesagt wurde, ein System von zwei totalen Differentialgleichungen zweiten Grades. Hier wird zunächst keine Unterscheidung zwischen unabhängigen und abhängigen Variablen getroffen, und man kann die Aufgabe, die durch die Gleichung bzw. die Gleichungen gestellt ist, dahin formulieren, es seien alle *endlichen* Gleichungen zwischen den Variablen herzustellen, die durch Differentiation nach eventueller algebraischer Umformung wieder zu den gegebenen Differentialgleichungen führen.

Die vorstehenden Definitionen setzen uns in den Stand, Differentialgleichungen bestimmter Art rein analytisch aufzustellen; es ist aber nichts darüber gesagt, welcher Natur die sachlichen Fragen sind, die zu Differentialgleichungen Anlaß geben. Hierüber genüge an dieser Stelle die folgende Bemerkung.

Infinitesimale Betrachtungen, wie sie in der Geometrie, in der Mechanik und anderen angewandten Gebieten angestellt werden, führen zu *Differentialgleichungen.* Es erweist sich nämlich häufig als durchführbar, die Eigenschaften eines geometrischen Gebildes anzugeben, wenn man sich auf einen sehr engen Bereich beschränkt, oder die Gesetze eines zeitlichen Vorgangs mathematisch auszudrücken, wenn man seinen Verlauf während einer infinitesimalen Zeitdauer ins Auge faßt. Ist dies gelungen, so ist das betreffende geometrische, mechanische, physikalische, statistische o. dgl. Problem auf das mathematische Gebiet und zwar auf das Ge. biet der Differentialgleichungen übertragen, wo nun die Aufgabe gelöst wird, die Eigenschaften des geometrischen Gebildes in seiner ganzen räumlichen Ausdehnung, die Gesetze des Vorgangs in seinem ganzen zeitlichen Verlauf zu erforschen. Hierin liegt die große Bedeutung der Differentialgleichungen für die angewandten Gebiete.

In geschichtlicher Beziehung sei bemerkt, daß die Differentialgleichungen im Grunde genommen gleichzeitig mit der Infinitesimalrechnung aufkamen; denn die Forderung, eine gegebene Funktion $f(x)$ zu integrieren, drückt sich in der einfachsten Differentialgleichung aus: $\frac{dy}{dx} = f(x)$. Die Aufgabe, eine Differentialgleichung zu lösen, hat im Laufe der Zeit verschiedene Auslegungen erfahren; die Schwierigkeiten, welche manche Gleichungen der jeweils geltenden Auffassung bereiteten, gaben Anlaß zu einer neuen Auffassung. So hat sich ein Fortschritt von ursprünglich speziellen zu immer allgemeineren Auslegungen des Lösungsproblems vollzogen.

A. Gewöhnliche Differentialgleichungen.

§ 1. Differentialgleichungen erster Ordnung. Allgemeines.

344. Auffassung und Lösung einer Differentialgleichung erster Ordnung. Eine gewöhnliche Differentialgleichung erster Ordnung hat die allgemeine Form

$$f(x, y, y') = 0; \tag{1}$$

wesentlich ist dabei jedoch nur das Auftreten von y'; x oder y oder beide zugleich brauchen nicht explizite vorzukommen.

Die Gleichung lösen heißt alle Funktionen y von x bestimmen, welche nebst ihrem Differentialquotienten y' sie identisch befriedigen.

Dieser analytischen Formulierung der Aufgabe läßt sich eine geometrische an die Seite stellen. Werden x, y als (rechtwinklige) Koordinaten eines Punktes der Ebene aufgefaßt, so bedeutet y' den Richtungskoeffizienten der Tangente an die den Verlauf von y darstellende Kurve im Punkte x/y. Die Gleichung (1) lösen heißt dann *alle Kurven bestimmen, deren Punkte im Verein mit den zugehörigen Tangenten die Gleichung befriedigen.*

In noch anderer Weise kann die Gleichung (1) aufgefaßt — gerade diese Auffassung hat sich als dem tiefern Verständnis der Differentialgleichungen sehr förderlich erwiesen — und die Forderung nach ihrer Lösung ausgesprochen werden, wenn man sich des Begriffs „Linienelement"[1]) bedient; darunter soll der Komplex aus einem Punkte x/y und einer durch ihn gehenden Geraden (Fig. 217) verstanden werden[2]); bezeichnet man den Richtungskoeffizienten der letzteren mit y', so sind $x/y/y'$ die Koordinaten des Linienelementes; der Punkt x/y soll insbesondere sein *Träger* heißen.

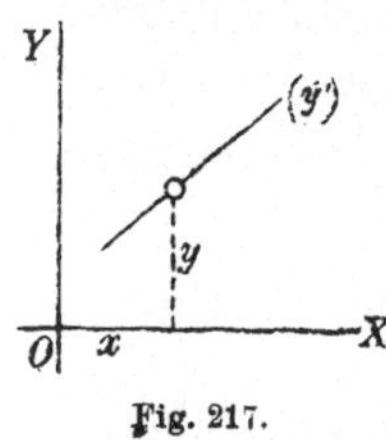
Fig. 217.

Angenommen, die Gleichung (1) lasse sich in bezug auf y' auflösen und gebe die eindeutige Lösung

$$y' = \varphi(x, y); \tag{2}$$

dann gehört zu jedem x/y (der ganzen Ebene oder eines Bereichs) *ein* Wert y', die Gleichung umfaßt so viele Linienelemente, als es Punkte in der Ebene gibt; mit anderen Worten, sie definiert ein *zweifach unendliches* System von Linienelementen. Man pflegt dies auch so auszudrücken, daß man sagt, $\varphi(x, y)$ bestimme ein Richtungsfeld, weil zu jedem Punkte x/y eine bestimmte Richtung gehört. Die Gleichung zu lösen wird also nach dem Vorausgehenden dahin zu deuten sein, *die durch sie definierten Linienelemente auf alle möglichen Arten in einfach unendliche Scharen ordnen derart, daß die Punkte eine Kurve und die Geraden die Tangenten dieser Kurve in den zugeordneten Punkten bilden.*

---

1) Die Einführung dieses Begriffes in die Geometrie überhaupt und in die Theorie der Differentialgleichungen insbesondere ist Sophus Lie (1870—1871) zu verdanken. Näheres in den von G. Scheffers herausgegebenen Vorlesungen über Differentialgleichungen mit bekannten infinitesimalen Transformationen, 1891.

2) Es handelt sich dabei nach der Bedeutung von y' um eine *ungerichtete* Gerade, weil zu den in üblicher Weise gezählten Winkeln beider Richtungen in einer Graden dieselbe Tangens gehört.

Weil, wie die Folge lehren wird, die Lösung einer Differentialgleichung im allgemeinen die Ausführung von Integrationen erfordert, so gebraucht man den Ausdruck „Integration einer Differentialgleichung" im Sinne ihrer Lösung und nennt jede Funktion y von x oder jede Gleichung zwischen x, y, welche der Gleichung (1) genügt, ein *Integral* derselben.

345. Integralkurven und allgemeine Lösung. Betrachtet man in der Differentialgleichung

$$f(x, y, y') = 0 \tag{1}$$

oder in der andern ihr gegebenen, der aufgelösten, Form (2) y' als konstant, so stellt sie eine Kurve dar; diese verbindet die Träger von Linienelementen gleicher, durch den besondern Wert von y' gekennzeichneter Richtung (Fig. 218). Man kann derlei Kurven Isoklinen nennen. Läßt

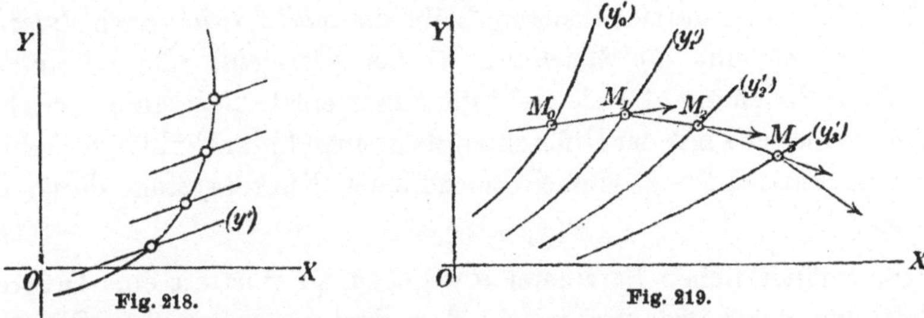

man y' alle Werte durchlaufen, deren es vermöge (1) fähig ist, so beschreibt die Kurve eine einfach unendliche Schar solcher Isoklinen.

Von diesem Kurvensystem ausgehend kann man eine Lösung der Gleichung (1) wie folgt sich konstruiert denken.

Es sei

$$y_0', y_1', y_2', \ldots, y_i', y'_{i+1}, \ldots$$

eine Reihe in kleinen Intervallen fortschreitender Werte von y'; die ihnen entsprechenden Isoklinen seien

$$(y_0'), (y_1'), (y_2'), \ldots, (y_i'), (y'_{i+1}), \ldots,$$

(Fig. 219).[1]) Von einem *beliebigen* Punkte M_0 der Kurve (y_0') ausgehend lege man durch denselben ein Linienelement der Richtung y_0'; durch den Punkt M_1, in welchem die Gerade dieses Elementes die Kurve (y_1') zunächst schneidet, ein weiteres Linienelement der Richtung y_1'; durch den Punkt M_2, in welchem die Gerade dieses Elements die Kurve (y_2') zu

---

1) Die Pfeile bezeichnen die Richtung des Fortschreitens von einer Kurve zur benachbarten.

nächst trifft, ein drittes Linienelement der Richtung y_2', usw. Das auf diese Weise konstruierte Polygon nähert sich bei Abnahme aller Intervalle (y_i', y_{i+1}') gegen Null einer Kurve als Grenze, welche mit ihren Punkten und den Tangenten in denselben der Gleichung (1) genügt, folglich *eine Lösung* dieser Gleichung bildet. Mit Rücksicht auf die Schlußbemerkung des vorigen Artikels wird eine solche Kurve als *Integralkurve* der genannten Gleichung bezeichnet.

Da *jeder* Punkt der Kurve (y_0') zum Ausgangspunkte der Konstruktion genommen werden kann, so gibt es der Integralkurven ein einfach unendliches System und seine Gleichung wird sich auf die Form,

$$F(x, y, C) = 0 \qquad (2)$$

bringen lassen; der veränderliche Parameter C, dessen Einzélwerte die *Partikularintegrale* individualisieren, heißt die *willkürliche* (auch *Integrations-*) *Konstante* und die Gleichung (2) das *allgemeine* oder *vollständige Integral* der Gleichung (1); sie stellt die allgemeinste Beziehung zwischen x und y vor, welche mit der Differentialgleichung (1) im Einklange steht[1].

Umgekehrt, ist ein einfach unendliches Kurvensystem durch die Gleichung

$$F(x, y, a) = 0 \qquad (3)$$

mit dem veränderlichen Parameter a gegeben, so existiert eine Differentialgleichung erster Ordnung, welche dem Systeme entspricht. Sie wird dadurch erhalten, daß man aus (3) durch Differentiation in bezug auf x die weitere Gleichung

$$\frac{\partial F}{\partial x} + \frac{\partial F}{\partial y}\, y' = 0 \qquad (4)$$

ableitet und zwischen beiden den Parameter a eliminiert; das Resultat dieser Elimination, von der allgemeinen Form

$$f(x, y, y') = 0, \qquad (5)$$

ist die besagte Differentialgleichung. Sie drückt die Beziehung aus, welcher *alle* Linienelemente des Kurvensystems (3) Genüge leisten, und heißt die Differentialgleichung dieses Kurvensystems.

---

1) Es sei ausdrücklich vermerkt, daß die eben vorgeführte Betrachtung nur dazu dient, begreiflich zu machen, wie eine Integralkurve zustande kommen kann und daß zu einer Differentialgleichung erster Ordnung eine einfach unendliche Schar solcher Kurven gehört. Ein Beweis für das Vorhandensein eines Integrals ist darin nicht gelegen. Auf solche Existenzbeweise kann hier nicht eingegangen werden. Man findet die darauf bezügliche Literatur bei P. Painlevé, Encykl. der math. Wissensch., Bd. II, p. 189 ff.

Daraus ergibt sich die wichtige Tatsache, *daß ein einfach unendliches Kurvensystem analytisch in zweifacher Weise charakterisiert werden kann*: durch eine endliche Gleichung zwischen den Variablen x, y und einem veränderlichen Parameter und durch eine Differentialgleichung erster Ordnung mit denselben zwei Variablen.

346. Integrationskonstante. Anfangsbedingung. Unter der Voraussetzung, daß (344)
$$y' = \varphi(x, y) \tag{2}$$
durch eine eindeutige Funktion von x, y dargestellt ist, geht durch jeden Punkt des Bereichs von φ nur ein Linienelement, also auch nur eine Integralkurve. Mithin muß das allgemeine Integral $F(x, y, C) = 0$, nach der Konstanten aufgelöst, auch zu einer eindeutigen Funktion von x, y führen:
$$C = \psi(x, y). \tag{6}$$

Längs einer Integralkurve behält C denselben Wert bei; von Kurve zu Kurve ändert es ihn.

Will man jene Integralkurve haben, die durch einen gegebenen Punkt x_0/y_0 hindurchgeht, so hat man C den besonderen Wert
$$C_0 = \psi(x_0, y_0)$$
gegeben und hat in
$$C_0 = \psi(x, y)$$
die verlangte Kurve. Man nennt die Bedingung, durch welche aus dem allgemeinen ein partikuläres Integral herausgehoben wird, seine *Anfangsbedingung*.

Ist ω das Zeichen für irgendeine *eindeutige* Funktion und wendet man den ihr entsprechenden Prozeß auf (6) an, so entsteht
$$\omega(C) = \omega[\psi(x, y)];$$
die linke Seite hat einen bestimmten Wert C', die rechte stellt wieder eine eindeutige Funktion $\chi(x, y)$ von x, y dar,
$$C' = \chi(x, y) \tag{7}$$
ist eine *andere Form* des allgemeinen Integrals.

Daß dem so ist, kann wie folgt bewiesen werden.

Da nach Voraussetzung (6) das allgemeine Integral von (2) ist, muß sich aus
$$0 = \frac{\partial \psi}{\partial x} + \frac{\partial \psi}{\partial y} y' \tag{8}$$
zu jedem x/y derselbe Wert von y' ergeben wie aus (2). Aus (7) folgt aber

$$0 = \frac{\partial \chi}{\partial x} + \frac{\partial \chi}{\partial y}\, y';$$ (9)

darin ist

$$\frac{\partial \chi}{\partial x} = \frac{d\omega}{d\psi}\,\frac{\partial \psi}{\partial x}$$

$$\frac{\partial \chi}{\partial y} = \frac{d\omega}{d\psi}\,\frac{\partial \psi}{\partial y},$$

daher führt auch (9) bei jedem x/y zu demselben Wert von y' wie (6), also auch wie (2).

In diesem Vorgang liegt die Möglichkeit, das allgemeine Integral einer Differentialgleichung in den verschiedensten Formen darzustellen; man wird im allgemeinen nach der einfachsten suchen. In diesem Bestreben schreibt man schon die Konstante in einer passenden Weise, als Funktion einer willkürlichen Zahl, an. Zahlreiche Beispiele hierzu werden sich später ergeben.

347. Aufgaben über Kurvensysteme. Bei der Lösung von Aufgaben, welche Kurvensysteme betreffen, wird bald von der endlichen, bald von der Differentialgleichung mit Vorteil Gebrauch zu machen sein. Die folgenden Beispiele werden den dabei maßgebenden Gesichtspunkt hervortreten lassen.

Beispiel 1. Durch die Gleichungen

$$y - b = m(x - a)$$
$$y - b' = m'(x - a'),$$

wenn darin m, m' als veränderliche Parameter gelten, sind zwei Strahlenbüschel mit den Mittelpunkten a/b, a'/b' bestimmt. Besteht zwischen den Parametern die in bezug auf beide lineare (oder bilineare) Gleichung

$$\alpha m m' + \beta m + \gamma m' + \delta = 0,$$

so sind dadurch die Strahlen beider Büschel in gegenseitig eindeutige Zuordnung gesetzt, und der Ort der Schnittpunkte zugeordneter Strahlen oder *das Erzeugnis der beiden Büschel* ergibt sich durch Elimination von m, m' zwischen obigen drei Gleichungen; das Ergebnis dieser Elimination ist die Gleichung zweiten Grades in x, y:

$$\alpha(y - b)(y - b') + \beta\,(x - a')(y - b) + \gamma\,(x - a)(y - b')$$
$$+ \delta(x - a)(x - a') = 0.$$

Das Erzeugnis zweier projektiven Strahlenbüschel[1]) *ist also eine Kegelschnittslinie.*

Beispiel 2. Es ist der Ort der Punkte zu bestimmen, in welchen die Kreise des Kreisbüschels

$$x^2 + y^2 - 2\beta y = a^2 \tag{10}$$

— veränderlicher Parameter β — von den Geraden des Strahlenbüschels

$$y - c = m\,(x - b) \tag{11}$$

— veränderlicher Parameter m — A) rechtwinklig geschnitten, B) berührt werden.

Eliminiert man zwischen der Gleichung (10) und der daraus hervorgehenden

$$x + yy' - \beta y' = 0$$

den Parameter β, so erhält man die Differentialgleichung

$$(x^2 - y^2 - a^2)y' = 2xy \tag{12}$$

des Kreisbüschels. Auf demselben Wege ergibt sich aus (11) und

$$\frac{dy}{dx} = m$$

die Differentialgleichung des Strahlenbüschels:

$$y - c = \frac{dy}{dx}(x - b); \tag{13}$$

zur Unterscheidung sind in (12) und (13) für den Differentialquotienten verschiedene Symbole gebraucht worden.

Im Sinne der Forderung A) ist der Ort solcher Punkte zu bestimmen, in welchen

$$y'\frac{dy}{dx} + 1 = 0$$

ist; seine Gleichung ergibt sich durch Elimination von y' und $\frac{dy}{dx}$ zwischen dieser und den Gleichungen (12), (13); sie lautet:

$$(x^2 + y^2)x - b(x^2 - y^2) - 2cxy - a^2x + a^2b = 0.$$

Die Forderung B) verlangt den Ort von Punkten, in welchen

$$y' = \frac{dy}{dx};$$

die Elimination von y', $\frac{dy}{dx}$ führt jetzt zu

$$(x^2 + y^2)y + c\,(x^2 - y^2) - 2bxy + a^2y - a^2c = 0.$$

---

1) Das Wesen der Projektivität zweier Gebilde erster Stufe (Punktreihen, Strahlenbüschel usw.) besteht in der gegenseitig eindeutigen Zuordnung ihrer Elemente.

Die verlangten geometrischen Orte[1]) sind also Kurven dritter Ordnung, welche wegen des gleichartigen Baues ihrer Gleichungen ähnliche Eigenschaften besitzen.

348. Form des allgemeinen Integrals bei verschiedenen Formen der Differentialgleichung. Es ist im voraus einleuchtend, daß zwischen der Struktur einer Differentialgleichung und derjenigen ihres allgemeinen Integrals ein Zusammenhang bestehen wird. Bevor wir diesen Zusammenhang in einer Anzahl wichtiger Fälle feststellen, wollen wir einen hiermit zusammenhängenden Begriff entwickeln.

Es sei
$$F(x, y, C) = 0 \tag{14}$$
ein einfach unendliches Kurvensystem; auf dasselbe werde die Transformation (**64, II**)
$$x = \varphi(x_1, y_1, a), \qquad y = \psi(x_1, y_1, a) \tag{15}$$
mit dem veränderlichen Parameter a angewendet. Verwandelt sich dabei die Gleichung (14) in eine gleichartig gebaute mit den Variablen x_1, y_1, nämlich in
$$F(x_1, y_1, C_1) = 0, \tag{16}$$
so bedeutet dies, daß durch die Transformation (15) jede Kurve von (14) in eine bestimmte andere desselben Systems verwandelt worden ist; es wird im allgemeinen C_1 eine Funktion von C und a sein. Wir wollen dann sagen, das Kurvensystem (14) gehe bei der Transformation (15) in sich selbst über oder bleibe *invariant*.

Ist
$$f(x, y, y') = 0 \tag{17}$$
die zu (14) gehörige Differentialgleichung, so kann die zu (16) gehörige auf zweifache Weise gewonnen werden; einmal durch Anwendung der Transformation (15) auf (17), oder aber durch Differentiation von (16) nach x_1 und Elimination von C_1; da aber (16) mit (14) bis auf die Bezeichnungen völlig übereinstimmt, so wird auch die neue Differentialgleichung mit jener (17) übereinstimmen, also lauten müssen
$$f(x_1, y_1, y_1') = 0. \tag{18}$$
Es ändert hiernach eine Transformation, welche ein Kurvensystem invariant läßt, auch die Form seiner Differentialgleichung nicht, anders gesagt, sie läßt auch diese invariant.

---

1) Die Ortskurven können auch als Erzeugnisse des vorgelegten Kreisbüschels mit zwei projektiven Strahlenbüscheln dargestellt werden, die erste mit dem Durchmesserbüschel aus dem Punkte b/c, die zweite mit dem Polarenbüschel, welches dem genannten Punkte in bezug auf das Kreisbüschel entspricht.

Gelingt es·also, zu einer gegebenen Differentialgleichung eine Transformation zu finden, bei welcher sie invariant bleibt, so führt diese selbe Transformation auch das System der Integralkurven in sich selbst über. Wie daraus auf die Form dieses Integrals geschlossen werden kann, werden die folgenden Beispiele zeigen.

Beispiel 1. Die Differentialgleichung

$$f(x, y') = 0, \tag{19}$$

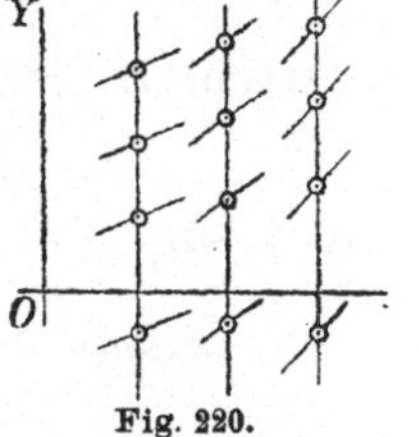

Fig. 220.

die das Besondere aufweist, daß y als solches nicht vorkommt, definiert ein System von Linienelementen von solcher Beschaffenheit, daß die Träger gleichgerichteter Elemente auf Geraden parallel der y-Achse liegen (Fig. 220).

Daraus ist der Schluß zu ziehen, daß ihr allgemeines Integral bei allen Translationen parallel zur y-Achse invariant bleibt und daher auf die Form zu bringen ist: $F(x, y + C) = 0.$ \hfill (20)

In der Tat, die genannten Translationen sind durch

$$x = x_1, \qquad y = y_1 + a \tag{21}$$

bestimmt; durch sie verwandelt sich (20) in

$$F(x_1, y_1 + C_1) = 0, \quad \text{wobei} \quad C_1 = C + a$$

und (19), weil $dx = dx_1$, $dy = dy_1$, also $\dfrac{dy}{dx} = y' = \dfrac{dy_1}{dx_1} = y_1'$ ist, in

$$f(x_1, y_1') = 0.$$

Beispiel 2. Gleiche Überlegungen führen dazu, daß eine Differentialgleichung

$$f(y, y') = 0, \tag{22}$$

in welcher x nicht erscheint, ein Integral von der Form

$$F(x + C, y) = 0 \tag{23}$$

hat, welches bei allen Translationen parallel zur x-Achse:

$$x = x_1 + a, \qquad y = y_1 \tag{24}$$

unverändert bleibt.

Beispiel 3. Die Differentialgleichung

$$f(y - kx, y') = 0, \tag{25}$$

in welcher k eine Konstante bedeutet, definiert ein System von Linienelementen, in welchem die Träger paralleler Elemente auf Geraden vom Richtungskoefizienten k liegen (Fig. 221). Ihr Integral bleibt· daher bei allen Translationen in der durch k bezeichneten Richtung unverändert, hat somit die Form

$$F(x + C, y + kC) = 0. \tag{26}$$

Derlei Translationen sind durch

$$x = x_1 + a, \quad y = y_1 + ka \tag{27}$$

bestimmt; hierdurch aber verwandelt sich (26) tatsächlich in

$$F(x_1 + C_1, y_1 + kC_1) = 0 \quad \text{mit} \quad C_1 = C + a$$

und (25) in

$$f(y_1 - kx_1, y_1') = 0. \tag{28}$$

Beispiel 4. Die Differentialgleichung

$$f\left(x, \frac{y'}{y}\right) = 0 \tag{29}$$

ändert sich nicht, wenn man auf sie die Transformationen

$$x = x_1, \quad y = ay_1, \tag{30}$$

welche als *affine Transformationen* orthogonal zur x-Achse bezeichnet

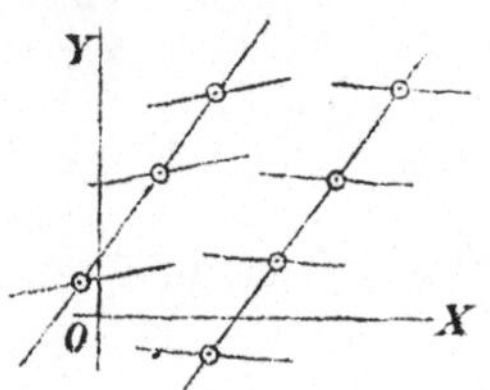
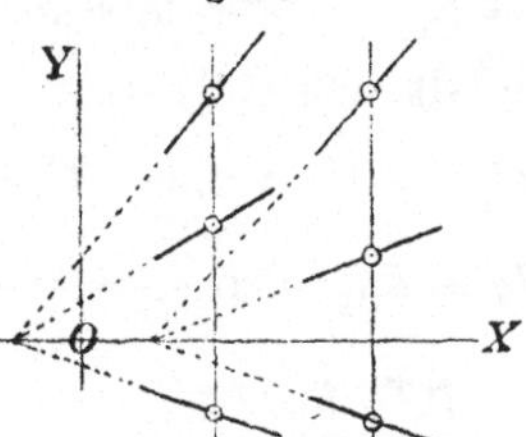
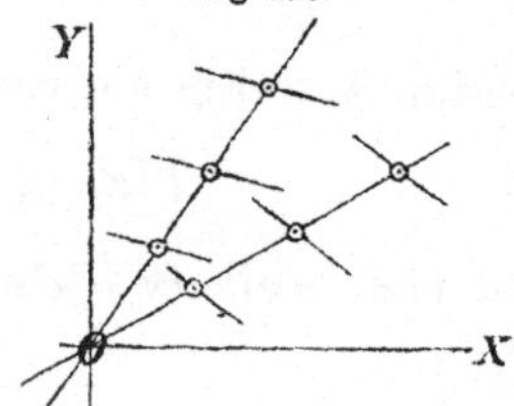

Fig. 221. Fig. 222. Fig. 223.

werden, anwendet (Fig. 222). Mithin läßt sich ihrem Integral die Form geben:

$$F(x, Cy) = 0. \tag{31}$$

Beispiel 5. Man überzeugt sich in gleicher Weise, daß die Differentialgleichung

$$f(y, xy') = 0 \tag{32}$$

bei den affinen Transformationen orthogonal zur y-Achse:

$$x = ax_1, \quad y = y_1 \tag{33}$$

unverändert bleibt und daher ein Integral von der Form

$$F(Cx, y) = 0$$

besitzt.

Beispiel 6. Eine Differentialgleichung von der Gestalt

$$y' = f\left(\frac{y}{x}\right) \tag{34}$$

wird eine *homogene* Differentialgleichung genannt. Sie definiert ein System von Linienelementen solcher Art, daß die Träger paralleler Elemente auf Geraden durch den Ursprung liegen (Fig. 223).

Daraus schließt man, daß das System der Integralkurven bei *perspektivischer Transformation* aus dem Ursprunge, d. h. bei proportionalen Veränderungen aller Strahlen aus dem Ursprunge unverändert bleibt, daß mithin das allgemeine Integral den Bau

$$F(x, y) + C\Phi(x, y) = 0 \tag{35}$$

haben müsse, worin F, Φ homogene Funktionen bedeuten.

Tatsächlich verwandeln die perspektivischen Transformationen

$$x = ax_1, \qquad y = ay_1 \tag{36}$$

die Gleichung (34) in $\qquad y_1' = f\left(\frac{y_1}{x_1}\right);$

und auf (35) angewendet, geben sie, wenn F vom Homogenitätsgrade r, Φ vom Grade s ist, nach **56**

$$F(x_1, y_1) + C_1\Phi(x_1, y_1) = 0 \quad \text{mit} \quad C_1 = a^{s-r}C.$$

§ 2. Integrationsmethoden für Differentialgleichungen erster Ordnung.

349. Trennung der Variablen. Einen Ausdruck $X dx$, wo X Funktion von x allein ist, nennt man ein exaktes Differential in x.

Wenn die Glieder einer Differentialgleichung exakte Differentiale sind, so sagt man, die Variablen seien *getrennt*; die Integration der Gleichung kann dann unmittelbar vollzogen werden.

Hat nämlich eine Differentialgleichung erster Ordnung und *ersten Grades* (in bezug auf y'), nachdem man sie auf eine totale Differentialgleichung zurückgeführt, die Form

$$X dx + Y dy = 0, \tag{1}$$

so folgt aus ihr unmittelbar

$$\int X dx + \int Y dy = C; \tag{2}$$

diese endliche Gleichung bildet das allgemeine Integral der vorausgehenden. Dabei wird die Lösung als vollzogen betrachtet, gleichgültig, ob es möglich ist, die Integrale durch die elementaren Funktionen in endlicher Form darzustellen oder nicht.[1])

In manchen Fällen gelingt die *Trennung der Variablen* durch einen einfachen Rechnungsprozeß, wie z. B. in dem Falle

$$X_1 Y_2 dx + X_2 Y_1 dy = 0,$$

wo man nach Multiplikation mit $\dfrac{1}{X_2 Y_2}$ erhält

$$\frac{X_1}{X_2}\,dx + \frac{Y_1}{Y_2}\,dy = 0.$$

In anderen Fällen muß zu besonderen Hilfsmitteln gegriffen werden, die man unter dem Namen der *Methode der Trennung der Variablen* zusammenfaßt[2]). Unter diesen Hilfsmitteln ist die Einführung neuer Variablen das wichtigste.

350. Beispiele. 1. Die Differentialgleichung

$$\frac{dy}{dx} + \frac{y^2 + 1}{x^2 + 1} = 0$$

lautet nach Trennung der Variablen

$$\frac{dx}{x^2 + 1} + \frac{dy}{y^2 + 1} = 0$$

und gibt zunächst $\qquad \operatorname{arctg} x + \operatorname{arctg} y = C$.

Von dieser transzendenten Form kann man leicht zu einer algebraischen Form übergehen, wenn man die linke Bogensumme durch *einen* Bogen ersetzt und für C schreibt $\operatorname{arctg} c$; es ist dann

$$\operatorname{arctg} \frac{x + y}{1 - xy} = \operatorname{arctg} c,$$

und daraus folgt $\qquad \dfrac{x + y}{1 - xy} = c$.

Auch bei den Differentialgleichungen

$$\frac{dy}{dx} = \frac{y}{x}, \qquad \frac{dy}{dx} + \frac{\sqrt{1 - y^2}}{\sqrt{1 - x^2}} = 0$$

---

1) Die ältere Auffassung des Integrationsproblems verlangte eine Lösung in der Form einer endlichen Verbindung der elementaren Funktionen; erst später erfuhr die Auffassung eine Erweiterung dahin, daß die Lösung auch unbestimmte Integrale enthalten dürfe (Lösung durch Quadraturen).

2) Dieser Weg zur Lösung ist von Johann Bernoulli zuerst ausdrücklich hervorgehoben worden (Acta eruditorum, 1694).

ergibt sich das Integral zunächst in transzendenter Form, nämlich

$$l \frac{y}{x} = C, \quad \arcsin x + \arcsin y = C;$$

man kann aber auf ähnlichem Wege zu den algebraischen Gleichungen

$$y = cx, \quad x\sqrt{1 - y^2} + y\sqrt{1 - x^2} = c \qquad \text{übergehen.}$$

2. Die Bahn eines Punktes zu bestimmen, dessen Bewegungsrichtung in jedem Augenblicke senkrecht ist zu dem nach einem festen Punkte O geführten Strahle (Fig. 224).

Weil $\operatorname{tg} \varphi = \frac{y}{x}$ und $\operatorname{tg} \alpha = \frac{dy}{dx}$, so lautet die Differentialgleichung der Bahnkurven

$$\frac{y}{x}\frac{dy}{dx} + 1 = 0$$

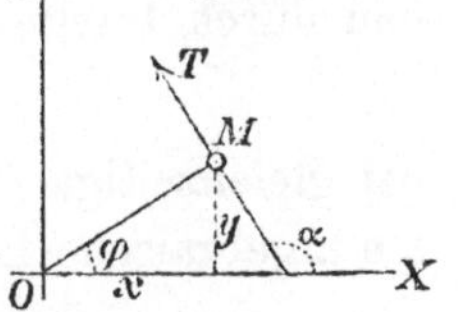

und nach Trennung der Variablen

$$x\,dx + y\,dy = 0;$$

demnach ist die Gleichung der Bahnkurven selbst

$$x^2 + y^2 = C.$$

3. Mit Beziehung auf die frühere Figur sei die Bahnkurve eines Punktes zu bestimmen, dessen Bewegungsrichtung in jedem Augenblicke so beschaffen ist, daß φ und α komplementäre Winkel sind.

Aus der Differentialgleichung

$$\frac{dy}{dx} = \frac{x}{y}$$

folgt

$$x^2 - y^2 = C$$

als Gleichung der Bahnkurven.

4. Es sind Kurven zu bestimmen, bei denen im Polarsystem a) der Tangentenrichtungswinkel θ ein vorgeschriebenes Vielfaches der Amplitude ist, b) die beiden genannten Winkel eine gegebene Summe, c) eine gegebene Differenz haben.

a) Aus dem Ansatze $\theta = n\varphi$ ergibt sich durch den Übergang zur Tangens

$$\frac{r}{r'} = \operatorname{tg} n\varphi,$$

daraus durch Trennung der Variablen

$$\frac{dr}{r} = \frac{\cos n\varphi\,d\varphi}{\sin n\varphi}$$

und durch Integration, wenn man die Integrationskonstante in der Form

la schreibt, $$lr = \frac{1}{n} l \sin n\varphi + la,$$

schließlich also $$r^n = a^n \sin n\varphi.$$

Die verlangte Eigenschaft kommt demnach den Sinusspiralen zu (**136, 4**).

b) Aus $\theta + \varphi = \sigma$ folgt, wenn man $\operatorname{tg}\sigma$ mit $\varkappa$ bezeichnet,

$$\frac{\operatorname{tg}\theta + \operatorname{tg}\varphi}{1 - \operatorname{tg}\theta\operatorname{tg}\varphi} = \varkappa,$$

daraus $$\operatorname{tg}\theta = \frac{\varkappa - \operatorname{tg}\varphi}{1 + \varkappa\operatorname{tg}\varphi}$$

$$\frac{dr}{r} = \frac{\varkappa\sin\varphi + \cos\varphi}{\varkappa\cos\varphi - \sin\varphi}\,d\varphi$$

und durch Integration

$$lr = la - l(\varkappa\cos\varphi - \sin\varphi);$$

bei gleichzeitigem Übergang zu rechtwinkligen Koordinaten ergibt sich die algebraische Lösung $$\varkappa x - y = a,$$

die eine Schar paralleler Geraden mit dem Richtungswinkel σ darstellt.

c) Aus $\theta - \varphi = \delta$ erhält man, wenn wieder für $\operatorname{tg}\delta$ der Buchstabe $\varkappa$ eingeführt wird $$\frac{\operatorname{tg}\theta - \operatorname{tg}\varphi}{1 + \operatorname{tg}\theta\operatorname{tg}\varphi} = \varkappa$$

$$\frac{dr}{r} = \frac{\cos\varphi - \varkappa\sin\varphi}{\sin\varphi + \varkappa\cos\varphi}\,d\varphi;$$

das Integral davon, in algebraische Form und rechtwinklige Koordinaten umgesetzt, lautet $$x^2 + y^2 = C(\varkappa x + y).$$

Es sind dies die Kreise eines Berührungskreisbüschels durch den Pol, dessen Zentrallinie zur Polarachse unter dem Winkel $\frac{\pi}{2} - \delta$ geneigt ist.

5. Eine biegsame Schnur, an zwei Punkten festgehalten, nimmt unter der Wirkung der Schwere eine Gleichgewichtslage an, die sich in der Vertikalebene der beiden Punkte befindet. Es ist ihre Gestalt zu bestimmen.

Bezieht man die Kurve auf ein in ihrer Ebene angeordnetes Koordinatensystem mit horizontal verlaufender x-Achse und vertikal nach aufwärts gerichteter y-Achse, so führen folgende Überlegungen zu einer die Kurve kennzeichnenden Gleichung.

Die nach links gerichtete Tangentialspannung im Punkte M und die nach rechts gerichtete Tangentialspannung in einem rechts benachbarten Punkte M' stehen mit dem Gewichte des Seilstücks MM' im Gleichgewicht. Nennt man also die Komponenten der ersten Spannung nach den Koordinatenachsen X, Y, die der zweiten X', Y', das Gewicht g, so bestehen die Gleichungen

$$X' - X = 0$$
$$Y' - Y - g = 0;$$

aus der ersten geht hervor, daß die Horizontalkomponente der Spannung dem Betrage nach konstant ist. Die zweite schreibt sich, wenn man sich MM' sehr klein denkt,

$$dY = \varkappa\, ds,$$

wobei $\varkappa$ das Gewicht pro Längeneinheit bedeutet; ist α der Richtungswinkel der Tangente in M, so besteht zwischen Y und dem konstanten X die Beziehung $Y = X \operatorname{tg} \alpha$, der zufolge also

$$\frac{d\alpha}{\cos^2\alpha} = \frac{\varkappa}{X}\, ds$$

und wegen $\dfrac{dx}{ds} = \cos\alpha$ weiter

$$\frac{d\alpha}{\cos\alpha} = \frac{\varkappa}{X}\, dx.$$

Die Variablen α, x sind getrennt, die Integration gibt

$$l\operatorname{tg}\left(\frac{\pi}{4} + \frac{\alpha}{2}\right) = \frac{\varkappa}{X}(x + a);$$

woraus

$$\operatorname{tg}\left(\frac{\pi}{4} + \frac{\alpha}{2}\right) = e^{\frac{\varkappa}{X}(x + a)}$$

und auf Grund der Beziehung $\operatorname{tg} v - \operatorname{cotg} v = -2\operatorname{cotg} 2v$

$$\operatorname{tg}\alpha = \frac{dy}{dx} = \frac{1}{2}\left[e^{\frac{\varkappa}{X}(x + a)} - e^{-\frac{\varkappa}{X}(x + a)}\right].$$

Wieder ist die Trennung der Variablen x, y leicht vollzogen und die erübrigende Integration liefert die endgültige Lösung

$$y + b = \frac{X}{2\varkappa}\left[e^{\frac{\varkappa}{X}(x + a)} + e^{-\frac{\varkappa}{X}(x + a)}\right]$$

mit den willkürlichen Konstanten a, b.

Damit ist die Kettenlinie als Gleichgewichtsfigur erwiesen (**134**, 2)). Ihr tiefster Punkt ist dort, wo $\alpha = 0$ ist, seine Koordinaten lauten mithin $x_0 = -a$, $y_0 = \dfrac{X}{\varkappa} - b$. Zur Bestimmung von a, b und X bei gegebenem $\varkappa$ hat man die beiden Aufhängepunkte und die Länge der Schnur (Kette) zu benützen.

24 *

6. Die Differentialgleichung der Bewegung eines Fallschirms hat die Form

$$\frac{dv}{dt} = a - bv^2;$$

darin bedeuten v die Geschwindigkeit, t die Zeit; a, b positive Konstanten, die von der Beschaffenheit der Luft, von der Erdschwere und von den Konstruktionsverhältnissen des Fallschirms abhängen.[1]) Die Variablen lassen sich sofort trennen:

$$\frac{dv}{a - bv^2} = dt$$

und die Integration (**240,** 1.) gibt

$$2\sqrt{ab}\,t + C = l\frac{\sqrt{a} + \sqrt{b}\,v}{\sqrt{a} - \sqrt{b}\,v};$$

bei der Anfangsbedingung $t = 0$, $v = 0$ verschwindet C und die Auflösung nach v liefert

$$v = \sqrt{\frac{a}{b}}\,\frac{e^{2\sqrt{ab}\,t} - 1}{e^{2\sqrt{ab}\,t} + 1};$$

$\sqrt{\dfrac{a}{b}}$ hat die Bedeutung der asymptotischen Endgeschwindigkeit, d. h. jener Geschwindigkeit, der sich v mit wachsendem t nähert.

7. Zwischen der Schwerpunktsgeschwindigkeit v eines Geschosses und der Horizontalneigung θ der Bahntangente besteht, wenn man den Luftwiderstand dem Quadrat der Geschwindigkeit proportional, $= bv^2$, annimmt, die Differentialgleichung

$$g\,d(v\cos\theta) = bv^3 d\theta,$$

wo g die Schwerkraft bedeutet[2]).

Man bewerkstelligt eine Trennung nicht der Variablen v, θ, sondern der Variablen $v\cos\theta$ und θ durch die Umformung

$$\frac{g\,d(v\cos\theta)}{(v\cos\theta)^3} = \frac{b\,d\theta}{\cos^3\theta},$$

und führt man $\operatorname{tg}\theta = p$ als neue Variable ein, so ergibt sich

$$\frac{g}{2\,(v\cos\theta)^2} = b\left[\frac{A}{2} - \int\sqrt{1 + p^2}\,dp\right]$$

und mit Benützung von **253,** 3) weiter

$$\frac{g}{(v\cos\theta)^2} = b\left[A - \left(p\sqrt{1 + p^2} + l(p + \sqrt{1 + p^2})\right)\right]$$

mit der Abkürzung

---

1) Encykl. d. mathem. Wissensch., IV 2, p. **171.**
2) Ebenda, p. 203.

$$p\sqrt{1+p^2} + l(p + \sqrt{1+p^2}) = P(p)$$

erhält man also die Lösung in der Form

$$v^2 = \frac{g}{b}\,\frac{1+p^2}{A - P(p)}\,.$$

Sind der Abgangswinkel θ_0 des Geschosses, d. h. der Neigungswinkel der Anfangstangente der äußeren Geschoßbahn und damit auch seine Tangens p_0, des weiteren die Mündungsgeschwindigkeit v_0 gegeben, so ergibt sich für die Konstante die Bestimmung

$$A = P(p_0) + \frac{g}{b\,v_0{}^2\cos^2\theta_0}\,.$$

8. In der Differentialgleichung

$$(1 + xy)y\,dx + (1 - xy)x\,dy = 0$$

lassen sich die Variablen nicht unmittelbar trennen; aber die Bermerkung, daß x, y in den beiden Verbindungen xy und $\dfrac{x}{y}$ und nur in diesen auftreten, rechtfertigt es, die Substitution

$$xy = z$$
$$\frac{x}{y} = u$$

zu versuchen; dieselbe führt auf

$$x\,dy + y\,dx = dz$$
$$y\,dx - x\,dy = y^2\,du = \frac{z}{u}\,du$$

und damit verwandelt sich die vorgelegte Gleichung in

$$dz + \frac{z^2}{u}\,du = 0$$

und das gestattet in der Tat die Trennung der Variablen und die Vollziehung der Integration, die in den neuen Variablen

$$lu - lC = \frac{1}{z}$$

und in den ursprünglichen $\qquad x = Cy\,e^{\frac{1}{xy}}$ $\qquad\qquad$ ergibt.

9. Zu integrieren die Gleichungen:

a) $\qquad (1 + x)y\,dx + (1 - y)x\,dy = 0;$
$\qquad$ (Lösung: $l(xy) + x - y = C$).

b)
$$\frac{dy}{dx} = \frac{1+y^2}{xy(1+x^2)};$$

(Lösung: $(1+x^2)(1+y^2) = Cx^2$).

c)
$$y^2\,dx + (xy-1)dy = 0;$$

(Lösung: $y = Ce^{xy}$; man benutze als Variable y und $xy = v$).

351. Homogene Differentialgleichungen. In **348, 6.** wurde bereits eine *homogene* Differentialgleichung als eine solche definiert, welche y' als Funktion von $\frac{y}{x}$ bestimmt, und gezeigt, daß ihr Integralkurvensystem bei den perspektivischen Transformationen aus dem Ursprung unverändert bleibt. Eine solche Gleichung entspringt aus der allgemeineren Form
$$\varphi(x,y)\,dx + \psi(x,y)\,dy = 0, \tag{1}$$
in welcher $\varphi(x,y)$, $\psi(x,y)$ homogene Funktionen gleichen Grades vorstellen. Ist n dieser Grad, so ist
$$\varphi(x,y) = x^n\varphi\left(1,\frac{y}{x}\right), \quad \psi(x,y) = x^n\psi\left(1,\frac{y}{x}\right);$$
daher lautet (1) nach Unterdrückung des Faktors x^n:
$$\varphi\left(1,\frac{y}{x}\right)dx + \psi\left(1,\frac{y}{x}\right)dy = 0.$$

Führt man x und $\frac{y}{x} = u$ als Variable ein[1]), so kommt man vermöge der Beziehung $\qquad dy = u\,dx + x\,du \qquad$ zu der neuen Form
$$\varphi(1,u)\,dx + \psi(1,u)(u\,dx + x\,du) = 0,$$
in welcher sich die Variablen trennen lassen wie folgt:
$$\frac{dx}{x} + \frac{\psi(1,u)\,du}{\varphi(1,u) + u\psi(1,u)} = 0;$$
die Integration ergibt dann
$$lx + \int \frac{\psi(1,u)\,du}{\varphi(1,u) + u\psi(1,u)} = C. \tag{2}$$

Hat also die Gleichung die Gestalt
$$y' = f\left(\frac{y}{x}\right), \tag{3}$$

so lautet die Lösung $\qquad lx - \displaystyle\int \frac{du}{f(u)-u} = C. \tag{4}$

---

1) Diese Substitution wird schon 1714 in einer Abhandlung von Gabriello Manfredi angegeben. Der Name „homogene Differentialgleichung" erscheint zum erstenmal 1726 in einer Abhandlung Johann Bernoullis.

Nach vollzogener Integration ist u wieder durch $\frac{y}{x}$ zu ersetzen.

352. Beispiele. 1. Die Differentialgleichung

$$(ax + by)dx + (a'x + b'y)dy = 0$$

läßt Lösung in endlicher Form zu. Denn nach (2) ist ihr Integral

$$lx + \int \frac{(a' + b'u)du}{a + (b + a')u + b'u^2} = C,$$

und die vorgeschriebene Integration ist nach den für die gebrochenen rationalen Funktionen ausgebildeten Methoden ansführbar.

Auf den obigen Fall läßt sich die allgemeinere Gleichung

$$(ax + by + c)dx + (a'x + b'y + c')dy = 0$$

zurückführen, indem man

$$x = x_0 + \xi, \qquad y = y_0 + \eta$$

setzt und die Konstanten x_0, y_0 derart bestimmt, daß

$$ax_0 + by_0 + c = 0$$
$$a'x_0 + b'y_0 + c' = 0$$

wird; denn in den neuen Variablen ξ, η lautet dann die Gleichung so wie vorhin. Der Sinn dieser Transformation ist der, daß das Kurvensystem jetzt nicht in bezug auf den Ursprung, sondern in bezug auf den Punkt x_0/y_0 perspektivische Umformung zuläßt.

Eine derartige Bestimmung von x_0, y_0 ist aber nur möglich, wenn

$$\begin{vmatrix} a & b \\ a' & b' \end{vmatrix} = ab' - a'b \neq 0$$

ist; findet hingegen $\frac{a'}{b} = \frac{b'}{b}(= k)$ statt, so kann für die obige Gleichung

$$(ax + by + c)dx + [k(ax + by) + c']dy = 0$$

geschrieben werden, und führt man jetzt x und $ax + by = v$ als Variable ein, so ist die Trennung möglich; man hat nämlich

$$b(v + c)dx + (kv + c')(dv - adx) = 0$$

und hieraus

$$dx + \frac{(kv + c')dv}{(b - ak)v + bc - ac'} = 0.$$

2. Es sind Kurven zu bestimmen, bei welchen die Ursprungsordinate der Tangente eine homogene lineare Funktion der Koordinaten des Berührungspunktes ist.

Die Differentialgleichung

$$y - xy' = ax + by$$

dieser Kurven kann auf die Form

$$[ax + (b - 1)y]dx + xdy = 0$$

gebracht werden, welche im vorangehenden Beispiele behandelt worden ist. Das allgemeine Integral

$$lx + \int \frac{du}{a + bu} = lc$$

in seiner endgültigen Gestalt

$$x^{b-1}(ax + by) = C$$

bestimmt bei rationalem b ein System algebraischer Kurven. Wenn insbesondere $ax + by \equiv x + y$, ist es das Parallelstrahlenbüschel

$$x + y = C,$$

bei $ax + by \equiv y - x$ das Parallelstrahlenbüschel

$$y - x = C;$$

bei $ax + by \equiv x - y$ hat man

$$x - y = Cx^2,$$

also ein Büschel durch den Ursprung gehender Parabeln, deren Achsen der y-Achse parallel sind und deren Brennpunkte in der x-Achse liegen.

3. Es sind Kurven zu bestimmen, bei welchen die Tangente mit der Abszissenachse einen doppelt so großen Winkel bildet, als der aus dem Ursprunge nach dem Berührungspunkte gezogene Strahl.

Mit Bezugnahme auf Fig. 224 soll also $\alpha = 2\varphi$, somit

$$\operatorname{tg} \alpha = \frac{2 \operatorname{tg} \varphi}{1 - \operatorname{tg}^2 \varphi}, \qquad \text{d. h.} \qquad y' = \frac{2 \frac{y}{x}}{1 - \left(\frac{y}{x}\right)^2}$$

sein. Die Einführung von $\frac{y}{x} = u$ gibt

$$u dx + x du = \frac{2u}{1 - u^2} dx;$$

und trennt man die Variablen, so ist weiter

$$\frac{(1 - u^2)du}{u(1 + u^2)} = \frac{dx}{x};$$

die Integration vollzieht sich unmittelbar, nachdem man $1 - u^2$ durch $1 + u^2 - 2u^2$ ersetzt hat, und gibt

$$lu - l(1 + u^2) + lC = lx;$$

durch Übergang zu den Zahlen und Restitution des Wertes für u ergibt sich schließlich
$$x^2 + y^2 = Cy.$$

Die gesuchten Linien bilden also ein die x-Achse im Ursprung berührendes Kreisbüschel.

4. Es sind Kurven zu bestimmen, bei welchen der Abschnitt der Tangente auf der Ordinatenachse gleich ist dem nach dem Berührungspunkte aus dem Ursprung geführten Leitstrahl.

Die Differentialgleichung der verlangten Kurven kann unmittelbar hingeschrieben werden; sie lautet:

$$y - xy' = \sqrt{x^2 + y^2}; \quad \text{daraus folgt} \quad y' = \frac{y}{x} - \sqrt{1 + \frac{y^2}{x^2}}$$

und mit $\frac{y}{x} = u$ weiter

$$u + x\frac{du}{dx} = u - \sqrt{1 + u^2}, \quad \text{woraus} \quad \frac{dx}{x} + \frac{du}{\sqrt{1 + u^2}} = 0$$

und in weiterer Folge

$$lx + l\left(u + \sqrt{1 + u^2}\right) = lC$$
$$x\left(u + \sqrt{1 + u^2}\right) = C$$
$$y + \sqrt{x^2 + y^2} = C;$$

nach Beseitigung der Irrationalität hat man

$$x^2 = -2Cy + C^2$$

und erkennt, daß die verlangten Kurven konfokale Parabeln sind, deren gemeinsamer Brennpunkt der Ursprung und deren Achse die y-Achse ist.

5. Zu lösen die folgenden Aufgaben:

a) $\qquad (8y + 10x)dx + (5y + 7x)dy = 0;$

$\qquad$ (Lösung: $(y + x)^2(y + 2x)^3 = C$).

b) $\qquad (2x - y + 1)dx + (2y - x - 1)dy = 0;$

$\qquad$ (Lösung: $x^2 - xy + y^2 + x - y = C$).

c) Kurven zu bestimmen, deren Subtangente gleich ist der Summe der Koordinaten des Berührungspunktes.

$$\left(\text{Lösung: } y = Ce^{\frac{x}{y}}\right).$$

d) Bezeichnet man die Achsenabschnitte der Tangente und Normale mit t_x, t_y; n_x, n_y, so sind Kurven mit folgenden Eigenschaften zu bestimmen:

$\alpha)$
$$t_y + n_x = 2(x + y).$$
$$(\text{Lösung: } x^2 + 2xy - y^2 = C).$$

$\beta)$
$$t_x - n_y = x + y.$$
$$\left(\text{Lösung: } l(2y^2 + xy + x^2) = \frac{2}{\sqrt{7}} \operatorname{arctg} \frac{4y + x}{x\sqrt{7}} + C\right).$$

$\gamma)$
$$t_y + n_x = y - x.$$
$$\left(\text{Lösung: } l(y^2 - xy + 2x^2) = \frac{2}{\sqrt{7}} \operatorname{arctg} \frac{2y - x}{x\sqrt{7}} + C\right).$$

353. Exakte Differentialgleichungen. Wenn eine Differentialgleichung erster Ordnung in der Form einer totalen Differentialgleichung gegeben oder auf eine solche gebracht ist:

$$M(x, y)dx + N(x, y)dy = 0, \tag{1}$$

so kann es sein, daß ihre linke Seite das exakte Differential einer noch unbekannten Funktion $u(x, y)$ ist; für (1) kann dann

$$du = 0$$

geschrieben werden, woraus das allgemeine Integral

$$u(x, y) = C \qquad \text{folgt.} \tag{2}$$

Ob dem so sei, läßt sich durch Differentiation entscheiden, und trifft die Voraussetzung zu, so kann die unbekannte Funktion durch Quadraturen hergestellt werden.

In der Tat ist $Mdx + Ndy$ das totale Differential von u nur dann, wenn

$$\frac{\partial u}{\partial x} = M, \qquad \frac{\partial u}{\partial y} = N;$$

dann aber muß

$$\frac{\partial M}{\partial y} = \frac{\partial N}{\partial x} \tag{3}$$

sein, weil beide Seiten dasselbe, nämlich $\dfrac{\partial^2 u}{\partial x \, \partial y}$, bedeuten.

Somit ist (1) nur dann eine „exakte Differentialgleichung", wenn (3) erfüllt ist.

Man findet dann aus $\dfrac{\partial u}{\partial x} = M$

$$u = \int Mdx + Y;$$

dabei wird die Integration an M nur in bezug auf x ausgeführt, als ob y konstant wäre, weshalb auch die Integrationskonstante Y im allgemeinen als Funktion von y vorausgesetzt werden muß; durch Differentiation ergibt sich daraus

$$du = Mdx + Ndy = Mdx + \left[\frac{\partial \int Mdx}{\partial y} + \frac{dY}{dy}\right]dy,$$

mithin ist
$$N = \frac{\partial \int Mdx}{\partial y} + \frac{dY}{dy}$$

und schließlich
$$Y = \int\left(N - \frac{\partial \int Mdx}{\partial y}\right)dy;$$

also hat man
$$u = \int\left\{Mdx + \left(N - \frac{\partial \int Mdx}{\partial y}\right)dy\right\}.$$

Geht man von $\dfrac{\partial u}{\partial y} = N$ aus, so ergibt sich durch ein analoges Verfahren

$$u = \int\left\{Ndy + \left(M - \frac{\partial \int Ndy}{\partial x}\right)dx\right\}.$$

Die divergierenden Teile beider Darstellungen stimmen sachlich wegen (3) miteinander überein; denn es ist

$$\int \frac{\partial \int Mdx}{\partial y}\,dy = \int\int \frac{\partial M}{\partial y}dx\,dy$$

$$\int \frac{\partial \int Ndy}{\partial x}\,dx = \int\int \frac{\partial N}{\partial x}dx\,dy.$$

Nach erfolgter Ausrechnung von u ist das allgemeine Integral gemäß der Vorschrift (2) anzusetzen.

354. Beispiele. 1. Die Differentialgleichung
$$x(x + 2y)dx + (x^2 - y^2)dy = 0$$

ist exakt, weil
$$\frac{\partial[x(x + 2y)]}{\partial y} = 2x = \frac{\partial(x^2 - y^2)}{\partial x}.$$

Nun ist
$$\int x(x + 2y)dx = \frac{x^3}{3} + x^2y$$

$$\int (x^2 - y^2)dy = x^2y - \frac{y^3}{3}$$

$$\frac{\partial \int x(x + 2y)dx}{\partial y} = x^2$$

$$\int \frac{\partial \int x(x + 2y)dx}{\partial y}\,dy = x^2y;$$

demnach
$$\frac{x^3}{3} + x^2y - \frac{y^3}{3} = \text{konst.}$$

oder
$$x^3 + 3x^2y - y^3 = C$$

das allgemeine Integral.

2. Die Gleichung

$$x(x^2 + 3y^2)dx + y(y^2 + 3x^2)dy = 0$$

erfüllt gleichfalls die Bedingung einer exakten Differentialgleichung. Sondert man Glieder von der Form Xdx, Ydy, die exakte Differentiale sind, ab, so muß dann notwendig der erübrigende Teil die Bedingung wieder erfüllen; in der Tat ist dies bei

$$x^3 dx + y^3 dy + 3(xy^2 dx + x^2 y dy) = 0$$

der Fall. Und da man hier die Funktion, von welcher $xy^2 dx + x^2 y dy$ das Differential ist, unmittelbar erkennt — es ist dies $\frac{1}{2}x^2 y^2$ —, so kann man das allgemeine Integral sofort hinstellen:

$$\frac{x^4 + y^4}{4} + \frac{3}{2} x^2 y^2 = \text{konst.}$$

oder

$$x^4 + y^4 + 6 x^2 y^2 = C.$$

3. Die Gleichung $e^x(x^2 + y^2 + 2x)dx + 2ye^x dy = 0$ zu integrieren (Lösung: $(x^2 + y^2)e^x = C$) und die Gleichung **352**, 5b) als exakte zu behandeln.

355. Der integrierende Faktor. Wenn die Differentialgleichung

$$M dx + N dy = 0 \tag{1}$$

die Bedingung $\frac{\partial M}{\partial y} = \frac{\partial N}{\partial x}$ nicht erfüllt, so muß doch ihr allgemeines Integral, dem man immer die Gestalt

$$u = C \tag{2}$$

geben kann, so beschaffen sein, daß die Gleichung

$$\frac{\partial u}{\partial x} dx + \frac{\partial u}{\partial y} dy = 0 \tag{3}$$

mit (1) dem Wesen nach übereinstimmt, d. h. daß beide für jede Wertverbindung x/y denselben Wert für $\frac{dy}{dx}$ ergeben, also ein und dasselbe System von Linienelementen definieren. Dies ist nur dann der Fall, wenn die linke Seite in (3) sich von der linken Seite in (1) nur um einen nicht identisch, d. h. für alle Wertverbindungen von x, y verschwindenden Faktor unterscheidet, so daß

$$\mu(M dx + N dy) \equiv \frac{\partial u}{\partial x} dx + \frac{\partial u}{\partial y} dy = du. \tag{4}$$

Ein solcher Faktor μ, welcher die linke Seite von (1) in ein exaktes Differential verwandelt, wird ein *integrierender Faktor* der Gleichung (1) genannt, weil nach Auffindung eines solchen die Gleichung nach dem in **353** entwickelten Vorgange integriert werden kann.

Neben μ ist aber jeder Ausdruck von der Form $\mu\varphi(u)$, was auch φ für eine Funktion sein möge, *aber auch nur ein solcher*, integrierender Faktor von (1), weil, vermöge (4), auch

$$\mu\varphi(u)(Mdx + Ndy) = \varphi(u)du$$

ein exaktes Differential ist; durch seine Integration entsteht eine Funktion $\Phi(u)$, und die Gleichung

$$\Phi(u) = C \tag{5}$$

ist ebenso das Integral von (1) wie

$$u = C.^{1)}$$

Sind also zwei wesentlich verschiedene, d. h. nicht bloß durch einen konstanten Faktor sich unterscheidende integrierende Faktoren einer Differentialgleichung bekannt, so möge der eine mit μ bezeichnet werden, dann ist der andere mit $\mu\varphi(u)$ anzusetzen; ihr Quotient $\varphi(u)$, einer willkürlichen Konstanten gleichgesetzt, gibt eine Gleichung von der Gestalt (5). Mithin hat die Kenntnis zweier integrierender Faktoren einer Differentialgleichung die Kenntnis ihres allgemeinen Integrals zur Folge.

Als eine Methode von großer Anwendbarkeit kann die Integration mittels des integrierenden Faktors nicht bezeichnet werden[2]), denn die Aufgabe, zu einer vorgelegten Differentialgleichung einen integrierenden Faktor zu bestimmen, ist in der Regel ein schwierigeres Problem als die Integration der Gleichung selbst. Dem Art. **353** zufolge hat nämlich der integrierende Faktor der Bedingung

$$\frac{\partial(\mu M)}{\partial y} = \frac{\partial(\mu N)}{\partial x},$$

also der *partiellen Differentialgleichung*

$$N\frac{\partial\mu}{\partial x} - M\frac{\partial\mu}{\partial y} = \mu\left(\frac{\partial M}{\partial y} - \frac{\partial N}{\partial x}\right)$$

---

1) **Vgl.** hierzu **346**.

2) **Man** bringt die Methode vorzugsweise mit dem Namen L. Eulers in Verbindung und nennt sie nach ihm auch *Methode des* Euler*schen Multiplikators*, weil er die zugrunde liegende Idee am eingehendsten verfolgt hat (1760). Doch findet sich eine Andeutung davon schon bei Johann Bernoulli, und A. Clairaut hat (1739) von dem Verfahren in bewußter Weise Gebrauch gemacht.

zu genügen; und die Lösung einer solchen führt, wie an späterer Stelle gezeigt werden wird, auf *zwei* gewöhnliche Differentialgleichungen.

356. Beispiele. 1. Die Differentialgleichung

$$y\,dx - x\,dy = 0$$

ist nicht exakt; es ist aber leicht, integrierende Faktoren für sie anzugeben. Ein solcher ist schon $\dfrac{1}{xy}$, weil er die Trennung der Variablen bewerkstelligt und die linke Seite in das Differential von $l\dfrac{x}{y}$ verwandelt; aber auch $\dfrac{1}{y^2}$ und $\dfrac{1}{x^2}$ sind integrierende Faktoren, weil sie die linke Seite in das Differential von $\dfrac{x}{y}$, bzw. von $-\dfrac{y}{x}$ verwandeln.

Jede zwei der drei Faktoren

$$\frac{1}{xy},\ \frac{1}{y^2},\ \frac{1}{x^2}$$

geben zum Quotienten eine Funktion von $\dfrac{y}{x}$, weshalb

$$\frac{y}{x} = C$$

das allgemeine Integral jener Gleichung in seiner einfachsten Form ist.

2. Auch die Differentialgleichung

$$(y - x)\,dy + y\,dx = 0$$

ist nicht exakt; sondert man von dem exakten Teile $y\,dy$ den nicht exakten $y\,dx - x\,dy$ ab, so kann für diesen allein jeder der vorhin angegebenen Faktoren $\dfrac{1}{xy},\ \dfrac{1}{x^2},\ \dfrac{1}{y^2}$ verwendet werden; für die ganze Gleichung aber nur der letzte, weil er von y allein abhängt; er verwandelt die linke Seite in das Differential von $ly + \dfrac{x}{y}$, mithin ist

$$ly + \frac{x}{y} = C$$

das allgemeine Integral der vorgelegten Gleichung.

3. Um einen allgemeinen Fall vorzuführen, soll gezeigt werden, daß sich zu jeder homogenen Differentialgleichung ein integrierender Faktor unmittelbar angeben läßt.

Sei
$$M\,dx + N\,dy = 0$$

eine homogene Differentialgleichung (**351**); da identisch gilt:

$$M\,dx + N\,dy$$

$$= \tfrac{1}{2}\left\{(Mx+Ny)\left(\frac{dx}{x}+\frac{dy}{y}\right) + (Mx-Ny)\left(\frac{dx}{x}-\frac{dy}{y}\right)\right\},$$

so ist $\qquad \dfrac{M\,dx+N\,dy}{Mx+Ny} = \tfrac{1}{2}\,dl(xy) - \tfrac{1}{2}\,\dfrac{Mx-Ny}{Mx+Ny}\,dl\,\dfrac{y}{x}\,;$

weil nun Zähler und Nenner des Bruches $\dfrac{Mx-Ny}{Mx+Ny}$ homogen sind von

gleichem Grade, so läßt er sich als Funktion von $\dfrac{y}{x} = u$ darstellen, so daß

$$\frac{M\,dx+N\,dy}{Mx+Ny} = \frac{1}{2}\,dl(xy) - \varphi(u)\,\frac{du}{u}\,;$$

mithin verwandelt der Faktor $\dfrac{1}{Mx+Ny}$ die linke Seite der Differentialgleichung in ein Aggregat exakter Differentiale, ist also ein integrierender Faktor derselben.

Der Faktor wird illusorisch, wenn $Mx + Ny = 0$. Man erledige
diesen Sonderfall.

Ist die vorgelegte Gleichung homogen *und* exakt, so hat sie neben
dem integrierenden Faktor $\dfrac{1}{Mx+Ny}$ auch den Faktor 1, folglich ist dann
$Mx + Ny = C$ ihr Integral. Dies trifft beispielsweise bei der Gleichung

$$(\alpha x + \beta y)dx + (\beta x + \gamma y)dy = 0$$

zu, ihr Integral ist somit

$$\alpha x^2 + 2\beta xy + \gamma y^2 = C.$$

Die Gleichung $(xy + y^2)dx - (x^2 - xy)dy = 0$ mittels eines integrierenden Faktors zu integrieren.

357. Lineare Differentialgleichungen. Eine Differentialgleichung, welche in bezug auf die zu bestimmende Funktion und ihren
Differentialquotienten vom ersten Grade ist und auch das Produkt der
beiden nicht enthält, heißt eine *lineare Differentialgleichung*. Ihre allgemeinste Form $\qquad p_0 y' + p_1 y = q,$

worin p_0, p_1, q Funktionen von x oder Konstanten bedeuten, kann durch
Division durch p_0 vereinfacht werden, wobei jedoch, wenn p_0 eine Funktion von x ist, solche Stellen ausgeschlossen werden müssen, an welchen
$p_0 = 0$ ist; schreibt man dann für $\dfrac{p_1}{p_0}, \dfrac{q}{p_0}$ kurz P, Q, so ergibt sich die
übliche Schreibweise der linearen Gleichung:

$$\frac{dy}{dx} + Py = Q, \tag{1}$$

in der P, Q wiederum Funktionen von x oder Konstanten bedeuten.

Nach Multiplikation mit dx ist der Teil Qdx ein exaktes Differential, der nicht exakte Teil
$$dy + Pydx$$
hat aber augenscheinlich den integrierenden Faktor $\dfrac{1}{y}$, weil durch dessen Anwendung die Variablen getrennt werden und der Ausdruck sich in das exakte Differential von
$$ly + \int Pdx$$
verwandelt; die Differentialgleichung
$$dy + Pydx = 0$$
wird also durch
$$y = e^{-\int Pdx}$$
befriedigt; ihr integrierender Faktor
$$\frac{1}{y} = e^{\int Pdx}$$
ist, da er nur von x abhängt, auch ein Faktor der ganzen Gleichung.

Durch seine Anwendung verwandelt sich (1) in
$$d\left[y\,e^{\int Pdx}\right] = Q\,e^{\int Pdx}\,dx$$
und daraus folgt das allgemeine Integral
$$y = e^{-\int Pdx}\left\{C + \int Q\,e^{\int Pdx}\,dx\right\}. \tag{2}$$

Ohne auf den integrierenden Faktor einzugehen, kann man dieses Resultat auch auf folgende Weise entwickeln. Betrachtet man y als Produkt zweier unbekannten Funktionen u, v von x[1]), setzt also
$$y = uv,$$
woraus
$$\frac{dy}{dx} = \frac{du}{dx}v + u\frac{dv}{dx},$$
so lautet die Gleichung:
$$\left(\frac{du}{dx} + Pu\right)v + u\frac{dv}{dx} = Q;$$

----

1) Der dieser Substitution zugrunde liegende Gedanke ist zuerst von **Johann Bernoulli** (1697) angegeben worden.

sie reduziert sich auf
$$u\frac{dv}{dx} = Q,$$
(3)

wenn man, von dem Umstande Gebrauch machend, daß die zwei Funktionen u, v einer Bedingung unterworfen werden dürfen, über u derart verfügt, daß
$$\frac{du}{dx} + Pu = 0;$$

daraus folgt durch Trennung der Variablen
$$\frac{du}{u} + Pdx = 0$$

und durch Integration
$$lu + \int Pdx = 0,$$

woraus
$$u = e^{-\int Pdx}$$

Mit dieser Bestimmung aber lautet (3):
$$dv = Qe^{\int Pdx}\,dx,$$

woraus
$$v = C + \int Qe^{\int Pdx}\,dx.$$

Demnach ist
$$y = uv = e^{-\int Pdx}\left\{C + \int Qe^{\int Pdx}\,dx\right\} \qquad \text{wie oben.}$$

Wie aus den Ausführungen in **346** im voraus zu erwarten war, ist das Integral einer linearen Differentialgleichung linear in bezug auf die Konstante. Umgekehrt: Zu einem Integral, daß in bezug auf die Konstante linear ist, also die Form
$$y = C\varphi + \psi$$

hat, gehört eine lineare Differentialgleichung. Denn eliminiert man aus dieser Gleichung und aus $\quad y' = C\varphi' + \psi'$
die Konstante, so ergibt sich
$$\begin{vmatrix} y - \psi & \varphi \\ y' - \psi' & \varphi' \end{vmatrix} = 0 \qquad \text{und ausgeführt}$$
$$y' + Py = Q,$$

wenn $P = -\dfrac{\varphi'}{\varphi}$ und $Q = \dfrac{\varphi\psi' - \varphi'\psi}{\varphi}$ gesetzt wird.

358. Beispiele. 1. Die lineare Gleichung
$$\frac{dy}{dx} = ax + by + c$$

hat den integrierenden Faktor

$$e^{-\int b\,dx} = e^{-bx};$$

multipliziert man sie mit demselben, so erkennt man in

$$\left(\frac{dy}{dx} - by\right) e^{-bx} = (ax + c)e^{-bx}$$

die linke Seite sogleich als das Differential von ye^{-bx}; mithin ist

$$ye^{-bx} = C + \int (ax + c)e^{-bx}dx$$

und nach Ausführung der Integration

$$y = Ce^{bx} - \frac{abx + a + bc}{b^2}$$

oder in anderer Anordnung, wenn man für b^2C wieder C schreibt,

$$abx + b^2y + a + bc = Ce^{bx}$$

das allgemeine Integral.

2. Bringt man die Gleichung

$$\frac{dy}{dx} + \operatorname{tg} y = x \sec y$$

auf die Form

$$\cos y\,\frac{dy}{dx} + \sin y = x,$$

so erkennt man in ihr eine lineare Differentialgleichung, aber nicht in bezug auf y, sondern in bezug auf $\sin y$ als abhängige Variable; man kann sie nämlich schreiben

$$\frac{d\,(\sin y)}{dx} + \sin y = x;$$

als solche hat sie den integrierenden Faktor $e^{\int dx} = e^x$ und gibt bei dessen Anwendung

$$e^x \sin y = C + \int xe^x\,dx,$$

woraus schließlich

$$\sin y = x - 1 + Ce^{-x}.$$

3. Bei der Untersuchung der Druckverhältnisse in einem mit irgendeinem Material gefüllten vertikalen Rohre (z. B. Getreide in Silos) hat sich die Differentialgleichung

$$\frac{dp}{dy} + \frac{U}{F}k \operatorname{tg} \varphi \cdot p = \gamma$$

ergeben.[1]) Darin bedeutet p den Druck in der Tiefe y unter der freien

---

1) Encykl. d. math. Wissensch. IV 2 II, p. 396.

Oberfläche der Füllung, F die Fläche, U den Umfang des Rohrquerschnitts, k eine von der innern Reibung des Materials abhängige Konstante, φ den Reibungswinkel zwischen Füllung und Wand, γ endlich das spezifische Gewicht der Füllung.

Das Integral, wie es sich nach der Formel (2) unmittelbar ergibt, lautet:

$$p = e^{-\frac{U}{F}k\,\mathrm{tg}\,\varphi\cdot y}\left[C + \frac{\gamma}{\frac{U}{F}k\,\mathrm{tg}\,\varphi}\,e^{\frac{U}{F}k\,\mathrm{tg}\,\varphi\cdot y}\right]$$

und vereinfacht sich mit der Abkürzung

$$\frac{\gamma}{\frac{U}{F}k\,\mathrm{tg}\,\varphi} = c$$

auf
$$p = c + Ce^{-\frac{\gamma y}{c}};$$

kennt man den Druck p_0 auf die freie Oberfläche, also bei $y = 0$, so ergibt sich als Wert der Integrationskonstanten $C = p_0 - c$ und hiermit wird[1])

$$p = c\left[1 - \frac{c - p_0}{c}\,e^{-\frac{\gamma y}{c}}\right].$$

Da $p = c$ wird für $y = \infty$, so bedeutet c die Pressung in unendlicher (praktisch in sehr großer) Tiefe.

4. Die sogenannte Bernoullische Differentialgleichung[2])

$$\frac{dy}{dx} + Py = Qy^n$$

kann nicht unmittelbar als eine lineare angesprochen werden; bringt man sie aber in die Gestalt

$$y^{-n}\frac{dy}{dx} + Py^{1-n} = Q,$$

so findet man, daß sie linear ist in bezug auf $\dfrac{y^{1-n}}{1-n}$ als abhängige Variable, indem sie geschrieben werden kann

$$\frac{d\,\dfrac{y^{1-n}}{1-n}}{dx} + (1-n)P\,\frac{y^{1-n}}{1-n} = Q.$$

Unter Zugrundelegung der Formel (2) ist also

---

1) In der Encyklopädie ist der Exponent von e irrtümlich mit $-cy$ angegeben.
2) Von Jakob Bernoulli 1695 zur Lösung gestellt.

$$y^{1-n} = (1-n)\,e^{(n-1)\int P\,dx}\left\{C + \int Q\,e^{(1-n)\int P\,dx}\,dx\right\} \qquad (4)$$

ihr allgemeines Integral.

Als Beispiel diene die Gleichung

$$\frac{dy}{dx} = \frac{1}{xy + x^2 y^3};$$

nicht in dieser, aber in der reziproken Gestalt

$$\frac{dx}{dy} - yx = y^3 x^2$$

stellt sie sich als eine Bernoullische Gleichung mit der **abhängigen** Variablen x dar und gibt nach dem erklärten Vorgange das Integral

$$x^{-1} = -\,e^{-\frac{y^2}{2}}\left\{C + \int y^3 e^{\frac{y^2}{2}}\,dy\right\},$$

in endgültiger Form $\qquad \dfrac{1}{x} = 2 - y^2 - Ce^{-\frac{y^2}{2}}.$

5. **Die Riccatische Differentialgleichung.** Im Anschlusse an die Bemerkung, die über das Auftreten der Konstanten in dem Integral einer linearen Differentialgleichung gemacht worden ist, stellen wir uns die Frage nach der allgemeinen Form jener Differentialgleichung, deren Integral in der expliziten Form geschrieben in bezug auf die Konstante *linear gebrochen*, also nach dem Schema

$$y = \frac{C\varphi + \psi}{C\varphi_1 + \psi_1}$$

zusammengesetzt ist, worin φ, ψ, φ_1, ψ_1 Funktionen von x bedeuten. Schreibt man die Gleichung in der Gestalt

$$C(\varphi_1 y - \varphi) + \psi_1 y - \psi = 0$$

und differentiiert, wodurch

$$C(\varphi_1' y + \varphi_1 y' - \varphi') + \psi_1' y + \psi_1 y' - \psi' = 0$$

entsteht, so ergibt die Elimination von C:

$$\begin{vmatrix} \varphi_1 y - \varphi & \psi_1 y - \psi \\ \varphi_1' y + \varphi_1 y' - \varphi' & \psi_1' y + \psi_1 y' - \psi' \end{vmatrix} = 0$$

und die Ausführung der Determinante liefert:

$$y' = Py^2 + Qy + R, \qquad (5)$$

worin

$$P = \frac{\varphi_1' \psi - \varphi_1 \psi'}{\varphi_1 \psi - \varphi \psi_1}, \quad Q = \frac{\varphi_1 \psi' - \varphi' \psi_1 + \varphi \psi_1' - \varphi_1' \psi}{\varphi_1 \psi - \varphi \psi_1}, \quad R = \frac{\varphi' \psi - \varphi \psi'}{\varphi_1 \psi - \varphi \psi_1}$$

lediglich Funktionen von x sind.

Eine Gleichung von der Form (5) nennt man nach dem Urheber eine *Riccatische Differentialgleichung*. Ihre Lösung läßt sich im allgemeinen nicht auf Quadraturen zurückführen.

Kennt man aber ein partikuläres Integral, d. h. eine Funktion η von x, die ihr genügt, so daß $\qquad \eta' = P\eta^2 + Q\eta + R,$ $\qquad\qquad$ (6)

dann läßt sich die Gleichung auf eine Bernoullische reduzieren und somit durch Quadraturen lösen; denn setzt man

$$y = \eta + z, \quad \text{woraus} \quad y' = \eta' + z', \qquad \text{so wird aus (5)}$$

$$\eta' + z' = P\eta^2 + Q\eta + R + P(2\eta z + z^2) + Qz,$$

also mit Rücksicht auf (6)

$$z' - (2P\eta + Q)z = Pz^2$$

und das ist eine Bernoullische Gleichung mit der unbekannten Funktion z.

6. Zu lösen die Differentialgleichungen:

a) $\qquad\qquad\qquad ay' + by = c \sin \alpha x;$

$$\left(\text{Lösung: } y = Ce^{-\frac{bx}{a}} + \frac{c}{\sqrt{b^2 + a^2\alpha^2}} \sin(\alpha x - \beta), \text{ wenn } \beta = \operatorname{arctg} \frac{a\alpha}{b}\right).$$

b) $\qquad\qquad\qquad y' \cos x + y \sin x = 1;$

$$(\text{Lösung: } y = \sin x + C \cos x).$$

c) $\qquad\qquad\qquad 3y^2 y' - ay^3 = x + 1;$

$$\left(\text{Lösung: } y^3 = Ce^{ax} - \frac{x+1}{a} - \frac{1}{a^2}\right).$$

359. Differentialgleichungen erster Ordnung zweiten und höheren Grades. Von allgemeinerem Charakter sind die Differentialgleichungen von der Form $f(x, y, y') = 0$, die nicht eine eindeutige Lösung nach y' zulassen. Unter diesen interessieren hauptsächlich diejenigen, die in bezug auf y' algebraisch sind, aber von höherem als dem ersten Grade.

Der einfachste Fall ist der einer Differentialgleichung erster Ordnung zweiten Grades; ihre allgemeine Form lautet:

$$Ly'^2 + 2My' + N = 0; \qquad\qquad (1)$$

die Koeffizienten L, M, N sollen eindeutige Funktionen von x, y sein.

Eine solche Gleichung definiert ein System von Linienelementen von solcher Zusammensetzung, daß durch jeden Punkt der Ebene im allgemeinen — soweit sich nämlich reelle Werte für y' ergeben — *zwei* Elemente hindurchgehen, deren Richtungskoeffizienten sich nach Einsetzung der Koordinaten des gemeinsamen Trägers in (1) und Auflösung nach y' ergeben.

Dies hat zur Folge, daß durch jeden Punkt der Ebene innerhalb des Reellitätsbereichs von y' zwei Integralkurven hindurchgehen, mit andern Worten, daß das System der Integralkurven die Ebene zweifach bedeckt. Dabei sind aber zwei verschiedene Fälle denkbar. Entweder sind es zwei Kurven eines einheitlichen Systems, die sich in dem Punkte schneiden, oder es schneidet sich eine Kurve eines Systems mit einer Kurve eines andern Systems, indem das Integralsystem aus zwei einfach unendlichen Scharen besteht.

Wir besprechen zuerst den zweiten Fall, der die Ausnahme bildet. Er stellt sich ein, wenn das Gleichungstrinom $Ly'^2 + 2My' + N$ rational zerlegbar, mit andern Worten, wenn $M^2 - LN$ ein vollständiges Quadrat ist; dann zerfällt nämlich die Gleichung (1) in zwei rationale Gleichungen erster Ordnung ersten Grades; jeder derselben entspricht ein die Ebene einfach bedeckendes einfach unendliches Kurvensystem und die Vereinigung beider Systeme ist das Integral der Gleichung (1).

So gibt beispielsweise die Gleichung

$$xyy'^2 + (x^2 - y^2)y' - xy = 0$$

die allgemeine Auflösung nach y':

$$y' = -\frac{x^2 - y^2}{2xy} \pm \sqrt{\frac{(x^2 - y^2)^2}{4x^2y^2} + 1} = -\frac{x^2 - y^2}{2xy} \pm \frac{x^2 + y^2}{2xy},$$

zerfällt also in die beiden Gleichungen

$$y' = \frac{y}{x}, \qquad y' = -\frac{x}{y},$$

welche nach Trennung der Variablen und Integration ergeben:

$$x = Cx, \quad x^2 + y^2 = C;$$

das erste dieser Resultate bestimmt ein Strahlenbüschel aus dem Ursprunge, das zweite eine Schar konzentrischer Kreise um denselben. Beide können in der *einen* Gleichung $(y - Cx)(x^2 + y^2 - C) = 0$ zusammengefaßt werden. In jedem Punkte der Ebene schneidet sich eine Linie des ersten Systems mit einer des zweiten unter rechtem Winkel; letzteres war auch schon aus der Differentialgleichung zu erschließen, die in der Form

$$y'^2 + \frac{x^2 - y^2}{xy}\, y' - 1 = 0$$

zeigt, daß in jedem Punkte $y'_1 \cdot y'_2 = -1$ ist. Eine Ausnahmerolle spielt nur der Punkt 0/0, durch welchen *alle* Geraden des Büschels gehen.

In dem andern Falle, wo $M^2 - LN$ kein vollständiges Quadrat ist, heißen die Lösungen von (1):

$$y' = \frac{-M + \sqrt{M^2 - LN}}{L}, \quad y' = \frac{-M - \sqrt{M^2 - LN}}{L};$$

jede davon kann beide vertreten, wenn man die Quadratwurzel als zweideutiges Symbol auffaßt, und nur, wenn man über das Vorzeichen der Quadratwurzel eine bestimmte Festsetzung macht, bildet jede Lösung für sich eine Differentialgleichung ersten Grades. Daraus folgt, daß auch das Integral einer der Gleichungen das vollständige Integral bildet, wenn man den darin vorkommenden Symbolen die volle Allgemeinheit beilegt. In dem einen wie in dem andern Falle läßt sich die Totalität der Lösungen in bezug auf die Integrationskonstante so ordnen, daß sich eine Gleichung von der Form

$$PC^2 + 2QC + R = 0 \tag{2}$$

ergibt, deren Koeffizienten eindeutige Funktionen von x, y sind. Im ersten Falle ist auch das Gleichungstrinom von (2) rational zerlegbar, im andern Falle ist eine solche Zerlegung nicht möglich.

Da in jedem Punkt, für den durch (1) zwei *reelle* Richtungen bestimmt sind, auch zwei *reelle* Kurven von (2) sich schneiden, mit anderen Worten, da (1) und (2) gleichzeitig reelle, bzw. komplexe Lösungen ergeben müssen, so sind die Diskriminanten $M^2 - LN$, $Q^2 - PR$ stets gleich bezeichnet und verschwinden auch gleichzeitig, falls sie überhaupt Null werden können.

Als ein einfaches erläuterndes Beispiel diene die Gleichung

$$xy'^2 = y;$$

sie gibt

$$y' = \pm \frac{\sqrt{y}}{\sqrt{x}},$$

nach Trennung der Variablen

$$\frac{dy}{\sqrt{y}} \pm \frac{dx}{\sqrt{x}} = 0;$$

die Integration liefert weiter

$$\sqrt{y} \pm \sqrt{x} = \pm \sqrt{C};$$

nach Fortschaffung der zweideutigen Symbole ergibt sich

$$(x - y)^2 - 2C(x + y) + C^2 = 0,$$

und dies hat tatsächlich die Form (2). Weil die Gliedergruppe zweiten Grades ein vollständiges Quadrat bildet, so sind die Integralkurven Parabeln; sie berühren beide Koordinatenachsen in gleicher Entfernung $(= C)$ vom Ursprunge. Jede Gleichung, wie $\sqrt{y} + \sqrt{x} = \sqrt{C}$ mit bestimmten Zeichen der Wurzeln, stellt nur bestimmte Abschnitte der Parabeln dar.

Auch bei einer Differentialgleichung erster Ordnung n-ten Grades $(n > 2)$ kommt es darauf an, ob es unter den Auflösungen nach y' auch rationale Lösungen gibt oder ob alle Lösungen irrational (im weiteren Sinne) sind; im ersten Falle zerfällt das Integralsystem in mehrere Kurvenscharen, im zweiten ist es nur *eine* die Ebene im allgemeinen n-fach bedeckende Kurvenschar.

360. Beispiele. 1. Die Gleichung

$$(x^2 + 1)y'^2 = 1$$

gibt die Auflösung

$$y' = \frac{1}{\sqrt{x^2 + 1}}$$

und das Integral

$$y + lC = l\left(x + \sqrt{x^2 + 1}\right);$$

schreibt man dafür

$$Ce^y = x + \sqrt{x^2 + 1}$$

und schafft die Quadratwurzel weg, so erscheint das allgemeine Integral in der Gestalt (2), nämlich

$$C^2 e^{2y} - 2Cxe^y - 1 = 0.$$

2. Es sind Kurven zu bestimmen, deren begrenzte Tangente konstant und $= a$ ist.

Die Differentialgleichung jeder solchen Kurve lautet:

$$\sqrt{y^2 + \left(\frac{y}{y'}\right)^2} = a$$

und gibt

$$y' = \frac{y}{\sqrt{a^2 - y^2}};$$

trennt man die Variablen und integriert, so erhält man zunächst

$$x + C = \int \frac{\sqrt{a^2 - y^2}}{y}\, dy;$$

der Ausdruck unter dem Integralzeichen läßt folgende Umformung zu:

$$\frac{\sqrt{a^2 - y^2}}{y}\, dy = \frac{a^2 dy}{y\sqrt{a^2 - y^2}} - \frac{y\, dy}{\sqrt{a^2 - y^2}} = -a\,\frac{d\,\dfrac{a}{y}}{\sqrt{\left(\dfrac{a}{y}\right)^2 - 1}} - \frac{y\, dy}{\sqrt{a^2 - y^2}};$$

daher ist weiter

$$x + C = -a\,l\left(\frac{a}{y} + \sqrt{\left(\frac{a}{y}\right)^2 - 1}\right) + \sqrt{a^2 - y^2}$$

und schließlich $\quad x + C = \sqrt{a^2 - y^2} + a\,l\dfrac{a - \sqrt{a^2 - y^2}}{y}\,.$

Es ist dies ein System von Kurven, das bei Translationen parallel zur x-Achse unverändert bleibt, wie dies auch schon aus der Differentialgleichung hätte erschlossen werden können (**348**, 2.). Jede dieser Kurven heißt eine *Traktorie*[1]) oder Zuglinie *der Geraden*, weil sie durch das freie Ende eines Fadens von der Länge a beschrieben wird, wenn man ihn in horizontaler Ebene so dahinzieht, daß ein am andern Ende befindlicher schwerer Punkt eine Gerade beschreibt.

In parametrischer Darstellung, wenn man den Winkel der Tangente mit der x-Achse als Hilfsvariable u einführt, schreibt sich die $C = 0$ entsprechende Kurve:

$$x = a\left(\cos u + l\,\mathrm{tg}\,\frac{u}{2}\right), \qquad y = a\sin u. \qquad (0 < u < \pi)$$

Über die Beziehung der Traktorie zur Kettenlinie vgl. man **216**, II.

3. Eine Kurve zu bestimmen, bei welcher die über einer beliebigen Strecke der Abszissenachse ruhende Fläche proportional ist dem in dieselbe Strecke sich projizierenden Bogen.

Es hat also die Kurve der Gleichung

$$\int_a^x y\, dx = k\int_a^x \sqrt{1 + y'^2}\, dx$$

zu genügen, wenn a eine beliebige aber feste Zahl und k den Proportio-

---

1) Der Name rührt von Huygens her, die erste Anregung zur Untersuchung der Kurve gab C. Perrault zu Ende des 17. Jahrh.

nalitätsfaktor bedeutet. Durch Differentiation nach der oberen Grenze ergibt sich

$$y = k\sqrt{1 + y'^2},$$

daraus

$$y' = \sqrt{\left(\frac{y}{k}\right)^2 - 1}$$

und weiter durch Trennung der Variablen und Integration:

$$\frac{x+c}{k} = l\left(\frac{y}{k} + \sqrt{\left(\frac{y}{k}\right)^2 - 1}\right);$$

mithin ist

$$\frac{y}{k} + \sqrt{\left(\frac{y}{k}\right)^2 - 1} = e^{\frac{x+c}{k}},$$

$$\frac{y}{k} - \sqrt{\left(\frac{y}{k}\right)^2 - 1} = e^{-\frac{x+c}{k}},$$

daher schließlich

$$y = \frac{k}{2}\left(e^{\frac{x+c}{k}} + e^{-\frac{x+c}{k}}\right).$$

Es ist dies eine Schar von Kettenlinien, welche bei Verschiebung längs der Abszissenachse, die zugleich ihre Grundlinie ist, unverändert bleibt.

4. Eine Kurve zu finden, bei welcher der von zwei beliebigen Radienvektoren begrenzte Sektor proportional ist dem dazwischenliegenden Bogen.

Man hat zu dieser Bestimmung die Differentialgleichung

$$\frac{1}{2}\int_\alpha^\varphi r^2\, d\varphi = k\int_\alpha^\varphi \sqrt{r^2 + r'^2}\, d\varphi$$

und findet auf ähnlichem Wege wie vorhin als unmittelbare Lösung

$$\varphi - c = \arccos\frac{2k}{r},$$

daraus durch Umkehrung

$$r = \frac{2k}{\cos(\varphi - c)}$$

und schließlich durch Übergang zu rechtwinkligen Koordinaten

$$x\cos c + y\sin c - 2k = 0,$$

woraus hervorgeht, daß alle Geraden, welche vom Ursprunge oder Pol den Abstand $2k$ besitzen, den Bedingungen der Aufgabe genügen.

5. Die asymptotischen Linien des hyperbolischen Paraboloids

$$z = \frac{x^2}{2a} - \frac{y^2}{2b} \qquad\qquad (ab > 0)$$

zu bestimmen.

In **220** ist nachgewiesen worden, daß die xy-Projektionen der asymptotischen Linien einer Fläche charakterisiert sind durch die Differentialgleichung erster Ordnung zweiten Grades:

$$r\,dx^2 + 2s\,dx\,dy + t\,dy^2 = 0,$$

in welcher $r = \dfrac{\partial^2 z}{\partial x^2}$, $s = \dfrac{\partial^2 z}{\partial x \partial y}$, $t = \dfrac{\partial^2 z}{\partial y^2}$ ist.

Im vorliegenden Falle lautet diese Differentialgleichung

$$\frac{b}{a}\,dx^2 - dy^2 = 0$$

und zerfällt in die beiden:

$$dy - \sqrt{\frac{b}{a}}\,dx = 0, \qquad dy + \sqrt{\frac{b}{a}}\,dx = 0,$$

deren Integrale $\quad y - \sqrt{\dfrac{b}{a}}\,x = C, \qquad y + \sqrt{\dfrac{b}{a}}\,x = C$

die beiden Scharen asymptotischer Linien bestimmen. Wie im Zusammenhalte mit der Flächengleichung zu erkennen, sind die asymptotischen Linien selbst auch Gerade und fallen mit den beiden Scharen der Erzeugenden der Fläche zusammen.

6. Zu lösen die folgenden Aufgaben:

a) $x^2 y'^2 + 3xyy' + 2y^2 = 0$;
(Lösung: $(xy + C)(x^2 y + C) = 0$).

b) Die Kurven zu bestimmen, bei welchen die Summe aus Subtangente und Subnormale der doppelten Abszisse des Kurvenpunktes gleichkommt (und allgemeiner: bei welchen $t + n = 2kx$ ist).

c) Die Kurven zu bestimmen, bei welchen das Produkt der Achsenabschnitte der Tangente konstant ist.

361. Spezielle Gleichungsformen. Wenn in einer Differentialgleichung eine der Variablen nicht explizit vorkommt oder wenn beide fehlen, ferner, wenn der Differentialgleichung eine der Formen $x = \varphi(y, y')$, $y = \psi(x, y')$ gegeben werden kann, führen besondere Verfahren zum Ziele. Darunter ist der Vorgang bemerkenswert, daß man die Gleichung vorher *differentiiert*, um so den Weg zur Integration vorzubereiten. Auch die Einführung von y' als Hilfsvariable gehört zu den hier angewendeten Mitteln, wie die folgenden Ausführungen zeigen werden.

I. Eine Differentialgleichung, die (außer Konstanten) y' allein enthält, also die allgemeine Form

$$f(y') = 0 \tag{1}$$

besitzt, definiert Linienelemente, deren Richtungskoeffizienten die Wurzeln der Gleichung (1) sind; durch jeden Punkt der Ebene gehen so viele Linienelemente, als es reelle Wurzeln gibt. Ist α eine solche, so ist jede Gerade $y = \alpha x + C$ eine Integralkurve der Gleichung; man kann also die Gesamtheit der Lösungen durch

$$f\!\left(\frac{y-C}{x}\right) = 0 \tag{2}$$

darstellen.

II. Enthält die Gleichung y nicht, lautet sie also

$$f(x,\, p) = 0 \qquad \left(p = \frac{dy}{dx}\right), \tag{3}$$

so bedarf der Fall, wo sie sich nach p auflösen läßt, keiner weiteren Erläuterung. Kann sie hingegen nur nach x gelöst, also in die Form

$$x = \varphi(p) \tag{3*}$$

gebracht werden, so differentiiere man sie und ersetze dx durch das gleichwertige $\dfrac{dy}{p}$; dadurch entsteht $dy = p\varphi'(p)dp$

und durch Integration weiter

$$y + C = \int p\varphi'(p)dp. \tag{4}$$

Ist die Integration vollzogen, so hat man in (3*) und (4) eine parametrische Darstellung der Integralkurven. Läßt sich p eliminieren, so kann man dem Integral auch die Form $F(x,\, y,\, C) = 0$ geben.

III. Erscheint x in der Gleichung nicht explizit, so suche man

$$f(y,\, p) = 0, \tag{5}$$

wenn es sich nicht nach p leicht auflösen läßt, nach y zu lösen:

$$y = \psi(p), \tag{5*}$$

differentiiere und ersetze dy durch das gleichwertige $p\,dx$; nach Trennung der Variablen und Integration erhält man dann

$$x + C = \int \frac{\psi'(p)dp}{p} \tag{6}$$

und hat schließlich zwischen (5*), (6) p zu eliminieren.

IV. Einen ähnlichen Weg kann man einschlagen, wenn eine Differentialgleichung, die beide Variablen enthält, wie

$$f(x, y, p) = 0, \tag{7}$$

nach einer davon sich auflösen läßt. Aus dieser Lösung

$$x = \varphi(y, p) \quad \text{bzw.} \quad y = \psi(x, p) \tag{7*}$$

ergibt sich durch Differentiation

$$\frac{dy}{p} = \frac{\partial \varphi}{\partial y} dy + \frac{\partial \varphi}{\partial p} dp \quad \text{bzw.} \quad p\,dx = \frac{\partial \psi}{\partial x} dx + \frac{\partial \psi}{\partial p} dp; \tag{8}$$

in beiden Fällen hat man es mit einer Differentialgleichung erster Ordnung zu tun; ist ihr Integral gefunden, das die allgemeine Form

$$\Phi(y, p, C) = 0 \quad \text{bzw.} \quad \Psi(x, p, C) = 0 \tag{9}$$

haben wird, so bleibt noch die Elimination von p zwischen (7*) und (9) zu vollziehen übrig, wenn es nicht vorteilhafter ist, die parametrische Darstellung durch Vermittlung von p beizubehalten.

362. Beispiele. 1. Eine Kurve zu finden, von der ein beliebiger Bogen bei der Rotation um die x-Achse eine Oberfläche beschreibt, die der unter dem Bogen befindlichen Fläche proportional ist.

Die Kurve hat also die Bedingung

$$2\pi \int_a^x y\,ds = k \int_a^x y\,dx$$

oder die Gleichung $\qquad 2\pi y\,ds = k y\,dx$

zu erfüllen. Diese wird, außer durch $y = 0$, befriedigt durch

$$\sqrt{1 + y'^2} = \frac{k}{2\pi}, \qquad \text{woraus sich} \qquad \sqrt{1 + \left(\frac{y - C}{x}\right)^2} = \frac{k}{2\pi}$$

als allgemeines Integral ergibt. Hiernach bilden die beiden Systeme paralleler Geraden:

$$y = \pm\, x \sqrt{\frac{k^2}{4\pi^2} - 1} + C$$

die Lösung der Aufgabe; sie sind nur dann reell, wenn $\varkappa \geqq 2\pi$.

2. Um die Gleichung $\qquad 3y = 2p^3 + 3p^2$

zu integrieren, differentiiere man sie; man erhält nach Unterdrückung des Faktors $3p$ $\qquad dx = 2(p + 1)dp$

und durch Integration $\qquad x + c = p^2 + 2p$.

Eliminiert man zwischen dieser und der gegebenen Gleichung zuerst p^3, so entsteht $\qquad p^2 - 2p(x + c) + 3y = 0;$

Elimination von p^2 zwischen den beiden letzten Gleichungen gibt

$$2p(x + c + 1) = x + c + 3y,$$

woraus
$$p = \frac{x + c + 3y}{2(x + c + 1)};$$

setzt man dies in die drittvorhergehende Gleichung und ordnet nach $x + c$, so erhält man das allgemeine Integral

$$4(x + c)^3 + 3(x + c)^2 - 18(x + c)y - 9y^2 - 12y = 0$$

3. Um die Gleichung

$$\frac{dy}{dx} + 2xy = x^2 + y^2$$

zu integrieren, löse man sie nach y auf; man erhält

$$y = x + \sqrt{p},$$

daraus durch Differentiation

$$p\,dx = dx + \frac{dp}{2\sqrt{p}}$$

und durch Trennung der Variablen

$$dx = \frac{dp}{2(p - 1)\sqrt{p}};$$

folglich ist
$$x + C = \frac{1}{2}\,l\,\frac{\sqrt{p} - 1}{\sqrt{p} + 1},$$

daraus, wenn $e^{2C} = c$ gesetzt wird

$$\frac{\sqrt{p} - 1}{\sqrt{p} + 1} = ce^{2x} \qquad \text{und} \qquad \sqrt{p} = \frac{1 + ce^{2x}}{1 - ce^{2x}};$$

setzt man dies in die aufgelöste Gleichung ein, so ergibt sich das allgemeine Integral

$$y = x + \frac{1 + ce^{2x}}{1 - ce^{2x}}.$$

363. Die in x, y linearen Differentialgleichungen. Zu den Differentialgleichungen, welche nach voraufgegangener Differentiation integriert werden können, gehört auch *die in x, y lineare Differentialgleichung*[1])

$$y = x\varphi(p) + f(p) \qquad \left(p = \frac{dy}{dx}\right). \qquad (1)$$

Eine solche Differentialgleichung definiert ein System von Linienelementen solcher Art, daß die Träger paralleler Elemente auf Geraden liegen (Fig. 225); denn für jeden besondern Wert von p stellt (1) eine

---

1) Von J. d'Alembert 1748 zuerst behandelt und auch nach ihm benannt.

Gerade dar vom Richtungskoeffizienten $\varphi(p)$ und vom Achsenabschnitte $f(p)$. Im allgemeinen ist die Richtung der Linienelemente von der Richtung der Geraden verschieden, auf welcher die Träger liegen; fallen aber beide Richtungen zusammen, ist also

$$\varphi(p) = p, \tag{2}$$

so ist die betreffende Gerade auch eine Integralkurve der Gleichung (1). Es hat also die Gleichung (1) unter ihren Integrallinien so viele Gerade, als die Gleichung (2) reelle Wurzeln besitzt;
ist c eine solche, so ist $y = x\varphi(c) + f(c)$ eine
Integrallinie.

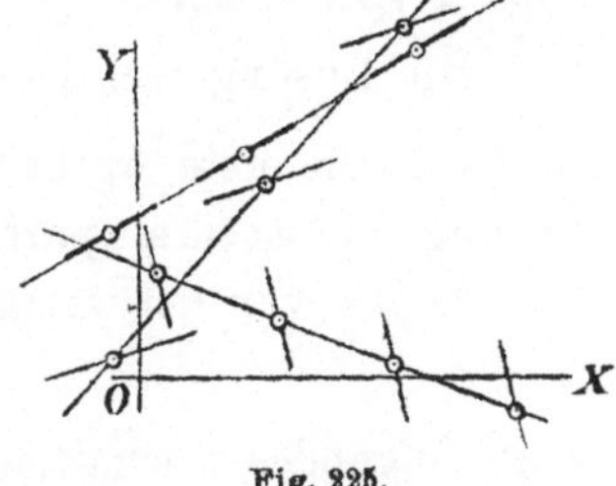
Fig. 225.

Zum Zwecke der Gewinnung des allgemeinen Integrals differentiiere man die Gleichung (1) und ersetze dy durch pdx; dadurch entsteht

$$pdx = \varphi(p)dx + [x\varphi'(p) + f'(p)]dp.$$

Dies, auf die Form $\quad \dfrac{dx}{dp} - \dfrac{\varphi'(p)}{p - \varphi(p)} x = \dfrac{f'(p)}{p - \varphi(p)} \tag{3}$

gebracht, bildet aber eine lineare Differentialgleichung mit der unabhängigen Variablen p und der abhängigen x; ist diese gelöst und

$$F(x, p, C) = 0 \tag{4}$$

ihr allgemeines Integral, so bleibt noch die Elimination von p zwischen (4) und (1) übrig.

Bemerkenswert ist, daß die Form (3) selbst auf die aus (2) etwa hervorgehende Lösung als etwas Besonderes hinweist.

Beispiele. 1. Aus der Gleichung

$$y = (1 - p)x + pa$$

erhält man auf dem bezeichneten Wege die neue Gleichung

$$(2p - 1)dx + (x - a)dp = 0,$$

in der sich die Variablen ohne weiteres trennen lassen, worauf sich durch Integration $\qquad (x - a)^2(2p - 1) = C$

und hierauf durch Elimination von p die vollständige Lösung

$$(x - a)[(x - a)(2y - x - a) - C] = 0 \qquad\text{ergibt.}$$

Sie zerfällt in die Gerade $x = a$, die der Differentialgleichung genügt, weil sich diese für $p = \infty$ in $0 = -x + a$ verwandelt, und in die
Hyperbelschar $\qquad (x - a)(2y - x - a) = C,$

der auch die Geraden $\quad x - a = 0, \quad y = \frac{1}{2}x + \frac{1}{2}a$

als partikuläre Lösungen $(C = 0)$ angehören, zugleich die Asymptoten jener Hyperbelschar.

Die Lösung von $1 - p = p$, d. i. $p = \frac{1}{2}$, führt auf die zweite dieser Geraden; die erste ergibt sich auf diesem Wege nicht, in der vollständigen Lösung aber ist sie als partituläres Integral, entsprechend $C = \infty$, enthalten.

2. Die von der vorigen nur wenig verschiedene Gleichung

$$y = (1 + p)x + pa$$

zeigt folgendes Verhalten. Aus $1 + p = p$ folgt $p = \infty$ und hiermit ergibt sich $\qquad\qquad x + a = 0 \qquad$ als gradliniges Integral.

Weiter erhält man durch Differentiation die neue Gleichung

$$dx + (x + a)dp = 0$$

mit dem Integral $\qquad l(x + a) + p = C$

und durch Elimination von p ergibt sich schließlich:

$$y = x + (x + a)[C - l(x + a)].$$

In diesem allgemeinen Integral ist auch die obige Gerade als partikuläre Lösung, entsprechend $C = \infty$, mit enthalten.

Die beiden vorgeführten Differentialgleichungen lassen sich auch als lineare behandeln.

3. Die Differentialgleichung

$$yp^2 + 2xp - y = 0$$

in der Form $\qquad\qquad y = \dfrac{2p}{1 - p^2}x$

geschrieben, führt bei der eben erklärten Behandlung auf die lineare Differentialgleichung $\qquad \dfrac{dx}{dp} + \dfrac{2x}{p(1 - p^2)} = 0,$

in welcher sich aber die Variablen unmittelbar trennen lassen; man erhält danach durch Integration $\quad \dfrac{p^2 x}{1 - p^2} = C.$

Eliminiert man zwischen dieser und der gegebenen Gleichung p, so ergibt sich $\qquad\qquad y^2 = 4C + 4C^2$

oder mit $C = \dfrac{c}{2}$ $\qquad\qquad y^2 = 2cx + c^2$

als allgemeines Integral, das ein System konfokaler Parabeln um den Ursprung als gemeinsamen Brennpunkt darstellt.

Da $p = 0$ die einzige reelle Wurzel der Gleichung

$$\frac{2p}{1 - p^2} = p$$

ist, befindet sich unter den Integrallinien eine und nur eine Gerade: $y = 0$.

Mit $p = \pm 1$ führt die vorgelegte Differentialgleichung auch zu einer Geraden, nämlich $x = 0$; das ist aber keine Lösung, weil $x = 0$ und $p = \pm 1$ einander widersprechen.

364. Die Clairautsche Differentialgleichung. Ein besonderer Fall der in x, y linearen Differentialgleichung ist die *Clairautsche Gleichung*[1])

$$y = xp + f(p); \qquad (5)$$

wie man aus der Vergleichung mit der allgemeinen Form (1) erkennt, ist hier die Bedingung (2) identisch erfüllt; es sind also auch *alle* durch (5) für verschiedene Werte von p bestimmten Geraden Integralkurven von (5), folglich das Geradensystem

$$y = Cx + f(C) \qquad (6)$$

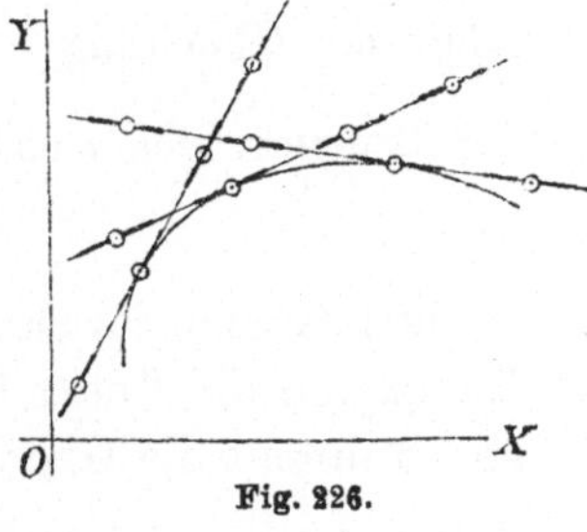

zugleich das allgemeine Integral (Fig. 226).

Hat das Geradensystem eine Einhüllende, so ist diese gleichfalls Integralkurve; denn ihre Tangenten mit den Berührungspunkten bilden Linienelemente, die zu den durch (5) definierten Elementen gehören. Man erhält die Einhüllende, indem man (6) in bezug auf C differentiiert und zwischen der so entstandenen Gleichung

$$0 = x + f'(C) \qquad (7)$$

und der Gleichung (6) C eliminiert.

Zu diesen Resultaten gelangt man auf analytischem Wege in folgender Weise. Wird (5) nach dem auf die allgemeinere Gleichung des vorigen Artikels angewendeten Vorgange behandelt, somit differentiiert und dy durch $p\,dx$ ersetzt, so ergibt sich

$$p\,dx = p\,dx + [x + f'(p)]dp,$$

also
$$[x + f'(p)]dp = 0.$$

Dies zerfällt aber in die beiden Gleichungen:

$$dp = 0, \qquad\qquad x + f'(p) = 0;$$

die erste hat $p = C$ zur Folge und führt auf das allgemeine Integral (6);

---

1) Eine Gleichung dieser Form hat A. Clairaut zum erstenmal gelöst in einer Abhandlung aus dem Jahre 1734 (Histoire de l'Acad. de Sc. de Paris).

aber auch durch Elimination von p zwischen der zweiten dieser Gleichungen und (5) ergibt sich eine Lösung; diese fällt jedoch zusammen mit jener Gleichung, welche aus (6) und (7) durch Elimination von C resultiert und die Einhüllende des durch die allgemeine Lösung vorgestellten Geradensystems bestimmt.

Die Clairautsche Gleichung bildet den analytischen Ausdruck für eine Tangenteneigenschaft einer ebenen Kurve, welche sich nur auf die *Richtung* der Tangente und nicht auch auf die Lage des Berührungspunktes in ihr bezieht. Ist nämlich den Tangenten einer Kurve eine Bedingung auferlegt, so wird sich diese im allgemeinen analytisch in der Weise darstellen lassen, daß der Abschnitt der Tangente auf der Ordinatenachse einer Funktion der Koordinaten ihres Berührungspunktes und ihres Richtungskoeffizienten gleichzukommen hat. Dieser Abschnitt hat aber vermöge der Gleichung

$$\eta - y = p(\xi - x)$$

der Tangente den Ausdruck $y - px$; folglich kann

$$y - px = f(x, y, p)$$

als der allgemeine Ausdruck einer Tangenteneigenschaft angesehen werden. Hängt nun die Tangenteneigenschaft nur von der Richtung der Tangente ab, so nimmt die Gleichung die einfachere Form

$$y - px = f(p)$$

an, d. h. sie wird eine Clairautsche Gleichung (5).

Wird z. B. nach der Kurve gefragt, bei welcher die Tangente mit dem aus dem Ursprunge nach dem Berührungspunkte gezogenen Strahl einen konstanten Winkel θ einschließt, so handelt es sich um eine Tangenteneigenschaft, bei welcher die Lage des Berührungspunktes in der Tangente von Einfluß ist; die Bedingung der Aufgabe liefert den Ansatz

$$\frac{\dfrac{y}{x} - p}{1 + \dfrac{y}{x}p} = \operatorname{tg} \theta = k,$$

und daraus folgt $$y - px = k(x + yp),$$

d. h. der Abschnitt der Tangente auf der Ordinatenachse ist von x, y und p abhängig.

Stellt man hingegen die Frage nach einer Kurve, deren Tangenten vom Ursprunge einen gegebenen Abstand a haben, so ist dies eine Tangenteneigenschaft, bei der es auf die Lage des Berührungspunktes in der Tangente nicht ankommt; mittels der allgemeinen Gleichung der Tangente

$$\eta = p\,\xi + y - xp$$

drückt sich die Bedingung des Problems durch

$$\frac{y - px}{\sqrt{p^2 + 1}} = a \qquad \text{aus und gibt} \qquad y - px = a\sqrt{p^2 + 1},$$

d. h. für den Abschnitt der Tangente auf der Ordinatenachse einen von p allein abhängigen Wert.

365. *Beispiele.* 1. Es sind Kurven zu bestimmen, welchen die Eigenschaft zukommt, daß die von zwei gegebenen festen Punkten auf ihre Tangenten gefällten Lote a) eine konstante Summe s; b) eine konstante Differenz δ; c) ein konstantes Produkt B; d) ein konstantes Verhältnis λ bilden.

Ordnet man das Koordinatensystem so an, daß die Abszissenachse durch die gegebenen festen Punkte geht und der Ursprung ihren Abstand $2c$ halbiert, dann haben die von den Punkten $c/0$ und $-c/0$ auf die Tangente

$$\eta - y = p(\xi - x)$$

eines Punktes x/y der gesuchten Kurve gefällten Lote die Längen:

$$\frac{y - px + pc}{\sqrt{p^2 + 1}}, \qquad \frac{y - px - pc}{\sqrt{p^2 + 1}}.$$

a) Aus
$$\frac{y - px + pc}{\sqrt{p^2 + 1}} + \frac{y - px - pc}{\sqrt{p^2 + 1}} = s$$

folgt die Clairautsche Gleichung

$$y = px + \frac{s}{2}\sqrt{p^2 + 1};$$

außer den Geraden des Systems

$$y = Cx + \frac{s}{2}\sqrt{C^2 + 1}$$

genügt den Bedingungen der Aufgabe auch dessen Einhüllende, die man durch Elimination von C zwischen dieser Gleichung und

$$0 = x + \frac{Cs}{2\sqrt{C^2 + 1}}$$

erhält; es ist dies der Kreis (Fig. 227)

$$x^2 + y^2 = \frac{s^2}{4}.$$

b) Die zweite Frage führt zu der Differential-

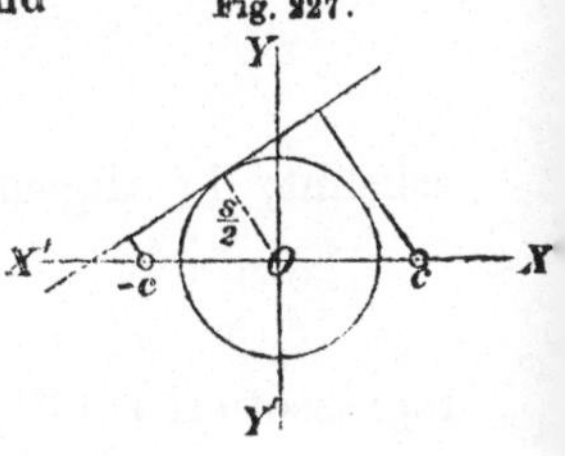

gleichung
$$\frac{2\,p\,c}{\sqrt{p^2+1}} = \delta,$$

aus der $p = \pm \dfrac{\delta}{\sqrt{4c^2-\delta^2}}$; das allgemeine Integral

$$y = \pm \frac{\delta}{\sqrt{4c^2-\delta^2}}\,x + C$$

stellt zwei Systeme paralleler Geraden dar, die reell sind, wenn $4c^2 \geqq \delta^2$.

c) Die auf den dritten Fall bezügliche Differentialgleichung

$$\frac{(y-xp)^2-p^2c^2}{p^2+1} = B$$

hat auch die Clairautsche Form, indem

$$y = xp + \sqrt{(c^2+B)p^2+B}$$

ist; das allgemeine Integral besteht aus Geraden, den Tangenten der gesuchten Kurve; diese selbst wird durch Elimination von p zwischen der letzten Gleichung und

$$0 = x + \frac{(c^2+B)p}{\sqrt{(c^2+B)p^2+B}}$$

gefunden. Die Auflösung dieser Gleichungen nach x, y gibt:

$$x = -\frac{(c^2+B)p}{\sqrt{(c^2+B)p^2+B}} \qquad y = \frac{B}{\sqrt{(c^2+B)p^2+B}}$$

und daraus folgt ohne weiteres

$$\frac{x^2}{c^2+B} + \frac{y^2}{B} = 1.$$

Die Kurve ist eine Ellipse oder Hyperbel mit den festen Punkten als Brennpunkten, je nachdem B positiv oder negativ (und gleichzeitig $c^2+B > 0$) ist.

d) Die dem vierten Falle entsprechende Gleichung

$$\frac{y-px+pc}{y-px-pc} = \lambda$$

ist eine Clairautsche, wie man aus der nach y aufgelösten Form

$$y = xp + \frac{\lambda+1}{\lambda-1}\,pc$$

erkennt; ihr allgemeines Integral

$$y = C\left(x + \frac{\lambda+1}{\lambda-1}\,c\right)$$

repräsentiert ein Strahlenbüschel mit dem Zentrum $-\dfrac{\lambda+1}{\lambda-1}\,c/0$, und dieses

Zentrum, das die Strecke zwischen den festen Punkten äußerlich oder innerlich teilt, je nachdem λ positiv oder negativ ist, bildet zugleich die Einhüllende des Integralsystems (Fig. 228).

2. Es sind die Krümmungslinien des dreiachsigen Ellipsoids

$$\frac{x^2}{a^2} + \frac{y^2}{b^2} + \frac{z^2}{c^2} = 1 \qquad \text{zu bestimmen.}$$

In Artikel **218** ist als Differentialgleichung der Krümmungslinien einer Fläche, oder genauer gesprochen ihrer Projektion auf der xy-Ebene, gefunden worden:

$$[(1 + p^2)s - pqr]dx^2 - [(1 + q^2)r$$
$$- (1 + p^2)t]dx\,dy - [(1 + q^2)s - pqt]dy^2 = 0;$$

darin sind p, q; r, s, t die Differentialquotienten erster und zweiter Ordnung von z. Im vorliegenden Falle ergeben sie sich aus den Gleichungen:

$$\frac{x}{a^2} + \frac{zp}{c^2} = 0$$

$$\frac{y}{b^2} + \frac{zq}{c^2} = 0$$

$$\frac{1}{a^2} + \frac{p^2}{c^2} + \frac{zr}{c^2} = 0$$

$$\frac{pq}{c^2} + \frac{zs}{c^2} = 0$$

$$\frac{1}{b^2} + \frac{q^2}{c^2} + \frac{zt}{c^2} = 0$$

und haben die Werte $\quad p = -\dfrac{c^2 x}{a^2 z}, \qquad q = -\dfrac{c^2 y}{b^2 z};$

$$r = \frac{c^4}{a^2 z^3}\left(\frac{y^2}{b^2} - 1\right), \qquad s = -\frac{c^4 xy}{a^2 b^2 z^3}, \qquad t = \frac{c^4}{b^2 z^3}\left(\frac{x^2}{a^2} - 1\right).$$

Führt man hiermit die Differentialgleichung aus, so ergibt sich nach entsprechender Reduktion:

$$\frac{b^2 - c^2}{b^2} xy\left(\frac{dy}{dx}\right)^2 + \left[\frac{a^2 - c^2}{a^2} x^2 - \frac{b^2 - c^2}{b^2} y^2 - (a^2 - b^2)\right]\frac{dy}{dx}$$
$$- \frac{a^2 - c^2}{a^2} xy = 0,$$

und nachdem man durch $\dfrac{a^2 - c^2}{a^2}$ dividiert und zur Abkürzung

$$\frac{a^2(b^2-c^2)}{b^2(a^2-c^2)}=A, \qquad \frac{a^2(a^2-b^2)}{a^2-c^2}=B$$

gesetzt hat, weiter

$$Axy\left(\frac{dy}{dx}\right)^2+(x^2-Ay^2-B)\frac{dy}{dx}-xy=0.$$

Führt man an Stelle von x, y neue Variable X, Y ein, indem man setzt

$$\begin{aligned}x^2&=X\\ y^2&=Y\end{aligned}\quad \frac{dY}{dX}=P,\qquad \text{so entsteht zunächst}$$

$$AXP^2+(X-AY-B)P-Y=0,$$

daraus durch Zusammenfassung

$$(AP+1)(XP-Y)-BP=0$$

und schließlich die Clairautsche Gleichung

$$Y=XP-\frac{BP}{AP+1}.$$

Ihr allgemeines Integral

$$Y=CX-\frac{BC}{AC+1}$$

gibt, wenn man auf die ursprünglichen Variablen zurückgeht, die allgemeine Lösung der vorliegenden Aufgabe:

$$y^2=Cx^2-\frac{BC}{AC+1}.$$

Die Krümmungslinien projizieren sich demnach auf der xy-Ebene in ein System von koaxialen Kegelschnittlinien, und zwar die eine Schar in Ellipsen $(C<0)$, die andere Schar in Hyperbeln $(C>0)$.

Nach C geordnet, und wenn man gleichzeitig für A, B die Werte einsetzt, lautet die letzte Gleichung:

$$a^2(b^2-c^2)x^2C^2-[a^2(b^2-c^2)y^2-b^2(a^2-c^2)x^2+a^2b^2(a^2-b^2)]C$$
$$-b^2(a^2-c^2)y^2=0;$$

für $a=b$, d. i. für das Umdrehungsellipsoid vereinfacht sie sich zu

$$x^2C^2-(y^2-x^2)C-y^2=0$$

und wird reduzibel, indem sie sich schreibt

$$(Cx^2-y^2)(C+1)=0;$$

der erste Faktor führt auf ein Strahlenbüschel (die Meridiane) ;mit $C=-1$, weil nun $A=1$ und $B=0$ wird, verwandelt sich $-\dfrac{BC}{AC+1}$ in den unbestimmten Ausdruck $\frac{0}{0}$, dem jeder beliebige Wert zugeschrieben werden kann, sodaß die zweite Schar

$$x^2 + y^2 = K$$

durch konzentrische Kreise vertreten ist (die Parallelkreise der Fläche).

3. Die Kurve zu finden, bei der die Summe der Achsenabschnitte der Tangente konstant ist.

4. Die Kurve zu bestimmen, bei welcher das Produkt der Achsenabschnitte der Tangente konstant ist.

5. Es soll jene Kurve bestimmt werden, bei welcher der durch die Koordinatenachsen auf der Tangente gebildete Abschnitt konstant ist.

§ 3. Singuläre Lösungen gewöhnlicher Differentialgleichungen erster Ordnung.

366. Singuläre Linienelemente und singuläre Lösungen Eine Differentialgleichung erster Ordnung

$$f(x,\, y,\, y') = 0, \tag{1}$$

die y' als eindeutige Funktion von x, y bestimmt, ordnet jedem Punkte der Ebene als Träger nur ein Linienelement zu; alle zulässigen Punkte zeigen also gleiches Verhalten, durch jeden von ihnen geht nur eine Integralkurve, das System der partikulären Lösungen bedeckt die Ebene einfach. Das ist insbesondere bei einer *algebraischen* Differentialgleichung, d. i. bei einer Gleichung der Form

$$A_0 y' + A_1 = 0 \tag{1*}$$

der Fall, in der A_0, A_1 ganze rationale Funktionen von x, y bedeuten; eine solche Gleichung macht *jeden* Punkt der xy-Ebene zum Träger eines Linienelements.[1]

Anders gestaltet sich die Sachlage, wenn die Gleichung (1), die wir wieder als algebraisch in dem letzterwähnten Sinne voraussetzen wollen, in bezug auf y' von höherem Grade ist. Dann können sich alle jene Fälle zutragen, die bezüglich der Wurzeln einer algebraischen Gleichung möglich sind; die Ebene kann in Regionen zerfallen, deren Punkte sich in

---

[1] Ausgenommen sind nur die Punkte, welche dem Gleichungspaar $A_0 = 0,\ A_1 = 0$ genügen.

bezug auf die durch sie gehenden Linienelemente verschieden verhalten; die Grenzen der Regionen bieten alsdann besonderes Interesse dar.

Fassen wir zunächst eine algebraische Gleichung zweiten Grades in y' ins Auge

$$A_0 y'^2 + A_1 y' + A_2 = 0 \qquad (1^{**})$$

so wird es im allgemeinen Gebiete geben, deren Punkte Träger von zwei verschiedenen reellen Linienelementen sind, und solche, durch deren Punkte keine reellen Linienelemente hindurchgehen; Gebiete der ersten Art sind durch die Integralkurven zweifach, Gebiete der zweiten Art gar nicht bedeckt. Die Grenzen zwischen beiderlei Gebieten werden sich dadurch auszeichnen, daß durch ihre Punkte zwei vereinigt liegende Linienelemente hindurchgehen, entsprechend dem stetigen Übergang von reellen zu komplexen Wurzeln.

Bei einer Differentialgleichung höheren als des zweiten Grades ist die Mannigfaltigkeit der möglichen Fälle entsprechend größer.

Unser Interesse richtet sich also auf solche Punkte der Ebene, welche Träger reeller Linienelemente sind, von denen zwei oder mehrere *vereinigt* liegen. Solche mehrfach zählende Linienelemente sollen als *singuläre Linienelemente* der betreffenden Differentialgleichung bezeichnet werden. Sie sind dadurch gekennzeichnet, daß ihre Koordinaten $x/y/y'$ den beiden Gleichungen

$$f(x,\, y,\, y') = 0, \quad \frac{\partial f(x,y,y')}{\partial y'} = 0 \qquad (2)$$

zugleich genügen, die ja die Bedingung ausdrücken, daß die erste Gleichung für ein Wertepaar x/y nach y' aufgelöst mehrfache Wurzeln ergibt. Durch Elimination von y' ergibt sich daraus die Gleichung, der die Träger der singulären Elemente zu genügen haben; wir schreiben sie in der Form

$$D(x,\, y) = 0 \qquad (3)$$

und geben ihr im Anschluß an die Ausdrucksweise der Algebra den Namen *Diskriminantengleichung der Differentialgleichung*; das durch sie dargestellte Gebilde heiße der Diskriminantenort von (1).

Um über die Stellung dieses Ortes zu den singulären Linienelementen und zu den Integralkurven eine Vorstellung zu gewinnen, haben wir uns die Frage vorzulegen, wie denn das Zusammenfallen zweier (oder mehrerer) Linienelemente in einem Träger geschehen kann. Indem wir uns auf *zwei* vereint liegende Elemente beschränken, kann die Erscheinung folgende Entstehungsgründe haben:

1. Durch den Träger gehen zwei verschiedene Integralkurven und berühren sich daselbst.

2. In dem Träger treffen zwei Äste einer und derselben Integralkurve zusammen und haben dort dieselbe Gerade zur Tangente, die Kurve selbst besitzt also eine Spitze in dem betreffenden Punkte.

3. Durch den Träger gehen zwei unendlich benachbarte Integralkurven einander berührend hindurch.

Ein Ort von Trägern der dritten Art hat immer die Eigenschaft, daß *seine* Linienelemente zugleich Linienelemente von Integralkurven sind, mithin der Differentialgleichung genügen; er ist somit selbst eine Integralkurve dieser Gleichung, aber eine solche von besonderer Art. Seine Stellung zu den Integralkurven drückt sich darin aus, daß er ihre *Einhüllende* bildet. In der Tat, besitzt das System der Integralkurven eine Einhüllende, so berühren sich in jedem ihrer Punkte zwei unendlich benachbarte Individuen und erzeugen dort ein singuläres Linienelement, das zugleich Linienelement der Einhüllenden ist.

Bei Orten von Trägern der ersten und zweiten Art findet ein solches Verhalten im allgemeinen nicht statt, sie sind also in der Regel keine Integralkurven. Wir setzen fest:

Ein Ort von Trägern singulärer Linienelemente der Differentialgleichung $f(x, y, y') = 0$, *dem diese Linienelemente selbst angehören, der also die Differentialgleichung befriedigt, soll als eine singuläre Lösung der Gleichung bezeichnet werden.*

Diese Definition umfaßt auch andere Beziehungen der Integralkurven zur singulären Lösung außer der bereits angeführten, wonach die singuläre Lösung als Einhüllende der partikulären Lösungen erscheint.

Eine Schar singulärer Linienelemente führt also nur unter einer gewissen Voraussetzung zu einer singulären Lösung, die wir soeben in geometrischer Ausdrucksweise kennen gelernt haben; es handelt sich jetzt um deren analytische Formulierung.

Soll der aus dem Gleichungspaar (2) durch Elimination von y' hervorgehende Punktort eine singuläre Lösung sein, so muß der Richtungskoeffizient seiner Tangente im Punkte x/y übereinstimmen mit jenem y', das die Gleichungen (2) für dieses Wertepaar x/y zur gemeinsamen Wurzel haben.

Nun kann die Gleichung $f(x, y, y') = 0$ auch als Gleichung des

Punktortes gelten, wenn man darin y' aus $\dfrac{\partial f(x,\,y,\,y')}{\partial y'} = 0$ ersetzt; differenziiert man sie unter diesem Gesichtspunkt, so entsteht

$$\frac{\partial f}{\partial x} + \frac{\partial f}{\partial y}\frac{dy}{dx} + \frac{\partial f}{\partial y'}\left[\frac{\partial y'}{\partial x} + \frac{\partial y'}{\partial y}\frac{dy}{dx}\right] = 0;$$

die linke Seite reduziert sich aber, eben wegen $\dfrac{\partial f}{\partial y'} = 0$, auf die beiden ersten Glieder, und drückt man die Bedingung $\dfrac{dy}{dx} = y'$ darin aus[1]), so entsteht

$$\frac{\partial f}{\partial x} + \frac{\partial f}{\partial y}\,y' = 0 \tag{4}$$

als Bedingung dafür, daß der aus (2) abgeleitete Punktort eine singuläre Lösung sei. Man kann das Ergebnis so aussprechen:

Der aus den Gleichungen

$$f(x,\,y,\,y') = 0, \qquad \frac{\partial f(x,\,y,\,y')}{\partial y'} = 0$$

durch Elimination von y' abgeleitete Punktort ist nur dann eine singuläre Lösung der Differentialgleichung $f(x,\,y,\,y') = 0$, wenn seine Punkte auch die Gleichung

$$\frac{\partial f}{\partial x} + \frac{\partial f}{\partial y}\,y' = 0$$

erfüllen; mit anderen Worten: eine Gleichung zwischen $x,\,y$ ist nur dann eine singuläre Lösung der genannten Differentialgleichung, wenn für alle aus ihr hervorgehenden Wertverbindungen x/y die drei Gleichungen

$$f = 0, \qquad \frac{\partial f}{\partial y'} = 0, \qquad \frac{\partial f}{\partial x} + \frac{\partial f}{\partial y}\,y' = 0$$

eine gemeinsame Wurzel y' besitzen.

367. Bestimmung der singulären Lösung aus der Differentialgleichung. Das Verfahren, etwa vorhandene singuläre Lösungen der Differentialgleichung

$$f(x,\,y,\,y') = 0 \tag{1}$$

zu bestimmen, wird sonach in folgendem bestehen.

Man stellt durch Elimination von y' zwischen

$$f = 0 \qquad \frac{\partial f}{\partial y'} = 0 \tag{2}$$

die Diskrimantengleichung $\qquad D = 0 \tag{3}$

---

[1]) In dieser Betrachtung bedeuten $\dfrac{dy}{dx}$ und y' zwei begrifflich verschiedene Größen.

her und zerlegt D in seine einfachsten Faktoren, sofern eine Zerlegung überhaupt möglich ist. Sodann prüft man die jedem Faktor $\varphi(x, y)$ entsprechende Teilgleichung $\qquad \varphi(x, y) = 0 \qquad\qquad (4)$

darauf, ob sie der Differentialgleichung genügt, d. h. ob das aus (4) als Funktion von x berechnete y und y' die Gleichung (1) identisch befriedigt. Nur in diesem Falle ist (4) eine singuläre Lösung. In anderm Falle ist es entweder ein Ort von Spitzen der partikulären Lösungen oder von Punkten, in welchen verschiedene Integralkurven einander berühren; ob das eine oder das andere zutrifft, erfordert jedesmal eine besondere Untersuchung.

368. Bestimmung der singulären Lösung aus dem allgemeinen Integral. Zu der Differentialgleichung

$$f(x, y, y') = 0 \qquad\qquad (1)$$

gehöre das allgemeine Integral

$$F(x, y, C) = 0. \qquad\qquad (2)$$

Dieses umfaßt die nämlichen ∞^2 Linienelemente, welche durch die Differentialgleichung definiert sind, ordnet sie aber, indem es sie zu Kurven, den partikulären Integralkurven, vereinigt.

Es bietet sich zunächst die Frage dar, wie man von dem allgemeinen Integral her zur Kenntnis der singulären Linienelemente gelangen kann. Die Erledigung ergibt sich durch Zurückgreifen auf die Differentialgleichung. Man erhält diese aus (2) durch Elimination von C zwischen

$$F(x, y, C) = 0, \qquad \frac{\partial F(x, y, C)}{\partial x} + \frac{\partial F(x, y, C)}{\partial y} y' = 0,$$

kann sich also unter $\qquad F(x, y, C) = 0$

schon die Differentialgleichung vorstellen, wenn man C durch den aus

$$\frac{\partial F}{\partial x} + \frac{\partial F}{\partial y} y' = 0 \qquad\qquad (3)$$

gezogenen Wert ersetzt denkt. Unter diesem Gesichtspunkte ergeben sich die Träger der singulären Linienelemente durch Elimination von y' aus den Gleichungen

$$F(x, y, C) = 0, \qquad \frac{\partial F(x, y, C)}{\partial C} \cdot \frac{\partial C}{\partial y'} = 0;$$

nun kann $\dfrac{\partial C}{\partial y'}$ nicht beständig Null sein; denn das hieße, C ergebe sich aus (3) als unabhängig von y', was wieder $\dfrac{\partial F}{\partial y} = 0$ als beständig geltend voraussetzen würde; dann aber enthielte (2) y nicht und würde somit den belanglosen Fall einer Schar zur y-Achse paralleler Geraden bedeuten. Somit führen die vorstehenden Gleichungen zu

$$F(x, y, C) = 0, \qquad \frac{\partial F(x, y, C)}{\partial C} = 0, \tag{4}$$

aus welchen y' zu eliminieren wäre. Eliminiert man statt dessen C, wodurch tatsächlich auch y' eliminiert ist, so erhält man eine Gleichung

$$\Delta(x, y) = 0, \tag{5}$$

die als *Diskriminantengleichung der Integralgleichung* zu bezeichnen sein wird, die wohl sicher die Träger aller singulären Linienelemente in sich schließt, wenn solche vorhanden sind, aber ganz wohl darüber hinausgehen kann, weil im allgemeinen *die Elimination über y' hinausgeht*. Es wird also der Diskriminantenort (5) der Integralgleichung im allgemeinen nicht übereinstimmen mit dem früher betrachteten Diskriminantenort $D(x, y) = 0$ der Differentialgleichung.

Um über die Stellung des neuen Diskriminantenorts zu den Integralkurven Aufschluß zu erlangen, muß auf die Bedeutung der Gleichung (5) eingegangen werden; sie bestimmt solche Punkte x/y, für welche die Gleichung (2) als Gleichung in C aufgefaßt mehrfache Wurzeln liefert. Indem wir uns wieder auf Doppelwurzeln beschränken, sind folgende Fälle denkbar:

1. Durch den Träger geht eine und dieselbe Integralkurve zweimal und durchschneidet sich dort, so daß der Träger ein Knotenpunkt ist.

2. Durch den Träger geht eine und dieselbe Integralkurve zweimal, indem sie eine Spitze bildet.

3. Der Träger ist der letzte Schnitt zweier unendlich benachbarten Integralkurven.

Nur in dem dritten Falle ist der Ort der Träger immer so beschaffen, daß ihm die singulären Linienelemente angehören, daß er somit der Differentialgleichung genügt; denn der Ort der letzten Schnitte benachbarter Individuen aus einer einfach unendlichen Kurvenschar ist deren Einhüllende und diese hat mit den eingehüllten Kurven an den erwähnten Stellen gemeinsame Tangenten. In der Tat stimmt der im vorstehenden mit der Gleichung (2) ausgeführte Prozeß mit jenem Verfahren überein, das zur Bestimmung der Einhüllenden eines einfach unendlichen Kurvensystems führt (**168**).

Trägerorte der zwei erstbesprochenen Arten stehen mit den singulären Linienelementen im allgemeinen nicht in der Beziehung einer Kurve zu ihren Tangenten, genügen also in der Regel der Differentialgleichung nicht und sind somit keine Integralkurven.

Der durch die Gleichung $\Delta(x, y) = 0$ dargestellte Diskriminantenort kann also eine singuläre Lösung, einen Ort von Knotenpunkten oder einen Ort von Spitzen umfassen. Er wird im allgemeinen mit dem Diskriminantenort $D(x, y) = 0$ nicht übereinstimmen. Das aber kann ausgesagt werden, daß eine vorhandene singuläre Lösung beiden Orten angehören muß; nicht aber braucht ein gemeinsamer Faktor von Δ und D zu einer singulären Lösung zu führen, er kann auch einen Spitzenort ergeben. Einen Ort von Kontakten getrennter Integralkurven kann nur D, einen Ort von Knotenpunkten nur Δ enthalten.

Das Verfahren der Bestimmung einer singulären Lösung aus dem allgemeinen Integral $F(x, y, C) = 0$ besteht also darin, daß man durch Elimination von C aus

$$F = 0, \quad \frac{\partial F}{\partial C} = 0$$

die Diskriminantengleichung $\quad \Delta = 0$

bildet, Δ in seine einfachsten Faktoren zerlegt und jede dadurch bedingte Teilgleichung weiter prüft, entweder durch Zurückgreifen auf die Differentialgleichung oder dadurch, daß man die partikulären Lösungen auf das Vorhandensein singulärer Punkte prüft und, falls solche vorhanden, deren Orte aus $\Delta = 0$ ausscheidet.

369. Heranziehung räumlicher Betrachtungen zur Erklärung der verschiedenen Erscheinungen. Wenn man in dem allgemeinen Integral $F(x, y, C) = 0$ die willkürliche Konstante durch z ersetzt und die Gleichung

$$F(x, y, z) = 0 \tag{1}$$

sodann in einem räumlichen Koordinatensystem deutet, dem die frühere (horizontal gedachte) xy-Ebene angehört, so stellt sie eine Fläche vor, die mit dem System der Integralkurven in einem bemerkenswerten Zusammenhange steht: diese sind die Projektionen der Schichtenlinien der Fläche (**217**) auf der xy-Ebene.

Zunächst sei eine *singularitätenfreie* Fläche vorausgesetzt und zur Erleichterung der ersten Vorstellung angenommen, daß sie nach außen durchweg konvex sei. Dann bestimmen die Gleichungen

$$F = 0, \qquad \frac{\partial F}{\partial z} = 0, \tag{2}$$

die den Gleichungen (4) des vorigen Artikels entsprechen, jene Kurve, längs welcher die Fläche von dem ihr parallel zur z-Achse umschriebenen Zylinder berührt wird, ihre *Umrißlinie* in bezug auf die xy-Ebene (**190, 6.**).

Bei allgemeiner Lage dieser Umrißlinie wird diese von den Schichtenlinien (reell oder imaginär) geschnitten, und da in einem solchen Schnittpunkte sowohl die Tangente der Umrißlinie als auch die Tangente der Schichtenlinie in der zugehörigen Tangentialebene des berührenden Zylinders liegt, so berühren die Integralkurven die Projektion der Umrißlinie, d. h. *die Umrißlinie gibt in der Projektion die Einhüllende der Integralkurven, somit eine singuläre Lösung.*

Dies die einfachste und zugleich die normale Form des Zusammenhangs.

Ein besonderer Fall ergibt sich, wenn die Umrißlinie selbst *horizontal* liegt. Dann zählt ihre Projektion eben wegen dieser Lage zu den partikulären Lösungen, verliert aber den Charakter der singulären Lösung nicht, weil ihre Tangenten doppelt zählen, da sie als *gemeinsame* Grenzkurve der *beiden* Scharen von Integralkurven anzusehen ist, welche den Schichtenlinien über und unter der Umrißlinie entsprechen. Es tritt unter diesen Umständen der Fall ein, *daß eine Kurve zugleich partikuläre und singuläre Lösung ist und in letzterer Eigenschaft als Grenzkurve der Integralkurven erscheint.*

Nun wenden wir uns der Besprechung solcher Fälle zu, wo die Fläche (1) linienförmige *Singularitäten* aufweist; von solchen sollen die *Knotenlinie* als Selbstdurchschnitt der Fläche und die *Rückkehrkante* als Selbstberührungslinie der Fläche ins Auge gefaßt werden, entsprechend dem Knotenpunkt und Rückkehrpunkt einer ebenen Kurve (**164**).

Wenn die Knotenlinie, bzw. die Rückkehrkante allgemeine Lage besitzt, so weisen die Schichtenlinien längs ihr Knoten-, bzw. Rückkehrpunkte auf, und da sich diese Erscheinungen auf die Projektion übertragen, so kommen wir zu Integralsystemen mit Orten von Knotenpunkten bzw. Spitzen.

Anders jedoch, wenn die Knotenlinie oder die Rückkehrkante *horizontal* liegt; dann gehört ihre Projektion eben wegen dieser Lage zu den partikulären Integralen, erhält aber zugleich den Charakter einer singulären Lösung aus denselben Gründen wie vorhin und erscheint wieder als Grenzlinie der übrigen Integralkurven; doch besteht der Unterschied, daß im Falle einer Knotenlinie die Annäherung an die Grenzkurve von *beiden* Seiten, im Falle der Rückkehrkante nur von *einer* Seite erfolgt.

Die vorstehende Betrachtung lehrt also, daß nicht immer die singuläre Lösung die Einhüllende der partikulären Integralkurven zu sein braucht, sondern daß sie ausnahmsweise auch als deren Grenzkurve erscheinen kann.

Dadurch sind alle vorhin besprochenen Erscheinungen räumlich erklärt bis auf den Ort von Berührungspunkten getrennter Integralkurven; diese Erscheinung entspringt aber erst aus dem Projektionsverfahren und hat kein Äquivalent im Raume.

370. Die Clairautsche Differentialgleichung vom Standpunkte der Theorie der singulären Lösungen. Die Clairautsche Differentialgleichung, die in der Frage der singulären Lösungen historisch eine bemerkenswerte Stellung einnimmt[1]), bietet auch theoretisch einiges Interesse dar.

Vor allem sei festgestellt, daß man zu derselben Diskriminantengleichung kommt, ob man von der Differentialgleichung

$$y = xy' + f(y') \tag{1}$$

oder von ihrem allgemeinen Integral (**364**)

$$y = Cx + f(C) \tag{2}$$

---

1) **Man** knüpft die Erscheinung der singulären Lösung gewöhnlich an den Namen A. Clairauts, der in einer Abhandlung aus dem Jahre 1734 (s. Fußnote zu **364**) das Auftreten und die analytische Bestimmung einer solchen Lösung an der Gleichung $y'^2 - (x + 1)y' + y = 0$ gezeigt hat, die nach der heutigen Terminologie eben eine Clairautsche Differentialgleichung ist. Doch finden sich Gedanke und Verfahren und auch schon die Bezeichnung „singulär" bereits 1715 bei B. Taylor in dessen *Methodus incrementorum* vor. An der weiteren Ausbildung der Theorie beteiligten sich insbesondere J. Lagrange, in neuerer Zeit A. Cayley und G. Darboux. Genaueren Aufschluß brachten die Arbeiten von M. Hamburger (Über die singulären Lösungen der Differentialgleichung erster Ordnung. Journ. f. d. reine u. angew. Mathem., Bd. 112 (1893)) und W. v. Dyck (Über die singulären Lösungen einer Differentialgleichung erster Ordnung mit zwei Variablen, insbesondere über diejenigen, welche zugleich partikuläre Integrale sind. Abhandl. der königl. bayer. Akad. d. Wissensch., Bd. 25 (1910)), erstere mehr nach der analytischen, letztere nach der geometrischen Seite.

ausgeht, das eine Mal y', das andere Mal C eliminiert. Es ist also $D \equiv \varDelta$, und da bei den partikulären Integralkurven, die gerade Linien sind, weder Knotenpunkte noch Spitzen vorkommen, so ist notwendig der ganze Diskriminantenort aus singulären Lösungen zusammengesetzt. Nun besteht die Einhüllende einer einfach unendlichen Geradenschar im allgemeinen aus *einer Kurve und deren Wendetangenten*, mit anderen Worten, zur Einhüllenden der Tangentenschar einer ebenen Kurve gehören auch deren Wendetangenten.[1]) Dies ist so einzusehen.

Die Gerade $\qquad A(\xi - x) + B(\eta - y) = 0 \qquad\qquad (3)$

ist Tangente an die Kurve $\varphi(x, y) = 0$ im Punkte x/y, wenn

$$A dx + B dy = 0 \qquad\qquad (4)$$

ist. Um die Einhüllende des Tangentensystems zu finden, hat man (3) und die Bedingungsgleichung (4) nach den durch die Kurvengleichung miteinander verbundenen Parametern x, y zu differentiieren; dies gibt:

$$(5) \qquad (\xi - x) dA + (\eta - y) dB = 0, \qquad dx\, dA + dy\, dB = 0, \qquad (6)$$

wobei schon die Vereinfachung vollzogen ist, die sich bei der ersten Gleichung wegen (4) ergibt.

Ist nun beständig $\qquad \begin{vmatrix} A & B \\ dA & dB \end{vmatrix} \neq 0,$

so folgt aus (3) und (5) $\xi = x$, $\eta = y$, d. h. in diesem Falle besteht die Einhüllende der Tangenten nur aus deren Berührungspunkten, also aus der Kurve $\varphi(x, y) = 0$ allein. Wenn jedoch an einer Stelle der Kurve

$$\begin{vmatrix} A & B \\ dA & dB \end{vmatrix} = 0, \qquad\qquad (7)$$

so wird die Gleichung (5) durch alle Werte von ξ, η befriedigt, die der Gleichung (3) genügen, mit anderen Worten, die Tangente in einem solchen Punkte gehört mit zur Einhüllenden. Nun läßt sich aus (7) ableiten

$$\begin{vmatrix} A dx + B dy & B \\ dA\, dx + dB\, dx & dB \end{vmatrix} = 0,$$

woraus weiter, wenn man (4) nochmals differentiiert und dabei auf (6) Rücksicht nimmt,

---

1) Man sehe des Verf. Abhandlung: Über die Einhüllende der Tangenten einer Plankurve, der Schmiegungsebenen einer Raumkurve und der Tangentialebenen einer krummen Fläche. Monatsh. f. Math. u. Phys., Bd. 3 (1892).

$$\begin{vmatrix} 0 & B \\ A d^2x + B d^2y & dB \end{vmatrix} = 0$$

folgt; dies aber reduziert sich, wenn man $B \neq 0$ voraussetzt (was eventuell durch Änderung des Koordinatensystems immer erzielt werden kann), auf

$$A d^2x + B d^2y = 0; \tag{8}$$

aus (4) und (8) folgt aber

$$dx\, d^2y - dy\, d^2x = 0.$$

Mithin sind es die Wendepunkte, deren Tangenten zur Einhüllenden gehören, allgemeiner gesprochen, die Punkte mit einer superoskulierenden Geraden.

Die Diskriminantengleichung $D = 0$ der Clairautschen Differentialgleichung umfaßt also die eigentliche Einhüllende der Integrallinien nebst deren superoskulierenden Tangenten, und diese Gebilde zusammen machen die singuläre Lösung aus; die erwähnten Tangenten sind partikulär und singulär zugleich.

Was die Fläche $\qquad y = zx + f(z)$

anlangt, die dem allgemeinen Integral entspricht, so ist es in diesem Falle eine windschiefe Regelfläche mit der xy-Ebene als Richtebene, ihre Erzeugenden schneiden die Kurve

$$y = zx + f(z), \qquad 0 = x + f'(z)$$

und berühren den sie projizierenden Zylinder.

371. Beispiele.[1]) 1. Die homogene Differentialgleichung

$$xy'^2 - 2yy' + ax = 0, \qquad\qquad (a > 0)$$

nach dem in **359** und **351** erläuterten Verfahren behandelt, gibt das allgemeine Integral $\qquad x^2 - 2cy + ac^2 = 0.$

Hier ist $D = \varDelta = y^2 - ax^2$, und man könnte schon aus dem Umstande, daß die Integralkurven als Parabeln singularitätenfrei sind, schließen, daß

$$y^2 - ax^2 = 0$$

eine singuläre Lösung ist. Analytisch wird dies dadurch bestätigt, daß $y^2 = ax^2$ und $yy' = ax$ die Differentialgleichung identisch befriedigen.

---

1) Die vorgeführten Beispiele gehören zum Teil zu den klassisch gewordenen Fällen, einige sind der zum vorigen Artikel zitierten Abhandlung W. v. Dycks entnommen; die Wahl ist so getroffen, daß alle wichtigeren Erscheinungen zur Sprache kommen.

Das allgemeine Integral repräsentiert eine Schar von Parabeln, die singuläre Lösung, aus zwei Geraden bestehend, ist deren Einhüllende (Fig. 229).

Allgemein kann folgendes bemerkt werden. Eine homogene Gleichung, da sie ein bezüglich des Ursprungs perspektives System definiert, kann zur singulären Lösung nur (reelle oder imaginäre) Gerade durch den Ursprung haben. Man erhält diese, indem man in der Gleichung y' durch $\frac{y}{x}$ ersetzt.

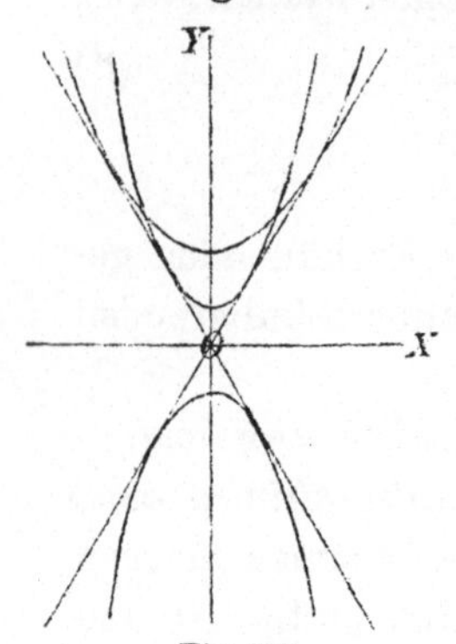

Fig. 229.

2. Die homogene Differentialgleichung

$$yy'^2 + 2xy' - y = 0$$

gibt bei Anwendung des letzterwähnten Verfahrens

$$x^2 + y^2 = 0$$

als Gleichung der singulären Lösung. Der Trägerort der singulären Linienelemente ist der Ursprung, und es sind alle durch ihn gelegten Linienelemente singulär, weil die Differentialgleichung durch $x = 0$, $y = 0$ bei *jedem* Wert von y' befriedigt ist.

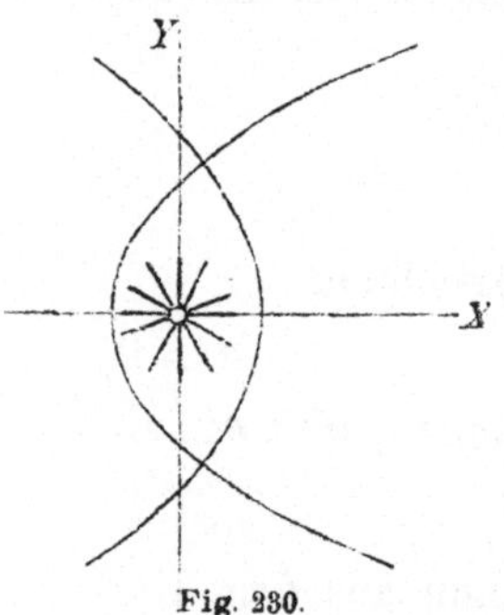

Fig. 230.

Wie ist nun dieser isolierte Punkt zu deuten? Das allgemeine Integral

$$y^2 = 2cx + c^2$$

stellt ein System von konfokalen Parabeln um den Ursprung als Brennpunkt dar; der Brennpunkt einer Parabel aber ist analytisch als Nullkreis gekennzeichnet, der mit ihr in imaginärer Doppelberührung steht; somit bildet er die Einhüllende des Parabelsystems.

Die vorgelegte Differentialgleichung hat also zur vollständigen Lösung eine Schar homofokaler Parabeln und das Büschel der Linienelemente durch den Ursprung (Fig. 230).[1])

---

1) Als Seitenstück zu diesem Falle, wo also eine isolierte punktförmige singuläre Lösung mit einem Büschel von Linienelementen auftritt, sei die Differentialgleichung $y'^2 + y^2 = 0$ angeführt. Ihre einzige reelle Lösung ist $y = 0$, ihre einzige Integralkurve also die x-Achse, und zwar partikulär und singulär zugleich, letzteres, weil durch jeden ihrer Punkte zwei vereinigt liegende in sie selbst fallende Linienelemente hindurchgehen.

3. Die Differentialgleichung

$$y'^2 + 2xy' - y = 0$$

gehört zu dem **Typus 363**; durch Differentiation erhält man die in x, y' homogene Gleichung $\quad 2(x + y')dy' + y' dx = 0,$

ihr Integral ist $\qquad 2y'^3 + 3xy'^2 = c;$

Elimination von y' zwischen dieser und der gegebenen Gleichung führt schließlich auf $\quad (3xy + 2x^3 + c)^2 - 4(x^2 + y)^3 = 0.$

Hier ist nun $\quad D = x^2 + y, \quad \varDelta = (x^2 + y)^3;$

die gemeinsame Teilgleichung $x^2 + y = 0$, die $2x + y' = 0$ zur Folge hat, genügt der Differentialgleichung nicht und kann nach der Sachlage nur einen Ort von Spitzen darstellen; dies stimmt auch zu dem Umstande, daß die Integralgleichung durch reelle x, y nur dann befriedigt werden kann, wenn $x^2 + y > 0$, woraus hervorgeht, daß die Integralkurven — Linien 6. Ordnung — nur zu einer Seite der Parabel $x^2 + y = 0$ angeordnet sind. Die Differentialgleichung ergibt für die Punkte dieser Parabel die Doppelwurzel $y' = -x$, somit hat das singuläre Linienelement die Gleichung $\eta + x^2 = -x(\xi - x)$ d. i. $\eta = -x\xi$, es geht also jedesmal durch den Ursprung (Fig. 231).

4. Zu der Parabelschar

$$y = c(x - c)^2$$

gehört die Differentialgleichung

$$y'^3 - 4yy'x + 8y^2 = 0.$$

Hier ist
$$D = 16y^3(27y - 4x^3), \quad \varDelta = y(27y - 4x^3).$$

Die gemeinsamen Teilgleichungen
$$y = 0, \quad 27y - 4x^3 = 0$$
mit ihren Folgerungen
$$y' = 0, \quad 9y' - 4x^2 = 0$$

befriedigen die Differentialgleichung identisch, bestimmen also singuläre Lösungen. Über ihre Beziehung zu den Integralkurven gibt folgende Erwägung ˙Aufschluß.

Die Integralkurven sind Parabeln, deren Scheitel in der x-Achse, deren Brennpunkte auf der Hyperbel $\xi\eta = \dfrac{1}{4}$ liegen und deren Achsen der y-Achse parallel sind; sie berühren die x-Achse und die kubische Parabel $y = \frac{4}{27} x^3$ in je einem Punkte, die beiden genannten Linien sind also ihre Einhüllenden. Aber die x-Achse tritt auch als partikuläre Lösung entsprechend $c = 0$ auf, als jene unter den Parabeln, deren Brennpunkt im unendlich fernen Punkt der y-Achse liegt, und bildet den Übergang von den nach aufwärts zu den nach abwärts gewendeten Parabeln. Dieser Fall bietet ein Beispiel dafür, daß eine Gleichung *zugleich singuläre und partikuläre Lösung* sein kann.

Zu beachten ist die verschiedenartige Bedeckung der Ebene durch die Integralkurven: zwischen der kubischen Parabel und der x-Achse ist die Bedeckung dreifach, im übrigen Teil der Ebene einfach; längs der kubischen Parabel fallen jedesmal zwei Linienelemente zusammen, längs der x-Achse alle drei (Fig. 232).

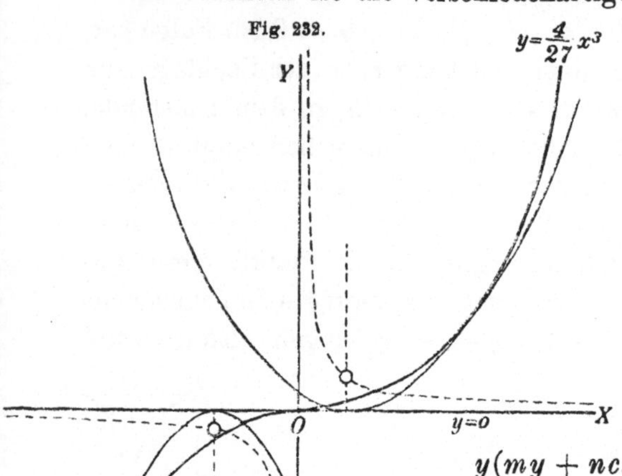

5. Geht man von der endlichen Gleichung

$$y(my + ncx) + c^2 = 0 \quad (m > 0)$$

aus, so führt die Elimination von c zu der Differentialgleichung

$$(n^2 x^2 - 4m)y'^2 - n^2 y^2 = 0;$$

aus beiden ergibt sich ein und dieselbe Diskriminantengleichung

$$y^2(n^2 x^2 - 4m) = 0.$$

Der ihr entsprechende Ort zerfällt in die doppelt zählende Gerade $y = 0$ und in das Geradenpaar $n^2 x^2 - 4m = 0$, und beide genügen der Differentialgleichung, weil zu $y = 0$ auch $y' = 0$ und zu $n^2 x^2 - 4m = 0$ $y' = \infty$ gehört. Man hat es also mit zwei singulären Lösungen zu tun, die aber im System der Integralkurven verschiedene Rollen spielen.

Dieses System besteht nämlich aus Hyperbeln mit den Asymptoten

$$y = 0, \quad y = -\frac{cn}{m} x;$$

die feste Asymptote $y = 0$ — und das ist zugleich die eine singuläre Lösung — ist eine *Grenzlinie*, der sich die Hyperbeln unbegrenzt nähern, und zwar von *beiden* Seiten; die andere wechselt mit c ihre Richtung, geht aber beständig durch den Ursprung. Die beiden Geraden $x = \pm \dfrac{2\sqrt{m}}{n}$ sind Tangenten an die Hyperbeln, folglich bildet der andere Teil der singulären Lösung

$$n^2 x^2 - 4m = 0,$$

die *Einhüllende* der Hy-
perbelschar (Fig. 233).

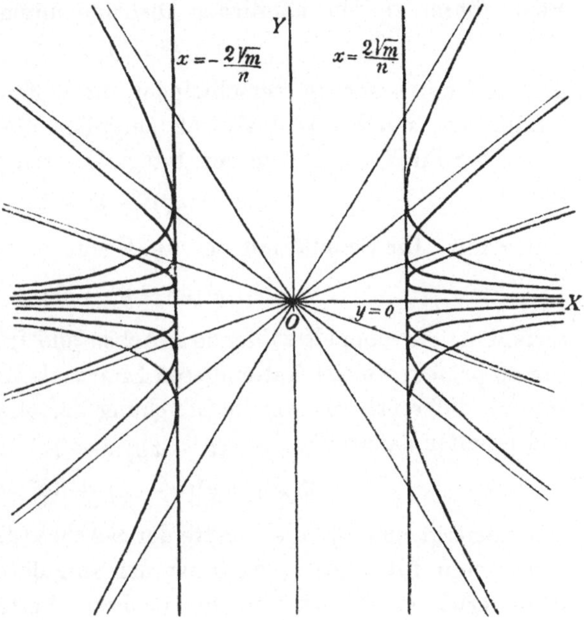

In $y = 0$, als Dop-
pelgerade aufgefaßt, hat
man aber nicht bloß eine
singuläre, sondern auch
eine partikuläre Lösung,
weil die Integralgleichung
sich bei $c = 0$ auf $m y^2 = 0$
reduziert.

Räumlich erklärt sich
dies alles wie folgt auf.
Die Fläche dritten Grades

$$y(my + nxz) + z^2 = 0$$

hat die x-Achse zur *Knotenlinie*, ihr eigentlicher [1])

Fig. 233.

Umriß, der durch das hyperbolische Paraboloid

$$2z + nxy = 0$$

ausgeschnitten wird, projiziert sich auf die xy-Ebene in das Geradenpaar

$$n^2 x^2 - 4m = 0;$$

diejenigen Hyperbeln, die ihre Äste im ersten und dritten Quadranten haben, entsprechen den Schichtenlinien zu einer Seite der Knotenlinie, die im zweiten und vierten Quadranten verlaufenden den Schichtenlinien zur andern Seite derselben.

---

1) D. i. durch einen berührenden Zylinder erzeugter.

6. Aus der endlichen Gleichung

$$(c - xy)^2 - y^3 = 0$$

erhält man durch Elimination von c die Differentialgleichung

$$\left(\frac{9}{4}\, y - x^2\right)y'^2 - 2xyy' - y^2 = 0 .$$

Beide führen zu dem nämlichen Diskriminantenort

$$y^3 = 0 ,$$

der, weil mit y auch y' verschwindet, die Differentialgleichung identisch erfüllt. Die x-Achse tritt also als singuläre Lösung auf.

Über ihr Verhalten zu den Integralkurven gibt die Betrachtung der Fläche

$$(z - xy)^2 - y^3 = 0$$

Aufschluß. Ihr Schnitt mit der xy-Ebene:

$$y^2(x^2 - y) = 0$$

zerfällt in die doppelt zählende x-Achse und in die Parabel $x^2 - y = 0$. Um zu prüfen, welche Natur diesen Linien als Kurven auf der Fläche zukommt, differentiieren wir die Gleichung der letzteren nach x und nach y und erhalten dadurch

$$(z - xy)p = 0$$
$$2(z - xy)(q - x) - 3y^2 = 0;$$

man bemerkt nun, für die Punkte der x-Achse (d. i. $y = 0$, $z = 0$) sind p, q unbestimmt für jedes x, wodurch der singuläre Charakter dieser Linie schon erwiesen ist, und da nur positive Werte von y zulässig sind, so bildet die in Rede stehende Gerade der Fläche eine Kante, und zwar eine Rückkehrkante, weil jeder zur x-Achse normale Schnitt $x = a$ sich in eine Kurve

$$(z - ay)^2 - y^3 = 0$$

projiziert, die im Ursprung eine Spitze hat (mit der Tangente $z = ay$).

Daraus geht hervor, daß die Integralkurven sich der Geraden $y = 0$ als einer *Grenzkurve* und zwar nur von einer Seite nähern.

Was die Parabel $x^2 - y = 0$ anlangt, so ist längs derselben p beständig Null und $q = -\dfrac{x}{2}$, sie ist also eine gewöhnliche Linie der Fläche und ein Teil des zu $c = 0$ gehörigen partikulären Integrals.

Der Sachverhalt ist also der folgende: Die x-Achse ist partikuläre und singuläre Lösung zugleich und in letzterem Belange nicht Einhüllende, sondern Grenzlinie der übrigen partikulären Integrallinien. Was diese selbst anlangt, so sind es zweiästige Kurven vierter Ordnung, die sich beiden Teilen des zerfallenden Gebildes $y^2(x^2 - y) = 0$ asymptotisch nähern.

In Fig. 234 sind zwei zu einem positiven c (vollgezogen) und eine zu einem negativen a gehörige Kurve (punktiert) angedeutet.

7. Die zur endlichen Gleichung

$$y(mx + nc) + c^2 = 0$$

gehörige Differentialgleichung lautet

$$m x^2 y'^2 + y(2mx - n^2 y)y' + my^2 = 0.$$

Man hat hier die dem D und $\varDelta$ entsprechende Diskriminantenorte

$$y^3(4mx - n^2 y) = 0,$$
$$y(4mx - n^2 y) = 0,$$

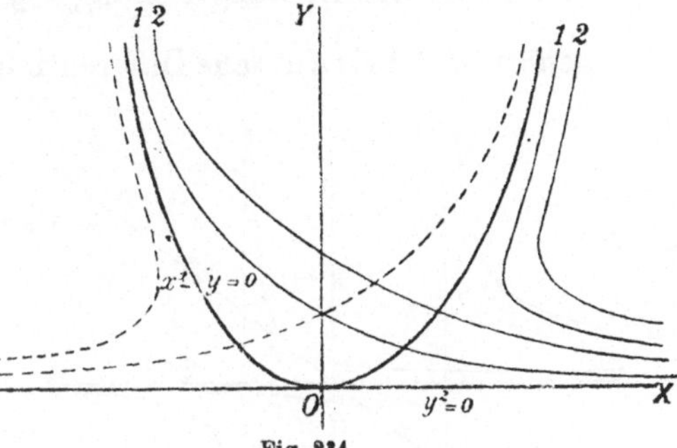

Fig. 234.

deren gemeinsame Teilgleichungen

$$y = 0, \qquad 4mx - n^2 y = 0$$

mit ihren Ableitungen $\quad y' = 0, \qquad 4m - n^2 y' = 0$

die Differentialgleichung erfüllen; folglich sind die Geraden

$$y = 0, \qquad y = \frac{4m}{n^2} x$$

singuläre Lösungen, die erste auch partikuläre Lösung entsprechend $c = 0$.[1]

Zu den Integralkurven aber stehen sie in ungleicher Beziehung; diese sind gleichseitige Hyperbeln mit der festen Asymptote $y = 0$ und der von Hyperbel zu Hyperbel variierenden Asymptote $mx + nc = 0$ parallel zur y-Achse, und die Gerade $y = \frac{4m}{n^2} x$ erweist sich als gemeinsame Tangente aller dieser Hyperbeln. Es tritt also die singuläre Lösung $y = \frac{4m}{n^2} x$ als *Einhüllende* auf (Fig. 235).

Räumlich erklärt sich dies daraus, daß

$$y(mx + nz) + z^2 = 0$$

einen Kegel zweiter Ordnung mit der Spitze im Ursprung vorstellt, dessen Umrißkanten $\qquad y = 0, \quad z = 0;$

$$ny + 2z = 0,$$
$$4mx - n^2 y = 0$$

---

1) Die ganze $c = 0$ entsprechende partikuläre Lösung besteht aus den beiden Achsen als degenerierte gleichseitige Hyperbel.

sind; die eine davon ist horizontal und tritt somit als Grenzkurve der Schichtenlinien auf, die andere ist geneigt und hüllt daher in der Projektion die Schichtenlinien ein.

8. Zu der Kurvengleichung $\quad y = \dfrac{4}{27} x^3$

gehört die Clairautsche Differentialgleichung (**374**) (in rationaler Form)

$$(y - xy')^2 = y'^3.$$

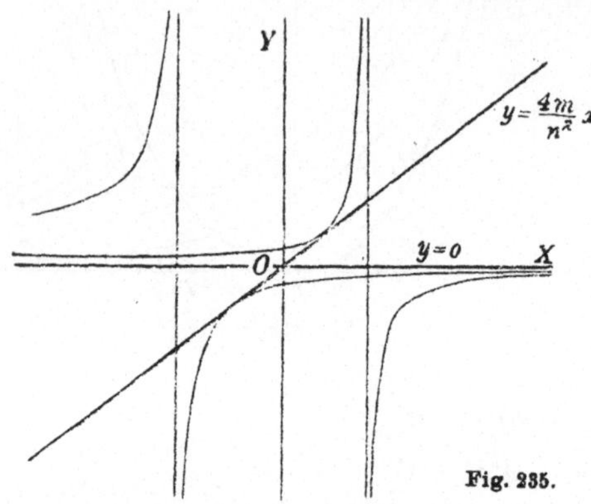

Fig. 235.

Verbindet man mit dieser, zum Zwecke der Diskriminantenbildung, die nach y' abgeleitete

$$- 2x(y - xy') = 3y'^2$$

und eliminiert zunächst y'^3, so kommt man zu der Gleichung

$$(y - xy')(3y - xy') = 0;$$

diese wird einmal durch

$$3y - xy' = 0$$

befriedigt, und vollzieht man die Elimination von y', so ergibt sich

$$y^2(27y - 4x^3) = 0;$$

dies zerfällt in die Kurve $y = \dfrac{4}{27} x^3$, von der ausgegangen war, und in die doppelt zählende Gerade $y = 0$, die in der Tat die Wendetangente der Kurve ist.

Die andere Annahme $\quad y - xy' = 0$

führt auf $y'^3 = 0$ und weiter zu $y = 0$, als Ort der Träger, in welchen drei Linienelemente von der Richtung des Ortes selbst vereinigt liegen.

Der Sachverhalt ist also der folgende: Die Tangenten der Kurve $y = \dfrac{4}{27} x^3$ bedecken die Ebene teils ein-, teils dreifach; die Grenze der Gebiete wird durch die Kurve selbst und ihre Wendetangente gebildet; an dieser Grenze findet noch dreifache Bedeckung statt, jedoch so, daß längs der Kurve zwei, längs der Wendetangente alle drei Tangenten vereinigt liegen.

§ 4. Geometrische Anwendungen.

372. Trajektorien. Jedes Problem, das eine Kurve durch eine Eigenschaft ihrer Tangenten definiert, führt auf eine Differentialgleichung erster Ordnung. Wiederholt sind im vorangehenden solche Aufgaben gestellt und gelöst worden. Ein Problem allgemeinerer Natur, das hierher gehört, besteht in der Bestimmung der *isogonalen Trajektorien* eines vorgegebenen einfach unendlichen Kurvensystems. Man versteht darunter die Gesamtheit aller Linien, welche die gegebenen Kurven unter einem festen Winkel schneiden. Ist dieser Winkel ein rechter, so spricht man von *orthogonalen Trajektorien.*[1])

Zunüchst werde vorausgesetzt, das gegebene Kurvensystem sei in kartesischen Koordinaten gegeben und habe die Gleichung

$$F(x, y, c) = 0, \qquad (1)$$

ferner sei

$$f(x, y, y') = 0 \qquad (2)$$

die daraus durch Elimination von c abgeleitete Differentialgleichung. Dann ist unmittelbar

$$f\left(x, y, -\frac{1}{y'}\right) = 0 \qquad (3)$$

die Differentialgleichung der orthogonalen Trajektorien; denn aus (2) und (3) ergeben sich bei gegebenem x/y für y' Lösungen, deren Produkt -1 ist; folglich schneidet die durch x/y gehende Kurve des Systems (3) die durch denselben Punkt laufende Kurve des Systems (2) oder (1) rechtwinklig.

Man erhält also aus der Differentialgleichung eines einfach unendlichen Kurvensystems die Differentialgleichung seiner orthogonalen Trajektorien, indem man y' durch $-\dfrac{1}{y'}$ ersetzt.

Die *endliche* Gleichung der Trajektorien geht daraus durch Integration hervor.

Handelt es sich um isogonale Trajektorien unter dem schiefen Winkel ϑ, dieser gezählt als Differenz der hohlen Winkel, welche die Tangente an die Trajektorie und die Tangente an die Systemkurve mit der positiven x Achse einschließen, und bezeichnet man den Richtungskoeffizienten der Tangente an die Trajektorie mit $\dfrac{dy}{dx}$ zum Unterschiede von jenem der gegebenen Kurve, der y' heißt, dann muß

---

1) Das Problem der Trajektorien ist 1697 von Johann Bernoulli aufgestellt worden, der 1698 in den Acta eruditorum den neuen Kurven auch den Namen gab.

$$\frac{\dfrac{dy}{dx} - y'}{1 + \dfrac{dy}{dx}y'} = \operatorname{tg}\vartheta = k \qquad \text{sein, woraus} \qquad y' = \frac{\dfrac{dy}{dx} - k}{1 + k\dfrac{dy}{dx}};$$

setzt man dies in (2) ein und schreibt wieder y' für $\dfrac{dy}{dx}$, so ergibt sich

$$f\left(x, y, \frac{y' - k}{1 + ky'}\right) = 0 \tag{4}$$

als Differentialgleichung der Trajektorien unter dem Winkel arctg k.

Ist das Kurvensystem in Polarkoordinaten dargestellt und

$$F(r, \varphi, c) = 0 \tag{5}$$

seine endliche, $f(r, \varphi, r') = 0$ (6)

die Differentialgleichung, so gehe man davon aus, daß durch

$$\frac{r}{r'} = \operatorname{tg}\theta$$

der Winkel bestimmt ist, welchen die positive Tangente im Punkte r/φ an die gegebene Kurve mit dem verlängerten Leitstrahl dieses Punktes bildet. Für die Trajektorie wird der analoge Winkel durch

$$\frac{r}{\dfrac{dr}{d\varphi}} = \operatorname{tg}\theta_1$$

bestimmt sein, wenn $\dfrac{dr}{d\varphi}$ auf die Trajektorie sich bezieht; die Orthogonalität beider Kurven erfordert, daß

$$\operatorname{tg}\theta\,\operatorname{tg}\theta_1 + 1 = \frac{r^2}{r'\dfrac{dr}{d\varphi}} + 1 = 0 \qquad \text{sei, woraus sich} \qquad r' = -\frac{r^2}{\dfrac{dr}{d\varphi}}$$

ergibt. Trägt man dies in (6) ein und schreibt für $\dfrac{dr}{d\varphi}$ wieder r', so erhält man

$$f\left(r, \varphi, -\frac{r^2}{r'}\right) = 0 \tag{7}$$

als Differentialgleichung der orthogonalen Trajektorien.

Bei Anwendung von Polarkoordinaten ergibt sich also die Differentialgleichung der orthogonalen Trajektorien aus jener des Kurvensystems, indem man r' durch $-\dfrac{r^2}{r'}$ ersetzt.

Für schiefe Trajektorien unter dem Winkel ϑ, diesen als Differenz $\theta_1 - \theta$ verstanden, ergibt sich in ähnlicher Weise die Differentialgleichung

$$f\left(r, \varphi, \frac{kr^2 + rr'}{r - kr'}\right) = 0, \tag{8}$$

wenn $\operatorname{tg}\vartheta = k$ gesetzt wird.

373. Beispiele. 1. Die orthogonalen Trajektorien der Parabelschar

$$y = ax^n$$

(Parameter a) zu bestimmen.

Mit Hilfe von $\qquad y' = nax^{n-1} \qquad$ ergibt sich

$$y' = \frac{ny}{x}$$

als Differentialgleichung der gegebenen Kurvenschar und daraus

$$y' = -\frac{x}{ny}$$

als Differentialgleichung ihrer orthogonalen Trajektorien. Die Variablen lassen sich unmittelbar trennen und die Integration liefert

$$x^2 + ny^2 = c.$$

Die Trajektorien bilden also eine Schar homothetischer Ellipsen oder Hyperbeln, je nachdem $n > 0$ oder $n < 0$.

2. Die orthogonalen Trajektorien des Kreisbüschels mit den Grundpunkten $- a/0$, $a/0$ zu bestimmen.

Aus der endlichen Gleichung dieses Kreisbüschels

$$x^2 + y^2 - 2by - a^2 = 0$$

und aus $\qquad x + yy' - by' = 0$

ergibt sich durch Elimination des veränderlichen Parameters b seine Differentialgleichung:

$$(x^2 - y^2 - a^2)dy - 2xy\,dx = 0, \qquad (\alpha)$$

daraus aber entspringt:

$$(x^2 - y^2 - a^2)dx + 2xy\,dy = 0 \qquad (\beta)$$

als Differentialgleichung der orthogonalen Trajektorien. Ihre Integration kann auf Grund folgender Bemerkung ohne Rechnung vollzogen werden: Aus (α) geht (β) hervor, wenn man x mit y vertauscht und das Zeichen von a^2 ändert; durch dieselben Änderungen erhält

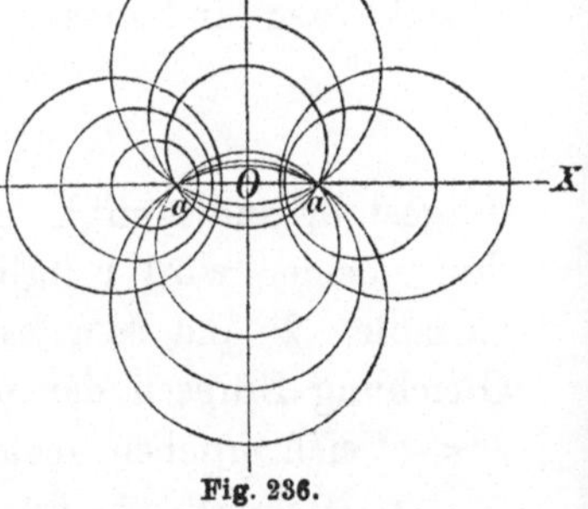

Fig. 236.

man aus der Gleichung des Kreisbüschels diejenige seiner Trajektorien, nämlich $\qquad x^2 + y^2 - 2bx + a^2 = 0.$

Die Trajektorien bilden also wieder ein Kreisbüschel, das durch die imaginären Punkte $0/ - ai$ und $0/ai$ hindurchgeht (Fig. 236).

Die Beziehung ist eine gegenseitige: Ein Kreisbüschel mit Grundpunkten hat zu orthogonalen Trajektorien ein Kreisbüschel mit Grenzpunkten (Nullkreisen) und umgekehrt ein Büschel mit Grenzpunkten ein solches mit Grundpunkten. Grenz- und Grundpunkte vertauschen ihre Rollen gleichzeitig.

3. Es sind die orthogonalen Trajektorien eines Systems konfokaler Zentralkegelschnitte zu bestimmen.

Die Gleichung eines solchen Systems ist

$$\frac{x^2}{\lambda^2} + \frac{y^2}{\lambda^2 - c^2} = 1,$$

darin λ der veränderliche Parameter. Durch ihre Differentiation ergibt sich

$$\frac{x}{\lambda^2} + \frac{y\,y'}{\lambda^2 - c^2} = 0; \qquad \text{daraus folgt} \qquad \frac{x}{\lambda^2} = \frac{y\,y'}{c^2 - \lambda^2} = \frac{x + y\,y'}{c^2},$$

so daß

$$\frac{x^2}{\lambda^2} = \frac{x(x + y\,y')}{c^2}, \qquad \frac{y^2}{c^2 - \lambda^2} = \frac{\frac{y}{y'}\,(x + y\,y')}{c^2};$$

mithin ist

$$(x + y\,y')\left(x - \frac{y}{y'}\right) = c^2$$

die Differentialgleichung des vorgelegten Kurvensystems. Da sie sich nicht verändert, wenn man y' durch $-\dfrac{1}{y'}$ ersetzt, so gehört sie auch den orthogonalen Trajektorien als Differentialgleichung an.

Ein System homofokaler Zentralkegelschnitte und seine orthogonalen Trajektorien sind sonach durch ein und dieselbe Gleichung

$$\frac{x^2}{\lambda^2} + \frac{y^2}{\lambda^2 - c^2} = 1$$

dargestellt und somit zu einem einheitlichen System vereinigt. Die Scheidung beider wird lediglich durch das Größenverhältnis zwischen dem variablen λ^2 und dem festen c^2 vollzogen. Bei $\lambda^2 > c^2$ stellt nämlich die Gleichung Ellipsen dar und diese werden von den Hyperbeln, die bei $\lambda^2 < c^2$ sich ergeben, rechtwinklig geschnitten, und umgekehrt.

4. Die orthogonalen Trajektorien des Systems der Sinusspiralen

$$r^n = a^n \sin n\varphi \qquad\qquad \text{zu bestimmen}$$

Durch Differentiation entsteht

$$n\,r^{n-1} r' = n\,a^n \cos n\varphi,$$

und die Elimination von a^n ergibt die Differentialgleichung

$$r \cos n\varphi - r' \sin n\varphi = 0. \qquad (\alpha)$$

Die Differentialgleichung der orthogonalen Trajektorien entsteht hieraus, wenn man r' durch $-\dfrac{r^2}{r'}$ ersetzt, und lautet daher

$$r' \cos n\varphi + r \sin n\varphi = 0. \qquad (\beta)$$

Durch die Transformation

$$r = r_1, \qquad \varphi = \varphi_1 + \frac{\pi}{2n}$$

geht aber die Gleichung (β) über in

$$r_1 \cos n\varphi_1 - r_1' \sin n\varphi_1 = 0$$

und stimmt dann mit (α) überein. Die angegebene Transformation besteht aber in einer Drehung um den Pol durch den Winkel $\dfrac{\pi}{2n}$. Das System der orthogonalen Trajektorien des vorgelegten Kurvensystems ist also ein kongruentes System, gegen das erste jedoch um den Winkel $\dfrac{\pi}{2n}$ gedreht.

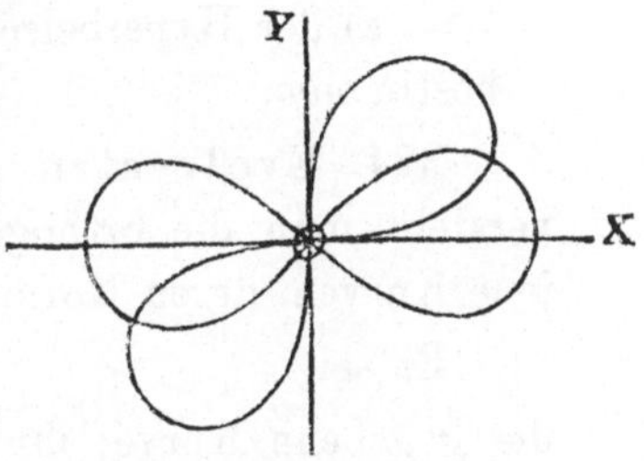

Bei $n = 1$ ergeben sich zwei orthogonale Berührungskreisbüschel, das eine $r = a \sin \varphi$, das andere $r = a \cos \varphi$.

Fig. 237.

Wenn $n = 2$, erhält man zwei Systeme von Lemniskaten, um 45° gegeneinander gedreht (Fig. 237); ihre Gleichungen sind $r = a\sqrt{\sin 2\varphi}$ und $r = a\sqrt{\cos 2\varphi}$ (**314**, 3.).

5. Die isogonalen Trajektorien eines Strahlenbüschels zu bestimmen.

Die einfachste analytische Darstellung hat ein Strahlenbüschel im Polarsystem, wenn man seinen Mittelpunkt mit dem Pole zusammenfallen läßt; seine Gleichung lautet dann:

$$\varphi = c.$$

Daraus entspringt die Differentialgleichung

$$d\varphi = 0,$$

welche weiter zur Folge hat, daß

$$\operatorname{tg} \theta = \frac{r\, d\varphi}{dr} = 0, \qquad \text{also} \qquad \frac{r}{r'} = 0$$

ist. Dies ist nur eine andere Form der ursprünglichen Differentialgleichung $d\varphi = 0$. Ersetzt man hier r' nach Vorschrift von (8) durch $\dfrac{kr^2 + rr'}{r - kr'}$, so ergibt sich $r - kr' = 0$

als Differentialgleichung der Trajektorien. Durch Trennung der Variablen und Integration kommt man zunächst auf $lr = lC + \dfrac{\varphi}{k}$ und schließlich auf

$$r = Ce^{\frac{\varphi}{k}}.$$

Die isogonalen Trajektorien eines Strahlenbüschels sind demnach logarithmische Spiralen (**136, 3.**).

6. Die orthogonalen Trajektorien

    a) der Parabelschar $y^2 = 2px$;

    b) der Ellipsenschar $b^2x^2 + a^2y^2 = a^2b^2$ bei variablem a;

    c) der Hyperbelschar $b^2x^2 - a^2y^2 = a^2b^2$ bei veränderlichem b zu bestimmen.

374. Evolventen. Unter den *Evolventen* einer gegebenen Kurve versteht man die orthogonalen Trajektorien ihrer Tangenten, also alle jene Kurven, deren Normalen die gegebene Kurve berühren.

Es sei
$$y = F(x) \tag{1}$$
die gegebene Kurve; ihr entspricht eine Clairautsche Differentialgleichung, welche das Tangentensystem darstellt. Man erhält sie, indem man den Abschnitt der Tangente auf der Ordinatenachse $y - xp$ mit Hilfe von (1) und
$$p = F'(x) \tag{2}$$
als Funktion von p ausdrückt; ist $f(p)$ der betreffende Ausdruck, so ist
$$y = xp + f(p) \tag{3}$$
die das Tangentensystem darstellende Gleichung. Aus ihr entsteht die Differentialgleichung der Evolventen von (1), indem p durch $-\dfrac{1}{p}$ ersetzt wird; sie lautet also
$$y = -\frac{x}{p} + f\left(-\frac{1}{p}\right),$$
ihre allgemeine Form ist daher
$$x + yp = \psi(p), \tag{4}$$
wo $\psi(p)$ für $pf\left(-\dfrac{1}{p}\right)$ geschrieben ist.

Ehe zur Integration der Gleichung (4) geschritten wird, soll eine charakteristische Eigenschaft ihres Integralsystems nachgewiesen werden.

Aus einer Kurve C (Fig. 238) werde eine neue C_1 dadurch abgeleitet, daß man auf der Normale eines jeden Punktes M von C eine Strecke c abträgt. Der Vorgang stellt sich analytisch wie folgt dar. Sind x/y die Koordinaten von M, $p = \dfrac{dy}{dx}$ der Richtungskoeffi-

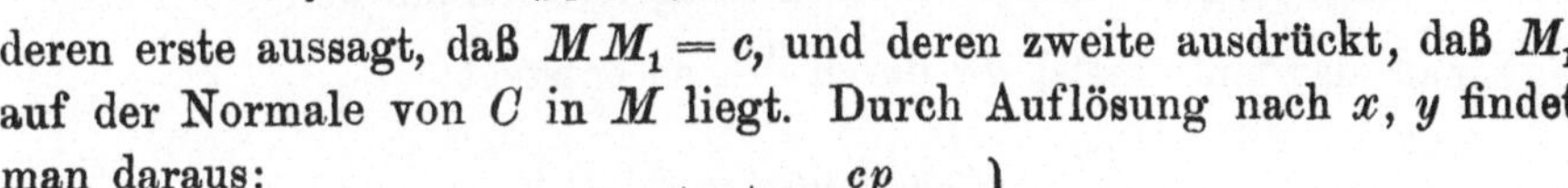

zient der Tangente in M; sind ferner x_1/y_1 die Koordinaten von M_1, so bestehen zwischen diesen Größen die Gleichungen:

$$(x_1 - x)^2 + (y_1 - y)^2 = c^2$$
$$x_1 - x \; + (y_1 - y)p = 0,$$

deren erste aussagt, daß $MM_1 = c$, und deren zweite ausdrückt, daß M_1 auf der Normale von C in M liegt. Durch Auflösung nach x, y findet man daraus:

$$\left. \begin{aligned} x &= x_1 + \frac{cp}{\sqrt{1 + p^2}}, \\ y &= y_1 - \frac{c}{\sqrt{1 + p^2}}; \end{aligned} \right\} \tag{5}$$

ferner gibt die Differentiation der ersten der obigen Gleichungen

$$(x_1 - x)(dx_1 - dx) + (y_1 - y)(dy_1 - dy) = 0$$

und dies vereinfacht sich vermöge der zweiten Gleichung, die auch in der Form

$$(x_1 - x)\,dx + (y_1 - y)\,dy = 0$$

geschrieben werden kann, zu

$$(x_1 - x)\,dx_1 + (y_1 - y)\,dy_1 = 0,$$

woraus

$$\frac{dy_1}{dx_1} = -\frac{x_1 - x}{y_1 - y} = \frac{dy}{dx}$$

oder
$$p_1 = p \tag{6}$$

folgt. Damit ist erwiesen, daß die Tangente der abgeleiteten Kurve in M_1 parallel ist der Tangente an die ursprüngliche im Punkte M; wegen dieses Verhaltens werden beide Kurven *Parallelkurven* genannt.

Durch die Gleichungen (5), (6) ist eine Transformation der Linienelemente bestimmt, bestehend in einer Verschiebung ihrer Träger senkrecht zur unverändert bleibenden Richtung. Man bezeichnet diese Transformation als *Dilatation*. Wendet man sie auf die Differentialgleichung (4) an, so geht diese über in

$$x_1 + \frac{cp_1}{\sqrt{1 + p_1{}^2}} + p_1 \left(y_1 - \frac{c}{\sqrt{1 + p_1{}^2}} \right) = \psi(p_1)$$

und nach erfolgter Reduktion in die endgültige Form

$$x_1 + y_1 p_1 = \psi(p_1). \tag{4*}$$

Die Gleichung (4) bleibt also bei Anwendung der Dilatation bis auf die Bezeichnung der Variablen unverändert. Daraus folgt (**348**), *daß die Evolventen einer gegebenen Kurve Parallelkurven sind*, daß also aus einer von ihnen alle übrigen durch Ausführung aller möglichen Dilatationen abgeleitet werden können.

Was nun die Integration der Gleichung (4) anlangt, so beachte man, daß sie zu den in x, y linearen Gleichungen (**363**) gehört und daher nach vorausgegangener Differentiation integriert werden kann. Differentiiert man also und ersetzt dx durch $\dfrac{dy}{p}$, so entsteht

$$\frac{dy}{p} + y\,dp + p\,dy = \psi'(p)\,dp$$

oder
$$(1 + p^2)\,dy + yp\,dp = p\psi'(p)\,dp;$$

in dieser Form hat die Gleichung den integrierenden Faktor $\dfrac{1}{\sqrt{1+p^2}}$, der die linke Seite in das Differential von $y\sqrt{1 + p^2}$ verwandelt. Mithin ist

$$y = \frac{1}{\sqrt{1+p^2}} \left\{ c + \int \frac{p\,\psi'(p)\,dp}{\sqrt{1+p^2}} \right\} \tag{7}$$

und mit Hilfe dessen ergibt sich aus (4):

$$x = \psi(p) - \frac{p}{\sqrt{1+p^2}} \left\{ c + \int \frac{p\,\psi'(p)\,dp}{\sqrt{1+p^2}} \right\} . \tag{7*}$$

Durch (7) und (7*) ist das System der Evolventen parametrisch dargestellt.

375. *Beispiele.* 1. Um die Evolventen der Parabel

$$y^2 + 4ax = 0$$

zu bestimmen, bilde man mit Hilfe von

$$yp + 2a = 0$$

ihre Clairautsche Gleichung. Es ist $y = -\dfrac{2a}{p}$, daher $x = -\dfrac{a}{p^2}$, folglich

$$y - xp = -\frac{2a}{p} + \frac{a}{p} = -\frac{a}{p}$$

oder
$$y = xp - \frac{a}{p}$$

die Differentialgleichung des Tangentensystems; aus dieser ergibt sich

$$y = -\frac{x}{p} + ap \quad \text{oder}$$

$$x + yp = ap^2$$

als Differentialgleichung der Evolventen. Ihre Integration gibt nach (7) und (7 *)

$$y = \frac{1}{\sqrt{1 + p^2}}[c + al(p + \sqrt{1 + p^2})]$$

$$x = ap^2 - \frac{p}{\sqrt{1 + p^2}}[c + al(p + \sqrt{1 + p^2})].$$

Die p-Diskriminante der Differentialgleichung der Evolventen ist $y^2 + 4ax$ und führt, wenn man sie Null setzt, auf die zugrunde gelegte Parabel; diese ist aber nicht eine Einhüllende der Evolventen, sondern der Ort ihrer Spitzen.

2. Für die Kettenlinie als Grundkurve ergibt sich folgender Rechnungsgang. Aus ihrer Gleichung

$$y = \frac{a}{2}\left(e^{\frac{x}{a}} + e^{-\frac{x}{a}}\right)$$

und der daraus abgeleiteten $\quad p = \frac{1}{2}\left(e^{\frac{x}{a}} - e^{-\frac{x}{a}}\right)$

findet man $\quad x = al(p + \sqrt{1 + p^2}), \quad y = a\sqrt{1 + p^2}$

und hiermit die Clairautsche Gleichung der Kettenlinie

$$y = xp + a\left[\sqrt{1 + p^2} - pl(p + \sqrt{1 + p^2})\right),$$

aus der die Differentialgleichung ihrer Evolventen

$$x + py = a\left(\sqrt{1 + p^2} + l\frac{\sqrt{1 + p^2} - 1}{p}\right) \qquad \text{folgt.}$$

Im Anschlusse an die allgemeine Theorie ist also

$$\psi(p) = a\left(\sqrt{1 + p^2} + l\frac{\sqrt{1 + p^2} - 1}{p}\right)$$

$$\psi'(p) = a\frac{\sqrt{1 + p^2}}{p}$$

und damit erhält man nach den Formel (7) und (7*) die parametrische Darstellung

$$x = \frac{a - pc}{\sqrt{1 + p^2}} + al\frac{\sqrt{1 + p^2} - 1}{p}$$

$$y = \frac{c + pa}{\sqrt{1 + p^2}}.$$

Hebt man die zu $c = 0$ gehörige Evolvente heraus und schreibt sie in der Variablen u, wobei $p = \operatorname{tg} u$, so lauten ihre Gleichungen:

$$x = a\left(\cos u + l\operatorname{tg}\frac{u}{2}\right)$$

$$y = a\sin u;$$

diese Gleichungen sind aber in **360**, 2. als diejenigen der Traktorie erkannt worden.

3. Man zeige, daß die zu $c = 0$ gehörige Evolvente des Kreises $x^2 + y^2 = a^2$ durch die Gleichungen

$$x = a\left[\varphi\sin\varphi + \cos\varphi\right]$$

$$y = a\left[\sin\varphi - \varphi\cos\varphi\right]$$

dargestellt ist, wenn $p = \operatorname{tg}\varphi$ gesetzt wird.

§ 5. Systeme von Differentialgleichungen.

376. Definition und Integration eines Systems n-ter Ordnung von Differentialgleichungen erster Ordnung. Zwischen den $n + 1$ Variablen x, y, z, $\ldots u$ und ihren Differentialen erster Ordnung seien n inbezug auf diese Differentiale homogene Gleichungen gegeben; dann lassen sich unter gewissen Voraussetzungen die Verhältnisse von n der Differentiale zu dem $n + 1$ ten eindeutig bestimmen, also beispielsweise die Verhältnisse $\dfrac{dy}{dx}$, $\dfrac{dz}{dx}$, $\ldots \dfrac{du}{dx}$.

Geht man von einer Wertverbindung $x/y/z/\ldots/u$ aus und erteilt man dem x einen Zuwachs dx, so sind durch das Gleichungssystem die zugeordneten Änderungen dy, dz, $\ldots du$ der anderen Variablen bestimmt; mit andern Worten, das Gleichungssystem vermittelt ein bestimmtes Fortschreiten der y, z, $\ldots u$ von angenommenen Ausgangswerten aus, die man einem beliebig gewählten Wert von x zuordnet, mit stetig fortschreitendem x. Aus dieser Darlegung geht hervor, daß durch das Gleichungssystem y, z, $\ldots u$ als Funktionen von x definiert und daraus bestimmbar sind.

Wir schreiben das System zunächst in der Form:

$$\left.\begin{array}{l} X_1\,dx + Y_1\,dy + Z_1\,dz + \cdots + U_1\,du = 0 \\ X_2\,dx + Y_2\,dy + Z_2\,dz + \cdots + U_2\,du = 0 \\ \quad\cdots\cdots\cdots\cdots\cdots\cdots\cdots\cdots \\ X_n\,dx + Y_n\,dy + Z_n\,dz + \cdots + U_n\,du = 0, \end{array}\right\} \qquad (1)$$

wobei unter X_i, Y_i, $\cdots U_i$ eindeutige Funktionen von x, y, z, $\cdots u$ zu verstehen sind. Für solche Wertverbindungen der letztgenannten Variablen, für die nicht alle Determinanten n-ten Grades aus der n-zeiligen, aber $n + 1$ Kolonnen umfassenden Matrix

$$\left\{ \begin{matrix} X_1 & Y_1 & Z_1 & \cdots & U_1 \\ X_2 & Y_2 & Z_2 & \cdots & U_2 \\ \cdot & \cdot & \cdot & \cdots & \cdot \\ X_n & Y_n & Z_n & \cdots & U_n \end{matrix} \right\}$$

zugleich Null sind, ergeben sich aus (1) die Verhältnisse

$$\frac{dx}{X} = \frac{dy}{Y} = \frac{dz}{Z} = \cdots = \frac{du}{U}, \tag{2}$$

wenn unter X, Y, Z, $\cdots U$ die eben erwähnten Determinanten verstanden werden, gebildet von der 2., 3., $\cdots$ 1. Kolonne aus in zyklischer Kolonnenfolge. Man kann aber aus (2) auch n Gleichungen folgender Gestalt formen:

$$\left. \begin{aligned} \frac{dy}{dx} &= f_1(x, y, z, \cdots u) \\ \frac{dz}{dx} &= f_2(x, y, z, \cdots u) \\ \cdot \quad & \quad \cdots \cdots \cdots \\ \frac{du}{dx} &= f_n(x, y, z, \cdots u), \end{aligned} \right\} \tag{3}$$

und dies bezeichnet man als die *Normalform* eines *Systems n-ter Ordnung* von Differentialgleichungen erster Ordnung, auch kurz als ein *Differentialsystem*. Die Ordnungszahl n stimmt mit der Anzahl der Gleichungen und der unbekannten Funktionen überein.

Zur *Lösung* eines solchen Systems sei im allgemeinen das Folgende bemerkt. Befindet sich unter den Gleichungen (2) resp (3) eine, die *nur* zwei Variable enthält, so hat man es mit einer gewöhnlichen Differentialgleichung erster Ordnung zu tun, ihr Integral wird auch ein *Integral* des Systems (1) genannt. Mit seiner Hilfe kann man aus den übrigen Gleichungen eine Variable eliminieren, unter Umständen ein zweites Integral gewinnen und in solcher Art die Eliminationen und Integrationen fortsetzen, wobei zu bemerken ist, daß mit jeder Integration eine willkürliche Konstante auftritt. Das schließliche Ergebnis wird aus n endlichen Gleichungen zwischen x, y, z, $\cdots u$ und n willkürlichen Konstanten bestehen, denen man auf algebraischem Wege, durch Eliminationsprozesse, verschiedene Gestalten geben kann, so durch Auflösung nach den Funktionen die Form:

$$\left.\begin{aligned} y &= F_1(x,\ C_1,\ C_2,\ \cdots C_n) \\ z &= F_2(x,\ C_1,\ C_2;\ \cdots C_n) \\ &\cdot\ \cdot\ \cdot\ \cdot\ \cdot\ \cdot\ \cdot\ \cdot \\ u &= F_n(x,\ C_1,\ C_2,\ \cdots C_n), \end{aligned}\right\} \tag{4}$$

durch Auflösung nach den Konstanten die Form:

$$\left.\begin{aligned} \Phi_1(x,\ y,\ z,\ \ldots u) &= C_1 \\ \Phi_2(x,\ y,\ z,\ \ldots u) &= C_2 \\ \cdot\ \cdot\ &\cdot\ \cdot\ \cdot\ \cdot\ \cdot\ \cdot \\ \Phi_n(x,\ y,\ z,\ \ldots u) &= C_n. \end{aligned}\right\} \tag{5}$$

Diese Darstellungsformen der Lösung sind übrigens in der mannigfachsten Weise abänderungsfähig, wenn man beachtet, daß man in (4) an Stelle von $C_1, \ldots C_n$ andere Konstanten $C'_1, \ldots C'_n$, mit Hilfe irgendwelcher Substitutionen einführen kann, wodurch $F_1, \ldots F_n$ in anders geartete Funktionen sich verwandeln, und daß man in (5) beiderseits irgendwelche eindeutige Funktionen nehmen kann, ohne den wesentlichen Inhalt dieser Gleichungen zu stören, wodurch an die Stelle von $\Phi_1, \ldots \Phi_n$ andere Funktionen treten.

Der Fall von *drei* Variablen und *zwei* Gleichungen, der die Bestimmung zweier davon, etwa y, z, als Funktion der dritten unabhängigen x betrifft, ist wegen seiner geometrischen Bedeutung besonders wichtig und soll kurz erörtert werden. Übrigens lassen sich die hierbei angestellten Betrachtungen, wenigstens formell, auch auf beliebig viele Variable übertragen (**49**).

Die Gleichungen lauten jetzt je nach der Darstellungsweise entweder:

$$\begin{aligned} X_1\, dx + Y_1\, dy + Z_1\, dz &= 0 \\ X_2\, dx + Y_2\, dy + Z_2\, dz &= 0 \end{aligned} \tag{1*}$$

oder

$$\frac{dx}{X} = \frac{dy}{Y} = \frac{dz}{Z}, \tag{2*}$$

wo nunmehr $\quad X = \begin{vmatrix} Y_1 & Z_1 \\ Y_2 & Z_2 \end{vmatrix}, \quad Y = \begin{vmatrix} Z_1 & X_1 \\ Z_2 & X_2 \end{vmatrix}, \quad Z = \begin{vmatrix} X_1 & Y_1 \\ X_2 & Y_2 \end{vmatrix},$

oder endlich

$$\left.\begin{aligned} \frac{dy}{dx} &= f_1(x,\ y,\ z) \\ \frac{dz}{dx} &= f_2(x,\ y,\ z). \end{aligned}\right\} \tag{3*}$$

Jedem Punkte $M(x/y/z)$ des Raumes — eventuell mit den Einschränkungen, die bezüglich der Determinanten erwähnt worden sind — sind vermöge (2*) eindeutig bestimmte Verhältnisse $dx : dy : dz$ zugeordnet und diese fixieren die Richtung einer durch M laufenden Geraden: Punkt und Gerade zusammen bilden ein *Linienelement* im Raume. Bewegt sich der Punkt M so, daß das seiner jeweiligen Lage entsprechende Linienelement zugleich Linienelement seiner Bahnkurve ist, d. h. sie berührt, so ist eben diese Bahnkurve der geometrische Repräsentant eines zwischen y, z und x bestehenden, dem Differentialsystem Genüge leistenden Zusammenhangs, also eines Integrals; sie ist eine *Integralkurve* im Raume in demselben Sinne, wie dies von einer gewöhnlichen Differentialgleichung erster Ordnung und ersten Grades zwischen x, y allein in der Ebene gilt. Das Differentialsystem (1*) integrieren heißt, die ∞^3 Linienelemente, die es umfaßt, auf alle möglichen Arten zu Integralkurven vereinigen, und alle so erhaltenen ∞^2 Integralkurven machen die *vollständige Lösung* des Differentialsystems aus. Erfolgt deren Darstellung durch Gleichungen wie

$$\left.\begin{array}{l} y = F_1(x,\, a,\, b) \\ z = F_2(x,\, a,\, b), \end{array}\right\} \tag{4*}$$

so erscheint das zweifach unendliche System der Integralkurven durch die gleich mächtigen Systeme ihrer Projektionen auf die xy-, bezw. xz-Ebene bestimmt; bringt man die Lösung auf die Form

$$\left.\begin{array}{l} \Phi_1(x,\, y,\, z) = a \\ \Phi_2(x,\, y,\, z) = b, \end{array}\right\} \tag{5*}$$

so gehen die Integralkurven aus dem Durchschnitt zweier einfach unendlichen Flächenscharen hervor, indem jede Fläche der einen Schar mit jeder Fläche der andern Schar eine Integralkurve liefert. Auch die Lösungsform (4*) läßt diese Deutung zu, nur bestehen die Flächensysteme aus Zylinderflächen parallel der z-, bzw. y-Achse.

Lediglich als Erklärungsbeispiel diene das Differentialsystem

$$\frac{dx}{x} = \frac{dy}{z} = \frac{dz}{y}.$$

Aus der Vereinigung des zweiten mit dem dritten Gliede entspringt die gewöhnliche Differentialgleichung

$$y\, dy - z\, dz = 0$$

mit getrennten Variablen, ihr Integral ist

$$y^2 - z^2 = a.$$

Eliminiert man mit seiner Hilfe y aus dem dritten Gliede, so kommt eine neue Differentialgleichung mit getrennten Variablen zustande:

$$\frac{dz}{\sqrt{a+z^2}} = \frac{dx}{x},$$

bei der auf Reellitätsbedingungen zu achten ist; sie liefert

$$z + \sqrt{a+z^2} = bx,$$

was mit Rücksicht auf das erste Integral durch

$$z + y = bx \qquad\text{ersetzt werden kann.}$$

Beläßt man die vollständige Lösung in der eben gefundenen Form

$$y^2 - z^2 = a, \qquad y + z = bx,$$

so erscheinen die Integralkurven als Schnitte eines Systems zur x-Achse paralleler hyperbolischer Zylinder mit einer Schar gegen die y- und z-Achse gleich geneigter Ebenen durch den Ursprung.

Bringt man die Lösung in die explizite Form

$$y = \frac{bx}{2} + \frac{a}{2bx}, \qquad z = \frac{bx}{2} - \frac{a}{2bx},$$

so hat man die Projektionen der Integralkurven auf der xy- und xz-Ebene, gleichfalls Hyperbeln.

377. *Beispiele.* 1. Die Differentialgleichungen

$$\frac{dx}{x} = \frac{dy}{y} = \frac{dz}{z}$$

bestimmen das Bündel der Geraden durch den Ursprung; denn sie sind äquivalent den endlichen Gleichungen

$$y = ax, \qquad z = by;$$

durch jeden Punkt des Raumes geht *eine* Integrallinie, ausgenommen den Ursprung, in welchem $dx : dy : dz$ unbestimmt sind.

2. Auf die Differentialgleichungen

$$\frac{dx}{\beta z - \gamma y} = \frac{dy}{\gamma x - \alpha z} = \frac{dz}{\alpha y - \beta x}$$

läßt sich das vorhin erörterte Verfahren nicht unmittelbar anwenden. Erweitert man aber die drei Verhältnisse mit den Zahlen α, β, γ und bildet die Summe der Zähler und der Nenner, so entsteht ein neues, den früheren gleiches Verhältnis; da jedoch sein Nenner $= 0$ ist, muß es der Zähler auch sein; aus

$$\alpha\, dx + \beta\, dy + \gamma\, dz = 0$$

folgt aber

$$\alpha x + \beta y + \gamma z = a. \qquad\qquad \text{(A)}$$

In gleicher Weise findet man, die drei Verhältnisse mit den Zahlen x, y, z erweiternd, daß

$$x\, dx + y\, dy + z\, dz = 0$$

sein müsse, woraus

$$x^2 + y^2 + z^2 = b \qquad\qquad \text{folgt.} \qquad \text{(B)}$$

Das erste Integral (A), für sich betrachtet, stellt ein System paralleler Ebenen dar, das zweite (B) eine Schar konzentrischer Kugeln um den Ursprung. Die Integralkurven obiger Differentialgleichungen bilden somit die Gesamtheit der Kreise, welche um die Gerade $\dfrac{x}{\alpha} = \dfrac{y}{\beta} = \dfrac{z}{\gamma}$ als Achse beschrieben sind. Es ist aber geometrisch evident, daß sich diese Kreise statt durch Kugeln auf unendlich vielfache Weise durch andere Flächen vereinigen lassen, nämlich durch alle möglichen Rotationsflächen mit der vorhin erwähnten Achse; dies stimmt zu der erwähnten Möglichkeit verschiedener Darstellungen der Lösung.

3. Um die Differentialgleichungen

$$\frac{dx}{x^2 - y^2 - z^2} = \frac{dy}{2xy} = \frac{dz}{2xz}$$

zu integrieren, verbinde man zunächst die beiden letzten Verhältnisse zu der Gleichung

$$\frac{dy}{y} = \frac{dz}{z},$$

welche das Integral

$$z = ay \qquad\qquad \text{ergibt.} \qquad (\alpha)$$

Erweitert man die drei Verhältnisse mit x, y, z und bildet die Summen der Zähler und Nenner, so entsteht das neue den früheren gleiche Verhältnis

$$\frac{x\, dx + y\, dy + z\, dz}{x(x^2 + y^2 + z^2)},$$

das mit $\dfrac{dy}{2xy}$ verglichen[1]) die exakte Gleichung

$$\frac{dy}{y} = \frac{2x\, dx + 2y\, dy + 2z\, dz}{x^2 + y^2 + z^2}$$

liefert; ihr Integral ist

$$x^2 + y^2 + z^2 = by. \qquad\qquad (\beta)$$

---

1) Aus der Vergleichung mit $\dfrac{dz}{2xz}$ ergäbe sich

$$x^2 + y^2 + z^2 = cz,$$

was aber, vermöge des ersten Integrals, wieder in

$$x^2 + y^2 + z^2 = by \qquad\qquad \text{übergeht.}$$

Integralkurven sind also alle Kreise, welche die x-Achse im Ursprunge berühren; dann zu (α) gehört ein Ebenenbüschel durch die x-Achse, zu (β) ein System von Kugeln, das die zx-Ebene im Ursprunge berührt; jede Ebene des ersteren bestimmt mit jeder Kugel des letzteren eine die x-Achse im Ursprunge berührenden Kreis. Auch hier lassen sich andere Ortsflächen der Kreise neben den genannten Kugeln als den einfachsten denken, der vollständigen Lösung könnten eben noch unbegrenzt viele andere Formen gegeben werden.

4. Die Gleichungen
$$\frac{dx}{dt} = ax + by + c$$
$$\frac{dy}{dt} = a'x + b'y + c'$$

zwischen den abhängigen Variablen x, y und der unabhängigen t lassen sich zu der einen Gleichung
$$\frac{d(x+ky)}{dt} = (a + a'k)x + (b + b'k)y + c + c'k$$

verbinden und diese wird, wenn man über das noch willkürliche k so verfügt, daß
$$b + b'k = k(a + a'k) \tag{α}$$

wird, zu einer gewöhnlichen Differentialgleichung mit der abhängigen Variablen $x + ky$, nämlich
$$\frac{d(x+ky)}{dt} = (a + a'k)(x + ky) + c + c'k;$$

trennt man hier die Variablen und vollzieht die Integration, so kommt man zu
$$(a + a'k)(x + ky) + c + c'k = A e^{(a + a'k)t}. \tag{β}$$

Nun aber gibt es zwei Werte k, welche der Gleichung (α) genügen; heißen sie k_1, k_2, so lassen sich mit ihnen zwei Gleichungen der Form (β) ansetzen und diese bestimmen x, y als Funktionen von t und zwei willkürlichen Konstanten.

Für die speziellen Gleichungen
$$\frac{dx}{dt} = x + y + 1$$
$$\frac{dy}{dt} = x - y - 1$$

beispielsweise lautet die Gleichung (α)
$$1 - k = k(1 + k)$$

und gibt die Wurzeln $-1 \pm \sqrt{2}$; mit diesen heißen die beiden Gleichungen (β)

$$\sqrt{2}\,x + (2 - \sqrt{2})y = -2 + \sqrt{2} + A\,e^{\sqrt{2}\,t}$$

$$-\sqrt{2}\,x + (2 + \sqrt{2})y = -2 - \sqrt{2} + B\,e^{-\sqrt{2}\,t}$$

und liefern die explizite Lösung

$$x = \frac{1+\sqrt{2}}{4}\,A\,e^{\sqrt{2}\,t} + \frac{1-\sqrt{2}}{4}\,B\,e^{-\sqrt{2}\,t}$$

$$y = -1 + \frac{1}{4}\,A\,e^{\sqrt{2}\,t} + \frac{1}{4}\,B\,e^{-\sqrt{2}\,t}.$$

5. Auf das Gleichungspaar

$$\frac{dx}{dt} + 5x + y = e^t$$

$$\frac{dy}{dt} + 3y - x = e^{2t}$$

läßt sich die vorstehende Methode auch zur Anwendung bringen; bildet man

$$\frac{d(x+ky)}{dt} + (5-k)x + (1+3k)y = e^t + k\,e^{2t}$$

und bestimmt k derart, daß

$$1 + 3k = k(5-k) \qquad\qquad \text{wird, so entsteht}$$

$$\frac{d(x+ky)}{dt} + (5-k)(x+ky) = e^t + k\,e^{2t};$$

die Gleichung für k aber formt sich um in $(k-1)^2 = 0$ und gibt nur die eine Wurzel 1, mit der sich vorstehendes in die für $x+y$ lineare Gleichung

$$\frac{d(x+y)}{dt} + 4(x+y) = e^t + e^{2t}$$

umwandelt, deren Integral

$$x + y = C\,e^{-4t} + \frac{1}{5}\,e^t + \frac{1}{6}\,e^{2t} \qquad\qquad \text{ist.}$$

Um die Lösung zu vollenden, bilde man etwa aus der ersten Gleichung

$$\frac{dx}{dt} + 4x + (x+y) = e^t,$$

was sich nach Einsetzung des ersten Integrals wieder in eine lineare Gleichung für x:

$$\frac{dx}{dt} + 4x = -C\,e^{-4t} + \frac{4}{5}\,e^t - \frac{1}{6}\,e^{2t}$$

umsetzt mit dem Integral

$$x = (C_1 - Ct)\,e^{-4t} + \frac{4}{25}\,e^t - \frac{1}{36}\,e^{2t}.$$

Hiernach ist schließlich

$$y = (C - C_1 + Ct)e^{-4t} + \frac{1}{25}e^{t} + \frac{7}{36}e^{2t}.$$

6. Um die zwei Gleichungen zwischen den Variablen x, y, z:

$$\frac{dx}{X_1} = \frac{dy}{X_2} = \frac{dz}{X_3}$$

zu lösen, worin

$$X_1 = a_1 x + b_1 y + c_1 z + d_1$$
$$X_2 = a_2 x + b_2 y + c_2 z + d_2$$
$$X_3 = a_3 x + b_3 y + c_3 z + d_3,$$

kann man eine Hilfsvariable u einführen und die drei Quotienten $\dfrac{du}{u}$ gleichsetzen; gelingt es dann, irgend welche Verbindungen von x, y, z in zureichender Anzahl durch u darzustellen, so ist die Lösung gewonnen.

Man verwende zu diesem Zwecke unbestimmte Multiplikatoren α, β, γ und bilde mit Hilfe derselben

$$\frac{du}{u} = \frac{\alpha\,dx + \beta\,dy + \gamma\,dz}{\alpha X_1 + \beta X_2 + \gamma X_3};$$

ordnet man den Nenner nach x, y, z, so lautet er:

$$(a_1\alpha + a_2\beta + a_3\gamma)x + (b_1\alpha + b_2\beta + b_3\gamma)y + (c_1\alpha + c_2\beta + c_3\gamma)z +$$
$$d_1\alpha + d_2\beta + d_3\gamma;$$

nun kann durch entsprechende Wahl einer vierten Größe λ dafür gesorgt werden, daß

$$\left.\begin{array}{l} a_1\alpha + a_2\beta + a_3\gamma = \lambda\alpha \\ b_1\alpha + b_2\beta + b_3\gamma = \lambda\beta \\ c_1\alpha + c_2\beta + c_3\gamma = \lambda\gamma \end{array}\right\} \qquad (A)$$

werde; schreibt man noch für $d_1\alpha + d_2\beta + d_3\gamma$ den Buchstaben δ, so verwandelt sich die obige Gleichung in

$$\frac{du}{u} = \frac{\alpha\,dx + \beta\,dy + \gamma\,dz}{\lambda\left(\alpha x + \beta y + \gamma z + \dfrac{\delta}{\lambda}\right)}$$

und ihr Integral ist $$Cu = \left(\alpha x + \beta y + \gamma z + \frac{\delta}{\lambda}\right)^{\frac{1}{\lambda}}. \qquad (B)$$

Nun aber führen die Gleichungen (A), die man schreiben kann

$$(a_1 - \lambda)\alpha + \quad a_2\beta \quad + \quad a_3\gamma \quad = 0$$
$$b_1\alpha + (b_2 - \lambda)\beta + \quad b_3\gamma \quad = 0$$
$$c_1\alpha + \quad c_2\beta \quad + (c_3 - \lambda)\gamma = 0,$$

durch Elimination von α, β, γ auf die in λ kubische Gleichung

$$\begin{vmatrix} a_1 - \lambda, & a_2 & a_3 \\ b_1 & b_2 - \lambda, & b_3 \\ c_1 & c_2 & c_3 - \lambda \end{vmatrix} = 0.$$

Zu jeder ihrer drei Wurzeln ergibt sich ein Werteverhältnis $\alpha:\beta:\gamma$; bildet man auf Grund dessen die drei Wertsysteme

$$\lambda_1; \quad \alpha_1, \beta_1, \gamma_1; \quad \delta_1$$
$$\lambda_2; \quad \alpha_2, \beta_2, \gamma_2; \quad \delta_2$$
$$\lambda_3; \quad \alpha_3, \beta_3, \gamma_3; \quad \delta_3,$$

so lassen sich mit diesen drei Gleichungen der Form (B) aufstellen, jede auch mit einem andern C, und eliminiert man zwischen diesen die Hilfsvariable u, so kommt man zu zwei Gleichungen mit zwei willkürlichen Konstanten und diese bilden die Lösung des Problems. Man kann ihnen z. B. die Gestalt geben:

$$\left(\alpha_1 a + \beta_1 y + \gamma_1 z + \frac{\delta_1}{\lambda_1}\right)^{\frac{1}{\lambda_1}} = C_1 \left(\alpha_3 x + \beta_3 y + \gamma_3 z + \frac{\delta_3}{\lambda_3}\right)^{\frac{1}{\lambda_3}}$$

$$\left(\alpha_2 x + \beta_2 y + \gamma_2 z + \frac{\delta_2}{\lambda_2}\right)^{\frac{1}{\lambda_2}} = C_2 \left(\alpha_3 x + \beta_3 y + \gamma_3 z + \frac{\delta_3}{\lambda_3}\right)^{\frac{2}{\lambda_3}}$$

§ 6. Differentialgleichungen höherer Ordnung.

378. Zurückführung einer Differentialgleichung n-ter Ordnung auf ein System n-ter Ordnung. Eine gewöhnliche Differentialgleichung n-ter Ordnung ist eine Gleichung zwischen den Variablen x, y und den Differentialquotienten von y in bezug auf x bis zur n-ten Ordnung einschließlich. Ihre allgemeinste Form ist

$$f\left(x, y, \frac{dy}{dx}, \frac{d^2y}{dx^2}, \cdots, \frac{d^ny}{dx^n}\right) = 0. \tag{1}$$

Führt man die Differentialquotienten von der ersten bis zur $\overline{n - 1}$-ten Ordnung als neue unbekannte Funktionen mit den Bezeichnungen

y', y'', $\ldots$, $y^{(n-1)}$ ein, so tritt an die Stelle der Gleichung (1) das folgende System n-ter Ordnung:

$$
\left.
\begin{aligned}
\frac{dy}{dx} &= y' \\[4pt]
\frac{dy'}{dx} &= y'' \\[4pt]
&\cdot\ \cdot\ \cdot\ \cdot\ \cdot \\[4pt]
\frac{dy^{(n-2)}}{dx} &= y^{(n-1)} \\[4pt]
f\left(x,\, y,\, y',\, y'',\, \ldots,\, y^{(n-1)},\, \frac{dy^{(n-1)}}{dx}\right) &= 0.
\end{aligned}
\right\} \qquad (2)
$$

Die Integration dieses Systems ist im Wesen dasselbe Problem wie die Integration der Gleichung (1). Das Integral von (2) besteht nämlich in n Gleichungen zwischen den Variablen x, y, y', y'', $\ldots$, $y^{(n-1)}$ und n willkürlichen Konstanten; eliminiert man aus diesen Gleichungen die $n-1$ Funktionen y', y'', $\ldots$, $y^{(n-1)}$, so entsteht *eine* Gleichung zwischen x, y und den n willkürlichen Konstanten, und diese ist das allgemeine Integral der Gleichung (1).

Die Integration einer Differentialgleichung n-ter Ordnung ist hiernach zurückführbar auf die Integration von n Differentialgleichungen erster Ordnung, und das allgemeine Integral einer solchen Gleichung enthält n willkürliche Konstanten.

Es gibt einen Fall, wo dieser Weg unmittelbar zum Ziele führt. Ist der n-te Differentialquotient der unbekannten Funktion als bloße Funktion von x gegeben, lautet also die Differentialgleichung

$$
\frac{d^n y}{dx^n} = X, \qquad (3)
$$

so ist

$$
\begin{aligned}
\frac{dy}{dx} &= y' \\[4pt]
\frac{dy'}{dx} &= y'' \\[4pt]
&\cdot\ \cdot\ \cdot\ \cdot\ \cdot\ \cdot \\[4pt]
\frac{dy^{(n-2)}}{dx} &= y^{(n-1)} \\[4pt]
\frac{dy^{(n-1)}}{dx} &= X
\end{aligned}
$$

das äquivalente System n-ter Ordnung, und von der letzten Gleichung ausgehend erhält man sukzessive

$$y^{(n-1)} = \int X\,dx + c_1$$

$$y^{(n-2)} = \int dx \int X\,dx + c_1 x + c_2$$

$$y^{(n-3)} = \int dx \int dx \int X\,dx + \frac{c_1}{2} x^2 + c_2 x + c_3$$

. . . .

so daß schließlich y selbst in der Form erscheint:

$$y = \int dx \int dx \ldots \underset{(n)}{\int} X\,dx + C_1 x^{n-1} + C_2 x^{n-2} + \cdots + C_n. \tag{4}$$

Die Bestimmung von y erfordert also die Ausübung von n aufeinanderfolgenden Integrationen an X, und dem Ergebnis derselben ist noch ein Polynom $n-1$-ten Grades mit willkürlichen Koeffizienten hinzuzufügen.

Statt die Integrationen übereinander auszuführen, kann man auch zu Integrationen nebeneinander übergehen, und zwar mit Hilfe der partiellen Integration; man erhält nämlich, wenn man immer das innere Integral als v benützt, nach und nach

$$\int dx \int X\,dx = x \int X\,dx - \int x X\,dx$$

$$\int dx \int dx \int X\,dx = \frac{x^2}{2} \int X\,dx - x \int x X\,dx + \frac{1}{2} \int x^2 X\,dx$$

$$\int dx \int dx \int dx \int X\,dx = \frac{x^3}{6} \int X\,dx - \frac{x^2}{2} \int x X\,dx + \frac{x}{2} \int x^2 X\,dx$$

$$- \frac{1}{6} \int x^3 X\,dx \quad \text{usw.}$$

Um also beispielsweise die Gleichung

$$y^{IV} = lx$$

zu integrieren, braucht man die Integrale

$$\int lx\,dx = x\,lx - x$$

$$\int x\,lx\,dx = \frac{x^2}{2}\,lx - \frac{x^2}{4}$$

$$\int x^2\,lx\,dx = \frac{x^3}{3}\,lx - \frac{x^3}{9}$$

$$\int x^3\,lx\,dx = \frac{x^4}{4}\,lx - \frac{x^4}{16}$$

und ihre Zusammensetzung nach der letzten Formel gibt

$$y = \frac{x^4}{24} lx - \frac{25}{288} x^4 + C_1 x^3 + C_2 x^2 + C_3 x + C_4$$

als die allgemeinste Funktion, welche viermal nacheinander differentiiert, schließlich lx ergibt.

379. Differentialgleichungen zweiter Ordnung im allgemeinen. Wir wenden uns jetzt der näheren Betrachtung einer Differentialgleichung *zweiter Ordnung*

$$f\left(x, y, \frac{dy}{dx}, \frac{d^2y}{dx^2}\right) = 0 \tag{1}$$

zu. Das allgemeine Integral einer solchen, von der Form

$$F(x, y, c_1, c_2) = 0, \tag{2}$$

stellt ein zweifach unendliches System von Kurven dar.

Umgekehrt führt eine endliche Gleichung von der Form (2) auf eine Differentialgleichung zweiter Ordnung, und zwar durch Elimination der Parameter c_1, c_2 aus (2) mit Hilfe der beiden Gleichungen:

$$\frac{\partial F}{\partial x} + \frac{\partial F}{\partial y}\frac{dy}{dx} = 0, \tag{3}$$

$$\frac{\partial^2 F}{\partial x^2} + 2\frac{\partial^2 F}{\partial x \partial y}\frac{dy}{dx} + \frac{\partial^2 F}{\partial y^2}\left(\frac{dy}{dx}\right)^2 + \frac{\partial F}{\partial y}\frac{d^2y}{dx^2} = 0. \tag{4}$$

Angenommen, die Differentialgleichung zweiter Ordnung lasse eindeutige Lösung nach dem zweiten Differentialquotienten zu, es sei

$$y'' = \varphi(x, y, y'); \tag{1*}$$

dann gehört zu jeder Wertverbindung $x/y/y'$, die man innerhalb des Bereichs von φ annimmt, ein bestimmter Wert y''. Nun ist durch $x/y/y'$ ein Linienelement in dem bisherigen Sinne gekennzeichnet; die Kenntnis von y'' gestattet, dieses Linienelement durch Angabe der zu ihm gehörigen Krümmung näher zu charakterisieren, indem $\dfrac{1}{\varrho} = \dfrac{y''}{(1 + y'^2)^{\frac{3}{2}}}$ berechnet werden kann. Das so erweiterte Element soll ein *Krümmungselement* heißen. Durch die Gleichung (1*) ist eine Mannigfaltigkeit von ∞^3 Krümmungselementen gegeben: durch jeden Träger x/y gehen ∞^1 gewöhnliche Linienelemente, und jedem derselben ist ein Krümmungselement zugeordnet. Die Aufgabe der Integration lautet jetzt geometrisch dahin, alle Kurven zu bestimmen, deren Krümmungselemente dem durch die Gleichung definierten System angehören.

Um aus der *vollständigen* Lösung eine *partikuläre* herauszuheben, sind nunmehr auch erweiterte *Anfangsbedingungen* erforderlich; es genügt nicht die Aufgabe eines Punktes, durch den die Integralkurve zu gehen hat; es muß auch die Richtung der Tangente in diesem Punkte vorgeschrieben oder sonst eine äquivalente Forderung gestellt sein. In der Tat, wird verlangt, daß der Abszisse x_0 die Werte y_0, $y_0{'}$ zugeordnet sein sollen, so hat man zur Bestimmung der Konstanten das Gleichungspaar:

$$F(x_0,\ y_0,\ c_1,\ c_2) = 0$$
$$F_x(x_0,\ y_0,\ c_1,\ c_2) + F_y(x_0,\ y_0,\ c_1,\ c_2)y_0{'} = 0.$$

Jede Differentialgleichung erster Ordnung, die man aus (1) ableitet derart, daß jedes ihrer Integrale zugleich ein Integral von (1) ist, nennt man eine *intermediäre Integralgleichung* oder ein *erstes Integral* zu (1). Die Kenntnis zweier verschiedener ersten Integrale würde ohne weiteren Integrationsprozeß zu dem vollständigen Integral führen, nämlich durch Elimination des ersten Differentialquotienten.

Zur Erläuterung dieser Ausführungen diene folgendes Beispiel.

Die endliche Gleichung $A x^2 + B y^2 = 1$ (α)

mit den willkürlichen Konstanten A, B stellt das zweifach unendliche System aller koaxialen Zentralkegelschnitte vor. Verbindet man sie mit

$$Ax + Byy' = 0 \qquad\qquad\qquad (\beta)$$

und eliminiert einmal B, ein zweitesmal A, so ergeben sich die beiden Differentialgleichungen erster Ordnung

$$(1 - Ax^2)y' + Axy = 0 \qquad\qquad\qquad (\gamma)$$
$$Bxyy' - By^2 + 1 = 0. \qquad\qquad\qquad (\delta)$$

Fügt man zu (α) und (β) noch die weitere Gleichung

$$A + By'^2 + Byy'' = 0 \qquad\qquad\qquad (\varepsilon)$$

und eliminiert sowohl A als B, so kommt man zu der Differentialgleichung zweiter Ordnung $xyy'' + xy'^2 - yy' = 0,$ (η)

welche *alle* Kurven des Systems (α) kennzeichnet, während durch (γ), (δ) nur gewisse einfach unendliche Scharen derselben charakterisiert sind.

Führt man in (η) ϱ an Stelle von y'' ein, so entsteht

$$xy(1 + y'^2)^{\frac{3}{2}} + xy'^2\varrho - yy'\varrho = 0;$$

diese Gleichung gibt beispielsweise für $x = y = a$ und $y' = -1$

$$\varrho = -a\sqrt{2},$$

d. h. von den durch den Punkt a/a laufenden Kurven des Systems (α) hat diejenige, deren Tangente unter 135^0 zur x-Achse geneigt ist, daselbst den Krümmungsradius $-a\sqrt{2}$, ist also ($a > 0$ vorausgesetzt) konkav nach unten und somit eine Ellipse (hier ein Kreis). Hingegen liefert $x = -y = a$ und $y' = 1$

$$\varrho = a\sqrt{2},$$

d. h. die durch $a/-a$ mit einer unter 45^0 zur Abszissenachse geneigten Tangente verlaufende Kurve des Systems ist konkav nach oben und hat dieselbe Krümmung wie die vorige. Beide Elemente betreffen dieselbe Integralkurve.

In bezug auf (η) sind (γ) und (δ) zwei erste Integrale und die Elimination von y' zwischen beiden gibt

$$\begin{vmatrix} 1 - Ax^2 & Axy \\ Bxy & 1 - By^2 \end{vmatrix} = 1 - Ax^2 - By^2 = 0,$$

also tatsächlich das allgemeine Integral (α).

Um von der Differentialgleichung (η) auf direktem Wege zu ihrem allgemeinen Integrale zu gelangen, kann man von der Erwägung ausgehen, daß das Glied xyy'' aus der Differentiation von xyy' hervorgeht nebst den weiteren Gliedern $xy'^2 + yy'$, daß also für (η) geschrieben werden kann:

$$D_x(xyy') - 2yy' = 0$$

und nach Multiplikation mit dx:

$$d(xyy') - d(y^2) = 0;$$

daraus aber ergibt sich durch Integration:

$$xyy' - y^2 = C_1.$$

Trennung der Variablen führt weiter zu

$$\frac{y\,dy}{y^2 + C_1} - \frac{dx}{x} = 0,$$

woraus durch neuerliche Integration

$$y^2 + C_1 = C_2 x^2$$

entsteht; mit der Substitution $\dfrac{C_2}{C_1} = A$, $-\dfrac{1}{C_1} = B$ wird dies in volle Übereinstimmung mit (α) gebracht.

380. Besondere Formen. Es gibt mehrere besondere Formen von Differentialgleichungen zweiter Ordnung, die sich auf ein leicht integrierbares System zweier Gleichungen erster Ordnung zurückführen lassen.

a) Die Gleichung
$$\frac{d^2 y}{d x^2} = f\left(\frac{d y}{d x}\right) \tag{1}$$

führt zu dem System
$$\left.\begin{aligned}\frac{d y}{d x} &= p \\ \frac{d p}{d x} &= f(p),\end{aligned}\right\} \tag{2}$$

aus welchem sich sofort
$$x + C_1 = \int \frac{d p}{f(p)}, \qquad y + C_2 = \int \frac{p\, d p}{f(p)} \tag{3}$$

ergibt. Läßt sich p aus (3) eliminieren, so ergibt sich das allgemeine Integral in der Form $F(x, y, C_1, C_2) = 0$.

b) Die Gleichung
$$\frac{d^2 y}{d x^2} = \varphi(x) \tag{4}$$

liefert nach **378**
$$y = \int d x \int \varphi(x) d x + C_1 x + C_2. \tag{5}$$

c) Ist eine Gleichung von der allgemeinen Form
$$f\left(y, \frac{d^2 y}{d x^2}\right) = 0 \tag{6}$$

auflösbar nach $\dfrac{d^2 y}{d x^2}$, und ist
$$\frac{d^2 y}{d x^2} = \varphi(y) \tag{7}$$

diese Auflösung, so ersetzte man sie durch das System
$$\frac{d y}{d x} = p.$$
$$\frac{d p}{d x} = \varphi(y)$$

durch Elimination von $d x$ und darauffolgende Integration ergibt sich
$$p^2 = 2 \int \varphi(y) d y + C_1$$

und daraus folgt schließlich
$$x + C_2 = \int \frac{d y}{\sqrt{2 \int \varphi(y) d y + C_1}}.$$

Besteht jedoch nur Auflöslichkeit nach y, so benütze man y'' als Hilfsvariable mit dem Zeichen z und gehe von
$$y = \psi(z) \qquad \left(z = \frac{d^2 y}{d x^2}\right) \tag{7*}$$

über zu
$$dy = \psi'(z)dz$$

$$2\frac{dy}{dx}\frac{d^2y}{dx^2}\,dx = 2z\psi'(z)dz,$$

woraus
$$\left(\frac{dy}{dx}\right)^2 = C_1 + 2\int z\psi'(z)dz;$$

nach Vollziehung der Integration hat man es weiter mit einer Differentialgleichuug vom Baue
$$\frac{dy}{dx} = \chi(z, C_1)$$

zu tun, aus der
$$x + C_2 = \int \frac{\psi'(z)dz}{\chi(z, C_1)} \tag{8*}$$

hervorgeht, und dies in Verbindung mit $y = \psi(z)$ bestimmt die allgemeine Lösung.

d) Auch wenn in der Differentialgleichung eine der Variablen nicht explizit erscheint, kann sie im allgemeinen integriert werden.

Es führt nämlich eine Gleichung von der Form
$$f\left(x, \frac{dy}{dx}, \frac{d^2y}{dx^2}\right) = 0 \tag{9}$$

zu dem Systeme:
$$\left.\begin{aligned}\frac{dy}{dx} &= p\\f\left(x, p, \frac{dp}{dx}\right) &= 0,\end{aligned}\right\} \tag{10}$$

dessen zweite Gleichung von der ersten Ordnung ist in x, p; ist p als Funktion von x bestimmt, so gibt die erste y durch eine Quadratur.

Einer Gleichung der allgemeinen Form
$$f\left(y, \frac{dy}{dx}, \frac{d^2y}{dx^2}\right) = 0 \tag{11}$$

entspricht das System:
$$\left.\begin{aligned}\frac{dy}{dx} &= p\\f\left(y, p, \frac{dp}{dx}\right) &= 0,\end{aligned}\right\} \tag{12}$$

dessen zweite Gleichung sich mit Hilfe der ersten in
$$f\left(y, p, p\frac{dp}{dy}\right) = 0$$

verwandelt; dies aber ist eine Gleichung erster Ordnung in p; und hat man p als Funktion von y bestimmt, so führt die erste der Gleichungen (12) zur Bestimmung von x.

381. Beispiele. 1. Es sind Kurven zu bestimmen, bei welchen der Kontingenzwinkel proportional ist dem Bogendifferential.

Die Differentialgleichung dieser Kurven (**157**) lautet

$$\frac{\cdot y''}{1+y'^2} = k\sqrt{1+y'^2}$$

und führt auf das System

$$\frac{dy}{dx} = y', \qquad \frac{dy'}{dx} = k(1+y'^2)^{\frac{3}{2}};$$

die zweite dieser Gleichungen hat das Integral

$$\frac{y'}{\sqrt{1+y'^2}} = kx + C_1;$$

woraus

$$y' = \frac{kx + C_1}{\sqrt{1-(kx+C_1)^2}};$$

hiermit aber liefert die erste Gleichung

$$y + C_2 = -\frac{1}{k}\sqrt{1-(kx+C_1)^2}.$$

Schafft man die Irrationalität weg und schreibt $-\alpha$ für $\frac{C_1}{k}$, $-\beta$ für C_2, so lautet das allgemeine Integral:

$$(x-\alpha)^2 + (y-\beta)^2 = \frac{1}{k^2}$$

und stellt alle Kreise vom Halbmesser $\frac{1}{k}$ vor.

2. Es sind Kurven zu bestimmen, deren Krümmungsradius dem Kubus der begrenzten Normale proportional ist.

Aus dem Ansatz

$$\varrho = \frac{N^3}{\varepsilon k^2},$$

worin ε je nach dem Vorzeichen von ϱ die positive oder negative Einheit bedeuten soll, folgt, wenn man N und ϱ durch ihre analytischen Ausdrücke ersetzt,

$$y'' = \frac{\varepsilon k^2}{y^3};$$

dies fällt unter die Form (7) und die erste Integration gibt

$$\left(\frac{dy}{dx}\right)^2 = c_1 - \frac{\varepsilon k^2}{y^2}, \tag{α}$$

die zweite sodann

$$x + c_2 = \frac{1}{c_1}\sqrt{c_1 y^2 - \varepsilon k^2}$$

und in rationaler Darstellung

$$(x+c_2)^2 - \frac{y^2}{c_1} = -\frac{\varepsilon k^2}{c_1^2}.$$

Darin sind bei $c_1 > 0$ Hyperbeln verschiedener Lage, je nachdem $\varepsilon = -1$ oder $\varepsilon = 1$ gewählt wird, bei $c_1 < 0$ und $\varepsilon = -1$ Ellipsen enthalten.

Bei $c_1 = 0$ und $\varepsilon = -1$ gibt das intermediäre Integral (α)

$$y^2 = \pm\, 2kx + C$$

und dies entspricht koachsialen Parabeln.

Die angegebene Eigenschaft kommt also den Kegelschnitten zu.

3. Es sind Kurven zu bestimmen, deren Krümmungshalbmesser eine gegebene Funktion $\varphi(x)$ der Abszisse ist.

Die bezügliche Differentialgleichung

$$\frac{(1 + y'^2)^{\frac{3}{2}}}{y''} = \varphi(x)$$

löst sich auf in die beiden:

$$y' = p, \qquad (1 + p^2)^{\frac{3}{2}} = \varphi(x)\frac{dp}{dx},$$

deren zweite, wenn $\displaystyle\int\frac{dx}{\varphi(x)} = X$ gesetzt wird, das Integral

$$\frac{p}{\sqrt{1 + p^2}} = X + c_1$$

ergibt; hieraus aber berechnet sich

$$p = \frac{X + c_1}{\sqrt{1 - (X + c_1)^2}}$$

und hiermit wieder folgt aus der ersten Gleichung

$$y + c_2 = \int\frac{(X + c_1)\,dx}{\sqrt{1 - (X + c_1)^2}}.$$

Die Lösung wäre somit auf Quadraturen zurückgeführt; diese selbst werden aber nur in Ausnahmefällen zu bewältigen sein.

Von der hier behandelten Form ist eine klassische Gleichung der Festigkeitslehre. Sie drückt den schon von Jakob Bernoulli und Leonhard Euler angenommenen und durch spätere Untersuchungen als zulässig erwiesenen Sachverhalt aus, wonach die Krümmung eines ursprünglich geraden, durch Belastung gebogenen Stabes proportional ist dem Biegungsmoment an der betreffenden Stelle, in Zeichen dargestellt

$$\pm\,\frac{y''}{(1 + y'^2)^{\frac{3}{2}}} = \frac{M}{JE};$$

darin bedeutet M das Biegungsmoment, also eine Funktion von x, E den Elastizitätsmodul des Stabmaterials, J das Trägheitsmoment des Querschnitts in bezug auf die neutrale Achse. Das Zeichen links ist entsprechend dem Vorzeichen von M zu wählen.

In der technischen Praxis handelt es sich nur um sehr geringe Biegungen, um flache Formen des verbogenen Stabes; darum wird hier der Nenner der linken Seite durch 1 ersetzt und als Differentialgleichung der Biegungs- oder elastischen Linie

$$y'' = \pm \frac{M}{JE} \qquad \text{angenommen.}$$

Kehren wir zu dem gestellten Problem zurück. Dann kennzeichnet die besondere Annahme $\varphi(x) = \dfrac{a^2}{2\,x}$, vermöge deren der Krümmungsradius der Abszisse umgekehrt proportional ist, die *elastische Linie* eines horizontal eingespannten, am freien Ende belasteten (ursprünglich) geraden Stabes. Hier ist $X = \dfrac{x^2}{a^2}$ und die Gleichung der Kurve erscheint in der Gestalt

$$y + c_2 = \int \frac{(x^2 + c')\,dx}{\sqrt{a^4 - (x^2 + c')^2}},$$

die eine weitere Ausführung in elementaren Funktionen und endlicher Form nicht zuläßt.

4. Es sind Kurven zu bestimmen, deren Krümmungshalbmesser proportional mit der Länge der Normale sich ändert.

Die bezügliche Differentialgleichung

$$\frac{(1 + y'^2)^{\frac{3}{2}}}{y''} = ky\sqrt{1 + y'^2},$$

von der Struktur **380**, (11), kann nach Abkürzung mit $\sqrt{1 + y'^2}$ durch

$$y' = p, \qquad 1 + p^2 = kyp\frac{dp}{dy}$$

ersetzt werden. Die zweite dieser Gleichungen führt zu

$$\frac{2p\,dp}{1 + p^2} = \frac{2}{k}\frac{dy}{y}$$

und gibt
$$l(1 + p^2) = \frac{2}{k}(ly - lc_1),$$

woraus
$$p = \sqrt{\left(\frac{y}{c_1}\right)^{\frac{2}{k}} - 1}.$$

Hiernach ist, vermöge der ersten Gleichung, das allgemeine Integral

$$x + c_2 = \int \frac{dy}{\sqrt{\left(\dfrac{y}{c_1}\right)^{\frac{2}{k}} - 1}}.$$

Die vorliegende Integration bezieht sich auf ein binomisches Differential und ist daher in endlicher Form nur dann ausführbar, wenn (255) entweder $\dfrac{k}{2}$ oder $\dfrac{k-1}{2}$ eine ganze Zahl, d. h. wenn k eine ganze Zahl ist.

Zu den Kurven dieser Eigenschaft, häufig als Ribaucourtsche Kurven benannt, gehören einige bekannte Linien.

α) $k = -1$ ergibt $\quad x + c_2 = \int \dfrac{y\,dy}{\sqrt{c_1{}^2 - y^2}}$,

woraus $x + c_2 = - \sqrt{c_1{}^2 - y^2}$ und in rationaler Form:

$$(x + c_2)^2 + y^2 = c_1{}^2;$$

die Eigenschaft $\varrho = - N$ haben also alle Kreise, deren Zentrum in der Abszissenachse liegt.

β) $k = 1$ führt zu $\quad x + c_2 = \int \dfrac{dx}{\sqrt{\left(\dfrac{y}{c_1}\right)^2 - 1}}$,

woraus $\qquad \dfrac{x + c_2}{c_1} = l\left(\dfrac{y}{c_1} + \sqrt{\left(\dfrac{y}{c_1}\right)^2 - 1}\right)$;

die Auflösung nach y ergibt:

$$y = \frac{c_1}{2}\left(e^{\frac{x + c_2}{c_1}} + e^{-\frac{x + c_2}{c_1}}\right);$$

die Eigenschaft $\varrho = N$ kommt demnach allen Kettenlinien mit ein und derselben Grundlinie zu.

γ) Für $k = -2$ ergibt sich

$$x + c_2 = \int \sqrt{\frac{y}{c_1 - y}}\, dy;$$

setzt man $\qquad\qquad y = c_1 \sin^2 \dfrac{u}{2}$,

so wird $\quad \displaystyle\int \sqrt{\frac{y}{c_1 - y}}\, dy = c_1 \int \sin^2 \frac{u}{2}\, du = \frac{c_1}{2}\,(u - \sin u)$;

mithin ist
$$x + c_2 = \frac{c_1}{2}\,(u - \sin u)$$
$$y = \frac{c_1}{2}\,(1 - \cos u)^{\cdot}$$

die allgemeine Lösung in parametrischer Darstellung; ihr entspricht die Gesamtheit gemeiner Zykloiden mit gemeinsamer Grundlinie.

δ) Mit $k = 2$ gelangt man, da die Integration unmittelbar sich ausführen läßt, zu
$$x + c_2 = 2\,c_1 \sqrt{\frac{y}{c_1} - 1},$$

woraus sich
$$y = c_1 + \frac{(x + c_2)^2}{4\,c_1}$$

berechnet. Hierdurch sind alle Paraheln bestimmt, welche die x-Achse zur Leitlinie haben (**160**, 1.).

5. Es ist die Gestalt der Rotationsflächen von konstanter Krümmung und von konstanter mittlerer Krümmung festzustellen.

Die Aufgabe führt auf die Bestimmung einer Kurve, der Meridianlinie, zurück. Wählt man die x-Achse als Rotationsachse, so gelten für die Hauptkrümmungsradien, vom Vorzeichen abgesehen, die Ausdrücke (**214**, 1.):
$$R_1 = \frac{(1 + y'^2)^{\frac{3}{2}}}{y''} \qquad R_2 = y \sqrt{1 + y'^2}.$$

Die Meridiankurve im ersten Problem ist durch die Differentialgleichung
$$\frac{y''}{y(1 + y'^2)^2} = k$$

gekennzeichnet; im zweiten Problem, wenn man den Fall entgegengesetzter Lage der Hauptkrümmungsradien ins Auge faßt, durch
$$\frac{y''}{(1 + y'^2)^{\frac{3}{2}}} - \frac{1}{y\sqrt{1 + y'^2}} = 2\,\mu.$$

Wendet man auf die Meridiankurve Ähnlichkeitstransformation aus dem Ursprung an, setzt also $x_1 = \alpha x$, $y_1 = \alpha y$, so wird $y_1' = y'$, hingegen $y_1'' = y'' \frac{dx}{dx_1} = \frac{y''}{\alpha}$; mithin behalten die linken Seiten die gleiche Form, während sich die rechten Seiten mit $\frac{1}{\alpha^2}$, bzw. $\frac{1}{\alpha}$ vervielfachen; es kommt also, da es sich bloß um die Gestalt handelt, auf die Größe von k und μ nicht an und man kann darüber zweckentsprechend verfügen.

Beide Differentialgleichungen gehören unter die Form (11) und sollen nun nach dem dort angegebenen Verfahren integriert werden.

I. Die erste Gleichung schreibt sich nach Trennung der Variablen

$$\frac{y'\,dy'}{(1+y'^2)^2} = ky\,dy,$$

gibt nach der ersten Integration

$$\frac{1}{1+y'^2} + ky^2 = C$$

und nach abermaliger Trennung und Integration:

$$x = \int \sqrt{\frac{C-ky^2}{1-C+ky^2}}\,dy\,; \qquad\qquad (\text{I})$$

die additive Konstante, die an x zu fügen wäre, bedeutet bloße Verschiebbarkeit der Kurve längs der Rotationsachse und kann darum wegbleiben.

Im allgemeinen führt die Darstellung von Rotationsflächen konstanter Krümmung auf elliptische Integrale. Einige Sonderfälle sind elementar und dabei von besonderem Interesse.

Die Annahme $k=0$ führt auf eine Gerade, also auf den Umdrehungskegel.

Aus der Annahme $k=-1$, $C=0$ entspringt die Gleichung

$$x^2 + y^2 = 1,$$

die auf den von vornherein evidenten Fall der Kugel weist.

Mit $k=1$, $C=1$ ergibt sich

$$x = \int \frac{\sqrt{1-y^2}}{y}\,dy,$$

und dies ist nach **360**, 2. die Gleichung einer Traktorie der Rotationsachse (vgl. auch **216**, I).

II. In der zweiten Gleichung, wenn man sie in der Form

$$\frac{yy'\,dy'}{(1+y'^2)^{\frac{3}{2}}} - \frac{dy}{\sqrt{1+y'^2}} = 2\mu y\,dy$$

schreibt, ist die linke Seite das Differential von $-\dfrac{y}{\sqrt{1+y'^2}}$, folglich gibt die erste Integration

$$-\frac{y}{\sqrt{1+y'^2}} = C + \mu y^2$$

und die zweite:

$$x = \int \frac{C+\mu y^2}{\sqrt{y^2-(C+\mu y^2)^2}}\,dy\,; \qquad\qquad (\text{II})$$

auch hier ist die additive Konstante bei x als belanglos fortgelassen.

Das allgemeine Problem führt also wieder auf elliptische Integrale.

Hier sei nur der besondere Fall $\mu = 0$, d. h. die Frage nach der Gestalt einer Rotationsfläche von der mittleren Krümmung Null erwähnt; dann lautet die Gleichung (II):

$$x = \int \frac{C\,dy}{\sqrt{y^2 - C^2}}$$

und ihr Integral ist endgültig:

$$y = \frac{C}{2}\left(e^{\frac{x}{C}} + e^{-\frac{x}{C}}\right);$$

dem Katenoid kommt also die erwähnte Eigenschaft zu (vgl. **216**, II).

6. Man löse die folgenden Differentialgleichungen:

a)
$$a^2 y''^2 = 1 + y'^2;$$

$$\left(\text{Lösung:}\quad y = C_1 e^{\frac{x}{a}} + \frac{a^2}{4\,C_1} e^{-\frac{x}{a}} + C_2\right).$$

b)
$$xy'' + y' = 0;$$
$$(\text{Lösung: } y = C_1 l x + C_2).$$

c)
$$yy'' + y'^2 = 1;$$
$$(\text{Lösung: } y^2 = x^2 + C_1 x + C_2).$$

d)
$$(1 - x^2)y'' - xy' = 2;$$
$$(\text{Lösung: } y = C_1 \arcsin x + \arcsin^2 x + C_2).$$

7. Die Kurven zu bestimmen, bei welchen der Krümmungsradius gleich ist der Länge der Polarnormale. (Lösung: $r = C e^{C_1 \varphi}$).

8. Die Kurven zu bestimmen, bei welchen der Krümmungsradius proportional ist der Länge der Polarnormale. (Lösung: Aus $\varrho = kN$ folgt

$$\varphi + C_2 = \frac{k}{k-1} \operatorname{arctg} \sqrt{C_1 r^{\frac{2(k-1)}{k}} - 1};$$

man hat es bei der ersten Integration mit einer homogenen Gleichung in r, r' zu tun.)

9. Man bestimme jenes partikuläre Integral der Differentialgleichung

$$\frac{d^2 s}{dt^2} = -g - gk^2 \left(\frac{ds}{dt}\right)^2,$$

welches die Anfangsbedingungen: $t = 0$, $s = 0$, $\frac{ds}{dt} = v$ erfüllt. [Vertikaler Wurf nach aufwärts unter Berücksichtigung des Luftwiderstandes; Lösung:

$$s = \frac{1}{gk^2} l\,(\cos gkt + kv \sin gkt).]$$

382. Allgemeine Differentialgleichung zweiter Ordnung.
Im allgemeinen führen Probleme, in welchen Krümmungseigenschaften
ebener Kurven zum Ausdruck kommen, auf Gleichungen von der Form
$f(x, y, y', y'') = 0$; die Lösung kann dann nur unter besonderen Voraussetzungen auf Quadraturen zurückgeführt werden. Nachstehend sind zwei
Probleme dieser Art behandelt.

I. Die ∞^2 Krümmungsmittelpunkte eines zweifach unendlichen Kur-
xensystems können auch so geordnet werden, daß man diejenigen zusammenfaßt, die zu einem Punkte $M(x/y)$ der Ebene gehören; dadurch
wird jedem Punkte der Ebene eine Kurve zugeordnet. Wie lautet nun
die Differentialgleichung eines zweifach unendlichen Kurvensystems, dem
ein gegebenes ebenso mächtiges Kurvensystem in dem eben erklärten
Sinne zugeordnet ist?

Es sei
$$F(\xi, \eta, x, y) = 0 \tag{A}$$

die Gleichung des gegebenen Kurvensystems. Zu dem Linienelement
$x/y/y'$ des gesuchten Systems gehört ein Krümmungselement mit dem
Krümmungsmittelpunkt

$$\xi = x - \frac{(1 + y'^2)y'}{y''}, \qquad \eta = y + \frac{1 + y'^2}{y''}$$

und dieser muß auf der dem Punkte x/y zugeordneten Kurve des gegebenen Systems liegen; mithin ist

$$F\left(x - \frac{(1 + y'^2)y'}{y''}, \quad y + \frac{1 + y'^2}{y''}, \quad x, y\right) = 0 \tag{B}$$

die gesuchte Differentialgleichung.

Sollen insbesondere die zu einem Punkt x/y gehörigen Krümmungs-
kreise ein Kreisbüschel bilden, so ist der Ort ihrer Mittelpunkte eine Gerade (Fig. 239); es hat dann die Gleichung
(A) die Form:
$$a\xi + b\eta + c = 0, \tag{A*}$$
wobei a, b, c gegebene Funktionen von x, y sind. Die
Differentialgleichung des so gearteten Kurvensystems
lautet also:

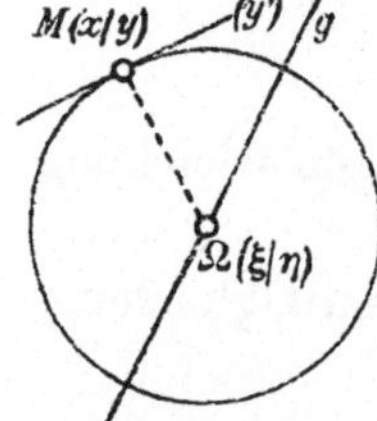

Fig. 239.

$$a\left(x - \frac{(1 + y'^2)y'}{y''}\right) + b\left(y + \frac{1 + y'^2}{y''}\right) + c = 0,$$

nach y'' aufgelöst:
$$y'' = (1 + y'^2)(\alpha y' - \beta), \tag{B*}$$

worin $\alpha = \dfrac{a}{ax + by + c}$, $\beta = \dfrac{b}{ax + by + c}$ im allgemeinen von x und y abhängen.

Sind speziell $a = 0$ und b, c bloß Funktionen von y, in welchem Falle die Achsen der Kreisbüschel parallel sind der x-Achse, so erhält (B*) die Form (11) in **374** und kann durch Quadraturen gelöst werden.

II. Zu einer einzelnen Kurve gehört ein einfach unendliches System von Evolventen, somit zu einem einfach unendlichen Kurvensystem ein zweifach unendliches Evolventensystem; die Differentialgleichung des letzteren aufzustellen, wenn die endliche Gleichung des ersteren gegeben ist.

Sei $F(\xi, \eta, a) = 0$ die Gleichung des gegebenen Systems und $\qquad f(\xi, \eta, \eta') = 0 \qquad\qquad$ (C) seine Differentialgleichung; dann überlege man wie folgt: Ist $x/y/y'$ ein Linienelement einer der Evolventen, so liegt der Mittelpunkt Ω des zugehörigen Krümmungselements auf einer Kurve des Systems und ihre Tangente daselbst ist Normale des Linienelements (Fig. 240). Man erhält also aus (C) die gesuchte Differentialgleichung, indem man ξ, η durch die Koordinaten des Krümmungsmittelpunkts und η' durch $-\dfrac{1}{y'}$ ersetzt; sie lautet somit:

$$ f\left(x - \frac{(1 + y'^2)y'}{y''}, \quad y + \frac{1 + y'^2}{y''}, \quad -\frac{1}{y'}\right) = 0 . \qquad (C*) $$

Ist beispielsweise das gegebene Kurvensystem eine Schar konzentrischer Kreise: $\xi^2 + \eta^2 = a^2$, so ist seine Evolventenschar gekennzeichnet durch die Differentialgleichung:

$$ \left(x - \frac{(1 + y'^2)}{y''}\right) y' = y + \frac{1 + y'^2}{y''} ; $$

man kann dieser die Form

$$ \frac{(1 + y'^2)^{\frac{3}{2}}}{y''} = \frac{xy' - y}{\sqrt{1 + y'^2}} $$

geben, in der sie die Tatsache ausdrückt, daß ϱ die Projektion der Ursprungsordinate der Tangente auf die Normale ist.

§ 7. Lineare Differentialgleichungen.

383. Definition der homogenen und der nicht homogenen linearen Differentialgleichung. Struktur des allgemeinen Integrals der ersteren. Als lineare Differentialgleichung erster Ordnung ist in **357** eine Gleichung bezeichnet worden, welche bezüglich der zu bestimmenden Funktion y und ihres Differentialquotienten $\dfrac{dy}{dx}$ vom ersten Grade ist. Eine Gleichung, welche in bezug auf y und die Differentialquotienten bis zur n ten Ordnung einschließlich einen analogen Bau aufweist, wird eine *lineare Differentialgleichung n-ter Ordnung* genannt. Ihre allgemeine Form ist hiernach

$$p_0 y^{(n)} + p_1 y^{(n-1)} + p_2 y^{(n-2)} + \cdots + p_n y = p; \tag{1}$$

dabei sind $p_0, p_1, \ldots, p_n, p$ Funktionen von x allein oder auch Konstanten. Über die Natur dieser *Koeffizienten* der Gleichung sollen hier die einfachsten Voraussetzungen getroffen werden. Sind es, wie in den meisten Fällen der Anwendung, *ganze* Funktionen von x, so sind sie in jedem endlichen Bereich von x *eindeutig, endlich* und *stetig*, und dieses Verhalten soll als wesentlich vorausgesetzt werden. Schafft man dann, wie es häufig geschieht, den Koeffizienten p_0 durch Division ab, so daß der höchste Differentialquotient den Koeffizienten 1 erhält, so sind die Nullstellen von p_0 aus der Betrachtung auszuschließen, weil bei ihnen die neuen Koeffizienten unstetig werden.

Von besonderer Bedeutung ist der Fall $p \equiv 0$; die Gleichung lautet dann

$$p_0 y^{(n)} + p_1 y^{(n-1)} + p_2 y^{(n-2)} + \cdots + p_n y = 0 \tag{2}$$

und wird als *homogene* Gleichung bezeichnet zum Unterschiede von der *nicht homogenen* Gleichung (1); auch die Bezeichnungen reduzierte und vollständige Gleichung, „Gleichung ohne zweites Glied" und „mit zweitem Glied" sind für (2) und (1) gebräuchlich.

Wegen der wichtigen Beziehungen der Gleichung (2) zur Gleichung (1) wird erstere *die zu* (1) *gehörige* homogene Gleichung genannt.

Im folgenden wollen wir uns der abkürzenden Schreibweise

$$\sum p_\mu y^{(n-\mu)} = p, \qquad \sum p_\mu y^{(n-\mu)} = 0$$
$$(\mu = 0, 1, \ldots, n)$$

für (1) und (2) bedienen; dabei ist $y^{(0)} = y$.

In bezug auf die homogene Differentialgleichung kann der folgende Hauptsatz bewiesen werden: *Das allgemeine Integral einer homogenen linearen Differentialgleichung ist linear und homogen in bezug auf die willkürlichen Konstanten.*

Ist nämlich y_1 eine Funktion von x, welche die Gleichung (2) identisch befriedigt, kurz gesagt, ein *partikuläres Integral* dieser Gleichung, so ist auch $c_1 y_1$ ein Integral derselben, wenn c_1 eine beliebige Konstante bedeutet; denn ist

$$\sum p_\mu y_1^{(n-\mu)} = 0,$$

so ist auch

$$\sum p_\mu (c_1 y_1)^{(n-\mu)} = c_1 \sum p_\mu y_1^{(n-\mu)} = 0.$$

Sind ferner $y_1, y_2, \ldots, y_k$ mehrere partikuläre Integrale von (2), so ist auch das mit beliebigen Konstanten gebildete Aggregat $c_1 y_1 + c_2 y_2 + \cdots + c_k y_k$ ein Integral der Gleichung; denn aus

$$\sum p_\mu y_1^{(n-\mu)} = 0, \qquad \sum p_\mu y_2^{(n-\mu)} = 0, \ldots, \qquad \sum p_\mu y_k^{(n-\mu)} = 0$$

folgt, daß auch $\quad \sum p_\mu (c_1 y_1 + c_2 y_2 + \cdots + c_k y_k)^{(n-\mu)}$

$$= c_1 \sum p_\mu y_1^{(n-\mu)} + c_2 \sum p_\mu y_2^{(n-\mu)} + \cdots + c_k \sum p_\mu y_k^{(n-\mu)} = 0$$

ist.

Wenn daher $k = n$, so stellt,

$$y = c_1 y_1 + c_2 y_2 + \cdots + c_n y_n \tag{3}$$

das *allgemeine Integral* vor, vorausgesetzt jedoch, daß die n willkürlichen Perameter $c_1, c_2, \ldots, c_n$ *wesentlich* sind.

Damit wäre der oben ausgesprochene Satz bewiesen; die zuletzt gemachte Voraussetzung aber erfordert näheres Eingehen auf die Sache.

384. Fundamentalsystem von partikulären Integralen. Erteilt man der unabhängigen Variablen einen Anfangswert $x = x_0$ und ordnet ihm *beliebige* Anfangswerte $y_{(0)}, y'_{(0)}, \ldots, y_{(0)}^{(n-1)}$ von y und seinen Ableitungen bis zur $n-1$ ten Ordnung zu, so ist durch (2) der zugehörige Wert $y_{(0)}^{(n)}$ der n-ten Ableitung eindeutig bestimmt. Erfährt nun x_0 einen sehr kleinen Zuwachs dx_0, so ändern sich $y_{(0)}, y'_{(0)}, \ldots, y_{(0)}^{(n-1)}$ bei Außerachtlassung von Größen höherer Kleinheitsordnung als dx_0 der Reihe nach um $dy_{(0)} = y'_{(0)} dx_0$, $dy'_{(0)} = y''_{(0)} dx_0, \ldots, dy_{(0)}^{(n-1)} = y_{(0)}^{(n)} dx_0$ und gehen in die neuen, zu $x_0 + dx_0 = x_1$ gehörigen Werte

$$
\left.
\begin{aligned}
y_{(1)} &= y_{(0)} + dy_{(0)} \\
y'_{(1)} &= y'_{(0)} + dy'_{(0)}, \ldots, y_{(1)}^{(n-1)} = y_{(0)}^{(n-1)} + dy_{(0)}^{(n-1)}
\end{aligned}
\right\} \tag{4}
$$

über. Zu diesen ergibt sich aus (2) abermals ein und nur ein bestimmter Wert $y_{(1)}^{(n)}$ für $y^{(n)}$, und für einen weiteren Zuwachs dx_1 der unabhängigen Variablen berechnen sich die Änderungen der Werte (4), nämlich

$$dy_{(1)} = y'_{(1)} dx_1, \quad dy'_{(1)} = y''_{(1)} dx_1, \ldots, dy_{(1)}^{(n-1)} = y_{(1)}^{(n)} dx_1,$$

und hiermit die zu $x_1 + dx_1 = x_2$ gehörigen Werte

$$y_{(2)} = y_{(1)} + dy_{(1)}$$

$$y'_{(2)} = y'_{(1)} + dy'_{(1)}, \ldots, y_{(2)}^{(n-1)} = y_{(1)}^{(n-1)} + dy_{(1)}^{(n-1)} \qquad \text{usf.}$$

Hiernach läßt sich, indem man von den *Anfangswerten*

$$x = x_0, \quad y_{(0)}, \quad y'_{(0)}, \ldots, y_{(0)}^{(n-1)}$$

ausgeht, eine in beliebig engen Intervallen von x fortschreitende Folge zusammengehöriger Werte von x, y:

$$(x_0, y_{(0)}), \quad (x_1, y_{(1)}), \quad (x_2, y_{(2)}), \ldots$$

d. h. ein Integral der Gleichung (2) konstruieren.

Dieses Integral muß nun in dem allgemeinen Integrale (3) mit enthalten sein, mithin müssen sich die Konstanten $c_1, c_2, \ldots, c_n$ so bestimmen lassen, daß zu $x = x_0$ die Werte $y_{(0)}, y'_{(0)}, \ldots, y_{(0)}^{(n-1)}$ gehören; die zu dieser Bestimmung führenden Gleichungen

$$y_{(0)} = c_1 (y_1)_0 + c_2 (y_2)_0 + \cdots + c_n (y_n)_0$$

$$y'_{(0)} = c_1 (y_1')_0 + c_2 (y_2')_0 + \cdots + c_n (y_n')_0$$

$$\cdots \cdots \cdots \cdots \cdots$$

$$y_{(0)}^{(n-1)} = c_1 (y_1^{(n-1)})_0 + c_2 (y_2^{(n-1)})_0 + \cdots c_n (y_n^{(n-1)})_0$$

ergeben aber nur dann wirklich eine bestimmte Lösung, wenn die Determinante der Koeffizienten der Unbekannten $c_1, c_2, \ldots c_n$:

$$D_{(0)} = \begin{vmatrix} (y_1)_0 & (y_2)_0 & \cdots & (y_n)_0 \\ (y_1')_0 & (y_2')_0 & \cdots & (y_n')_0 \\ \cdot & \cdot & \cdots & \cdot \\ (y_1^{(n-1)})_0 & (y_2^{(n-1)})_0 & \cdots & (y_n^{(n-1)})_0 \end{vmatrix} \qquad (5)$$

nicht Null ist.

Diese Determinante ist derjenige Wert, welchen die Determinante

$$D = \begin{vmatrix} y_1 & y_1' & \cdots & y_1^{(n-1)} \\ y_2 & y_2' & \cdots & y_2^{(n-1)} \\ \cdot & \cdot & \cdots & \cdot \\ y_n & y_n' & \cdots & y_n^{(n-1)} \end{vmatrix} \qquad (6) \quad \text{für } x = x_0 \text{ annimmt.}$$

Die Determinante D soll im weiteren die „Determinante der partikulären Integrale $y_1, y_2, \ldots, y_n$" genannt werden.

Die Bedingung $D_{(0)} \neq 0$ muß also erfüllt sein, soll (3) wirklich das allgemeine Integral darstellen; da aber der Ausgangswert im allgemeinen — d. h. von gewissen vereinzelten Stellen abgesehen, an welchen die Koeffizienten der Differentialgleichung ein besonderes Verhalten zeigen — beliebig gewählt werden darf, so kann die erwähnte Bedingung auch dahin ausgesprochen werden, daß die Determinante D nicht identisch Null sein darf.

Hiernach gilt der Satz: *Das aus den partikulären Integralen* $y_1, y_2, \ldots,$ y_n *zusammengesetzte Integral*

$$y = c_1 y_1 + c_2 y_2 + \cdots + c_n y_n \tag{7}$$

ist nur dann das allgemeine Integral der Gleichung (2), *wenn die Determinante D jener Integrale nicht identisch verschwindet.*

Ein solches System von partikulären Integralen nennt man ein *Fundamentalsystem* und $y_1, y_2, \ldots, y_n$ seine Elemente.[1]

Ist ein Fundamentalsystem $y_1, y_2, \ldots, y_n$ *gegeben, so ist damit die zugehörige homogene Differentialgleichung bestimmt.*

Schreibt man sie nämlich in der Form

$$y^{(n)} + p_1 y^{(n-1)} + \cdots p_n y = 0, \tag{8}$$

so bestehen für alle Werte von x die Gleichungen:

$$\left. \begin{aligned}
y_1^{(n)} + p_1 y_1^{(n-1)} + \cdots + p_n y_1 &= 0 \\
y_2^{(n)} + p_1 y_2^{(n-1)} + \cdots + p_n y_2 &= 0 \\
\cdots \cdots \cdots \cdots \cdots \cdots \\
y_n^{(n)} + p_1 y_n^{(n-1)} + \cdots + p_n y_n &= 0
\end{aligned} \right\} \tag{9}$$

und durch diese sind, weil ihre Determinante $D \neq 0$, die Koeffizienten $p_1, p_2, \ldots, p_n$ bestimmt. Man kann übrigens das Resultat der Elimination von $p_1, p_2, \ldots, p_n$ aus (8) mit Hilfe der Gleichungen (9) auch durch

$$\begin{vmatrix}
y^{(n)} & y^{(n-1)} & \ldots & y \\
y_1^{(n)} & y_1^{(n-1)} & \ldots & y_1 \\
y_2^{(n)} & y_2^{(n-1)} & \ldots & y_2 \\
\cdot & \cdot & \cdot & \cdot \\
y_n^{(n)} & y_n^{(n-1)} & \ldots & y_n
\end{vmatrix} = 0 \tag{10}$$

---

1) Man kann die Eigenschaft eines Fundamentalsystems auch dahin aussprechen, daß seine Elemente $y_1, y_2, \ldots, y_n$ voneinander *linear unabhängig* sein müssen, d. h. daß zwischen ihnen keine für alle Werte von x geltende homogene lineare Beziehung mit konstanten Koeffizienten bestehen dürfe. — Den eben ausgesprochenen Satz über die Zusammensetzung des allgemeinen Integrals einer homogenen linearen Differentialgleichung hat zuerst J. Lagrange (1765) nachgewiesen. Die Einführung des Terminus „Fundamentalsystem" wird L. Fuchs (1866) zugeschrieben.

darstellen. Dies also ist jene Differentialgleichung, für welche $y_1, y_2, \ldots, y_n$ ein Fundamentalsystem von Partikularintegralen ist.

Wäre beispielsweise die Frage nach jener homogenen linearen Differentialgleichung zweiter Ordnung gerichtet, für welche $y_1 = \sin ax$, $y_2 = \cos ax$ ein Fundamentalsystem bilden[1]), so gibt

$$\begin{vmatrix} y'' & y' & y \\ -a^2 \sin ax, & a \cos ax, & \sin ax \\ -a^2 \cos ax, & -a \sin ax, & \cos ax \end{vmatrix} = 0$$

Antwort auf die Frage; in entwickelter Form heißt diese Gleichung

$$y'' + a^2 y = 0.$$

Aus dem Systeme (9) ergibt sich insbesondere für den ersten Koeffizienten der Ausdruck:

$$p_1 = - \begin{vmatrix} y_1 & y_1' & \cdots & y_1^{(n-2)} & y_1^{(n)} \\ y_2 & x_2' & \cdots & y_2^{(n-2)} & y_2^{(n)} \\ \cdot & \cdot & \cdot & \cdot & \cdot \\ y_n & y_n' & \cdots & y_n^{(n-2)} & y_n^{(n)} \end{vmatrix} : \begin{vmatrix} y_1 & y_1' & \cdots & y_1^{(n-2)} & y_1^{(n-1)} \\ y_2 & y_2' & \cdots & y_2^{(n-2)} & y_2^{(n-1)} \\ \cdot & \cdot & \cdot & \cdot & \cdot \\ y_n & y_n' & \cdots & y_n^{(n-2)} & y_n^{(n-1)} \end{vmatrix} ;$$

sein Nenner ist die Determinante D, der Zähler aber geht aus D durch Differentiation in bezug auf x hervor; demnach ist

$$p_1 dx = -\frac{dD}{D} \qquad \text{und daraus folgt}$$

$$D = C e^{-\int p_1 dx}. \tag{11}$$

Nach dem oben gefundenen charakteristischen Merkmal eines Fundamentalsystems verschwindet D für den speziellen Wert $x = x_0$ nicht, daher ist auch $C \neq 0$; dann aber kann D nicht verschwinden, ohne daß p_1 unendlich wird. Schließt man also das Unendlichwerden von p_1 aus, so ist die Determinante eines Fundamentalsystems nicht allein an der Ausgangsstelle, sondern im ganzen Gebiete der Variablen x von Null verschieden.

---

1) Daß diese Funktionen geeignet sind, ein Fundamentalsystem darzustellen, geht daraus hervor, daß ihre Determinante

$$\begin{vmatrix} y_1 & y_1' \\ y_2 & y_2' \end{vmatrix} = \begin{vmatrix} \sin ax & a \cos ax \\ \cos ax & -a \sin ax \end{vmatrix} = -a,$$

also von Null verschieden ist.

385. Zusammensetzung des allgemeinen Integrals einer nicht homogenen Gleichung. Es sei

$$\sum p_\mu y^{(n-\mu)} = p \tag{1}$$

eine nicht homogene, $\sum p_\mu y^{(n-\mu)} = 0$ (2)

die zu ihr gehörige homogene Gleichung; Y ein partikuläres Integral der ersten, η das allgemeine Integral der zweiten Gleichung. Dann ist also

$$\sum p_\mu Y^{(n-\mu)} = p$$

und $\sum p_\mu \eta^{(n-\mu)} = 0;$

daraus aber ergibt sich durch Addition

$$\sum p_\mu (Y + \eta)^{(n-\mu)} = p.$$

Hiernach ist, da η die entsprechende Anzahl willkürlicher Konstanten enthält, $y = Y + \eta$ (3)

das allgemeine Integral der vollständigen Gleichung (1).

Es setzt sich also das allgemeine Integral einer nicht homogenen Gleichung aus einem partikulären Integrale dieser Gleichung und dem allgemeinen Integrale der zugehörigen homogenen Gleichung additiv zusammen.

Man bezeichnet Y als das *Hauptintegral*, η als die *komplementäre Funktion* der Gleichung (1).

386. Erniedrigung der Ordnung einer homogenen Gleichung. Die Kenntnis eines partikulären Integrals einer homogenen Differentialgleichung ermöglicht es, *die Ordnung der Gleichung um eine Einheit zu erniedrigen*, ohne ihren linearen Charakter aufzuheben. In dieser Tatsache spricht sich eine der zahlreichen Analogien aus, welche zwischen den homogenen linearen Differentialgleichungen einerseits und den algebraischen Gleichungen andererseits bestehen.

Es sei nämlich y_1 ein Integral der Gleichung

$$\sum p_\mu y^{(n-\mu)} = 0; \tag{1}$$

ihr allgemeines Integral kann dann immer in der Form

$$y = y_1 \int z \, dx \tag{2}$$

angenommen werden, wenn unter z eine erst zu bestimmende Funktion von x verstanden wird. Zum Zwecke ihrer Ermittlung ist nur nötig auszudrücken, daß (1) durch (2) befriedigt werden müsse. Nun hat man nach (2) und als Folge davon:

$$y = y_1 \int z \, dx$$

$$y' = y_1' \int z \, dx + y_1 z$$

$$y'' = y_1'' \int z \, dx + 2 y_1' z + y_1 z'$$

$$\cdots \cdots \cdots \cdots \cdots \cdots \cdots \cdots$$

$$y^{(n)} = y_1^{(n)} \int z \, dx + \binom{n}{1} y_1^{(n-1)} z + \binom{n}{2} y_1^{(n-2)} z' + \cdots + y_1 z^{(n-1)};$$

multipliziert man diese Gleichungen der Reihe nach mit p_n, p_{n-1}, p_{n-2}, $\ldots$, p_0 und bildet ihre Summe, so verschwindet in dieser nicht allein die linke Seite weil (1) erfüllt werden muß, sondern auch das erste mit $\int z \, dx$ behaftete Glied der rechten Seite, weil y_1 ein Integral von (1) ist; die Koeffizienten von z, z', $\ldots$, $z^{(n-1)}$ werden bekannte Funktionen von x, die der Reihe nach mit q_{n-1}, q_{n-2}, $\ldots$, q_0 bezeichnet werden mögen. Mithin hängt die Bestimmung des z ab von der Gleichung

$$q_0 z^{(n-1)} + q_1 z^{(n-2)} + \cdots + q_{n-1} z = 0; \tag{3}$$

dies aber ist eine homogene lineare Differentialgleichung, jedoch von einer um 1 niedrigeren Ordnung, deren allgemeines Integral die Form $z = c_2 y_2 + c_3 y_3 + \cdots + c_n y_n$ haben wird. Setzt man dasselbe, nachdem es gefunden worden, in (2) ein, so ergibt sich das allgemeine Integral von (1) wieder in der bekannten Form

$$y = c_1 y_1 + c_2 y_1 \int y_2 \, dx + c_3 y_1 \int y_3 \, dx + \cdots + c_n y_1 \int y_n \, dx.$$

Für eine Differentialgleichung *zweiter* Ordnung ergibt sich daraus die Tatsache, daß die Kenntnis eines partikulären Integrals ausreicht, um das nötige zweite durch Quadraturen herzustellen.

Wendet man nämlich die Substitution (2) auf die Gleichung

$$y'' + p_1 y' + p_2 y = 0 \tag{4}$$

an, so lautet die zur Bestimmung von z führende Gleichung

$$y_1 z' + (p_1 y_1 + 2 y_1') z = 0;$$

daraus erhält man nach Multiplikation mit dx und Trennung der Variablen

$$\frac{dz}{z} + p_1 \, dx + 2 \frac{dy_1}{y_1} = 0;$$

das Integral hiervon ist $lz + \int p_1 \, dx + l y_1^2 = l c_2$,

woraus

$$z = c_2 \frac{e^{-\int p_1 \, dx}}{y_1^2}.$$

Setzt man dies in (2) ein, so entsteht das allgemeine Integral

$$y = c_1 y_1 + c_2 y_1 \int \frac{e^{-\int p_1\, dx}}{y_1{}^2}\, dx. \tag{5}$$

Durch Vergleichung mit dem allgemeinen Ausdrucke $c_1 y_1 + c_2 y_2$ ergibt sich hieraus für das y_1 zu einem Fundamentalsystem ergänzende zweite Integral der Ausdruck

$$y_2 = y_1 \int \frac{e^{-\int p_1\, dx}}{y_1{}^2}\, dx. \tag{6}$$

Zur Erläuterung möge dieser Vorgang an der Gleichung

$$xy'' - (3 + x)y' + 3y = 0 \tag{7}$$

ausgeführt werden. Da die Koeffizientensumme $= 0$ ist, so wird die Gleichung offenbar durch $y_1 = e^x$ befriedigt. Auf Grund dieser Kenntnis gibt die Formel (6)

$$y_2 = e^x \int e^{-2x + \int \frac{3+x}{x}}\, dx = e^x \int x^3 e^{-x}\, dx = -(x^3 + 3x^2 + 6x + 6);$$

demnach ist das allgemeine Integral von (7)

$$y = c_1 e^x + c_2(x^3 + 3x^2 + 6x + 6).$$

387. Homogene Gleichungen mit konstanten Koeffizienten.
Unter den homogenen linearen Differentialgleichungen verdienen diejenigen mit *konstanten Koeffizienten* besondere Beachtung; ihre Lösung führt auf ein algebraisches Problem, auf die Bestimmung der Wurzeln einer algebraischen Gleichung.

Die Gleichung

$$y^{(n)} + a_1 y^{(n-1)} + a_2 y^{(n-2)} + \cdots + a_n y = 0, \tag{1}$$

worin $a_1, a_2, \ldots, a_n$ gegebene (reelle) Zahlen sind, wird nämlich durch jede Funktion befriedigt, welche die Eigenschaft

$$y' = ry \tag{2}$$

besitzt, sobald die Konstante r so bestimmt wird, daß

$$r^n + a_1 r^{n-1} + a_2 r^{n-2} + \cdots + a_n = 0 \tag{3}$$

ist. Es ist nämlich eine Folge von (2), daß

$$y'' = r^2 y, \quad y''' = r^3 y, \ldots, y^{(n)} = r^n y; \tag{4}$$

die Einsetzung von (2) und (4) in (1) gibt aber

$$y\left[r^n + a_1 r^{n-1} + a_2 r^{n-2} + \cdots + a_n\right] = 0,$$

und dies erfordert, wenn man von der trivialen Lösung $y = 0$ absieht, daß (3) bestehe.

Nun ergibt sich aus (2) durch Trennung der Variablen und Integration

$$y = e^{rx};$$

hiernach ist die Exponentialfunktion

$$e^{rx}$$

ein Integral der Gleichung (1), wenn r eine Wurzel der *charakteristischen Gleichung* (3) ist. Sind also $r_1, r_2, \ldots, r_n$ n *verschiedene* Wurzeln dieser Gleichung, so hat man in

$$y = c_1 e^{r_1 x} + c_2 e^{r_2 x} + \cdots + c_n e^{r_n x} \tag{5}$$

schon das allgemeine Integral der Gleichung (1), weil, wie leicht zu zeigen[1]), das zugehörige $D \neq 0$ ist.[2])

So gehört zu der Differentialgleichung

$$y'' - a^2 y = 0$$

die charakteristische Gleichung

$$r^2 - a^2 = 0,$$

deren Wurzeln $+ a, - a$ sind; daher ist

$$y = c_1 e^{ax} + c_2 e^{-ax} \qquad \text{ihr allgemeines Integral.}$$

388. Komplexe und mehrfache Wurzeln der charakteristischen Gleichung. Eine besondere Besprechung erfordern die *komplexen* und die *mehrfachen Wurzeln* der charakteristischen Gleichung.

Unter der Voraussetzung, die hier festgehalten wird, daß die Koeffizienten reelle Zahlen sind, treten in der charakteristischen Gleichung komplexe Wurzeln, wenn solche vorhanden, in konjugierten Paaren auf. Ein Paar konjugiert komplexer Wurzeln, wie $\alpha + \beta i$ und $\alpha - \beta i$, liefert zu dem allgemeinen Integral den Bestandteil

---

1) Es ist nämlich

$$D = e^{(r_1 + r_2 + \cdots + r_n)x} \begin{vmatrix} 1 & 1 & \ldots & 1 \\ r_1 & r_2 & \ldots & r_n \\ r_1{}^2 & r_2{}^2 & \ldots & r_n{}^2 \\ \cdot & \cdot & \cdots & \cdot \\ r_1{}^{n-1} & r_2{}^{n-1} & \ldots & r_n{}^{n-1} \end{vmatrix} = (-1)^{\frac{n(n-1)}{2}} e^{-a_1 x} \prod_{i,k} (r_i - r_k),$$

$$(i = 1, 2, \ldots, n-1; \; k = i + 1, i + 2, \ldots, n)$$

daher $D \neq 0$, wenn alle Wurzeln r verschieden sind.

2) Diese Lösung des Problems hat zuerst L. Euler (1743) angegeben.

$$c_1 e^{(\alpha + \beta i)x} + c_2 e^{(\alpha - \beta i)x},$$

wofür nach **105** geschrieben werden kann:

$$e^{\alpha x}\left[c_1(\cos\beta x + i\sin\beta x) + c_2(\cos\beta x - i\sin\beta x)\right];$$

bezeichnet man die willkürlichen Konstanten $c_1 + c_2$, $i(c_1 - c_2)$ mit C_1, C_2[1]), so verwandelt sich dies in

$$e^{\alpha x}\left[C_1 \cos\beta x + C_2 \sin\beta x\right]. \tag{6}$$

Hiernach führt ein Paar konjugiert komplexer Wurzeln zu einem aus einer Exponentialfunktion und trigonometrischen Funktionen zusammengesetzten Beitrage zum allgemeinen Integrale, welcher in dem Falle $\alpha = 0$, d. i. für rein imaginäre Wurzeln, rein trigonometrisch wird.

Hat die charakteristische Gleichung mehrfache Wurzeln, so scheint es zunächst, als ob man nicht die zur Bildung des allgemeinen Integrals nötige Anzahl partikulärer Integrale erhalten könnte; die folgende Betrachtung wird jedoch zeigen, daß eine λ-fache Wurzel r_1 genau auf λ verschiedene Integrale führt.

Mit Benutzung der Substitution

$$y = e^{r_1 x}\int z\,dx,$$

welche zu den Ableitungen

$$y' = r_1 e^{r_1 x}\int z\,dx + z e^{r_1 x}$$

$$y'' = r_1^2 e^{r_1 x}\int z\,dx + 2r_1 z e^{r_1 x} + z' e^{r_1 x}$$

$$y''' = r_1^3 e^{r_1 x}\int z\,dx + 3r_1^2 z e^{r_1 x} + 3r_1 z' e^{r_1 x} + z'' e^{r_1 x}$$

$$\cdot\ \cdot\ \cdot\ \cdot\ \cdot\ \cdot\ \cdot\ \cdot\ \cdot\ \cdot\ \cdot\ \cdot\ \cdot\ \cdot\ \cdot\ \cdot$$

$$y^{(n)} = r_1^n e^{r_1 x}\int z\,dx + \binom{n}{1} r_1^{n-1} z e^{r_1 x} + \binom{n}{2} r_1^{n-2} z' e^{r_1 x}$$

$$+ \binom{n}{3} r_1^{n-3} z'' e^{r_1 x} + \cdots + z^{(n-1)} e^{r_1 x}$$

Anlaß gibt, verwandelt sich nämlich die Gleichung (1) in die folgende:

$$e^{r_1 x}\Big\{(r_1^n + a_1 r_1^{n-1} + a_2 r_1^{n-2} + \cdots + a_n)\int z\,dx$$

$$+ [n r_1^{n-1} + (n-1)a_1 r_1^{n-2} + \cdots + a_{n-1}]z$$

$$+ \frac{1}{1\cdot 2}[n(n-1)r_1^{n-2} + (n-1)(n-2)a_1 r_1^{n-3} + \cdots + 2a_{n-2}]z'$$

$$+ \cdots + z^{(n-1)}\Big\} = 0,$$

---

1) Diese sind reell, wenn man für c_1, c_2 konjugiert komplexe Zahlen annimmt.

wofür, wenn man das Polynom der charakteristischen Gleichung (3) mit $\omega(r)$ bezeichnet, kürzer geschrieben werden kann:

$$\omega(r_1)\int z\,dx + \frac{\omega'(r_1)}{1}z + \frac{\omega''(r_1)}{1\cdot 2}z' + \cdots + \frac{\omega^{(\lambda-1)}(r_1)}{(\lambda-1)!}z^{(\lambda-2)} + \cdots + z^{(n-1)} = 0.$$

Da aber r_1 eine λ-fache Wurzel von (3) ist, so bringt es auch die Ableitungen von $\omega(r)$ bis zur Ordnung $\lambda-1$ einschließlich auf Null, d. h. es ist
$$\omega(r_1) = 0, \quad \omega'(r_1) = 0, \quad \ldots, \quad \omega^{(\lambda-1)}(r_1) = 0,$$
während $\omega^{(\lambda)}(r_1) \neq 0$; infolgedessen vereinfacht sich die obige Gleichung zu:

$$\frac{\omega^{(\lambda)}(r_1)}{\lambda!}z^{(\lambda-1)} + \frac{\omega^{(\lambda+1)}(r_1)}{(\lambda+1)!}z^{(\lambda)} + \cdots + z^{(n-1)} = 0.$$

Von dieser gleichfalls homogenen linearen Differentialgleichung mit konstanten Koeffizienten läßt sich aber ein Integral durch bloße Überlegung feststellen; es genügt ihr nämlich jede Funktion, deren Ableitungen von der $\lambda-1$-ten Ordnung aufwärts identisch verschwinden; die allgemeinste Funktion dieser Art ist aber ein Polynom vom Grade $\lambda-2$ mit willkürlichen Koeffizienten; man hat also in

$$\bar z = c_0 + c_1 x + \cdots + c_{\lambda-2}x^{\lambda-2}$$

eine Lösung jener Gleichung; aus ihr ergibt sich, mit abgeänderter Bezeichnung der Konstanten,

$$\int\bar z\,dx = C_0 + C_1 x + C_2 x^2 + \cdots + C_{\lambda-1}x^{\lambda-1}.$$

Mithin lautet der aus der λ-fachen Wurzel r_1 entspringende Teil des allgemeinen Integrals

$$e^{r_1 x}\int\bar z\,dx = e^{r_1 x}[C_0 + C_1 x + C_2 x^2 + \cdots + C_{\lambda-1}x^{\lambda-1}]; \qquad (7)$$

er besteht, wie es der Multiplizität der Wurzel entspricht, aus λ linear unabhängigen Integralen, nämlich:

$$e^{r_1 x}, \quad xe^{r_1 x}, \quad x^2 e^{r_1 x}, \quad \ldots, \quad x^{\lambda-1}e^{r_1 x}.$$

Ist die λ-fache Wurzel r_1 komplex, $= \alpha + \beta i$, so tritt mit ihr zugleich die konjugierte Zahl $\alpha - \beta i$ als λ-fache Wurzel auf, und aus beiden entspringt der folgende Beitrag zum allgemeinen Integral:

$$e^{\alpha x}(\cos\beta x + i\sin\beta x)[C_0 + C_1 x + C_2 x^2 + \cdots + C_{\lambda-1}x^{\lambda-1}]$$
$$+ e^{\alpha x}(\cos\beta x - i\sin\beta x)[C_0' + C_1' x + C_2' x^2 + \cdots + C_{\lambda-1}'x^{\lambda-1}],$$

der sich nach Einführung neuer Bezeichnungen für die Konstanten, und zwar:

$$A_0 = C_0 + C_0', \qquad A_1 = C_1 + C_1', \quad \ldots, \qquad A_{\lambda-1} = C_{\lambda-1} + C_{\lambda-1}'$$
$$B_0 = i(C_0 - C_0'), \quad B_1 = i(C_1 - C_1'), \quad \ldots, \quad B_{\lambda-1} = i(C_{\lambda-1} - C_{\lambda-1}'),$$

wie folgt schreibt:

$$e^{\alpha x}[(A_0 + A_1 x + \cdots + A_{\lambda-1} x^{\lambda-1}) \cos \beta x \\ + (B_0 + B_1 x + \cdots + B_{\lambda-1} x^{\lambda-1}) \sin \beta x]. \tag{8}$$

Hiermit sind alle Fälle erledigt, die man bezüglich der Wurzeln der charakteristischen Gleichung zu unterscheiden hat.

389. Beispiele. 1. Zu der Differentialgleichung

$$4y''' - 6y'' + 4y' - y = 0$$

gehört die charakteristische Gleichung

$$4r^3 - 6r^2 + 4r - 1 = 0;$$

ihre Wurzeln ergeben sich leicht, wenn man die beiden mittleren Glieder auflöst in $-2r^2 - 4r^2 + 2r + 2r$; die linke Seite zerfällt nämlich dann in die Faktoren $(2r-1)(2r^2 - 2r + 1)$; mithin sind

$$\frac{1}{2}, \ \frac{1}{2} \pm \frac{i}{2}$$

die fraglichen Wurzeln und daher

$$y = e^{\frac{x}{2}}\left[c_1 + c_2 \cos \frac{x}{2} + c_3 \sin \frac{x}{2}\right]$$

das allgemeine Integral.

2. Der Differentialgleichung

$$y^{IV} - 4y''' + 3y'' + 4y' - 4y = 0$$

entspricht die charakteristische Gleichung

$$r^4 - 4r^3 + 3r^2 + 4r - 4 = 0,$$

deren linke Seite sich in die Form $(r^2 - 1)(r - 2)^2$ bringen läßt; daraus resultieren die Wurzeln $\quad 1, -1, 2, 2.$

Demnach ist $\qquad y = c_1 e^x + c_2 e^{-x} + (c_3 + c_4 x)e^{2x}$

das allgemeine Integral.

3. Die Differentialgleichung

$$y^{IV} + 2y'' + y = 0$$

führt zu der charakteristischen Gleichung

$$r^4 + 2r^2 + 1 = 0,$$

welche die doppelt zählenden Wurzeln $\pm i$ hat; infolgedessen ist das allgemeine Integral $\ y = (c_1 + c_2 x) \cos x + (c_3 + c_4 x) \sin x.$

4. Jede lineare homogene Gleichung von der Form

$$A_0 x^n y^{(n)} + A_1 x^{n-1} y^{(n-1)} + \cdots + A_n y = 0 \tag{9}$$

kann in eine homogene Gleichung mit konstanten Koeffizienten umgewandelt werden, und zwar wird dies durch die Transformation

$$x = e^{\xi}, \quad y = \eta \qquad \text{erreicht.} \tag{10}$$

Vermöge dieser Transformation wird nämlich (**42**, (2))

$$y' = e^{-\xi} \eta'$$
$$y'' = e^{-2\xi}(\eta'' - \eta')$$
$$y''' = e^{-3\xi}(\eta''' - 3\eta'' + 2\eta')$$
$$\cdot \quad \cdot \quad \cdot \quad \cdot \quad \cdot \quad \cdot$$

wobei $\eta', \eta'', \eta''', \ldots$ die Differentialquotienten von η bezüglich der neuen unabhängigen Variablen ξ bedeuten. Nach Einführung dieser Ausdrücke nimmt (9) schließlich die Form

$$a_0 \eta^{(n)} + a_1 \eta^{(n-1)} + \cdots + a_n \eta = 0$$

an; in dem allgemeinen Integrale hat man dann ξ durch lx und η durch y zu ersetzen.

Als erstes Beispiel hierzu diene die Gleichung

$$2x^2 y'' + 3xy' - 3y = 0;$$

sie verwandelt sich in $\quad 2\eta'' + \eta' - 3\eta = 0,$

und die zugehörige charakteristische Gleichung $2r^2 + r - 3 = 0$ besitzt die Wurzeln 1 und $-\tfrac{3}{2}$; demnach ist

$$\eta = c_1 e^{\xi} + c_2 e^{-\frac{3}{2}\xi}$$

das allgemeine Integral, das in den ursprünglichen Variablen lautet:

$$y = c_1 x + \frac{c_2}{\sqrt{x^3}}.$$

Als zweites Beispiel wählen wir die Gleichung

$$x^3 y''' - 6y = 0; \qquad \text{für ihre Transformierte}$$
$$\eta''' - 3\eta'' + 2\eta' - 6\eta = 0$$

ergibt sich mittels der Wurzeln von $r^3 - 3r^2 + 2r - 6 = 0$ das Integral

$$\eta = c_1 e^{3\xi} + c_2 \cos \xi \sqrt{2} + c_3 \sin \xi \sqrt{2};$$

folglich ist
$$y = c_1 x^3 + c_2 \cos \sqrt{2}\, lx + c_3 \sin \sqrt{2}\, lx$$
das allgemeine Integral der ursprünglichen Gleichung.

5. Die Differentialgleichung
$$y'' + 2hy' + n^2 y = 0 \qquad\qquad (n^2 > h^2)$$
zu integrieren und jenes partikuläre Integral zu bestimmen, das den Anfangsbedingungen $x = 0$, $y = y_0$, $y' = 0$ entspricht.[1]

Aus der charakteristischen Gleichung
$$r^2 + 2hr + n^2 = 0$$
ergeben sich die Wurzeln $-h \pm n_1 i$, wenn zur Abkürzung $\sqrt{n^2 - h^2} = n_1$ gesetzt wird; hiermit erhält man das allgemeine Integral
$$y = e^{-hx}[A \cos n_1 x + B \sin n_1 x];$$
man bestimme daraus
$$y' = -h e^{-hx}[A \cos n_1 x + B \sin n_1 x] + e^{-hx}[-n_1 A \sin n_1 x + n_1 B \cos n_1 x];$$
dann führen die Anfangsbedingungen zu den Ansätzen
$$y_0 = A$$
$$0 = -hA + n_1 B,$$
woraus $A = y_0$, $B = \dfrac{h}{n_1} y_0$ folgt. Hiermit ist die gesuchte partikuläre Lösung
$$y = y_0 e^{-hx}\left[\cos n_1 x + \frac{h}{n_1} \sin n_1 x\right].$$

6. Das Integral der Gleichung[2]
$$y^{IV} = a^4 y$$
ergibt sich unmittelbar in der Gestalt
$$y = C_1 e^{ax} + C_2 e^{-ax} + C_3 \cos ax + C_4 \sin ax.$$

---

1) Die Differentialgleichung tritt in der Theorie des Schiffes auf. Encykl. d. math. Wissensch. IV 2 J, p. 542. — Während $y'' + n^2 y = 0$ die Differentialgleichung der freien schwingenden Bewegung ist, entspringt die obige, durch das Glied $2hy'$ $(h > 0)$ erweiterte Differentialgleichung bei der getroffenen Annahme $n^2 > h^2$ einer schwach gedämpften schwingenden Bewegung.

2) Diese Form hat die Differentialgleichung für die Durchbiegung einer Welle:
$$\frac{d^4 y}{dx^4} - \frac{\gamma \omega^2}{JE} y = 0,$$
worin ω die Winkelgeschwindigkeit bedeutet, mit der sich die Welle um ihre Zentrallinie, die x-Achse dreht, γ die Masse der Welle pro Längeneinheit und JE ihre Biegungssteifigkeit.

Hat man Tafeln der hyperbolischen Funktionen zur Hand, so wird man besser die nachstehende Form geben: Es ist

$$e^{ax} = \cosh ax + \sinh ax, \quad e^{-ax} = \cosh ax - \sinh ax;$$

schreibt man für $C_1 + C_2$ und $C_1 - C_2$ wieder C_1, C_2, so wird

$$y = C_1 \cosh ax + C_2 \sinh ax + C_3 \cos ax + C_4 \sin ax.$$

7. Ein Punkt könne sich von seiner Ruhelage aus nach allen Richtungen bewegen; und zwar unter der Einwirkung einer Kraft f, welche proportional der Entfernung von der Ruhelage ist und ihn nach dieser zurücktreibt, also $\qquad f = - kr,$
wo k eine positive Konstante und r die erwähnte Entfernung bedeutet. Multipliziert man f mit den Kosinus a, b, c seiner Richtungslinie, so erhält man die Kraftkomponenten (vorausgesetzt, daß die Ruhelage der Ursprung ist): $\quad X = - kx, \quad Y = - ky, \quad Z = - kz;$

somit sind $\quad m\dfrac{d^2x}{dt^2} = - kx, \quad m\dfrac{d^2y}{dt^2} = - ky, \quad m\dfrac{d^2z}{dt^2} = - kz$

die Differentialgleichungen der Bewegung des Punktes.

Man kann jede für sich integrieren und erhält die Integrale

$$x = A_1 \cos \sqrt{\frac{k}{m}}\, t + A_2 \sin \sqrt{\frac{k}{m}}\, t,$$

$$y = B_1 \cos \sqrt{\frac{k}{m}}\, t + B_2 \sin \sqrt{\frac{k}{m}}\, t,$$

$$z = C_1 \cos \sqrt{\frac{k}{m}}\, t + C_2 \sin \sqrt{\frac{k}{m}}\, t.$$

Diese Gleichungen können aber nur zusammenbestehen, wenn

$$\begin{vmatrix} A_1 & A_2 & x \\ B_1 & B_2 & y \\ C_1 & C_2 & z \end{vmatrix} = 0$$

ist. Dies ist aber die Gleichung einer Ebene, die durch den Ursprung geht; mithin geht die Bewegung in einer Ebene vor sich. Da die Koeffizienten A_1, A_2, ... von den Anfangsbedingungen abhängen, so hängt auch die Stellung dieser Ebene von den Anfangsbedingungen ab; denkt man sich diese so gewählt, daß die Ebene mit der xy-Ebene zusammenfällt, z also ständig Null ist, so hat die Bewegung die endlichen Gleichungen

$$x = A_1 \cos \sqrt{\frac{k}{m}}\, t + A_2 \sin \sqrt{\frac{k}{m}}\, t,$$

$$y = B_1 \cos \sqrt{\frac{k}{m}}\, t + B_2 \sin \sqrt{\frac{k}{m}}\, t.$$

Die Bahnkurve ergibt sich daraus durch Elimination von t; berechnet man zu diesem Zwecke

$$\cos \sqrt{\frac{k}{m}}\, t = \frac{B_2\, x - A_2\, y}{\Delta}, \quad \sin \sqrt{\frac{k}{m}}\, t = - \frac{B_1\, x - A_1\, y}{\Delta}, \quad \Delta = \begin{vmatrix} A_1 & A_2 \\ B_1 & B_2 \end{vmatrix},$$

so ist durch Bildung der Quadratsumme die Elimination vollzogen und führt zu

$$\frac{B_1{}^2 + B_2{}^2}{\Delta^2}\, x^2 + \frac{A_1{}^2 + A_2{}^2}{\Delta^2}\, y^2 - 2 \frac{A_1\, B_1 + A_2\, B_2}{\Delta^2}\, xy = 1,$$

und das ist die Gleichung einer Ellipse, weil

$$(A_1{}^2 + A_2{}^2)(B_1{}^2 + B_2{}^2) - (A_1 B_1 + A_2 B_2)^2 = - \Delta^2,$$

also negativ ist. Die Bewegung erfolgt also in Ellipsen um die Ruhelage mit der Umlaufszeit $2\pi \sqrt{\dfrac{m}{k}}$.

8. Für ein physisches Pendel von der mathematischen Länge l gilt die Differentialgleichung $\qquad \dfrac{d^2\varphi}{dt^2} + \dfrac{g}{l} \sin \varphi = 0;$ $\qquad\qquad (\alpha)$

dabei bedeutet φ die Abweichung von der Ruhelage, t die Zeit.

Bei sehr kleinen Schwingungen, bei welchen φ nur sehr kleine Werte annimmt, darf man $\sin\varphi$ näherungsweise durch φ ersetzen und kommt so zu einer Differentialgleichung von bereits wiederholt behandelter Form, nämlich $\qquad \dfrac{d^2\varphi}{dt^2} + \dfrac{g}{l}\, \varphi = 0,$

deren Integral $\qquad \varphi = c_1 \cos \sqrt{\dfrac{g}{l}}\, t + c_2 \sin \sqrt{\dfrac{g}{l}}\, t$

durch Einführung der neuen Konstanten A, α mittels der Ansätze $c_1 = A \sin \alpha$, $c_2 = A \cos \alpha$ in die Form

$$\varphi = A \sin\left(t \sqrt{\frac{g}{l}} + \alpha\right) \qquad\qquad \text{gebracht ist.}$$

Sind t_1, t_2 zwei aufeinanderfolgende Zeiten, zu welchen gleiche Bewegungszustände gehören, so unterscheiden sich die zugehörigen Argumente der Sinusfunktion um 2π, so daß

$$(t_2 - t_1)\sqrt{\frac{g}{l}} = 2\pi\,;$$

$t_2 - t_1$ aber ist die doppelte Schwingungsdauer T, also folgt daraus für diese die Bestimmung

$$T = \pi\sqrt{\frac{l}{g}}\,. \tag{β}$$

Wir kehren nun zu der Gleichung (α) zurück und formen sie durch Multiplikation mit $2\,d\varphi = 2\dfrac{d\varphi}{dt}\,dt$ um in

$$d\left[\left(\frac{d\varphi}{dt}\right)^2\right] + \frac{2g}{l}\sin\varphi\,d\varphi = 0,$$

daraus ergibt sich das Zwischenintegral

$$\left(\frac{d\varphi}{dt}\right)^2 - \frac{2g}{l}\cos\varphi = C.$$

Für das Quadrat der Winkelgeschwindigkeit liefert dies den Ausdruck $C + \dfrac{2g}{l}\cos\varphi$. Nimmt man für C positive Werte, so bleibt die Winkelgeschwindigkeit für alle Werte φ reell, sofern nur $C > \dfrac{2g}{l}$; erteilt man C hingegen negative Werte, so bekommt die Winkelgeschwindigkeit nur unter einer gewissen Grenze von φ reelle Werte, wenn $|C| < \dfrac{2g}{l}$. Dieser letztere Fall entspricht der Pendelbewegung. Wir können dann

$$|C| = \frac{2g}{l}\cos\varphi_0 \qquad \text{setzen und erkennen aus}$$

$$\left(\frac{d\varphi}{dt}\right)^2 = \frac{2g}{l}\left(\cos\varphi - \cos\varphi_0\right)$$

die Bedeutung des eben eingeführten φ_0; es ist jene Abweichung vom Lote, bei der die Winkelgeschwindigkeit Null herrscht (Schwingungsweite).

Durch Übergang zu halben Winkeln entsteht

$$\left(\frac{d\varphi}{dt}\right)^2 = \frac{4g}{l}\left(\sin^2\frac{\varphi_0}{2} - \sin^2\frac{\varphi}{2}\right)$$

und durch die Substitution

$$\sin\frac{\varphi}{2} = \sin\frac{\varphi_0}{2}\sin u\,,$$

aus der

$$d\varphi = \frac{2\sin\dfrac{\varphi_0}{2}\cos u\,du}{\sqrt{1 - \sin^2\dfrac{\varphi_0}{2}\sin^2 u}}$$

folgt, weiter
$$dt = \sqrt{\frac{l}{g}} \, \frac{du}{\sqrt{1 - \sin^2\frac{\varphi_0}{2}\sin^2 u}},$$

schließlich durch Integration, wenn man die Zeit vom Augenblick des Durchgangs durch das Lot zählt (Anfangsbedingungen $\varphi = 0$, $t = 0$),

$$t = \sqrt{\frac{l}{g}} \int_0^u \frac{du}{\sqrt{1 - \sin^2\frac{\varphi_0}{2}\sin^2 u}}.$$

Die halbe Schwingungsdauer $\frac{T}{2}$ ergibt sich, wenn man die obere Grenze $u = \frac{\pi}{2}$ werden läßt, weil dann $\varphi = \varphi_0$ wird; demnach ist

$$T = 2\sqrt{\frac{l}{g}} \int_0^{\frac{\pi}{2}} \frac{du}{\sqrt{1 - \sin^2\frac{\varphi_0}{2}\sin^2 u}}.$$

Es hängt also die Schwingungsdauer von einem vollständigen elliptischen Integral erster Gattung mit dem Modul $\sin\frac{\varphi_0}{2} = k$ ab (**291, 6.**), dessen Wert mit K bezeichnet werden möge; man hat dann in kurzer Schreibweise
$$T = 2K\sqrt{\frac{l}{g}},$$

und wenn man schließlich für K die dort entwickelte Reihe einsetzt,

$$T = \pi\sqrt{\frac{l}{g}}\left[1 + \left(\frac{1}{2}\right)^2 k^2 + \left(\frac{1\cdot 3}{2\cdot 4}\right)^2 k^2 + \cdots\right]. \qquad (\gamma)$$

Man erkennt hieraus, daß die für Pendel mit kleiner Schwingungsweite gebrauchte Formel (β) die erste Näherung der strengen Formel (γ) darstellt.

9. Man integriere folgende Gleichungen:

a)
$$y'' + 4y = 0;$$
(Lösung: $y = C_1 \cos 2x + C_2 \sin 2x$.)

b)
$$y'' + 2y' + 5y = 0;$$
(Lösung: $y = e^{-x}(C_1 \cos 2x + C_2 \sin 2x)$.)

c)
$$y''' - 8y'' + 16y' = 0;$$
(Lösung: $y = C_1 + (C_2 + C_3 x)e^{4x}$.)

d)
$$y''' + y'' - y' - y = 0;$$
(Lösung: $y = C_1 e^x + (C_2 + C_3 x)e^{-x}$.)

390. Integration einer nicht homogenen Gleichung. Methode der Variation der Konstanten. Die Integration einer *nicht homogenen* linearen Differentialgleichung ist auf Quadraturen zurückführbar, sobald man das allgemeine Integral oder, was auf dasselbe hinauskommt, ein Fundamentalsystem von partikulären Integralen der zugehörigen homogenen Gleichung kennt. Diese wichtige Tatsache läßt sich mit Hilfe eines Verfahrens erweisen, welches Lagrange[1]) angegeben und als *Methode der Variation der Konstanten* bezeichnet hat; der Grund für diese Bezeichnung wird sich sofort ergeben.

Es sei
$$y^{(n)} + p_1 y^{(n-1)} + \cdots + p_n y = p \tag{1}$$

oder kurz $\sum\limits_0^n p_\mu y^{(n-\mu)} = p$ (mit der Festsetzung, daß $p_0 = 1$) die zur Integration vorgelegte nicht homogene Gleichung, und von der zugehörigen homogenen Gleichung $\quad y^{(n)} + p_1 y^{(n-1)} + \cdots + p_n y = 0 \tag{2}$

oder $\sum p_\mu y^{(n-\mu)} = 0$ sei ein Fundamentalsystem partikulärer Integrale $y_1, y_2, \ldots, y_n$ bekannt, mit dessen Hilfe daher dessen allgemeines Integral

$$\eta = c_1 y_1 + c_2 y_2 + \cdots + c_n y_n \tag{3}$$

zusammengesetzt werden kann.

Das allgemeine Integral y von (1) kann man durch die rechte Seite von (3) auch dargestellt denken, wenn man an die Stelle der Konstanten $c_1, c_2, \ldots, c_n$ entsprechend bestimmte Funktionen $u_1, u_2, \ldots, u_n$ von x bringt, die natürlich die notwendige Anzahl willkürlicher Konstanten enthalten müssen, so daß

$$y = u_1 y_1 + u_2 y_2 + \cdots + u_n y_n = \sum\limits_1^n u_\nu y_\nu. \tag{4}$$

Ja, eine solche Darstellung wäre noch auf unzählig viele Arten ausführbar, wenn man die Funktionen $u_1, u_2, \ldots, u_n$ nicht einer entsprechenden Anzahl von Bedingungen unterwürfe; solcher Bedingungen dürfen $n-1$ frei gewählt werden, vermöge deren $n-1$ der u_ν sich durch das noch erübrigende darstellen lassen, so daß es nur mehr auf die Bestimmung dieses einen u ankommt. Von der Wahl dieser Bedingungen hängt die Durchführbarkeit des angedeuteten Gedankens wesentlich ab.

Um auszudrücken, daß (4) der Gleichung (1) genügt, braucht man die Ableitungen von y. Nun ergibt sich

---

1) Nouveaux Mémoires de l'Academie de Berlin, 1775.

$$y' = \sum u_\nu y_\nu', \tag{5}$$

wenn man die u_ν so wählt, daß

$$\sum u_\nu' y_\nu = 0. \tag{5*}$$

Es wird weiter $\qquad y'' = \sum u_\nu y_\nu'', \tag{6}$

wenn man den u_ν die weitere Bedingung auferlegt, daß

$$\sum u_\nu' y_\nu' = 0 \tag{6*}$$

sei. So fortfahrend kommt man nach $n - 1$ Differentiationen zu

$$y^{(n-1)} = \sum u_\nu y_\nu^{(n-1)}, \tag{7}$$

wenn auch noch die Bedingung

$$\sum u_\nu' y_\nu^{(n-2)} = 0 \tag{7*}$$

erfüllt ist. Hiermit ist aber die zulässige Anzahl von Bedingungen erschöpft, und es ergibt sich aus (7):

$$y^{(n)} = \sum u_\nu y_\nu^{(n)} + \sum u_\nu' y_\nu^{(n-1)}. \tag{8}$$

Trägt man die Werte für $y, y', y'', \ldots, y^{(n-1)}, y^{(n)}$ aus (4), (5), (6), $\ldots$, (7), (8) in die Gleichung (1) ein, so entsteht

$$\sum u_\nu y_\nu^{(n)} + \sum u_\nu' y_\nu^{(n-1)} + p_1 \sum u_\nu y_\nu^{(n-1)} + p_2 \sum u_\nu y_\nu^{(n-2)} + \cdots$$
$$+ p_n \sum u_\nu y_\nu = p \qquad (\nu = 1, 2, \ldots, n)$$

oder in anderer Zusammenfassung der Glieder:

$$u_1 \sum p_\mu y_1^{(n-\mu)} + u_2 \sum p_\mu y_2^{(n-\mu)} + \cdots$$
$$+ u_n \sum p_\mu y_n^{(n-\mu)} + \sum u_\nu' y_\nu^{(n-1)} = p \qquad (\mu = 0, \ldots n);$$

da aber $y_1, y_2, \ldots, y_n$ Integrale von (2) bedeuten, so entfallen links alle Glieder bis auf das letzte, so daß

$$\sum u_\nu' y_\nu^{(n-1)} = p \qquad \text{verbleibt.} \tag{8*}$$

Durch die n Gleichungen (5*), (6*), $\ldots$, (7*), (8*), welche ausgeschrieben lauten:

$$\left\{ \begin{aligned} & u_1' y_1 + u_2' y_2 && + \cdots + && u_n' y_n = 0 \\ & u_1' y_1' + u_2' y_2' && + \cdots + && u_n' y_n' = 0 \\ & \quad \cdot \quad \cdot \quad \cdot \quad \cdot \quad \cdot \quad \cdot \quad \cdot \quad \cdot \quad \cdot \quad \cdot \quad \cdot \\ & u_1' y_1^{(n-2)} + u_2' y_2^{(n-2)} + \cdots + u_n' y_n^{(n-2)} = 0 \\ & u_1' y_1^{(n-1)} + u_2' y_2^{(n-1)} + \cdots + u_n' y_n^{(n-1)} = p \end{aligned} \right. \tag{9}$$

sind die Ableitungen der Funktionen $u_1, u_2, \ldots, u_n$ eindeutig bestimmt; denn das System (9) ist in bezug auf diese Ableitungen linear und seine Determinante

$$D = \begin{vmatrix} y_1 & y_2 & \cdots y_n \\ y_1' & y_2' & \cdots y_n' \\ \cdot & \cdot & \cdot \cdot \cdot \cdot \cdot \\ y_1^{(n-1)} & y_2^{(n-1)} & \cdots y_n^{(n-1)} \end{vmatrix} \tag{10}$$

ist von Null verschieden, weil $y_1, y_2, \ldots, y_n$ ein Fundamentalsystem von (2) bilden (**384**). Bezeichnet man die den Elementen der *letzten* Zeile von (10) adjungierten Unterdeterminanten mit

$$D_1, D_2, \ldots, D_n,$$

so ist die Auflösung von (9) durch

$$u_1' = \frac{p\,D_1}{D}, \quad u_2' = \frac{p\,D_2}{D}, \quad \ldots, \quad u_n' = \frac{p\,D_n}{D}$$

gegeben, und hieraus geht durch Integration

$$\left. \begin{aligned} u_1 &= c_1 + \int \frac{p\,D_1}{D}\,dx, \\ u_2 &= c_2 + \int \frac{p\,D_2}{D}\,dx, \ldots, \quad u_n = c_n + \int \frac{p\,D_n}{D}\,dx \end{aligned} \right\} \tag{11}$$

hervor.

Schließlich hat man diese Werte in (4) einzusetzen, um das allgemeine Integral von (1) zu erhalten; dieses lautet also:

$$\begin{aligned} y &= c_1 y_1 + c_2 y_2 + \cdots + c_n y_n \\ &\quad + y_1 \int \frac{p\,D_1}{D}\,dx + y_2 \int \frac{p\,D_2}{D}\,dx + \cdots + y_n \int \frac{p\,D_n}{D}\,dx \\ &= \sum c_\nu y_\nu + \sum y_\nu \int \frac{p\,D_\nu}{D}\,dx \end{aligned} \tag{12}$$
$$(\nu = 1, 2, \ldots, n).$$

Der erste Teil, d. i. $\sum c_\nu y_\nu$, ist aber laut (3) das Integral η der homogenen Gleichung (2); mithin stellt der zweite Teil, d. i.

$$\sum y_\nu \int \frac{p\,D_\nu}{D}\,dx$$

dasjenige partikuläre Integral Y dar (**385**), welches dem Wertsysteme $c_1 = 0, c_2 = 0, \ldots, c_n = 0$ der Konstanten entspricht.

Um die Differentialgleichungen mit konstanten Koeffizienten vollständig zu erledigen, wollen wir für eine solche nicht homogene Gleichung:

$$y^{(n)} + a_1 y^{(n-1)} + a_2 y^{(n-2)} + \cdots + a_n y = p, \tag{13}$$

in der p im allgemeinen eine Funktion von x vorstellt, die Formel (12) herstellen, jedoch unter der Einschränkung, daß die zur reduzierten Gleichung

$$y^{(n)} + a_1 y^{(n-1)} + a_2 y^{(n-2)} + a_n y = 0$$

gehörige charakteristische Gleichung $\omega(r) = 0$ keine mehrfachen Wurzeln besitze. Sind $r_1, r_2, \ldots, r_n$ diese Wurzeln, so ist laut 387, Fußnote

$$D = (-1)^{\frac{n(n-1)}{2}} e^{(r_1 + r_2 + \cdots + r_n)x} \prod_{i,k} (r_i - r_k).$$

$$i = 1, 2, \ldots, n-1; \; k = i+1, i+2, \ldots, n;$$

da die Unterdeterminante D_1 denselben Bau zeigt wie D, so ist weiter:

$$D_1 = (-1)^{n-1}(-1)^{\frac{(n-1)(n-2)}{2}} e^{(r_2 + r_2 + \cdots + r_n)x} \prod_{i,k} (r_i - r_k)$$

$$i = 2, 3, \ldots n-1; \; k = i+1, i+2, \ldots, n;$$

folglich
$$\frac{D_1}{D} = \frac{e^{-r_1 x}}{(r_1 - r_2)(r_1 - r_3)\cdots(r_1 - r_n)};$$

beachtet man aber, daß

$$\omega(r) = (r - r_1)(r - r_2) \ldots (r - r_n),$$

so kann der Nenner der rechten Seite auch $\omega'(r_1)$ geschrieben werden. Demnach ist endgültig
$$\frac{D_1}{D} = \frac{e^{-r_1 x}}{\omega'(r_1)}.$$

Ähnliche Ausdrücke ergeben sich für die übrigen Quotienten

$$\frac{D_2}{D}, \; \ldots, \; \frac{D_n}{D}.$$

Hiermit also schreibt sich das Integral von (13) wie folgt:

$$y = c_1 e^{r_1 x} + c_2 e^{r_2 x} + \cdots c_n e^{r_n x}$$
$$+ \frac{e^{r_1 x}}{\omega'(r_1)} \int p e^{-r_1 x} dx + \frac{e^{r_2 x}}{\omega'(r_2)} \int p e^{-r_2 x} dx + \cdots + \frac{e^{r_n x}}{\omega'(r_n)} \int p e^{-r_n x} dx. \tag{14}$$

391. Beispiele. 1. Um die Differentialgleichung

$$y'' - y' - 2y = x$$

zu integrieren, bestimme man die Wurzeln von

$$\omega(r) \equiv r^2 - r - 2 = 0;$$

es sind dies die Zahlen $r_1 = 2, r_2 = -1$; mit ihrer Hilfe berechnet sich

$$\omega'(r_1) = 3, \qquad \omega'(r_2) = -3,$$

$$\int p e^{-r_1 x}\, dx = \int x e^{-2x}\, dx = -e^{-2x}\left(\frac{x}{2} + \frac{1}{4}\right),$$

$$\int p e^{-r_2 x}\, dx = \int x e^{x}\, dx = e^{x}(x - 1).$$

Hiernach ist das allgemeine Integral der vorgelegten Gleichung nach Vorschrift von (14)

$$y = c_1 e^{2x} + c_2 e^{-x} - \frac{x}{2} + \frac{1}{4}.$$

2. Ist die Gleichung $\qquad y'' + y = e^x$

zur Integration vorgelegt, so bilde man mit Hilfe der Wurzeln von $r^2 + 1 = 0$, d. i. $\pm i$, das Hauptintegral, welches lautet:

$$\frac{e^{ix}}{2i}\int e^{(1-i)x}\, dx - \frac{e^{-ix}}{2i}\int e^{(1+i)x}\, dx;$$

seine Ausführung, bei welcher i wie eine Konstante zu behandeln ist, liefert

$$\frac{e^{ix}}{2i}\frac{e^{(1-i)x}}{1-i} - \frac{e^{-xi}}{2i}\frac{e^{(1+i)x}}{1+i} = \frac{e^x}{2}.$$

Demnach ist das allgemeine Integral (**384**)

$$y = c_1 \cos x + c_2 \sin x + \frac{e^x}{2}.$$

3. Schreibt man das Integral der Differentialgleichung

$$y'' + 4y = \sin x + \sin 2x$$

(vgl. **385**, 5a) in der Form

$$y = u \cos 2x + v \sin 2x,$$

so ergeben sich zur Bestimmung von $u,\ v$ die Gleichungen:

$$u' \cos 2x + v' \sin 2x = 0$$

$$- 2u' \sin 2x + 2v' \cos 2x = \sin x + \sin 2x,$$

aus welchen $\qquad 2u' = -\sin x \sin 2x - \sin^2 2x$

$$2v' = \sin x \cos 2x + \sin 2x \cos 2x$$

folgt. Man führe die weitere Rechnung durch und zeige, daß das endgültige Integral lautet:

$$y = A \cos 2x + B \sin 2x + \frac{\sin x}{3} - \frac{x \cos 2x}{4}.$$

4. Auf einen materiellen Punkt, dessen Bewegung in einer Geraden vor sich geht, wirke eine Kraft, die ihn beständig gegen einen festen Punkt, den Anfangspunkt der Bewegung, hinzieht und proportional ist

seiner Entfernung x von diesem; ferner eine Kraft, die stets seiner Geschwindigkeit entgegengesetzt gerichtet und ihr proportional ist; endlich eine Kraft, die für sich selbst dem Punkte eine schwingende Bewegung in der Geraden nach dem Sinusgesetz erteilen würde; unter der gleichzeitigen Einwirkung aller dieser Kräfte entsteht eine Bewegung, deren Gesetz durch die Gleichung

$$\frac{d^2 x}{dt^2} + 2h\frac{dx}{dt} + a^2 x = b \sin \beta t$$

dargestellt ist; hierin ist die erste Kraft durch $a^2 x$, die zweite durch $2h\frac{dx}{dt}$, die dritte durch $b \sin \beta t$ vertreten; die Masse des Punktes ist mit 1 angesetzt; von der positiven Konstante $2h$ wird noch vorausgesetzt, daß $a^2 > h^2$ sei. — *Man spricht in diesem Falle wegen der dritten Kraft von erzwungenen Schwingungen.*

Zu der reduzierten Differentialgleichung gehört die charakteristische Gleichung $r^2 + 2hr + a^2 = 0$ mit den kompexen Wurzeln $-h \pm \alpha i$, wenn die positive Wurzel $\sqrt{a^2 - h^2} = \alpha$ gesetzt wird; das führt zu den partikulären Integralen $\quad y_1 = e^{-ht}\cos \alpha t, \quad y_2 = e^{-ht}\sin \alpha t.$

Um zu dem Hauptintegral zu gelangen, bilde man

$$D = \begin{vmatrix} y_1 & y_2 \\ y_1' & y_2' \end{vmatrix} = \alpha e^{-2ht};$$

da $D_1 = -y_2$, $D_2 = y_1$, so kann man das Hauptintegral unmittelbar ansetzen wie folgt:

$$-\frac{b}{\alpha} e^{-ht} \cos \alpha t \int e^{ht} \sin \alpha t \sin \beta t\, dt + \frac{b}{\alpha} e^{-ht} \sin \alpha t \int e^{ht} \cos \alpha t \sin \beta t\, dt;$$

ersetzt man in den Integralen die Produkte $\sin \alpha t \sin \beta t$, $\cos \alpha t \sin \beta t$ durch die gleichwertigen Summen

$$\tfrac{1}{2}(\cos(\beta - \alpha)t - \cos(\beta + \alpha)t)$$
$$\tfrac{1}{2}(\sin(\beta + \alpha)t + \sin(\beta - \alpha)t)$$

und wendet auf die Integrale dann die Formeln **267**, (29) an, so ergibt sich für das Hauptintegral weiter die Darstellung

$$-\frac{b}{2\alpha} \cos \alpha t \left[\frac{h \cos(\beta - \alpha)t + (\beta - \alpha)\sin(\beta - \alpha)t}{h^2 + (\beta - \alpha)^2} \right.$$
$$\left. - \frac{h \cos(\beta + \alpha)t + (\beta + \alpha)\sin(\beta + \alpha)t}{h^2 + (\beta + \alpha)^2} \right]$$
$$+ \frac{b}{2\alpha} \sin \alpha t \left[\frac{h \sin(\beta + \alpha)t - (\beta + \alpha)\cos(\beta + \alpha)t}{h^2 + (\beta + \alpha)^2} \right.$$
$$\left. + \frac{h \sin(\beta + \alpha)t - (\beta - \alpha)\cos(\beta - \alpha)t}{h^2 + (\beta - \alpha)^2} \right],$$

was sich, wenn man die Multiplikation mit $\cos \alpha t$, $\sin \alpha t$ ausführt und in den Klammern entsprechend zusammenfaßt, weiter umwandelt in

$$\frac{b}{2\alpha}\left[\frac{h\cos\beta t + (\beta+\alpha)\sin\beta t}{h^2+(\beta+\alpha)^2} - \frac{h\cos\beta t + (\beta-\alpha)\sin\beta t}{h^2+(\beta-\alpha)^2}\right];$$

setzt man also

$$\frac{b}{2\alpha}\left[\frac{h}{h^2+(\beta+\alpha)^2} - \frac{h}{h^2+(\beta-\alpha)^2}\right] = -\frac{2bh\beta}{(a^2-\beta^2)^2+4h^2\beta^2} = A$$

$$\frac{b}{2\alpha}\left[\frac{\beta+\alpha}{h^2+(\beta+\alpha)^2} - \frac{\beta-\alpha}{h^2+(\beta-\alpha)^2}\right] = \frac{b(a^2-\beta^2)}{(a^2-\beta^2)^2+4h^2\beta^2} = B,$$

so nimmt das Hauptintegral schließlich den Ausdruck

$$A\cos\beta t + B\sin\beta t \qquad\qquad \text{an.}$$

Hiermit erhält man dann das vollständige Integral

$$x = A\cos\beta t + B\sin\beta t + e^{-ht}[c_1\cos\alpha t + c_2\sin\alpha t].$$

Hierin stellt der Klammerausdruck das Gesetz der Bewegung dar, die von der ersten Kraft allein hervorgerufen würde (freilich modifiziert durch die Abhängigkeit des α von h); der Faktor e^{-ht} bringt die Dämpfung zum Ausdruck, die von der zweiten Kraft herrührt; die beiden ersten Glieder stammen von den durch die dritte Kraft erzwungenen Schwingungen her (die aber auch durch die beiden andern Kräfte modifiziert sind). Entfällt die Dämpfung $(h = 0)$, so setzt sich die Bewegung aus zwei Sinusschwingungen zusammen, von welchen die eine durch die Daten der Aufgabe völlig bestimmt ist $\left(\text{sie lautet alsdann } \dfrac{b}{a^2-\beta^2}\sin\beta t\right)$, während die andere noch von den Anfangsbedingungen abhängt.

Es ist bemerkenswert, daß unter den angegebenen Umständen eine schwingende Bewegung entstehen kann, deren Periode mit der Periode der von außen aufgezwungenen Sinusbewegung übereinstimmt; es tritt dies dann ein, wenn gleichzeitig $c_1 = 0$ und $c_2 = 0$ wird; das ist gleichbedeutend mit gewissen Anfangsbedingungen und zwar, wenn $t = 0$ die Anfangslage x_0 und die Anfangsgeschwindigkeit v_0 zugeordnet wird, muß $x_0 = A$ und $v_0 = B\beta$ sein.

Man entnimmt ferner dem Bau der Lösung, daß sich bei großem h, also bei starker Dämpfung, die Bewegung immer mehr dem Zustande nähert, bei dem die Periode mit der von außen kommenden übereinstimmt, weil dann das mit e^{-ht} behaftete Glied mit wachsendem t gegen das Gliederpaar $A\cos\beta t + B\sin\beta t$ immer mehr zurücktritt.

392. Systeme von Differentialgleichungen. Das in § 5 schon behandelte Thema bedarf einer Weiterführung; denn dort ist es auf Differentialgleichungen erster Ordnung beschränkt worden; nun bleibt wenigstens an einigen Beispielen zu zeigen, wie man Systeme von Differentialgleichungen höherer Ordnung zur Lösung bringen kann. Die Sache hat noch eine andere Bedeutung; es kann sich empfehlen, von Systemen erster Ordnung auf Systeme höherer Ordnung überzugehen, um so leichter zu einer Lösung zu gelangen.

1. Einen Fall der ersten Art bildet das System

$$\frac{dx}{dt} = - ky$$

$$\frac{dy}{dt} = kx.$$

Um zu einer Gleichung zu kommen, in der nur eine der abhängigen Variablen auftritt, differentiiere man beide Gleichungen nach t, jeweils unter Berücksichtigung der andern; dadurch ergeben sich die Gleichungen

$$\frac{d^2 x}{dt^2} = - k^2 x$$

$$\frac{d^2 y}{dt^2} = - k^2 y,$$

die jede für sich integriert die Lösungen

$$x = A \cos kt + B \sin kt$$
$$y = A' \cos kt + B' \sin kt$$

ergeben. Das aber sind nicht zugleich die Lösungen des Systems, denn dieses bringt x und y in eine Abhängigkeit voneinander und dies hat eine Abhängigkeit der Integrationskonstanten zur Folge; setzt man die Lösungen beispielsweise in die erste Gleichung ein, so entsteht die Identität

$$- Ak \sin kt + Bk \cos kt = - A'k \cos kt - B'k \sin kt,$$

die zur notwendigen Folge hat

$$B' = A, \quad A' = - B.$$

Die Lösungen des Gleichungssystems lauten also

$$x = \quad A \cos kt + B \sin kt$$
$$y = - B \cos kt + A \sin kt.$$

2. Bei den Gleichungen

$$\frac{d^2x}{dt^2} - a\,\frac{dy}{dt} + k^2 x = 0$$

$$\frac{d^2y}{dt^2} + a\,\frac{dx}{dt} + k^2 y = 0$$

empfiehlt sich ein ähnlicher Vorgang, um zu Gleichungen zu gelangen, die je nur eine abhängige Variable enthalten. Wenn man die erste Gleichung unter Zuziehung der zweiten differentiiert, ergibt sich nach einiger Umformung

$$\frac{d^3x}{dt^3} + (a^2 + k^2)\,\frac{dx}{dt} + ak^2 x = 0,$$

ebenso aus der zweiten unter Zuziehung der ersten

$$\frac{d^3y}{dt^3} + (a^2 + k^2)\,\frac{dy}{dt} - ak^2 y = 0.$$

Es wäre jedoch nicht zweckmäßig, bei diesen Gleichungen stehen zu bleiben; macht man den Differentiationsprozeß noch einmal unter Berücksichtigung der ursprünglichen Gleichungen, so kommt man zu

$$\frac{d^4x}{dt^4} + (a^2 + 2k^2)\,\frac{d^2x}{dt^2} + k^4 x = 0$$

$$\frac{d^4y}{dt^4} + (a^2 + 2k^2)\,\frac{d^2y}{dt^2} + k^4 y = 0,$$

also zu zwei bis auf das Zeichen der abhängigen Variablen vollständig übereinstimmenden homogenen linearen Gleichungen mit konstanten Koeffizienten, zu denen die charakteristische Gleichung

$$r^4 + (a^2 + 2k^2)r^2 + k^4 = 0$$

gehört, die auch $(r^2 + k^2)^2 + a^2 r^2 = 0$ geschrieben und offenkundig nur durch rein imaginäre Werte von r erfüllt werden kann, deren Quadrate, positiv genommen, sich als Wurzeln der quadratischen Gleichung $(k^2 - \varrho)^2 - a^2 \varrho = 0$ ergeben. Nennt man diese Quadrate $\alpha_1{}^2$, $\alpha_2{}^2$, so sind die Lösungen der obigen Gleichungen übereinstimmend

$$x = A \cos \alpha_1 t + B \sin \alpha_1 t + C \cos \alpha_2 t + D \sin \alpha_2 t$$

$$y = A' \cos \alpha_1 t + B' \sin \alpha_1 t + C' \cos \alpha_2 t + D' \sin \alpha_2 t.$$

Damit es aber die Lösungen des Systems seien, müssen die Beziehungen zwischen den Konstanten ermittelt werden; sie ergeben sich aus der Identität, die durch Einsetzung von x, y in eine der Gleichungen entsteht; so liefert die erste die Identität

$$[(k^2 - \alpha_1{}^2)A - a\alpha_1 B']\cos\alpha_1 t + [(k^2 - \alpha_1{}^2)B + a\alpha_1 A']\sin\alpha_1 t$$
$$+ [(k^2 - \alpha_2{}^2)C - a\alpha_2 D']\cos\alpha_2 t + [(k^2 - \alpha_2{}^2)D + a\alpha_2 C']\sin\alpha_2 t = 0$$

und aus dieser schließt man auf

$$\frac{B'}{A} = \frac{-A'}{B} = \frac{k^2 - \alpha_1{}^2}{a\alpha_1}, \qquad \frac{D'}{C} = \frac{-C'}{D} = \frac{k^2 - \alpha_2{}^2}{a\alpha_2};$$

da aber vermöge der Bestimmung von $\alpha_1{}^2$, $\alpha_2{}^2$

$$(k^2 - \alpha_1{}^2)^2 = a^2\alpha_1{}^2 \qquad (k^2 - \alpha_2{}^2)^2 = a^2\alpha_2{}^2,$$

so ist

$$\frac{B'}{A} = \frac{-A'}{B} = \frac{D'}{C} = \frac{-C'}{D},$$

und als Lösungen des Systems hat man sonach

$$x = \quad A\cos\alpha_1 t + B\sin\alpha_1 t + C\cos\alpha_2 t + D\sin\alpha_2 t$$
$$y = -B\cos\alpha_1 t + A\sin\alpha_1 t - D\cos\alpha_2 t + C\sin\alpha_2 t.$$

3. Die Gleichungen

$$\frac{dx}{dt} = \beta z - \gamma y$$
$$\frac{dy}{dt} = \gamma x - \alpha z$$
$$\frac{dz}{dt} = \alpha y - \beta x$$

führen in erster Linie auf das in **377, 2** behandelte System

$$\frac{dx}{\beta z - \gamma y} = \frac{dy}{\gamma x - \alpha z} = \frac{dz}{\alpha y - \beta x}$$

zurück, das die Integralgleichungen

$$\alpha x + \beta y + \gamma z = C_1 \tag{1}$$
$$x^2 + y^2 + z^2 = C_2 \tag{2}$$

besitzt. Damit sind aber nur Beziehungen zwischen den drei abhängigen Variablen x, y, z gefunden, es fehlt deren Darstellung durch die unabhängige Variable t.

Um zu dieser zu kommen, differentiiere man zwei der Gleichungen, z. B. die zweite und dritte nochmals:

$$\frac{d^2 y}{dt^2} = \gamma\frac{dx}{dt} - \alpha\frac{dz}{dt}$$
$$\frac{d^2 z}{dt^2} = \alpha\frac{dy}{dt} - \beta\frac{dx}{dt}$$

und bilde daraus durch Multiplikation mit $-\gamma$, β und darauffolgende Addition

$$\frac{d^2(\beta z - \gamma y)}{dt^2} = \alpha\beta\,\frac{dy}{dt} + \alpha\gamma\,\frac{dz}{dt} - (\beta^2 + \gamma^2)\frac{dx}{dt};$$

da aber vermöge des gegebenen Systems

$$\alpha\beta\,\frac{dy}{dt} + \alpha\gamma\,\frac{dz}{dt} = -\,\alpha^2(\beta z - \gamma y),$$

so hat man schließlich

$$\frac{d^2(\beta z - \gamma y)}{dt^2} = -\,(\alpha^2 + \beta^2 + \gamma^2)(\beta z - \gamma y)$$

und mit der Abkürzung $\alpha^2 + \beta^2 + \gamma^2 = \varkappa^2$ ist das Integral davon

$$\beta z - \gamma y = A_1 \cos \varkappa t + B_1 \sin \varkappa t. \tag{3}$$

Auf dieselbe Weise findet man

$$\gamma x - \alpha z = A_2 \cos \varkappa t + B_2 \sin \varkappa t \tag{4}$$

Aus (3) und (4) aber ergibt sich durch einen algebraischen Prozeß

$$\alpha y - \beta x = -\,\frac{\alpha A_1 + \beta A_2}{\gamma}\cos \varkappa t - \frac{\alpha B_1 + \beta B_2}{\gamma}\sin \varkappa t. \tag{5}$$

Aber die 6 Konstanten C_1, C_2, A_1, B_1, A_2, B_2 in den Integralgleichungen (1) bis (5) sind nicht unabhängig von einander; denn es besteht zwischen ihren linken Seiten die Identität

$$(x^2 + y^2 + z^2)(\alpha^2 + \beta^2 + \gamma^2) - (\alpha x + \beta y + \gamma z)^2 = (\beta z - \gamma z)^2$$
$$+ (\gamma x - \alpha z)^2 + (\alpha y - \beta x)^2,$$

die zur Folge hat, daß

$$\varkappa^2 C_2 - C_1{}^2 = (A_1 \cos \varkappa t + B_1 \sin \varkappa t)^2 + (A_2 \cos \varkappa t + B_2 \sin \varkappa t)^2$$
$$+ \left(\frac{\alpha A_1 + \beta A_2}{\gamma}\cos \varkappa t + \frac{\alpha B_1 + \beta B_2}{\gamma}\sin \varkappa t\right)^2.$$

Orduet man rechts nach $\cos^2 \varkappa t$ (oder $\sin^2 \varkappa t$), $\cos \varkappa t \sin \varkappa t$ und nach von t freien Gliedern, so ergeben sich drei Relationen zwischen den 6 Konstanten, so daß nur drei davon willkürlich bleiben.

Die Realitätsbedingung $\varkappa^2 C_2 - C_2{}^2 > 0$, der C_1, C_2 unter allen Umständen genügen müssen, besagt, daß die Ebene (1) mit der Kugel (2) einen wirklichen Schnitt ergeben müsse.

§ 8. Integration durch Reihen.

393. Allgemeine Verfahrungsweisen. Wenn die zur Integration vorgelegte Gleichung unter keine der bisher behandelten Formen fällt, bei welchen die Lösung auf Quadraturen sich zurückführen läßt, so greift man zu dem Hilfsmittel der *Integration durch Reihen.*

Vorausgesetzt, daß eine die Gleichung befriedigende Funktion von einer Stelle x_0 der unabhängigen Variablen aus sich in eine Potenzreihe entwickeln läßt, wird diese Entwicklung durch die Taylorsche Reihe gegeben sein und allgemein lauten:

$$y = y_0 + \frac{y_0'}{1}(x - x_0) + \frac{y_0''}{1 \cdot 2}(x - x_0)^2 + \cdots, \tag{1}$$

wobei y_0, y_0', y_0'', $\ldots$ die zu $x = x_0$ gehörigen Werte von y und seinen Ableitungen bedeuten. Die Differentialgleichung gestattet die Gewinnung dieser Werte auf Grund folgender Erwägungen.

Angenommen, die Gleichung sei von der n-ten Ordnung und lasse sich in bezug auf den höchsten Differentialquotienten $y^{(n)}$ auflösen; dann wird
$$y^{(n)} = \varphi\,(x, y, y', \ldots, y^{(n-1)}) \tag{2}$$
die allgemeine Form der Gleichung sein.

Die Gleichung (2) gestattet aber, auch die höheren Ableitungen von y über die n-te hinaus durch $x, y, y', \cdots, y^{(n-1)}$ darzustellen; denn differentiiert man sie nach x, so entstehen rechts alle Differentialquotienten bis zur n-ten Ordnung einschließlich, und ersetzt man den höchsten von ihnen durch seinen Wert aus (2), so wird auch $y^{(n+1)}$ durch $x, y, y', \ldots, y^{(n-1)}$ ausgedrückt sein. Auf das Resultat dasselbe Verfahren angewendet, ergibt $y^{(n+2)}$ in analoger Darstellung, usw.

Nun liegt es im Wesen einer Differentialgleichung n-ter Ordnung, daß man einem Werte $x = x_0$ der unabhängigen Variablen *beliebige* Werte von
$$y, y', \cdots, y^{(n-1)}$$
zuordnen kann; bezeichnet man diese Werte mit
$$c_1, c_2, \ldots, c_n,$$
so sind nach dem Vorausgeschickten für $x = x_0$ alle Ableitungen von y, von der n-ten angefangen, durch $c_1, c_2, \ldots, c_n$ ausgedrückt und hiermit die Koeffizienten von (1) gewonnen. Da ein auf solche Weise für y gefundener Ausdruck n willkürliche Konstanten enthält, stellt er das allge-

meine Integral dar, jedoch nur dann und so weit, als die Reihe konvergent ist.

Liegt nichts im Wege, die Null als Ausgangspunkt der Entwicklung zu wählen, so tritt die Maclaurinsche Reihe an die Stelle der Taylorschen und es bedeuten nun in

$$y = y_0 + \frac{y_0{}'}{1}\, x + \frac{y_0{}''}{1 \cdot 2}\, x^2 + \cdots \tag{3}$$

$y_0, y_0{}', y_0{}'', \ldots$ die zu $x = 0$ gehörigen Werte von $y, y', y'', \ldots$.

Indessen ist der angedeutete Weg nur in besonders einfachen Fällen zu empfehlen. Zweckmäßiger ist es zumeist, die Reihe für y der Form nach anzunehmen, also

$$y = A_0 x^m + A_1 x^{m+p_1} + A_2 x^{m+p_2} + \cdots \tag{4}$$

zu setzen; unter der Voraussetzung, daß diese Reihe konvergent ist, ergeben sich auch für $y', y'', \ldots, y^{(n)}$ konvergente Reihen durch gliedweise Differentiation von (4) (88). Alle diese Reihen in die vorgelegte Differentialgleichung eingesetzt, erhält man eine Gleichung, welche indentisch, d. h. für alle Werte von x erfüllt sein muß. Indem man dies analytisch zum Ausdruck bringt, erlangt man die erforderlichen Gleichungen, um 1. den Anfangsexponenten m, 2. das Fortschreitungsgesetz der Exponenten, also die Natur der Zahlenreihe $p_1, p_2, \ldots$; 3. die Koeffizienten $A_0, A_1, A_2, \ldots$ zu bestimmen.

Bleiben so viele dieser Koeffizienten willkürlich, als der Ordnungsexponent der Gleichung Einheiten hat, so ist durch (4) das allgemeine Integral gefunden.

Immer aber hängt schließlich die Zulässigkeit des Verfahrens von der Konvergenz der gewonnenen Reihe ab.

Es ist nicht ausgeschlossen, daß man auf dem bezeichneten Wege auch solche Integrale findet, die in endlicher Form durch elementare Funktionen sich ausdrücken lassen; es braucht beispielsweise nur die gefundene Reihe die Entwicklung einer bekannten elementaren Funktion zu sein.

394. Beispiele. 1. Wir fangen mit einer Gleichung an, bei welcher beide Methoden in durchsichtiger Weise zum Ziele führen und die überdies direkte Integration gestattet, nämlich mit

$$y'' = ay. \tag{α}$$

Aus (α) folgt nach $(n-2)$-maliger Differentiation

$$y^{(n)} = a\,y^{(n-2)};$$

ordnet man also $x = x_0$ die Werte $y_0 = c_1$, $y_0' = c_2$ von y, y' zu, so ergibt sich:

$$
\begin{aligned}
y_0 &= c_1 & y_0' &= c_2 \\
y_0'' &= a\,c_1 & y_0''' &= a\,c_2 \\
y_0^{IV} &= a^2 c_1 & y_0^{V} &= a^2 c_2 \\
\cdot\;\;\cdot\;\;\cdot\;\;\cdot & & \cdot\;\;\cdot\;\;\cdot\;\;\cdot
\end{aligned}
$$

Hiermit aber liefert der Ansatz (1), wenn man gleich die mit c_1 und c_2 behafteten Glieder zusammenfaßt,

$$
\left.
\begin{aligned}
y = c_1 &\left\{ 1 + \frac{a(x-x_0)^2}{1\cdot 2} + \frac{a^2(x-x_0)^4}{1\cdot 2\cdot 3\cdot 4} + \cdots \right\} \\
+ c_2 &\left\{ (x-x_0) + \frac{a(x-x_0)^3}{1\cdot 2\cdot 3} + \frac{a^2(x-x_0)^5}{1\cdot 2\cdot 3\cdot 4\;5} + \cdots \right\}\cdot
\end{aligned}
\right\} \quad (\beta)
$$

Die beiden Reihen sind für jeden Wert von $x - x_0$ konvergent; daher ist auch $x_0 = 0$ zulässig, so daß einfacher (entsprechend dem Ansatz (3)):

$$
\left.
\begin{aligned}
y = c_1 &\left\{ 1 + \frac{a x^2}{1\cdot 2} + \frac{a^2 x^4}{1\cdot 2\cdot 3\cdot 4} + \cdots \right\} \\
+ c_2 &\left\{ x + \frac{a x^3}{1\cdot 2\cdot 3} + \frac{a^2 x^5}{1\cdot 2\cdot 3\cdot 4\cdot 5} + \cdots \right\}\cdot
\end{aligned}
\right\} \quad (\gamma)
$$

Es ist jedoch leicht zu erkennen, daß die erste Reihe die Entwicklung von

$$\frac{e^{x\sqrt{a}} + e^{-x\sqrt{a}}}{2}$$

und die zweite die Entwicklung von

$$\frac{e^{x\sqrt{a}} + e^{-x\sqrt{a}}}{2\sqrt{a}}$$

ist; mithin gilt auch

$$y = \left(\frac{c_1}{2} + \frac{c_2}{2\sqrt{a}} \right) e^{x\sqrt{a}} + \left(\frac{c_1}{2} + \frac{c_2}{2\sqrt{a}} \right) e^{-x\sqrt{a}}$$

und schließlich

$$y = C_1 e^{x\sqrt{a}} + C_2 e^{-x\sqrt{a}}, \qquad (\delta)$$

wenn man die eingeklammerten Aggregate, deren Werte ja willkürlich sind, mit C_1, C_2 bezeichnet.

Hätte man sofort für y den Ansatz

$$y = A_0 + A_1 x + A_2 x^2 + A_3 x^3 + \cdots \qquad (\varepsilon)$$

supponiert, aus welchem sich

$$y'' = 1 \cdot 2 A_2 + 2 \cdot 3 A_3 x + 3 \cdot 4 A_4 x^2 + \cdots$$

ableitet, so wäre aus der Substitution dieser Reihe in (α) der Ansatz

$$1 \cdot 2 A_2 + 2 \cdot 3 A_3 x + 3 \cdot 4 A_4 x^2 + \cdots$$
$$= a \left(A_0 + A_1 x + A_2 x^2 + A_3 x^3 + \cdots \right)$$

hervorgegangen; die Vergleichung korrespondierender Koeffizïenten führt zu:

$$A_2 = \frac{a A_0}{1 \cdot 2}, \qquad A_3 = \frac{a A_1}{1 \cdot 2 \cdot 3},$$

$$A_4 = \frac{a^2 A_0}{1 \cdot 2 \cdot 3 \cdot 4}, \qquad A_5 = \frac{a^2 A_1}{1 \cdot 2 \cdot 3 \cdot 4 \cdot 5},$$

$$\cdot \quad \cdot \quad \cdot \quad \cdot \quad \cdot \quad \cdot \quad \cdot \quad \cdot \quad \cdot \quad \cdot \quad \cdot \quad \cdot$$

und hiermit verwandelt sich (ε) in

$$y = A_0 \left\{ 1 + \frac{a x^2}{1 \cdot 2} + \frac{a^2 x^4}{1 \cdot 2 \cdot 3 \cdot 4} + \cdots \right\}$$
$$+ A_1 \left\{ x + \frac{a x^3}{1 \cdot 2 \cdot 3} + \frac{a^2 x^5}{1 \cdot 2 \cdot 3 \cdot 4 \cdot 5} + \cdots \right\};$$

dies stimmt aber mit (γ) überein.

2. Um die Gleichung $\quad y'' + a x^n y = 0 \qquad\qquad (\alpha)$

zu integrieren[1]), nehme man an, das erste Glied der y darstellenden Reihe sei $A_0 x^m$; sein zweiter Differentialquotient ist $m (m - 1) A_0 x^{m-2}$; mithin führt die Einsetzung dieses Gliedes in (α) zu dem Gliederpaare

---

1) Auf diese Form läßt sich die spezielle Riccatische Gleichung (vgl. 858, 5).

$$\frac{dy}{dx} + a y^2 = b x^m$$

bringen, und zwar mittels der Einführung einer neuen abhängigen Variablen z durch die Substitution:

$$y = \frac{1}{a z} \frac{dz}{dx},$$

aus der weiter

$$\frac{dy}{dx} = - \frac{1}{a z^2} \left(\frac{dz}{dx} \right)^2 + \frac{1}{a z} \frac{d^2 z}{dx^2}$$

folgt; die transformierte Gleichung lautet nämlich

$$\frac{d^2 z}{dx^2} = a b x^m z .$$

Hat man ihr allgemeines Integral $z = C_1 z_1 + C_2 z_2$ gefunden (s. oben), so ergibt sich daraus das gesuchte Integral

$$y = \frac{1}{a (C_1 z_1 + C_2 z_2)} \left(C_1 \frac{dz_1}{dx} + C_1 \frac{dz_2}{dx} \right) = \frac{\dfrac{dz_1}{dx} + C \dfrac{dz_2}{dx}}{a (z_1 + C z_2)},$$

wobei C für $\dfrac{C_2}{C_1}$ geschrieben ist.

$$m(m-1)A_0 x^{m-2} + aA_0 x^{m+n}, \quad (n \neq -2).$$

Der Koeffizient von x^{m-2} muß für sich verschwinden, und da $A_0 \neq 0$ vorausgesetzt ist, muß
$$m(m-1) = 0$$
sein, also $m = 0$ oder $m = 1$ genommen werden.

Den Koeffizienten von x^{m+n} kann nur das folgende Glied der Reihe zum Verschwinden bringen; dieses Glied muß also $A_1 x^{m+n+2}$ lauten; es liefert dann das Gliederpaar

$$(m+n+2)(m+n+1)A_1 x^{m+n} + aA_1 x^{m+2n+2}.$$

Der Koeffizient des zweiten dieser Glieder wird durch das dritte Glied der Reihe aufgehoben werden, dieses muß daher lauten $A_2 x^{m+2n+4}$, usw.

Hiernach ist

$$y = A_0 x^m + A_1 x^{m+n+2} + A_2 x^{m+2n+4} + \cdots \qquad (\beta)$$

die Form der Reihe. Aus zwei aufeinanderfolgenden Gliedern

$$A_{\lambda-1} x^{m+(n+2)(\lambda-1)} + A_\lambda x^{m+(n+2)\lambda}$$

entspringt nach Einsetzung in die Differentialgleichung ein Glied mit $x^{m+(n+2)\lambda-2}$, dessen Koeffizient verschwinden muß; dies führt zu der Bestimmungsgleichung

$$[m+(n+2)\lambda][m+(n+2)\lambda-1]A_\lambda + aA_{\lambda-1} = 0, \qquad (\gamma)$$

in der nach und nach $\lambda = 1, 2, 3, \ldots$ zu setzen ist.

Von hier ab sind die Fälle $m = 0$ und $m = 1$ zu trennen.

Für $m = 0$ lautet (γ):

$$(n+2)\lambda[(n+2)\lambda-1]A_\lambda' + aA_{\lambda-1}' = 0$$

und gibt der Reihe nach:

$$A_1' = -\frac{aA_0'}{(n+2)(n+1)},$$

$$A_2' = \frac{a^2 A_0'}{2(n+2)^2(n+1)(2n+3)},$$

$$A_3' = -\frac{a^3 A_0'}{2 \cdot 3 (n+2)^3(n+1)(2n+3)(3n+5)}, \cdots;$$

für $m = 1$ lautet (γ):

$$(n+2)\lambda[(n+2)\lambda+1]A_\lambda'' + aA_{\lambda-1}'' = 0$$

und liefert:

$$A_1'' = -\frac{a A_0''}{(n+2)(n+3)},$$

$$A_2'' = \frac{a^2 A_0''}{2(n+2)^2(n+3)(2n+5)},$$

$$A_3'' = -\frac{a^3 A_0''}{2\cdot 3(n+2)^3(n+3)(2n+5)(3n+7)}, \cdots$$

Diese Bestimmungen führen zu zwei Integralen, deren jedes mit einem willkürlichen konstanten Faktor behaftet ist; die Summe beider (**383**) gibt das allgemeine Integral:

$$\left.\begin{aligned}
y = A_0' &\left\{ 1 - \frac{a x^{n+2}}{(n+2)(n+1)} + \frac{a^2 x^{2n+4}}{1\cdot 2(n+2)^2(n+1)(2n+3)} \right. \\
&\left. - \frac{a^3 x^{3n+6}}{1\cdot 2\cdot 3(n+2)^3(n+1)(2n+3)(3n+5)} + \cdots \right\} \\
+ A_0'' x &\left\{ 1 - \frac{a x^{n+2}}{(n+2)(n+3)} + \frac{a^2 x^{2n+4}}{1\cdot 2(n+2)^2(n+3)(2n+5)} \right. \\
&\left. - \frac{a^3 x^{3n+6}}{1\cdot 2\cdot 3(n+2)^3(n+3)(2n+5)(3n+7)} + \cdots \right\}.
\end{aligned}\right\} \quad (\delta)$$

Die Reihen sind, falls kein Nenner verschwindet, für alle Werte von x konvergent.

Einige spezielle Fälle mögen besprochen werden.

a) Die Gleichung $\qquad y'' + xy = 0$

ist von der Form (α), und zwar ist $a = 1$, $n = 1$; daher

$$y = A_0' \left\{ 1 - \frac{x^3}{3\cdot 2} + \frac{x^6}{2!\,3^2\cdot 2\cdot 5} - \frac{x^9}{3!\,3^3\cdot 2\cdot 5\cdot 8} + \cdots \right\}$$

$$+ A_0'' x \left\{ 1 - \frac{x^3}{3\cdot 4} + \frac{x^6}{2!\,3^2\cdot 4\cdot 7} - \frac{x^9}{3!\,3^3\cdot 4\cdot 7\cdot 10} + \cdots \right\}$$

oder

$$y = c_1 \left\{ 1 - \frac{x^3}{3!} + \frac{1\cdot 4\, x^6}{6!} - \frac{1\cdot 4\cdot 7\, x^9}{9!} + \cdots \right\}$$

$$+ c_2 x \left\{ 1 - \frac{2 x^3}{4!} + \frac{2\cdot 5\, x^6}{7!} - \frac{2\cdot 5\cdot 8 x^9}{10!} + \cdots \right\}.$$

b) Wenn $n = -2$ ist, werden alle Nenner in (δ) Null, auf die Gleichung

$$y'' + \frac{a y}{x^2} = 0$$

ist also der Vorgang nicht anwendbar. Dieselbe ist aber von der in **389**,4 behandelten Form und geht bei Anwendung der Transformation

$$x = e^{\xi}, \qquad y = \eta$$

über in
$$\eta'' - \eta' + a\eta = 0;$$

diese Gleichung hat, wenn r_1, r_2 die Wurzeln von $r^2 - r + a = 0$ sind, das Integral
$$\eta = c_1 e^{r_1 \xi} + c_2 e^{r_2 \xi};$$

folglich ist
$$y = c_1 x^{r_1} + c_2 x^{r_2}$$

das Integral obiger Gleichung.

c) Für $n = -1$ verliert die erste der Reihen in (δ) ihre Bedeutung und man findet auf dem bezeichneten Wege nur das partikuläre Integral

$$y = A_0'' x \left\{ 1 - \frac{ax}{1 \cdot 2} + \frac{a^2 x^2}{1 \cdot 2^2 \cdot 3} - \frac{a^3 x^3}{1 \cdot 2^2 \cdot 3^2 \cdot 4} + \cdots \right\} .$$

3. Es sei die Differentialgleichung

$$y'' + ay' - \frac{2y}{x^2} = 0 \qquad\qquad (\alpha)$$

zu integrieren.

Die Einsetzung des Anfangsgliedes $A_0 x^m$ in die linke Seite der Gleichung führt zu dem Gliederpaare

$$(m + 1)(m - 2) A_0 x^{m-2} + m a A_0 x^{m-1};$$

es muß demnach das zweite Glied der Reihe $A_1 x^{m+1}$, das darauf folgende $A_2 x^{m+2}$, usw. sein, so daß ihre Form durch

$$A_0 x^m + A_1 x^{m+1} + A_2 x^{m+2} + \cdots \qquad\qquad (\beta)$$

gegeben ist.

Das Verschwinden des Koeffizienten der niedrigsten Potenz, d. i. x^{m-2}, erfordert
$$(m + 1)(m - 2) = 0,$$

also entweder $m = -1$ oder $m = 2$; ferner hat in dem Resultate der Substitution von (β) in (α) $x^{m-\lambda}$ den Koeffizienten

$$(m + \lambda + 1)(m + \lambda - 2) A_\lambda + (m + \lambda - 1) a A_{\lambda-1},$$

folglich muß

$$(m + \lambda + 1)(m + \lambda - 2) A_\lambda + (m + \lambda - 1) a A_{\lambda-1} = 0$$

sein für $\lambda = 1, 2, 3, \ldots$.

Daraus ergibt sich, wenn $m = -1$ angenommen wird, $\qquad\qquad (\gamma)$

$$A_\lambda = - \frac{(\lambda - 2) a}{\lambda (\lambda - 3)} A_{\lambda-1}, \qquad\qquad (\delta)$$

also insbesondere
$$A_1 = - \frac{a}{2} A_0; \qquad A_2 = 0;$$

jetzt aber erscheint A_3 in der unbestimmten Form $- \frac{a}{3} \cdot \frac{0}{0}$; legt man ihm den willkürlichen Wert B_0 bei, dann entwickelt sich mit Hilfe von (δ) weiter:

$$A_4 = -\frac{2a}{4}B_0, \quad A_5 = \frac{3a^2}{4\cdot 5}B_0, \quad A_6 = -\frac{4a^3}{4\cdot 5\cdot 6}B_0, \ldots$$

Demnach führt (β) mit $m = -1$ auf die Lösung

$$y = A_0\left(\frac{1}{x} - \frac{a}{2}\right) + B_0 x^2\left(1 - \frac{2ax}{4} + \frac{3a^2x^2}{4\cdot 5} - \frac{4a^3x^3}{4\cdot 5\cdot 6} + \ldots\right) \qquad (\varepsilon)$$

und diese ist, weil sie zwei willkürliche Konstante enthält, das allgeemeine Integral.

Der zweite Wert von m, $m = 2$, in (γ) eingesetzt, gibt

$$A'_\lambda = -\frac{(\lambda + 1)a}{\lambda(\lambda + 3)}A'_{\lambda-1},$$

woraus der Reihe nach

$$A_1' = -\frac{2a}{4}A_0', \quad A_2' = \frac{3a^2}{4\cdot 5}A_0', \quad A_3' = -\frac{4a^3}{4\cdot 5\cdot 6}A_0'\ldots$$

entspringen; mit dieser Annahme führt also die Reihe (β) zu dem partikulären Integrale, das den zweiten Teil von (ε) bildet.

§ 9. Graphische Integration.

395. Allgemeines und Beispiele. Wenn eine Differentialgleichung vorliegt, bei der die vorgeführten Methoden versagen oder der nur mit einem großen Rechnungsaufwande beizukommen wäre, so kann man auch zu dem Hilfsmittel der graphischen Integration Zuflucht nehmen.

Es soll hier nur von einer Differentialgleichung erster Ordnung gesprochen werden. Der Grundgedanke, von dem hier Gebrauch gemacht wird, ist derselbe, der in **345** dazu benützt worden ist, die Entstehung einer Integralkurve und das Vorhandensein eines ganzen Systems solcher begreiflich zu machen. Man verzeichnet also eine zureichend dichte Schar von Isoklinen, entwirft das zugehörige Richtungsdiagramm und zeichnet nun in dieses in der dort erklärten Weise ein Polygon ein, das als eine Näherung an eine Integralkurve zu gelten hat. Man kann das Polygon durch einen gegebenen Punkt leiten und so eine Näherung an diejenige partikuläre Lösung erreichen, um die es sich gerade handelt Es kann Fälle geben, wo nur der Verlauf der Kurve in den hauptsächlichen Zügen interessiert; in solchen Fällen wird die erzielbare Genauigkeit ausreichend sein.

Die praktische Durchführung wird man etwa so gestalten.

Man erteilt y' eine Reihe besonderer Werte y_0', y_1', y_2', ... in genügend kleinen Abstufungen und stellt diese Richtungen in einem Diagramm durch Strahlen aus einem Pol P dar. Ferner zeichnet man die diesen Werten entsprechenden Isoklinen. Zugeordnete Strahlen und Kurven werden übereinstimmend mit Nummern bezeichnet. Ist ein Punkt der zu suchenden Integralkurve gegeben, so muß dafür gesorgt werden, daß er in den Bereich der gezeichneten Isoklinen fällt. Zweckmäßig ist es, auch den Ort der etwaigen Wendepunkte der Integralkurven vorher zu verzeichnen, weil das bei der weiteren Konstruktion einen guten Anhalt bieten kann. Zu diesem Zwecke differentiiere man die vorgelegte Differentialgleichung

$$f(x,\, y,\, y') = 0 \tag{1}$$

nach x und setze in dem Resultat:

$$f_x + f_y y' + f_{y'} y'' = 0,$$

der Eigenschaft eines Wendepunktes entsprechend, $y'' = 0$, wodurch

$$f_x + f_y y' = 0 \tag{2}$$

erhalten wird; eliminiert man aus (1) und (2) y', so entsteht eine Gleichung zwischen x, y, die den Ort der Wendepunkte bedeutet; übrigens zeigt die Gleichung (2) an, daß die Wendetangente zugleich Tangente der durch den Wendepunkt laufenden Isokline ist, daß also die Integralkurve diese Isokline berührt.

Hat man unter die ausgewählten Werte von y' auch die Null einbezogen, so liegen auf der betreffenden Isokline die tiefsten und höchsten Punkte der Integralkurven, eine Bemerkung, die auch unterstützend wirken kann.

Beispiele. 1. Die Gleichung

$$y' = x + 2y$$

läßt als lineare Gleichung methodische Lösung zu; sie soll als ein besonders einfacher Fall zur Erläuterung des Verfahrens dienen.

Fig. 241 a) ist das Richtungsdiagramm, umfassend die Werte

$$-\frac{4}{4},\ -\frac{3}{4},\ \cdots,\ 0,\ \frac{1}{4},\ \frac{2}{4},\,,\ \cdots\frac{8}{4}$$

von y'; die Strahlen tragen die Zähler dieser Brüche als Bezeichnung:

Die zugehörigen Isoklinen sind Gerade vom Richtungskoeffizienten $-\frac{1}{2}$, also parallel dem Strahl -2, mit den Ordinatenabschnitten

$$-\frac{4}{8}, -\frac{3}{8}, \ldots, 0, \frac{1}{8}, \frac{2}{8}, \ldots \frac{8}{8}$$

und sind ebenso beziffert wie die entsprechenden Strahlen (Fig. 241 b).
Als Ort der Wendepunkte ergibt sich aus

$$y' = x + 2y' \qquad 0 = 1 + 2y'$$

durch Elimination von y' eine der Isoklinen selbst, nämlich
$-\frac{1}{2} = x + 2y$, die im Diagramm mit -2 bezeichnet ist.

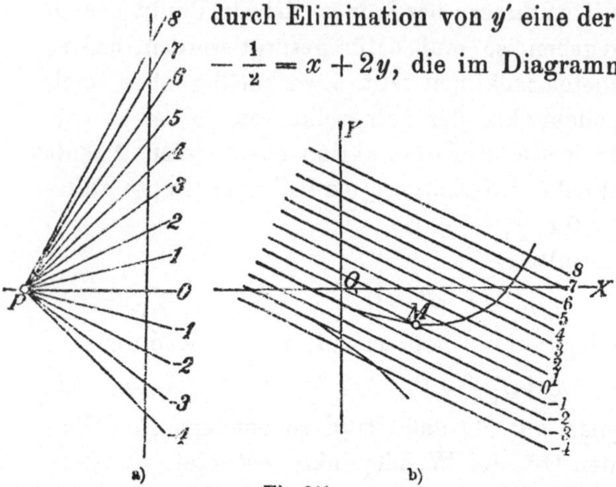

Der gegebene Punkt M_0, durch den die partikuläre Lösung zu gehen hat, habe die Koordinaten

$$x_0 = \frac{5}{8}, \; y_0 = -\frac{5}{16};$$

er liegt auf der Isokline 0; von da aus geht die Konstruktion, indem man Parallelen zu den Strahlen $0, 1, 2, \ldots$

Fig. 241.

zieht bis jeweilen an die nächste Isokline. Bei dem Versuch, die Kurve über M_0 nach links fortzusetzen, wird man alsbald gewahr, daß die Isoklinen und Strahlen dichter angeordnet werden müßten; man nähert sich nämlich alsbald jener Richtung, welche die Isoklinen selbst haben.

Zur näheren Aufklärung ziehen wir die analytische Lösung heran; sie lautet

$$y = Ce^{2x} - \frac{x}{2} - \frac{1}{4};$$

die durch M_0 gehende partikuläre Lösung ist

$$y = \frac{1}{4} e^{2x - \frac{5}{4}} - \frac{x}{2} - \frac{1}{4}.$$

Der Annahme $C = 0$ entspricht die Lösung

$$x + 2y = -\frac{1}{2},$$

es ist die mit -2 bezifferte Isokline, die auch als Ort der Wendepunkte erkannt wurde; sie ist es nur in dem Sinne, daß jeder ihrer Punkte als Wendepunkt aufgefaßt werden kann. In Bezug auf die übrigen Integralkurven spielt sie die Rolle der gemeinsamen Asymptote, indem

$$\lim_{x=-\infty} \frac{y}{x} = -\frac{1}{2} \quad \text{und} \quad \lim_{x=-\infty} \left(y + \frac{x}{2}\right) = -\frac{1}{4} \quad \text{ist.}^{[1]}$$

2. Bei der Differentialgleichung

$$y'^2 + 2xy' = y^2$$

ist der Sachverhalt insofern ein anderer, als das Isoklinensystem ein die Ebene zweifach bedeckendes Liniensystem ist, bestehend in einer Schar konfokaler Parabeln mit dem Ursprung als gemeinsamem Brennpunkt und der x Achse als gemeinsamer Achse.

Vor der Aufnahme der Konstruktion wird man so viel als möglich aus der Differentialgleichung herauszulesen suchen. Die x-Achse ist eine Lösung derselben, weil durch $y = 0$, $y' = 0$ die Gleichung bei jedem x erfüllt ist. Durch jeden Punkt der x-Achse geht außer dem in ihr selbst liegenden Linienelement noch ein zweites mit dem Richtungskoeffizienten $y' = -2x$. Die Gleichung enthält nur ein singuläres Element und zwar das mit den Koordinaten 0/0·0. Linienelemente parallel zur y-Achse

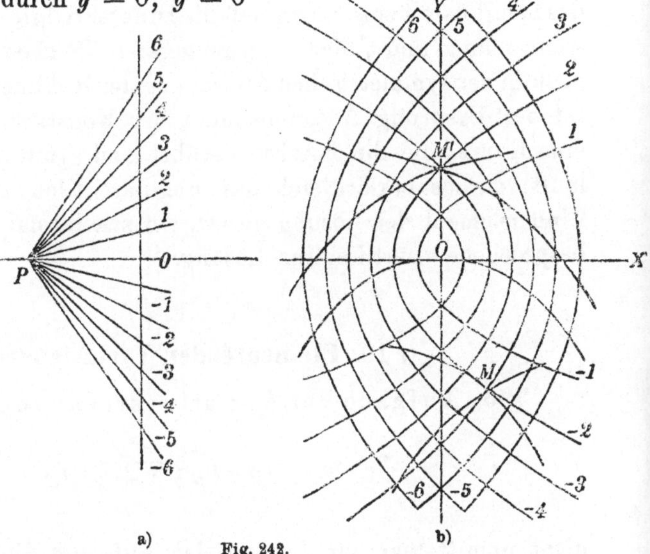

a) Fig. 242. b)

existieren im Endlichen nicht. Linienelemente von der Richtung der x-Achse sind nur in dieser selbst enthalten.

Die Anordnung der Fig. 242[2]) ist dieselbe wie die der vorigen. Die Strahlen des Richtungsdiagramms entsprechen den Werten von y':

---

1) C. Runge hat ein konstruktives Verfahren zur Verschärfung der graphischen Integration ausgebildet. Jahresber. d. deutschen Mathem. Vereinig. Bd. 16 (1907). Vgl. auch H v. Sandens Praktische Analysis, 1914.

2) Die Bezifferung $-1, -2, -3, -4, \ldots$ der Parabeln ist symmetrisch zu Y nach links zu übertragen.

$$-\frac{6}{4}, -\frac{5}{4}, -\frac{4}{4}, \cdots 0, \frac{1}{4}, \frac{2}{4}, \cdots \frac{6}{4}$$

und sind mit den Zählern dieser Brüche beziffert; ebenso beziffert sind auch die zugeordneten Parabeln.

Von welchem Punkte der Ebene man die Konstruktion auch beginnt, immer gehen durch ihn zwei Integralkurven, deren Anfangsrichtungen durch die beiden Parabeln bestimmt sind, die sich in dem Punkte schneiden. In der Figur liegt der Punkt M auf den Parabeln 2, -3, die Anfangsrichtungen sind den gleich bezifferten Strahlen des Richtungsdiagramms parallel. Wird ein Punkt der y-Achse zum Ausgangspunkt genommen, so verlaufen die von ihm ausgehenden Kurven symmetrisch zur y-Achse; das hängt damit zusammen, daß die Differentialgleichung sich nicht ändert, wenn man x und y' das entgegengesetzte Zeichen gibt, welcher Umstand auch in der symmetrischen Anordnung der Isoklinen zum Ausdruck kommt. Ist der Ursprung Ausgangspunkt der Konstruktion, so ergibt sich nur eine Kurve, die die x-Achse berührt und symmetrisch zur y-Achse verläuft; daraus erklärt sich das singuläre Element $0/0/0$: einmal ist es Linienelement der Lösung $y = 0$, ein zweitesmal Linienelement der eben besprochenen partikulären Lösung.

§ 10. Elemente der Variationsrechnung.

396. Aufgabe der Variationsrechnung. Die Formel

$$2\pi \int_{x_0}^{x_1} y \sqrt{1 + y'^2}\, dx$$

dient unmittelbar zur Lösung der Aufgabe, die Fläche zu bestimmen, welche ein Bogen der Kurve, deren Ordinate y als Funktion der Abszisse x *gegeben* ist, bei einer vollen Umdrehung um die x-Achse beschreibt. Die Endpunkte des Bogens haben die Abszissen x_0, x_1 ($x_0 < x_1$).

Läßt man die Kurve, beziehungsweise die Funktion y, so weit unbestimmt, daß man ihr bloß die Ordinaten, bzw. die Werte y_0, y_1 an den Grenzen vorschreibt, so kann der Fläche noch eine Forderung auferlegt werden. Diese möge insbesondere darin bestehen, daß die Fläche *ein Minimum* werden soll. Dadurch entsteht in geometrischer Fassung das Problem:

Unter allen Kurven der Ebene, welche zwei gegebene Punkte $M_0(x_0/y_0)$, $M_1(x_1/y_1)$ miteinander verbinden, diejenige zu bestimmen, die bei der Drehung um die x-Achse die kleinste Fläche beschreibt.

Und in analytischer Formulierung:

Es ist y als Funktion von x so zu bestimmen, daß es an den Stellen x_0, x_1 die Werte y_0, y_1 annimmt und dem Integral

$$\int_{x_0}^{x_1} y\sqrt{1 + y'^2}\,dx$$

den kleinsten Wert verleiht.

Abstrahiert man von der speziellen Aufgabe, so handelt es sich um das folgende Problem:

Es soll die unbekannte Funktion y von x so bestimmt werden, daß sie an den Stellen x_0, x_1 vorgeschriebene Werte y_0, y_1 annimmt und das Integral

$$J = \int_{x_0}^{x_1} f(x, y, y')\,dx, \qquad \left(y' = \frac{dy}{dx}\right)$$

worin f eine gegebene Funktion bedeutet, zu einem Minimum oder Maximum macht.

Das Problem erfährt eine naheliegende Verallgemeinerung, wenn man annimmt, die Funktion unter dem Integralzeichen enthalte auch noch den zweiten und eventuell noch höhere Differentialquotienten der unbekannten Funktion; auf der nächst höheren Stufe handelt es sich also um solche Funktionen y, welche gewisse Grenzbedingungen erfüllen und dem Integral

$$J = \int_{x_0}^{x_1} f(x, y, y', y'')\,dx \qquad \left(y' = \frac{dy}{dx},\ y'' = \frac{d^2y}{dx^2}\right)$$

einen extremen Wert verleihen.

Die Formel $\qquad \displaystyle\int_{x_0}^{x_1} \sqrt{1 + y'^2 + z'^2}\,dx$

dient zur unmittelbaren Lösung der Aufgabe, den Bogen einer Kurve im Raume zu rektifizieren, wenn y und z als Funktionen von x *gegeben* sind.

Denkt man sich aber y, z unbestimmt, so kann man fragen, bei welcher Wahl von y, z die Bogenlänge am kleinsten wird unter Einhaltung der Grenzbedingungen, daß y, z bei x_0, x_1 bestimmte Werte y_0, y_1; z_0, z_1 anzunehmen haben.

Durch Abstraktion ergibt sich daraus das analytische Problem:

Es sind y, z als Funktionen von x so zu bestimmen, daß sie bei x_0, x_1 die Werte y_0, y_1; z_0, z_1 annehmen und das Integral

$$J = \int_{x_0}^{x_1} f(x, y, y', z, z')\,dx \qquad \left(y' = \frac{dy}{dx},\ z' = \frac{dz}{dx}\right)$$

zu einem Minimum oder Maximum machen.

Die formale Weiterführung dieses Problems besteht einerseits darin, daß man in die Funktion unter dem Integralzeichen mehr als zwei unbekannte Funktionen von x einführt, und daß man andererseits über die ersten Differentialquotienten hinausgeht.

Bisher ist an die unbekannte Funktion oder an die unbekannten Funktionen außer den Grenzbedingungen nur die Forderung gestellt worden, daß sie ein gewisses bestimmtes Integral zu einem Minimum oder Maximum machen. Das Problem tritt aber auch in Modifikationen auf, wo den unbekannten Funktionen noch andere Bedingungen auferlegt werden, die analytisch in mannigfacher Weise formuliert sein können.

Zwei typische Beispiele sollen dies erläutern.

Die Forderung, y als Funktion von x so zu bestimmen, daß zu x_0, x_1 vorgeschriebene Werte y_0, y_1 gehören, daß

$$2\pi \int_{x_0}^{x_1} y\sqrt{1 + y'^2}\,dx$$

einen vorgezeichneten Wert annimmt und

$$\pi \int_{x_0}^{x_1} y^2\,dx$$

ein Minimum wird, entspricht der folgenden geometrischen Aufgabe: Unter allen Kurven in der Ebene, die zwei Punkte $M_0(x_0/x_1)$, $M_1(x_1/y_1)$ verbinden und bei der Rotation um die x Achse eine Fläche von gegebener Größe beschreiben, diejenige zu finden, für welche der von dieser Fläche und den beiden Ebenen $x = x_0$, $x = x_1$ begrenzte Raum am kleinsten ist.

Man abstrahiert hiervon das folgende analytische Problem:

Unter allen Funktionen y, welche dem Integral

$$K = \int_{x_0}^{x_1} g(x, y, y')\,dx$$

einen bestimmten Wert erteilen und an den Grenzen die vorgeschriebenen

Werte y_0, y_1 annehmen, diejenige zu bestimmen, die dem Integral

$$J = \int\limits_{x_0}^{x_1} f(x, y, y')\,dx$$

einen extremen Wert verleiht.

Die Forderung, y, z als Funktionen von x derart zu wählen, daß die Gleichung
$$F(x, y, z) = 0$$
identisch befriedigt wird, daß x_0, x_1 bestimmte Werte y_0, y_1 von y (und vermöge der letzten Gleichung auch bestimmte Werte z_0, z_1 von z) zugeordnet sind und daß schließlich das Integral

$$\int\limits_{x_0}^{x_1} \sqrt{1 + y'^2 + z'^2}\,dx$$

ein Minimum wird, schließt die folgende geometrische Aufgabe ein: Unter allen Kurvenbögen auf der Fläche $F(x, y, z) = 0$, welche zwei Punkte $M_0(x_0/y_0/z_0)$, $M_1(x_1/y_1/z_1)$ miteinander verbinden, den kürzesten zu finden.

Dies fällt unter das allgemeine Problem:

Es sind y, z als Funktionen von x derart zu bestimmen, daß sie die Gleichung
$$F(x, y, z) = 0$$
identisch befriedigen, bei x_0, x_1 vorgeschriebene, dieser Gleichung entsprechende Werte y_0, y_1; z_0, z_1 haben und dem Integral

$$J = \int\limits_{x_0}^{x_1} f(x, y, y', z, z')\,dx$$

einen extremen Wert verleihen.

In dem ersten dieser Beispiele war die Nebenbedingung wieder durch ein von der unbekannten Funktion abhängiges bestimmtes Integral, in dem zweiten Beispiel durch eine endliche Gleichung zwischen den unbekannten Funktionen ausgedrückt. Es gibt auch Probleme, wo die Nebenbedingung in Form einer Differentialgleichung dargelegt ist.

Eine das Problem erschwerende Weiterführung besteht darin, daß die Endpunkte M_0, M_1 der zu bestimmenden Kurve nicht fest gegeben, sondern auf vorgeschriebene Bahnen angewiesen sind; das hat die Wirkung, daß die Grenzen des Integrals, bzw. der Integrale selbst auch variabel werden und von vornherein unbekannt sind.

In den bisherigen Beispielen handelte es sich um Funktionen *einer* Variablen.

Geht man von der Formel

$$\iint_{P} \sqrt{1 + p^2 + q^2}\, dx\, dy \qquad \left(p = \frac{\partial z}{\partial x},\ q = \frac{\partial z}{\partial y}\right)$$

aus, die der direkten Lösung der Aufgabe dient, den in P sich projizierenden Teil der *gegebenen* Fläche $z = \varphi(x, y)$ zu komplanieren, läßt z unbestimmt und weist ihm bloß längs des Randes von P bestimmte Werte an, so kann die Forderung gestellt werden, z unter Einhaltung dieser Grenzbedingung so zu wählen, daß das Integral den kleinsten Wert annimmt. Dies entspricht der folgenden geometrischen Aufgabe: Unter allen Flächen, die durch eine vorgegebene geschlossene Randkurve gelegt werden können, diejenige zu bestimmen, welche innerhalb dieser Randkurve den kleinsten Flächeninhalt besitzt.

Durch diese Darlegungen ist die *Aufgabe der Variationsrechnung* genügend gekennzeichnet. Sie ist im Wesen dahin gerichtet, eine oder mehrere unbekannte Funktionen mit vorgeschriebenen Grenzbedingungen so zu bestimmen, daß ein von diesen Funktionen selbst und ihren Ableitungen bis zu einer gewissen Ordnung abhängiges Integral einen extremen Wert erlange.

Der zur Lösung dieser vielgestaltigen Aufgabe ausgebildete Teil der Analysis, einer der schwierigsten, greift in alle angewandten Gebiete, insbesondere in die Geometrie und Mechanik, ein und hängt vielfach mit deren fundamentalen Fragen zusammen. Hier sollen nur die einfachsten Fälle als Einführung in die Materie behandelt werden.

397. **Definition der extremen Werte eines bestimmten Integrals.** Das Argument einer Funktion einer Variablen ist die Variable selbst, deren wohldefinierter Wertbereich den Wertevorrat der Funktion erschöpft.

Das Argument des bestimmten Integrals

$$J = \int_{x_0}^{x_1} f(x, y, y')\, dx$$

bei gegebenem f ist die Funktion y oder, in geometrischer Ausdrucksweise, eine Kurve. Es ist aber nicht möglich, die Gesamtheit der Funktionen, die an den Grenzen des Integrals die Werte y_0, y_1 annehmen, also die Gesamtheit aller denkbaren Kurven, die durch zwei feste Punkte $M_0(x_0/y_0)$, $M_1(x_1/y_1)$ hindurchgehen, in ein geordnetes System zu bringen und dadurch den ganzen Wertevorrat des Integrals zu überblicken.

Zunächst ist es notwendig, gewisse Einschränkungen zu treffen, die durch den Begriff des bestimmten Integrals geboten sind. Wird nämlich y als Funktion von x irgendwie angenommen, so ist damit auch y' als Funktion von x bestimmt und dadurch wird auch $f(x, y, y')$ zu einer Funktion von x. Damit nun das Integral einen bestimmten Wert erlange, setzen wir voraus:

a) daß $f(x, y, y')$, zunächst als Funktion der drei *unabhängigen* Variablen x, y, y' aufgefaßt, in einem gewissen Wertbereich derselben stetig sei und stetige Ableitungen bis zu jener Ordnung besitze, die in den folgenden Deduktionen als höchste auftreten wird; der Wertbereich der drei Variablen umfaßt auch einen Punktbereich x/y, der mit S bezeichnet werden möge;

b) daß y selbst stetig sei und einen stetigen endlichen Differentialquotienten besitze in dem Integrationsintervall (x_0, x_1).

Jede in S verlaufende Kurve $\mathfrak{K}$, die der Voraussetzung b) entspricht und durch die Punkte M_0, M_1 geht, bezeichnen wir als eine *zulässige Kurve*. Der Gesamtheit der zulässigen Kurven soll der Wertevorrat des bestimmten Integrals entsprechen, den wir in Betracht ziehen.

Die Definition des Extremwertes einer Funktion erklärt denselben als dén kleinsten, beziehungsweise den größten unter den Werten aus einer beliebig engen *Umgebung* jener Stelle, zu welcher er gehört. Diese Begriffsbildung ist nun auf die zulässigen Kurven zu übertragen.

Wir wollen unter der *Nachbarschaft* einer zulässigen Kurve $\mathfrak{K}$ die Gesamtheit jener zulässigen Kurven verstehen, welche von ihr in Richtung der Ordinatenachse nicht mehr als um einen, übrigens beliebig klein festsetzbaren Betrag σ abweichen.[1]) Alle diese benachbarten Kurven bilden ein Kurvenbüschel mit den Grundpunkten M_0, M_1 und verlaufen in einem Parallelstreifen in S zu beiden Seiten von $\mathfrak{K}$ und

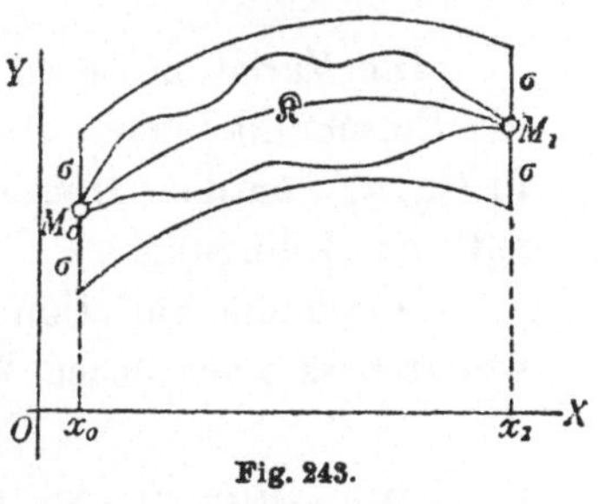
Fig. 243.

von der Breite 2σ, gemessen in der Richtung der y-Achse, Fig. 243.

Mit diesen Hilfsbegriffen können nun die Extemwerte des Integrals J wie folgt definiert werden:

---

1) Bei Kurven, die am Rande des Gebietes S verlaufen, kann nur von einer einseitgen Nachbarschaft gesprochen werden.

Das Integral J wird längs der zulässigen Kurve $\mathfrak{K}_0$ ein Minimum (Maximum), wenn sein Wert kleiner (größer) ist als der Wert längs irgendeiner Kurve einer beliebig engen Nachbarschaft.

Eine Kurve $\mathfrak{K}_0$ von dieser Eigenschaft heiße eine *Extremale*.

Es sei hervorgehoben, daß diese Definition nicht den kleinsten (größten) Wert von *J überhaupt* zu treffen braucht; es ist denkbar, daß ein Integral in dem angeführten, bloß auf eine beliebig enge Nachbarschaft gerichteten Sinne mehrere Minima, beziehungsweise Maxima besitzt; dann wäre das kleinste dieser Minima zugleich der kleinste Wert überhaupt; und ähnlich beim Maximum.

Im Grunde obiger Definition besteht das Problem der Variationsrechnung in seiner einfachsten Form in der *Aufsuchung der Extremalen*. Die Bestimmung des Integralwerts längs der Extremale ist eine sekundäre Aufgabe, die keinerlei neue Hilfsmittel mehr erfordert.

398. Die erste Variation. Um die Bedingungen kennen zu lernen, die eine Extremale zu erfüllen hat, nehmen wir an, $\mathfrak{K}_0$ mit der Gleichung

$$y = y_0(x) \tag{1}$$

sei eine solche, und gehen von ihr zu einer Nachbarkurve $\mathfrak{K}$ über mit der Gleichung $\qquad y = y(x).$ $\tag{2}$

Die Differenz $y(x) - y_0(x)$, welche den Übergang von $\mathfrak{K}_0$ zu $\mathfrak{K}$ vermittelt, nennen wir die *Variation von y* und bezeichnen sie mit δy [1]), so daß

$$y(x) = y_0(x) + \delta y. \tag{3}$$

Die Variation δy ist selbst eine Funktion von x, der vorläufig nur die Einschränkungen auferlegt sind, nebst ihrer Ableitung stetig zu sein in (x_0, x_1), an den Grenzen x_0, x_1 zu verschwinden und im ganzen Intervall die Bedingung $\qquad |\delta y| < \sigma \qquad$ zu erfüllen. $\tag{4}$

Durch die Variation von y erfährt das Integral $J_{\mathfrak{K}_0}$ eine Änderung, wodurch es einen neuen Wert $J_{\mathfrak{K}}$ annimmt; diese Änderung

$$\Delta J = J_{\mathfrak{K}} - J_{\mathfrak{K}_0} \tag{5}$$

heiße die *vollständige Variation von J*; ihr Ausdruck ist

$$\Delta J = \int_{x_0}^{x_1} f(x, y + \delta y, y' + \delta y')\, dx - \int_{x_0}^{x} f(x, y, y')\, dx, \tag{6}$$

---

1) Das Variationszeichen δ ist von *Lagrange* eingeführt worden in einer grundlegenden Abhandlung in den Miscellanea Taurinensia aus dem Jahre 1762. Ostwalds Klassiker Nr. 47.

wobei y, y' sich auf die Extremale beziehen; $\delta y'$ ist die Variation, welche y' vermöge der Variation von y erfährt.

Für den Fall des *Minimums* muß für alle Kurven einer genügend engen Nachbarschaft $\Delta J > 0$, für ein *Maximum* $\Delta J < 0$ sein.

Bisher ist über die analytische Darstellung der Variation δy keine Annahme getroffen worden; von jetzt ab soll sie nach dem Vorgange von *Lagrange* in der Form

$$\delta y = \varepsilon \eta(x) \tag{7}$$

vorausgesetzt werden, wobei $\eta(x)$ eine beliebige, nebst ihrer Ableitung stetige Funktion und ε einen von x unabhängig n *veränderlichen Parameter* bedeutet, der an die durch die Forderung

$$| \varepsilon \eta (x) | < \sigma$$

gesteckten Grenzen gebunden sein soll; überdies muß notwendig $\eta(x_0) = 0$ und $\eta(x_1) = 0$ sein.

Mit dieser Annahme ist ein Büschel von Kurven mit den Grundpunkten M_0, M_1 als Nachbarschaft von $\Re_0$ erklärt, dessen Individuen, sobald einmal das die Gestalt bestimmende $\eta(x)$ gewählt ist, nur mehr von den Werten des ε abhängen.

Hiermit ist aber das Problem auf das eines gewöhnlichen Extrems einer Funktion einer Variablen zurückgeführt. Denn $J_{\Re}$ ist jetzt eine Funktion ε — sie sei mit $J(\varepsilon)$ bezeichnet —, von der man weiß, daß sie an der Stelle $\varepsilon = 0$ einen extremen Wert erlangt, weil durch den Übergang von ε zu Null $\Re$ in $\Re_0$ übergeführt wird. Nach der Theorie der gewöhnlichen Extreme muß somit

$$J'(0) = 0 \text{ sein, und } J''(0) \begin{cases} \text{darf nicht negativ sein für ein Minimum} \\ \text{ ,, \quad ,, \quad positiv \quad ,, \quad ,, \quad ,, \quad Maximum.} \end{cases}$$

Diesen Bedingungen kann eine andere Ausdrucksform verliehen werden, wenn man die folgenden Begriffe einführt. Nach dem Mittelwertsatz (38) ist

$$J(\varepsilon) - J(0) = \varepsilon J'(0) + \varepsilon \zeta,$$

wo ζ eine mit ε gleichzeitig gegen Null konvergierende Funktion von ε bedeutet. Den Hauptteil der rechten Seite erklärt man als die *erste Variation von J*, bezeichnet ihn mit δJ und hat demnach

$$\delta J = \varepsilon J'(0); \tag{8}$$

in analoger Weise werden die Ausdrücke $\varepsilon^2 J''(0)$, $\varepsilon^3 J'''(0)$, usw. als zweite, dritte, ... Variation erklärt und mit $\delta^2 J$, $\delta^3 J$, ... bezeichnet.

Man kann somit sagen:

Soll das Integral J längs einer zulässigen Kurve einen Extremwert annehmen, so ist notwendige Bedingung hierfür, daß die erste Variation δJ gleich Null, die zweite Variation $\delta^2 J$ nicht negativ, bzw. nicht positiv sei, soll es sich speziell um ein Minimum, bzw. um ein Maximum handeln.

Zur näheren Ausführung der ersten dieser Bedingungen[1]) gehen wir von

$$J(\varepsilon) = \int_{x_0}^{x_1} f(x, y + \varepsilon\eta, \ y' + \varepsilon\eta')\,dx$$

aus[2]) und machen bei der Bildung von $J'(\varepsilon)$ von dem Verfahren der Differentiation unter dem Integralzeichen (283) Gebrauch; werden dabei die Ableitungen von $f(x, y, y')$ nach y, y', usw. mit $f_y, f_{y'}$ usw. bezeichnet, so ergibt sich

$$J'(\varepsilon) = \int_{x_0}^{x_1} [f_y\eta + f_{y'}\eta']\,dx,$$

wobei die partiellen Ableitungen von f mit den Argumenten $x, y + \varepsilon\eta$, $y' + \varepsilon\eta'$ zu schreiben sind; infolgedessen ist

$$J'(0) = \int_{x_0}^{x_1} [f_y\eta + f_{y'}\eta']\,dx,$$

hierin jedoch die partiellen Ableitungen mit den Argumenten x, y, y' geschrieben.

Es ist also *notwendige* Bedingung eines Extrems, daß

$$\int_{x_0}^{x_1} [f_y\eta + f_{y'}\eta']\,dx = 0 \tag{9}$$

sei. Wendet man auf den zweiten Teil der linken Seite partielle Integration an in der Weise, daß man setzt

$$\int_{x_0}^{x_1} f_{y'}\eta'\,dx = \left\{\eta f_{y'}\right\}_{x_0}^{x_1} - \int_{x_0}^{x_1} \eta \frac{df_{y'}}{dx}\,dx,$$

so reduziert sich das erste Glied wegen $\eta(x_0) = \eta(x_1) = 0$ auf Null, und

---

1) Auf die *zweite* Variation wird hier nicht eingegangen. Bei geometrischen, mechanischen, überhaupt bei angewandten Problemen läßt sich zumeist aus der Natur der Sache erkennen, ob ein Minimum oder Maximum entstehen kann.

2) Geht y in $y + \varepsilon\eta$ über, so verwandelt sich y' in $y' + \varepsilon\eta'$; mithin ist $\delta y' = \varepsilon\eta'$; analog $\delta y'' = \varepsilon\eta''$ usw.

es geht die Bedingung (9) über in

$$\int_{x_0}^{x_1} \eta \left[f_y - \frac{df_{y'}}{dx} \right] dx = 0.\tag{10}$$

399. Die Eulersche Differentialgleichung. Aus dem Umstande, daß η noch in hohem Grade willkürlich ist, kann man den Schluß ziehen, daß dieser Bedingung (10) nur durch

$$f_y - \frac{df_{y'}}{dx} = 0\tag{11}$$

entsprochen werden kann.

Aber dieser Schluß ist nicht selbstverständlich; erst wenn gezeigt wird, daß bei der Annahme, es sei im ganzen Intervall (x_0, x_1) oder in einem Teil desselben

$$f_y - \frac{df_{y'}}{dx} \neq 0,$$

η so eingerichtet werden kann, daß das Integral in (10) *nicht* verschwindet, ist er als richtig erwiesen.[1]

---

1) Ein solcher Beweis ist u. a. von *P. Du Bois-Reymond* (Mathem. Ann. 15 (1879)) gegeben worden. Angenommen, in dem Integral

$$\int_{x_0}^{x_1} \eta \, F \, dx$$

sei die *stetige* Funktion F an einer Stelle x' innerhalb (x_0, x_1) nicht Null, sondern z. B. $F(x') > 0$; dann wird dies wegen der Stetigkeit in einer wenn auch noch so engen Umgebung (ξ_0, ξ_1) von x' anhalten. Nun setze man η derart fest, daß

$$\eta = 0 \qquad \text{in } (x_0, x_1) \ \textit{außerhalb} \ (\xi_0, \xi_1)$$
$$\eta = (x - \xi_0)^2 (\xi_1 - x)^2 \qquad \text{in } (\xi_0, \xi_1);$$

es erfüllt dann alle ihm auferlegten Bedingungen, indem es stetig ist im ganzen (x_0, x_1), Null an den Grenzen, und indem auch η' stetig ist in (x_0, x_1); denn außerhalb (ξ_0, ξ_1) ist es beständig Null, im Innern von (ξ_0, ξ_1) ist es stetig und beim Übergang von innen nach außen, d. i. an den Stellen $\xi_0 + 0$ und $\xi_1 - 0$ konvergiert es ebenfalls gegen Null.

Unter diesen Annahmen reduziert sich aber das obige Integral auf das Teilintegral

$$\int_{\xi_0}^{\xi_1} \eta \, F \, dx$$

und hat mit diesem zugleich einen von Null verschiedenen positiven Wert, weil sowohl $\eta > 0$ als auch $F > 0$ ist.

Führt man in (11) die angezeigte Differentiation aus — ihr Ergebnis lautet

$$\frac{df_{y'}}{dx} = f_{y'x} + f_{y'y}y' + f_{y'y'}y''$$

—, so kommt man zu der ausgeführten Form von (11):

$$f_y - f_{y'x} - f_{y'y}y' - f_{y'y'}y'' = 0. \tag{11*}$$

Der Gleichung (11), in endgültiger Form (11*), muß also die unbekannte Funktion y genügen, soll das Integral J einen extremen Wert erlangen. Nach ihrem Urheber wird diese Gleichung die *Eulersche Differentialgleichung* genannt.

Alle Kurven, die ihr genügen, bezeichnet man als *Extremalen* des zugehörigen Variationsproblems, weil sie, wenn man zunächst davon absieht, daß die gesuchte Kurve durch vorgeschriebene Punkte zu gehen hat, zu Lösungen des Problems führen. Da das Integral einer Differentialgleichung zweiter Ordnung zwei Konstanten enthält, so gibt es der Extremalen zweifach unendlich viele und diejenigen unter ihnen, die durch die Punkte M_0, M_1 gehen, bilden die Lösung der gestellten Aufgabe. Zu ihrer Bestimmung reichen d e Grenzbedingungen gerade aus; denn, schreibt man das Integral von (11*) in der Gestalt

$$y = \varphi(x, c_1, c_2), \tag{12}$$

so hat man zur Feststellung der verlangten partikulären Lösungen die Gleichungen: $y_0 = \varphi(x_0, c_1, c_2),$ $y_1 = \varphi(x_1, c_1, c_2).$
Nur wenn sich für c_1, c_2 reelle Werte ergeben, hat das gestellte Problem überhaupt eine Lösung.

Es wäre Sache einer tiefer gehenden Untersuchung zu prüfen, ob die Bedingung (11), die zu einem Extrem jedenfalls notwendig ist, dazu auch hinreicht. Bezüglich dieser Frage sei auf Spezialwerke verwiesen.

400. Besondere Fälle der Eulerschen Differentialgleichung. — Neuer Beweis des Hauptsatzes über Kurvenintegrale. Es gibt einige Fälle, in welchen sich die Ordnung der *Euler-*

In analoger Weise zeigt man. daß die Voraussetzung $F(x') < 0$ $(x_0 < x' < x_1)$ zu einem negativen Wert des Integrals führt.

Somit kann

$$\int_{x_0}^{x_1} \eta\, F\, dx = 0$$

sein nur dann, wenn $F = 0$ ist im ganzen Intervall.

schen Differentialgleichung unmittelbar erniedrigt, so daß man in bezug
auf den allgemeinen Fall gleich zu einem Zwischenintegral kommt. Dadurch ist die Integrationsarbeit abgekürzt.

a) Enthält die Funktion f das y nicht explizit, so ist $f_y = 0$, (11) reduziert sich auf $\dfrac{df_{y'}}{dx} = 0$ und dies führt zu der Differentialgleichung erster Ordnung $\qquad\qquad f_{y'} =$ konst. $\qquad\qquad$ (13)

b) Auch wenn x in f nicht explizit vorkommt, kann ein Zwischenintegral allgemein angegeben werden; denn unter dieser Voraussetzung ist

$$\frac{d}{dx}(f - y'f_{y'}) = f_y y' + f_{y'}y'' - y''f_{y'} - y'\frac{df_{y'}}{dx} = y'\left(f_y - \frac{df_{y'}}{dx}\right);$$

wenn man also von dem Falle $y =$ konst., der zu $y' = 0$ führt, absieht, hat jetzt (11) die Gleichung

$$f - y'f_{y'} = \text{konst.} \qquad\qquad (14)$$

zur notwendigen Folge, und das ist eine Differentialgleichung erster Ordnung.

c) Von besonderem Interesse ist der Fall, daß

$$f_{y'y'} = 0$$

ist für alle Wertverbindungen der Variablen. Es gibt nur eine Funktion einer Veränderlichen (21), deren erste Ableitung konstant und deren zweite Ableitung somit beständig Null ist: es ist die lineare Funktion. Sonach muß, soll obiges eintreten, $f(x, y, y')$ in bezug auf y' die folgende Zusammensetzung haben:

$$f(x, y, y') = P + Qy',$$

wobei P, Q lediglich Funktionen von x, y sind, die nebst ihren partiellen Ableitungen in dem Gebiete S stetig sein müssen, damit die bezüglich $f(x, y, y')$ gemachten Voraussetzungen erfüllt seien.

Da jetzt

$$f_y = P_y + Q_y y'$$
$$f_{y'} = Q$$
$$f_{y'x} = Q_x$$
$$f_{y'y} = Q_y$$

ist, so lautet die Gleichung (11*) nunmehr:

$$P_y - Q_x = 0. \qquad\qquad (15)$$

Ist dies *keine Identität*, so hat man in (15) schon die endliche Gleichung der einzigen Kurve, die der *Euler*schen Differentialgleichung Genüge leistet; den Anfangsbedingungen wird im allgemeinen nicht entsprochen sein; das Problem läßt dann keine Lösung zu.

Ist aber (15) *eine Identität*, so drückt es die Tatsache aus, daß $P\,dx + Q\,dy$ das exakte Differential einer gewissen Funktion $u(x, y)$, somit

$$f(x, y, y')\,dx = du$$

ist. Ist dann $\mathfrak{K}$ irgendeine ganz in S und zwischen den Punkten $M_0(x_0|y_0)$, $M_1(x_1|y_1)$ verlaufende Kurve, so ist das längs ihr genommene Integral

$$J_{\mathfrak{K}} = \int_{x_0}^{x_1} f(x, y, y')\,dx = \int_{x_0\,y_0}^{x_1\,y_1} du = u(x_1, y_1) - u(x_0, y_0),$$

sein Wert also nur abhängig von den Endpunkten und nicht auch von dem Verlauf der $\mathfrak{K}$; ein Extremwert ist unter diesen Umständen ausgeschlossen.

Es ergibt sich sonach der Satz, der **299** auf anderem Wege bewiesen wurde:

Das zwischen zwei Punkten des Gebietes S, auf welchem die Funktionen P, Q nebst ihren partiellen Ableitungen stetig sind, längs einer in diesem Gebiet verlaufenden Kurve gebildete Integral $\int (P\,dx + Q\,dy)$ ist unabhängig von dem Verlauf der Kurve, wenn $\dfrac{\partial P}{\partial y} = \dfrac{\partial Q}{\partial x}$ ist im ganzen Gebiete.

401. Beispiele. 1. Es ist die kürzeste Linie zwischen zwei gegebenen Punkten der Ebene zu bestimmen.

Sind $x_0|y_0$, $x_1|y_1$ diese Punkte, so handelt es sich um den kleinsten Wert des Integrals

$$J = \int_{x_0}^{x_1} \sqrt{1 + y'^2}\,dx.$$

Hier ist $f(x, y, y') = \sqrt{1 + y'^2}$ und es kann der Sonderfall a) des vorigen Artikels zur Anwendung gebracht werden, der zu der Differentialgleichung

$$\frac{y'}{\sqrt{1 + y'^2}} = \text{konst.}$$

führt; ihre Auflösung nach y' gibt ein Resultat von der Form

$$y' = A$$

und das Integral hiervon ist $\quad y = Ax + B$.

Damit ist der analytische *Beweis* für die von *Euklid* zu ihrer Erklärung benützte Eigenschaft der Geraden geliefert, die kürzeste Linie zwischen je zweien ihrer Punkte zu sein.

Die Extremalen des Problems sind alle Geraden der Ebene, und unter diesen bildet diejenige, deren Parameter sich **aus dem Gleichungspaar**

$$y_0 = A x_0 + B$$
$$y_1 = A x_1 + B$$

berechnen, die Lösung der speziellen Aufgabe.

2. Unter allen Kurven, welche zwischen zwei[1]) gegebenen Punkten gezogen werden können, diejenige zu bestimmen, längs welcher ein nur der Schwere unterworfener materieller Punkt aus der höheren in die tiefere Lage in der kürzesten Zeit gelangt.

Es ist dies die erste zur Lösung vorgelegte Aufgabe der Variationsrechnung.[2]) Johann Bernoulli, der sie 1696 gestellt, gab der Bahnkurve den Namen *Brachistochrone*.

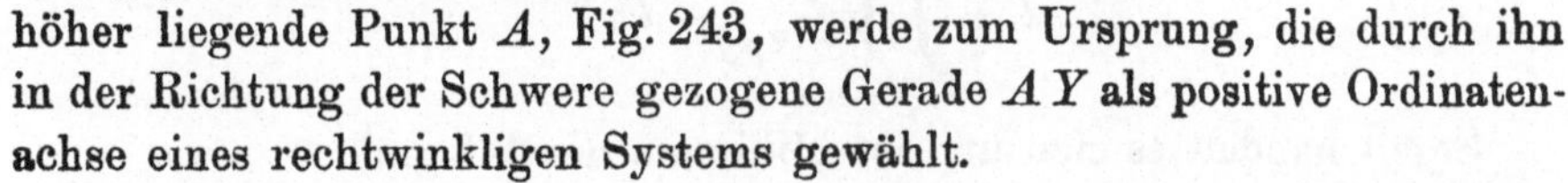

Fig. 244.

Wir nehmen vorläufig als erwiesen an[3]), die Bahn sei eine ebene Kurve und liege in der durch die gegebenen Punkte gelegten Vertikalebene. Der höher liegende Punkt A, Fig. 243, werde zum Ursprung, die durch ihn in der Richtung der Schwere gezogene Gerade $A\,Y$ als positive Ordinatenachse eines rechtwinkligen Systems gewählt.

Zunächst kann gezeigt werden, daß der bewegte Punkt an einer Stelle M der Bahn mit derselben Geschwindigkeit v ankommt, mit welcher er in dem gleichhoch gelegenen Punkte der Vertikalen durch A bei

---

1) Nicht in einer Vertikalen liegenden.

2) Um die Begründung der Variationsrechnung haben sich die Brüder Jakob und Johann Bernoulli und L. Euler, um ihre theoretische Ausbildung J. Lagrange, A. M. Legendre und C. G. J. Jacobi verdient gemacht. Legendre nahm insbesondere die Frage nach den speziellen Kriterien des Minimums und Maximums in Angriff, die Jacobi zu einem Abschluß brachte. Die grundlegenden Arbeiten der Genannten sind in ihren wesentlichen Teilen in Ostwalds Klassikern Nr. 46 und 47 leicht zugänglich gemacht worden. — Bezüglich der neueren mit Weierstrass beginnenden Arbeiten auf diesem vielfach durchforschten Gebiet sehe man Oskar Bolzas Vorlesungen über Variationsrechnung, Leipzig 1909.

3) Siehe **405, 1.**

freiem Fall anlangen würde, also mit der Geschwindigkeit $\sqrt{2gy}$, wenn g die Beschleunigung der Schwerkraft bedeutet. Denn aus den Bewegungsgleichungen

$$\frac{ds}{dt} = v, \quad \frac{d^2 s}{dt^2} = g\,\frac{dy}{ds},$$

in welchen s den Weg AM, t die zu seiner Zurücklegung benötigte Zeit bedeutet, folgt

$$\frac{d^2 s}{dt^2} = g\,\frac{dy}{dt}\,\frac{dt}{ds},$$

daraus weiter

$$2\,\frac{ds}{dt}\,\frac{d^2 s}{dt^2}\,dt = 2g\,dy$$

und durch Integration tatsächlich

$$\frac{ds}{dt} = v = \sqrt{2gy},$$

weil dem Wortlaute der Aufgabe gemäß die Anfangsgeschwindigkeit Null ist.

Hieraus ergibt sich die zur Zurücklegung des Bahnelements ds nötige Zeit

$$dt = \frac{ds}{v} = \sqrt{\frac{1 + y'^2}{2gy}}\,dx$$

und die für den Weg von A bis B erforderliche Zeit

$$t = \int_{x_0}^{x_1} \sqrt{\frac{1 + y'^2}{2gy}}\,dx.$$

Somit handelt es sich um das Minimum des Integrals

$$J = \int_{x_0}^{x_1} \sqrt{\frac{1 + y'^2}{y}}\,dx,$$

worin $f(x, y, y') = \sqrt{\dfrac{1 + y'^2}{y}}$; es könnte somit der Sonderfall b) des vorigen Artikels zur Anwendung gebracht werden. Bildet man jedoch die Eulersche Differentialgleichung (11*) mit Hilfe von

$$f_y = -\frac{1}{2}\sqrt{\frac{1 + y'^2}{y^3}}; \quad f_{y'} = \frac{y'}{\sqrt{y(1 + y'^2)}},$$

$$f_{y'x} = 0, \quad f_{y'y} = -\frac{y'}{2\sqrt{y^3(1 + y'^2)}}, \quad f_{y'y'} = \frac{y'}{\{y(1 + y'^2)\}^{\frac{3}{2}}},$$

so erhält man $\qquad 1 + y'^2 + 2yy'' = 0$

und dies drückt, in der Form

$$\frac{(1+y'^2)^{\frac{3}{2}}}{y''} = -\, 2y\sqrt{1+y'^2}$$

geschrieben, eine geometrische Eigenschaft der Extremalen aus, die in **381** als den *gemeinen Zykloiden* von gemeinsamer Grundlinie eigentümlich erkannt worden ist.

Man kann also die Brachistochrone in parametrischer Darstellung schreiben

$$x = a(u - \sin u)$$
$$y = a(1 - \cos u)$$

und hat zur Bestimmung des Halbmessers a und des zu $B(x_1/y_1)$ gehörigen Wälzungswinkels u_1 die Gleichungen:

$$x_1 = a(u_1 - \sin u_1)$$
$$y_1 = a(1 - \cos u_1);$$

zuerst bestimmt man u_1 aus

$$\frac{u_1 - \sin u_1}{1 - \cos u_1} = \frac{x_1}{y_1},$$

und diese Gleichung hat in dem Intervall $(0, 2\pi)$ eine und nur eine Lösung; denn die Funktion $\dfrac{u - \sin u}{1 - \cos u}$ ist in diesem Intervall stetig wachsend von 0 bis ∞, da ihr Differentialquotient

$$\frac{\sin\dfrac{u}{2} - \dfrac{u}{2}\cos\dfrac{u}{2}}{\sin^3\dfrac{u}{2}}$$

außer $u = 0$ keine reelle Nullstelle hat, somit beständig dasselbe u. zw. das positive Vorzeichen beibehält. Ist u_1 berechnet, so kann jede der beiden Gleichungen zur Bestimmung von a verwendet werden. So ergibt sich beispielsweise, wenn $x_1 = y_1$, also $\dfrac{x_1}{y_1} = 1$ ist, aus der Gleichung

$$1 + \sin u_1 - \cos u_1 = u_1$$

durch Näherungsrechnung $u_1 = 2{,}4120$, wozu das Winkelmaß $138^{\circ}\,12'$ gehört, und die zweite Gleichung liefert

$$a = \frac{y_1}{2\sin^2\dfrac{u_1}{2}} = 0{,}5729\,y_1.$$

3. In einer Ebene sind eine Gerade X und zwei zu einer Seite derselben liegende Punkte M_0, M_1 gegeben. Unter allen die Punkte verbindenden Kurven wird diejenige gesucht, welche bei der Rotation um X die kleinste Oberfläche beschreibt.

Macht man die Gerade X zur Abszissenachse, einen ihrer Punkte zum Ursprung und bezeichnet die Koordinaten von M_0, M_1 mit x_0/y_0, x_1/y_1, so hat die beschriebene Oberfläche den Ausdruck

$$2\pi\int_{x_0}^{x_1} y\sqrt{1+y'^2}\,dx.$$

Man hat also das Integral $J = \int_{x_0}^{x_1} y\sqrt{1+y'^2}\,dx$

zu einem Minimum zu machen. Aus $f(x, y, y') = y\sqrt{1+y'^2}$ folgt

$$f_y = \sqrt{1+y'^2}, \quad f_{y'} = \frac{yy'}{\sqrt{1+y'^2}}$$

$$f_{y'x} = 0, \quad f_{y'y} = \frac{y'}{\sqrt{1+y'^2}}, \quad f_{y'y'} = \frac{y}{\sqrt{(1+y'^2)^3}}$$

und hiermit ergibt sich als Eulersche Differentialgleichung des Problems

$$\sqrt{1+y'^2} - \frac{y'^2}{\sqrt{1+y'^2}} - \frac{yy''}{\sqrt{(1+y'^2)^3}} = 0,$$

was auch in der Form $\dfrac{(1+y'^2)^{\frac{3}{2}}}{y''} = y\sqrt{1+y'^2}$

dargestellt werden kann. Dies ist aber der analytische Ausdruck einer geometrischen Eigenschaft der Extremalen, von der **381**, 4. erkannt wurde, daß sie den in der Gleichung

$$y = \frac{\alpha}{2}\left(e^{\frac{x-\beta}{\alpha}} + e^{-\frac{x-\beta}{\alpha}}\right)$$

enthaltenen Kettenlinien zukommt.

Das allgemeine Ergebnis kann in dem Satze ausgesprochen werden, daß *das Katenoid in der Kategorie der Rotationsflächen eine Minimalfläche ist* (**216**, II; **381**, 5.).

Die der speziellen Aufgabe entsprechende Extremale ergibt sich aus den Grenzbedingungen

$$y_0 = \frac{\alpha}{2}\left(e^{\frac{x_0-\beta}{\alpha}} + e^{-\frac{x_0-\beta}{\alpha}}\right)$$

$$y_1 = \frac{\alpha}{2}\left(e^{\frac{x_1-\beta}{\alpha}} + e^{-\frac{x_1-\beta}{\alpha}}\right),$$

sofern ihnen durch reelle Werte von α, β genügt werden kann.

Daß dies nicht immer der Fall ist, zeigt die besondere Annahme $- x_0 = x_1 = a$, $y_0 = y_1$, die $\beta = 0$ und

$$\frac{y_0}{a} = \frac{\alpha}{2a}\left(e^{\frac{a}{\alpha}} + e^{-\frac{a}{\alpha}}\right)$$

zur Folge hat; denn der Ausdruck

$$\frac{e^{\theta} + e^{-\theta}}{2\theta} \qquad \left(\theta = \frac{a}{\alpha}\right)$$

besitzt ein Minimum, und sobald $\frac{y_0}{a}$ unter dieses Minimum sinkt, ist eine reelle Lösung nach θ, also nach α, nicht mehr möglich.

402. *Integrale, in welchen höhere Differentialquotienten der unbekannten Funktion vorkommen.* Der Gedankengang, mittels dessen die Bedingungen extremer Werte eines Integrals von der allgemeinen Form

$$J = \int_{x_0}^{x_1} f(x, y, y', y'', \cdots y^{(n)})\, dx$$

festgestellt werden, wobei angenommen werden soll, daß den festen Integrationsgrenzen x_0, x_1 vorgeschriebene Werte von $y, y', \ldots y^{(n-1)}$ zugeordnet sind, ist im Wesen der gleiche wie bei dem bisher behandelten einfachsten Fall. Es wird genügen, wenn wir uns auf den zweiten Differentialquotienten beschränken und mit den Bedingungen für die Minima und Maxima des Integrals

$$J = \int_{x_0}^{x_1} f(x, y, y', y'')\, dx \qquad \text{befassen.} \tag{16}$$

Zu x_0, x_1 sollen die gegebenen Werte y_0, y_1; y_0', y_1' gehören; alle zulässigen Kurven gehen jetzt durch zwei feste Punkte und haben dort vorgeschriebene Tangentenrichtungen.

Die Voraussetzungen hinsichtlich der Existenz und Stetigkeit der Ableitungen von f einerseits und von y andererseits müssen jetzt entsprechend erweitert werden, wie sich dies aus dem Gange der Untersuchung von selbst ergeben wird.

Nimmt man die Variation von y wieder in der Form

$$\delta y = \varepsilon \eta (x)$$

an, so muß die sonst beliebige Funktion $\eta(x)$ so beschaffen sein, daß sie selbst und ihr Differentialquotient $\eta'(x)$ im ganzen Intervall stetig ist und an seinen Grenzen verschwindet, daß also

$$\eta(x_0) = 0, \quad \eta(x_1) = 0; \quad \eta'(x_0) = 0, \quad \eta'(x_1) = 0.$$

Ist einmal $\eta(x)$ in solcher Weise gewählt, so ist die einzelne Kurve durch den Wert des Parameters ε allein gekennzeichnet, der Wert des Integrals eine Funktion dieses Parameters:

$$J(\varepsilon) = \int_{x_0}^{x_1} f(x, y + \varepsilon\eta, y' + \varepsilon\eta', y'' + \varepsilon\eta'')\, dx,$$

wobei y, y', y'' sich auf die Extremale beziehen sollen.

Bezeichnet man die partiellen Ableitungen von $f(x, y, y', y'')$ mit $f_x, f_y, \cdots f_{y'x}, f_{y'y}, \cdots$, so schreibt sich

$$J'(\varepsilon) = \int_{x_0}^{x_1} [f_y \eta + f_{y'} \eta' + f_{y''} \eta'']\, dx$$

und die Argumente der Ableitungen von f sind noch $x, y + \varepsilon\eta, y' + \varepsilon\eta', y'' + \varepsilon\eta''$; derselbe Ausdruck gilt auch für $J'(0)$:

$$J'(0) = \int_{x_0}^{x_1} [f_y \eta + f_{y'} \eta' + f_{y''} \eta'']\, dx,$$

nur mit dem Unterschiede, daß die Argumente nunmehr x, y, y', y'' sind.

Wendet man auf die Glieder vom zweiten angefangen partielle Integration an und zwar so lange, bis η selbst unter dem Integralzeichen erscheint, so ergibt sich der Reihe nach

$$\int_{x_0}^{x_1} f_{y'} \eta'\, dx = \left\{ \eta f_{y'} \right\}_{x_0}^{x_1} - \int_{x_0}^{x_1} \eta \frac{d f_{y'}}{dx}\, dx$$

$$\int_{x_0}^{x_1} f_{y''} \eta''\, dx = \left\{ \eta' f_{y''} \right\}_{x_0}^{x_1} - \int_{x_0}^{x_1} \eta' \frac{d f_{y''}}{dx}\, dx$$

$$= \left\{ \eta' f_{y''} \right\}_{x_0}^{x_1} - \left\{ \eta \frac{d f_{y''}}{dx} \right\}_{x_0}^{x_1} + \int_{x_0}^{x_1} \eta \frac{d^2 f_{y''}}{dx^2}\, dx;$$

wird dies in den Ausdruck für $J'(0)$ eingetragen, wobei zu beachten ist, daß die Klammerausdrücke zufolge der Grenzbedingungen sämtlich Null sind, so kommt

$$J'(0) = \int_{x_0}^{x_1} \eta\left[f_y - \frac{df_{y'}}{dx} + \frac{d^2 f_{y''}}{dx^2}\right] dx. \tag{17}$$

Notwendige Bedingung für einen extremen Wert von J ist das Verschwinden von $J'(0)$, und dieses erfordert wegen der Willkür, die noch bezüglich der Wahl von η übrig bleibt, daß

$$f_y - \frac{df_{y'}}{dx} + \frac{d^2 f_{y''}}{dx^2} = 0 \tag{18}$$

sei. Dies ist die Eulersche *Differentialgleichung* des vorliegenden Problems, nach Ausführung der Differentiationen eine solche der vierten Ordnung; denn es ist

$$\frac{df_{y''}}{dx} = f_{y''x} + f_{y''y} y' + f_{y''y'} y'' + f_{y''y''} y'''$$

und das letzte Glied gibt bei neuerlicher Differentiation unter anderen auch den Bestandteil $f_{y''y''} y^{IV}$. Das allgemeine Integral von (18) enthält vier Konstanten und bestimmt die vierfach unendliche Schar von Extremalen, aus der sich die dem speziellen Problem entsprechenden mittels der Grenzbedingungen herausheben lassen.

In einigen besonderen Fällen kann die Ordnung von (18) unmittelbar erniedrigt werden. Als solche seien angeführt:

a) Kommt y in f nicht explizit vor, so ist $f_y = 0$ und es läßt sich an (18) eine Integration ohne weiteres ausführen; ihr Ergebnis:

$$f_{y'} - \frac{df_{y''}}{dx} = \text{konst.} \tag{19}$$

ist nunmehr von *dritter* Ordnung.

b) Erscheint x nicht explizit in f, so beachte man, daß sich df um ein Glied reduziert: $df = f_y\, dy + f_{y'}\, dy' + f_{y''}\, dy''$;

addiert man zu $\qquad df - f_y\, dy - f_{y'}\, dy' - f_{y''}\, dy'' = 0$

die mit dy multiplizierte Gleichung (18), so entsteht

$$df - \left(\frac{df_{y'}}{dx}\, dy + f_{y'}\, dy'\right) + \left(\frac{d^2 f_{y''}}{dx^2}\, dy - f_{y'}\, dy''\right) = 0;$$

der erste Klammerausdruck ist aber das Differential von $y' f_{y'}$, der zweite das Differential von $y' \dfrac{df_{y''}}{dx} - y'' f_{y''}$, daher gibt einmalige Integration

$$f - y' f_{y'} + y' \frac{d f_{y''}}{dx} - y'' f_{y''} = \text{konst.} \tag{20}$$

und das ist wieder bloß von der *dritten* Ordnung.

c) Treffen beide Umstände zusammen, so gelten auch (19) und (20) gleichzeitig, somit reduziert sich (20) auf

$$f - y'' f_{y''} = \text{konst.} + y' \text{ konst.}, \tag{21}$$

d. i. auf eine Differentialgleichung *zweiter* Ordnung.

403. Beispiel. Unter allen Kurven, die durch zwei feste Punkte gehen und daselbst vorgeschriebene Tangenten haben, diejenige zu bestimmen, welche mit ihrer Evolute und den Krümmungsradien der Endpunkte die kleinste Fläche einschließt.

Ist ϱ der Krümmungsradius in einem Punkte der gesuchten Kurve, $d\tau$ der Kontingenzwinkel des anstoßenden Bogenelements, so kann das Element der Fläche zwischen Kurve und Evolute mit Außerachtlassung von Größen höherer als der ersten Ordnung durch $\frac{1}{2}\varrho^2 d\tau$ ausgedrückt werden; ersetzt man ϱ und $d\tau = \dfrac{y'' \, dx}{1 + y'^2}$ durch ihre Ausdrücke, so schreibt sich die Fläche

$$\frac{1}{2}\int_{x_0}^{x_1} \frac{(1 + y'^2)^2}{y''} dx.$$

Unter dem Integral, das ein Minimum werden soll, steht die Funktion

$$f(x, y, y', y'') = \frac{(1 + y'^2)^2}{y''},$$

es liegt also der Fall c) der vorigen Nummer vor, man hat somit das Zwischenintegral

$$\frac{(1 + y'^2)^2}{y''} = \alpha + \beta y'.$$

Führt man für α, β neue Konstanten a, γ ein mittels der Substitution

$$\alpha = -4a \cos \gamma, \qquad \beta = -4a \sin \gamma,$$

schreibt die Gleichung in der Form

$$\varrho = -\frac{4a \, (\cos \gamma + y' \sin \gamma)}{\sqrt{1 + y'^2}}$$

und substituiert auf der rechten Seite $y' = \operatorname{cotg}\left(\dfrac{u}{2} - \gamma\right)$, so entsteht

$$\varrho = -4a \sin \frac{u}{2};$$

dies ist aber der Ausdruck für den Krümmungsradius einer gemeinen Zykloide, wenn u der Wälzungswinkel. Mithin sind die Extremalen des Problems gemeine Zykloiden. Die Aufgabe, die noch zu lösen ist, geht dahin, durch zwei Punkte mit vorgezeichneten Tangenten eine gemeine Zykloide zu legen.

404. Integrale, in welchen zwei unbekannte Funktionen der Variablen x vorkommen. Es sind y, z als Funktionen von x derart zu bestimmen, daß sie das Integral

$$J = \int_{x_0}^{x_1} f(x, y, y', z, z')\, dx \tag{22}$$

zu einem Minimum (oder Maximum) machen und dabei den Anfangsbedingungen genügen, wonach zu x_0, x_1 gegebene Wert y_0, y_1; z_0, z_1 von y, z gehören sollen.

Nimmt man die Variationen von y, z in der Form

$$\delta y = \varepsilon \eta(x), \qquad \delta z = \varepsilon \zeta(x)$$

an, wobei $\eta(x)$, $\zeta(x)$ willkürliche differentiierbare und an den Integrationsgrenzen verschwindende Funktionen und ε einen veränderlichen Parameter bedeuten, der so einzuschränken ist, daß $|\delta y| < \sigma$ und $|\delta z| < \sigma$ sei, so erscheint J, wenn einmal für η, ζ eine Wahl getroffen, nur mehr als Funktion von ε:

$$J(\varepsilon) = \int_{x_0}^{x_1} f(x, y + \varepsilon\eta, y' + \varepsilon\eta', z + \varepsilon\zeta, z' + \varepsilon\zeta')\, dx,$$

woraus
$$J'(\varepsilon) = \int_{x_0}^{x_1} [f_y\eta + f_{y'}\eta' + f_z\zeta + f_{z'}\zeta']\, dx,$$

die Ableitungen von f mit den Argumenten x, $y + \varepsilon\eta$, $y' + \varepsilon\eta'$, $z + \varepsilon\zeta$, $z' + \varepsilon\zeta'$ geschrieben, hingegen ist

$$J'(0) = \int_{x_0}^{x_1} [f_y\eta + f_{y'}\eta' + f_z\zeta + f_{z'}\zeta']\, dx,$$

wenn die Ableitungen mit den Argumenten x, y, y', z, z' geschrieben werden, die sich auf die Extremale beziehen sollen.

Wendet man auf das zweite und vierte Glied partielle Integration in der Weise an, daß man setzt

$$\int_{x_0}^{x_1} f_{y'}\,\eta'\,dx = \left\{\,\eta f_{y'}\,\right\}_{x_0}^{x_1} - \int_{x_0}^{x_1} \eta\,\frac{df_{y'}}{dx}\,dx$$

$$\int_{x_0}^{x_1} f_{z'}\,\zeta'\,dx = \left\{\,\zeta f_{z'}\,\right\}_{x_0}^{x_1} - \int_{x_0}^{x_1} \zeta\,\frac{df_{z'}}{dx}\,dx,$$

so wird, da die vom Integralzeichen freien Glieder mit Rücksicht auf die Anfangsbedingungen verschwinden, weiter

$$J'(0) = \int_{x_0}^{x_1} \left[\eta \left(f_y - \frac{df_{y'}}{dx}\right) + \zeta \left(f_z - \frac{df_{z'}}{dx}\right) \right] dx. \tag{23}$$

Es läßt sich nun zeigen, daß dies, wie es das Vorhandensein eines extremen Wertes erfordert, bei beliebigem η und ζ nur dann Null werden kann, wenn

$$f_y - \frac{df_{y'}}{dx} = 0$$
$$f_z - \frac{df_{z'}}{dx} = 0; \tag{24}$$

denn, wählt man einmal $\zeta = 0$, so kann durch die in **399** benutzte Schlußfolge gezeigt werden, daß bei beliebigem η der Faktor in der ersten Klammer verschwinden müsse, und durch die Annahme $\eta = 0$ kann der Nachweis bezüglich des Faktors von ζ geliefert werden.

Die unbekannten Funktionen haben also einem System von zwei gewöhnlichen Differentialgleichungen zweiter Ordnung zu genügen. Das allgemeine Integral, bestehend in zwei endlichen Gleichungen zwischen x, y, z und vier Konstanten, bestimmt das System der Extremalen, und die Anfangsbedingungen reichen aus, diejenigen unter ihnen zu kennzeichnen, welche die Lösung des speziellen Problems bilden.

In geometrischer Interpretation handelt es sich um die Extreme eines längs einer noch unbekannten Raumkurve, die zwei gegebene Punkte verbindet, genommenen Integrals.

Wird der Raumkurve vorgeschrieben, sie habe einer gegebenen Fläche anzugehören, so tritt die Gleichung

$$F(x, y, z) = 0 \tag{25}$$

dieser Fläche als Bedingungsgleichung hinzu. Man kann dann so verfahren, daß man mittels (25) und der daraus resultierenden Gleichung

$$F_x + F_y y' + F_z z' = 0 \tag{26}$$

z und z' aus dem Integral eliminiert und so den Fall auf jenen zurückführt, bei dem es sich nur um *eine* unbekannte Funktion handelt.

405. Beispiele. 1. Unter allen Kurven, welche zwischen zwei gegebenen Punkten gezogen werden können, diejenige zu bestimmen, längs welcher ein nur der Schwere unterworfener materieller Punkt aus der höheren in die tiefere Lage in der kürzesten Zeit gelangt.

Der Wortlaut des Problems ist der nämliche wie in **401**, 2.; dort aber wurde als selbstverständlich angenommen, daß die Bewegung von minimaler Fallzeit in der Vertikalebene der beiden Punkte vor sich gehen werde; das kann jetzt als richtig erwiesen werden.

Wählt man die nach abwärts gerichtete Vertikale aus dem höheren Punkt als positive x-Achse eines im übrigen beliebig gerichteten orthogonalen Systems, so ergibt sich als Bahngeschwindigkeit an der Stelle $M(x|y|z)$

$$\frac{ds}{dt} = \sqrt{2gx};$$

daraus folgt die Fallzeit $\quad t = \int_0^{x_1} \sqrt{\frac{1 + y'^2 + z'^2}{2gx}}\, dx.$

In dem hier maßgebenden Integral

$$J = \int_0^{x_1} \sqrt{\frac{1 + y'^2 + z'^2}{x}}\, dx$$

ist $f = \sqrt{\dfrac{1 + y'^2 + z'^2}{x}}$, es fehlen darin y, z, infolgedessen ist $f_y = f_z = 0$; dann aber ergeben sich aus (24) unmittelbar die Zwischenintegrale

$$f_{y'} = \frac{y'}{\sqrt{x(1 + y'^2 + z'^2)}} = c_1, \qquad f_{z'} = \frac{z'}{\sqrt{x(1 + y'^2 + z'^2)}} = c_2,$$

aus denen weiter die Beziehung

$$c_1 z' - c_2 y' = 0$$

resultiert, deren Integral $\quad c_1 z - c_2 y = c_3$

die Tatsache ausdrückt, daß alle Punkte der Bahn in einer Vertikalebene liegen, und das kann nur diejenige sein, die durch die gegebenen Punkte geht. Somit war die früher gemachte Annahme zutreffend.

2. Zwei auf einer gegebenen Fläche liegende Punkte durch die kürzeste in der Fläche selbst verlaufende Linie zu verbinden.

Ist $$F(x, y, z) = 0$$
die Gleichung der Fläche und sind $M_0\,(x_0/y_0/z_0)$, $M_1\,(x_1/y_1/z_1)$ die beiden
Punkte, so befriedigen ihre Koordinaten die Gleichung, d. h. es ist

$$F(x_0, y_0, z_0) = 0, \qquad F(x_1, y_1, z_1) = 0.$$

Es handelt sich darum, y, z als Funktionen von x derart zu bestimmen, daß die Flächengleichung durch sie identisch erfüllt und überdies

$$J = \int_{x_0}^{x_1} \sqrt{1 + y'^2 + z'^2}\; dx$$

ein Minimum wird.

Schreibt man die Bedingungsgleichung für das Minimum in der Gestalt

$$\delta J = \varepsilon J'(0) = \int_{x_0}^{x_1} \left[\left(f_y - \frac{d f_{y'}}{dx} \right) \delta y + \left(f_z - \frac{d f_{z'}}{dx} \right) \delta z \right] dx = 0$$

(s. Gl. (23)), so folgt aus ihr, da

$$f = \sqrt{1 + y'^2 + z'^2} \qquad
\begin{aligned}
f_y &= 0, & f_{y'} &= \frac{y'}{\sqrt{1 + y'^2 + z'^2}} = \frac{dy}{ds} \\[2mm]
f_z &= 0, & f_{z'} &= \frac{z'}{\sqrt{1 + y'^2 + z'^2}} = \frac{dz}{ds}
\end{aligned}$$

als erste Bedingung $\qquad \dfrac{d\frac{dy}{ds}}{dx}\,\delta y + \dfrac{d\frac{dz}{ds}}{dx}\,\delta z = 0;$

weil ferner die variierte Kurve auch der Fläche angehört, daher

$$F(x, y + \delta y, z + \delta z) = 0$$

sein muß, so besteht für entsprechend eingeschränkte δy, δz bis auf
Größen höherer Kleinheitsordnung die Beziehung

$$F_y \delta y + F_z \delta z = 0.$$

Hieraus schließt man auf die Verhältnisgleichung

$$\frac{\dfrac{d\frac{dy}{ds}}{dx}}{F_y} = \frac{\dfrac{d\frac{dz}{ds}}{dx}}{F_z},$$

aus der weiter abgeleitet werden kann

$$\frac{\frac{dy}{ds}\,d\frac{dy}{ds}}{F_y\,\frac{dy}{ds}} = \frac{\frac{dz}{ds}\,d\frac{dz}{ds}}{F_z\,\frac{dz}{ds}} = \frac{\frac{dy}{ds}\,d\frac{dy}{ds} + \frac{dz}{ds}\,d\frac{dz}{ds}}{F_y\,\frac{dy}{ds} + F_z\,\frac{dz}{ds}}; \qquad \text{aus}$$

$$\left(\frac{dx}{ds}\right)^2 + \left(\frac{dy}{ds}\right)^2 + \left(\frac{dz}{ds}\right)^2 = 1 \quad \text{und} \quad F_x \frac{dx}{ds} + F_y \frac{dy}{ds} + F_z \frac{dz}{ds} = 0$$

folgt aber, daß Zähler und Nenner des letzten Bruches beziehungsweise durch $-\dfrac{dx}{ds}\, d\, \dfrac{dx}{ds}$ und $-F_x \dfrac{dx}{ds}$ ersetzt werden können, so daß schließlich die Beziehung

$$\frac{\dfrac{d^2 x}{ds^2}}{F_x} = \frac{\dfrac{d^2 y}{ds^2}}{F_y} = \frac{\dfrac{d^2 z}{ds^2}}{F_z}$$

zustande kommt. Die Zähler der drei Brüche sind den Richtungskosinus der Hauptnormale der Kurve, die Nenner den Richtungskosinus der Normale der Fläche proportional. Es ergibt sich daraus für die kürzeste Linie die Eigenschaft, daß in allen ihren Punkten die Hauptnormale mit der Flächennormale vereinigt liegt, die Oskulationsebene der Kurve also auf der Tangentialebene der Fläche senkrecht steht. *Sonach ist die kürzeste Linie immer eine geodätische Linie* (**221**).

406. Isoperimetrische Probleme. Unter dieser Bezeichnung faßt man alle Probleme zusammen, welche darauf hinauslaufen, eine Funktion so zu bestimmen, daß ein von ihr und ihren Ableitungen abhängiges Integral einen extremen Wert annimmt und ein anderes analog zusammengesetztes Integral gleichzeitig einen vorgeschriebenen Wert erlangt.[1]). Der Name ist von einem speziellen und zwar dem ältesten Problem dieser Art genommen, bei dem es sich darum handelt, unter umfangsgleichen — isoperimetrischen — Figuren der Ebene (oder einer Fläche) die inhaltsgrößte zu bestimmen.

In geometrischer Ausdrucksweise lautet das einfachste isoperimetrische Problem wie folgt:

Unter allen Kurven, welche außer den allgemeinen Bedingungen der Zulässigkeit noch die besondere erfüllen, daß sie dem Integral

$$K = \int\limits_{x_0}^{x_1} g\,(x,\, y,\, y')\, dx \tag{27}$$

einen vorgeschriebenen Wert l geben, sind diejenigen zu suchen, längs welcher das Integral

---

1) In der bei den gewöhnlichen Extremen (I, 5. Abschn.) gebrauchten Terminologie entsprechen die isoperimetrischen Probleme den *relativen* Extremen, die anderen Variationsprobleme den *absoluten* Extremen.

$$J = \int\limits_{x_0}^{x_1} f(x, y, y') \, dx \tag{28}$$

einen extremen Wert erlangt.

Die zulässigen Kurven sind hier dem Variationsproblem ohne Nebenbedingung gegenüber auch noch durch die Forderung $K = l$ eingeschränkt. Ist $\Re_0$ mit der Gleichung $y = y_0(x)$ eine Extremale des Problems und erteilt man ihr die Variation

$$\delta y = \varepsilon \eta(x) + \varepsilon_1 \eta_1(x), \tag{29}$$

wobei η, η_1 beliebige Funktionen bedeuten, deren Wahl nur durch die Forderungen der Stetigkeit, auch von η' und η'_1, und des Verschwindens an den Integrationsgrenzen gebunden ist, so verwandelt sich K, wenn diese Wahl einmal getroffen ist, in eine Funktion von ε und ε_1, die wieder den Wert l annehmen muß, soll man unter den zulässigen Kurven bleiben, mithin drückt

$$K(\varepsilon, \varepsilon_1) = \int\limits_{x_0}^{x_1} g(x, y + \varepsilon\eta + \varepsilon_1\eta_1, y' + \varepsilon\eta' + \varepsilon_1\eta'_1) \, dx = l \tag{30}$$

eine Beziehung zwischen den Parametern aus, aus der sich durch Differentiation nach dem als unabhängig angenommenen ε die weitere Beziehung

$$\int\limits_{x_0}^{x_1} [g_y \eta + g_{y'} \eta'] \, dx + \frac{d\varepsilon_1}{d\varepsilon} \int\limits_{x_0}^{x_1} [g_y \eta_1 + g_{y'} \eta'_1] \, dx = 0 \tag{31}$$

ergibt; hierin sind die Ableitungen von g mit den Argumenten $x, y + \varepsilon\eta + \varepsilon_1\eta_1, y' + \varepsilon\eta' + \varepsilon_1\eta'_1$ zu schreiben.

Der Stelle $0/0$ des zulässigen Gebiets von $\varepsilon/\varepsilon_1$ entspricht die Extremale $\Re_0$; der ihr zugehörige Wert von $\frac{d\varepsilon_1}{d\varepsilon}$ ergibt sich aus (31), wenn man darin $\varepsilon = 0$, $\varepsilon_1 = 0$ setzt; bezeichnet K_0 den Wert des ersten, K_1 den Wert des zweiten Integrals nach Ausführung dieser Substitution, so wird

$$\left(\frac{d\varepsilon_1}{d\varepsilon}\right)_{0/0} = -\frac{K_0}{K_1}; \tag{32}$$

dabei ist jedoch vorausgesetzt, daß $\eta_1(x)$ sich so wählen lasse, daß $K_1 \neq 0$ sei. Diese Voraussetzung ist begründet; denn wäre

$$K_1 = \int\limits_{x_0}^{x_1} [g_y \eta_1 + g_{y'} \eta'_1] \, dx = 0,$$

wie man auch η_1 wählen möge, so hieße das, K_1 und also auch K selbst sei längs $\mathfrak{K}_0$ ein Extrem; dann aber wäre es unzulässig, K einen Wert vorzuschreiben, wie es im Sinne des Problems liegt.

Infolge der Variation (29) verwandelt sich auch J in eine Funktion von $\varepsilon, \varepsilon_1$:

$$J(\varepsilon, \varepsilon_1) = \int\limits_{x_0}^{x_1} f(x, y + \varepsilon\eta + \varepsilon_1\eta_1, y' + \varepsilon y' + \varepsilon_1\eta_1')\, dx,$$

die aber mit Hilfe der Relation (30) auf eine Funktion von ε allein zurückgeführt werden könnte; vollzieht man diese Elimination nicht, so liefert die Differentation nach ε:

$$J_\varepsilon'(\varepsilon, \varepsilon_1) = \int\limits_{x_0}^{x_1} [f_y\eta + f_{y'}\eta']\, dx + \frac{d\varepsilon_1}{d\varepsilon} \int\limits_{x_0}^{x_1} [f_y\eta_1 + f_{y'}\eta_1']\, dx;$$

darin sind die Ableitungen von f mit den Argumenten $x, y + \varepsilon\eta + \varepsilon_1\eta_1$, $y' + \varepsilon\eta' + \varepsilon_1\eta_1'$ zu schreiben. Für die Extremale, d. i. an der Stelle $0/0$ des Gebiets von $\varepsilon/\varepsilon_1$, muß J_ε' Null werden; bezeichnet man also die zu dieser Stelle gehörigen Werte des ersten und zweiten Integrals mit J_0, J_1, so hat man als Extremalbedingung

$$J_0 + \left(\frac{d\varepsilon_1}{d\varepsilon}\right)_{0/0} J_1 = 0,$$

also mit Rücksicht auf die Nebenbedingung, aus der (32) hervorgegangen war:

$$J_0 - \frac{K_0}{K_1} J_1 = 0. \tag{33}$$

Denkt man sich die Funktion $\eta_1(x)$ einmal angenommen, so besitzt $\dfrac{J_1}{K_1}$ einen nur von ihr (und f) abhängigen festen Wert $-\lambda$ [1]), und es lautet die Bedingung für das vollständige Problem (Extrem samt Nebenbedingung) endgültig: $\qquad J_0 + \lambda K_0 = 0, \qquad$ oder ausgeschrieben:

$$\int\limits_{x_0}^{x_1} [f_y\eta + f_{y'}\eta']\, dx + \lambda \int\limits_{x_0}^{x_1} [g_y\eta + g_{y'}\eta']\, dx = 0,$$

---

1) Indessen hängt λ auch nicht von der Wahl des η_1, sondern nur von der Natur des Problems, also von den beiden Funktionen f, g ab; denn aus (33) folgt $\dfrac{J_1}{K_1} = \dfrac{J_0}{K_0}$, die rechte Seite enthält nur mehr η und das war willkürlich geblieben. Es gehört also zu jedem isoperimetrischen Problem eine *bestimmte* Konstante.

und in anderer Zusammenfassung:

$$\int_{x_0}^{x_1} [(f_y + \lambda g_y)\eta + (f_{y'} + \lambda g_{y'})\,\eta'\,]\,dx = 0. \tag{34}$$

Vergleicht man dies mit der Bedingung (9), die sich in **398** für ein Extrem ohne Nebenbedingung ergab, so gelangt man zu einer sehr einfachen Ausdrucksweise für das Ergebnis der Untersuchung, zu der *Eulerschen Regel*, die an den Vorgang bei Aufsuchung relativer Extreme im gewöhnlichen Sinne (**125**) erinnert.

Soll das Integral
$$J = \int_{x_0}^{x_1} f(x,\,y,\,y')\,dx$$

durch geeignete Bestimmung der Funktion y zu einem Extrem gemacht werden unter Einhaltung der Bedingung, daß das Integral
$$K = \int_{x_0}^{x_1} g(x,\,y,\,y')\,dx$$

einen vorgeschriebenen Wert l annehme, so kommt dies darauf zurück, das Integral
$$\int_{x_0}^{x_1} [f + \lambda g]\,dx$$

zu einem Extrem schlechtweg zu machen.

Die zugehörige *Eulersche* Gleichung

$$f_y - \frac{df_{y'}}{dx} + \lambda\left(g_y - \frac{dg_{y'}}{dx}\right) = 0 \tag{35}$$

oder kurz geschrieben
$$H_y - \frac{dH_{y'}}{dx} = 0, \tag{35*}$$

wenn man unter H das Aggregat $f + \lambda g$ versteht, führt zu einer allgemeinen Lösung von der Zusammensetzung

$$y = \varphi(x,\,\lambda,\,c_1,\,c_2); \tag{36}$$

zur Bestimmung der Integrationskonstanten c_1, c_2 und der isoperimetrischen Konstante λ hat man die Grenzbedingungen

$$y_0 = \varphi(x_0,\,\lambda,\,c_1,\,c_2), \quad y_1 = \varphi(x_1,\,\lambda,\,c_1,\,c_2)$$

und die isoperimetrische Bedingung
$$K = l.$$

407. Beispiele. 1. Unter allen Linien von gegebener Länge $2l$, die zwischen zwei Punkten M_0, M_1 in der Ebene gezogen werden können, diejenigen zu bestimmen, die mit der Sehne $M_0 M_1$ zusammen die größte Fläche einschließt.

Legt man die Abszissenachse durch M_0, M_1, den Ursprung in die Mitte der beiden Punkte, und bezeichnet die (positive) Abszisse von M_1 mit x_1 (Fig. 245), so soll

$$J = \int_{-x_1}^{x_1} y \, dx$$

ein Maximum werden und gleichzeitig

$$K = \int_{-x_1}^{x_1} \sqrt{1 + y'^2} \, dx = 2l \qquad \text{sein.}$$

Fig. 245.

Man hat also im vorliegenden Falle $H = y + \lambda \sqrt{1 + y'^2}$, daraus folgt

$$H_y = 1 \quad H_{y'} = \frac{\lambda y'}{\sqrt{1 + y'^2}}, \quad \frac{d H_{y'}}{dx} = \frac{\lambda y''}{(1 + y'^2)^{\frac{3}{2}}};$$

die Differentialgleichung des Problems ist

$$1 - \frac{\lambda y''}{(1 + y'^2)^{\frac{3}{2}}} = 0$$

und besagt, daß die Extremale die Eigenschaft $\varrho = \lambda$ besitzt, also ein *Kreis* ist. Schreibt man demnach das allgemeine Integral in der Form

$$(x - a)^2 + (y - b)^2 = \lambda^2,$$

so hat man zur Bestimmung von a, b, λ die Grenzbedingungen

$$(x_1 + a)^2 + b^2 = \lambda^2$$
$$(x_1 - a)^2 + b^2 = \lambda^2$$

und die Forderung $K = 2l$.

Der vorgeführten Lösung kann aber nur beschränkte Geltung zuerkannt werden, weil sie y als eine in dem Intervall $(-x_1, x_1)$ eindeutige Funktion voraussetzt[1]), was jedoch nur bedingt zutreffen wird. Es könnte somit ein Zweifel darüber entstehen, ob das Resultat von allgemeiner

---

1) Diese Bemerkung wird bei allen geometrischen Problemen gelten, da man bei der zu suchenden Kurve die Eindeutigkeit von y (und das Endlichbleiben von y') im Intervall (x_0, x_1) nicht von vornherein annehmen kann. Diesem Bedenken begegnet die von *Weierstrass* ausgebildete *parametrische* Behandlung der Variationsprobleme.

Geltung ist. Hier kann die Schwierigkeit durch Anwendung von Polarkoordinaten behoben werden; bei Benutzung des Sytems OX Fig. 245, hat man die Ansätze

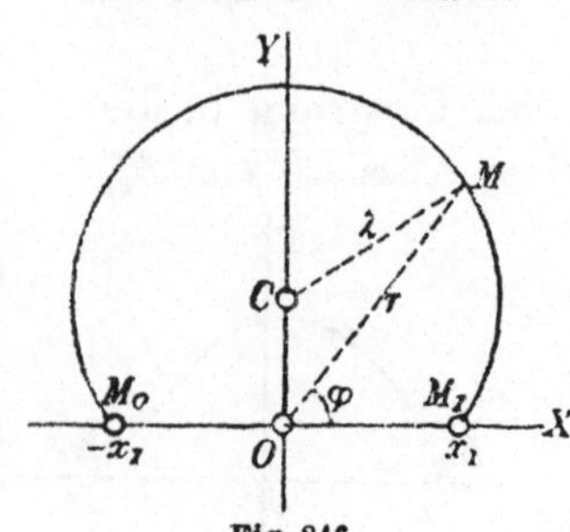

Fig. 246.

$$J = \tfrac{1}{2}\int_0^\pi r^2 d\varphi$$

$$K = \int_0^\pi \sqrt{r^2 + r'^2}\,d\varphi = 2l;$$

somit ist jetzt

$$H = \frac{1}{2}r^2 + \lambda\sqrt{r^2 + r'^2}, \quad H_r = r + \frac{\lambda r}{\sqrt{r^2 + r'^2}},$$

$$H_{r'} = \frac{\lambda r'}{\sqrt{r^2 + r'^2}}, \quad \frac{dH_{r'}}{d\varphi} = \frac{\lambda(r^2 r'' - r r'^2)}{(r^2 + r'^2)^{\frac{3}{2}}}$$

und hieraus ergibt sich die Differentialgleichung des Problems

$$1 + \frac{r^2 + 2r'^2 - r r''}{(r^2 + r'^2)^{\frac{3}{2}}}\,\lambda = 0,$$

die das frühere Resultat bestätigt; das veränderte Vorzeichen hängt mit dem Umlaufssinn zusammen.

Wählt man den Mittelpunkt C des Kreises bei nach aufwärts gerichteter Polarachse zum Pol und schreibt die Gleichung der Extremale

$$r = \lambda,$$

so lautet die isoperimetrische Bedingung[1])

$$2\int_0^{\arcsin\frac{x_1}{\lambda}} \lambda\,d\varphi = 2l,$$

gibt ausgeführt $\qquad \lambda\,\arcsin\frac{x_1}{\lambda} = l,$

und setzt man $\frac{l}{\lambda} = \vartheta$, so ergibt sich zur Bestimmung von ϑ die Gleichung

---

1) Oder aber, wie im Falle der obigen Figur

$$2\int_0^{\pi - \arcsin\frac{x_1}{\lambda}} \lambda\,d\varphi = 2l;$$

daraus geht $\frac{x_1}{\lambda} = \sin\frac{l}{\lambda}$ und wenn man $\frac{l}{\lambda} = \vartheta$ setzt, weiter $\frac{x_1}{l}\vartheta = \sin\vartheta$ hervor; man kommt also zu derselben Schlußgleichung, nur hat ϑ eine andere Bedeutung.

$$\frac{x_1}{l}\,\vartheta = \sin\vartheta,$$

die wegen $x_1 < l$ in dem Intervall $(0,\ \pi)$ eine und nur eine Wurzel hat, aus der sich dann λ ergibt.

2. Unter allen Linien von gegebener Länge, welche in einer Vertikalebene zwischen zwei gegebenen Punkten verlaufen, diejenige zu finden, deren Schwerpunkt am tiefsten liegt.

Mit dieser Aufgabe ist auch die Frage nach der Gleichgewichtsfigur eines schweren, homogenen, an seinen Enden festgehaltenen Fadens gelöst (vgl. **350**, 5).

Ordnet man die positive Ordinatenachse vertikal nach aufwärts an und bedenkt, daß sich die Schwerpunktsordinate als Quotient aus dem Integral $\int_{x_0}^{x_1} y\sqrt{1+y'^2}\,dx$ durch das Integral $\int_{x_0}^{x_1}\sqrt{1+y'^2}\,dx$ ausdrückt, und daß letzteres die gegebene Bogenlänge darstellt, so erkennt man, daß das Problem darauf zurückkommt, das Integral

$$J = \int_{x_0}^{x_1} y\sqrt{1+y'^2}\,dx$$

zu einem Minimum zu machen durch eine solche Funktion, die dem Integral

$$K = \int_{x_0}^{x_1}\sqrt{1+y'^2}\,dx$$

den vorgeschriebenen Wert l verleiht.

Zu denselben Ansätzen führt auch die folgende rein geometrische Aufgabe: In einer Ebene zwischen zwei Punkten eine Kurve von gegebener Länge zu ziehen, die bei der Rotation um eine in der Ebene liegende Gerade die kleinste Oberfläche beschreibt.

Da es sich um das Minimum schlechtweg des Integrals

$$\int_{x_0}^{x_1} (y+\lambda)\sqrt{1+y'^2}\,dx$$

handelt, also um das gleiche Problem wie in Beispiel 3., **401**, nur mit dem Unterschiede, daß $y+\lambda$ an die Stelle von y getreten ist (wodurch sich y' nicht verändert), so kann die Lösung unmittelbar angegeben werden; sie lautet:

$$y+\lambda = \frac{\alpha}{2}\left(e^{\frac{x-\beta}{\alpha}} + e^{-\frac{x-\beta}{\alpha}}\right).$$

Die Extremalen des allgemeinen Problems sind *Kettenlinien*; zur Bestimmung derjenigen, welche den speziellen Bedingungen genügen, lassen sich die erforderlichen Gleichungen aufstellen.

Führt man $\dfrac{x-\beta}{\alpha} = u$ als Parameter ein, so hat die Extremalenschar die Gleichungen (34): $\quad x = \beta + \alpha u, \quad y = \alpha \cosh u,$

und es muß $\alpha > 0$ sein, soll u gleichzeitig mit x wachsen. Die Ansätze zur Konstantenbestimmung und zur Ermittlung der Grenzen von u sind nun:

$$x_0 = \beta + \alpha u_0 \qquad y_0 = \alpha \cosh u_0$$
$$x_1 = \beta + \alpha u_1 \qquad y_1 = \alpha \cosh u_1,$$
$$l = \alpha (\sinh u_1 - \sinh u_0).$$

Benutzt man $\dfrac{u_1 + u_0}{2} = \mu, \quad \dfrac{u_1 - u_0}{2} = v$ als Hilfsgrößen, so ergibt sich

$$y_1 - y_0 = \alpha (\cosh u_1 - \cosh u_0) = 2\alpha \sinh \mu \sinh v$$
$$l = 2\alpha \cosh \mu \sinh v,$$

daraus durch Division $\qquad \operatorname{tgh} \mu = \dfrac{y_1 - y_0}{l};$

auf Grund dieser Gleichung kann mittels einer Tafel der hyperbolischen Funktionen $\left(\text{oder mittels der Gleichung } \dfrac{e^{2\mu} - 1}{e^{2\mu} + 1} = \dfrac{y_1 - y_0}{l}\right) \mu$, dann aus

$$\sqrt{l^2 - (y_1 - y_0)^2} = 2\alpha \sinh v, \quad x_1 - x_0 = 2\alpha v$$

der Quotient $\qquad \dfrac{\sinh v}{v} = \dfrac{\sqrt{l^2 - (y_1 - y_0)^2}}{x_1 - x_0}$

und aus diesem v selbst berechnet werden; dann aber ist es leicht, der Reihe nach u_0, u_1, α und β zu bestimmen.

3. Unter den Linien von gegebener Länge l, welche zwei gegebene Punkte M_0, M_1 von positiver Ordinate verbinden und ganz zu einer Seite der x-Achse verbleiben, diejenige zu bestimmen, die mit den Ordinaten von M_0, M_1 und der Abszissenachse eine Figur begrenzt, bei deren Rotation um diese Achse das größte Volumen erzeugt wird.

Aus den Formeln für das Volumen und die Bogenlänge:

$$v = \pi \int_{x_0}^{x_1} y^2 dx, \quad s = \int_{x_0}^{x_1} \sqrt{1 + y'^2}\, dx$$

folgt, daß es auf das Maximum des Integrals

$$\int_{x_0}^{x_1} \left(y^2 + \lambda \sqrt{1 + y'^2} \right) dx$$

ankommt. Aus $H = y^2 + \lambda \sqrt{1 + y'^2}$ erhält man

$$H_y = 2y, \quad H_{y'} = \frac{\lambda y'}{\sqrt{1 + y'^2}}, \quad \frac{dH_{y'}}{dx} = \frac{\lambda y''}{(1 + y'^2)^{\frac{3}{2}}},$$

die Differentialgleichung der Extremalen des Problems lautet also

$$2y - \frac{\lambda y''}{(1 + y'^2)^{\frac{3}{2}}} = 0$$

und drückt in der Gestalt $\qquad \rho = \dfrac{\lambda}{2y}$

geschrieben, eine geometrische Eigenschaft dieser Kurven aus, die sie als *elastische Linien* kennzeichnet. Ersetzt man nämlich y'' durch $y' \dfrac{dy'}{dy}$ und trennt die Variablen, so ergibt sich

$$\frac{y' dy'}{(1 + y'^2)^{\frac{3}{2}}} = \frac{2y\, dy}{\lambda}$$

und durch Integration $\qquad \dfrac{1}{\sqrt{1 + y'^2}} = \dfrac{\alpha - y^2}{\lambda},$

nach Auflösung in bezug auf y' und abermalige Integration schließlich

$$x + \beta = \int \frac{(\alpha - y^2)\, dy}{\sqrt{\lambda^2 - (\alpha - y^2)^2}};$$

dies aber unterscheidet sich von dem in **381, 3.** gefundenen Resultate dadurch, daß x und y miteinander vertauscht sind.

Die endgültige Darstellung ist — von dem Grenzfall $\alpha = \lambda$ abgesehen, der auf ein elementares Integral führt — nur mittels elliptischer Integrale möglich.

Mit vorstehender Aufgabe ist die Frage nach der Gestalt beantwortet, die ein homogener elastischer Stab annimmt, der an den Endpunkten festgehalten (nicht eingespannt) wird.

4. Unter allen Kurven zwischen zwei gegebenen Punkten, die mit den Endordinaten und der Abszissenachse Figuren von gegebenem Flächeninhalt bilden, diejenige zu bestimmen, die bei der Drehung um die x-Achse die kleinste Oberfläche beschreibt.

Das Problem führt auf die Extremalen des Integrals

$$\int\limits_{x_0}^{x_1} \left(y\sqrt{1+y'^2} + \lambda y\right) dx;$$

die zugehörige Differentialgleichung

$$\lambda + \frac{1+y'^2 - yy''}{(1+y'^2)^{\frac{3}{2}}} = 0$$

kann in die Gestalt $\lambda\, dy + d\left\{\dfrac{y}{\sqrt{1+y'^2}}\right\} = 0$

gebracht werden und gibt nach zweimaliger Integration

$$x + \alpha = \int \frac{(\lambda y + \beta)\, dy}{\sqrt{(1-\lambda^2)y^2 - 2\beta y - \beta^2}}.$$

Das Integral ist in endlicher Form ausführbar; sein Resultat und damit die Natur der Kurven hängt wesentlich davon ab, ob $1 - \lambda^2$ positiv, negativ oder Null ist; im letztgedachten Falle erhält man algebraische Kurven dritter Ordnung. Die Annahme $\beta = 0$ führt auf gerade Linien. Mit der Annahme $\lambda = 0$ ist die Nebenbedingung aufgehoben, man kommt daher in den Fall der Kettenlinie zurück (**401**, 3.).

5. Unter allen Kurven zwischen zwei Punkten M_0, M_1, die bei der Rotation um die x-Achse eine gegebene Oberfläche beschreiben, diejenige zu bestimmen, die mit den Endordinaten und der Abszissenachse eine Figur begrenzt, welche (bei derselben Rotation) gleichzeitig das größte Volumen erzeugt (Rotationskörper größten Volumens bei gegebener Oberfläche).

Es handelt sich um das Maximum des Integrals

$$\int\limits_{x_0}^{x_1} \left(y^2 + \lambda y \sqrt{1+y'^2}\right) dx.$$

Da x in H nicht explizit vorkommt, kann nach **400**, b) das Zwischenintegral

$$y^2 + \frac{\lambda y}{\sqrt{1+y'^2}} = \beta$$

unmittelbar angesetzt werden, woraus dann

$$x + \alpha = \int \frac{(\beta - y^2)\, dy}{\sqrt{\lambda^2 y^2 - (\beta - y^2)^2}} \qquad\qquad \text{folgt.}$$

Soll der Meridian von der x-Achse ausgehen, so muß die vorhergehende Gleichung auch durch $y = 0$ zu befriedigen sein, was nur dann der der Fall ist, wenn $\beta = 0$; dann aber ergibt sich als Gleichung der Extremale

$$(x + \alpha)^2 + y^2 = \lambda^2,$$

darstellend die Schar der Kreise aus den Punkten der x-Achse. Damit ist bewiesen, daß *die Kugel bei gegebener Oberfläche das größte Volumen* besitzt.

Zu dem nämlichen System von Extremalen führt das Problem des Rotationskörpers *kleinster* Oberfläche bei *gegebenem* Volumen; man erkennt die Richtigkeit dieser Aussage aus der Bemerkung, daß

$$H = y^2 + \lambda y \sqrt{1 + y'^2} = \lambda \overline{H},$$

wenn
$$\overline{H} = y \sqrt{1 + y'^2} + \overline{\lambda} y^2 \quad \text{und} \quad \overline{\lambda} = \frac{1}{\lambda}$$

gesetzt wird. So ordnet sich allgemein jedem isoperimetrischen Problem ein reziprokes zu und beide besitzen dasselbe Eztremalensystem.[1])

6. Die Gestalt eines homogenen Rotationskörpers von gegebener Masse zu bestimmen, der auf einen in der Rotationsachse gelegenen bestimmten Massenpunkt die größte Anziehung ausübt.

Das schraffierte Element des Flächenstreifens $PP'M'M$, Fig. 247, beschreibt bei der Rotation um OX einen Ring, der auf die Masseneinheit in O die Anziehung

$$\frac{2\pi\varrho\eta\,d\eta\,dx}{x^2 + \eta^2} \cdot \frac{x}{\sqrt{x^2 + \eta^2}}$$

Fig. 247.

ausübt, wenn ϱ die Massendichtigkeit ist. Demnach beträgt die von der Zone des Körpers, die von $PP'M'M$ erzeugt wird, ausgehende Anziehung

$$2\pi\varrho x\,dx \int_0^y \frac{\eta\,d\eta}{(x^2 + \eta^2)^{\frac{3}{2}}} = 2\pi\varrho \left(1 - \frac{x}{\sqrt{x^2 + y^2}}\right) dx.$$

Man hat also, um der gestellten Aufgabe zu genügen, y derart zu bestimmen, daß das Integral

$$J = \int \left(1 - \frac{x}{\sqrt{x^2 + y^2}}\right) dx$$

ein Maximum werde, während gleichzeitig das Integral

$$\int y^2\,dx$$

einen vorgeschriebenen Wert erlangt.

Die Funktion $H = 1 - \dfrac{x}{\sqrt{x^2 + y^2}} + \lambda y^2$ ist unabhängig von y', daher $H_{y'} = 0$, d. i.

---

1) Reziprozitätsgesetz der isoperimetrischen Probleme von A. Mayer.

$$(x^2 + y^2)^{\frac{3}{2}} + \frac{x}{2\lambda} = 0$$

bereits die endliche Gleichung der Extremalen; aus ihrer Polargleichung

$$r^2 + \frac{\cos\varphi}{2\lambda} = 0$$

erkennt man unmittelbar, daß der Meridian eine im Endlichen geschlossene, in bezug auf 0 symmetrische Kurve ist.

Zur Bestimmung von λ dient die gegebene Masse. Die Grenzen der Integrale ergeben sich nachträglich aus der Gleichung der Kurve.

B. Partielle Differentialgleichungen.

§ 1. Partielle Differentialgleichungen erster Ordnung.

408. Stellung des Problems. Geometrische Deutung. Eine *partielle Differentialgleichung erster Ordnung* mit zwei unabhängigen Variablen x, y und einer abhängigen z in allgemeinster Form drückt eine Beziehung zwischen x, y, z und den Ableitungen

$$\frac{\partial z}{\partial x} = p, \qquad \frac{\partial z}{\partial y} = q$$

aus, kann also geschrieben werden:

$$F(x, y, z, p, q) = 0. \tag{1}$$

Jede Bestimmung von z als Funktion von x, y, welche mit ihren ersten Ableitungen diese Gleichung identisch, d. h. für alle Wertverbindungen x/y befriedigt, heißt ein *Integral* derselben. Die Gleichnng (1) integrieren heißt *alle* ihre Integrale bestimmen.

Faßt man x, y, z als Koordinaten eines Punktes im Raume auf, so entspricht einem funktionalen Zusammenhange zwischen z und x, y eine *Fläche*. Ist dieser Zusammenhang ein solcher, daß er die Gleichung (1) identisch erfüllt, mit andern Worten, ist das so bestimmte z ein Integral von (1), so heißt die Fläche eine *Integralfläche* der Gleichung.

Bei dieser Auffassung kommt auch den Ableitungen p, q von z eine geometrische Bedeutung zu: sie bestimmen die *Stellung* der Tangentialebene im Punkte $x/y/z$ an die betreffende Fläche, deren Gleichung ja lautet: $$p(\xi - x) + q(\eta - y) - (\zeta - z) = 0. \tag{2}$$

Hiernach sind durch den Komplex der fünf Größen x, y, z, p, q ein Punkt im Raume und eine durch ihn gehende Ebene bestimmt; diese geometrische Verbindung nennt man ein *Flächenelement*[1]) und bezeichnet $x/y/z/p/q$ als seine Koordinaten.

Ist eine Fläche durch die Gleichung

$$\varphi(x, y, z) = 0 \tag{3}$$

gegeben, so können die zu einer Wertverbindung x/y (eines gewissen Bereichs) gehörigen Werte z, p, q, die beiden letzteren aus den Gleichungen

$$\frac{\partial \varphi}{\partial x} + \frac{\partial \varphi}{\partial z} p = 0, \qquad \frac{\partial \varphi}{\partial y} + \frac{\partial \varphi}{\partial z} q = 0 \tag{4}$$

ermittelt werden; dadurch ist ein Punkt der Fläche (3) und eine durch ihn gehende Ebene, die Tangentialebene, bestimmt. Folglich definiert die *endliche* Gleichung (3) so viele Flächenelemente, als die durch sie dargestellte Fläche Punkte aufweist, d. h. ∞^2 Flächenelemente (8).

Es entsteht die Frage nach der Menge der Flächenelemente, welche durch die Differentialgleichung (1) definiert sind. Erteilt man x, y, z bestimmte Werte, so drückt (1) nur noch eine Beziehung zwischen p, q an der Stelle $x/y/z$ aus und liefert zu jedem angenommenen Werte von p im allgemeinen einen anderen Wert (oder deren mehrere) von q, also ∞^1 Wertverbindungen p/q; jede Wertverbindung führt zu einem Flächenelement mit dem *Träger* $x/y/z$. Da dies für jeden Punkt des Raumes (unter Umständen bloß für einen Teil des Raumes) gilt, so ist die gestellte Frage dahin zu beantworten, daß die Gleichung (1) ∞^4 Flächenelemente definiert.

Um einen Einblick in deren Anordnung zu erlangen, stellen wir folgende Betrachtung an. Die Gesamtheit der Ebenen der Flächenelemente mit dem bestimmten Träger $x/y/z$ ist durch die Gleichung

$$p(\xi - x) + q(\eta - y) - (\zeta - z) = 0 \tag{5}$$

dargestellt, wobei die Parameter p, q durch die Gleichung

$$F(x, y, z, p, q) = 0 \tag{1}$$

untereinander verbunden sind. Im allgemeinen werden die Ebenen durch einen Kegel eingehüllt; um diesen zu erhalten, hat man (5) und (1) nach einem der Parameter, z. B. nach p zu differentiieren, dabei den anderen

---

1) Dieser Begriff ist gleichzeitig mit dem Begriff des Linienelementes in den Jahren 1870—71 von Sophus Lie eingeführt worden; vgl. die Fußnote zu 344.

als Funktion von diesem aufzufassen und aus den so erhaltenen Gleichungen

$$(\xi - x) + (\eta - y)\frac{dq}{dp} = 0$$

$$\frac{\partial F}{\partial p} + \frac{\partial F}{\partial q}\frac{dq}{dp} = 0$$

den Differentialquotienten $\frac{dq}{dp}$ zu eliminieren; die so gewonnene Gleichung

$$(\xi - x)\frac{\partial F}{\partial q} - (\eta - y)\frac{\partial F}{\partial p} = 0 \tag{6}$$

im Verein mit (5) und (1) bestimmt den Kegel, man hat, um seine Gleichung zu erhalten, zwischen den genannten drei Gleichungen oder zwischen

$$\frac{\xi - x}{\dfrac{\partial F}{\partial p}} = \frac{\eta - y}{\dfrac{\partial F}{\partial q}} = \frac{\zeta - z}{\dfrac{\partial F}{\partial p}p + \dfrac{\partial F}{\partial q}q} \tag{7}$$

und (1) p und q zu eliminieren. Geometrisch bedeuten die Gleichungen (7) eine durch $x/y/z$ laufende Gerade, die mit dem Punkte zusammen ein *Linienelement* bestimmt, das in der Ebene des betreffenden Flächenelements liegt, und der Ort dieser Linienelemente ist der in Rede stehende Kegel, den man als den zu $x/y/z$ gehörigen *Elementarkegel* bezeichnet.[1])

Dies alles gilt jedoch nur unter der Voraussetzung, daß die Nenner in (7) wirklich von p, q abhängen; hängen sie hingegen nur von x, y, z ab, so gibt es in dem Punkte $x/y/z$ nur *ein* Linienelement, durch das *alle* zu diesem Punkte gehörigen Flächenelemente hindurchgehen, so daß deren Ebenen ein Büschel bilden. Sollen aber zunächst $\frac{\partial F}{\partial p}, \frac{\partial F}{\partial q}$ nur von x, y, z abhängen, so muß (1) in bezug auf p, q linear sein, also die Form

$$\alpha p + \beta q - \gamma = 0$$

haben, wobei α, β, γ nur mehr Funktionen von x, y, z sind; alsdann ist nämlich

$$\frac{\partial F}{\partial p} = \alpha, \qquad \frac{\partial F}{\partial q} = \beta, \qquad \frac{\partial F}{\partial p}p + \frac{\partial F}{\partial q}q = \alpha p + \beta q = \gamma,$$

der dritte Nenner in (7) also auch unabhängig von p, q, und

$$\frac{\xi - x}{\alpha} = \frac{\eta - y}{\beta} = \frac{\zeta - z}{\gamma} \tag{8}$$

sind die Gleichungen des einzigen zu $x/y/z$ gehörigen Linienelements.

Dabei ist abgesehen von Punkten, in welchen die Nenner in (7) oder (8) verschwinden und die darum ein *singuläres Verhalten* zeigen;

---

1) Eingeführt durch O. Bonnet.

Wertsysteme $x/y/z/p/q$, für welche dies eintritt, bestimmen *singuläre Flächenelemente*.

Die Anordnung des Systems der nichtsingulären Flächenelemente, welche durch eine Differentialgleichung erster Ordnung definiert sind, kennzeichnet sich also in der Weise, daß die zu einem Punkte gehörigen Flächenelemente einer nichtlinearen Gleichung einen Kegel umhüllen, während sie bei einer linearen Gleichung ein Ebenenbüschel bilden.

Mit den eben entwickelten Begriffen kann das Problem der Integration der Gleichung (1) so gedeutet werden, daß es sich um die Auffindung aller Flächen handelt, deren Flächenelemente sämtlich dem durch (1) definierten Systeme angehören.

Ist eine solche Fläche gefunden und M ein Punkt auf ihr, so ist die Tangentialebene in diesem Punkte zugleich Tangentialebene an den zugeordneten Elementarkegel, eine Seite dieses Kegels also Tangente an die Fläche in M; war die Differentialgleichung linear, so ist die Achse des zu M gehörigen Ebenenbüschels Tangente der Fläche. In beiden Fällen gehört somit zu jedem Punkte einer Integralfläche ein bestimmtes sie berührendes Linienelement. Bewegt man sich auf der Fläche so, daß man beständig die Richtung dieses Linienelements einhält, so beschreibt man eine Kurve, die als eine *Charakteristik* der Integralfläche bezeichnet wird.

409. Lineare Differentialgleichungen. Eine *lineare Differentialgleichung erster Ordnung* hat die Form

$$Pp + Qq = R; \tag{1}$$

darin bedeuten die Koeffizienten P, Q, R (eindeutige) Funktionen von x, y, z.

Vergleicht man (1) mit der im vorigen Artikel besprochenen allgemeinen Differentialgleichung erster Ordnung, so hat man zu setzen:

$$F(x, y, z, p, q) = Pp + Qq - R, \qquad \text{folglich ist}$$

$$\frac{\partial F}{\partial p} = P, \quad \frac{\partial F}{\partial q} = Q, \quad \frac{\partial F}{\partial p}p + \frac{\partial F}{\partial q}q = Pp + Qq = R;$$

hiernach ist das dem Punkte $x/y/z$ durch (1) zugeordnete Linienelement außer durch den Punkt selbst durch die Gerade

$$\frac{\xi - x}{P} = \frac{\eta - y}{Q} = \frac{\zeta - z}{R}$$

bestimmt; auf *allen* durch diesen Punkt gehenden Integralflächen existiert also eine den Gleichungen $\dfrac{dx}{P} = \dfrac{dy}{Q} = \dfrac{dz}{R}$ $\qquad\qquad$ (2)

entsprechende Fortschreitungsrichtung.

Hiermit ist aber das Problem der Integration von (1) zurückgeführt auf ein System zweiter Ordnung von gewöhnlichen Differentialgleichungen erster Ordnung, dessen Theorie in **376** entwickelt worden ist. Dabei ergab sich, daß die vollständige Lösung eines solchen Systems analytisch in zwei voneinander unabhängigen Gleichungen der Form

$$u = a, \quad v = b \qquad\qquad (3)$$

besteht, wo u, v Funktionen von x, y, z und a, b willkürliche Konstanten bedeuten, und daß sie geometrisch durch ein zweifach unendliches System von Kurven im Raume dargestellt ist, die als Charakteristiken der Integralflächen von (1) auftreten.

Hebt man durch Aufstellung irgendeiner Relation $b = \varphi(a)$ zwischen den Parametern aus der zweifach unendlichen Kurvenmannigfaltigkeit eine einfach unendliche heraus, so erhält man als ihren Ort eine Integralfläche von (1): $\qquad\qquad v = \varphi(u).$ $\qquad\qquad$ (4)

Hiermit ist das *allgemeine Integral* der Differentialgleichung (1) gefunden, sofern man die Funktion φ unbestimmt läßt. Jede Spezialisierung ergibt ein *partikuläres Integral*.

Die Ergebnisse zusammenfassend kann man das folgende von Lagrange[1]) angegebene Verfahren aufstellen:

Um die lineare Differentialgleichung

$$Pp + Qq = R \qquad\qquad (1)$$

zu integrieren, bilde man mittels ihrer Koeffizienten das System gewöhnlicher Differentialgleichungen $\dfrac{dx}{P} = \dfrac{dy}{Q} = \dfrac{dz}{R},$ $\qquad\qquad$ (2)

suche zwei verschiedene Integrale $u = a$, $v = b$ *desselben und verbinde sie mittels der willkürlichen Funktion* φ *zu dem allgemeinen Integral*

$$v = \varphi(u). \qquad\qquad (4)$$

Das System (2) bezeichnet man als die *Hilfsgleichungen von Lagrange.*

Zum besseren Verständnis seien noch die folgenden Betrachtungen angefügt.

---

1) Nouv. Mém. de l'Acad. de Berlin 1779, 1785.

Jedes Integral $u = a$ des Systems (2) ist auch ein Integral der Gleichung (1). Denn aus $u = a$ folgt

$$\frac{\partial u}{\partial x}\,dx + \frac{\partial u}{\partial y}\,dy + \frac{\partial u}{\partial z}\,dz = 0$$

und daraus mit Rücksicht auf (2)

$$P\frac{\partial u}{\partial x} + Q\frac{\partial u}{\partial y} + R\frac{\partial u}{\partial z} = 0; \tag{5}$$

da aber weiter aus der impliziten Darstellung von z als Funktion von x, y, die durch $u = a$ vermittelt wird,

$$p = -\frac{\frac{\partial u}{\partial x}}{\frac{\partial u}{\partial z}}, \qquad q = -\frac{\frac{\partial u}{\partial y}}{\frac{\partial u}{\partial z}}$$

resultiert, so führt (5) tatsächlich auf

$$Pp + Qq = R \qquad\qquad \text{zurück.}$$

Im Hinblick auf (5) kann aber gesagt werden:

Das Problem der Integration der nichthomogenen linearen Differentialgleichung $\qquad Pp + Qq = R$
mit der unbekannten Funktion z ist äquivalent dem Problem der Integration der homogenen linearen Differentialgleichung

$$P\frac{\partial u}{\partial x} + Q\frac{\partial u}{\partial y} + R\frac{\partial u}{\partial z} = 0$$

mit der unbekannten Funktion u.

Daß, sofern u und v der Gleichung (5) genügen, dies auch von der mit einem willkürlichen φ gebildeten Funktion $v - \varphi(u)$ gilt, ist so zu erkennen. Die Ableitungen der letztgenannten Funktion nach x, y, z sind:

$$\frac{\partial v}{\partial x} - \varphi'(u)\frac{\partial u}{\partial x}, \quad \frac{\partial v}{\partial y} - \varphi'(u)\frac{\partial u}{\partial y}, \quad \frac{\partial v}{\partial z} - \varphi'(u)\frac{\partial u}{\partial z};$$

setzt man sie in der linken Seite von (5) statt der dort auftretenden Differentialquotienten ein, so verwandelt sie sich in

$$P\frac{\partial v}{\partial x} + Q\frac{\partial v}{\partial y} + R\frac{\partial v}{\partial z} - \varphi'(u)\left[P\frac{\partial u}{\partial x} + Q\frac{\partial u}{\partial y} + R\frac{\partial u}{\partial z}\right],$$

und dies verschwindet nach den gemachten Voraussetzungen in der Tat identisch und unabhängig von der Natur des φ.

Es läßt sich aber auch umgekehrt zeigen, daß eine endliche Gleichung von der Form (4) zu einer linearen Differentialgleichung führt, wenn man *die willkürliche Funktion φ eliminiert*. Differentiiert man nämlich (4) zu diesem Zwecke nach x und y, so ergeben sich die Gleichungen

$$\frac{\partial v}{\partial x} + \frac{\partial v}{\partial z} p = \varphi'(u)\left\{\frac{\partial u}{\partial x} + \frac{\partial u}{\partial z} p\right\}$$

$$\frac{\partial v}{\partial y} + \frac{\partial v}{\partial z} q = \varphi'(u)\left\{\frac{\partial u}{\partial y} + \frac{\partial u}{\partial z} q\right\};$$

eliminiert man hieraus das gleichfalls willkürliche $\varphi'(u)$ und ordnet das Resultat nach p, q, so kommt die Gleichung

$$\begin{vmatrix} \dfrac{\partial u}{\partial y} & \dfrac{\partial v}{\partial y} \\[2mm] \dfrac{\partial u}{\partial z} & \dfrac{\partial v}{\partial z} \end{vmatrix} p + \begin{vmatrix} \dfrac{\partial u}{\partial z} & \dfrac{\partial v}{\partial z} \\[2mm] \dfrac{\partial u}{\partial x} & \dfrac{\partial v}{\partial x} \end{vmatrix} q = \begin{vmatrix} \dfrac{\partial u}{\partial x} & \dfrac{\partial v}{\partial x} \\[2mm] \dfrac{\partial u}{\partial y} & \dfrac{\partial v}{\partial y} \end{vmatrix}$$

zustande, und das ist tatsächlich eine Gleichung der Form (1).

In geometrischer Beziehung sei bemerkt, daß eine Gleichung von dem Bau $v = \varphi(u)$ eine *Flächenkategorie*, d. h. die Gesamtheit von Flächen eines einheitlichen Bildungsgesetzes repräsentiert, dessen Natur von u, v abhängt; φ spezialisiert nur innerhalb der Kategorie.

Im vorigen Artikel sind die Ansätze

$$\frac{\partial F}{\partial p} = 0, \qquad \frac{\partial F}{\partial q} = 0, \qquad \frac{\partial F}{\partial p} p + \frac{\partial F}{\partial q} q = 0,$$

wovon der dritte eine notwendige Folge der zwei ersten ist, als Merkmal singulärer Flächenelemente angegeben worden, sofern es sich um die Gleichung $F(x, y, z, p, q) = 0$ handelt; für die *lineare* Gleichung lauten diese Ansätze $\qquad P = 0, \quad Q = 0, \quad R = 0$

und enthalten p, q nicht. Je nachdem diese drei Gleichungen unabhängig voneinander sind oder sich auf zwei, bzw. auf eine Gleichung reduzieren, gibt es nur einzelne *Punkte* singulären Verhaltens, oder eine Kurve, bzw. eine Fläche solcher Punkte.

410. Beispiele. 1. Zu der Differentialgleichung

$$\alpha p + \beta q = \gamma$$

mit *konstanten* Koeffizienten gehören die Hilfsgleichungen

$$\frac{dx}{\alpha} = \frac{dy}{\beta} = \frac{dz}{\gamma},$$

das System der Charakteristiken besteht also in der Gesamtheit der Geraden von der Richtung $\alpha : \beta : \gamma$, dessen analytische Darstellung

$$\gamma y - \beta z = a, \quad \gamma x - \alpha z = b$$

lautet. Das allgemeine Integral

$$\gamma x - \alpha z = \varphi(\gamma y - \beta z),$$

wofür in ungelöster Form $\psi(\gamma x - \alpha z, \gamma y - \beta z) = 0$ geschrieben werden kann, stellt, als stetige Folge einer einfach unendlichen Schar solcher Geraden, *eine der Richtung $\alpha : \beta : \gamma$ parallele Zylinderfläche* vor, deren sonstige Gestaltung von der Natur der Funktion φ abhängt. Die Mantellinien sind die Charakteristiken.

Auch jede Ebene, welche die Richtung $\alpha : \beta : \gamma$ enthält, ist somit eine Integralfläche.

Die Frage nach Punkten singulären Verhaltens ist hier durch die Natur der Differentialgleichung ausgeschlossen.

2. Die Differentialgleichung

$$(x - x_0)p + (y - y_0)q = z - z_0$$

bestimmt im Punkte $x/y/z$ die Richtung

$$\frac{dx}{x - x_0} = \frac{dy}{y - y_0} = \frac{dz}{z - z_0},$$

welche also zusammenfällt mit derjenigen, die diesen Punkt mit dem festen Punkte $x_0/y_0/z_0$ verbindet. Die durch die Hilfsgleichungen definierten Kurven bestehen sonach in dem Geradenbündel durch den Punkt $x_0/y_0/z_0$, und ihre analytische Darstellung lautet:

$$\frac{z - z_0}{y - y_0} = a, \qquad \frac{z - z_0}{x - x_0} = b.$$

Das allgemeine Integral

$$\psi\left(\frac{z - z_0}{x - x_0}, \ \frac{z - z_0}{y - y_0}\right) = 0,$$

da es einer stetigen Folge von unendlich vielen solchen Geraden entspricht, repräsentiert alle *Kegelflächen* mit dem Scheitel $x_0/y_0/z_0$; die spezielle Gestaltung hängt von der Wahl der Funktion ψ ab. Wiederum sind die Mantellinien zugleich die Charakteristiken.

Auch jede durch $x_0/y_0/z_0$ gelegte Ebene ist demnach eine Integralfläche.

Als einziger Punkt singulärer Natur ergibt sich der Punkt $x = x_0$, $y = y_0$, $z = z_0$, der Scheitel aller Kegel.

3. Die Differentialgleichung

$$xp + yq = 0$$

führt auf die Hilfsgleichungen

$$\frac{dx}{x} = \frac{dy}{y} = \frac{dz}{0}.$$

Ein Integral derselben ergibt sich aus der Schlußfolgerung $dz = 0$ und lautet

$$z = a,$$

ein zweites aus $\dfrac{dx}{x} = \dfrac{dy}{y}$, nämlich

$$\frac{y}{x} = b;$$

die erste dieser Gleichungen stellt alle zur z-Achse normalen Ebenen, die zweite alle durch die z-Achse gelegten Ebenen dar, beide ergeben die Gesamtheit der zur z-Achse normalen Geraden.

Das allgemeine Integral $\quad z = \varphi\left(\dfrac{y}{x}\right)$

ist sonach die allgemeine Gleichung der *geraden Konoide*, für welche die z-Achse Leitgerade ist (187). Als Charakteristiken treten die geradlinigen Erzeugenden auf.

Die Bedingungen für singuläre Punkte reduzieren sich auf die zwei Gleichungen $x = 0$, $y = 0$, womit die Leitgerade eines jeden Konoids als Ort von singulären Punkten gekennzeichnet ist.

4. Zu der Differentialgleichung

$$(\beta z - \gamma y)p + (\gamma x - \alpha z)q = \alpha y - \beta x$$

gehören die Hilfsgleichungen:

$$\frac{dx}{\beta z - \gamma y} = \frac{dy}{\gamma x - \alpha z} = \frac{dz}{\alpha y - \beta x}.$$

Ihre Integration ist in **377, 2.** ausgeführt worden und ergab die beiden von einander verschiedenen Integrale

$$\alpha x + \beta y + \gamma z = a$$
$$x^2 + y^2 + z^2 = b,$$

welche zusammen die Gesamtheit der um die Gerade

$$\frac{x}{\alpha} = \frac{y}{\beta} = \frac{z}{\gamma}$$

als Achse gelegten Kreise repräsentieren. Das allgemeine Integral

$$\alpha x + \beta y + \gamma z = \varphi(x^2 + y^2 + z^2)$$

ist demnach die allgemeine Gleichung der *Rotationsflächen*, welche die genannte Gerade zur Achse haben. Als Charakteristiken erscheinen die Parallelkreise.

Singuläre Punkte haben den Gleichungen

$$\beta z - \gamma y = 0, \quad \gamma x - \alpha z = 0, \quad \alpha y - \beta x = 0$$

zu genügen, die sich aber auf die zwei

$$\frac{x}{\alpha} = \frac{y}{\beta} = \frac{z}{\gamma}$$

zusammenziehen; sofern also die Rotationsachse mit der Rotationsfläche Punkte gemein hat, können diese singulärer Natur sein.

5. Die Differentialgleichung

$$xzp + yzq = xy$$

ergibt die Hilfsgleichungen: $\dfrac{dx}{xz} = \dfrac{dy}{yz} = \dfrac{dz}{xy}$;

die erste derselben hat das Integral $\dfrac{y}{x} = a$;

um ein zweites Integral zu finden, erweitere man die drei Brüche der Reihe nach mit y, x, $-2z$ und bilde hierauf die Summen der Zähler und Nenner; man erkennt so, daß

$$y\,dx + x\,dy - 2z\,dz = 0$$

sein müsse, und diese exakte Gleichung gibt das Integral

$$xy - z^2 = b.$$

Demnach ist die allgemeine Lösung der vorgelegten Gleichung

$$z^2 = xy + \varphi\left(\frac{y}{x}\right).$$

Sobald zwei der Variablen x, y, z verschwinden, sind die Bedingungen der Singularität erfüllt; die Koordinatenachsen enthalten also singuläre Punkte dieser Flächenkategorie.

6. Man löse die folgenden Gleichungen:

a) $x^2 y + y^2 q = z^2$; $\left(\text{Lösung: } \dfrac{1}{z} = \dfrac{1}{x} + \varphi\left(\dfrac{1}{x} - \dfrac{1}{y}\right)\right)$. Bei welcher Spezialisierung der willkürlichen Funktion φ stellt die Gleichung Kegelflächen zweiter Ordnung dar?)

b) $p \operatorname{tg} x + q \operatorname{tg} y = \operatorname{tg} z$; $\left(\text{Lösung: } \sin z = \sin x \cdot \varphi\left(\dfrac{\sin y}{\sin x}\right)\right)$.

c) $x^2 p - xy q + y^2 = 0$; $\left(\text{Lösung: } z = \dfrac{y^2}{3\,x} + \varphi(xy)\right)$.

d) $x^2(y - z)p + y^2(z - x)q = z^2(x - y)$;

$$\text{(Lösung: } yz + zx + xy = \varphi(xyz)\text{).}$$

411. Nichtlineare Differentialgleichungen. Wir setzen nunmehr von der Differentialgleichung

$$F(x,\, y,\, z,\, p,\, q) = 0 \tag{1}$$

ausdrücklich voraus, sie sei *nicht linear* in bezug auf p und q, und fragen nach den Integralen, welche sie besitzen kann.

Die Gleichung definiert, wie in **408** ausgeführt worden ist, ∞^4 Flächenelemente. Eine einzelne Fläche umfaßt ∞^2 Flächenelemente, somit kann ein zweifach unendliches System von Flächen alle ∞^4 Elemente der Gleichung (1) in sich vereinigen. Ist ein solches Flächensystem gefunden, so soll es ebenso wie seine Gleichung

$$\Phi(x,\, y,\, z,\, a,\, b) = 0, \tag{2}$$

die zwei unabhängige willkürliche Parameter enthalten muß, eine *vollständige Lösung* der Gleichung (1) genannt werden.

Die Probe dafür, ob (2) eine solche Lösung ist, wird in folgendem bestehen: Differentiiert man (2) nach x und nach y und eliminiert mit Hilfe der so erhaltenen Gleichungen

$$\left.\begin{aligned} \frac{\partial \Phi}{\partial x} + \frac{\partial \Phi}{\partial z}\,p &= 0 \\[2ex] \frac{\partial \Phi}{\partial y} + \frac{\partial \Phi}{\partial z}\,q &= 0 \end{aligned}\right\} \tag{3}$$

die Parameter a, b aus (2), so muß die Gleichung (1) zum Vorschein kommen.

Der Gang dieser Probe zeigt zugleich, *daß zu jedem zweifach unendlichen Flächensystem eine partielle Differentialgleichung erster Ordnung gehört.*

Es entsteht nun die Frage, ob eine vollständige Lösung, wenn sie einmal gefunden, *alle möglichen* Lösungen der Differentialgleichung herzustellen gestattet.

1. Mit der Annahme einer Beziehung

$$\varphi(a,\, b) = 0 \tag{4}$$

zwischen den Parametern a, b ist aus dem zweifach unendlichen Flächensysteme ein einfach unendliches herausgehoben. Besitzt letzteres eine Einhüllende, so stellt diese ebenfalls eine Lösung dar; denn (193) jedes ihrer Flächenelemente ist zugleich Flächenelement irgendeiner Fläche aus (2), genügt also der Gleichung (1). Nun wird die Gleichung der Einhüllenden gefunden, wenn man zuerst zwischen den Gleichungen

$$\frac{\partial \Phi}{\partial a} + \frac{\partial \Phi}{\partial b}\frac{db}{da} = 0$$

$$\frac{\partial \varphi}{\partial a} + \frac{\partial \varphi}{\partial b}\frac{db}{da} = 0$$

den Differentialquotienten $\dfrac{db}{da}$, dann zwischen dem Resultate und den beiden Gleichungen (2) und (4) die Parameter eliminiert; im ganzen kommt es also auf die Elimination von a, b aus den drei Gleichungen

$$\Phi = 0, \qquad \varphi = 0, \qquad \frac{\partial \Phi}{\partial a}\frac{\partial \varphi}{\partial b} - \frac{\partial \Phi}{\partial b}\frac{\partial \varphi}{\partial a} = 0 \tag{5}$$

an. Eine so erhaltene Lösung, dadurch gekennzeichnet, daß sie von einer willkürlich festzusetzenden Funktion φ abhängt, wird als *allgemeine Lösung* bezeichnet.

Hervorzuheben ist, daß die Einhüllende mit jeder eingehüllten Fläche unendlich viele Elemente gemein hat, deren Punkte eine Kurve — die *Charakteristik* — erfüllen.

2. Die Einhüllende des zweifach unendlichen Systems (2), falls eine solche existiert, stellt auch eine Lösung von (1) dar; denn jedes Flächenelement dieser Einhüllenden ist gleichzeitig Flächenelement irgendeiner Fläche aus dem Systeme (2); befriedigt also die Gleichung (1). Man erhält aber die Gleichung der Einhüllenden durch Elimination von a, b zwischen den drei Gleichungen

$$\Phi = 0, \qquad \frac{\partial \Phi}{\partial a} = 0, \qquad \frac{\partial \Phi}{\partial b} = 0; \tag{6}$$

eine so gefundene Lösung wird als *singuläre Lösung* der Gleichung (1) bezeichnet.

Sie ist singulär in dem Sinne, daß sie aus den *singulären Flächenelementen* der Gleichung (1) besteht, wie die folgende Überlegung zeigt. Die singulären Flächenelemente von (1) genügen außer dieser Gleichung auch noch den Gleichungen $\dfrac{\partial F}{\partial p} = 0$, $\dfrac{\partial F}{\partial q} = 0$.

Ist $\Phi(x, y, z, a, b) = 0$ eine vollständige Lösung von (1), so muß sich, wie schon bemerkt, die Differentialgleichung wieder ergeben, wenn man a, b mit Hilfe von

$$\frac{\partial \Phi}{\partial x} + \frac{\partial \Phi}{\partial z} p = 0$$
$$\frac{\partial \Phi}{\partial y} + \frac{\partial \Phi}{\partial z} q = 0 \tag{3}$$

eliminiert. Man kann also $\Phi(x, y, z, a, b) = 0$ als die Differentialgleichung des Flächensystems ansehen, wenn man darin a, b aus (3) ersetzt. An dieser Auffassung festhaltend, hat man zur Auffindung der singulären Flächenelemente die folgenden Gleichungen zu benützen:

$$\frac{\partial \Phi}{\partial a} \frac{\partial a}{\partial p} + \frac{\partial \Phi}{\partial b} \frac{\partial b}{\partial p} = 0$$
$$\frac{\partial \Phi}{\partial a} \frac{\partial a}{\partial q} + \frac{\partial \Phi}{\partial b} \frac{\partial b}{\partial q} = 0. \tag{7}$$

Ist nun wirklich $\Phi = 0$ eine vollständige Lösung von $F = 0$, so können $\frac{\partial a}{\partial p}$, $\frac{\partial a}{\partial q}$, $\frac{\partial b}{\partial p}$, $\frac{\partial b}{\partial q}$ nicht sämtlich und beständig Null sein; denn dies hieße, daß sich aus (7) Werte für a, b ergeben, die unabhängig sind von p, q, wodurch $F = 0$ als Folge von $\Phi = 0$ ausgeschlossen wäre. Dann aber können (7) nur bestehen, wenn

$$\frac{\partial \Phi}{\partial a} = 0, \qquad \frac{\partial \Phi}{\partial b} = 0. \tag{8}$$

Die Träger singulärer Flächenelemente, wenn solche verhanden sind, genügen also nicht nur den Gleichungen

$$F = 0, \qquad \frac{\partial F}{\partial p} = 0, \qquad \frac{\partial F}{\partial q} = 0, \tag{9}$$

sondern auch den Gleichungen

$$\Phi = 0, \qquad \frac{\partial \Phi}{\partial a} = 0, \qquad \frac{\partial \Phi}{\partial b} = 0; \tag{10}$$

die singuläre Integralfläche als Ort dieser Träger ergibt sich also sowohl aus (9) durch Elimination von p, q wie aus (10) durch Elimination von a, b.

Analytisch ist eine singuläre Lösung dadurch gekennzeichnet, daß sie weder von einem veränderlichen Parameter, noch von einer willkürlich festzusetzenden Funktion abhängt.

Zu beachten ist der Umstand, daß die singuläre Lösung mit jeder Fläche des Systems (2) nur einen oder mehrere vereinzelte Punkte gemein hat (200).

Hiermit sind *alle* Integralflächen erschöpft, welche die Gleichung (1) haben kann.

Um dies zu erkennen, sei $z = f(x, y)$ *irgendeine* Lösung; die durch sie vertretenen ∞^2 Flächenelemente können unter die Flächenelemente der Flächen des Systems (2) nur auf drei verschiedene Arten verteilt sein.

1. Sie kommen *alle* auf *einer* Fläche des Systems (2) vor, dann ist diese identisch mit $z = f(x, y)$ und man hat es mit einer *partikulären* Lösung aus (2) selbst zu tun.

2. Sie verteilen sich auf einfach unendlich viele Flächen aus dem Systeme (2) derart, daß auf jeder einfach unendlich viele vorkommen; dann ist $z = f(x, y)$ Einhüllende dieser einfach unendlichen Flächenschar, also ein besonderer Fall der allgemeinen Lösung.

3. Sie verteilen sich auf *alle* Flächen des Systems (2) derart, daß auf jeder nur ein oder eine beschränkte Anzahl von Flächenelementen vorkommt; dann aber ist $z = f(x, y)$ die Einhüllende des Systems (2), also die singuläre Lösung der Gleichung (1).

Eine andere, bezüglich der Integrale von $F(x, y, z, p, q) = 0$ zu erledigende Frage geht dahin, ob eine solche Gleichung *nur eine* vollständige Lösung besitzt, mit anderen Worten, ob sich die ∞^4 Flächenelemente jener Gleichung nur auf eine Art in eine zweifach unendliche Flächenschar zusammenfassen lassen.

Die Antwort ergibt sich in folgender Weise. Angenommen, es sei eine vollständige Lösung gefunden,

$$\Phi(x, y, z, a, b) = 0;$$

um einen besonderen Fall der allgemeinen Lösung daraus abzuleiten, setze man
$$b = \varphi(a, a', b'),$$
unter φ eine bestimmte Funktion und unter a', b' willkürliche Parameter verstanden; es bleibt dann zwischen

$$\Phi(x, y, z, a, \varphi(a, a', b')) = 0 \quad \text{und} \quad \frac{\partial \Phi}{\partial a} = 0$$

a zu eliminieren. Das Resultat dieser Elimination wird aber eine Gleichung

$$\Psi(x, y, z, a', b') = 0$$

sein, welche wieder zwei willkürliche Parameter enthält und daher auch eine vollständige Lösung darstellt. Da die Wahl von φ auf unendlich viele Arten getroffen werden kann, so erkennt man, daß die vorgelegte Differentialgleichung unbegrenzt vieler vollständiger Lösungen fähig ist.

Die Betrachtung läßt aber auch erkennen, daß ein wesentlicher Unterschied zwischen vollständigen und allgemeinen Lösungen nicht besteht; nur die singuläre Lösung spielt eine besondere Rolle; sie ist Einhüllende sowohl der vollständigen wie der allgemeinen Lösungen.

In zusammenfassender Wiederholung der Ergebnisse kann der folgende Satz ausgesprochen werden: *Ist von einer Differentialgleichung*

$$F(x, y, z, p, q) = 0$$

ein vollständiges Integral $\Phi(x, y, z, a, b) = 0$

gefunden, so ist damit der Zugang zu allen Integralen gewonnen. Verbindet man a mit b durch eine Relation

$$\varphi(a. b) = 0,$$

so ergibt die Elimination von a, b zwischen

$$\Phi = 0, \quad \varphi = 0, \quad \frac{\partial \Phi}{\partial a}\frac{\partial \varphi}{\partial b} - \frac{\partial \Phi}{\partial b}\frac{\partial \varphi}{\partial a} = 0$$

einen Fall des allgemeinen Integrals. Und eliminiert man, wenn es möglich ist, a, b zwischen

$$\Phi = 0, \quad \frac{\partial \Phi}{\partial a} = 0, \quad \frac{\partial \Phi}{\partial b} = 0,$$

so erhält man die singuläre Lösung.

412. Erläuterndes Beispiel. Zur Erläuterung des Vorgeführten möge ein Fall, der geometrisch leicht zu durchblicken ist, eingehend besprochen werden. Es wird dabei von der vollständigen Lösung ausgegangen.

Die endliche Gleichung

$$(x - a)^2 + (y - b)^2 + z^2 = r^2, \tag{α}$$

in welcher r konstant ist, repräsentiert die zweifach unendliche Schar von Kugeln des Halbmessers r, deren Zentren in der xy-Ebene liegen.

Um die zugehörige Differentialgleichung zu erlangen, bilde man durch Differentiation nach x, y die Gleichungen:

$$x - a + zp = 0$$
$$y - b + zq = 0$$

und eliminiere mit Hilfe derselben a und b; es ergibt sich auf diese Weise

$$z^2(p^2 + q^2 + 1) = r^2 \tag{β}$$

als die verlangte Differentialgleichung, von welcher die vorgelegte endliche Gleichung eine vollständige Lösung ist.

Zwischen den Parametern a, b eine Relation aufstellen heißt diejenigen Kugeln herausheben, deren Zentren auf der durch die Gleichung $\varphi(a, b) = 0$ dargestellten Kurve liegen; die Einhüllende dieser Kugeln, eine Röhrenfläche (**195**, 3.), ist bei jeder Wahl von φ ein besonderer Fall des allgemeinen Integrals. Setzt man beispielsweise $b = a$, differentiiert

$$(x - a)^2 + (y - a)^2 + z^2 = r^2$$

partiell nach a, wodurch $\quad x - a + y - a = 0$

erhalten wird, und eliminiert a, so entsteht

$$(x - y)^2 + 2z^2 = 2r^2 \tag{γ}$$

als Gleichung eines geraden Kreiszylinders vom Halbmesser r, deren Achse den Winkel XOY halbiert.

Um die singuläre Lösung zu erhalten, hat man zwischen

$$(x - a)^2 + (y - b)^2 + z^2 = r^2, \quad x - a = 0, \quad y - b = 0$$

a und b zu eliminieren; man gelangt so zu

$$z^2 = r^2. \tag{δ}$$

Zu dem gleichen Resultat führt auch die Elimination von p, q zwischen (β) und $\qquad\qquad pz^2 = 0$

$$qz^2 = 0;$$

denn diese Gleichungen können bei unbestimmtem z nur bestehen, wenn $p = 0$, $q = 0$ ist, und dies führt wieder auf $z^2 = r^2$.

Diese Gleichung stellt ein Paar zur xy-Ebene paralleler Ebenen in den Abständen $-r$, r dar. Dieses Ebenenpaar hüllt nicht bloß alle Kugeln, sondern auch alle Röhrenflächen ein.

Setzt man ferner in der vollständigen Lösung

$$b = a'a + b' \qquad \text{und eliminiert zwischen}$$

$$(x - a)^2 + (y - a'a - b')^2 + z^2 = r^2,$$
$$x - a + a'(y - a'a - b') = 0$$

den Parameter a, so kommt man zu

$$(y - a'x - b')^2 + (1 + a'^2)(z^2 - r^2) = 0 \tag{ε}$$

und dies ist eine vollständige Lösung. Die geometrische Bedeutung dieses Vorganges ist leicht zu erkennen. Die Gleichung $b = a'a + b'$ ist die Gleichung aller Geraden in der xy-Ebene, folglich die zuletzt gefundene Gleichung der analytische Ausdruck für alle geraden Kreiszylinder, deren

Achsen in der xy-Ebene liegen. Diese Zylinder umfassen *alle* Flächenelemente des zweifach unendlichen Kugelsystems, ordnen sie aber anders an.

Durch einen zwischen den Ebenen $z = -r$ und $z = r$ angenommenen Punkt M gehen unendlich viele Kugeln aus dem Systeme (α), aber auch unendlich viele Zylinder aus dem Systeme (ε); die Tangentialebenen an alle die Flächen in M werden durch einen Kegel eingehüllt, und zwar durch einen Kreiskegel mit zur xy-Ebene senkrechter Achse; es ist dies der diesem Punkte entsprechende Elementarkegel. Fällt der Punkt in die xy-Ebene, so degeneriert der Kegel in eine zur xy-Ebene senkrechte Gerade, und fällt M in eine der Ebenen $z = \mp r$, so degeneriert der Kegel in diese Ebene selbst; zu Punkten außerhalb des Zwischenraums der genannten Ebenen gehört kein reeller Elementarkegel, wie auch keine reellen Integralflächen durch sie hindurchgehen.

413. Besondere Formen nichtlinearer Differentialgleichungen. Bevor wir an die Entwicklung einer allgemeinen Methode zur Integration nichtlinearer Differentialgleichungen erster Ordnung gehen, sollen einige besondere Formen behandelt werden, bei denen die geometrische Überlegung allein zum Ziele führt. Auch von dem Gedanken kann man Gebrauch machen, welcher der allgemeinen Methode zugrunde liegt und darin besteht, daß man eine Relation zwischen p, q und einer willkürlichen Konstanten a aufzustellen sucht, die mit der vorgelegten Differentialgleichung zusammen zu solchen Bestimmungen für p, q führt, welche die Gleichung $\quad dz = p\,dx + q\,dy$

zu einer exakten machen; bei der Integration dieser Gleichung tritt eine zweite Konstante b hinzu, so daß das Resultat eine vollständige Lösung der ursprünglichen Gleichung darstellen wird.

1. Wir beginnen mit der Differentialgleichung

$$F(p, q) = 0, \tag{1}$$

welche keine der drei Variablen x, y, z explizit enthält.

Sind $p = a$, $q = b$ zwei der Gleichung (1) genügende Werte, so ist jede in der Gleichung $\quad z = ax + by + c \tag{2}$

enthaltene Ebene eine Integralfläche, denn aus (2) folgt $p = a$, $q = b$; folglich genügt jedes Flächenelement einer solchen Ebene mit seinen fünf Koordinaten $x/y/z/p/q$ der Gleichung (1).

Durch (2) und $$F(a, b) = 0 \qquad\qquad (3)$$

ist aber ein zweifach unendliches Ebenensystem bestimmt und dieses bildet eine vollständige Lösung der Gleichung.

Jeder Fall der allgemeinen Lösung, als Einhüllende einer einfach unendlichen Ebenenschar, ist eine abwickelbare Fläche. In diesem Sinne kann daher (1) als *Differentialgleichung aller abwickelbaren Flächen* angesehen werden, solange F unbestimmt gelassen ist (**198**).

Betrachtet man in (2) a und c als die unabhängigen Parameter (b ist vermöge (3) Funktion von a), so erforderte die Auffindung einer singulären Lösung das Nullsetzen der partiellen Ableitungen von $z - ax - by - c$ in bezug auf a und c; dies aber würde zu den Gleichungen $- x = 0$, $- 1 = 0$ führen, deren zweite absurd ist; eine singuläre Lösung besitzt also die Gleichung (1) nicht.

Es liege beispielsweise die Gleichung

$$p^2 + q^2 = m^2$$

vor. Eine vollständige Lösung derselben ergibt sich aus

$$z = ax + by + c$$

und $$a^2 + b^2 = m^2;$$

sie lautet $$z = ax + \sqrt{m^2 - a^2}\, y + c$$

und charakterisiert alle Ebenen, welche mit der xy-Ebene einen Winkel vom Kosinus $\dfrac{1}{\sqrt{m^2 + 1}}$ oder der Tangens m bilden.

Jede Annahme über die Abhängigkeit von a und c führt zu einem Falle der allgemeinen Lösung, also auch die Annahme $c = 0$; um das zugehörige Integral zu finden, hat man zwischen

$$z = ax + \sqrt{m^2 - a^2}\, y$$

$$0 = x - \frac{ay}{\sqrt{m^2 - a^2}}$$

a zu eliminieren. Multipliziert man zu diesem Ende die zweite Gleichung mit $\sqrt{m^2 - a^2}$ und bildet dann die Summe der Quadrate beider, so ergibt sich $$z^2 = m^2(x^2 + y^2);$$

dies ist die Gleichung eines Kreiskegels mit O als Scheitel und der z-Achse als Achse; die Mantellinien wie auch die Tangentialebenen dieses Kegels sind zur xy-Ebene unter einem Winkel geneigt, dessen Tangens gleich m ist.

2. Von einem gemeinsamen Gesichtspunkte aus lassen sich die Differentialgleichungen der drei Formen

$$F(x,\ p,\ q) = 0 \tag{1}$$

$$F(y,\ p,\ q) = 0 \tag{2}$$

$$F(z,\ p,\ q) = 0 \qquad \text{lösen.} \tag{3}$$

Einer Ebene mit der Gleichung

$$p\xi + q\eta - \zeta = C \tag{4}$$

ist bei gegebenen p, q vermöge der Gleichung (1) ein bestimmtes x zugeordnet; folglich befinden sich in dieser Ebene unendlich viele Flächenelemente, deren Punkte in einer zur yz-Ebene parallelen Geraden liegen. Daraus schließt man, daß sich unter den Integralflächen der Gleichung (1) auch Zylinder befinden, welche der genannten Koordinatenebene parallel sind.

Desgleichen gehören zu den Integralflächen der Gleichungen (2) und (3) auch Zylinderflächen, welche der zx-, bzw. xy-Ebene parallel sind.

Die allgemeinen Gleichungen einer Richtung sind

$$\frac{\xi}{\alpha} = \frac{\eta}{\beta} = \frac{\zeta}{\gamma}$$

und die Bedingung dafür, daß die Ebene (4) dieser Richtung parallel sei, drückt sich durch die Beziehung

$$\alpha p + \beta q - \gamma = 0 \tag{5} \qquad \text{aus.}$$

Ist die Richtung der yz-Ebene parallel, so ist $\alpha = 0$, daher

$$\beta q - \gamma = 0, \quad \text{woraus} \quad q = a;$$

ist sie der zx-Ebene parallel, so ist $\beta = 0$, daher

$$\alpha p - \gamma = 0, \quad \text{woraus} \quad p = a; \tag{2*}$$

ist sie endlich der xy-Ebene parallel, so ist $\gamma = 0$, daher

$$\alpha p + \beta q = 0, \quad \text{woraus} \quad q = ap. \tag{3*}$$

Die Beziehungen (1*), (2*), (3*) führen zur Integration der Gleichungen (1), (2), (3) beziehungsweise.

Bei $q = a$ ergibt sich aus Gleichung (1) durch Auflösung nach p: $p = f(x,\ a)$; hiermit wird

$$dz = f(x,\ a)dx + a dy$$

und daraus ergibt sich das vollständige Integral

$$z = \int f(x,\ a)dx + ay + b. \tag{I}$$

Bei $p = a$ liefert Gleichung (2) durch Auflösung: $q = \varphi(y, a)$; hiermit wird
$$dz = a\,dx + \varphi(y, a)dy$$
und daraus folgt das vollständige Integral

$$z = ax + b + \int \varphi(y, a)dy. \tag{II}$$

Gleichung (3) gibt, wenn darin $q = ap$ gesetzt wird, $p = \psi(z, a)$; demnach lautet nun die Gleichung $dz = pdx + qdy$ wie folgt:
$$dz = \psi(z, a)\{dx + ady\}$$
und gibt nach Trennung der Variablen das vollständige Integral

$$x + ay + b = \int \frac{dz}{\psi(z, a)}. \tag{III}$$

Eine singuläre Lösung gibt es in den vorliegenden Fällen nicht, weil die Differentiation nach einem der Parameter, nach b, zu einer absurden Gleichung führen würde.

Zur Illustration mögen die folgenden besonderen Fälle dienen.

Die Gleichung $\qquad p = 2xq$

gibt auf Grund von (I) die vollständige Lösung
$$z = ax^2 + ay + b,$$
eine zweifach unendliche Schar parabolischer Zylinder.

Die Gleichung $\qquad q = 2yp^2$

liefert die vollständige Lösung
$$z = ax + a^2y^2 + b,$$
gleichfalls in einer zweifach unendlichen Schar parabolischer Zylinder bestehend.

Die Gleichung $\qquad 9(zp^2 + q^2) = 4$

hat die vollständige Lösung
$$(z + a^2)^3 = (x + ay + b)^2,$$
welche eine zweifach unendliche Schar von Zylinderflächen dritter Ordnung darstellt.

3. Ein bemerkenswertes Verhalten zeigt die Gleichung
$$z = xp + yq + f(p, q), \tag{1}$$
welche der nach Clairaut benannten gewöhnlichen Differentialgleichung (364) nachgebildet ist und gewöhnlich als *verallgemeinerte Clairautsche Gleichung* bezeichnet wird.

Erteilt man darin p und q willkürliche Werte a und b, so stellt sie eine Ebene dar, und jeder Punkt dieser Ebene in Verbindung mit ihr selbst bildet ein Flächenelement, das der Gleichung (1) genügt, mithin ist diese Ebene

$$z = ax + by + f(a, b) \tag{2}$$

eine Integralfläche. Denkt man sich jetzt unter a, b veränderliche Parameter, so stellt (2) ein vollständiges Integral der Gleichung (1) dar.

Man kann sich von dieser Tatsache auch dadurch überzeugen, daß man (2) nach x, dann nach y differentiiert und hierauf a und b eliminiert; die Differentiation gibt $\qquad p = a, \qquad q = b$ und die Elimination von a, b aus (2) führt tatsächlich zu (1).

Fügt man zu (2) eine Gleichung

$$\varphi(a, b) = 0$$

zwischen den beiden Parametern hinzu, so wird damit aus (2) ein einfach unendliches System von Ebenen ausgelöst, dessen Einhüllende eine developpable Fläche ist; in der allgemeinen Lösung der Clairautschen Gleichung sind also lauter developpable Flächen enthalten.

Die etwa vorhandene singuläre Lösung erhält man durch Elimination von a, b zwischen den Gleichungen:

$$z = ax + by + f(a, b), \quad 0 = x + \frac{\partial f}{\partial a}, \quad 0 = y + \frac{\partial f}{\partial b},$$

oder von p, q zwischen den Gleichungen:

$$z = xp + yq + f(p, q), \quad 0 = x + \frac{\partial f}{\partial p}, \quad 0 = y + \frac{\partial f}{\partial q};$$

hier ist es augenscheinlich, daß beides zu dem nämlichen Resultat führt.

Die verallgemeinerte Clairautsche Gleichung ist der analytische Ausdruck für ein Problem, das eine Fläche zu bestimmen verlangt aus einer Eigenschaft ihrer Tangentialebene, die von der Lage des Berührungspunktes in der Ebene unabhängig und daher von allen ihren Punkten gleichmäßig erfüllt ist. Bringt man nämlich die Gleichung der Tangentialebene im Punkte $x/y/z$ der unbekannten Fläche, d. i.

$$\zeta - z = p(\xi - x) + p(\eta - y),$$

auf die Form $\qquad \zeta = p\xi + q\eta + z - qx - qy, \tag{3}$

so bestimmt der Ausdruck $z - px - qy$ den Abschnitt der Ebene auf der z-Achse; hiernach hängt dieser Abschnitt im allgemeinen von x, y, p und q ab; soll er von der Lage des Berührungspunktes in der Ebene unabhängig sein, so muß er sich auf eine Funktion $f(p, q)$ von p und q allein reduzieren, so daß

$$z - px - qy = f(p, q)$$

wird. Dies aber ist die Clairautsche Gleichung, nur mit veränderter Anordnung ihrer Glieder.

Wird beispielsweise nach der Fläche gefragt, deren Tangentialebenen vom Ursprunge um eine gegebene Strecke r entfernt sind, so führt dies notwendig auf eine Clairautsche Gleichung, weil von der Lage des Berührungspunktes in dem Problem nicht gesprochen wird. In der Tat, die Ebene (3) hat vom Ursprunge den Abstand

$$\frac{z - px - qy}{\sqrt{p^2 + q^2 + 1}},$$

folglich ist

$$\frac{z - px - qy}{\sqrt{p^2 + q^2 + 1}} = r$$

oder

$$z = px + qy + r\sqrt{p^2 + q^2 + 1} \tag{4}$$

die Differentialgleichung der gesuchten Fläche.

Diese selbst ist die mit dem Halbmesser r um den Ursprung beschriebene Kugel und bildet die *singuläre* Lösung von (4), während die zweifach unendliche Gesamtheit ihrer Tangentialebenen

$$z = ax + by + r\sqrt{a^2 + b^2 + 1}$$

eine *vollständige* Lösung ausmacht. Jede andere — in der *allgemeinen* enthaltene — Lösung besteht in einer der Kugel umschriebenen Developpabeln (**220**).

Es liege zur Lösung die Clairautsche Lösung

$$z = px + qy + 3\sqrt[3]{kpq}$$

vor. Aus ihrer vollständigen Lösung

$$z = ax + by + 3\sqrt[3]{kab}$$

ergibt sich durch Eliminiation von a, b mit Zuhilfenahme der Gleichungen

$$0 = x + \frac{kb}{\sqrt[3]{k^2 a^2 b^2}}$$

$$0 = y + \frac{ka}{\sqrt[3]{k^2 a^2 b^2}}$$

die singuläre Löung
$$xyz = k.$$

Jede Relation, die man zwischen a, b aufstellt, führt zu einem besonderen Falle der allgemeinen Lösung; so hat man, um die der Annahme

$$ab = k^2$$

entsprechende Lösung zu finden, zwischen den Gleichungen

$$z = ax + \frac{k^2}{a}y + 3k$$

$$0 = x - \frac{k^2}{a^2}y$$

a zu eliminieren und erhält das Resultat:

$$(z - 3k)^2 = 4k^2xy;$$

dies ist die Gleichung eines Kegels zweiter Ordnung mit der Spitze $0/0/3k$ (**410**, 2)).

4. Läßt sich eine Differentialgleichung auf die Form

$$\varphi(x, p) = \psi(y, q) \tag{1}$$

bringen, so gelangt man zu einer vollständigen Lösung dadurch, daß man die beiden Teile von (1) einer willkürlichen Konstanten a gleichsetzt und bezüglich p und q auflöst; man findet so:

$$p = \varphi_1(x, a), \qquad q = \psi_1(y, a)$$

und hiermit wird $\quad dz = \varphi_1(x, a)dx + \psi_1(y, a)dy$

zu einer exakten Gleichung, deren Integral

$$z = \int \varphi_1(x, a)\,dx + \int \psi_1(y, a)dy + b \qquad \text{ist.} \tag{2}$$

Ein Beispiel hierzu bietet die Gleichung

$$p^2 + q^2 = x + y;$$

als vollständige Lösung ergibt sich laut (2)

$$z = \int \sqrt{x + a}\,dx + \int \sqrt{y - a}\,dy + b,$$

d. i. $\qquad z = \frac{2}{3}(x + a)^{\frac{3}{2}} + \frac{2}{3}(y - a)^{\frac{3}{2}} + b.$

5. Man bestimme die vollständige Lösung der Gleichung $pq = k$, prüfe, ob sie eine singuläre Lösung besitzt und ermittle jenen besonderen Fall der allgemeinen Lösung, welcher der Annahme $c = 0$ (**413**, 1.) entspricht.

6. Man löse die Gleichungen:

$\alpha)$ $$p^2 = z^2(1 - pq);$$

$$\left(\text{Lösung: } x + ay + b = \sqrt{1 + az^2} + \frac{1}{2}\, l\,\frac{\sqrt{1 + az^2} - 1}{\sqrt{1 + az^2} + 1}\right).$$

$\beta)$ $$p^2 + xp = q;$$

$$\left(\text{Lösung: } z - ay + b = -\frac{x^2}{4} + \frac{x}{4}\sqrt{x^2 + 4a} + al\left(x + \sqrt{x^2 + 4a}\right)\right).$$

7. Die Fläche zu bestimmen, deren Tangentialebenen auf den drei Koordinatenachsen Abschnitte von konstantem Produkt bilden (Lösung: $xyz = k^3$).

8. Die Fläche zu bestimmen, deren Tangentialebenen auf den drei Koordinatenachsen Abschnitte von konstanter Summe bilden (Lösung: $(\sqrt{x} + \sqrt{y} + \sqrt{z})^2 = k$).

414. Allgemeine Methode zur Lösung nichtlinearer Gleichungen. Die allgemeine, von **Lagrange** und **Charpit**[1]) herrührende Methode der Integration einer nichtlinearen Gleichung

$$F(x, y, z, p, q) = 0 \tag{1}$$

geht darauf aus, eine zweite Gleichung zwischen x, y, z, p, q und einer willkürlichen Konstanten a:

$$f(x, y, z, p, q) = a \tag{2}$$

zu finden derart, daß die aus (1) und (2) resultierenden Bestimmungen für p, q (im allgemeinen Funktionen von x, y, z, a)

$$dz = pdx + qdy \tag{3}$$

zu einer exakten Gleichung (**353**) machen. Die hierfür notwendige Bedingung besteht darin, daß p, vollständig nach y differentiiert, dasselbe Resultat ergeben muß, wie die vollständige Differentiation von q nach

x, d. h. daß $$\frac{\partial p}{\partial y} + \frac{\partial p}{\partial z}\frac{\partial z}{\partial y} = \frac{\partial q}{\partial x} + \frac{\partial q}{\partial z}\frac{\partial z}{\partial x}$$

oder, wenn man für $\dfrac{\partial z}{\partial x}$, $\dfrac{\partial z}{\partial y}$ wieder die Zeichen p, q gebraucht, daß

$$\frac{\partial p}{\partial y} + \frac{\partial p}{\partial z}q = \frac{\partial q}{\partial x} + \frac{\partial q}{\partial z}p \tag{4}$$

identisch erfüllt sein muß.

---

1) In einem 1784 der Pariser Akademie vorgelegten, jedoch nicht gedruckten Mémoire, über dessen Inhalt S. F. **Lacroix** in seinem Traité du calc. diff. et du calc. intégr., t. II (1814) p. 527 sq. berichtet. Indessen ist, da die Abhandlung auch später nie veröffentlicht wurde, an **Charpits** Verdienst gezweifelt worden.

Um diese Bedingung auszuführen, differentiiere man (1), (2) unter dem Gesichtspunkte, daß p, q Funktionen von x, y, z sind, nach x, wodurch

$$\frac{\partial F}{\partial x} + \frac{\partial F}{\partial p}\frac{\partial p}{\partial x} + \frac{\partial F}{\partial q}\frac{\partial q}{\partial x} = 0$$

$$\frac{\partial f}{\partial x} + \frac{\partial f}{\partial p}\frac{\partial p}{\partial x} + \frac{\partial f}{\partial q}\frac{\partial q}{\partial x} = 0$$

erhalten wird; daraus resultiert, wenn man sich zur Bezeichnung der Funktionaldeterminanten der in **291** erwähnten Donkinschen Schreibweise bedient, durch Elimination von $\frac{\partial p}{\partial x}$:

$$\frac{\partial(F,f)}{\partial(x,p)} + \frac{\partial(F,f)}{\partial(q,p)}\frac{\partial q}{\partial x} = 0. \tag{5}$$

Die Differentiation von (1), (2) nach y gibt:

$$\frac{\partial F}{\partial y} + \frac{\partial F}{\partial p}\frac{\partial p}{\partial y} + \frac{\partial F}{\partial q}\frac{\partial q}{\partial y} = 0$$

$$\frac{\partial f}{\partial y} + \frac{\partial f}{\partial p}\frac{\partial p}{\partial y} + \frac{\partial f}{\partial q}\frac{\partial q}{\partial y} = 0$$

und daraus resultiert durch Elimination von $\frac{\partial q}{\partial y}$:

$$\frac{\partial(F,f)}{\partial(y,q)} + \frac{\partial(F,f)}{\partial(p,q)}\frac{\partial p}{\partial y} = 0. \tag{6}$$

Die Differentiation von (1), (2) nach z endlich liefert:

$$\frac{\partial F}{\partial z} + \frac{\partial F}{\partial p}\frac{\partial p}{\partial z} + \frac{\partial F}{\partial q}\frac{\partial q}{\partial z} = 0$$

$$\frac{\partial f}{\partial z} + \frac{\partial f}{\partial p}\frac{\partial p}{\partial z} + \frac{\partial f}{\partial q}\frac{\partial q}{\partial z} = 0$$

und daraus folgert man, einmal $\frac{\partial p}{\partial z}$, ein zweitesmal $\frac{\partial q}{\partial z}$ eliminierend:

$$\frac{\partial(F,f)}{\partial(z,p)} + \frac{\partial(F,f)}{\partial(q,p)}\frac{\partial q}{\partial z} = 0, \tag{7}$$

$$\frac{\partial(F,f)}{\partial(z,q)} + \frac{\partial(F,f)}{\partial(p,q)}\frac{\partial p}{\partial z} = 0. \tag{8}$$

Die Einsetzung der aus (5), (6), (7), (8) gezogenen Werte für $\frac{\partial q}{\partial x}$, $\frac{\partial p}{\partial y}$, $\frac{\partial q}{\partial z}$, $\frac{\partial p}{\partial z}$ in die Bedingungsgleichung (4) gibt zunächst folgendes Resultat:

$$\frac{\partial(F,f)}{\partial(x,p)} + \frac{\partial(F,f)}{\partial(y,q)} + \frac{\partial(F,f)}{\partial(z,p)}p + \frac{\partial(F,f)}{\partial(z,q)}q = 0.$$

Entwickelt man die Funktionaldeterminanten, ordnet nach den Ableitungen der unbekannten Funktion f und benützt zur Bezeichnung der

Differentialquotienten der gegebenen Funktion $F(x, y, z, p, q)$ die Abkürzungen:

$$\frac{\partial F}{\partial x} = X, \quad \frac{\partial F}{\partial y} = Y, \quad \frac{\partial F}{\partial z} = Z, \quad \frac{\partial F}{\partial p} = P, \quad \frac{\partial F}{\partial q} = Q,$$

so gelangt man zu der Gleichung;

$$\left. \begin{array}{l} P\dfrac{\partial f}{\partial x} + Q\dfrac{\partial f}{\partial y} + (Pp + Qq)\dfrac{\partial f}{\partial z} \\[2mm] - (X + pZ)\dfrac{\partial f}{\partial p} - (Y + qZ)\dfrac{\partial f}{\partial q} = 0, \end{array} \right\} \qquad (9)$$

aus welcher f zu bestimmen ist. Hiernach hängt diese Bestimmung von einer homogenen linearen Differentialgleichung (409) ab, die wiederum auf die Integration eines Systems gewöhnlicher Differentialgleichungen, nämlich

$$\frac{dx}{P} = \frac{dy}{Q} = \frac{dz}{Pp + Qq} = -\frac{dp}{X + pZ} = -\frac{dq}{Y + qZ} \qquad (10)$$

zurückführt.

Ein Integral dieses Systems und damit auch ein Integral der Gleichung (9) ist bekannt: es ist die Funktion $F(x, y, z, p, q)$. In der Tat, setzt man in (9) statt der Ableitungen von f jene von F ein, so wird sie identisch befriedigt, da

$$PX + QY + (Pp + Qq)Z - (X + pZ)P - (Y + qZ)Q \equiv 0 \quad \text{ist.}$$

Hat man ein zweites, davon verschiedenes Integral des Systems (10) gefunden, so kommt es nur noch auf die Integration der exakten Gleichung (3) an.

In den besonderen Fällen, welche den Gegenstand des vorigen Artikels gebildet haben, führt die allgemeine Methode ebenfalls zum Ziele und bestätigt die dort auf Grund geometrischer Überlegung gemachten Aufstellungen.

So ist bei der Differentialgleichung $F(p, q) = 0$

$$X = Y = Z = 0,$$

infolgedessen geben die beiden letzten Teile der Hilfsgleichungen

$$dp = 0, \quad dq = 0, \quad \text{woraus} \quad p = a, \quad q = b,$$

wozu die weitere notwendige Bedingung $F(a, b) = 0$ hinzutritt.

Die Differentialgleichung $F(x, p, q) = 0$ gibt

$$Y = 0, \qquad Z = 0,$$

infolgedessen ist vermöge (10)

$$dq = 0, \quad \text{woraus} \quad q = a.$$

Des weiteren gibt $F(y, p, q) = 0$

$$X = 0, \qquad Z = 0,$$

daher ist auf Grund von (10)

$$dp = 0, \quad \text{woraus} \quad p = a.$$

Die nächste Form $F(z, p, q) = 0$ führt zu

$$X = 0, \qquad Y = 0,$$

womit die beiden letzten Teile von (10) sich vereinfachen auf

$$\frac{dp}{p} = \frac{dq}{q}, \quad \text{woraus} \quad q = ap.$$

Die als letzte behandelte Gleichung $\varphi(x, p) - \psi(y, q) = 0$ ergibt

$$X = \frac{\partial \varphi}{\partial x}, \quad Z = 0, \quad P = \frac{\partial \varphi}{\partial p}$$

und hiermit verbinden sich der erste und vierte Teil von (10) zu der Gleichung

$$\frac{dx}{\dfrac{\partial \varphi}{\partial p}} = -\frac{dp}{\dfrac{\partial \varphi}{\partial x}},$$

woraus

$$\frac{\partial \varphi}{\partial x}\, dx + \frac{\partial \varphi}{\partial p}\, dp = 0$$

und weiter $\qquad\qquad \varphi(x, p) = a \qquad\qquad$ folgt.

415. Beispiele. 1. Zu der Differentialgleichung

$$xp + yq - pq = 0$$

gehören die Hilfsgleichungen:

$$\frac{dx}{x - q} = \frac{dy}{y - p} = -\frac{dz}{pq} = -\frac{dp}{p} = -\frac{dq}{q},$$

aus deren zwei letzten Teilen sich

$$q = ap$$

ergibt. Dies mit der gegebenen Gleichung verbunden gibt (mit Außerachtlassung von $p = 0$)

$$p = \frac{x}{a} + y, \quad q = x + ay \qquad \text{und hiermit wird}$$

$$dz = \left(\frac{x}{a} + y\right) dx + (x + ay)\, dy,$$

also $\qquad\qquad ad z = (x + ay)(dx + ady),$

woraus durch Integration die vollständige Lösung

$$2az = (x + ay)^2 + b$$

erhalten wird; sie stellt ein zweifach unendliches System zur xy-Ebene paralleler parabolischer Zylinder dar.

2. Die Differentialgleichung

$$(qy + z)^2 - p = 0$$

führt zu den Hilfsgleichungen:

$$- dx = \frac{dy}{2y(qy + z)} = \frac{dz}{- p + 2qy(qy + z)} = \frac{dp}{- 2p(qy + z)} = \frac{dq}{- 4q(qy + z)};$$

die Verbindung des zweiten Teiles mit dem letzten reduziert sich auf die exakte Gleichung

$$\frac{2\, dy}{y} + \frac{dq}{q} = 0,$$

deren Integral in der Gestalt $\qquad q = \dfrac{a}{y^2}$

geschrieben werden kann; hiermit aber gibt die vorgelegte Gleichung

$$p = \left(\frac{a}{y} + z\right)^2.$$

Die Einsetzung dieser Werte in $dz = p\, dx + q\, dy$ liefert zunächst:

$$dz = \left(\frac{a}{y} + z\right)^2 dx + \frac{a}{y^2}\, dy,$$

und nach Abtrennung der exakten Teile:

$$dz - \frac{a}{y^2}\, dy = \left(\frac{a}{y} + z\right)^2 dx;$$

beachtet man aber, daß die linke Seite das Differential von $\dfrac{a}{y} + z$ ist, so kann für die letzte Gleichung auch geschrieben werden:

$$\frac{d\left(\dfrac{a}{y} + z\right)}{\left(\dfrac{a}{y} + z\right)^2} = dx,$$

und das Integral hiervon gibt die vollständige Lösung:

$$z + \frac{1}{x + b} + \frac{a}{y} = 0.$$

Durch eine andere Auswahl aus dem fünfgliedrigen Ansatze kann man zu einer andern vollständigen Lösung gelangen (**411**); so folgt aus der Verbindung des zweiten Gliedes mit dem vierten

$$py = a$$

und unter Zuziehung der Differentialgleichung

$$p = \frac{a}{y} \qquad q = -\frac{z}{y} + \frac{1}{y}\sqrt{\frac{a}{y}};$$

hiermit aber ergibt sich

$$dz = \frac{a}{y}\,dx + \left(-\frac{z}{y} + \frac{1}{y}\sqrt{\frac{a}{y}}\right)dy$$

und durch Umstellung die exakte Gleichung

$$d(yz) = a\,dx + \sqrt{\frac{a}{y}}\,dy,$$

aus der schließlich in rationaler Form

$$(yz - ax - b)^2 = 4ay \qquad\qquad \text{folgt.}$$

Aus beiden vollständigen Lösungen ergibt sich, wie es sein muß, eine und dieselbe singuläre Lösung, nämlich $y = 0$.

3. Die Gleichung $xp^2 + yq^2 - 2pq = 0$ zu integrieren. (Vollständige

Lösung: $z + b = a(x - y) - 2a\sqrt{1 - xy} - al\,\dfrac{x\sqrt{1 - xy} - x}{y\sqrt{1 - xy} + y}\Big)$.

§ 2. Partielle Differentialgleichungen zweiter Ordnung.

416. Allgemeine Bemerkungen. War es bei den Differentialgleichungen erster Ordnung möglich, über die Zusammensetzung ihrer Integrale Aufschluß zu erlangen und allgemeine Methoden zu ihrer Integration zu entwickeln, so ist dies bei Differentialgleichungen zweiter und höherer Ordnung bisher nicht gelungen; nur einzelne spezielle Formen sind mit besonderen Hilfsmitteln gelöst worden, darunter vornehmlich solche, zu welchen Probleme der Geometrie, Mechanik und Physik geführt haben.

Eine Differentialgleichung zweiter Ordnung mit zwei unabhängigen Variablen ist im allgemeinen eine Relation zwischen acht Größen: den drei Variablen x, y, z und den fünf Differentialquotienten erster und zweiter Ordnung p, q; r, s, t von z; ihr Ausdruck ist also

$$F(x, y, z, p, q, r, s, t) = 0. \tag{1}$$

In geometrischer Auslegung bedeutet die Integration einer solchen Gleichung die Bestimmung von Flächen, welche nicht allein mit ihren Flächenelementen — Punkten im Verein mit deren Tangentialebenen — sondern auch bezüglich der Krümmungsverhältnisse gewisse Bedingungen erfüllen, die eben in der Gleichung (1) ihren analytischen Ausdruck finden.

Gelingt es auf irgendeinem Wege, aus (1) eine Gleichung abzuleiten, welche r, s, t nicht enthält, also eine Gleichung

$$f(x, y, z, p, q) = 0, \tag{2}$$

so ist die weitere Lösung auf ein bereits behandeltes Problem, auf die Integration einer Differentialgleichung erster Ordnung, zurückgeführt. Die Gleichung (2) wird ein *erstes*, ein *intermediäres* oder ein *Zwischenintegral* der Gleichung (1) genannt.

In den beiden folgenden Artikeln wird eine Auswahl spezieller Gleichungen vorgeführt werden, bei denen durch einfache Überlegungen ein Weg zur Integration gefunden werden kann. Zu ihnen gehören auch die in bezug auf die unbekannte Funktion z und ihre Ableitungen p, q, r, s, t *linearen* Gleichungen und unter diesen insbesondere die homogenen mit *konstanten* Koeffizienten. Im Anschlusse daran werden zwei wichtige umfassende Formen, die **Ampère**sche und die **Monge**sche Gleichung behandelt werden, unter welche sich auch manche der vorhin erwähnten speziellen Gleichungen unterordnen lassen.

417. Einige besondere Gleichungsformen. 1. Die Differentialgleichung

$$r = f(x) \tag{1}$$

ist wie eine gewöhnliche zu behandeln, jedoch mit dem Bemerken, daß an die Stelle der Integrations*konstanten* eine willkürliche Funktion von y, das bei dem ganzen Prozesse als konstant betrachtet wird, zu setzen ist, um das Integral in seiner größten Allgemeinheit zu erhalten. Hiernach ergibt sich nach einmaliger Integration:

$$p = \int f(x)\,dx + \varphi(y)$$

— dies das Zwischenintegral — und nach abermaliger Integration:

$$z = \int dx \int f(x)\,dx + x\varphi(y) + \psi(y). \tag{2}$$

Die allgemeinste Lösung, in expliziter Form geschrieben, enthält also außer einer bestimmten Funktion von x zwei willkürliche Funktionen von y.

In ähnlicher Weise wäre $t = f(y)$ zu lösen.

2. Ein analoger Vorgang führt zur Lösung von

$$s = f(x, y), \tag{3}$$

nur mit dem Unterschiede, daß nach zwei verschiedenen Variablen integriert wird; man erhält bei der Integrationsfolge y, x zuerst:

$$p = \int f(x, y)\, dy + \varphi'(x)$$

schließlich: $z = \int dx \int f(x, y)\, dy + \varphi(x) + \psi(y).$ (4)

3. Die Gleichungen

$$\left. \begin{aligned} r + Pp &= Q \\ t + Qq &= R \\ s + Pp &= Q, \end{aligned} \right\}$$ (5)

worin P, Q, R Funktionen von x, y bedeuten, erscheinen, in den Formen

$$\frac{dp}{dx} + Pp = Q$$

$$\frac{dq}{dy} + Qq = R$$

$$\frac{dp}{dy} + Pp = Q$$

geschrieben, als gewöhnliche lineare Differentialgleichungen erster Ordnung, sofern man in der ersten y, in den beiden letzten x als konstant auffaßt. Ihre Integration nach der in **357** entwickelten Methode führt zu einem Zwischenintegral, das wieder als gewöhnliche Differentialgleichung anzusehen ist.

Ein Beispiel zu dem ersten Falle bietet die Gleichung

$$xr - p = xy;$$

transformiert man sie auf $\dfrac{dp}{dx} - \dfrac{p}{x} = y,$

so gibt sie zunächst $p = x \left\{ \chi(y) + y\, lx \right\}$
und nach nochmaliger Integration

$$z = \frac{x^2}{2}\, \chi(y) + y \left(\frac{x^2}{2}\, lx - \frac{x^2}{4} \right) + \psi(y);$$

die beiden Glieder $\dfrac{x^2}{2}\, \chi(y) - \dfrac{x^2 y}{4}$ ziehen sich aber zu $x^2 \varphi(y)$ zusammen, wobei $\varphi(y)$ wieder eine willkürliche Funktion von y bedeutet, so daß endgültig

$$y = \frac{x^2 y}{2}\, lx + x^2 \varphi(y) + \psi(y).$$

4. Sind P, Q, R Funktionen von x, y, p, so kann die Gleichung

$$Pr + Qs = R$$ (6)

als lineare partielle Differentialgleichung erster Ordnung behandelt werden; man braucht sie nur in der Gestalt

$$P \frac{\partial p}{\partial x} + Q \frac{\partial p}{\partial y} = R$$

zu schreiben; ihre Integration ist also vorerst auf die Integration des Systems

$$\frac{dx}{P} = \frac{dy}{Q} = \frac{dp}{R}$$

zurückgeführt; das Zwischenintegral, welches sich so ergibt, verhält sich wie eine gewöhnliche Differentialgleichung.

Als Beispiel hierzu diene die Gleichung

$$p + r + s = 1;$$

die zugehörigen Hilfsgleichungen

$$dx = dy = \frac{dp}{1 - p}$$

ergeben die beiden unabhängigen Lösungen:

$$x - y = a, \qquad 1 - p = be^{-y},$$

und aus diesen folgt das allgemeine Integral:

$$\frac{1 - p}{e^{-y}} = \varphi'(x - y)$$

oder

$$p = 1 - e^{-y}\varphi'(x - y)$$

woraus schließlich $\quad z = x - e^{-y}\varphi(x - y) + \psi(y).$

5. Bei der Differentialgleichung

$$q^2 r - 2pqs + p^2 t = 0, \tag{7}$$

welche alle fünf Differentialquotienten enthält, kann von dem folgenden auch in einigen anderen Fällen zum Ziele führenden Verfahren Gebrauch gemacht werden.

Mit Hilfe der Gleichungen

$$dp = r\,dx + s\,dy$$
$$dq = s\,dx + t\,dy$$

lassen sich nämlich aus (7) r und t ausscheiden, indem man darin

$$r = \frac{dp - s\,dy}{dx}, \qquad t = \frac{dq - s\,dx}{dy}$$

einsetzt; die umgestaltete Gleichung lautet dann:

$$q^2 dp\,dy + p^2 dq\,dx = s(q\,dy + p\,dx)^2,$$

enthält nur einen zweiten Differentialquotienten und wird befriedigt, wenn gleichzeitig

$$q^2 dp\,dy + p^2 dq\,dx = 0$$
$$q\,dy + p\,dx = 0$$

ist; die erste Gleichung vereinfacht sich aber vermöge der zweiten, so daß man schließlich das Gleichungspaar

$$q\,dp - p\,dq = 0$$
$$q\,dy + p\,dx = 0$$

zu integrieren hat; die erste Gleichung gibt

$$\frac{p}{q} = a\,,$$

die zweite, weil ihre linke Seite dz darstellt,

$$z = b\,;$$

das allgemeine Integral lautet also:

$$\frac{p}{q} = \varphi(z)$$

und bildet in der Anordnung $p - \varphi(z)q = 0$
eine homogene lineare Differentialgleichung, welche mittels der Hilfsgleichungen

$$dx = -\frac{dy}{\varphi(z)} = \frac{dz}{0}$$

zu lösen ist. Einmal folgt daraus $z = C$
und hiermit weiter $\qquad y + x\varphi(C) = C'\,;$
schließlich also ergibt sich die allgemeine Lösung, wenn man $C' = \psi(C)$ setzt, d. h. $\qquad y + x\varphi(z) = \psi(z)\,.$

418. Bezüglich der Funktion und ihrer Differentialquotienten lineare Gleichungen. Besondere Beachtung verdienen wegen ihres Auftretens in den Anwendungen der Analysis diejenigen Gleichungen, welche in bezug auf z und seine Differentialquotienten p, q, r, s, t, ... linear sind in dem Sinne, daß die Koeffizienten nur mehr von x, y abhängen, und unter diesen insbesondere die *homogenen* Gleichungen mit *konstanten Koeffizienten*.

Gleichungen der angegebenen Art haben mit den gewöhnlichen linearen Differentialgleichungen (383) mancherlei Analogien. So hat eine Gleichung von der Form

$$a_0 z + 2b_0 p + 2b_1 q + c_0 r + 2c_1 s + c_2 t = 0, \qquad (1)$$

also eine homogene Differentialgleichung, gleichgültig, ob die Koeffizienten a_0, b_0, b_1, ..., konstant oder Funktionen von x, y sind, die Eigenschaft, daß, sobald sie durch

$$z = \varphi(x, y)$$

befriedigt wird, auch $z = C\varphi(x, y)$ ein Integral derselben ist; und weiter, wenn $z = \varphi_1(x, y)$, $z = \varphi_2(x, y)$ zwei Integrale jener Gleichung vorstellen, auch der mit willkürlichen Konstanten C_1, C_2 gebildete Ausdruck

$$z = C_1 \varphi_1(x, y) + C_2 \varphi_2(x, y)$$

ein Integral bedeutet; diese Bemerkung, von deren Richtigkeit man sich ebenso leicht wie bei gewöhnlichen Differentialgleichungen überzeugt, ist wichtig für die Konstruktion des allgemeinen Integrals.

Wir setzen nun die Koeffizienten der Gleichung (1) als *konstant* voraus. Führt man in ihre linke Seite den mit vorläufig unbestimmten Zahlen α, β gebildeten Ausdruck

$$z = e^{\alpha x + \beta y} \tag{2}$$

ein, so verwandelt sie sich in das Produkt

$$e^{\alpha x + \beta y} [a_0 + 2b_0\alpha + 2b_1\beta + c_0\alpha^2 + 2c_1\alpha\beta + c_2\beta^2];$$

mithin ist (2) nur dann, dann aber immer ein Integral von (1), wenn α, β der quadratischen Gleichung

$$a_0 + 2b_0\alpha + 2b_1\beta + c_0\alpha^2 + 2c_1\alpha\beta + c_2\beta^2 = 0 \tag{3}$$

genügen. Ist also α_k, β_k eine Lösung dieser *charakteristischen Gleichung*, so ist
$$C_k e^{\alpha_k x + \beta_k y}$$

ein Integral, und das allgemeinste Integral ist

$$z = \sum C_k e^{\alpha_k x + \beta_k y}, \tag{4}$$

die Summe eigentlich über die ∞^1 Wertverbindungen α_k / β_k erstreckt, welche der Gleichung (3) entsprechen.

Von besonderem Interesse ist der Fall, daß die linke Seite von (3) Zerlegung in lineare Faktoren gestattet, so daß

$$(A_1\alpha + B_1\beta + C_1)(A_2\alpha + B_2\beta + C_2) = 0$$

ist. Zieht man daraus die beiden Bestimmungen

$$\beta = m\alpha + n, \qquad \beta = m'\alpha + n',$$

so zerfällt (4) in zwei Teile:

$$z = e^{ny} \sum C e^{(x + my)\alpha} + e^{n'y} \sum C' e^{(x + m'y)\alpha},$$

die Summen über alle reellen Werte von α erstreckt und jedem α ein beliebiges C zugeordnet. Die erste Summe aber stellt in letzter Linie eine willkürliche Funktion von $x + my$, die zweite eine willkürliche

Funktion von $x + m'y$ dar; man hat also unter solchen Umständen

$$z = e^{ny}\,\varphi(x + my) + e^{n'y}\psi(x + m'y) \qquad (5)$$

als allgemeinstes Integral von (1).

Zur Illustration dieses Verfahrens mögen zwei *Beispiele* dienen, deren erstes insofern von historischem Interesse ist, als es die erste partielle Differentialgleichung zweiter Ordnung betrifft, die zur Lösung gebracht wurde — durch **Euler** —; das zweite ist ein bloßer Spezialfall des ersten und behandelt eine Differentialgleichung, die in der Theorie schwingender Saiten auftritt.

1. Zu der Gleichung $\quad r + 2\,as + bt = 0 \qquad\qquad (6)$

gehört die charakteristische Gleichung

$$\alpha^2 + 2\,a\alpha\beta + b\beta^2 = 0\,;$$

dieselbe ergibt für das Verhältnis $\dfrac{\beta}{\alpha}$ zwei Werte: m und m', so daß

$$\beta = m\alpha \quad \text{und} \quad \beta = m'a$$

zu setzen ist; hiernach ist

$$z = \varphi(x + my) + \psi(x + m'y) \qquad (7)$$

das allgemeine Integral von (6).

Daß umgekehrt jede Funktion von dieser Bauart, wenn nur m, m' die Wurzeln der Gleichung

$$1 + 2\,a\theta + b\theta^2 = 0$$

sind, zu der Differentialgleichung (6) führt, ist so zu erkennen. Schreibt man für $x + my$, $x + m'y$ die Buchstaben u, v, so hat man

$$
\begin{aligned}
p &= \varphi'(u) && + \psi'(v)\\
q &= m\varphi'(u) && + m'\psi'(v)\\
r &= \varphi''(u) && + \psi''(v)\\
s &= m\varphi''(u) && + m'\psi''(v)\\
t &= m^2\varphi''(u) && + m'^2\psi''(v)\,;
\end{aligned}
$$

die letzten drei Gleichungen können nur dann zusammen bestehen, wenn

$$\begin{vmatrix} r & 1 & 1 \\ s & m & m' \\ t & m^2 & m'^2 \end{vmatrix} = 0$$

ist; nach Entwicklung der Determinante gibt dies

$$(m' - m)\,[mm'r - (m + m')\,s + t] = 0$$

und sofern $m' \neq m$, führt dies zu

$$mm'r - (m + m')\,s + t = 0,$$

was sich zufolge der Wurzeleigenschaften tatsächlich umsetzt in

$$r + 2as + bt = 0.$$

2. Die Gleichung $\qquad r - a^2 t = 0$ \hfill (8)

ist in der vorigen als besonderer Fall enthalten, hat die charakteristische Gleichung $\qquad \alpha^2 - a^2 \beta^2 = 0$

mit den Lösungen $\beta = \pm \dfrac{\alpha}{a}$, also das allgemeine Integral $z = \varphi\left(x + \dfrac{y}{a}\right)$ $+ \psi\left(x - \dfrac{y}{a}\right)$ oder, was auf dasselbe hinauskommt,

$$z = \varphi(y + ax) + \psi(y - ax).$$ \hfill (9)

Sind ausreichende Bedingungen hierfür vorhanden, so lassen sich auch die willkürlichen Funktionen bestimmen. Würde z. B. gefordert, daß für

$$x = 0, \qquad z = F(y), \qquad \frac{\partial z}{\partial x} = f(y)$$

werden solle, wobei F, f *gegebene* Funktionen bedeuten, so hätte man in Ausführung dieser Bedingungen:

$$\varphi(y) + \psi(y) = F(y)$$
$$a\varphi'(y) - a\psi'(y) = f(y),$$

folglich weiter:

$$\varphi(y) + \psi(y) = F(y)$$
$$\varphi(y) - \psi(y) = F_1(y),$$

wenn $\dfrac{1}{a}\displaystyle\int f(y)\,dy = F_1(y)$ gesetzt wird, und hieraus:

$$\varphi(y) = \frac{1}{2}\,\{F(y) + F_1(y)\}$$

$$\psi(y) = \frac{1}{2}\,\{F(y) - F_1(y)\};$$

der den festgesetzten Bedingungen entsprechende besondere Fall des allgemeinen Integrals ist demnach:

$$z = \tfrac{1}{2}\{F(y + ax) + F(y - ax)\} + \tfrac{1}{2}\{F_1(y + ax) - F_1(y - ax)\}.$$

419. Die Differentialgleichungen von Ampère und Monge. Man gelangt zu einer wichtigen und umfassenden Klasse partieller Differentialgleichungen zweiter Ordnung, wenn man sich die Frage vorlegt, welche Form eine solche Differentialgleichung haben muß, damit sie ein Zwischenintegral von der Zusammensetzung

$$v = \varphi(u) \tag{1}$$

besitze; darin sind u, v bekannte Funktionen von x, y, z, p, q und bedeutet φ eine willkürliche Funktion.

Die Antwort ergibt sich auf folgende Weise. Differentiiert man diese Gleichung einmal in bezug auf x, ein zweitesmal in bezug auf y, wobei zu beachten ist, daß z, p, q von x, y abhängen, so ergeben sich die Gleichungen:

$$\frac{\partial v}{\partial x} + \frac{\partial v}{\partial z} p + \frac{\partial v}{\partial p} r + \frac{\partial v}{\partial q} s = \varphi'(u) \left(\frac{\partial u}{\partial x} + \frac{\partial u}{\partial z} p + \frac{\partial u}{\partial p} r + \frac{\partial u}{\partial q} s \right)$$

$$\frac{\partial v}{\partial y} + \frac{\partial v}{\partial z} q + \frac{\partial v}{\partial p} s + \frac{\partial v}{\partial q} t = \varphi'(u) \left(\frac{\partial u}{\partial y} + \frac{\partial u}{\partial z} q + \frac{\partial u}{\partial p} s + \frac{\partial u}{\partial q} t \right).$$

Durch Elimination des willkürlichen $\varphi'(u)$ und Ordnen des Resultats nach den zweiten Ableitungen erhält man eine Gleichung von dem Baue:

$$Hr + 2Ks + Lt + M + N(rt - s^2) = 0; \tag{2}$$

die Koeffizienten H, K, L, M, N sind im allgemeinen Funktionen von x, y, z, p, q, deren Bildung aus u, v leicht hingeschrieben werden kann.

Hierdurch ist erwiesen, daß jede Differentialgleichung zweiter Ordnung, die ein Zwischenintegral der Form (1) besitzt, den Bau von (2) aufweisen muß. Doch kann nicht umgekehrt behauptet werden, daß jede Differentialgleichung von der Art (2) ein Zwischenintegral der Form (1) haben müsse.

Ein besonderer Fall der Gleichung (2) ist die in bezug auf die zweiten Ableitungen lineare Gleichung

$$Hr + 2Ks + Lt + M = 0, \tag{3}$$

die sich dann einstellt, wenn $N = \dfrac{\partial(u,v)}{\partial(p,q)} \equiv 0$ ist.

Man bezeichnet (2) als die **Ampèresche** und (3) als die Differentialgleichung von **Monge**[1]).

---

1) G. Monge, Histoire de l'Acad. des Sciences, 1784. — A. Ampère, Journal de l'École polytechn. 11, cah. 17, 18 (1820).

420. Theorie der Charakteristiken der Ampèreschen Differentialgleichung. Ist $z = \Phi(x, y)$ eine Integralfläche der Gleichung (2), d. h. erfüllen z und die daraus abgeleiteten Werte von p, q, r, s, t die Gleichung (2) identisch, so bestimmen x, y, z die Lage eines ihrer Punkte, p, q die Stellung der Tangentialebene, $r. s, t$ im Verein mit p, q die Krümmungsverhältnisse daselbst.

Solcher durch acht Größen gekennzeichneter Elemente definiert die Gleichung (2) wie überhaupt jede Differentialgleichung zweiter Ordnung ∞^7, weil sieben von den Größen frei gewählt werden können, während sich die achte aus (2) bestimmt.

Wir gehen nun von der Aufgabe aus, eine Integralfläche $z = \Phi(x, y)$ zu finden, die durch eine gegebene Kurve C geht und in den Punkten derselben vorgeschriebene Tangentialebenen besitzt. Da diese Tangentialebenen in ihrer Gesamtheit durch eine Developpable D eingehüllt werden, so kann man die Aufgabe auch so fassen, daß es sich um eine Integralfläche handelt, welche die Developpable D längs der ihr aufgeschriebenen Kurve C berührt. Weil beide Flächen längs C einen infinitesimalen Flächenstreifen gemein haben, so kann man auch sagen, die gesuchte Integralfläche habe diesen Flächenstreifen zu enthalten.

Bei der Bewegung auf C sind x, y, z, p, q als Funktionen *eines* Parameters aufzufassen; ihre Differentiale dx, dy, dz, dp, dq aber haben den folgenden Bedingungen zu entsprechen:

$$dz = p\,dx + q\,dy \qquad (4)$$
$$dp = r\,dx + s\,dy \qquad (5)$$
$$dq = s\,dx + t\,dy, \qquad (6)$$

wobei r, s, t aus der Gleichung der Integralfläche zu entnehmen sind; aber auch die Gleichung (2) muß durch x, y, z, p, q, r, s, t befriedigt sein.

Man hat also zur Bestimmung r, s, t für einen Punkt von C drei Gleichungen zur Verfügung: (2), (5) und (6); die erste ist von zweitem Grade, die beiden anderen sind linear; leitet man aber aus (5) und (6)

$$t\,dp - s\,dq = (rt - s^2)\,dx$$

ab, so erkennt man, daß sich $rt - s^2$ in (2) durch einen in s, t linearen Ausdruck ersetzen läßt, so daß dann drei lineare Gleichungen vorliegen, die nur eine Lösung für r, s, t ergeben. Es gehört hiernach im allgemeinen zu jedem Punkte von C nur *ein* Wertsystem r, s, t.

Gesetzt aber, die Gleichungen (2), (5), (6) reduzierten sich auf zwei, dann bleibt eine der drei letztgenannten Größen willkürlich; einen Flächenstreifen, bei dem dies einritt, nennt man eine *Charakteristik* (1. Ordnung) der Differentialgleichung (2). Es ist anzunehmen, daß durch eine Charakteristik unendlich viele Integralflächen gehen werden, die sich längs ihr berühren, weil sie längs ihr eine gemeinsame umschriebene Developpable besitzen.

Um zu erkennen, wie der eben erörterte Fall eintreten kann, formen wir die Gleichung (2) wie folgt um. Vergleicht man ihre mit N multiplizierte linke Seite mit dem Produkt

$$(Nr + L)(Nt + H) = N^2 rt + HNr + LNt + LH,$$

so ist zu erkennen, daß man für (2) auch schreiben kann:

$$(Nr + L)(Nt + H) - N^2 s^2 + 2KNs - HL + MN = 0;$$

setzt man vorübergehend $- Ns = \lambda$ und nennt λ_1, λ_2 die Wurzeln der quadratischen Gleichung:

$$\lambda^2 + 2K\lambda + HL - MN = 0, \tag{7}$$

so daß etwa
$$\lambda_1 = - K + \sqrt{K^2 - HL + MN},$$
$$\lambda_2 = - K - \sqrt{K^2 - HL + MN},$$

so nimmt (2) die Form an:

$$(Nr + L)(Nt + H) - (Ns + \lambda_1)(Ns + \lambda_2) = 0. \tag{2*}$$

Dies aber kann zerfällt werden entweder in

$$\left. \begin{aligned} Nr + L &= \mu(Ns + \lambda_1) \\ Ns + \lambda_2 &= \mu(Nt + H) \end{aligned} \right\} \tag{8}$$

oder in

$$\left. \begin{aligned} Nr + L &= \mu(Ns + \lambda_2) \\ Ns + \lambda_1 &= \mu(Nt + H), \end{aligned} \right\} \tag{9}$$

wobei μ jede beliebige Zahl sein kann.

Der in Rede stehende Fall der Unbestimmtheit wird eintreten, wenn die Gleichungen (5), (6) entweder mit dem System (8) oder mit jenem (9) identisch sind; denn dann stehen tatsächlich nur zwei (lineare) Gleichungen für die Bestimmung von r, s, t zur Verfügung. Um die Bedingungen hierfür zu finden, bringe man (8) in die Gestalt:

$$\mu\lambda_1 - L = Nr - \mu Ns, \qquad \mu H - \lambda_2 = Ns - \mu Nt;$$

vergleicht man den ersten Ansatz mit (5), den zweiten mit (6), so findet man, daß zur identischen Übereinstimmung erforderlich ist:

$$\frac{dx}{N} = \frac{dy}{-\mu N} = \frac{dp}{\mu \lambda_1 - L} = \frac{dq}{\mu H - \lambda_2}.$$

Eliminiert man schließlich zwischen diesen drei Gleichungen die willkürliche Zahl μ[1]), so ergeben sich die zwei Gleichungen:

$$\left. \begin{aligned} L\,dx + \lambda_1\,dy + N\,dp &= 0 \\ \lambda_2\,dx + H\,dy + N\,dq &= 0. \end{aligned} \right\} \tag{10}$$

In ähnlicher Weise führt die Identifizierung von (5) und (6) mit (9) zu dem Gleichungspaar:

$$\left. \begin{aligned} L\,dx + \lambda_2\,dy + N\,dp &= 0 \\ \lambda_1\,dx + H\,dy + N\,dq &= 0. \end{aligned} \right\} \tag{11}$$

weil (9) aus (8) durch bloße Vertauschung von λ_1, λ_2 hervorgeht.

421. Bedeutung der Charakteristiken für das Integrationsproblem. Zu einer Ampèreschen Differentialgleichung gehören somit im allgemeinen zwei Systeme von Charakteristiken, gekennzeichnet durch die Gleichungspaare (10), (11), zu deren jedem noch die Gleichung (4) hinzutritt, im ganzen also durch die Gleichungssysteme:

$$\left. \begin{aligned} L\,dx + \lambda_1\,dy + N\,dp &= 0 \\ \lambda_2\,dx + H\,dy + N\,dq &= 0 \\ dz - p\,dx - q\,dy &= 0 \end{aligned} \right\} \tag{12}$$

$$\left. \begin{aligned} L\,dx + \lambda_2\,dy + N\,dp &= 0 \\ \lambda_1\,dx + H\,dy + N\,dq &= 0 \\ dz - p\,dx - q\,dy &= 0. \end{aligned} \right\} \tag{13}$$

Sind jedoch die Wurzeln λ_1, λ_2 einander gleich und zwar beide gleich $-K$, was dann eintritt, wenn

$$K^2 - HL + MN \equiv 0 \tag{14}$$

ist, so existiert nur ein System von Charakteristiken, bestimmt durch die Gleichungen:

$$\left. \begin{aligned} L\,dx - K\,dy + N\,dp &= 0 \\ -K\,dx + H\,dy + N\,dq &= 0 \\ dz - p\,dx - q\,dy &= 0. \end{aligned} \right\} \tag{12, 13}$$

---

1) Zum Zwecke der Elimination bemerke man, daß jeder der vorstehenden Brüche auch gleich ist

$$\frac{L\,dx + \lambda_1\,dy + N\,dp}{LN - \mu\lambda_1 N + \mu\lambda_1 N - LN} \quad \text{und} \quad \frac{\lambda_2\,dx + H\,dy + N\,dq}{\lambda_2 N - \mu HN + \mu HN - \lambda_2 N},$$

und da hier die Nenner 0 sind, müssen es auch die Zähler sein.

Die Bedeutung der Charakteristiken liegt nun darin, daß sich aus ihnen die Integralflächen von (2) konstituieren. Das ergibt sich aus der Tatsache, daß durch jeden Punkt einer Integralfläche zwei Charakteristiken gehen, je eine aus jedem System. Denn, ersetzt man in (12) dp, dq durch ihre Ausdrücke aus (5), (6) und ordnet nach den Differentialen, so erhält man das Gleichungspaar:

$$\left.\begin{aligned}(Nr + L)dx + (Ns + \lambda_1)dy &= 0 \\ (Ns + \lambda_2)dx + (Nt + H)dy &= 0,\end{aligned}\right\} \tag{15}$$

das nur dann bestehen kann, wenn

$$(Nr + L)(Nt + H) - (Ns + \lambda_1)(Ns + \lambda_2) = 0;$$

dann aber bestimmen die beiden Gleichungen (15) nur *eine* Richtung:

$$\left(\frac{dy}{dx}\right)_1 = -\frac{Nr + L}{Ns + \lambda_1} = -\frac{Ns + \lambda_2}{Nt + H},$$

und da die vorstehende Gleichung nichts anderes als die Form (2*) der Gleichung (2) ist, so gehört die Richtung einer Integralfläche von (2) an.

In gleicher Weise führen die Gleichungen (13) zu *einer* Richtung:

$$\left(\frac{dy}{dx}\right)_2 = -\frac{Nr + L}{Ns + \lambda_2} = -\frac{Ns + \lambda_1}{Nt + H},$$

welche der zweiten durch den betreffenden Punkt gehenden Charakteristik und zugleich einer Integralfläche von (2) angehört.

Da
$$\left(\frac{dy}{dx}\right)_1 + \left(\frac{dy}{dx}\right)_2 = -\frac{(Nr + L)(2Ns + \lambda_1 + \lambda_2)}{(Ns + \lambda_1)(Ns + \lambda_2)} = -2\frac{Ns - K}{Nt + H}$$

$$\left(\frac{dy}{dx}\right)_1 \left(\frac{dy}{dx}\right)_2 = \frac{(Nr + L)^2}{(Ns + \lambda_1)(Ns + \lambda_2)} = \frac{Nr + L}{Nt + H}$$

ist, so sind *beide* Richtungen durch die quadratische Gleichung

$$(Nt + H)dy^2 + 2(Ns - K)dx\,dy + (Nr + L)dx^2 = 0 \tag{16}$$

bestimmt.

422. Die Charakteristiken der Mongeschen Differentialgleichung. Den Gedankengang von **420** verfolgend, kommt man zu der Erkenntnis, daß sich die Bedingungen für die Charakteristiken der Mongeschen Differentialgleichung (3) aus der Forderung ergeben, die drei Gleichungen
$$Hr + 2Ks + Lt + M = 0$$
$$dp - r\,dx - s\,dy = 0$$
$$dq - s\,dx - t\,dy = 0$$

sollen sich auf zwei reduzieren; dies aber tritt ein, wenn die erste Gleichung als eine bloße Folge der beiden anderen darstellbar ist, wenn sich also von r, s, t unabhängige Multiplikatoren A, B bestimmen lassen derart, daß

$$Hr + 2Ks + Lt + M \equiv A(dp - rdx - sdy) + B(dq - sdx - tdy)$$

sei.

Vergleicht man die Koeffizienten der Unbekannten r, s, t links und rechts, so löst sich die Bedingung in die folgenden vier auf:

$$H + A\,dx = 0$$
$$L + B\,dy = 0$$
$$2K + A\,dy + B\,dx = 0$$
$$M - A\,dp - B\,dq = 0,$$

die sich durch Elimination von A, B auf zwei zurückführen lassen.

In dem normalen Falle, daß $H \neq 0$, $L \neq 0$, ist die Elimination leicht vollzogen und führt zu den Gleichungen:

$$H\left(\frac{dy}{dx}\right)^2 - 2K\frac{dy}{dx} + L = 0$$
$$M\,dx\,dy + H\,dy\,dp + L\,dx\,dq = 0;$$

zerfällt man die erste mittels der Wurzeln λ_1, λ_2 der quadratischen Gleichung

$$H\lambda^2 - 2K\lambda + L = 0, \tag{17}$$

d. i.

$$\lambda_1 = \frac{K + \sqrt{K^2 - HL}}{H}, \quad \lambda_2 + \frac{K - \sqrt{K^2 - HL}}{H}$$

in die beiden $\frac{dy}{dx} - \lambda_1 = 0$, $\frac{dy}{dx} - \lambda_2 = 0$, so ergeben sich als analytische Bedingungen für die beiden Systeme der Charakteristiken die Gleichungen:

$$\left.\begin{aligned}dy - \lambda_1\,dx &= 0\\ M\lambda_1\,dx + H\lambda_1\,dp + L\,dq &= 0\\ dz - p\,dx - q\,dy &= 0\end{aligned}\right\} \tag{18}$$

$$\left.\begin{aligned}dy - \lambda_2\,dx &= 0\\ M\lambda_2\,dx + H\lambda_2\,dp + L\,dq &= 0\\ dz - p\,dx - q\,dy &= 0\end{aligned}\right\}. \tag{19}$$

Beide Systeme fallen in eines zusammen, wenn $\lambda_1 = \lambda_2$ ist, was dann eintritt, wenn zwischen den Koeffizienten der Differentialgleichung (3) die Beziehung $K^2 - HL \equiv 0$ stattfindet; weil dann $\lambda_1 = \lambda_2 = \dfrac{K}{H}$, so besitzt dieses eine System die Differentialgleichungen

$$\left.\begin{aligned} Hdy - Kdx &= 0 \\ Mdy + Kdp + Ldq &= 0 \\ dz - pdx - qdy &= 0 \end{aligned}\right\}. \qquad (18, 19)$$

Die Fälle, wo H oder L oder beide Null sind, erfordern einen anderen Eliminationsvorgang. So wird man z. B. bei $H = 0$, $L \neq 0$ aus der ersten Gleichung schließen auf

$$A = 0 \quad \text{oder} \quad dx = 0;$$

je nach der ersten oder zweiten Annahme führen die übrigen Gleichungen auf

$$2K - L\frac{dx}{dy} = 0 \qquad\qquad 2K + Ady = 0$$
$$\text{oder}$$
$$M + L\frac{dq}{dy} = 0 \qquad\qquad M + 2K\frac{dp}{dy} + L\frac{dq}{dy} = 0;$$

mithin ergeben sich für die beiden Systeme der Charakteristiken in diesem Falle die Differentialgleichungen:

$$\left.\begin{aligned} 2Kdy - Ldx &= 0 \\ Mdy + Ldq &= 0 \\ dz - pdx - qdy &= 0 \end{aligned}\right\} \qquad (18^*)$$

$$\left.\begin{aligned} dx &= 0 \\ Mdy + 2Kdp + Ldq &= 0 \\ dz - pdx - qdy &= 0 \end{aligned}\right\} \qquad (19^*)$$

423. Die Integrationsmethode von Monge und Ampère. Die Methode, welche Monge und Ampère zur Integration der nach ihnen benannten Differentialgleichungen angewendet haben, geht darauf aus, die Differentialgleichungen der Charakteristiken zu integrablen Gleichungen zu kombinieren.

Gelingt es beispielsweise bei der Ampèreschen Gleichung, die Gleichungen (12):

$$\begin{aligned} Ldx + \lambda_1 dy + Ndp &= 0 \\ \lambda_2 dx + Hdy + Ndq &= 0 \\ dz - pdx - qdy &= 0 \end{aligned}$$

des einen Charakteristikensystems oder die des anderen zu *zwei* integrablen Gleichungen:

$$du = 0$$
$$dv = 0$$

zu kombinieren, so ergibt sich als Zwischenintegral:

$$v = \varphi(u),$$

wodurch die Integration auf das nächsteinfachere Problem der Lösung einer Differentialgleichung erster Ordnung zurückgeführt erscheint.

Gelingt es in einem Falle, *drei* integrable Kombinationen zu bilden:

$$du = 0, \quad dv = 0, \quad dw = 0,$$

so ist die Integration vollendet; denn zwischen den daraus resultierenden ersten Integralen

$$u = a, \qquad v = b, \qquad w = c$$

können p, q eliminiert werden, wodurch sich eine Gleichung

$$\Psi(x, y, z, a, b, c) = 0$$

ergibt, die ein dreifach unendliches System von Integralflächen, das vollständige Integral, darstellt, aus dem sich das allgemeine Integral in der bekannten Weise herstellen läßt (**411**).

Es soll nun gezeigt werden, daß die Auffindung von Zwischenintegralen auf die Lösung homogener linearer Differentialgleichungen erster Ordnung znrückführbar ist.

Um eine integrable Kombination der obigen drei Gleichungen zu erhalten, sind Funktionen α, β, γ von x, y, z, p, q erforderlich, für welche

$$\alpha(L\,dz + \lambda_1\,dy + N\,dp) + \beta(\lambda_2\,dx + H\,dy + N\,dq) + \gamma(dz - p\,dx - q\,dy)$$

ein exaktes Differential du ist; da nun ein solches den Ausdruck:

$$\frac{\partial u}{\partial x}\,dx + \frac{\partial u}{\partial y}\,dy + \frac{\partial u}{\partial z}\,dz + \frac{\partial u}{\partial p}\,dp + \frac{\partial u}{\partial q}\,dq$$

hat, so haben α, β, γ folgende Bedingungen zu erfüllen:

$$\frac{\partial u}{\partial x} = \alpha L + \beta \lambda_2 - \gamma p$$

$$\frac{\partial u}{\partial y} = \alpha \lambda_1 + \beta H - \gamma q$$

$$\frac{\partial u}{\partial z} = \gamma$$

$$\frac{\partial u}{\partial p} = \alpha N$$

$$\frac{\partial u}{\partial q} = \beta N;$$

durch Elimination von α, β, γ ergeben sich daraus die beiden Gleichungen:

$$N\frac{\partial u}{\partial x} + Np\frac{\partial u}{\partial z} - L\frac{\partial u}{\partial p} - \lambda_2\frac{\partial u}{\partial q} = 0 \;\Bigg\}$$
$$N\frac{\partial u}{\partial y} + Nq\frac{\partial u}{\partial z} - \lambda_1\frac{\partial u}{\partial p} - H\frac{\partial u}{\partial q} = 0. \;\Bigg\} \tag{20}$$

Die Bestimmung eines Zwischenintegrals von der Form $u = a$ ist hiernach darauf zurückgeführt, eine Funktion u zu finden, welche den zwei homogenen linearen Differentialgleichungen (20) zugleich genügt.

Durch Vertauschung von λ_1, λ_2 ergibt sich das dem zweiten Charakteristikensystem entsprechende Gleichungspaar.

Daß eine Funktion u, die den Gleichungen (20) genügt, auch die Differentialgleichung (2) befriedigt, ist so zu erkennen. Differentiiert man $u = a$ in bezug auf x und y und eliminiert zwischen den so entstandenen Gleichungen:

$$\frac{\partial u}{\partial x} + \frac{\partial u}{\partial z}p + \frac{\partial u}{\partial p}r + \frac{\partial u}{\partial q}s = 0$$
$$\frac{\partial u}{\partial y} + \frac{\partial u}{\partial z}q + \frac{\partial u}{\partial p}s + \frac{\partial u}{\partial q}t = 0$$

und den Gleichungen (20) $\frac{\partial u}{\partial x}$, $\frac{\partial u}{\partial y}$, so entsteht das Gleichungspaar:

$$(Nr + L)\frac{\partial u}{\partial p} + (Ns + \lambda_2)\frac{\partial u}{\partial q} = 0$$
$$(Ns + \lambda_1)\frac{\partial u}{\partial p} + (Nt + H)\frac{\partial u}{\partial q} = 0,$$

das aber nur unter der Bedingung

$$(Nr + L)(Nt + H) - (Ns + \lambda_1)(Ns + \lambda_2) = 0$$

bestehen kann; das aber ist die Gleichung (2) in der ihr später erteilten Form (2*).

424. Beispiele. 1. Es sind die Flächen zu bestimmen, deren sämtliche Punkte parabolische Punkte sind.

Das Problem erfordert die Integration der Differentialgleichung

$$rt - s^2 = 0$$

(**210**), die von der Ampèreschen Form ist mit

$$H = K = L = M = 0; \qquad N = 1, \qquad \lambda_1 = \lambda_2 = 0;$$

dem einzigen Charakteristikensystem kommen nach (12, 13) die Differentialgleichungen

$$dp = 0, \qquad dq = 0, \qquad dz - p\,dx - q\,dy = 0$$

zu, wovon die ersten zwei unmittelbar integrabel sind, während die dritte mit Rücksicht auf sie ebenfalls in integrabler Form, nämlich:

$$d(z - px - qy) = 0$$

geschrieben werden kann. Hiernach hat man die drei Zwischenintegrale:

$$p = a, \qquad q = b, \qquad z - px - qy = c,$$

aus welchen sich durch Elimination von p, q das vollständige Integral

$$z = ax + by + c$$

ergibt, das die *Gesamtheit aller Ebenen* darstellt.

Mit $b = \varphi(a)$, $c = \psi(a)$, wobei φ, ψ Zeichen für willkürliche Funktionen sind, wird daraus in allgemeinster Weise ein einfach unendliches Ebenensystem $z = ax + \varphi(a)y + \psi(a)$ herausgehoben, dessen Einhüllende ebenfalls eine Integralfläche ist. Das allgemeine Integral umfaßt also *alle developpablen Flächen* (198).

Jede Gleichung $F(p, q, z - px - qy) = 0$,

mag F welche Funktion immer sein, ist ein Zwischenintegral; man erkennt darin unmittelbar die verallgemeinerte Clairautsche Gleichung (413, 3.). Eine solche besitzt ein singuläres Integral in der Einhüllenden des zweifach unendlichen Ebenensystems

$$F(a, b, z - ax - by) = 0;$$

dieses singuläre Integral aber, da es einer nicht abwickelbaren Fläche entspricht, gehört nicht zu den Lösungen der vorgelegten Differentialgleichung.

2. Es soll die Gleichung

$$q^2 r - 2pqs + p^2 t = 0 \qquad \text{integriert werden.}$$

Dieselbe ist von der Mongeschen Form mit

$$H = q^2, \quad K = -pq, \quad L = p^2, \quad M = 0, \quad \lambda_1 = \lambda_2 = -\frac{p}{q};$$

das einzige Charakteristikensystem hat also nach (18, 19) die Differentialgleichungen:

$$p\,dx + q\,dy = 0$$
$$q\,dp - p\,dq = 0$$
$$dz - p\,dx - q\,dy = 0;$$

die zweite läßt sich in der integrablen Form

$$d\frac{p}{q} = 0;$$

die dritte wegen der ersten $\qquad dz = 0$

und die erste wegen der zweiten

$$d\left(y + \frac{p}{q}\,x\right) = 0$$

schreiben. Man hat also die Zwischenintegrale

$$\frac{p}{q} = a, \quad z = b, \quad y + \frac{p}{q}\,x = c;$$

bildet man daraus mittels zweier willkürlicher Funktionen die Zwischen-integrale

$$\frac{p}{q} = \varphi(z), \quad y + \frac{p}{q}\,x = \psi(z)$$

und eliminiert daraus $\dfrac{p}{q}$, so entsteht das allgemeine Integral

$$y + x\varphi(z) = \psi(z),$$

das schon **417**, 5 auf anderem Wege gefunden wurde.

Über seine geometrische Bedeutung geben die Gleichungen

$$y + ax = c, \quad z = b$$

Aufschluß, die alle zur xy-Ebene parallelen Geraden darstellen. Somit umfaßt das allgemeine Integral alle Flächen, die Orte solcher Geraden sind. Mit $\psi(z) = 0$ ergeben sich beispielsweise die geraden Konoide, die die z-Achse zur Leitgeraden haben (**410**, 3); auch alle zur xy-Ebene parallelen Zylinderflächen sind in dem allgemeinen Integral enthalten und ergeben sich, wenn $\varphi(z) =$ konst. gesetzt wird (**410**, 1.).

3. Es ist die allgemeine Gleichung der Flächen zu finden, bei welchen die eine Schar der Krümmungslinien dargestellt ist durch die ebenen Schnitte normal zur x-Achse.

Da längs einer solchen Linie $dx = 0$ ist, so erhält man die Differential-gleichung dieser Flächen, indem man in der allgemeinen Differential-gleichung der Krümmungslinien (**218**) $dx = 0$ setzt; sie lautet also:

$$(1 + q^2)s - pqt = 0$$

und hat die **Mongesche Form** mit

$$H = 0, \quad 2K = 1 + q^2, \quad L = -pq, \quad M = 0.$$

Die Differentialgleichungen ihrer Charakteristikensysteme sind nach (18*) und (19*) zu bilden und lauten:

$$\left.\begin{aligned} (1 + q^2)dy + pq\,dx &= 0\\ dq &= 0\\ dz - p\,dx - q\,dy &= 0 \end{aligned}\right\} \qquad \left.\begin{aligned} dx &= 0\\ (1 + q^2)dp - pq\,dq &= 0\\ dz - p\,dx - q\,dy &= 0 \end{aligned}\right\}$$

Aus der ersten Gruppe ergeben sich die integrablen Ansätze:

$$dq = 0, \quad qdz + dy = 0,$$

die zu

$$q = a, \quad qz + y = b$$

und zu dem Zwischenintegral

$$y + qz = \varphi(q)$$

führen; aus der zweiten Gruppe die Ansätze

$$dx = 0, \quad \frac{dp}{p} - \frac{qdq}{1 + q^2} = 0,$$

welche

$$x = a', \quad \frac{p^2}{1 + q^2} = b'$$

und hiermit das Zwischenintegral

$$\frac{p^2}{1 + q^2} = \psi(x) \qquad\qquad \text{ergeben.}$$

Trägt man die aus den Zwischenintegralen gefolgerten Werte

$$dy = - qdz - zdq + \varphi'(q)dq$$

$$p = \sqrt{(1 + q^2)\psi(x)}$$

in die dritte Gleichung ein, so erlangt man nach einer leichten Umformung die integrable Gleichung:

$$d(z\sqrt{1 + q^2}) = \sqrt{\psi(x)}\,dx + \frac{q\varphi'(q)dq}{\sqrt{1 + q^2}}.$$

Wird das willkürliche $\psi(x)$ in der Gestalt $\psi'(x)^2$ geschrieben, im zweiten Teile $\dfrac{q}{\sqrt{1 + q^2}} = v$ als neue Variable eingeführt und $\varphi(q) = \chi'(v)$ gesetzt, so lautet die so umgeformte Gleichung:

$$d\left(\frac{z}{\sqrt{1 - v^2}}\right) = \psi'(x)\,dx + v\chi''(v)\,dv;$$

ihr Integral

$$\frac{z}{\sqrt{1 - v^2}} = \psi(x) + v\chi'(v) - \chi(v)$$

in Verbindung mit dem zuerst gefundenen Zwischenintegral $y + qz = \varphi(q)$, d. i.

$$y + \frac{v}{\sqrt{1 - v^2}}z = \chi'(v)$$

bestimmt die Lösung, indem nach Spezialisierung der Funktion $\chi(v)$ zwischen beiden Gleichungen v zu eliminieren bleibt.

Aus der Annahme $\chi(v) = \alpha v - \beta\sqrt{1 - v^2}$ ergibt sich beispielsweise die Gesamtheit der Rotationsflächen mit zur x-Achse paralleler Rotationsachse:

$$(y - \alpha)^2 + (z - \beta)^2 = \psi(x)^2.$$

4. Es ist die Gleichung

$$x^2 r - y^2 t = 0 \qquad\text{zu integrieren.}$$

Hier ist $H = x^2, \quad K = 0, \quad L = -y^2, \quad M = 0$

$$\lambda_1 = \frac{y}{x}, \quad \lambda_2 = -\frac{y}{x};$$

daraus ergeben sich für die Charakteristiken die Gleichungssysteme:

$$\left.\begin{aligned} x\,dy - y\,dx &= 0 \\ x\,dp - y\,dq &= 0 \\ dz - p\,dx - q\,dy &= 0 \end{aligned}\right\}, \qquad \left.\begin{aligned} x\,dy + y\,dx &= 0 \\ x\,dp + y\,dq &= 0 \\ dz - p\,dx - q\,dy &= 0 \end{aligned}\right\}.$$

Das erste liefert die integrablen Ansätze

$$d\,\frac{y}{x} = 0, \quad d\left(p - \frac{y}{x}\,q\right) = 0, \qquad\text{das zweite führt auf}$$

$$d(xy) = 0, \quad d(z - px - qy) = 0.$$

Es besitzt demnach die vorgelegte Differentialgleichung alle Integrale der beiden linearen Differentialgleichungen erster Ordnung:

$$xp - yq = 0,$$
$$xp + yq = z;$$

die zugehörigen Hilfsgleichungen (**403**)

$$\frac{dx}{x} = \frac{dy}{-y} = \frac{dz}{0}$$

$$\frac{dx}{x} = \frac{dy}{y} = \frac{dz}{z}$$

ergeben die Lösungen: $z_1 = \varphi(xy)$

$$z_2 = x\,\psi\left(\frac{y}{x}\right),$$

aus welchen, da die vorliegende Gleichung linear ist in dem **412** erläuterten Sinne, ihr allgemeines Integral unmittelbar zusammengesetzt werden kann:

$$z = z_1 + z_2 = \varphi(xy) + x\,\psi\left(\frac{y}{x}\right);$$

die Hinzufügung willkürlicher Koeffizienten zu z_1, z_2 würde die Allgemeinheit nicht erhöhen.

Man suche durch Spezialisierung von φ, ψ die Flächen zweiter Ordnung festzustellen, welche obiger Differentialgleichung genügen.

5. Man löse folgende Gleichungen:

a) $Xpt + rt - s^2 = 0$, X eine gegebene Funktion von x. (Die Gleichungen (12,13): $Xp\,dx + dp = 0$, $dq = 0$, $dz - p\,dx - q\,dy = 0$ geben der Reihe nach $p = ae^{-\int X\,dx}$, $q = b$, $z = a\int e^{-\int X\,dx}dx + by + c$; letzteres ist die vollständige Lösung; man leite daraus die allgemeine Lösung ab.)

b) $r - 2as + a^2 t = 0$. (Die Gleichungen (18, 19): $dy + a\,dx = 0$, $dp - a\,dq = 0$, $dz - p\,dx - q\,dy = 0$ führen auf $y + ax = C_1$, $p - aq = C_2$, $z - x(p - aq) = C_3$, woraus sich die Zwischenintegrale $p - aq = \varphi(y + ax)$, $z - x(p - aq) = \psi(y + ax)$ ergeben; Elimination von p, q gibt die schließliche Lösung $z = x\varphi(y + ax) + \psi(y + ax)$ mit zwei willkürlichen Funktionen.

c) $qr + (zq - p)s - pzt = 0$. (Das eine der Systeme (12, 13) lautet: $p\,dx + q\,dy = 0$, $dp + z\,dq = 0$, $dz - p\,dx - q\,dy = 0$, aus ihm folgen die integrablen Gleichungen $dz = 0$, $dp + z\,dq = 0$, deren Integrale $z = a$, $p + zq = b$ auf die lineare Gleichung $p + zq = \omega(z)$ führen. Setzt man $\int \frac{dz}{\omega(z)} = \varphi'(z)$, so ergibt sich aus den Hilfsgleichungen $\frac{dx}{1} = \frac{dy}{q} = \frac{dz}{\omega(z)}$ die schließliche Lösung $y - z\varphi'(x) + \varphi(z) = \psi[x - \varphi'(z)]$ mit zwei willkürlichen Funktionen.)

d) $x^2 r + 2xys + y^2 t = 0$. (Die Gleichungen (18, 19) lauten hier: $x\,dy - y\,dx = 0$, $x\,dp + y\,dq = 0$, $dz - p\,dx - q\,dy = 0$; wegen der zweiten gibt die dritte $z - px - qy = a$ und die erste $\frac{y}{x} = b$; dies führt auf die lineare Gleichung $xp + yq = z - \varphi(b)$, zu der die Hilfsgleichungen $\frac{dx}{x} = \frac{dy}{y} = \frac{dz}{z - \varphi(b)}$ gehören; aus ihren Integralen $\frac{y}{x} = a'$, $\frac{z - \varphi(b)}{x} = b'$ folgt schließlich die Lösung $z = \varphi\left(\frac{y}{x}\right) + x\psi\left(\frac{y}{x}\right)$ mit zwei willkürlichen Funktionen.)

Sachregister.

(N weist auf eine Fußnote.)

Namenregister.

(*N* weist auf eine Fußnote.)

Neuere Werke aus dem Gebiete der Mathematik

Czuber, E., Vorlesungen über Differential- und Integralrechnung. gr. 8.
I. Bd. 4. Aufl. Mit 128 Abb. [XII u. 569 S.] 1918. Geh. n. $\mathcal{M}$ 16.—, geb. n. $\mathcal{M}$ 18.—
II. Bd. 4. Aufl. Mit 119 Fig. [XI u. 581 S.] 1919. Geh. n. $\mathcal{M}$ 18.—, geb. n. $\mathcal{M}$ 20.—

Einstein, A., und **M. Großmann**, Entwurf einer verallgemeinerten Relativitätstheorie und einer Theorie der Gravitation. I. Physikalischer Teil. II. Mathematischer Teil. [38 S.] gr. 8. 1913. geh. n. $\mathcal{M}$ 1.20.

Enriques, F., Vorlesungen über projektive Geometrie. Autorisierte deutsche Ausgabe von H. Fleischer. 2. Aufl. Mit einem Einführungswort von F. Klein und 186 Figuren. [XIV u. 368 S.] gr. 8. 1915. geh. n. $\mathcal{M}$ 9.—, geb. n. $\mathcal{M}$ 10.—

Fricke, R., Die elliptischen Funktionen und ihre Anwendungen. 8 Bände.
I. Teil: Die funktionentheoretischen und analytischen Grundlagen. Mit 83 Textfiguren. [X u. 500 S.] gr. 8. 1916. geh. n. $\mathcal{M}$ 22.—, geb. n. $\mathcal{M}$ 24.—

———— Lehrbuch der Differential- und Integralrechnung und ihrer Anwendungen.
I. Band: Differentialrechnung. Mit 129 in den Text gedruckten Figuren, einer Sammlung von 253 Aufgaben und einer Formeltabelle. [XII u. 599 S] gr. 8. 1918. geh. n. $\mathcal{M}$ 14.—, geb. n. $\mathcal{M}$ 15.—
II. Band: Integralrechnung. Mit 100 in den Text gedruckten Figuren. [VI u. 413 S.] gr. 8. 1918. geh. n. $\mathcal{M}$ 14.—, geb. n. $\mathcal{M}$ 15.—

Gauß, C. Fr., Werke. 10. Bd. 1. Abtlg.: Nachträge zur Reinen Mathematik. Nachbild. u. Abdr. d. Tageb. Hrsg. v. d. Kgl. Gesellsch. d. Wissensch zu Göttingen. [586 S.] 4. 1917. geb. n. $\mathcal{M}$ 38.—

[————] Materialien für eine wissenschaftliche Biographie von Gauß. Gesammelt von F. Klein, M. Brendel und L. Schlesinger.
Heft IV: A. Galle, C. F. Gauß als Zahlenrechner. [II u. 24 S.] gr. 8. 1918.
— V: P. Stäckel, C. F. Gauß als Geometer. [142 S.] gr. 8. 1918. Mit Heft IV zus. geh. n. $\mathcal{M}$ 5.60.
— VI: Ph. Maennchen, Die Wechselwirkung zwischen Zahlenrechnen und Zahlentheorie bei bei C. Fr. Gauß. [46 S.] gr. 8. 1918. Geh. n. $\mathcal{M}$ 3.—

Grundlehren der Mathematik für Studierende und Lehrer. Herausgegeben von †C. Färber, W. Frz. Meyer, E. Netto und H. Thieme. In 2 Teilen. gr. 8. geb.
I. Teil. 2. Band: Algebra, von E. Netto. Mit 8 Figuren. [XII u. 252 S.] gr. 8. 1915. n. $\mathcal{M}$ 7.20.

Handbuch der angewandten Mathematik. Hrsg. von H. E. Timerding. In 6 Teilen. Mit Textfiguren. 8.
I. Praktische Analysis, von H. v. Sanden. [XIX u. 185 S.] 1914. geh. n. $\mathcal{M}$ 3.60, geb. n. $\mathcal{M}$ 4.20.
II. Darstellende Geometrie, von J. Hjelmslev. [IX u. 320 S.] 1914. geh. n. $\mathcal{M}$ 5.40, geb. n. $\mathcal{M}$ 6.—
III. Grundzüge der Geodäsie, von M. Näbauer. [XVI u. 420 S.] 1915. geh. n. $\mathcal{M}$ 9.—, geb. n. $\mathcal{M}$ 9.60.

Hjelmslev, J., Geometrische Experimente. Deutsch von A. Rohrberg. Mit 56 Figuren. [IV u. 69 S.] gr. 8. 1915. geh. n. $\mathcal{M}$ 2.40.

Klein, F., und **A. Sommerfeld**, Über die Theorie des Kreisels. 4 Hefte. gr. 8.
I. Heft. Die kinematischen und kinetischen Grundlagen der Theorie. 2., durchgesehener Abdruck. [VIII u. 196 S.] 1914. geh. n. $\mathcal{M}$ 5.60, geb. n. $\mathcal{M}$ 6.60.

Koenigsberger, L., Weierstraß' erste Vorlesung über die Theorie der elliptischen Funktionen. [32 S.] gr. 8. 1917. geh. n. $\mathcal{M}$ 2.40.

Kultur der Gegenwart, Die, ihre Entwicklung und ihre Ziele. Herausg. von P. Hinneberg. In 4 Teilen. III. Teil. Lex.-8. In Originalband. Abt. I. Die mathematischen Wissenschaften. Unter Leitung von F. Klein. In 5 Lieferungen steif geh.
1. H. G. Zeuthen, Die Mathematik im Altertum und im Mittelalter. 1912. n. $\mathcal{M}$ 3.—
2. A. Voß, Die Beziehungen der Mathematik zur Kultur der Gegenwart. H. E. Timerding, Die Verbreitung mathematischen Wissens und mathematischer Auffassung. 1914. n. $\mathcal{M}$ 6.—
3. A. Voß, Über die mathemtische Erkenntnis. 1912. n. $\mathcal{M}$ 5.—

Landau, E., Einführung in die elementare u. analyt. Theorie der algebraischen Zahlen u. der Ideale. Mit 14 Textfig. [VII u. 143 S.] 1918. geh. n. $\mathcal{M}$ 6.—

Liebmann, H., u. **F. Engel**, Die Berührungstransformationen. Gesch. u. Invariantentheorie. 2 Referate d. Dtsch. Math.-Ver. [V u. 79 S.] gr. 8. 1914. geh. n. $\mathcal{M}$ 3.—

v. Lilienthal, R., Vorlesungen über Differentialgeometrie. In 2 Bänden. II. Band. Flächentheorie. I. Teil. [VIII u. 270 S.] gr. 8. 1913. geh. n. $\mathcal{M}$ 12.—, geb. n. $\mathcal{M}$ 13.—

Lorentz, H. A., Das Relativitätsprinzip. Drei Vorlesungen, gehalten in Teylers Stiftung zu Haarlem. Deutsch von W. H. Keesom. [52 S.] gr. 8. 1914. geh. n. $\mathcal{M}$ 1.40.

Auf sämtliche Preise Teuerungszuschläge des Verlags und der Buchhandlungen.

Springer Fachmedien Wiesbaden GmbH